Node. js Design Patterns Third Edition

Node. js 设计模式（第三版）

[爱尔兰] 马里奥 · 卡西罗（Mario Casciaro）
[意] 卢西安诺 · 马米诺（Luciano Mammino） 著

爱飞翔 译

内 容 提 要

本书中使用最好的办法来实现各种设计模式以创造高效且健壮的 Node. js 应用程序。本书首先介绍 Node. js 的基础知识，包括异步事件驱动架构以及基本的设计模式。然后，介绍怎样用 callback（回调）、Promise 以及 async/await 机制来构建异步的控制流模式。其次，介绍 Node. js 的 stream（流）并演示 stream 的强大功能，使读者能充分地利用这些功能。本书分析了三大类设计模式，即创建型的设计模式、结构型的设计模式以及行为型的设计模式，并介绍了怎样在 JavaScript 语言及 Node. js 平台中充分运用这些模式。最后，书中研究了一些比较高端的概念，例如 Universal JavaScript、Node. js 程序的扩展问题以及消息传递模式等，以帮助读者打造企业级的分布式应用程序。

本书适合已了解 Node. js 技术，同时希望在程序的效率、设计及可扩展程度方面有所提高的开发者。阅读本书需要读者掌握 Web 应用程序、Web Service、数据库与数据结构方面的开发技术。

图书在版编目（CIP）数据

Node. js 设计模式（第三版）/（爱尔兰）马里奥·卡西罗，（意）卢西安诺·马米诺著；爱飞翔译．—北京：中国电力出版社，2021. 8

书名原文：Node. js Design Patterns，Third Edition

ISBN 978 - 7 - 5198 - 5597 - 0

Ⅰ. ①N…　Ⅱ. ①马…②卢…③爱…　Ⅲ. ①JAVA 语言—程序设计　Ⅳ. ①TP312. 8

中国版本图书馆 CIP 数据核字（2021）第 078912 号

北京市版权局著作权合同登记 图字：01 - 2021 - 1897

出版发行：中国电力出版社
地　　址：北京市东城区北京站西街 19 号（邮政编码 100005）
网　　址：http://www. cepp. sgcc. com. cn
责任编辑：刘　炽　何佳煜（liuchi1030@163. com）
责任校对：黄　蓓　常燕昆　于　维
装帧设计：王红柳
责任印制：杨晓东

印　　刷：三河市航远印刷有限公司
版　　次：2021 年 8 月第一版
印　　次：2021 年 8 月北京第一次印刷
开　　本：787 毫米×1092 毫米　16 开本
印　　张：38. 5
字　　数：792 千字
定　　价：148. 00 元

前　　言

许多人都认为 Node. js 改变了整个行业，称得上是近十年中 Web 开发界最大的创新。除了具备丰富的技术能力，Node. js 还促使 Web 开发界乃至整个软件开发行业形成一种新的开发范式。

首先，Node. js 应用程序是用 JavaScript 语言写的，这是最流行的 Web 开发语言，而且也是唯一受到所有网页浏览器直接支持的语言。这意味着所有层面的应用，都可以用同一种语言来开发，而且服务器与客户端之间能够共用这种语言。此外，这也缩短了前端工程师与后端工程师之间的距离，让前端开发者能够相当直观地接触后端编程工作。只要熟悉 Node. js 与 JavaScript，你就可以针对各种平台与环境轻松地构建软件。

JavaScript 有助于 Node. js 流行，而 Node. js 本身也反过来促进了 JavaScript 语言的兴起与演变，它让人意识到，JavaScript 不仅在客户端有用，在服务器端也很有价值。使用 Node. js 开发的过程中，人们意识到 JavaScript 是一门实用而灵活的语言，并且能够以事件驱动的方式来写代码。另外，这也是一门混合型语言，既有面向对象的特征，又支持函数式编程。

Node. js 的第二项重大革新，是单线程编程模型与异步架构。这显然有助于提升性能，并且让程序易于扩展，除此之外，它还改变了开发者处理并发与并行的方式。它用队列取代互斥锁，用回调取代线程，用因果关系（causality）取代同步，这些抽象方式要比与之相对应的传统做法更为简单，同时在功能上还相当强大，让开发者能够效率极高地解决日常工作中的问题。

第三项，也是最关键的一项创新，是 Node. js 培养了一套生态系统，其中有 npm 包管理器，有不断壮大的数据库模块，有乐于助人的代码提交者，更为重要的是，这套生态系统有自己的基本理念，也就是提倡简洁、注重实效，并推崇模块化的设计。

正因为有这些特点，Node. js 跟其他一些客户端的平台相比，会给人不同的感觉。新接触这种开发范式的程序员，经常找不到思路，甚至连最常见的设计与编程任务，都不知道应该如何解决才好。他们经常会问：*我怎么安排代码的结构？这个项目怎么设计最好？我怎么才能让应用程序变得更加模块化？我如何高效地处理某一批异步调用？我怎样才能保证这个应用程序项目在发展的过程中不会崩溃？*其实这都可以归结为：*我怎么才能用 Node. js 把它正确实现出来？*Node. js 目前已经是个相当成熟的平台了，因此这些问题几乎都可以通过某种设计模式、某项编程技巧或某套推荐方案，轻松地予以解决。这本书，正是要带着大家领略这些模式、技巧与方案的形成过程，告诉你某些常见的问题，究竟应该采用哪一种做法来处理，同时还会教你怎样从这些做法出发，针对你自己的问题来打造特定的解决方案。

在阅读本书的过程中，你会学到下列几方面内容：

- “Node way”：

指你在用 Node. js 开发程序时，应该以怎样的思路来切入。你会学到传统的设计模式与 Node. js 的模式之间有哪些区别，以及如何设计出只专注于一件事的模块。

- **一套设计模式，用以解决常见的 Node. js 设计问题与编程问题：**

你会学到一套全方位的（也就是“瑞士刀式的”）模式，可以高效地解决日常工作中的开发与设计问题。

- **如何编写易于扩展且效率较高的 Node. js 应用程序：**

你会理解基本的设计结构，以及编写大型 Node. js 应用程序时应遵循的原则，并学会利用这些原则，把项目安排得更加易于扩展。你还会学到怎样运用这些理念，来解决现有设计模式之外的新问题。

- **用“现代的 JavaScript”编程：**

JavaScript 大概在 1995 年就出现了，但是经历过许多变化，最近几年变得尤其多。这本书会利用比较新的 JavaScript 机制来编程，例如类、Promise、生成器函数、async/await 等，让你能够跟上 JavaScript 的潮流。

整本书用的都是实际编程之中的库与技术，例如 LevelDB、Redis、RabbitMQ、ZeroMQ、Express 等，笔者会用这些东西来演示某个模式或编程技巧，这不仅可以让范例更有意义，而且还会让大家更全面地接触 Node. js 的生态系统以及与之相关的全套解决方案。

无论是工作项目、兴趣项目还是开源项目，都可以从这本书中受益，你在使用 Node. js 做这些项目时，可以利用本书中的知识，来判断这些项目能够使用什么样的模式与技巧，并把自己的编程与设计思路，用 Node. js 开发者能够听懂的说法分享给大家。而且，在这个过程中，你还可以更好地体会到 Node. js 的发展方向，以及自己应该如何为 Node. js 的发展出力。

阅读本书之前所要做的准备

为了尝试源代码，你必须安装一个能够正常运作的 Node. js（版本要等于或大于 14），以及一个 npm（版本要等于或大于 6）。如果某些范例还用到了其他工具，那么笔者会在那个范例之中提到相应的工具。此外，你还需要熟悉命令行，知道如何安装 npm 软件包以及如何运行 Node. js 应用程序。最后，你需要用某种文本编辑器来编写代码，并装有一个版本较新的网页浏览器。

本书的目标读者

这本书写给已经稍微了解 Node. js 技术，同时又想在程序的效率、设计以及可扩展程度方面有所提高的开发者。你只需要接触过一些基本的技术范例，并对 JavaScript 语言有所了解，就可以读这本书，笔者在书里还会再次谈到某些基本的概念。除了初学者之外，有一定经验的 Node. js 开发者，也能够从这本书里发现有用的技巧。

如果你懂得某些软件开发理论，那么可以更好地理解书中提到的某些理念。

读这本书前你需要已经会做 Web 应用程序、Web Service、数据库与数据结构方面的开发。

本书涵盖的内容

第 1 章，Node. js 平台。这一章展示 Node. js 平台本身的核心模式，以介绍 Node. js 应用程序的设计情况。笔者会讲到 Node. js 的生态系统与理念，还会简单地介绍 Node. js 的内部机制与 reactor 模式。

第 2 章，模块系统。这一章介绍 Node. js 可以使用的模块系统，以强调 CommonJS 与较新的 ES 模块之间有什么区别，后者是 ECMAScript 2015 规范推出之后的做法。

第 3 章，回调与事件。这一章告诉大家怎样开始学习异步编程与异步模式，笔者会讨论回调与事件发射器（也就是 observer 模式），并对比它们的区别。

第 4 章，利用回调实现异步控制流模式。这一章介绍一系列模式与技巧，告诉大家如何在 Node. js 之中利用回调来高效地处理异步控制流。

第 5 章，利用 Promise 与 async/await 实现异步控制流模式。这一章要研究一些比较高级、比较新颖的异步控制流技巧。

第 6 章，用 Stream 编程。这一章深入讲解 Node. js 里面极其重要的一项工具，也就是 stream（流）。笔者会讲解怎样用 Transform 流来处理数据，以及如何将这些流组合成各种模式。

第 7 章，创建型的设计模式。从这一章开始，笔者会用三章的篇幅，按照传统的分类方式来讨论 Node. js 的设计模式。首先是创建型的（creational）模式，笔者会讲到其中最流行的几种，也就是 *Factory* 模式、*Revealing Constructor* 模式、*Builder* 模式与 *Singleton* 模式。

第 8 章，结构型的设计模式。这一章继续以传统的分类方式来讲解 Node. js 设计模式。笔者会讲到 *Proxy* 、*Decorator* 以及 *Adapter* 等结构型的模式。

第 9 章，行为型的设计模式。这是按照传统分类方式来讲解 Node. js 的最后一章。笔者会介绍 *Strategy* 、*State* 、*Template* 、*Middleware* 、*Command* 以及 *Iterator* 等行为型的设计模式。

第 10 章，用 Universal JavaScript 开发 Web 应用程序。这一章讲解我们目前用 JavaScript 开发 Web 应用程序时的一种有益理念，也就是让前端与后端共用代码。笔者在本章中，会告诉你 Univeral JavaScript（通用 JavaScript）[译注1]的基本原则，并在这套原则指导下，利用当前的工具与库，构建一款简单的 Web 应用程序。

第 11 章，高级技巧。这一章讲解一些经常碰到的编程与设计细节，并告诉你如何用这些知识打造立刻就能使用的解决方案，以完成相应的编程任务。

第 12 章，用架构模式实现扩展。这一章讲解一些基本的技巧与模式，让你能够扩展 Node.js 程序。

第 13 章，消息传递与集成模式。这一章要讲解极其重要的消息模式，告诉你怎样利用 Node.js 及其生态系统，来构建并整合复杂的分布式系统。

充分利用本书素材

为了充分利用本书，你可以按照下面的步骤下载范例代码与彩图。

下载包含范例代码的源文件

你可以在 **www.packt.com/**网站登入自己的账号，然后就可以下载包含范例代码的源文件了。如果你是从其他地方买的，可以访问 **www.packtpub.com/support** 页面并注册账号，这样可以在电子邮箱中收到文件。

你可以按照下面的步骤下载代码文件：

（1）登入 **http：//www.packt.com** 或在该网站注册。

（2）点击网页中的 Support 链接。

（3）点击 Code Downloads 按钮。

（4）在 Search 框里输入这本书的名字，并按照页面上的指示操作。

把文件下载下来之后，请用最新版本的工具，将其中的内容解压缩或提取到某个文件夹里面：

- Windows 系统使用 WinRAR 或 7 - Zip。
- macOS 系统使用 Zipeg、iZip 或 UnRarX。
- Linux 系统使用 7 - Zip、PeaZip。

本书的代码库同时还在 Github 网站上面放了一份，请参见：**nodejsdp.link/repo**。如果代码有所更新，那么 GitHub 上面的那个代码仓库，也会同时更新。

[译注1] 也叫 Isomorphic JavaScript（前、后端同构的 JavaScript），也就是那种既能在客户端运行，又能在服务器端运行的 JavaScript 应用程序。

还有很多书的代码库与视频文件，也能在 GitHub 上面找到。请访问：**https://github.com/PacktPublishing**。

下载彩色配图

本书用到的屏幕截图与示意图可以从这里下载：**https://static.packt-cdn.com/downloads/9781839214110_ColorImages.pdf**。

字体约定

本书用不同样式的文字来印刷不同类型的信息。下面举例说明几种信息所采用的文字样式：

- 文本中的代码：**server.listen (handle)**。
- 路径名：**src/app.js**。
- 举例时所用的网址：**http://localhost:8080**。

整段出现的代码，一般按照 StandardJS 格式（**nodejsdp.link/standard**）印刷，例如像下面这样：

```
import zmq from 'zeromq'

async function main () {
  const sink = new zmq.Pull()
  await sink.bind('tcp://*:5017')

  for await (const rawMessage of sink) {
    console.log('Message from worker: ', rawMessage.toString())
  }
}
```

如果要强调某段代码中的某一部分，那么这几行或这几个字，会加粗印刷：

```
const wss = new ws.Server({ server })
wss.on('connection', client => {
  console.log('Client connected')
  client.on('message', msg => {
    console.log(`Message: ${msg}`)
    redisPub.publish('chat_messages', msg)
  })
```

})

需要在命令行界面输入的命令，或者该界面所显示的输出信息，会印刷成下面这样：

```
node replier.js
node requestor.js
```

首次出现的术语以及**重要的词汇**，字体为粗体。截图中的文字，例如菜单或对话框里面的字，字体如下："To explain the problem，we will create a little **web spider**，a command-line application that takes in a Web URL as the input and downloads its contents locally into a file."[为了解释这个问题，我们创建一个 web spider（网页爬虫/网络蜘蛛），这是一种命令行程序，可以接受某个网址，并将其内容下载到本机的某个文件里面。]

表示警告或重要说明。

表示提示或技巧。

书中大部分网址，我们都采用自己的短网址系统来缩略，这样可以节省篇幅，而且便于读者输入。这些链接的格式为：`nodejsdp.link/some-descriptive-id`。

联系方式

欢迎读者给出反馈。

一般反馈：如果对本书的任何方面有疑问，请发邮件至 `customercare@packtpub.com`，并在邮件标题中写上书名。

勘误：虽然我们会仔细确保书中内容准确，但错误是难免的。感谢你把书中的错误告诉我们。请访问 `www.packtpub.com/support/errata` 页面，选择这本书，点击 Errata Submission Form 链接，然后填写详细的勘误信息。

盗版：如果你在网上发现任何形式的非法拷贝，请把网址或网站名称告诉我们。请发邮件至 `copyright@packt.com`，并给出指向盗版材料的链接。

如果你也想成为作者：如果你精通某个主题，想写一本书，或者想为这方面的书出力，请访问 `authors.packtpub.com`。

撰写书评

请给本书留下评价。阅读并使用本书之后，不妨在当初购买的网站上面写出评论，让其他人可以根据你的评论，决定自己是不是应该购买这本书。Packt 出版社可以由此了解你对本社产品的看法，我们的作者也能够看到你对本书的意见。多谢!

与 Packt 出版社有关的信息，详见 **packt.com**。

目　　录

第 1 章　Node. js 平台

在 Node. js 平台与它的生态系统之中开发程序，可能会有一种特殊的感觉，因为该平台中的某些原则与设计模式，会让这个平台显得比较特别。这在异步方面，或许体现得尤为明显，因为这个平台很依赖回调与 Promise 等异步机制。本章要介绍 Node. js 这一平台，并探讨它在异步方面的这些特征是从哪里来的。这不仅仅是为了讲述理论知识，更是为了让你了解 Node. js 的核心原理，这样才能帮你打好基础，让你更容易理解本书后续各章要讲的一些复杂话题与模式。

Node. js 还有一个特别的方面，就是它所采用的这套理念。转向 Node. js 平台做开发，实际上要比学习一门新技术简单得多，而且你在使用这个平台的过程中，还能体会到一种开发氛围。这种氛围极大地影响了应用程序与组件的设计方式，以及开发者之间的交流方式。

我们在这一章里，会学习以下几方面内容：

- Node. js 的开发理念，也就是“Node way”。
- reactor 模式，也就是 Node. js 异步事件驱动架构的核心机制。
- 在服务器端运行 JavaScript，与在浏览器中运行的区别。

1.1　Node. js 开发理念

每个编程平台都有自己的理念，也就是开发者公认的一套指导原则或做事风格，这种思路会影响平台的发展方向，以及应用程序的设计与开发方式。有些原则来自技术本身，有些原则由生态系统所促成，有些原则反映的只是某种开发潮流，还有一些原则，借鉴自其他平台的发展历程与发展思路。具体到 Node. js 平台来说，有一些原则是平台的创立者 Ryan Dahl 提出的，还有一些原则来自该平台的核心人物与知名开发者，最后有一部分原则是由大环境，也就是 JavaScript 语言的变迁而产生的。

这些原则都不是强制实施的，而是要靠大家自觉遵行。在设计软件的时候，这些原则可以给我们提供许多极其有益的思路。

维基百科的 List of software development philosophies 词条列出了许多软件开发理念，参见：**nodejsdp. link/dev - philosophies**。

1.1.1 小核心

Node. js 核心指的就是 Node. js 的运行期环境与内置模块，这个核心建立在几条原则的基础之上。其中一条是说功能要尽量少，把没必要放在核心里面的功能划分到**用户空间**（**userland** 或**userspace**）之中，使得那些模块可以在核心外围形成一套生态系统。这项原则对 Node. js 的理念影响很大，因为它让开发者能够在用户空间之中自由尝试各种方案，而不用先把这些方案融入核心之后再去尝试，核心的发展速度比较缓慢，而且控制得较为严格，这是为了追求稳定。把核心中的功能缩到最小，不仅便于维护，而且对整个生态系统的发展也有好处。

1.1.2 小模块

Node. js 把**模块**（**module**）当成安排代码结构的基本手段，它是创建应用程序及可复用的程序库时，所使用的基本单元。在 Node. js 的各项原则之中，广受欢迎的一条就是把模块（与包）设计得小一些，这不仅指原始代码的数量要小，而且更为重要的是范围也要小。

这条原则来自 UNIX 操作系统的设计理念，尤其是下面这两条格言：

- “Small is beautiful. ”（小就是好。）
- “Make each program do one thing well. ”（让每个程序专门做好一件事。）

Node. js 把这两项理念发挥得相当透彻。它有自己的模块管理器，其中比较流行的是**npm** 与**yarn** 。借助这些模块管理器，Node. js 很好地解决了依赖关系难于管理的问题（*dependency hell* problem)。它允许两个（或多个）包在安装的时候，各自去依赖同一个包的不同版本，（而不强行要求它们必须依赖同一个版本，）这样就解决了冲突问题。这种做法还让每个包都能依赖于数量很多的小包，并单独管理自身的依赖关系，从而避开依赖关系有可能相互冲突的问题。对于其他平台来说，这种做法好像有点不切实际，甚至根本无法做到，但在 Node. js 平台上面，这样做很普遍。这极大地提升了可复用的程度，有时我们可以设计只包含几行代码的模块，比如这里就有这样一个模块，它专门通过正则表达式来匹配电子邮件地址：**`nodejsdp. link/email - regex`**。

把模块设计得小一些，显然会让该模块更容易得到复用，然而除此之外，还有几个好处：

- 小模块理解与使用起来更容易。
- 小模块便于测试、便于维护。
- 小模块在浏览器里面用起来很方便。

缩减模块的尺寸与功能，让我们能够把少数几行代码单独拿出来，予以分享或重用（而不像原来那样，总是使用比较大的模块，那些模块之间其实有许多代码都是重复的）。这相当于是在 Node. js 层面上运用了**DRY**（**Don't Repeat Yourself** ，不要自我重复）原则。

1.1.3　小接触面（小暴露面）

除了尺寸和范围比较小之外，Node. js 模块还有一项很好的特性，在于它只给外界公布极少的功能。这样做出来的 API 比较清晰，而且不容易出错。实际上，使用某个组件的人，基本上都只对其中少数几项特性感兴趣，而不会总是想着去扩展该组件的功能，或是去深挖其中比较高级的特性。

定义 Node. js 模块的时候，常见的做法是只公布其中一项功能，例如某个函数或者某个类，这样的话，用户就能够很清楚地知道，这个模块就是应该从这里使用才对。

许多 Node. js 模块还有这样一项特征：它们都是为了给人使用，而不是为了让人扩展。把模块的内部机制锁定起来，不让人扩展，这听上去似乎不太方便，但正因为这样，所以模块的用法会比较清晰，实现起来也比较简单，维护与使用都相当便利。在这样的设计理念之下，开发者更喜欢把函数而不是类公布给外界，而且他们会相当谨慎，不让外界过分关注模块内部的实现细节。

1.1.4　简单实用

大家听过**KISS**（**Keep It Simple，Stupid**，保持简单、愚蠢）原则吗？杰出的计算机科学家 Richard P. Gabriel 造出了“worse is better”（更糟就是更好）这样一个说法，用来提倡把软件功能设计得少一些、简单一些。他在 *The Rise of “Worse is Better”* 这篇文章中说：

“*设计必须简单，在实现与接口这两方面都是如此，而且在实现方面尤为重要。做设计时最需要考虑的因素就是简单程度。*”

不要把软件做得面面俱到，而是应该把它设计得简单一些，因为这样做有几个好处：第一，实现起来比较容易；第二，可以迅速发布软件，而且所需的资源比较少；第三，用户容易适应；第四，维护与理解起来比较方便。这些好处让开发者更愿意分享自己的软件，也让这些软件更容易得到发展与改进。

对于 Node. js 平台来说，要想贯彻“简单而实用”这样一条理念，要比别的平台更容易，因为它所依靠的 JavaScript 语言，本身就是一门相当务实的语言。开发者喜欢编写简单的类、函数与闭包，而不喜欢构造复杂的类体系。有些人追求纯粹的面向对象式设计方案，他们总是想拿一些数学上的术语，把计算机系统跟现实世界对应起来。这些人没有考虑到现实世界其实相当复杂，而且并不完美。实际上，我们的软件最多只能够模拟现实，而不能复刻现实。我们应该尽快拿出复杂度适中且可以运作的软件，而不要刻意追求完美，那样不仅耗费精力，而且会制造出大量有待维护的代码。

本书会多次运用这条原则来做设计。比如，有许多传统的设计模式，例如 Singleton 或 Decorator，其实用的都是相当简单的实现方案，有些方案甚至没考虑到如何防止误用。但是大家会看到，这样一种注重实效而又不太复杂的做法，（在绝大多数情况下）要比完美无瑕的设计更值得提倡。

接下来，我们要深入 Node.js 核心，以观察它内部的模式与事件驱动架构。

1.2 Node.js 的工作原理

这一节要帮助你理解 Node.js 的内部原理，并向你介绍 reactor 模式，这是 Node.js 异步机制的关键所在。本节会解释该模式背后的主要理念，例如单线程架构与非阻塞 I/O，让大家看到该模式为什么是整个 Node.js 平台的基础。

1.2.1 I/O 是慢速操作

Input/Output（输入/输出）简称 I/O，在基本的计算机操作里面，这是速度最慢的一类。访问 RAM（内存），只需要耗费几个纳秒（1 纳秒等于 10^{-9}秒），而访问磁盘或网络，则需要耗费几个毫秒（1 毫秒等于 10^{-3}秒）。这两种操作在带宽上的差异也是这样。访问内存时的数据传输速度，可以稳定在每秒几个 GB，而访问磁盘或网络的时候，则只能达到每秒几个 MB，只有比较好的情况下才能达到 GB 级别。I/O 操作通常不太占 CPU 资源，但是它增加了设备发出请求与该请求得以完成之间的延迟时间。另外，我们还得考虑到人的因素，因为在很多情况下，应用程序的输入信息来自人的操作，例如点击鼠标等。这种 I/O 的速度和频率，不单单由技术方面的指标来决定，因此，它们比磁盘或网络 I/O 还要慢好几个数量级。

1.2.2 阻塞式 I/O

在传统的阻塞式 I/O 编程中，与 I/O 请求相对应的函数调用操作，会阻塞执行该操作的这条线程，直到操作完成为止。这次操作如果访问的是磁盘，那么可能会令线程阻塞几个毫秒，但如果是那种需要由用户来触发的动作，例如按下某个键，那就有可能长达几分钟甚至更久。下面这段伪代码，演示了一项常见的操作，这项操作会从 socket 读取数据，从而令线程阻塞：

```
//阻塞线程，直到数据可以使用为止
data = socket.read()
//数据已经可以使用了
print(data)
```

大家很容易就注意到，采用阻塞式 I/O 所实现的 Web 服务器，没办法在同一条线程中处理多个连接请求。这是因为每一项针对 socket 的 I/O 操作，都会阻塞该线程，让它没办法同时处理其他的连接请求。要想解决这个问题，传统的做法是每遇到一次请求，就开一条线程（或进程），从而让这些连接请求能够并发地得到处理。

这样执行 I/O 操作，就不会影响其他连接了，因为每个连接都放在单独的线程里面处理。图 1.1 演示了这种处理方式。

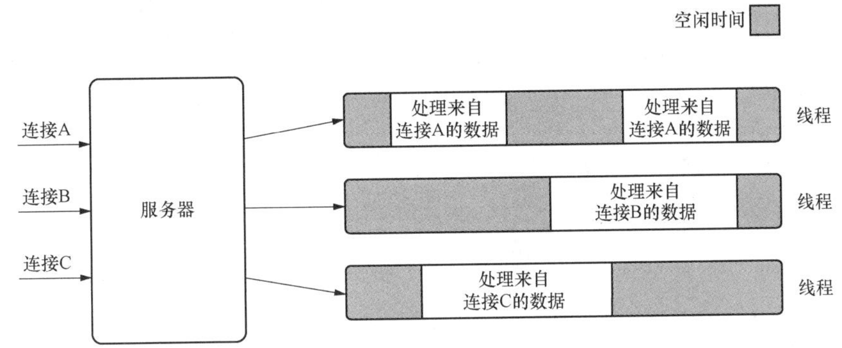

图 1.1　用多个线程处理多个连接

从图 1.1 之中可以明确地看出，每条线程为了等待系统把涉及相关连接的数据发过来，必须闲置大量时间。如果我们假设这些连接所要执行的 I/O 操作，全都有可能导致系统执行阻塞式的请求（例如要同数据库或文件系统相交互），那么大家很快就会意识到：线程为了等候这些 I/O 操作得以完成，必须多次闲置。但问题是，线程所占的系统资源并不少，它要使用内存，而且系统必须通过上下文切换（context switch）来管理这些线程。因此，如果我们让线程必须闲置下来，等待系统把相关连接所请求的数据准备好，然后才去处理这些数据，那么就会浪费宝贵的内存与 CPU 资源。

1.2.3　非阻塞式的 I/O

除了阻塞式的 I/O，目前大多数操作系统还支持另外一种资源访问机制，也就是非阻塞式的 I/O。在这种运作模式下，系统调用总是立刻返回，而不必等待相关数据读出或写入。在执行调用的那一刻，函数若是无法给出结果，则返回一个预先定义好的常量，以表示当前并没有数据可以返回。

比如，在 UNIX 操作系统里面，有一个叫作 fcntl()的函数，可以操纵某个已有的文件描述符（UNIX 系统通过文件描述符来指代某个可以访问的本地文件或网络套接字）。你可以通过这个函数开启 O_NONBLOCK 标志，把运作模式切换到非阻塞模式，这样的话，如果你在读取该描述符所指向的那份资源时，系统还没有把数据准备好，那么这次读取操作就会失败，并返回 EAGAIN 这个错误代号。

处理这样的非阻塞I/O时，最基本的一种模式就是在循环结构中主动查询每份资源，看看该资源目前能不能返回某个实际的数据。这叫作**busy-waiting**。下面这段伪代码，演示了如何利用循环结构，以非阻塞式的I/O来主动查询多个资源：

```
resources = [socketA, socketB, fileA]
while (!resources.isEmpty()) {
  for (resource of resources) {
    // 尝试读取
    data = resource.read()
    if (data === NO_DATA_AVAILABLE) {
      // 目前没有数据可以读取
      continue
    }
    if (data === RESOURCE_CLOSED) {
      // 资源已关闭，把它从列表中移除
      resources.remove(i)
    } else {
      // 收到了数据，处理该数据
      consumeData(data)
    }
  }
}
```

大家看到，这项简单的技巧，可以在同一条线程里面处理许多份不同的资源，但这种处理方式效率并不高。按照刚才那种写法来看，整个循环结构依然在浪费宝贵的CPU周期，因为绝大多数情况下，它所迭代的这些资源，都还没把数据准备好。这样的轮询算法（polling algorithm）通常会耗费大量的CPU时间。

1.2.4 事件多路分离

busy-waiting绝对不是处理非阻塞资源的理想方式，好在目前的大多数操作系统，都提供了一种原生机制，能够高效地处理并发式的非阻塞资源。这指的就是我们此处要讲的**同步事件多路分离器**（**synchronous event demultiplexer**）[译注2]，它也叫作**事件通知接口**（**event notification interface**）。

如果你不熟悉这个术语，可以先想想电信中的**多路复用**（**multiplexing**），这指的是一种

译注2 其中的demultiplexer也译为解多路复用器、解多路器、多路分派器等。

信号传输手法，它把多个信号合并到一起，以便在能力有限的媒介之中传输。

解多路复用（demultiplexing）指的则是与之相反的操作，也就是把合并起来的信号重新分割成合并之前的原始信号。这两个术语在其他领域（例如视频处理）之中也会用到，指的也是把多个事物合并成一个，以及将同一事物拆解成多个的过程。

我们讨论的这种同步事件多路分离器，会监测多个资源，并于涉及其中某个资源的读取操作或写入操作执行完毕时，返回一个（或一套）新的事件。这样做的好处在于：这种同步事件多路分离器总是同步的，它会一直卡在这里，直到有新事件需要处理为止（换句话说，如果它返回了，那我们就知道有新事件可以处理了）。下面这段伪代码，描述了一种通用的算法，它拿一个同步的事件多路分离器，从两个不同的资源之中读取数据：

```
watchedList.add(socketA, FOR_READ)                          // (1)
watchedList.add(fileB, FOR_READ)
while (events = demultiplexer.watch(watchedList)) {         // (2)
  // 事件循环
  for (event of events) {                                   // (3)
    // 这项读取操作绝不会阻塞,它总是能返回数据
    data = event.resource.read()
    if (data === RESOURCE_CLOSED) {
      // 资源关闭了,把它从受监视的清单中移除
      demultiplexer.unwatch(event.resource)
    } else {
      // 收到了一份数据,开始处理该数据
      consumeData(data)
    }
  }
}
```

现在我们来看看这段伪代码做了些什么：

(1) 把资源添加到一份数据结构里面，添加的时候指出你要对该资源做什么操作［比如，本例要做的是读取（read），因此我们指定 FOR_READ 标志］。

(2) 用刚才那份数据结构来配置多路分离器。配置的时候所用的 watch 方法是个同步方法，它会一直阻塞，直到某个受监测的资源可供读取（read）为止。这个时候，我们对事件多路分离器所做的 watch 调用就会返回，我们会得到一套新的事件，以表示有待处理的数据。

(3) 通过 for 结构处理事件多路分离器所返回的每个事件。此时，与每个事件相关联的资源，都保证可以直接读到，而不会发生阻塞。把所有事件处理完之后，程序又会回到 while

循环那里，以等候下一批有待处理的事件。这就叫作**事件循环**（**event loop**）。

我们看到，这种模式可以在一条线程里面处理多项 I/O 操作，而且不需要使用 busy-waiting 技术。现在大家应该知道为什么要讨论多路分离了吧？这是因为，它让我们只需要用一条线程，就能够处理许多项资源。图 1.2 描述了 Web 服务器如何用同步的事件多路分离器，在一条线程里面处理多个并发连接。

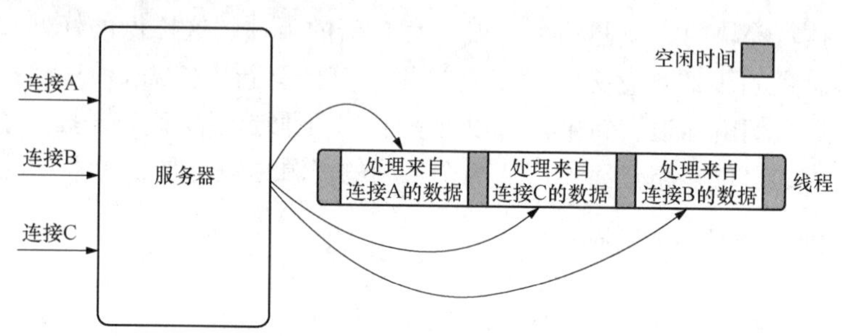

图 1.2　用一条线程处理多个连接

正如大家所见，只使用一条线程，并不会影响我们并发地处理多项 I/O 密集型任务。我们是把任务分散到同一条线程的多个时间段内，而不是分散到多条线程之中。这样做显然能尽量降低线程的总闲置时间，从图 1.2 中，大家已经能够清楚地看到这一点。

之所以采用这样一种 I/O 模型，还有另外一项原因：单线程会让开发者能够更加轻松地编写并发程序。在本书里，我们会多次看到这样做的好处，由于无需考虑进程内部的数据竞争问题，也不用在多条线程之间同步，因此，我们可以采用更加简单的并发策略来完成编程任务。

1.2.5　reactor 模式

现在我们可以正式介绍 reactor（反应器）模式了，该模式是对上一小节那个算法所做的特化。reactor 模式的主要思路是把每项 I/O 操作都同某个 handler（事件处理器/事件处理程序）[译注3]关联起来。Node. js 中的 handler 用 **callback** 函数（回调函数，简称 cb 函数）表示。

只要事件循环产生并处理某个事件，handler 就会得到触发。reactor 模式的结构如图 1.3 所示。

采用 reactor 模式的应用程序是这样运作的：

译注3　本书酌情将 handler 译为**处理逻辑**，以便与**处理器**（processor）、**程序**（program）、**应用程序**（application）等术语区分。

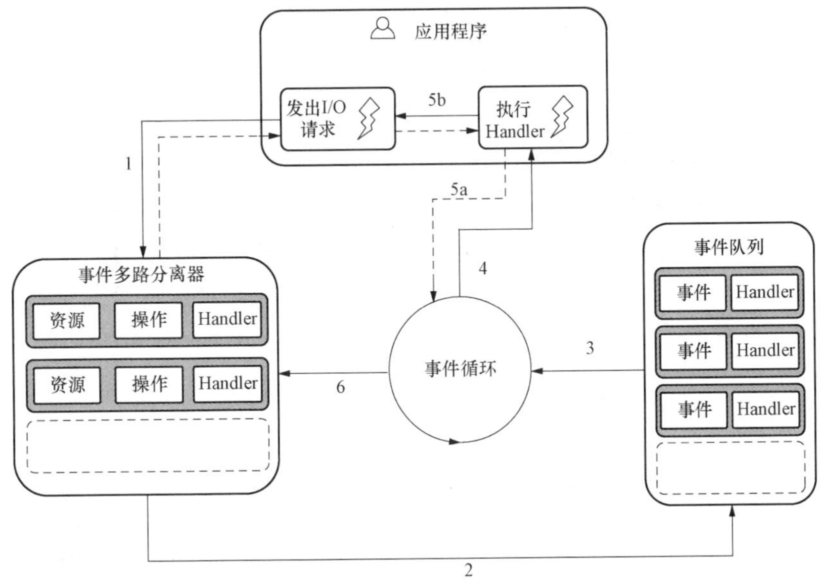

图 1.3　reactor 模式

(1) 应用程序向**事件多路分离器**(Event Demultiplexer) 提交请求，以表示某一项 I/O 操作有待完成。提交的时候还要指定 handler，也就是该操作完成的时候所要执行的那段处理逻辑。向事件多路分离器提交新请求是一项非阻塞的调用，这种调用会立刻把控制权返还给应用程序。

(2) **事件多路分离器**执行完某一套 I/O 操作之后，会把与执行结果相对应的一套事件，推送到**事件队列**(Event Queue) 之中。

(3) 此时，**事件循环（Event Loop）**会迭代**事件队列**中的各项事件。

(4) 针对每一项事件，触发与之相关的 handler。

(5) 这个 handler 是应用程序的一部分，它在执行完自己的逻辑后，会把控制权返还给**事件循环**(参见图 1.3 中的5a)。在执行过程中，它还可以提出新的异步操作请求（参见图 1.3 中的5b)，这会让**事件多路分离器**里面出现新的待处理条目（参见图 1.3 中的 1)。

(6) 把**事件队列**中的每个条目都处理完之后，**事件循环**就会再度阻塞于**事件多路分离器**这里，直到新的事件出现，那时它又会进入下一轮循环。

这种异步行为是相当清晰的：应用程序在某个时间点上，表达自己想要访问某份资源的意愿（这个访问操作会以非阻塞的方式执行），同时，它还提供一个事件处理器，这个事件处理器会在这次访问操作完成的时候得到触发。

如果事件分离器已经没有操作需要处理，而且事件队列之中也没有待处理的事件，那么 Node.js 应用程序就会退出。

现在我们可以来定义 Node.js 的核心模式了。

reactor 模式

这是一种处理 I/O 操作的模式，如果某套受监测的资源产生新事件，那就解除阻塞，然后对每个事件做出反应，也就是将其分派给相关的事件处理器去处理。

1.2.6 Node.js 的 I/O 引擎——Libuv

每个操作系统都有自己的事件分离器接口，Linux 是 **epoll**，macOS 是 **kqueue**，Windows 是 **IOCP**（I/O completion port，I/O 完成端口）。此外，同一种 I/O 操作，在不同类型的资源上面，可能会有相当不同的行为，就算操作系统一样，也还是会因为资源的类型而体现出差异。比如，在 UNIX 操作系统上面，常规文件系统之中的文件，不支持非阻塞的操作，因此，为了模拟非阻塞的行为，我们必须在事件循环之外单独用一条线程来操作才行。

由于不同的操作系统之间有差异，而且同一种操作系统内部也有所不同，因此，事件分离器应该构建在更高的层面上，以便将这种差异给抽象掉。这就是 Node.js 核心团队为什么要创建**libuv** 的原因。libuv 是一套原生库（native library），它想让 Node.js 兼容于所有的主流操作系统，并让不同类型的资源都能表现出一致的非阻塞行为。libuv 是 Node.js 的底层 I/O引擎，而且在构成 Node.js 平台的部件里面，它或许是最为重要的一个。

除了把底层系统调用之间的差异抽象掉 libuv 还实现了 reactor 模式，因此它会提供一套 API，让开发者能够建立事件循环、管理事件队列、运行异步 I/O 操作，并将其他类型的任务加入队列。

Nikhil Marathe 写了一本讲 libuv 的好书，可以在网上免费阅读：**nodejsdp.link/uvbook**。

1.2.7 Node.js 的全套结构

reactor 模式与 libuv 库是 Node.js 的基本组件，然而要想打造一整套平台，还必须有另外三个组件才行：

- 一套绑定机制，以封装 libuv 及其他底层功能，令其可以与 JavaScript 对接。

• **V8 引擎**。这本来是 Google 给 Chrome 浏览器开发的 JavaScript 引擎。Node. js 之所以能够如此迅速而高效，其中一个原因就是它采用了 V8 引擎。这种引擎设计新颖、速度极快，而且把内存管理得很有效。

• 一个核心的 JavaScript 库，用以实现高层的 Node. jsAPI。

这就是构造 Node. js 平台所需的全部组件，图 1. 4 演示了 Node. js 的总架构。

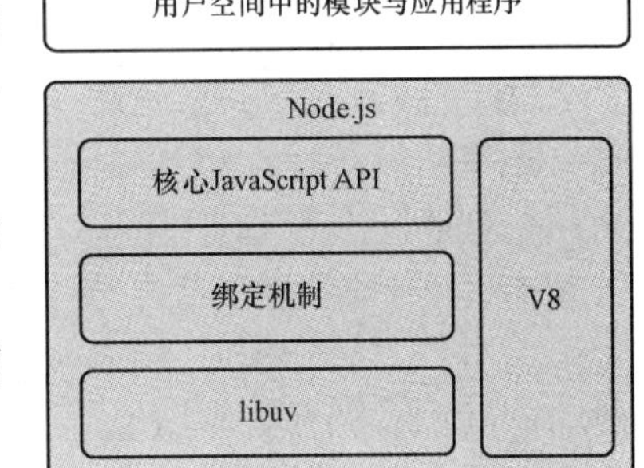

图 1. 4　Node. js 的内部组件

到这里，我们就把 Node. js 的内部机制讲完了。接下来，我们要谈谈在 Node. js 平台编写 JavaScript 代码时，所需考虑的几个重要方面。

1. 3　Node. js 平台之中的 JavaScript

刚才那样一套架构，使得 Node. js 平台之中的 JavaScript，与我们在浏览器中使用的 JavaScript 有一些区别。

其中最明显的区别，就在于 Node. js 里面没有 DOM（Document Object Model，文档对象模型）可用，也没有 `window` 或 `document` 可供访问。但 Node. js 却可以访问到底层操作系统所提供的一套服务，这些服务无法从浏览器版的 JavaScript 程序之中访问。浏览器会实现一套安全措施，确保底层系统不会让恶意的 Web 程序所破坏，为此，浏览器会对操作系统中的资源做出高层次的抽象，以便更为严密地控制浏览器中运行的 JavaScript 代码，这必然会限制这种代码所能做的事情。与之相对，Node. js 平台之中的 JavaScript 代码，可以访问操作系统所公开的全部服务。

接下来，我们看看在 Node. js 平台中使用 JavaScript 时的几个关键点。

1. 3. 1　放心地使用最新版的 JavaScript

在浏览器里编写 JavaScript 代码时，一个很严重的问题就是必须考虑到各种目标设备与目标浏览器。由于要面对不同的浏览器与不同的 JavaScript 运行期环境，因此必须考虑到编程语言或 Web 平台中的某些新特性，究竟能不能在某些浏览器与运行期环境之中使用。所幸这个问题在某种程度上，已经可以通过 transpiler（转译器）与 polyfill 技术得到解决。但问题是，并非所有的特性都能用 polyfill 实现。

在 Node. js 平台里面开发 JavaScript 应用程序，就没有这么多麻烦了，因为这种程序所在的系统与 Node. js 运行期环境，我们基本上是能够提前确定的。于是，我们就能够专门针对特定的JavaScript与Node.js版本来编写代码，而完全不用担心代码在正式投入试用之后会出现奇怪的问题，这是Node.js平台与浏览器平台在JavaScript开发上面的一个重大区别。

另外，Node.js平台所带的V8引擎，版本是很新的，这两个因素合起来，意味着我们可以放心地按照最新版的ECMAScript规范（ECMAScript规范简称ES规范，它是JavaScript语言所依据的标准）来编写程序，而无需做转译。

然而必须注意，如果你开发的库要给第三方使用，那么还是得考虑你的代码会运行在哪些版本的Node.js平台之中。在这种情况下，常见的做法是针对目前还在活跃（active）状态且发布时间最早的那个**LTS**（long term support，长期支援）版本做开发，并在`package.json`文件的`engines`区段里指出版本要求，这样的话，如果用户想把你这个包，安装在版本不兼容的Node.js平台上面，那么包管理器就会给出警告。

Node.js各版本的发行周期，详见：**nodejsdp.link/node-releases**。另外，**package.json**文件中engines区段的写法，可以参考：**nodejsdp.link/package-engines**。每个Node.js版本所支持的ES特性，参见：**nodejsdp.link/node-green**。

1.3.2 模块系统

Node.js平台一开始就有模块系统，那时JavaScript还没有正式支持这样的系统。Node.js最初的模块系统叫作CommonJS，它用`require`关键字来引入函数、变量与类，这些东西可以来自内置的模块，也可以来自设备的文件系统之中的模块。

CommonJS是JavaScript领域的一项创新，它甚至在客户端也开始流行起来，我们会把它与Webpack或Rollup这样的模块打包工具相结合，以产生便于浏览器执行的代码包。对于Node.js来说，CommonJS是必备的组件，它让开发者能够更好地管理大型应用程序，令这些Node.js应用程序的结构，可以跟服务器端的其他平台一样整齐。

JavaScript目前使用的模块语法是ES模块语法（也就是用`import`关键字来引入模块的那种语法）。Node.js也采用这套语法，但它所沿用的，只不过是语法本身，至于底层的实现方式，则与浏览器平台的JavaScript有所不同。浏览器平台的JavaScript主要处理的是远程模块，而Node.js平台（至少从目前来看）只能处理本地文件系统之中的模块。

下一章会详细讨论模块。

1.3.3 访问操作系统中的各项服务

前面说过，虽然Node.js平台用的也是JavaScript语言，但它不像浏览器那样，把这种语言写成的代码放在一个框定的范围里面运行。Node.js平台与底层操作系统所提供的各项主要服务之间都做了绑定。

比如，我们可以通过 **fs** 模块，在获得操作系统许可的情况下，访问文件系统中的任何文件，我们可以通过 **net** 与 **dgram** 模块，在应用程序中使用底层的 TCP 与 UDP socket，我们可以通过 **http** 与 **https** 模块，创建 HTTP 服务器及 HTTPS 服务器，我们可以通过 **crypto** 模块，使用标准的 OpenSSL 加密算法及哈希算法。另外，我们还可以通过 **v8** 模块使用 V8 引擎中的某些内部机制，或通过 **vm** 模块将代码放在另一套 V8 环境下运行。

我们可以利用 **child_process** 模块运行其他进程，或者利用 **process** 全局变量获取本应用程序所在的这个进程之中的相关信息。对于 **process** 全局变量来说，尤其有用的是，我们可以通过 **process.env** 获取该进程的环境变量列表，或通过 **process.argv** 查询应用程序在启动时所收到的命令行参数。

我们此处提到的许多模块，都会出现在后面的章节之中。完整的模块信息，参见 Node. js 的官方文档：**nodejsdp.link/node-docs**。

1.3.4　运行原生代码

在 Node. js 所提供的各项强大功能之中，必须要提的，自然就是它允许开发者在用户空间之中创建模块，并将其与原生代码（native code）相绑定。这让 Node. js 平台表现出一项重要优势，就是能够复用以 C/C++语言编写的现有模块与新模块。借助 N-API 接口，Node. js 平台为开发者实现原生模块提供了很好的支持。

那么，这种功能具体有什么好处呢？首先，它让我们可以轻松复用现有的大量开源库，而且更为重要的是，软件公司可以直接复用早前以 C/C++编写的遗留代码，而无需做迁移。

还有一个好处，在于某些底层操作必须通过原生代码来执行，例如与硬件驱动程序或 USB 端口、串行端口等硬件端口之间的通信操作。由于能够跟原生代码相链接，因此 Node. js 在**物联网**（Internet of things，IoT）与自制机器人领域逐渐流行起来。

最后一个好处是，虽然 V8 引擎执行 JavaScript 代码的速度特别快，但跟原生代码相比，性能上还是差一些。这对于日常的计算任务来说基本不成问题，但对于 CPU 密集型的应用，例如那种有大量数据需要处理和操纵的应用来说，还是应该把任务交给原生代码来完成才对。

另外还应该注意，目前大多数 JavaScript **虚拟机**（也包括 Node. js）都支持 **WebAssembly**（即 **Wasm**），这是一种底层指令格式，可以把 JavaScript 之外的语言（例如 C++或 Rust）编译成 JavaScript 虚拟机“可以理解”的格式（虚拟机，英文写作 virtual machine，简称 VM）。这种机制也具备我们刚才提到的那些优势，而且让我们无需直接同原生代码打交道。

与 Wasm 有关的信息，详见项目的官网：**nodejsdp.link/Webassembly**。

1.4 小结

在这一章里，我们看到，Node. js 平台是根据几条重要原则而构建的，这几条原则决定了它的内部架构与我们编写 Node. js 应用程序时所用的方式。Node. js 崇尚极小内核，并采用“Node way”理念来设计模块，让模块尽量轻便、简单，而且只公布非用不可的功能。

接下来我们讲了 reactor 模式，这是 Node. js 的关键所在。我们还分析了 Node. js 平台的运行期环境，并讲解了其内部架构之中的三个重要部件，也就是 V8 引擎、libuv 以及核心 JavaScript 库。

最后，我们分析了 Node. js 平台与浏览器平台中的 JavaScript 之间有哪些主要的区别。

Node. js 平台能够如此流行，除了内部架构所带来的技术优势，还得益于我们刚才提到的那几条原则以及围绕着该平台的开发者社群。许多开发者都觉得，Node. js 所采用的这种设计方式，才是编程本来应该有的方式，按照这种方式写代码，既能缩小程序尺寸，又能降低复杂程度，所以他们最后都投入了 Node. js 的怀抱。

下一章要深入讲解 Node. js 里面一个重要的基础知识，也就是它的模块系统。

第 2 章 模 块 系 统

在第 1 章里面，我们简单介绍了 Node.js 模块的重要地位。当时我们说了模块在 Node.js 设计理念之中的关键作用，以及它对编程方式的影响。现在我们要展开论述，Node.js 开发为什么需要模块？模块到底重要在什么地方？

总的来说，在构建有一定规模的应用程序时，模块是一种基本结构，用来将代码库分成多个小的单元，让你可以单独开发并测试每个单元。另外，模块还是一种主要的信息遮掩机制，可以把那些没有明确导出的函数与变量给隐藏起来。

如果你接触过其他语言，那么应该熟悉类似的概念，只不过这个概念的叫法不同罢了。在 Java、Go、PHP、Rust 与 Dart 等语言中，这叫作**package**，在 .NET 中，这叫作**assembly**，在 Ruby 中，这叫作**library**，在 Pascal 语言的某些变种之中，这叫作**unit**。当然了，这些术语之间并不是完全可以互换的，因为每种语言或生态系统都有自己的特点，但总的来说，这些概念之间的共同之处很多。

有意思的是，Node.js 目前有两套模块系统，一套是**CommonJS**（简称**CJS**），另一套是**ECMAScript modules**（简称**ES modules** 或**ESM**）。本章中要解释 Node.js 为什么会有两套模块方案，然后告诉大家二者的优点与缺点，最后分析几个使用或编写 Node.js 模块时经常用到的模式。学完这一章，你应该就会明白，如何根据自己使用模块的方式，选择合适的模块系统，还会明白怎样编写自定义的模块。

大家一定要掌握 Node.js 的模块系统以及与模块有关的模式，因为本书的其他各章都要用到这些知识。

简单来说，这章主要讲三个话题：

- Node.js 平台为什么一定要有模块，该平台总共有几种模块系统。
- CommonJS 的内部原理以及相关的模块模式。
- Node.js 平台的 ES modules（ESM）模块系统。
- CommonJS 与 ESM 的区别；如何在这两套系统之间互化。

首先解释为什么需要有模块。

2.1 为什么需要模块

一个编程平台必须有好的模块系统，因为它可以帮助我们解决软件工程中的某些基本需求：

• *我们想把代码库划分成多个文件*。模块不仅能让代码更有条理、更容易理解，而且还让我们能够单独开发并测试其中的各项功能。

• *我们想把同一段代码用在不同的项目里面*。模块可以用来实现通用的功能，并让该功能适用于不同的项目。如果把这样的功能放到模块里面实现，那我们需要用到该功能时，只需在相应的项目之中引入该模块就好。

• *我们想实现封装（或者说信息遮掩）*。按理来说，开发者应该将复杂的实现细节隐藏起来，只把建立在这些细节之上的一套简单接口公布给外界，让用户清楚地知道这套接口的用途。大多数模块系统都允许开发者自己决定，其中哪些代码应该设为 *private*（*私密*）状态，并允许他们把该模块的用户有可能会用到的一些函数、类或对象，公布成 *public*（*公开的*）接口。

• *我们想管理依赖关系*。好的模块系统应该能让开发者根据现有的模块（这也包括现有的第三方模块），轻松地构建其他模块。另外，模块系统还应该让用户能够简便地引入自己想要的模块，并且把位于依赖链上的模块（也就是该模块所依赖的那一系列模块）也一并引入。

当然了，我们必须注意*模块*（*module*）与*模块系统*（*module system*）之间的区别。模块，是软件中的一个单元，而模块系统则是一套语法与工具，让我们能够在自己的项目里面定义并使用模块。

2.2 JavaScript 与 Node. js 的模块系统

不是所有的编程语言都有内置的模块系统。JavaScript 语言在很长一段时间里都没有这样的系统。

在浏览器这一方面，开发者可以把代码库划分到多个文件之中，并通过不同的<script>标记来引入这些文件。多年以来，这个办法的效果一直很好，开发者可以用它来构建简单的交互网站。在没有完备的模块系统之前，开发者暂且用这个办法来管理代码。

后来，浏览器平台中的 JavaScript 程序逐渐变得复杂，而且生态系统里面出现了 *jQuery*、*Backbone* 与 *AngularJS* 等框架，到了这个时候，JavaScript 开发者才开始行动，他们打算定义一种模块系统，以便在 JavaScript 项目之中使用。其中比较成功的有 **AMD**（**asynchronous module definition**，异步模块定义）系统，这个系统随着 RequireJS（**nodejsdp. link/requirejs**）而变得流行，还有后来出现的 **UMD**（**Universal Module Definition**，通用模块定义）系统（参见 **nodejsdp. link/umd**）。

Node. js 平台刚刚出现的时候，业界把它视为一种服务器端的 JavaScript 运行环境，由于它可以直接访问底层文件系统，因此正好有机会打造另一种模块管理方式。这种方式的思路是：

不通过 HTML 的<script>标记来引入 URL 形式的资源，而是完全依赖本地文件系统里面的 JavaScript 文件。于是，Node.js 按照 CommonJS 规范（**nodejsdp.link/commonjs**）实现了一套文件系统，这份规范用于描述无浏览器（browserless）环境下的 JavaScript 模块系统。

从一开始，CommonJS 就是 Node.js 的主流模块系统，而且由于有了 Browserify（**nodejsdp.link/browserify**）与 webpack（**nodejsdp.link/webpack**）这样的模块打包工具（*module bundler*，*模块打包器*），因此它在浏览器平台也变得特别流行。

2015 年，*ECMAScript* 6 规范发布（这也叫作 *ECMAScript* 2015 或*ES2015* 规范），到了这时，JavaScript 才针对模块系统给出了正式标准，按照这种标准打造的模块系统叫作 ECMAScript 模块（*ECMAScript module*）系统，简称 *ESM* 系统。ESM 给 JavaScript 生态系统带来许多创新，它想让浏览器端与服务器端在模块的管理方式上更加一致。

ECMAScript 6 只从语法和语义方面给出了 ESM 的正式规格，但并没有提供实现细节方面的信息。依据这份规范，各浏览器厂商与 Node.js 领域的开发者，花了许多年时间，才逐渐做出了健壮的实现方案。从 13.2 版本开始，Node.js 平台对 ESM 的支持就比较稳定了。

笔者编写这本书的时候，感觉 ESM 正在慢慢成为浏览器端与服务器端管理 JavaScript 模块的事实标准，但至少在目前，大多数项目还是很依赖 CommonJS 模块系统，ESM 要想逐渐超越 CommonJS 并成为主导的模块系统，可能还需要一段时间。

为了全面介绍 Node.js 平台之中与模块有关的模式，本章的前半部分打算在 CommonJS 语境下面讲解，到了后半部分，再把这些模式放到 ESM 环境下面重新讲一遍，以加深理解。

这一章是想让你对两套模块系统都有所了解，但是在接下来的范例代码里面，我们只使用 ESM 系统。这样做是想鼓励你尽量在代码中多用 ESM，以便更好地应对将来的发展。

如果你是在本书已经出版几年之后才看到这里的，那恐怕就不用专门再学 CommonJS 了，而是可以直接跳到讲 ESM 的那一部分。虽说如此，但还是建议你把整章都看完，因为理解 CommonJS 与其特性，肯定能够帮助你更透彻地理解 ESM 及其优点。

2.3 模块系统及其模式

前面说过，在管理颇具规模的应用程序时，模块是最基本的单元，而且也是主流的封装手段，可以把没有明确导出的所有函数及变量，都隐藏起来。

在详细讨论 CommonJS 的细节之前，我们先谈一种通用的模式，这种模式有助于隐藏信息，而且我们在构建简单的模块体系时也会用到，这就是**revealing module 模式**。

revealing module 模式

在浏览器平台开发 JavaScript 时，一个比较严重的问题就是缺乏命名空间机制

（namespacing）。每个脚本都运行在全局作用域（global scope，也叫全局范围）之中，因此，如果应用程序内部的代码或者该程序所依赖的第三方代码把某些功能公布了出来，那么就会污染这个全局作用域。这有可能产生相当糟糕的结果。比如，第三方库有可能实例化了一个叫作 **utils** 的全局变量。如果其他库，或者应用程序自身的代码，不小心覆盖或修改了 **utils**，那么依赖于这个变量的那些代码，就有可能以某种意料不到的方式而崩溃。另外，如果其他库的代码，或者应用程序自身的代码无意间调用了另外一个库里的函数，而那个函数本来只是设计给那个库内部使用的，那么也会产生意想不到的副作用。

简单地说，依赖全局作用域是很危险的，尤其是在应用程序的规模变大之后，那时你会越来越需要用到由其他人所实现的功能。

这种问题有个常见的解决技巧，叫作*revealing module 模式*，该模式的代码一般是这样写的：

```
const myModule = (() => {
  const privateFoo = () => {}
  const privateBar = [ ]

  const exported = {
    publicFoo: () => {},
    publicBar: () => {}
  }

  return exported
})() // 解析完这一对圆括号之后，
     // 函数就会得到调用

console.log(myModule)
console.log(myModule.privateFoo, myModule.privateBar)
```

这个模式利用了一个自执行函数（self-invoking function），这样的函数有时也称为**立即调用函数表达式（Immediately Invoked Function Expression，IIFE）**，它可以创建一个私有的作用域，同时又让开发者能够把应该公布给外界的那一部分暴露出来。

在 JavaScript 语言中，创建于函数内部的变量，是不能从外围作用域（也就是函数外面）访问的。于是，我们在写函数时，就可以通过 **return** 语句把应该让外围作用域知道的那一部分信息传播出去，并把不需要让它们知道的那些东西隐藏起来。

revealing module 模式正利用这些特性，来隐藏私有的信息，同时把应该公布给外界的 API 导出来。

刚才那段代码会让 **myModule** 变量只包含我们想导出的那套 API，并使得模块中的其他东西无法为外界所访问。

最后那两条 **log** 语句，会输出这样的内容：

```
{ publicFoo: [Function: publicFoo],
  publicBar: [Function: publicBar] }
undefined undefined
```

我们看到，用户通过 **myModule** 变量，只能直接访问到 **exported** 之中的那些属性，而无法访问 **privateFoo** 与 **privateBar** 等私有内容。

一会儿大家就会看到，这个模式背后的思路，也正是 CommonJS 模块系统的基本思路。

2.4 CommonJS 模块

CommonJS 是首个内置于 Node.js 平台的模块系统。Node.js 所实现的 CommonJS 系统遵循 CommonJS 规范，并做了一些定制。

下面先看 CommonJS 规范里面的两个基本理念：

- 用户可以通过 **require** 函数，引入本地文件系统之中的某个模块。
- 开发者可以通过 **exports** 与 **module.exports** 这两个特殊变量，把想要公布给外界的功能，从当前模块中导出。

大家目前只需要知道这两条就够了。与 CommonJS 规范有关的一些细节，会在后面几个小节里讲到。

2.4.1 自制的模块加载器

为了理解 Node.js 平台里的 CommonJS 是如何运作的，我们现在从头开始，构建一套类似的系统。下面这几段代码所创建的函数，可以模拟 Node.js 本身的 **require()** 函数之中的一部分功能。

首先编写一个加载模块内容的函数，并把这个函数包裹在私有作用域里面，然后通过 **eval()** 求值，以运行该函数：

```
function loadModule (filename, module, require) {
  const wrappedSrc =
    `(function (module, exports, require) {
      ${fs.readFileSync(filename, 'utf8')}
    })(module, module.exports, require)`
```

```
  eval(wrappedSrc)
}
```

跟revealing module模式一样，我们也把模块的源代码包裹在函数里面，但这次的区别在于，我们还把一系列变量传给了这个函数的**module**、**exports**与**require**参数。这里尤其需要注意**exports**参数，我们把**module.exports**的值赋给了该参数。这个问题后面还要讲到。

另一个重要的细节在于，我们是通过**readFileSync**读取模块内容的。一般来说，在调用涉及文件系统的API时，不应该使用同步版本，但此处确实应该这样做。因为通过CommonJS系统来加载模块，本身就应该实现成同步操作，以确保多个模块能够按照正确的依赖顺序得到引入。这方面的问题本章后面还要讲到。

注意，笔者这样写只不过是为了举例，在实际工作中，很少需要通过eval来执行源代码。像**eval()**这样的特性，以及vm模块之中的函数（**nodejsdp.link/vm**），都很容易遭到误用，并且容易收到不适当的输入信息，从而令系统遭到代码注入攻击。这些东西用起来要特别小心，而且尽量不要使用。

现在我们来实现这个模仿版的**require()**函数：

```
function require (moduleName) {
  console.log(`Require invoked for module: ${moduleName}`)
  const id = require.resolve(moduleName)                          // (1)
  if (require.cache[id]) {                                        // (2)
    return require.cache[id].exports
  }

// 模块的元数据
const module = {                                                  // (3)
  exports: {},
  id
}
// 更新缓存
require.cache[id] = module                                        // (4)

// 载入模块
loadModule(id, module, require)                                   // (5)

// 返回导出的变量
return module.exports                                             // (6)
```

```
}
require.cache = {}
require.resolve = (moduleName) => {
  /* 根据 moduleName 解析出完整的模块 id */
}
```

刚才这个函数用来模拟 Node.js 平台本身的 **require ()** 函数，该函数的功能是加载模块。当然了，我们写的这段代码只是为了讲解原理，并没有打算完整而精确地重现原版函数，所以不会跟真实的 **require ()** 函数所采用的内部机制一一对应。尽管如此，但通过这个模仿版的函数，我们还是能够很好地理解 Node.js 模块系统的内部原理，包括定义模块与载入模块的方式。

这个自制的模块系统，有这样几个关键的步骤需要解释：

(1) 这个函数收到用户所输入的 moduleName（模块名称）之后，必须首先解析出模块的完整路径，我们把这个解析结果保存到名叫 id 的变量之中。笔者把这项解析任务交给 **require.resolve ()**去完成，那个函数负责实现特定的解析算法（我们后面就会谈到那个函数）。

(2) 如果该模块已经加载过了，那么它应该位于缓存之中。于是，我们立刻返回缓存之中的结果。

(3) 如果该模块从来没有加载过，那么就配置一套环境，便于我们首次加载这个模块。具体来说，我们要创建一个名叫 **module** 的对象，让它包含一个名为 **exports** 的属性，并把该属性初始化成空白的对象字面量（empty object literal）。这个对象的内容，将由模块在导出 API 时所用的那些代码来填充。

(4) 配置好首次加载所需的环境之后，我们把 **module** 对象缓存起来。

(5) 通过 **loadModule** 函数从模块的源文件中读取源代码，并利用 eval 执行这些代码，这一部分内容，我们在谈 **loadModule** 函数的时候已经说过了。我们把刚才创建的 **module** 对象传给模块的源代码，另外还传入一个指向 **require ()** 函数的引用。模块的开发者在编写模块源码时，可以修改或替换 **module.exports** 对象，从而导出自己想要公布的内容。

(6) 最后，我们把 **module.exports** 返回给调用方，此时 **module.exports** 包含的就是模块的开发者想要公布的那套 API。

由此可见，Node.js 模块系统并没有神秘的地方，我们只不过是把模块的源代码包裹了起来，而且手工创建了一套环境，将这些源代码放在这套环境里面运行。

2.4.2 定义模块

看过了我们所模拟的 **require** 函数之后，现在可以谈谈定义模块的办法了。下面这段代码举例说明如何定义模块：

```
//加载本模块所依赖的另一个模块
const dependency = require('./anotherModule')

//本模块的私有函数
function log() {
  console.log(`Well done ${dependency.username}`)
}

//导出本模块想要公布给外界的 API
module.exports.run = () => {
  log()
}
```

最关键的是要记住：模块内部的东西都是私有的，除非你把它赋给 **module.exports** 变量。这个变量的内容会让模块系统给缓存起来，并在有人通过 **require()** 要求加载该模块的时候，返回给那个人。

2.4.3 module.exports 与 exports

许多刚接触 Node.js 的开发者，经常搞不清 **exports** 与 **module.exports** 之间的区别，从而没有能够正确地公布 API。我们刚才仿写的 **require()** 与 **loadModule()** 函数，其实可以澄清这个问题。大家看到，**loadModule** 函数只不过是让 **exports** 变量引用 **module.exports** 的初始值，而那个初始值，仅仅是我们加载模块之前创建的一个对象字面量。

这意味着，要想通过 **exports** 变量导出内容，我们只能像下面这样，给该变量安插新的属性：

```
exports.hello = () => {
  console.log('Hello')
}
```

假如直接给 **exports** 变量赋值，那么不会有任何作用，因为这改变不了 **module.exports** 的内容。这只不过是让 **exports** 变量本身指向另外一份内容。因此，下面这种写法是错误的：

```
exports = () => {
  console.log('Hello')
}
```

如果想通过直接赋值，而不是通过给对象字面量里添加新属性的办法，来公布某个函数、实例或字符串，那么赋值的对象应该是 **module.exports** 才对：

```
module.exports = () => {
  console.log('Hello')
}
```

2.4.4 require 函数是同步函数

我们自制 **require ()** 函数的时候，必须考虑到一个相当重要的细节：这个函数是同步函数。它仅仅是直接将模块内容返回而已，并没有用到回调机制。Node.js 平台原版的 **require ()** 函数也是这样。所以，针对 **module.exports** 的赋值操作，也必须是同步的。例如下面这种写法就不正确，而且会给程序带来困扰：

```
setTimeout(() => {
  module.exports = function() {...}
}, 100)
```

require () 是个同步函数，这一特征对我们定义模块的方式有重要影响，因为它迫使我们在定义模块的时候，基本上只能使用同步的代码。Node.js 库之所以要为大多数异步 API 都提供相应的同步版本，这也是一项原因。

如果初始化的过程中，确实有某些步骤要异步执行，那我们可以定义并导出一个尚未初始化的模块，并在稍后以异步方式将它初始化。但这种写法有个问题，就是用 **require ()** 函数加载这样的模块，无法保证该模块加载进来之后，一定能够立刻使用。我们在第 11 章里面会详细分析这个问题，并给出一些能够合理解决该问题的模式。

顺便说个有意思的事情，早期的 Node.js 平台有异步版本的 **require ()** 函数，但很快就移除了，因为这会让函数的功能变得过分复杂。这个函数的用途仅仅是在初始化阶段把需要用到的模块加载进来而已，让它兼顾异步 I/O 操作，只会把函数弄得越来越复杂，那是得不偿失的。

2.4.5 模块解析算法

dependency hell（*“依赖地狱”*）这个词，描述的是这样一种现象：程序中有两个或多个模块，都依赖另一个模块，但它们所依赖的模块版本却互不兼容。为了合理地解决这个问题，Node.js 在加载另外那个模块时，会根据加载方的需要，载入不同的版本。之所以能够实现出这种效果，全都要归功于 npm 或 yarn 这样的 Node.js 包管理器，对应用程序中的依赖关系所做的整理，以及 **require ()** 函数所用到的模块解析算法。

现在我们简单看一下这个算法。大家刚才已经知道，**resolve ()** 函数通过调用者所输入的 **moduleName** 参数，来得知要加载的模块叫什么名字，然后它会返回该模块的完整路径。接下来，我们通过该路径加载模块的代码，并拿这个路径来标识模块的身份，以区别名称相同但身份不同的模块。**resolve ()** 函数所用的解析算法，会根据下面这三种常见的情况，分别做出处理：

• **要加载的是不是文件模块？**如果 **moduleName** 以/开头，那就视为一条绝对路径，此时只需将该路径照原样返回即可。如果 **moduleName** 以./开头，那就当成一条相对路径，这条相对路径是从请求载入该模块的这个目录算起的。

• **要加载的是不是核心模块？**如果 **moduleName** 既不以/开头，也不以./开头，那么算法就首先尝试在 Node.js 的核心模块里面，寻找叫这个名字的模块。

• **要加载的是不是包模块？**如果没有找到与 **moduleName** 相匹配的核心模块，那就从发出加载请求的这个模块开始，逐层向上搜寻名为 **node_modules** 的目录，看看里面有没有能够与 **moduleName** 匹配的模块，如果有，那么就载入该模块。如果没有，就沿着目录树继续向上走，并在相应的 **node_modules** 目录之中搜寻，直至到达文件系统的根部为止。

在考虑文件模块与包模块的时候，文件和目录都有资格与 **moduleName** 相匹配。具体来说，解析算法会按照下面的顺序来匹配：

• 首先看有没有主文件名是 **moduleName** 且后缀名为 .js 的文件，也就是＜**moduleName**＞**.js**。

• 其次看有没有名叫 **moduleName** 的目录且该目录下有没有名为 **index.js** 的文件，也就是＜**moduleName**＞**/index.js**。

• 最后看有没有名叫 **moduleName** 的目录，且该目录下有没有 **package.json** 文件，若有，则采用其中的 **main** 属性所指定的目录或文件。

与解析算法有关的完整官方文档，请参阅：**nodejsdp.link/resolve**。

包管理器之所以能够单独管理每个包的依赖关系，就是因为有了这种 **node_modules** 目录。根据刚才描述的算法逻辑，每个包实际上都可以单独管理自己对某个包的依赖关系，而不必总是依赖该包的同一个版本，比如，我们考虑下面这个目录结构：

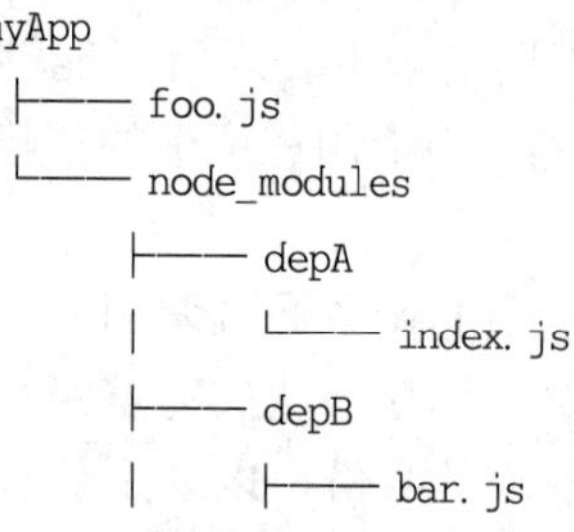

```
myApp
 ├── foo.js
 └── node_modules
      ├── depA
      │    └── index.js
      ├── depB
      │    ├── bar.js
```

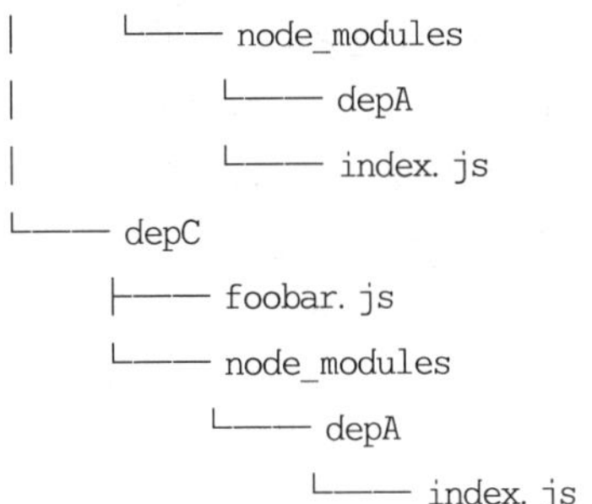

```
|       └──── node_modules
|             └──── depA
|             └──── index.js
└──── depC
      ├──── foobar.js
      └──── node_modules
            └──── depA
                  └──── index.js
```

从这套结构之中可以看出，尽管 **myApp**、**depB** 与 **depC** 都依赖 **depA**，但它们所依赖的是各自名下的那一份 **depA**。根据刚才描述的解析规则，在不同的源文件里执行 **require ('depA')**，加载进来的也会是不同的模块。比如：

- 在/**myApp/foo.js** 里面调用 **require ('depA')**，加载的是/**myApp/node_modules/depA/index.js**。
- 在/**myApp/node_modules/depB/bar.js** 里面调用 **require ('depA')**，加载的是/**myApp/node_modules/depB/node_modules/depA/index.js**。
- 在/**myApp/node_modules/depC/foobar.js** 里面调用 **require ('depA')**，加载的是/**myApp/node_modules/depC/node_modules/depA/index.js**。

Node.js 之所以能把依赖关系给管理好，就是因为它背后有模块解析算法这样一个核心的部件，该算法能够让应用程序中的成百上千个包，都各自正常地运作，而不会发生冲突或出现版本不兼容的问题。

我们调用 **require ()** 函数的时候，它会自动套用解析算法。但如果确实有必要，也可以手工执行 **require.resolve ()**，以便根据模块名称解析出它的完整路径。

2.4.6 模块缓存

系统只会在程序首次索要某个模块的时候，加载并执行该模块中的代码，如果以后还有别的语句也调用 **require ()** 函数来索要这个模块，那么系统只会把早前缓存起来的那一份返回给调用方。通过我们自制的 **require ()** 函数，大家能够清楚地看到这一点。这样做自然是为了提升性能，但除此之外，它还保证系统能够实现下面两项功能：

- 第一，它允许模块之间形成循环依赖关系。
- 第二，它在某种程度上可以保证：如果同一个包多次请求载入某个模块，那么得到的总是相同的实例。

由于系统通过 **require.cache** 变量公布了模块缓存，因此开发者可以根据需要，直接访问该缓存。例如我们可以在这块缓存里面执行一项常见的操作，也就是废除某个已经缓存起来的模块，具体做法是从 **require.cache** 变量之中，把与该模块有关的键给删掉。这种操作在测试阶段确实有用，但如果在已经上线的软件里面执行，则相当危险。

2.4.7 循环依赖

许多人都觉得循环依赖只是个理论上的设计问题，然而这种问题也有可能出现在实际的项目中之中，所以我们至少应该知道 CommonJS 是如何处理该问题的。其实只要再看一遍自制的 **require()** 函数，我们大概就知道它是怎么处理的了，而且也能意识到其中的风险。

但笔者还是决定拿一个例子，来演示 CommonJS 在处理循环依赖时的表现。假设我们遇到的是图 2.1 所描述的情况。

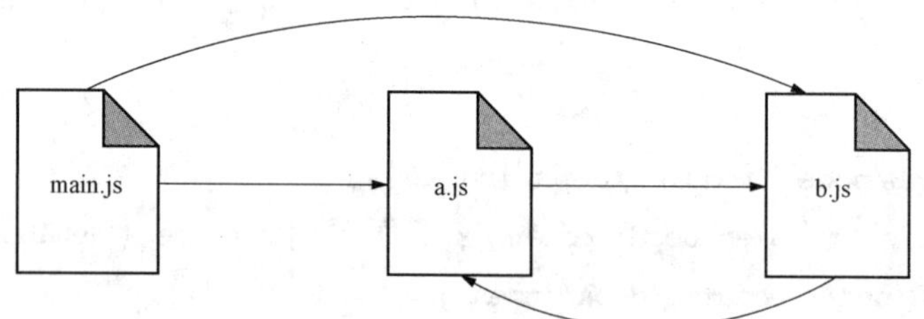

图 2.1 举例说明 CommonJS 如何处理循环依赖

有个名叫 **main.js** 的模块，要依赖 **a.js** 与 **b.js** 这两个模块，其中，**a.js** 又要依赖 **b.js**。但问题是，**b.js** 反过来还依赖 **a.js**，这就形成了循环依赖，也就是说，**a.js** 模块要求载入 **b.js** 模块，而后者又要求载入 **a.js** 模块。下面先看这两个模块的源代码：

- **a.js** 模块：

```
exports.loaded = false
const b = require('./b')
module.exports = {
  b,
  loaded: true // 覆写早前所导出的值
}
```

- **b.js** 模块：

```
exports.loaded = false
const a = require('./a')
module.exports = {
  a,
```

```
  loaded: true
}
```

现在我们看看 **main.js** 模块是如何依赖这两个模块的：

```
const a = require('./a')
const b = require('./b')
console.log('a ->', JSON.stringify(a, null, 2))
console.log('b ->', JSON.stringify(b, null, 2))
```

运行 **main.js**，会看到下面这样的输出信息：

```
a -> {
  "b": {
    "a": {
      "loaded": false
    },
    "loaded": true
  },
  "loaded": true
}

b -> {
  "a": {
    "loaded": false
  },
  "loaded": true
}
```

从这个结果之中，我们可以看到用 CommonJS 来处理循环依赖时所引发的风险，也就是说，应用程序的不同部分，在观察 **a.js** 模块与 **b.js** 模块所导出的内容时，可能看到不同的结果，具体会看到什么，取决于相互依赖的这些模块，究竟是按什么顺序加载的。在 **main.js** 模块请求载入 **a.js** 与 **b.js** 模块，并将其刚刚加载完毕的这一刻，我们看到，**b.js** 模块里面的那一份 **a.js** 模块，其实是不完整的，具体来说，它反映的只是 **b.js** 模块请求载入 **a.js** 模块时，该模块所处的状态，而无法反映 **a.js** 模块最终加载完毕时的状态。

为了详细了解这背后的道理，我们一步一步地分析这些模块是怎么加载进来的，并观察它们各自的内容在整个加载过程中如何变化，如图 2.2 所示。

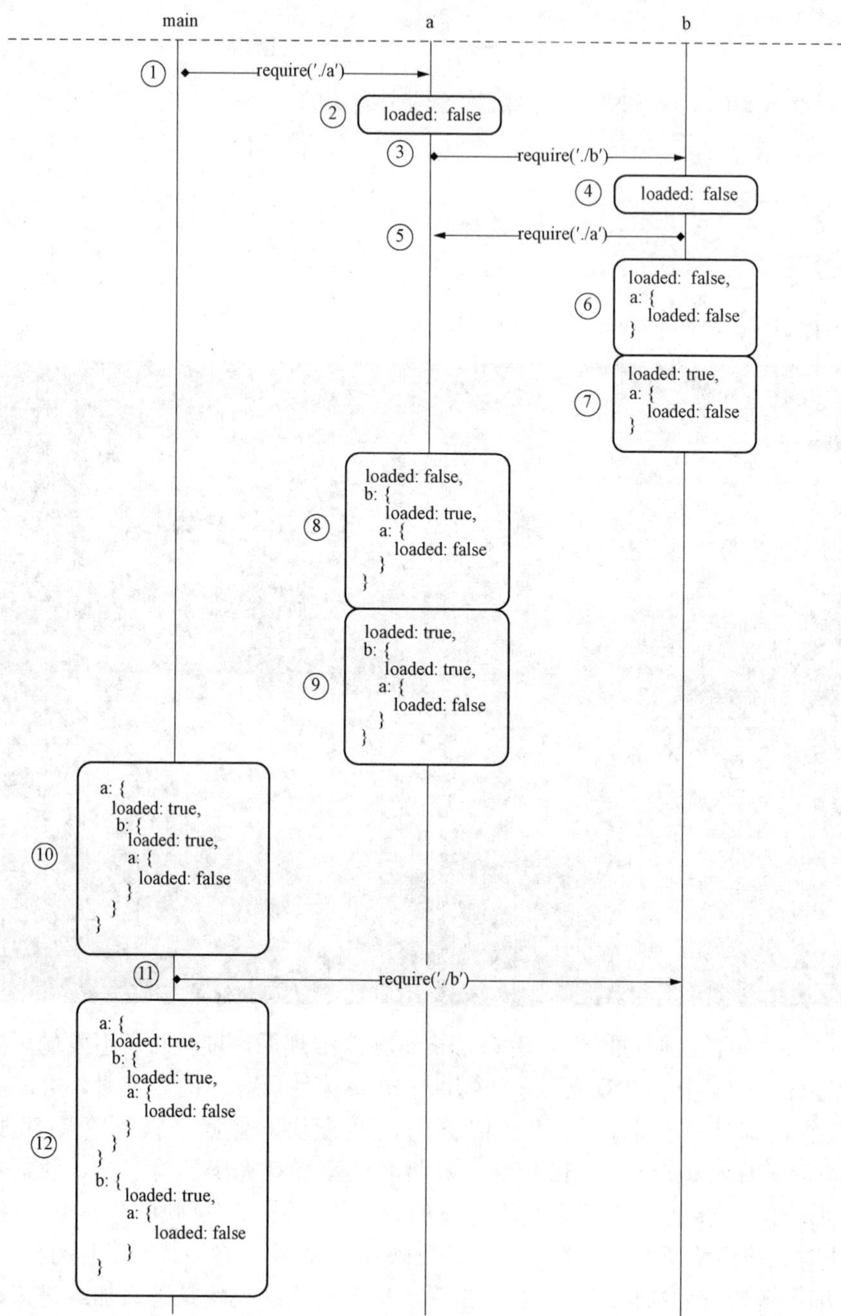

图 2.2 演示 Node.js 如何管理循环依赖关系

我们把图 2.2 中标有序号的步骤解释一下：

（1）整个流程从 main.js 开始，这个模块一开始就立刻要求载入 a.js 模块。

（2）a.js 首先要做的，是导出一个名为 loaded 的值，并把该值设为 false。

（3）然后，a.js 模块要求载入 b.js 模块。

（4）与 a.js 模块类似，b.js 模块首先要做的，也是导出一个名叫 loaded 的值，并把该值设为 false。

（5）然后，b.js 模块又反过来要求载入 a.js 模块（这就形成了循环依赖）。

（6）由于系统已经开始处理 a.js 模块了，因此 b.js 模块会把 a.js 目前已经导出的内容，立刻复制到本模块的范围内。

（7）最后，b.js 模块把自己刚才导出的 loaded 值改成 true。

（8）由于 b.js 模块已经彻底执行完了，因此控制权会回到 a.js 这里，它会把 b.js 模块当前的状态拷贝一份，放到自己这里。

（9）a.js 模块执行自己的最后一个步骤，也就是把刚才导出的 loaded 值改成 true。

（10）由于 a.js 模块已经彻底执行完了，因此控制权会回到 main.js 这里，它会把 a.js 模块当前的状态拷贝一份，放到自己这里。

（11）main.js 模块现在要求载入 b.js 模块，由于该模块已经载入，因此系统立刻从缓存中返回该模块。

（12）main.js 把 b.js 模块的当前状态拷贝一份，放到自己这里，至此，我们就看到了每个模块最终的状态。

正如我们刚才说的那样，这种循环依赖导致 b.js 模块所看到的 a.js 模块是不完整的，也就是说，其内容未必与 a.js 模块的最终状态相符，而 main.js 模块又引入了 b.js 模块，所以它通过 b.js 模块所看到的 a.js 模块，同样是不完整的。说到这里，我们可能会想：假如让 main.js 把引入这两个模块的顺序换一下，那结果是不是也会对调？没错，实验一下你就知道，如果让 main.js 先引入 b.js，再引入 a.js，那么将导致 a.js 里面的那份 b.js 模块，无法反映出 b.js 最终应有的状态。

如果我们无法控制哪个模块应该提前加载，那么这种循环依赖关系所产生的结果，就特别混乱，这对于大型项目来说，更加严重。

本章稍后会讲解另一种模块管理系统（也就是 ESM 系统）管理循环依赖的办法，那种办法更加有效。这里要强调的是，如果你是用 CommonJS 管理模块的，那么一定要注意刚说的这个问题，它可能会对应用程序造成影响。

下一节会讲解几种在 Node.js 平台里面定义模块时所使用的模式。

2.5 定义模块所用的模式

模块系统是一种机制，可以处理程序所要加载的这些包之间的依赖关系，然而除此之外，它还是一套定义API的工具。跟API设计方面的其他问题类似，我们在定义API的时候，也需要把握这样一个的关键问题，就是如何在隐藏信息与发布功能之间权衡。我们既想尽可能隐藏那些无需公开的内部信息，又想尽量扩大API的适用范围，另外还想提升其他一些品质，例如增强*可扩展程度*（*extensibility*）与*代码复用*（*code reuse*）程度等。

这一节要分析在Node.js平台里面定义模块时，最常用到的一些模式，例如named exports（命名导出/指名导出/具名导出）模式、exporting function（函数导出）模式、exporting class（类导出）模式、exporting instance（实例导出）模式以及monkey patching（“猴子补丁”）模式。每种模式都在信息隐藏程度、可扩展程度以及代码复用程度等因素之间，做出了自己的权衡。

2.5.1 命名导出模式

要想公布某个API，最简单的办法是使用*命名导出*模式（*named exports*模式），也就是把想要公布的值，赋给**exports**（或**module.exports**）所引用的对象之中的某个属性。这样的话，该对象就成了一个容器或一套命名空间，能够容纳一组相互关联的功能。

下面这段代码，演示了如何在模块中实现该模式：

```
// file logger.js
exports.info = (message) => {
  console.log(`info: ${message}`)
}

exports.verbose = (message) => {
  console.log(`verbose: ${message}`)
}
```

这样导出的函数，可以当成模块的属性来使用。比如，用户可以像下面这段代码一样，先把模块加载进来，然后使用该模块通过命名导出模式，所导出的属性：

```
// file main.js
const logger = require('./logger')
logger.info('This is an informational message')
logger.verbose('This is a verbose message')
```

Node.js 平台的大部分核心模块，都使用这种模式来导出。由于 CommonJS 规范只允许开发者通过 **exports** 变量来发布公开的成员，因此，实际上只有这种模式，才真正同 CommonJS 规范相兼容。当然了，Node.js 平台还允许模块的开发者通过 **module.exports** 变量实现导出，但这属于 Node.js 自己对 CommonJS 规范所做的扩充，目的是想多支持几种模块定义模式，这个几种模式我们接下来就会谈到。

2.5.2 函数导出模式

有一种很流行的模块定义模式，是让整个 module.exports 变量指向某个函数，而不是让其中的某个属性指向该函数。这个模式的好处是可以只公布这一项功能，让该模块的入口显得相当清晰，也让其他开发者能够轻松地理解并使用这个模块，另外，它还很符合第 1.1.3 小节中提到的*“小接触面”*（*small surface*）原则。这种定义模块的办法，在开发者社群里面也叫作 **substack 模式**，这是因为 James Halliday 用这个模式做出了许多成果，他的网名是 substack（**https://github.com/substack**）。下面我们举个例子，来演示这个模式：

```
//file logger.js
module.exports = (message) => {
  console.log(`info: ${message}`)
}
```

这个模式还能够予以扩充，也就是把导出的这个函数，当作一套命名空间，并将其他一些 API，发布到这个空间里面。这是一种很强大的组合手法，因为它既能让用户清楚地感觉到，该模块只有唯一的入口（也就是 **module.exports** 直接指向的那个函数），又能让它们通过该入口名下的一些属性，来使用模块开发者所公布的一些次要或高级的功能。下面这段代码，演示了模块开发者如何把刚才导出的那个函数当作一套命名空间，并在该空间之中发布另外一个函数：

```
module.exports.verbose = (message) => {
  console.log(`verbose: ${message}`)
}
```

下面这段代码演示了如何通过入口点以及入口点名下的属性，使用刚才定义的那两个函数：

```
//file main.js
const logger = require('./logger')
logger('This is an informational message')
logger.verbose('This is a verbose message')
```

一个模块只公布一个函数，看起来似乎有些浪费，但这样做其实正好突出了这个函数的地位，让用户意识到，该函数就是这个模块之中最为重要的功能，至于其他一些功能或内部细节，则可以通过这个函数的属性来公布。Node.js 平台鼓励开发者采用**单一责任原则**（**single-responsibility principle，SRP**）来设计模块，也就是让每个模块只负责一项功能，并且把这项功能完整地封装在这个模块里面。

2.5.3 类导出模式

导出某个类时所用的这种模块，其实跟导出某个函数时使用的模块相似，它可以视为后者的一种特殊情况。这种用法的特点是，用户可以通过构造器（constructor）创建新的实例，而且能够扩展原类的 prototype 并打造新的类。下面举例说明这种模式的写法：

```
class Logger {
  constructor (name) {
    this.name = name
  }

  log (message) {
    console.log(`[${this.name}] ${message}`)
  }

  info (message) {
    this.log(`info: ${message}`)
  }

  verbose (message) {
    this.log(`verbose: ${message}`)
  }
}

module.exports = Logger
```

刚才定义的模块，可以这样用：

```
// file main.js
const Logger = require('./logger')
const dbLogger = new Logger('DB')
dbLogger.info('This is an informational message')
const accessLogger = new Logger('ACCESS')
accessLogger.verbose('This is a verbose message')
```

类导出模式也让模块只有唯一的入口点，但与刚说的函数导出模式（即 substack 模式）相比，这个模式所能导出的模块内部细节，要更多一些。另一方面，这也使得它在功能扩展方面，比函数导出模式更为强大。

2.5.4 实例导出模式

我们可以利用 **require ()** 函数的缓存机制，把构造器或工厂所制作的实例缓存起来，以保持其状态，并在多个模块之间共享该实例。下面这段代码，演示了这个模式的写法：

```
//file logger.js
class Logger {
  constructor (name) {
    this.count = 0
    this.name = name
  }
  log (message) {
    this.count++
    console.log('[' + this.name + '] ' + message)
  }
}
module.exports = new Logger('DEFAULT')
```

刚定义的这个模块，可以这样来用：

```
//main.js
const logger = require('./logger')
logger.log('This is an informational message')
```

由于模块加载进来之后，就会纳入缓存，因此凡是要求载入 **logger** 模块的地方，拿到的都是同一个实例，因此可以共用该实例的状态。这个模式跟**单例**(**singleton**，也叫单件）很像，但它没办法像传统的单例模式那样，完全确保整个应用程序内的所有地方，看到的都是同一个实例。分析一下模块解析算法，我们就会发现，它在处理应用程序所依赖的这些模块时，有可能把同一个模块安装许多遍，于是就导致该模块有可能出现多个实例，而这些实例又全都运行在同一个 Node.js 应用程序的环境里面。第 7 章会详细分析 Singleton（单例）模式以及该模式的风险。

这个模式有一个值得注意的地方，就是它并未禁止用户创建新的实例。就算模块的开发者没有明确导出类本身，用户也开始可以在导出的实例上面访问 **constructor**，以构造同类型的新实例：

```
const customLogger = new logger.constructor('CUSTOM')
customLogger.log('This is an informational message')
```

大家看到，用户可以通过 **logger.constructor ()** 实例化新的 **Logger** 对象。当然了，这个技巧必须慎用，而且尽量别用，因为我们要考虑到，模块的开发者为什么没有明确导出这个类？他是不是觉得让这个类只应该在模块内部使用，而不应该公布出来？

2.5.5 通过 monkey patching 模式修改其他模块或全局作用域

有些模块可以什么都不导出，这听上去有点怪，但大家要记住，这种不导出任何东门的模块，有可能会修改全局作用域以及其中的对象，这也包括存放其他模块的那个缓存区。这种做法通常不值得提倡，但在某些情况下确实有用，而且不会带来安全问题，例如测试程序的时候。另外，某些项目的产品代码也会用到该模式，所以还是有必要了解一下的。

刚才说过，模块可以修改全局范围内的其他模块或对象，这种做法称为**monkey patching**（“猴子补丁”，在运行期悄悄打补丁）。这通常是指在程序运行的时候修改已有的对象，以改变或扩充其行为，或是临时修复某个问题。

下面这段代码，演示了如何在其中一个模块里面，给另外一个模块添加新的函数：

```
//file patcher.js

//./logger指的是另一个模块
require('./logger').customMessage = function () {
  console.log('This is a new functionality')
}
```

把这个新的 **patcher** 模块加载进来之后，我们就可以这样来写代码了：

```
//file main.js

require('./patcher')
const logger = require('./logger')
logger.customMessage()
```

这个技巧是很危险的。主要问题在于，如果某个模块修改了全局名称空间或其他模块，那么这种修改操作，会引发*副作用*（*side effect*）。换句话说，它会影响自身范围之外的实体所处的状态，而这种影响所产生的结果，通常不太容易预测，尤其是多个模块都要跟同一个实体交互的时候。比如，两个模块可能想要设置同一个全局变量，或修改同一个模块里的某项属性。这样做会产生什么效果是不太好预测的，因为我们不知道哪个模块所做的修改，最终能够保留下来，而且最为严重的是，这样做可能会干扰整个应用程序的行为。

所以，笔者要再次提醒大家，这个技巧必须慎用，如果一定要用，那必须了解这样做可能产生什么样的副作用。

再举一个实际工作中的例子来说明这种用法，这就是 **nock** 模块（**nodejsdp.link/nock**）。它允许开发者在测试代码的时候，仿制（mock）HTTP 响应信息。**nock** 所用的办法，正是给 Node.js 的 **http** 模块做 monkey patching，以改变该模块的行为，让它不要真的去发起 HTTP 请求，而是采用仿制的逻辑给出响应。这样的话，我们在做单元测试时，就不用真的去连接 HTTP 端点了，如果我们要测试的东西依赖于第三方的 API，那么这种仿制行为就很能够简化测试工作。

现在，大家应该已经比较完整地了解到 CommonJS 模块系统了，而且知道编写 CommonJS 模块时经常用到的几种模式。下一节我们要讲另一种模块，这就是**ECMAScript 模块**（**ECMAScript module**），它也叫作 ESM。

2.6 ECMAScript 模块（ESM）

ECMAScript 模块也叫作 ES 模块，或者简称为 ESM，它是 ECMAScript 2015 规范的一部分，这份规范想要给 JavaScript 语言制定一套官方的模块系统，以适应各种执行环境。其中与 ESM 有关的规范，打算沿用早前已有的模块系统（例如 CommonJS 与 AMD）所采用的某些思路。ESM 的语法相当简洁，它支持循环依赖，而且能够异步加载模块。

ESM 与 CommonJS 的一项重要区别，在于 ES 模块是*静态的*（*static*），也就是说，引入这种模块的那些语句，必须写在最顶层，而且要置于流控制语句之外。另外，受引用的模块，只能使用常量字符串，而不能依赖那种需要在运行期动态求值的表达式。

比如，我们不能用下面这种方式来引入 ES 模块：

```
if (condition) {
  import module1 from 'module1'
} else {
  import module2 from 'module2'
}
```

与 ES 模块相比，以前讲的 CommonJS 模块，则可以根据条件来引入：

```
let module = null
if (condition) {
  module = require('module1')
```

```
} else {
  module = require('module2')
}
```

ESM 的这种特性，初看起来似乎太过严格，但大家以后就会知道，这实际上意味着我们能够实现出许多有意义的用法，这些用法是 CommonJS 那种动态模块系统所无法实现的。比如 ESM 的这种静态引入机制，让我们能够对依赖关系树执行静态分析，把执行不到的“死代码”给优化掉（这也叫作 tree shaking）。

2.6.1 在 Node. js 平台中使用 ESM

Node. js 平台默认会把所有的 **.js** 文件，都当成采用 CommonJS 语法所写的文件，因此，如果你直接在 **.js** 文件里面采用 ESM 语法来写代码，那么解释器就会报错。

有这样几种办法，可以让 Node. js 解释器把某个模块当成 ES 模块，而不再将其默认视为 CommonJS 模块：

- 把模块文件的后缀名写成 **.mjs**。
- 给最近的上级 package. json 文件添加名为 **"type"** 的字段，并将字段值设为 **"module"**。

在本书接下来的内容里面，我们依然会让存放范例代码的源文件，采用 **.js** 做扩展名，因为这样做可以令大多数文本编辑器正确地处理这种文件。大家要注意，如果把这些范例代码复制到别处，那么应该同时创建一份 **package. json** 文件，并在其中写入 **" type": " module "** 这样一个条目。

现在我们开始讲解 ESM 的语法。

2.6.2 命名导出模式与命名引入

EMS 允许开发者通过 **export** 关键字，将模块中的内容导出给外界。

注意，ESM 所用的 **export** 一词是单数形式，而不像 CommonJS 的 **exports** 变量与 **module. exports** 变量那样，采用复数形式。

ES 模块里的所有内容，默认都是私有的，只有那些明确导出的实体，才能够为其他模块所访问。

模块开发者可以把 **export** 关键字写在实体的前面，让该模块的用户能够使用这个实体。下面看一个例子：

```
//logger. js
```

```
//把这个函数导出为'log'
export function log (message) {
  console.log(message)
}

//把这个常量导出为 'DEFAULT_LEVEL'
export const DEFAULT_LEVEL = 'info'

//把这个对象导出为'LEVELS'
export const LEVELS = {
  error: 0,
  debug: 1,
  warn: 2,
  data: 3,
  info: 4,
  verbose: 5
}

//把这个类导出为'Logger'
export class Logger {
  constructor (name) {
    this.name = name
  }

  log (message) {
    console.log(`[${this.name}] ${message}`)
  }
}
```

如果想引入模个模块之中的实体，那么可以使用 **import** 关键字。这个关键字的语法相当灵活，它既可以引入单个实体，也可以引入一批实体，而且能够给引入进来的东西重新起名。下面看一个例子：

```
import * as loggerModule from './logger.js'
console.log(loggerModule)
```

在这个例子里面，我们用 * 把模块中的所有成员都引进来［这种引入方式，也叫作**命名空间引入**(namespace import)］，并将其赋给 **loggerModule** 变量。下面就是打印这个变量时所看到的输出信息：

```
[Module] {
  DEFAULT_LEVEL: 'info',
  LEVELS: { error: 0, debug: 1, warn: 2, data: 3, info: 4,
    verbose: 5 },
  Logger: [Function: Logger],
  log: [Function: log]
}
```

通过这段输出信息，我们看到，模块开发者所导出的每个实体，用户都能通过**loggerModule**这个命名空间来访问，比如，可以通过 **loggerModule.log** 这样的写法，来引用模块中的 **log()** 函数。

一定要注意，ESM 跟 CommonJS 不同，它要求用户必须把要引入的那个模块所在的文件扩展名写出来。假如我们是在 CommonJS 模块系统里面引入名叫 **logger** 的模块，那既可以写成 **./logger**，也可以写成 **./logger.js**，但在 ESM 模块系统里面，则必须写成 **./logger.js**，而不能省略最后的 **.js**。

如果用户要引入的那个模块比较大，那么通常不会把其中的所有功能都引进来，而是只引入需要用到的那一个或那几个实体：

```
import { log } from './logger.js'
log('Hello World')
```

如果要引入一个以上的实体，那么应该这样写：

```
import { log, Logger } from './logger.js'
log('Hello World')
const logger = new Logger('DEFAULT')
logger.log('Hello world')
```

通过这种方式引入，会让引进来的实体进入当前作用域，因此可能发生命名冲突。比如，下面这段代码，就无法运行：

```
import { log } from './logger.js'
const log = console.log
```

执行这段代码，会让解释器给出这样一条错误消息：

```
SyntaxError: Identifier 'log' has already been declared
```

遇到这种问题，我们可以用 as 关键字，给引进来的这个实体改个名字：

```
import { log as log2 } from './logger.js'
```

```
const log = console.log

log('message from log')
log2('message from log2')
```

如果要从两个模块里面分别引入一个实体，而这两个实体又恰好重名，那么这种写法就特别有用了：使用模块的人虽然没办法让那两个模块的设计者在给实体起名的时候相互避让，但他可以通过这个办法解决名称冲突。

2.6.3 默认导出与默认引入

CommonJS 模块系统有个很常用的特性，就是允许模块开发者直接给 **module.exports** 赋值，从而导出一个未命名的实体。这个特性可以鼓励模块开发者遵循单一责任原则（SRP），让整个模块只公布出一个相当清晰的接口。ESM 模块系统也有类似的特性，叫作**默认导出**（**default export**），这项特性可以通过 **export default** 关键字予以运用，比如像这样：

```
// logger.js
export default class Logger {
  constructor (name) {
    this.name = name
  }

log (message) {
  console.log(`[${this.name}] ${message}`)
 }
}
```

在这种情况下，系统会忽略 **Logger** 这个名字，而把导出的实体记在 **default** 名下。这样导出的东西，会以特殊的方式得到处理。使用这个模块的人，可以像下面这样引入该模块：

```
// main.js
import MyLogger from './logger.js'
const logger = new MyLogger('info')
logger.log('Hello World')
```

跟命名引入相比，这种引入方式所引入的实体是无名的，我们可以在引入的同时给它起名，让该实体以这个名字出现在当前的作用域里。本例用的是 **MyLogger**，你当然也可以换成其他名字，这跟我们在使用只导出一个实体的 CommonJS 模块时所用的写法很像。另外要注意，引入时所用的这个名称（即本例中的 **MyLogger**），直接写出来就好，不需要用花括号括起来，也不需要用 as 关键字来重命名。

ESM 系统在内部会把这种默认导出的实体，也按照命名导出来对待，只不过将它的导出名视为 **default**。这可以用下面这段代码来证实：

```
//showDefault.js
import * as loggerModule from './logger.js'
console.log(loggerModule)
```

执行这段代码，会看到这样的输出信息：

```
[Module] { default: [Function: Logger] }
```

但是要注意，尽管模块导出的实体确实叫作 **default**，然而在引入的时候，用户却不能明确指定自己要从模块里引入这样一个叫作 **default** 的东西。例如下面这行代码就是错误的：

```
import { default } from './logger.js'
```

执行这行代码，会让解释器显示 **SyntaxError: Unexpected reserved word** 错误。出现这个错误，是因为 default 关键字不能用作变量名。它可以充当对象之中某个属性的名字，所以在前面的例子中，我们可以用 **loggerModule.default** 来访问相关的实体，但你不能在当前作用域内直接用 **default** 给变量起名。

2.6.4 混用命名导出与默认导出

设计者可以在同一个 ES 模块里面，混用命名导出与默认导出。下面举个例子：

```
//logger.js
export default function log (message) {
  console.log(message)
}

export function info (message) {
  log(`info: ${message}`)
}
```

刚才这段代码通过默认导出的方式，导出了 **log ()** 函数，并通过命名导出的方式，导出了 **info ()** 函数。注意，在模块内部，**info ()** 是可以引用 **log ()** 的，但不能以 **default ()** 的写法来引用，而是必须写出实际的名字，也就是 **log ()**，否则会出现语法错误（解释器会说它发现了不该出现的标记，也就是 **default**）。

如果想把默认导出的实体，与一个或多个命名导出的实体同时引入，那么可以采用下面这种格式：

```
import mylog, { info } from './logger.js'
```

刚才这行代码，会从 `logger.js` 模块里面引入模块开发者默认导出的实体，并把名叫 `info` 的那个实体，也引进来。

现在我们说说与默认导出及命名导出有关的一些细节，并谈谈这两种方式的区别：

- 命名导出是一种明确的导出方式。由于导出时的名称是确定的，因此 IDE 可以为开发者提供自动引入与自动补全功能，并实现相关的重构工具。比如，如果你在 IDE 里面打出 **writeFileSync**，那么编辑器可能会自动在当前这份文件的开头，为你添上 `import {writeFileSync} from 'fs'`这样一句。与之相比，要想针对默认导出的实体来提供这种功能，则比较困难，因为用户当前输入的这个名字，可能跟许多个模块所默认导出的实体都能对应起来，IDE 不太好推断它到底对应的是哪个模块里面的那个实体。
- 默认导出是一种便捷的手段，让模块的开发者可以借此强调该模块里面最为重要的那项功能。另外，从用户的角度来看，这样的功能用起来比较容易，因为他不用再去关注该功能在模块里面究竟叫什么名字。
- 某些情况下，默认导出可能会减弱 dead code elimination（“死代码”消除，也叫作 tree shaking）的效果。比如，某个模块可能只默认导出一个实体，而这个实体是一个对象，开发者把想要公布的所有功能，都分别设置成该对象的属性。在这种情况下，如果用户把这个默认导出的对象引了进来，那么大部分模块绑定工具均认定，整个对象全都需要在应用程序中使用，它们不会再去详细考虑该对象的每项属性所对应的那个功能，到底有没有在程序里面用到。

考虑到这些因素之后，我们就可以说，在一般情况下总是应该采用命名导出的方式才对，尤其是在那种需要公布多项功能的模块里面。只有在本模块仅导出一项功能的情况下，才可以考虑默认导出。

当然了，这话也不能说得太过绝对，而且确实存在相当明显的例外。比如，Node.js 的所有核心模块，都用到了默认导出，同时又以命名导出的形式，公布了一些实体。React（`nodejsdp.link/react`）也混用这两种导出方式。

你在设计模块时，要仔细考虑该模块最适合以哪种方式导出，并且要考虑到这样导出之后，用户能不能比较方便地使用你这个模块做开发。

2.6.5 模块标识符

模块标识符（module identifier）也叫作***模块说明符***（*module specifier*），它可以细分成好几种类型。我们在 `import` 语句里面，采用这样的标识符来指定自己要加载的模块所处的位置。

目前我们采用的模块标识符，指的全都是相对路径，但除此之外，还有几种标识符也值得了解。下面就把各种模块标识符都列出来：

• *相对标识符*（*Relative specifier*），这指的是 `./logger.js` 或 `../logger.js` 这样的标识符。它们用来描述受引用的那个模块，与当前文件之间的相对位置。

• *绝对标识符*（*Absolute specifier*）。这指的是像 `file:///opt/nodejs/config.js` 这样的标识符。这种标识符直接写出完整的路径。另外要注意，在 ESM 系统里面指定模块的绝对路径时，必须这么写，而不能单单以/或//开头。这是它跟 CommonJS 模块系统之间的一项显著区别。

• *单独出现的标识符*（*Bare specifier*），这指的是像 `fastify` 或 `http` 这样单独出现，而不是出现在以/区隔的结构之中的标识符，它们用来表示 `node_modules` 文件夹下面的模块，这种模块一般是通过 npm 这样的包管理器安装的，也有可能是 Node. js 平台的核心模块。

• *深层导入标识符*（*Deep import specifier*），这是指 `fastify/lib/logger.js` 这样的标识符，它引用的是 `node_modules` 文件夹里某个模块之中的路径（对本例来说，这个模块指的就是 `fastify` 模块）。

在浏览器环境中，还可以直接通过 `https://unpkg.com/lodash` 这样的 URL 来引入模块，但 Node. js 平台不支持这项功能。

2.6.6 异步引入

我们在这一节的开头说过，`import` 语句是静态的，因此它有如下两项限制：

• 模块标识符不能等到运行的时候再去构造。

• 模块引入语句，必须写在每份文件顶端，而且不能套在控制流语句里。

然而，对于某些用法来说，这两项限制显得太过严格。比如，我们想根据用户当前的语言，来引入某模块的翻译版本，或者想根据用户所使用的操作系统，来引入某模块的变种。

另外，用户也有可能遇到一个相当庞大的模块，他只想在真正需要用到模块里的某个功能时，再加载这个模块。

为了应对这些需求，ES 模块系统提供了*异步引入*（*async import*）机制，这也叫作*动态引入*（*dynamic import*）。

这种引入操作，可以在程序运行的过程中，通过特殊的 `import()` 运算符实现。

这个运算符从语法上看，相当于一个函数，它接受模块标识符做参数，并返回一个 Promise，这个 Promise 以后可以解析成模块对象。

我们会在第 5 章里面详细讲解 Promise，所以现在先不要太担心它的语法细节。

前面在讲解静态引入机制时，我们提到了该机制所支持的四种模块标识符，这四种标识符也都可以动态地引入。下面我们就用一个简单的例子，来说明如何做动态引入。

这个例子是要构建一个命令行程序，让该程序能够用不同的语言打印“Hello World”。以后我们可能还要支持其他一些短语，并且要多支持几种语言，因此，现在需要为该模块所支持的每种语言，单独创建一份源文件，并把需要显示给用户看的这个字符串所对应的译文，分别放在相关的文件之中。

接下来先试着创建几个模块，以表示我们想要支持的几种语言：

```
//strings-el.js

export const HELLO = 'Γεια σου κόσμε'

//strings-en.js
export const HELLO = 'Hello World'

//strings-es.js
export const HELLO = 'Hola mundo'

//strings-it.js
export const HELLO = 'Ciao mondo'

//strings-pl.js
export const HELLO ='Witaj świecie'
```

然后，我们创建程序的主脚本文件，让它根据用户通过命令行所传入的语言代码，来选择相应的语言，并打印出“Hello World”这个短语在该语言中的说法：

```
//main.js
const SUPPORTED_LANGUAGES = ['el', 'en', 'es', 'it', 'pl']                    // (1)
const selectedLanguage = process.argv[2]                                     // (2)

if (!SUPPORTED_LANGUAGES.includes(selectedLanguage)) {                       // (3)
  console.error('The specified language is not supported')
  process.exit(1)
}

const translationModule = `./strings-${selectedLanguage}.js`                 // (4)
import(translationModule)                                                    // (5)
  .then((strings) => {                                                       // (6)
    console.log(strings.HELLO)
  })
```

这个脚本的前半部分相当简单。其中的三个步骤是：

（1）定义一份列表，写出本程序支持的语言。

（2）把用户通过命令行所传入的首个参数读取进来，以确定本程序接下来所要使用的语言。

（3）最后，判断这种语言在不在受支持的范围内，如果不在，就做出相应的处理。

动态引入发生在脚本的后半部分，这一部分的三个步骤是：

（4）首先，根据当前所选的语言，把本程序将要引入的这个模块名称，动态地构建出来。注意，这里的模块名称，需要以相对路径的形式书写，而不能单写文件名，因此我们要给构造出来的文件名添加 ./前缀。

（5）通过 **import ()** 运算符触发动态引入，以加载该模块。

（6）由于动态引入是异步执行的，因此我们可以在 **import ()** 所返回的 Promise 对象上面调用 **then ()**，并传入一个挂钩，这个挂钩，会在系统把该模块准备好的时候，得以执行。到了那时，模块就已经完全加载进来了，而且我们可以通过 strings 这个名字，来访问系统为这个动态载入的模块所创建的命名空间。于是，我们就编写代码，通过 **strings.HELLO** 来访问该模块所导出的 HELLO 值，并将其打印到控制台。

现在我们可以像这样执行这个脚本，让它显示意大利语的 Hello World：

```
node main.js it
```

然后就会看到控制台打印出 *Ciao mondo* 字样。

2.6.7 详细解释模块的加载过程

要想理解 ESM 系统的运作原理，以及它处理循环依赖的方式，我们必须稍微详细地谈谈在使用 ES 模块时，系统会如何解析并执行 JavaScript 代码。

这一小节要讲解 ECMAScript 模块的载入方式，并介绍“只读的 live 绑定”这一概念，然后用例子来讨论循环依赖。

2.6.7.1 载入模块所经历的各个阶段

解释器的目标是构建一张图以描述所要载入的这些模块之间的依赖关系，这种图也称为**依赖图**（dependency graph）。

一般来说，**依赖图**可以定义成**有向图**（directed graph，参见：**nodejsdp.link/directed-graph**），用以表示一群对象之间的依赖关系。在这一节里，这群对象指的就是相关的 ECMAScript 模块。稍后大家会看到，这种依赖图可以帮助我们确定，项目所依赖的模块应该按照什么顺序载入。

解释器正是要通过依赖图，来判断这些模块之间的依赖关系，并决定自己应该按照什么样的顺序执行代码。node 解释器启动的时候，会得到一些需要执行的代码，这些代码通常是以 JavaScript 文件的形式传给它的。这份文件就是解析依赖关系时的出发点，于是也叫作**入口点**（entry point）。解释器会从入口点开始，寻找所有的 import 语句，如果在寻找过程中又遇到了 `import` 语句，那就会以深度优先的方式递归，直到把所有代码都解析并执行完毕为止。

具体来说，这个过程可以细分成三个阶段：

- **第一阶段构造［Construction，也叫作剖析（Parsing)］**：寻找所有的引入语句，并递归地从相关文件里加载每个模块的内容。
- **第二阶段实例化（Instantiation）**：针对每个导出的实体，在内存中保留一个带名称的引用，但暂且不给它赋值。另外，还要针对所有的 `import` 语句及 `export` 语句创建引用，以记录它们之间的依赖关系（这叫作链接，**linking**）。这一阶段不执行任何 JavaScript 代码。
- **第三阶段执行（Evaluation）**：到了这一阶段，Node.js 终于可以开始执行代码了，这样能够让早前已经实例化的那些实体，获得实际的取值。在这一阶段，Node.js 可以从入口点开始，顺畅地往下执行，因为其中有待解析的那些地方，已经全部解析清楚了。

简单地说，第一阶段的任务是找到依赖图之中所有的点，第二阶段的任务是在有依赖关系的点之间创建路径，第三阶段则是按照正确的顺序遍历这些路径。

这套流程初看起来，好像跟 CommonJS 所用的流程没有太大区别，但这两者之间，其实有着重大差异。由于 CommonJS 是动态的，因此它一边解析依赖图，一边执行相关的文件。于是，我们只要看到一条 `require` 语句，就可以断定，当程序来到这条语句时，它肯定已经把前面应该执行的代码，全都执行完了。因此，`require` 操作不一定要非出现在文件开头，而是可以出现在任何地方，甚至可以出现在 if 语句或循环结构里面，另外，模块标识符也可以通过变量来构造。

但是，ESM 系统则不同，在 ESM 系统里面，这三个阶段是彼此分离的，它必须先把依赖图完整地构造出来，然后才能开始执行代码，因此，引入模块与导出模块的操作，都必须是静态的，而不能等到执行代码的时候再去做。

2.6.7.2 只读的 live 绑定

ES 模块还有一项重要的特征，对我们理解循环依赖很有帮助，这是指：它在引进来的模块与该模块所导出的值之间，建立了一种*live 绑定*关系，然而这种绑定关系在引入方这一端是*只能读而不能写的*。

我们可以用下面这个简单的例子，来解释这种绑定关系：

```
//counter.js
export let count = 0
export function increment () {
  count++
```

```
}
```

这个模块导出两个值，一个是简单的整数计数器，它叫作 **count**，另一个是用来递增该计数器的函数，它叫作 **increment**。

现在我们来写一段代码，以使用这个模块：

```
//main.js
import { count, increment } from './counter.js'
console.log(count) // prints 0
increment()
console.log(count) // prints 1
count++ // TypeError: Assignment to constant variable!
```

通过这段代码，我们可以看到，**count** 变量的值随时都可以读取，并且可以由模块中的 **increment()** 函数所修改。但如果我们手工修改 **count**，那就跟试图修改常量一样，会让程序出错。

这意味着，把实体引入当前范围之后，我们不能在当前范围里面修改原值，我们只能设法让这个值在原模块的范围内发生变化，而那个范围是使用这个模块的人无法控制的。由于有前面的那项限制，因此我们说，这种绑定关系是只读的，又由于它具备后面的那种能力，因此我们说，这种绑定关系是 live 的（也就是当场修改，当场见效）。

这跟 CommonJS 系统所用的方法有根本区别。如果有某个模块要引入 CommonJS 模块，那么系统会对后者的整个 **exports** 对象做拷贝（这种拷贝是浅拷贝，shallow copy），从而将其中的内容复制到当前模块里面。于是，数字或字符串等原始类型的变量就会出现复本，而不会与原模块中的相应变量联动，这样的话，如果受引入的那个模块修改了自身的那一份变量，那么用户这边是看不到新值的，因为他所看到的，是拷贝过来的这一份变量。

2.6.7.3 解析循环依赖

为了彻底讲清 ES 模块的解析过程，我们用 ESM 的语法，把早前在讲解 CommonJS 模块时所说的那个循环依赖范例，给重新实现一遍，如图 2.3 所示。

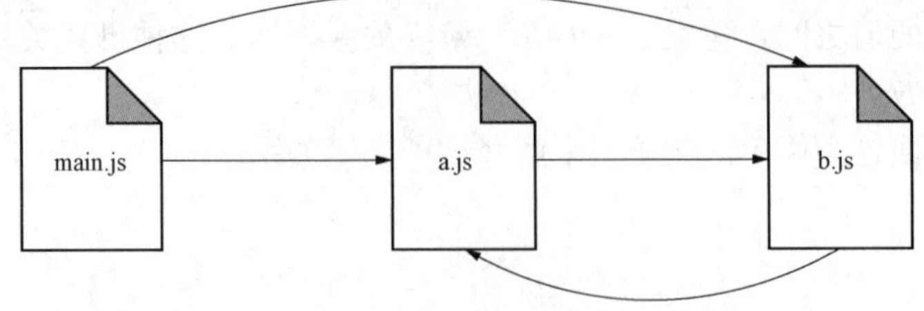

图 2.3 举例说明 ESM 如何处理循环依赖

首先来看 **a. js** 与 **b. js** 这两个模块的代码：

```
//a. js
import * as bModule from './b. js'
export let loaded = false
export const b = bModule
loaded = true

//b. js
import * as aModule from './a. js'
export let loaded = false
export const a = aModule
loaded = true
```

现在我们看看怎样在 **main. js** 文件（也就是入口点）引入这两个模块：

```
//main. js
import * as a from './a. js'
import * as b from './b. js'
console. log('a ->', a)
console. log('b ->', b)
```

注意，这次我们不使用 **JSON. stringify** 方法，那样做会出现 **TypeError: Converting circular structure to JSON** 错误，因为 **a. js** 与 **b. js** 之间有循环引用关系。

运行 **main. js**，会看到下面这样的输出信息：

```
a -><ref *1> [Module] {
  b: [Module] { a: [Circular *1], loaded: true },
  loaded: true
}
b -><ref *1> [Module] {
  a: [Module] { b: [Circular *1], loaded: true },
  loaded: true
}
```

在这段输出信息里面，值得注意的地方是：**a. js** 与 **b. js** 这两个模块，都能完整地观察到对方，而不像 CommonJS 那样，导致其中一方无法观察到对方在完全加载之后所应有的状态。这一点可以通过 loaded 值来判断，大家看到，a 中的 b 与 b 中的 a，其 **loaded** 值都是 **true**，这说明 a 所看到的 b，已经完全加载好了，而 b 所看到的 a，也是这样。另外要注意，a

里面的那个 b，跟当前范围之中的这个 b，实际上是同一个实例，b 里面的那个 a，跟当前范围之中的这个 a，实际上也是同一个实例。这正是系统不允许我们用 **JSON.stringify ()** 来序列化这种模块的原因，假如允许，那么就会让程序陷入死循环。最后还有一点：就算把 **a.js** 与 **b.js** 这两个模块的引入顺序对调，最终的输出结果也不会改变，这也是 ES 模块与 CommonJS 模块之间的又一个重要区别。

我们现在值得花点时间，仔细说说系统在给这个例子做模块解析时，所经过的三个阶段，也就是解析阶段、实例化阶段与执行阶段。

2.6.7.3.1 第一阶段：剖析

在这一阶段，解释器要从入口点（**main.js**）开始，剖析模块之间的依赖关系。它只关注模块里面的 **import** 语句，并把这些语句想要引入的模块所对应的源代码，给加载进来。解释器以深度优先的方式探索依赖关系图，而且只把图中的每个模块访问一次。从图 2.4 中可以看出，按这种方式遍历依赖关系，能够得到一种树状的结构。

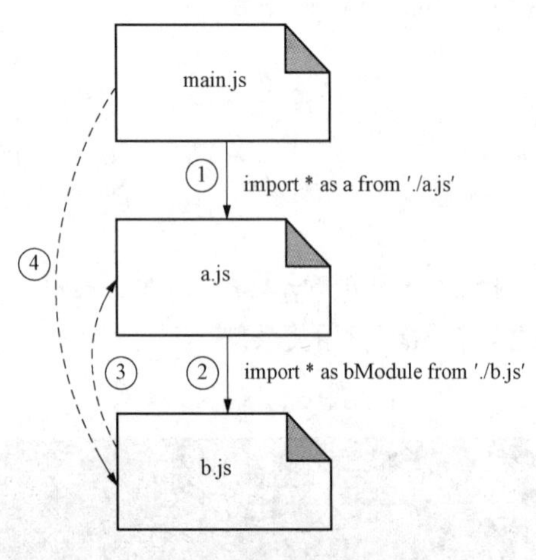

图 2.4 剖析 ESM 模块之间的循环依赖关系

以图 2.4 演示的情况为例，我们来解释剖析阶段所经历的各个步骤：

（1）从 **main.js** 开始剖析。首先发现了一条 **import**语句，这条语句把我们带到 **a.js**。

（2）从 **a.js** 往下剖析，我们发现了一条 **import** 语句，这条语句把我们带到 **b.js**。

（3）从 **b.js** 往下剖析，我们发现了一条 **import** 语句，这条语句想要回过头引入 **a.js**，因此构成循环依赖，但由于 **a.js** 刚才已经访问过了，因此我们不会沿着这条路径往回走。

（4）处理完这条 **import** 语句之后，继续剖析 **b.js**，由于其中已经没有别的 **import** 语句了，因此我们回到 **a.js** 里面，继续往下剖析，然而 **a.js** 里面也已经没有别的 **import** 语句了，因此我们回到 **main.js** 继续往下剖析。这次我们发现了另一条 **import** 语句，它要求引入 **b.js**，但由于这个模块刚才也已经访问过了，因此我们不会沿着这条路径往回走。

到了这里，我们就以深度优先的方式，把依赖关系图走完了。现在我们有了图 2.5 这样的树状结构，这个结构可以将这三个模块之间的依赖关系显示清楚。

这个结构相当简单。实际工作中的项目，涉及的模块可能会多一些，但经过剖析之后，都能形成这样一种树状的结构。

2.6.7.3.2 第二阶段：实例化

在这一阶段，解释器会从树状结构的底部开始，逐渐向顶部走。每走到一个模块，它就寻找该模块所要导出的全部属性，并在内存中构建一张映射表，以存放此模块所要导出的属性名称与该属性即将拥有的取值（这些值在这个阶段不做初始化），如图 2.6 所示。

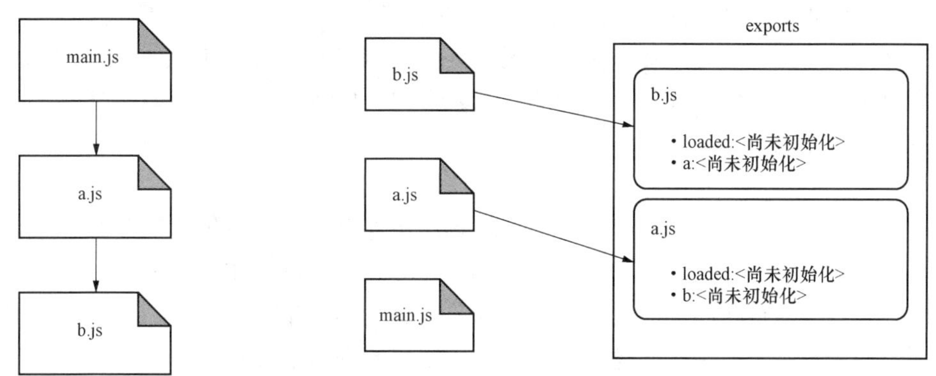

图 2.5 从依赖图里面移除循环关系之后所得到的树状结构

图 2.6 实例化阶段的示意图

从图 2.6 中，我们可以看到这些模块之间是按照什么顺序来实例化的：

（1）解释器首先从 **b.js** 模块开始。它发现这个模块要导出 **loaded** 与 a。

（2）然后，解释器又分析 **a.js** 模块。它发现这个模块要导出 **loaded** 与 b。

（3）最后，解释器分析 **main.js** 模块，它发现这个模块不导出任何功能。

（4）请注意，实例化阶段所构造的这套 **exports** 映射图，只记录导出的名称与该名称即将拥有的值之间的关系，至于这个值本身，则不在本阶段予以初始化。

走完上面那套步骤之后，解释器还要再过一遍，这次，它会把各模块所导出的名称与引入这些名称的那些模块给链接起来，如图 2.7 所示。

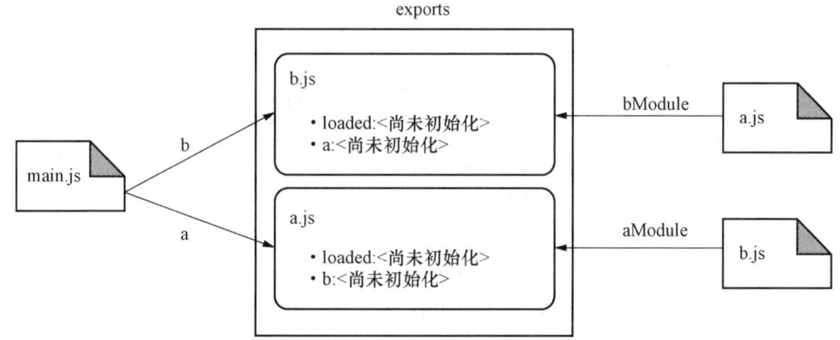

图 2.7 把各模块所要导出的内容与引入这些名称的模块链接起来

以图2.7为例，这一次的步骤是：

（1）模块**b.js**要与模块**a.js**所导出的内容相链接，这条链接叫作**aModule**。

（2）模块**a.js**要与模块**b.js**所导出的内容相链接，这条链接叫作**bModule**。

（3）最后，模块**main.js**要与模块**b.js**所导出的内容相链接，这条链接叫作b，另外，它还要与模块**a.js**所导出的内容相链接，这条链接叫作a。

（4）当然这次还是得提醒大家注意，各名称所对应的值，依然处在尚未初始化的状态。我们只是建立相应的链接，让这些链接能够指向相应的值，至于值本身，则要等到下一个阶段结束时才能确定。

2.6.7.3.3 第三阶段：执行

这是载入模块时所经历的最后一个阶段。在这个阶段，系统终于要执行每份文件里面的代码了。它按照后序的深度优先（post-order depth first）顺序，由下而上地访问最初那张依赖图，并逐个执行访问到的文件。在本例中，main.js文件会在最后执行。这种执行顺序能够保证，程序开始运行主业务逻辑的时候，各模块所导出的那些值，全都已经做了初始化。执行阶段的示意图如图2.8所示。

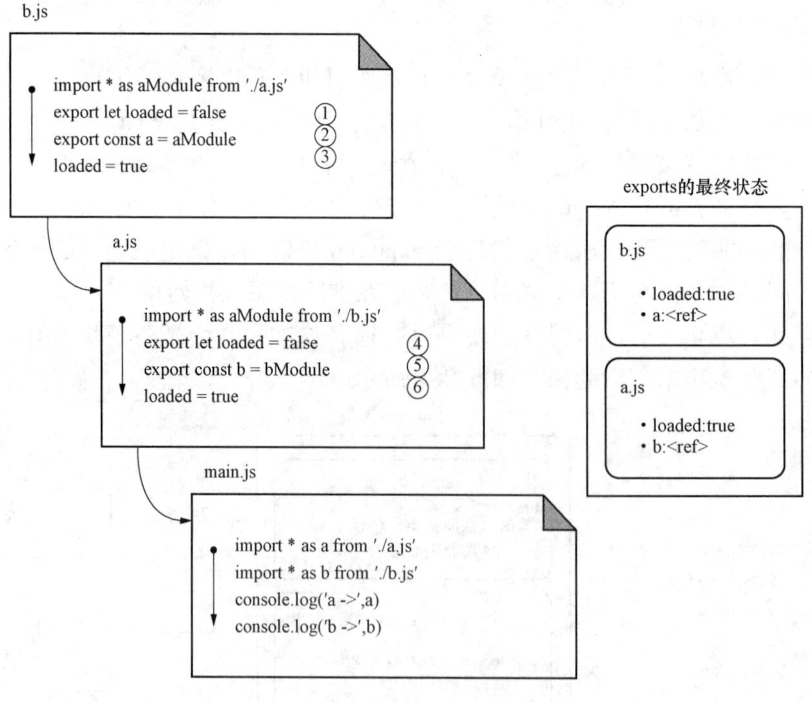

图2.8 执行阶段的示意图

以图 2.8 为例，这一阶段的步骤是：

（1）从 **b.js** 开始执行。首先要执行的这行代码，会把该模块所导出的 **loaded** 值初始化成 **false**。

（2）接下来执行到的这行代码，会让该模块所导出的 a 属性得到初始值，这个值是一个指向模块对象的引用，而这个模块对象表示的就是 **a.js** 模块。

（3）然后，把 **loaded** 属性的值改成 **true**。到了这里，我们就把 **b.js** 模块导出的这些属性所应具备的值，最终确定了下来。

（4）现在执行另一个模块，也就是 **a.js** 模块。首先是把该模块导出的 **loaded** 值，初始化成 **false**。

（5）接下来执行到的这行代码，会让该模块所导出的 b 属性得到初始值，这个值是一个指向 **b.js** 模块的引用。

（6）最后把 **loaded** 属性改为 **true**。到了这里，我们就把 **a.js** 模块导出的这些属性所应具备的值，最终确定了下来。

走完这些步骤之后，系统就可以正式执行 **main.js** 文件了，这时，各模块所导出的属性全都已经求值完毕，由于系统是通过引用而不是复制来引入模块的，因此就算模块之间有循环依赖关系，每个模块也还是能够完整地看到对方的最终状态。

2.6.8 修改其他模块

由于 ES 模块中的实体，是以*只读的 live 绑定*形式引入的，因此，我们不能从模块外部给这些实体赋值。

然而有一个地方要注意：我们虽然不能在某个模块之中，修改另一个模块以默认导出或命名导出等形式导出的属性本身，但如果该属性是个对象，那我们却能够修改对象里面的属性，给这些属性重新赋值。

这项特性有风险，但同时也让我们能够修改其他模块的行为。现在就演示这种做法，比如，我们想编写一个模块，以改变 **fs** 核心模块的行为，让它不要真的去访问文件系统，而是返回仿制的数据。如果我们要给某个依赖文件系统的组件做测试，那么这样的模块会比较有用：

```
//mock-read-file.js
import fs from 'fs'                                          // (1)

const originalReadFile = fs.readFile                         // (2)
let mockedResponse = null

function mockedReadFile (path, cb) {                         // (3)
```

```
  setImmediate(() => {
    cb(null, mockedResponse)
  })
}

export function mockEnable (respondWith) {                      // (4)
  mockedResponse = respondWith
  fs.readFile = mockedReadFile
}

export function mockDisable () {                                // (5)
  fs.readFile = originalReadFile
}
```

现在来说说这段代码的几个关键点：

（1）我们首先要做的，是把 **fs** 模块默认导出的东西引入当前模块。为什么要把默认导出而不是命名导出的东西引进来，我们后面会讲到，大家目前只需要知道，**fs** 模块默认导出的这个东西是一个对象，其中含有一系列可以跟文件系统相交互的函数。

（2）我们想用一个仿制的函数，替换 **fs** 本身的 **readFile ()** 函数。但是在替换之前，我们先把指向原函数的引用保存起来。接着我们声明一个叫作 **mockedResponse** 的值，以供稍后使用。

（3）这个 **mockedReadFile ()** 函数，就是用来取代原函数的仿制函数。该函数会以 **mockedResponse** 的当前值做参数，来触发 **cb** 所表示的回调逻辑。请注意，笔者此处实现得比较简单，实际上，在表示回调的这个 **cb** 参数之前，还应该有一个可选的 **options** 参数，用来表示选项，例如用户可以通过该选项指定编码，让 **readFile ()** 按照适当的编码处理文件内容。

（4）本模块所导出的 **mockEnable** 函数，用来激活仿制功能。它会用仿制函数把原函数替换掉，并让这个仿制函数，总是把 **respondWith** 参数所指定的值，当成文件的内容。

（5）最后，导出名为 **mockDisable ()** 的函数，这个函数会把 **fs.readFile ()** 恢复到原始版本。

下面举一个简单的例子，来演示这个新模块的用法：

```
// main.js
import fs from 'fs'                                             // (1)
import { mockEnable, mockDisable } from './mock-read-file.js'

mockEnable(Buffer.from('Hello World'))                          // (2)
```

```
fs.readFile('fake-path', (err, data) => {                       // (3)
  if (err) {
    console.error(err)
    process.exit(1)
  }
  console.log(data.toString()) // 'Hello World'
})

mockDisable()
```

我们来看这段范例代码之中的几个关键点：

（1）首先要做的还是引入 **fs** 模块所默认导出的东西。我们这次跟编写 **mock-read-file.js** 模块时一样，依然是把 **fs** 模块默认导出而不是命名导出的东西引进来，这一点后面还要再谈。

（2）启动仿制功能。无论用户想读取什么文件，我们都让这个仿制版的 **readFile()** 函数，将文件内容认定为 "Hello World" 字符串。

（3）最后，我们用一个仿造的路径（也就是'fake-path'）来调用这个仿制版的 **readFile()** 函数。由于用的是仿制版而不是原版，因此总会打印出 "Hello World"，好像这个路径上面真的存在一份文件，而且这份文件内容真的是 "Hello World" 一样。

这个办法虽然可行，但很容易出错。有好几个地方都有可能让代码出现问题。

比如，在开发 **mock-read-file.js** 模块的时候，我们可能会不小心采用下面这两种方式引入 fs 模块：

```
import * as fs from 'fs' // 这样引入会导致只能使用而无法修改 fs.readFile
```

或

```
import { readFile } from 'fs'
```

这两种引入方式都符合语法，会把 **fs** 模块之中那些以命名导出的方式所公布的函数给引入进来（而不像我们刚才那样，把 **fs** 模块所默认导出的那个对象引进来，那种引入方式会让那些函数成为该对象的属性，因而可以受到修改与替换）。

刚才那两条 **import** 语句，会让程序出现一些问题：

• 由于 **readFile()** 函数是以只读的 live 绑定形式引入的，因此无法在模块之外修改。假如我们在开发 **mock-read-file.js** 模块时，试着替换这个函数，那么程序就会出错。

• 如果模块的用户在 **main.js** 这个主程序里面采用这两种方式来引入，那么仿制功能就无法发挥作用。此时，程序使用的是原版函数，而不是仿制版本。因此，如果用户想要读取的文件不存在，那么程序就会出错。

为什么不能在主程序里，采用这两种形式的 **import** 语句来引入 **fs** 模块呢？这是因为，我们设计的仿制模块，修改的只是 **fs** 默认导出的那个对象里面的那份 **readFile ()** 函数，而这两种 **import** 语句引入的 **readFile ()** 函数，却是 **fs** 模块顶层那个以命名导出的形式所公布的函数。

这个例子告诉我们，在 ESM 环境下运用 **monkey patching** 技术，要比在 CommonJS 环境下更为复杂，而且比较容易出错。因此，会有 Jest（**nodejsdp.link/jest**）这样的测试框架提供特别的功能，让我们可以更加可靠地仿制 ES 模块（**nodejsdp.link/jest-mock**）。

仿制模块的另一种办法，是依赖 Node.js 平台一个特殊模块所提供的挂钩，那个模块就是 **module**（**nodejsdp.link/module-doc**）。有一个利用该功能所实现的小型库，叫作 **mocku**（**nodejsdp.link/mocku**），如果好奇，你可以看看它的源代码是怎么写的。

我们还可以利用 **module** 包的 **syncBuiltinESMExports ()** 函数来正确地实现仿制。调用这个函数之后，默认导出的那个对象之中各属性的值，会映射到以命名导出的形式所公布的相应属性上面，这样就可以把模块外部对模块功能所做的修改，反映到这些命名导出的函数上面了：

```
import fs, { readFileSync } from 'fs'
import { syncBuiltinESMExports } from 'module'

fs.readFileSync = () => Buffer.from('Hello, ESM')
syncBuiltinESMExports()

console.log(fs.readFileSync === readFileSync) // true
```

于是，我们可以在启动仿制功能与恢复原始功能之后，都把这个 **syncBuiltinESMExports ()** 调用一次，让这个仿制模块变得更加健壮。

请注意，**syncBuiltinESMExports ()** 只对 Node.js 内置的模块有效，比如本例的 **fs** 模块。

到这里，我们就把 ESM 系统讲完了。大家看到了 ESM 的工作原理，还明白了它是如何加载模块以及如何处理循环依赖关系的。在本章最后，我们来讨论 ESM 与 CommonJS 模块系统之间的一些重要区别，以及一些交互操作技巧，让我们可以在其中一方里面使用另一方的模块。

2.7 ESM 与 CommonJS 之间的区别以及交互使用技巧

前面提到了 ESM 与 CommonJS 之间的几个重要区别，例如 ESM 要求明确指定要引入的模块文件所具备的扩展名，而 CommonJS 的 **require** 函数则允许省略这个名称。

我们在本章最后的这一部分里面，讨论 ESM 与 CommonJS 这两个模块系统的几个重要区别，以及如何在必要的时候搭配使用这两种模块。

2.7.1 ESM 是在严格模式下运行的

ES 模块默认运行于严格模式之下。这意味着我们不用在每份文件开头加上 " **use strict** " 语句。这种严格模式不能禁用，因此，我们无法使用未声明的变量，也不能使用那些仅仅在非严格模式下才能使用的特性（例如 **with** 语句）。这其实是好事，因为严格模式是一种更加安全的执行模式。

如果你想详细了解这两种模式之间的区别，请参阅 MDN Web Docs（**nodejsdp.link/strict-mode**）。

2.7.2 ESM 不支持 CommonJS 提供的某些引用

CommonJS 提供的一些关键引用，不受 ESM 支持，这包括 **require**、**exports**、**module.exports**、**__filename**、**__dirname**。如果你试图在 ES 模块里面使用这些，那么由于这种模块运行于严格模式之下，因此会让程序发生 **ReferenceError**（引用错误）：

```
console.log(exports) // ReferenceError: exports is not defined
console.log(module) // ReferenceError: module is not defined
console.log(__filename) // ReferenceError: __filename is not defined
console.log(__dirname) // ReferenceError: __dirname is not defined
```

在刚提到的那几个引用之中，**exports** 与 **module** 的意思，我们在讲解 CommonJS 的时候已经谈了很多。**__filename** 指的是当前这个模块文件的绝对路径，**__dirname** 指的是该文件所在文件夹的绝对路径。这些特殊变量在构建当前文件的相对路径时很有用处。

在 ESM 系统里面，我们可以用 **import.meta** 这个特殊对象来获取一个引用，这个引用所指的是当前文件的 URL。具体来说，就是通过 **import.meta.url** 这种写法，获取当前模块的文件路径，这个路径的格式类似 **file:///path/to/current_module.js**。我们可以根据这条路径，构造出 **__filename** 与 **__dirname** 所表示的那两条绝对路径：

```
import { fileURLToPath } from 'url'
import { dirname } from 'path'
const __filename = fileURLToPath(import.meta.url)
const __dirname = dirname(__filename)
```

CommonJS 里的 **require()** 函数，也可以用下面这种写法，在 ESM 系统里面重现：

```
import { createRequire } from 'module'
const require = createRequire(import.meta.url)
```

现在，我们就可以在 ES 模块系统的环境下，用这个 **require()** 函数来加载 CommonJS 模块了。

这两种模块系统之间，还有个重要区别在于 **this** 关键字的行为。

在 ES 模块系统的全局作用域中，**this** 是未定义的（**undefined**），但是在 CommonJS 模块系统中，它则是一个指向 **exports** 的引用：

```
//this.js - ESM
console.log(this) //undefined

//this.cjs - CommonJS
console.log(this === exports) // true
```

2.7.3 在其中一种模块系统里面使用另一种模块

上一小节提到，在 ESM 环境中可以使用 **module.createRequire** 函数加载 CommonJS 模块。除了这个办法，其实还可以用标准的 **import** 语法引入 CommonJS 模块，不过这种引入方式只能把默认导出的东西给引进来：

```
import packageMain from 'commonjs-package' // 这样写可行
import { method } from 'commonjs-package' // 这样写会出错
```

但是反过来不行，我们没办法在 CommonJS 模块里面引入 ES 模块。

另外，ESM 没办法把 JSON 文件直接当成模块引入进来，而这在 CommonJS 系统下，则是一项很常见的操作。下面这种 **import** 语句，无法正常运行：

```
import data from './data.json'
```

这样写会让程序出现 TypeError 错误，并给出 **Unknown file extension: .json** 字样的错误信息。

这项限制，也可以通过 **module.createRequire** 工具函数来解决：

```
import { createRequire } from 'module'
const require = createRequire(import.meta.url)
const data = require('./data.json')
console.log(data)
```

其实 ESM 一直在努力给 JSON 模块提供原生支持，因此过不了多久，我们或许就可以不再依赖 **createRequire ()** 功能了，而是能够直接在 ESM 里引入 JSON 模块[译注4]。

2.8 小结

这一章详细讲解了什么叫作模块、为何要使用模块，以及为什么要有模块系统。我们还学习了 JavaScript 模块的历史以及 Node.js 平台目前支持的两套模块系统，也就是 CommonJS 系统与 ESM 系统。另外，我们还讲述了创建模块或是使用第三方模块时所需要的一些常见模式。

现在大家应该明白如何利用 CommonJS 与 ESM 的优势来编写代码了。

本书其余部分，主要使用 ES 模块来讲解，然而在必要的时候，大家还是应该利用这一章所学的知识来探索那些内容在 CommonJS 模块系统之中的用法。

下一章开始讲解 JavaScript 的异步编程理念，我们会详细讨论回调、事件以及相关的模式。

译注4 详情参见：https://nodejs.org/api/esm.html#esm_experimental_json_modules。

第 3 章　回调与事件

同步编程是把代码看作解决问题时的一系列计算步骤，这些步骤需要一个一个地执行。也就是说，每项操作都会阻塞，只有先把这项操作执行完，然后才能执行下一项。这样写出来的代码比较容易读懂，而且也易于调试。

与之相对，异步编程则是将某些操作（例如读取文件内容或者发出网络请求等）启动起来，并放在“后台”（background，也称为“背景”）之中执行。触发完异步操作之后，无论这项操作有没有完成，系统都会紧接着执行该操作之后的那条指令。于是，我们就需要有这样一种方式，能够在异步操作完成时得到通知，并根据异步操作的结果，决定接下来应该如何执行。对于 Node.js 平台来说，在异步操作完成时通知开发者所用的基本手段，就是**回调**（**callback**），所谓回调，仅仅是一个函数而已，运行期系统会在异步操作有了结果的时候，调用这个函数。

回调是最基本的单元，其他异步机制都是基于它而构建的。假如没有回调，那就无法实现 Promise，进而也就无法实现 async/await 机制，并且连流（stream）与事件也都不会有。因此，我们一定要了解回调的原理。

这一章会详细讲解 Node.js 平台的 Callback（回调）模式，让大家理解回调的作用，并学会编写有用的异步代码。我们会在讲解过程中谈到一些惯例、模式，以及容易出错的地方，让大家在学完本章之后，掌握回调模式的基本用法。

另外，大家还会看到 Observer（观察者）模式，这个模式跟 Callback 模式很接近。Observer 模式需要由 `EventEmitter` 来体现，`EventEmitter` 通过回调处理各种类型的事件，它是 Node.js 平台广泛使用的一种组件。

总之，这一章要讲内容可以归结为下面两条：

- Callback 模式。我们要学习这个模式的工作原理，以及它在 Node.js 平台之中的用法，并且要学会避开一些经常容易出错的地方。
- Observer 模式。我们要学习如何在 Node.js 平台之中，通过 `EventEmitter` 类实现该模式。

3.1　Callback（回调）模式

上一章讲的 Reactor 模式，需要通过 handler 来表达处理逻辑，而 Callback（回调）正是用来体现这种逻辑的。Node.js 平台有自己独特的编程风格，回调就是促成这种风格的一项重要特征。

回调是一种函数，系统通过触发这样的函数，来播报某项操作的结果，而开发者正需要关注这种通知，以便对异步操作的结果做出处理。在异步编程领域，我们一般不通过 **return** 语句返回操作结果，因为那样做会让调用方一直卡在这里等结果，我们的做法是改用回调来实现，也就是让调用者提供一个回调函数，系统会在这项操作有了结果的时候通知这个函数。JavaScript 语言很适合与回调机制相搭配，因为函数在这种语言里面是头等对象（first - class object），这使得我们可以方便地把它赋给某个变量或传给某个参数，也可以从函数之中返回一个函数，或是将其保存到某种数据结构之中。另外，JavaScript 语言还有一项特性，也让它能够很好地实现回调机制，这就是**闭包**（closure）。通过闭包，我们可以引用某个函数在刚刚创建的时候所处的那套环境，这意味着，我们可以把程序请求执行异步操作时所处的情境（context，也叫作上下文）保留起来，无论系统以后在什么时间与什么场合触发回调，我们都能得知程序当初发起这项异步操作时的情况。

如果你想复习一下跟闭包有关的知识，请参阅 MDN Web Docs 网站上面的文档：**nodejsdp.link/mdn - closures**。

这一节，我们就来分析这样一种编程风格，也就是不通过 **return** 指令立刻返回操作结果，而是当操作有了结果时再做回调。

3.1.1 continuation - passing 风格（CPS）

JavaScript 的回调是一种函数，可以当成参数传给另一个函数，并在相关操作有了结果时得到触发。这种播报操作结果的方式，在函数编程领域称为**CPS**（continuation - passing style），也就是 continuation - passing 风格[译注5]。

这其实是一个通用的理念，未必总是针对异步操作而言。凡是不把操作结果直接传给调用方，而是将其播报给另一个函数（即回调函数）的做法，无论同步还是异步，都可以叫作 CPS 式的做法。

3.1.1.1 同步的 CPS

为了说清 CPS 这一概念，我们先来看一个简单的同步函数：

```
function add (a, b) {
  return a + b
}
```

译注5 中文叫作续体传递风格，其中的续体（continuation）一词，也称为接续、后续、延续。

不要多想，这个函数没有什么特别的地方。它只是用 **return** 指令把结果传回给调用方。这种风格叫作**direct style**（**直接风格**），这指的就是普通的同步编程里面，那种直接返回操作结果的做法。

如果改用 CPS 来写，那就是：

```
function addCps (a, b, callback) {
  callback(a + b)
}
```

这个 **addCps ()** 函数，是一个同步的 CPS 函数。为什么说它是同步的呢？因为它虽然用了回调函数，但却是在回调函数执行完毕之后才结束自己的。下面这段代码可以验证该函数本身以及它所回调的那函数之间，究竟谁先执行完毕：

```
console.log('before')
addCps(1, 2, result => console.log(`Result: ${result}`))
console.log('after')
```

由于 **addCps ()** 是个同步函数，因此刚才那段代码打印出来的结果，显然应该是这样的：

```
before
Result: 3
after
```

下面我们看看异步的 CPS 如何运作。

3.1.1.2 异步的 CPS

下面考虑这样一个函数，也就是 **addCps ()** 函数的异步版本：

```
function additionAsync (a, b, callback) {
  setTimeout(() => callback(a + b), 100)
}
```

这个函数的代码采用 **setTimeout ()** 来模拟对回调函数的异步调用。**setTimeout ()** 会给事件队列（event queue）中添加一项任务，让该任务在经过一定的毫秒之后得以执行。这显然是一项异步操作。现在，我们把前面那段实验代码里的 **addCps ()** 换成这个 **additionAsync ()**，然后看看执行顺序会有什么变化：

```
console.log('before')
additionAsync(1, 2, result => console.log(`Result: ${result}`))
console.log('after')
```

刚才这段代码会打印出这样的结果：

```
before
after
Result: 3
```

由于 **setTimeout ()** 触发的是异步操作，因此它不会等待回调函数执行完毕，而是会立刻返回，并把控制权交还给调用 **setTimeout ()** 的一方，也就是 **additionAsync ()** 函数，而 **additionAsync ()** 函数接着又把控制权交还给调用自己的一方，这是 Node.js 平台的一项关键特征，由于它在发送完异步请求之后，会尽快将控制权还给事件循环，因此队列中的新事件，能够及时得到处理。

图 3.1 演示了控制权在异步调用过程中的变换情况。

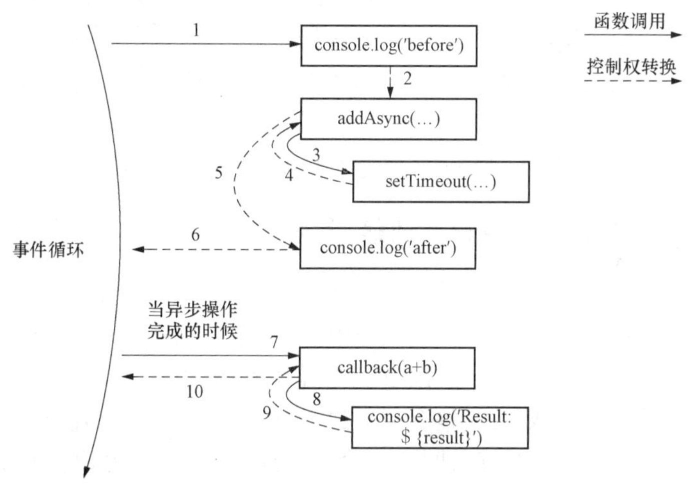

图 3.1　控制权在调用异步函数的过程中是如何变换的

addAsync () 这样的异步函数，在提交了 **setTimeout ()** 这种异步操作之后，就会继续执行自己的代码，而那项异步操作则由系统安排在适当的时机执行。等到系统完成那项异步操作时，它会执行用户早前提供给异步函数的那个回调函数。这次执行是从事件循环开始的，因此执行时所采用的栈是全新的。但如果我们需要用到程序当初提交这个回调函数时所处的状态，那该怎么办呢？这个问题正可以体现出 JavaScript 语言的一项优点。由于 JavaScript 有闭包机制，因此很容易就能把调用异步函数时的情境（context，或者说上下文）保留下来，就算提交的异步函数是在另一个时间与地点执行的，我们也还是可以通过闭包，了解程序在提交这个函数时的状态。

总之，同步函数会阻塞在它所要执行的操作这里，直到该操作完成，而异步函数则会把这项操作交给系统去安排，并立刻返回，至于该操作的执行结果，则由事件循环在稍后的某个周期里面，传给 handler（事件处理器），对于我们这个例子来说，handler 指的就是用户当初提供给异步函数的那个回调。

3.1.1.3　并非所有的回调都是 CPS

有些函数虽然可以通过参数接受回调，但这并不意味着这是函数一定是异步函数，也不意味着它必定是采用 CPS 编写的。比如，**Array** 对象的 **map ()** 方法就是个例子：

```
const result = [1, 5, 7].map(element => element - 1)
console.log(result) // [0, 4, 6]
```

对于这个函数来说，回调仅仅用来表示一种逻辑，让函数能够依照该逻辑，修改数组中每个元素的值，而且函数也不会把修改结果传给这个回调，它实际上是采用 direct style（直接风格）将结果同步地返回给调用方。CPS 回调与非 CPS 回调，在语法上并没有区别，它们都可以通过函数的参数来表示，因此，如果 API 有回调，那么开发者应该在文档中说明这个回调是做什么用的。

下一小节将要讨论我们在 Node.js 平台之中使用回调时，经常容易写错的几个地方。

3.1.2　某个函数究竟是同步函数，还是异步函数?

大家已经看到，函数是同步还是异步，其实是个相当重要的问题，因为这对指令的执行顺序影响很大。我们可以说，这个问题强烈影响整个程序的样子，包括程序的正确程度与执行效率。下面我们就来分析这两种范式以及一些容易出错的地方。总的来说，API 在同步还是异步这一点上，必须一致，要么把整个函数设计成纯粹的同步函数，要么就让它完全都采用异步方式来执行，而不能混用这两种范式，那样做会导致许多难以排查而且难以重现的问题。我们用下面这个异步函数做例子，来分析为什么不能混用同步与异步。

3.1.2.1　有的函数无法判断是同步还是异步

有一种函数相当危险，因为它在某些情况下是同步的，而在另一些情况下则是异步的，这导致使用这个 API 的用户无法确定它究竟是同步函数还是异步函数。下面就来看这样的一个函数：

```
import { readFile } from 'fs'

const cache = new Map()

function inconsistentRead (filename, cb) {
  if (cache.has(filename)) {
```

```
    //同步执行
    cb(cache.get(filename))
  } else {
    // 异步函数
    readFile(filename, 'utf8', (err, data) => {
      cache.set(filename, data)
      cb(data)
    })
  }
}
```

这个函数创建了一个名叫 **cache** 的 Map（映射图）结构，用来缓存各文件的读取结果。当然了，笔者这么写只是为了举例，实际上，还应该对相关的错误做出处理，而且缓存的实现逻辑，也可以优化得更好一些（第 11 章会讲述如何适当地实现异步缓存）。可即便解决了这些问题，这个函数也还是相当危险，因为它在初次读取某文件并将其纳入缓存时，采用的是异步执行方式，但如果用户所要读取的文件已经位于缓存之中，那么它又会以同步的方式将其返回。

3.1.2.2　在同一个函数里混用同步与异步所带来的危害

现在我们就来谈谈，使用这种时而同步、时而异步的函数，会让程序出现什么样的问题。考虑下面这段代码：

```
function createFileReader (filename) {
  const listeners = []
  inconsistentRead(filename, value => {
    listeners.forEach(listener => listener(value))
  })

  return {
    onDataReady: listener => listeners.push(listener)
  }
}
```

这个函数在执行的时候，会新建一个名叫 listeners 的通知器（notifier）对象，让调用这个函数的人，能够通过该对象的 onDataReady 来注册多个监听器，从而监控这份文件的读取操作。当读取操作执行完毕，且读出的数据可供使用时，系统会通知所有的监听器。这个函数通过早前的 **inconsistentRead ()** 函数，来实现这个读取文件并通知监听器的功能。现在，我们像下面这样使用 **createFileReader ()** 函数，看看它的效果如何：

```
  const reader1 = createFileReader('data.txt')
  reader1.onDataReady(data => {
    console.log(`First call data: ${data}`)

  //过了一段时间，我们又想读取
  //同一份文件
  const reader2 = createFileReader('data.txt')
  reader2.onDataReady(data => {
    console.log(`Second call data: ${data}`)
  })
})
```

这段代码打印出来的结果是：

```
First call data: some data
```

我们看到，通过 **reader2** 所注册的回调，并没有得到触发。为什么会这样呢？原因是：

• 创建 **reader1** 的时候所触发的这次 **inconsistentRead** 调用，会以异步方式执行，因为此时缓存里面并没有内容，该函数需要以异步的方式读取文件内容，并执行回调。这意味着，如果执行回调的时候，用户已经通过 **onDataReady** 向 **listeners** 里面注册了监听器，那么这些监听器就会在事件循环的某个周期里面得到触发。总之，用户在这种情况下，有足够的时间在系统通知 **listeners** 之前，先把监听器注册进去。

• 创建 **reader2** 的时候所触发的这次 **inconsistentRead** 调用，会以同步方式执行，因为用户请求的这份文件，缓存里面本身就有。由于 **inconsistentRead** 是以同步方式执行的，因此它立刻就会触发回调，这意味着它只能通知此时已经位于 **listeners** 之中的那些监听器。而用户是在拿到 **reader2** 之后，才通过 **onDataReady** 注册监听器的，因此根本没有机会赶在 **inconsistentRead** 触发这些监听器之前就将其注册好。于是，他注册的这个监听器就不可能得到触发。

我们无法肯定，像 **inconsistentRead ()** 这样的函数，究竟会有什么样的执行效果，因为这取决于很多因素，例如调用函数的频率，当作参数传入的文件是否存在，是什么内容，以及加载文件所花的时间等。

刚才看到的这种 bug 有可能出现在极其复杂的情况下，导致我们很难在实际的应用程序中重现。比如，如果这种函数是在 Web 服务器里面运作的，而且同时有多位用户都请求访问这台服务器，那就会出现有些请求卡住，而另一些请求却能够顺利处理的情形，这些卡住的请求，可能不会表现出什么问题，而且系统也记录不到什么错误。这样的 bug 实在烦人。

Issac Z. Schlueter 是 npm 的创始人，也是 Node.js 项目的前任主管，他在一篇博客文章里面，认为这种函数就好比一个会 *unleashing Zalgo* 的函数[译注6]。

Zalgo 是个网络词汇，指一种传说中的不祥之物，会引发混乱与死亡，而且导致世界毁灭。你要是不熟悉这个词，那就去查查它的意思吧。

你可以参考 Issac Z. Schlueter 的原文：**nodejsdp.link/unleashing-zalgo**。

3.1.2.3 把 API 设计成同步的

知道了混用同步与异步所带来的危害之后，我们就应该明白，API 必须定义得相当清楚，要么是同步的，要么是异步的，而不能一会儿同步，一会儿异步。

要想修正 **inconsistentRead()** 函数，一种办法是把它写成纯粹的同步函数。Node.js 平台为大多数基本的 I/O 操作，都提供了以 direct style（直接风格）设计的同步 API，因此这种办法是可行的。比如，我们可以把 **inconsistentRead()** 函数里面涉及 **readFile()** 的异步代码，改用同步版的 **readFileSync()** 函数实现。于是，函数的代码就变成下面这样：

```
import { readFileSync } from 'fs'

const cache = new Map()

function consistentReadSync (filename) {
  if (cache.has(filename)) {
    return cache.get(filename)
  } else {
    const data = readFileSync(filename, 'utf8')
    cache.set(filename, data)
    return data
  }
}
```

我们看到，整个函数现在全都变成 direct style 了。如果函数是同步的，那我们没有理由采用 CPS 来写。同步的 API 就是应该用 direct style 实现才对，这样可以消除误会，让人一眼就看出这是个同步函数，而且还能提高效率。

译注6 中文意思类似于“放毒的”函数、“搞出错误来害人的”函数。

模式

纯粹的同步函数总是应该用 direct style 来实现。

注意，如果 API 本身从 CPS（接续传递风格）改成 direct style（直接风格），或者从异步改成同步，又或者从同步改成异步，那么使用 API 的代码，也需要转变风格。比如，在我们的这个例子里面，由于读取文件内容的函数在写法上发生了变化，因此使用这个函数的 `createFileReader()` 也需要相应修改，这样才能跟那个函数一样，以同步的方式来运作。另外，在打算用同步 API 取代异步 API 时，要注意这样两个问题：

- 某些特定的功能，或许没有同步版的 API。
- 同步 API 会阻塞事件循环，把同时出现的其他请求给卡住。这会打破 Node.js 的并发模型，并拖慢整个应用程序的运行速度。笔者以后会讲到，这个问题对应用程序究竟有什么影响。

具体到 `consistentReadSync()` 函数来看，阻塞事件循环所造的影响可能小一些，因为这个同步版的 I/O 函数，只会在相应文件并未纳入缓存时，才去真正读取这个文件，一旦读取过，它就将其纳入缓存，这样的话，以后访问同一个文件时，就不用再读了，因而也就不会把事件循环阻塞太久。如果我们要处理的文件在内容上比较固定，而且数量有限，那么 `consistentReadSync()` 对事件循环的影响就不大。但如果文件数量很多，并且程序只会把每个文件访问一次，而不会多次访问，那么事件循环受到的影响就比较大，因为缓存机制在这种情况下无法发挥优势。

对于 Node.js 平台来说，在许多情况下我们都不应该使用同步版的 I/O，但在某些场合，这可能是最简单、最高效的方案。到底该不该用，得根据具体的任务来判断。比如，如果是要在引导应用程序的过程中加载一份配置文件，那么完全可以采用同步 API 来实现，因为这种阻塞不会有什么问题。

模式

如果不会影响到应用程序处理并发的异步操作，那么偶尔可以用一下阻塞式的 API。

3.1.2.4　通过延迟执行机制确保异步执行

还有一种办法也能修改 `inconsistentRead()`，这就是把它写成纯粹的异步函数。这里的关键技巧，在于把回调函数的执行方式，从同步执行改成“以后”执行，也就是说，不要让事件循环当场触发这个回调函数。在 Node.js 平台中，这可以通过 `process.nextTick()` 实现，这个方法会将函数的执行时机，推迟到当前正在运行的这项操作完成之后。它的功能很简单，仅仅是把自己通过参数收到的这个回调函数放到事件队列的顶部，让它出现在还没有开始处理的 I/O 事件之前，并立刻返回。这样的话，等到当前正在运行的这项操作将控制权交还给事件循环之后，回调函数就会尽快触发。

现在我们用这个办法来修正 **inconsistentRead ()** 函数：

```
import { readFile } from 'fs'

const cache = new Map()

function consistentReadAsync (filename, callback) {
  if (cache.has(filename)) {
    //推迟回调的执行时机
    process.nextTick(() => callback(cache.get(filename)))
  } else {
    // 异步函数
    readFile(filename, 'utf8', (err, data) => {
      cache.set(filename, data)
      callback(data)
    })
  }
}
```

由于有了 **process.nextTick ()**，因此我们可以在该文件已经纳入缓存的情况下，通过它来触发回调，这样的话，无论是否从缓存里获取文件内容，我们都能保证回调肯定以异步方式触发。用这个函数取代 **createFileReader ()** 里面的 **inconsistentRead ()**，我们就会发现，以前由于混用同步与异步而产生的问题，现在已经消失。

模式

可以用 **process.nextTick ()** 安排回调，以确保回调总是能够以异步方式触发。

还有一个 API 也能推迟的代码执行时机，这就是 **setImmediate ()**。这个函数的目标跟 **process.nextTick ()** 很像，但语义却大有区别。采用 **process.nextTick ()** 所推迟的那种回调逻辑，叫作**microtask**（**微任务**），只要当前正在运行的这项操作执行完毕，那么微任务就会得到执行，它的执行时机甚至比其他 I/O 事件的触发时机还早。但如果这项回调逻辑，是采用 **setImmediate ()** 来安排的，那么系统就会把它安排到事件循环的某一个环节里面，这个环节出现在所有的 I/O 事件都得到处理之后。由于 **process.nextTick ()** 总是把任务插在已经安排好的那些I/O之前，因此这种任务会尽快得到执行，但在某些情况下，它可能会无限期地拖延I/O回调的触发时机（这种现象也叫作**I/O starvation**），比如这项任务里面可能有递归调用。这种任务若改用 `setImmediate()` 安排，则不会出现这种现象。

用 `setTimeout(callback, 0)` 来推迟执行时机，效果跟 `setImmediate()` 差不多，但是在某些情况下，`setImmediate()` 所安排的回调，可能会比用 `setTimeout(callback, 0)` 安排的回调更早触发。为了说明其中的原因，我们需要考虑事件循环在触发各种回调时所遵循的几个环节，这里考虑三种回调，第一种是计时器回调（也就是用 `setTimeout()` 安排的回调），事件循环会把这种回调放在第一个环节里面处理，第二种是I/O回调，这种回调会在第二个环节得到处理，最后 `setImmediate()` 回调，这种回调会安排在第三个环节处理。这意味着，如果我们在 `setTimeout()` 回调、I/O回调，或某个位于这两个环节之后的 **microtask** 里面，用 `setImmediate()` 安排了一个回调，那么这个回调就会在第三个环节得到处理，反之，如果这个回调是用 `setTimeout()` 安排的，那么只能等到事件循环的下一个周期再触发，因为它会安排到第一个环节里，而当前周期的第一个环节已经开始了，所以只能往下一个周期排。

笔者以后会分析同步的CPU密集型任务应该如何延迟执行，那时大家就能体会到这两个延迟方式之间的区别了。

接下来，我们看看在Node.js里面定义回调时的几个惯例。

3.1.3 在Node.js里面定义回调的惯例

在Node.js平台里面，CPS式的API与回调，都遵循着一套特定的惯例。这些惯例主要体现在Node.js平台的核心API上面，然而用户空间中的模块与应用程序，基本上也尊重这套习惯，所以，你一定要理解这样的写法好在哪里，以确保自己在设计带有回调的异步API时，也能遵循同样的习惯。

3.1.3.1 把表示回调的那个参数放在最后

按照标准的写法，Node.js平台之中的某个核心函数如果要通过参数接收回调，那么这个参数应该放在最后传递。

以下面这个Node.js核心API为例：

```
readFile(filename, [options], callback)
```

在刚才这个函数的签名中，用来接收回调的callback参数，确实出现在最后。而且，就算这个函数带有可选的参数，它也还是将回调参数排在了这个可选参数的后面。按照这种习惯来设计函数，可以让调用这个函数的代码变得更加清晰，因为调用方也会把回调逻辑写在最后，而不会提前传入回调逻辑，那样设计会让其他参数显得不够突出。

3.1.3.2 如果回调结果里面有错误信息时这项信息应总排在首位

按照 CPS 式的写法，如果操作结果里面有错误信息，那么这种信息也应该跟其他信息一样，通过回调予以传播。在 Node.js 平台中，CPS 函数产生的错误，总是用回调函数的第一个参数来表示，实际的操作结果，则从第二个函数开始传递。在操作没有出错的情况下，表示错误信息的这个参数，会是 **null** 或 **undefined**。下面这段代码按照这种写法定义回调：

```
readFile('foo.txt', 'utf8', (err, data) => {
  if(err) {
    handleError(err)
  } else {
    processData(data)
  }
})
```

编写回调逻辑时，我们总是应该先判断这次回调有没有出错，如果不这样做，那么代码调试起来就比较困难，而且你也无法提前发现某些有可能出问题的地方。说到错误，还有一个惯例，就是错误信息总应该用 Error 类型的对象表示。换句话说，错误信息不应该用简单的字符串或数字表示。

3.1.3.3 播报错误

以 direct style（直接风格）编写同步函数时，我们通过常见的 **throw** 语句播报错误，这会让该错误沿着调用栈向上传播，直至受到捕获为止。

与之相对，以 CPS（接续传递风格）编写异步函数时，正确的做法则是把错误传给接下来应该触发的那个回调。下面是一种典型的写法：

```
import { readFile } from 'fs'

function readJSON (filename, callback) {
  readFile(filename, 'utf8', (err, data) => {
    let parsed
    if (err) {
      //播报错误并退出当前函数
      return callback(err)
    }

    try {
      //解析文件内容
      parsed = JSON.parse(data)
```

```
    } catch (err) {
      //捕获解析时的错误
      return callback(err)
    }
    //没有出错,因此只播报解析好的数据即可
    callback(null, parsed)
  })
}
```

注意看这段代码如何播报 **readFile ()** 操作的回调逻辑里面所发生的错误。我们既没有通过 **throw** 语句抛出这个错误，也没有通过 **return** 语句将其返回，而是像这次回调逻辑顺利执行时一样，回调 **callback**，只不过回调时传入的不是读取到的数据，而是读取时发生的错误。其次要注意，由于我们调用的 **JSON.parse ()** 是个同步函数，因此该函数所出现的错误，是通过传统的 **throw** 指令抛出的，于是我们需要拿 **try...catch** 语句来捕获这种错误。最后，如果回调逻辑没有出错，那我们就用 **null** 做第一个参数，并用解析好的 **parsed** 做第二个参数来触发 **callback** 回调，以表示该逻辑顺利完成。

另外，我们并没有把回调 **callback** 的语句包裹在 **try** 块里面，假如那样做的话，那么 **callback** 本身所抛出的错误就会让 **try** 块所捕获，这通常并不是我们想要的效果。

3.1.3.4 未捕获的异常

有的时候，异步函数的回调逻辑里面可能会发生异常，而这种异常又没有为该逻辑所捕获。比如，我们在编写 **readJSON ()** 函数之中的回调逻辑时，如果忘记把 **JSON.parse ()** 包裹在 **try...catch** 语句里面，那么就会出现这种情况。这时，异步回调所抛出的错误，会向上传播到事件循环，而不会传播给接下来应该触发的那个回调函数，也就是说，不会传播给本例中的 **callback** 回调。在 Node.js 平台上面，这会让应用程序陷入无法恢复的状态，从而以值不是 0 的错误码退出，并将栈追踪信息打印到 **stderr** 端（标准错误端）。

为了演示这种情况，我们在刚写的 **readJSON ()** 函数里面，试着把 **JSON.parse ()** 周围的 **try...catch** 结构去掉：

```
function readJSONThrows (filename, callback) {
  readFile(filename, 'utf8', (err, data) => {
    if (err) {
      return callback(err)
    }
    callback(null, JSON.parse(data))
  })
}
```

按照现在这种写法，如果 **JSON.parse ()** 抛出异常，那么我们没办法捕获到这个异常。比如，如果我们用下面这行代码，试着解析一份无效的 JSON 文件：

```
readJSONThrows('invalid_json.json', (err) => console.error(err))
```

这会让应用程序突然崩溃，并把下面这样的栈追踪信息打印到控制台上面：

```
SyntaxError: Unexpected token h in JSON at position 1
    at JSON.parse (<anonymous>)
    at file:///.../03-callbacks-and-events/08-uncaught-errors/index.
js:8:25
    at FSReqCallback.readFileAfterClose [as oncomplete] (internal/fs/
read_file_context.js:61:3)
```

从打印出来的栈追踪信息里面，我们看到，整个过程源自内置的 **fs** 模块，具体来说，就是当事件循环通过原生的 API 把文件内容读完，并将读取结果传回给 **fs.readFile ()** 函数的回调逻辑之时，由于回调逻辑里面的 **JSON.parse ()** 操作有错，而出现了这个异常。这段栈追踪信息清楚地告诉我们，这个异常从回调逻辑开始，沿着调用栈向上传播，并且直接传播到了事件循环，然后事件循环会把自己看到的这个异常打印到控制台，这会令程序突然终止。

既然这个异常是沿着事件循环，而不是沿着 **readJSONThrows ()** 函数的调用栈传播的，那么就算我们把调用 **readJSONThrows ()** 的这行语句用 **try...catch** 块包裹起来，也还是捕获不到它，因为这个 **try...catch** 结构所针对的栈，并不是事件循环执行回调逻辑所用的那个栈。下面这段代码演示了这种不正确的写法（也就是反模式，anti-pattern）：

```
try {
  readJSONThrows('invalid_json.json', (err) => console.error(err))
} catch (err) {
  console.log('This will NOT catch the JSON parsing exception')
}
```

刚才这个 catch 块肯定收不到解析 JSON 时所发生的错误，因为那个错误是沿着抛出该错误的栈（也就是事件循环执行回调逻辑所用的栈）而传播的，并不是沿着触发 **readJSONThrows ()** 这个异步函数的栈而传播的。

刚才说过，如果异常到达了事件循环，那么会让应用程序突然终止。不过，我们在应用程序终止之前，还是有机会执行一些清理与记录工作的，因为出现这种情况的时候，Node.js 平台会在进程即将退出时，发出一种特殊的事件，这叫作 **uncaughtException** 事件。下面这段代码演示了如何处理这样的事件：

```
process.on('uncaughtException', (err) => {
  console.error(`This will catch at last the JSON parsing exception:
 ${err.message}`)
  //终止应用程序,并将退出码设为 1(以表示该程序是因为出错而退出的)
  //假如不写下面这行,那么应用程序还将继续执行
  process.exit(1)
})
```

大家一定要记住，这种未受捕获的异常（uncaught exception），可能会让应用程序陷入错乱的状态，这种状态或许会导致无法预料的问题。比如，程序里面可能还有尚未完成的 I/O 请求正在运行，或者会有一些闭包处在混乱状态。所以，如果应用程序里面出现了未捕获的异常，那么我们总是建议不要让程序再往下运行了，对于正式发布而不是处于测试阶段的程序来说，更应该这样。此时，进程可以执行一些必要的清理工作，然后立刻退出。另外，如果有监督进程监管着这个进程，那么监督进程应该重新启动应用程序。这种**fail-fast**（尽早失败、尽早报错）式的方案，正是我们在 Node.js 平台上面处理此类异常的推荐方案。

第 12 章会详细讨论监督器（supervisor）。

到这里，我们就把 Callback（回调）模式介绍了一遍。接下来该说 Observer（观察者）模式了，对于 Node.js 这种由事件所驱动的平台来说，这也是个关键的模式。

3.2 Observer（观察者）模式

Node.js 平台还有一个重要的基础模式，这就是 Observer 模式。要想充分发挥 Node.js 平台的异步优势，我们必须学会把这个模式与 Reactor（反应器）模式及回调结合起来，这是必不可少的。

要想给 Node.js 平台的反应方式建模，Observer 模式正是理想的解决方案，而且它能够很好地与回调相配合。下面给出这个模式的正式定义：

Observer 模式定义了一个对象（这叫作主题，subject），它会在状态改变的时候通知一组观察者（或者说监听器）。

Observer 模式与 Callback 模式之间的主要区别在于，它可以通知多个监听器（也就是观察者），而采用 CPS（接续传递风格）所实现的普通 Callback（回调）模式，通常只会把执行结果传给一个监听器，也就是用户在提交执行请求时传入的那个回调。

3.2.1 EventEmitter

在传统的面向对象式编程语言中，要想实现 Observer 模式，我们需要定义接口与具体的类，而且要设计一套体系。但是在 Node.js 平台之中，Observer模式实现起来则要简单得多，因为这个模式已经构建到内核里面了，并且可以通过 **EventEmitter** 类来使用。这个类允许开发者把一个或多个函数注册成监听器，并在某种事件发生的时候得以触发。图 3.2 演示了该类的运作方式。

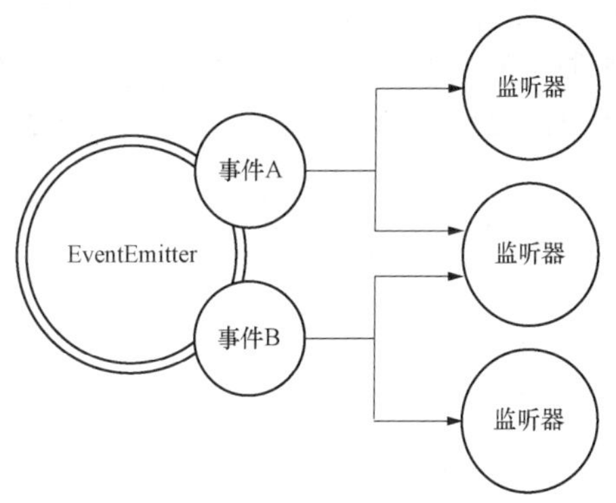

图 3.2 让监听器能够接收 EventEmitter 所发出的事件

EventEmitter 类是由 events 这个核心模块导出的。下面这段代码演示了怎样获取指向该类对象的引用：

```
import { EventEmitter } from 'events'
const emitter = new EventEmitter()
```

EventEmitter 有下面几个关键的方法：

- **on (event, listener)**：这个方法可以为某种事件注册一个新的监听器。（事件用字符串表示，监听器用函数表示。）
- **once (event, listener)**：这个方法也能注册监听器，但是触发完一次事件之后，这个监听器就会遭到移除。
- **emit (event, [arg1], [...])**：这个方法用来触发新事件，并且能够传一些参数给监听器。
- **removeListener (event, listener)**：这个方法用来移除某种事件的监听器。

由于这些方法都会返回 **EventEmitter** 实例，因此开发者可以把这样的调用操作串接起来。**listener** 所表示的监听器函数，签名是 **function ([arg1], [...])**，因此程序通过 **emit** 方法触发事件时所传入的那些参数，正好可以为这样的监听器函数所接收。

大家现在应该能够明白：监听器与 Node.js 平台传统的回调函数之间，确实有很大区别。监听器的首个参数不一定是专门用来表示错误信息的，程序通过 **emit ()** 触发事件的时候，可以把任何一种数据传给监听器。

3.2.2 创建并使用 EventEmitter

现在我们看看怎样用 **EventEmitter** 编写实际的程序。最简单的用法是新建一个 **EventEmitter**实例并立刻使用该实例。下面这段代码展示了这样一个函数，它会逐个判断一系列文件，看看每个文件里面有没有能够与正则表达式相匹配的文本，每发现一次，它就把这次的匹配情况立刻通知所有的订阅者（subscriber）：

```
import { EventEmitter } from 'events'
import { readFile } from 'fs'

function findRegex (files, regex) {
  const emitter = new EventEmitter()
  for (const file of files) {
    readFile(file, 'utf8', (err, content) => {
      if (err) {
        return emitter.emit('error', err)
      }

      emitter.emit('fileread', file)
      const match = content.match(regex)
      if (match) {
        match.forEach(elem => emitter.emit('found', file, elem))
      }
    })
  }
  return emitter
}
```

我们刚才定义的这个函数，会返回一个 **EventEmitter** 实例，该实例会产生这样三种事件：

- **fileread**，这是当系统正在读取某文件时发生的。
- **found**，这是找到与正则表达式相匹配的内容时发生的。
- **error**，这是在读取文件出错时发生的。

下面我们来看这个 **findRegex ()** 函数应该如何使用：

```
findRegex(
  ['fileA.txt', 'fileB.json'],
  /hello \w+/g
```

```
)
  .on('fileread', file => console.log(`${file} was read`))
  .on('found', (file, match) => console.log(`Matched "${match}" in
${file}`))
  .on('error', err => console.error(`Error emitted ${err.message}`))
```

刚才这段代码，在 **findRegex()** 函数所创建的 **EventEmitter** 上面，注册了三个监听器，用来分别监听这个 **EventEmitter** 有可能产生的三种事件。

3.2.3 播报错误信息

跟回调机制类似，**EventEmitter** 在遇到错误的时候，也不能简单地通过 **throw** 语句抛出异常。按照惯例，它应该发出一种特殊事件，也就是 **error** 事件，并把某个 **Error** 对象当成参数传给监听器。我们刚写的 **findRegex()** 函数，正是用这种办法来播报错误信息的。

EventEmitter 会用特殊的方式对待 **error** 事件，也就是说，如果它发出了这样一个事件，但是却没有找到关心该事件的监听器，那么它就会自动抛出异常，并让应用程序退出。所以，笔者推荐大家总是要 **error** 事件注册监听器。

3.2.4 让任何一个对象都能为监听器所观察

在 Node.js 平台中，我们很少会像刚才那样，单独使用 **EventEmitter**。更常见的做法其实是让别的类扩展它，这样的话，那个类就会继承 **EventEmitter** 所具备的功能，使得那个类的对象可以为监听器所观察。

我们现在就来演示一下这个模式。我们把刚才的 **findRegex()** 函数，改写成下面这个类：

```
import { EventEmitter } from 'events'
import { readFile } from 'fs'

class FindRegex extends EventEmitter {
  constructor (regex) {
    super()
    this.regex = regex
    this.files = []
  }

addFile (file) {
```

```
    this.files.push(file)
    return this
  }

  find () {
    for (const file of this.files) {
      readFile(file, 'utf8', (err, content) => {
        if (err) {
          return this.emit('error', err)
        }

        this.emit('fileread', file)

        const match = content.match(this.regex)
        if (match) {
          match.forEach(elem => this.emit('found', file, elem))
        }
      })
    }
    return this
  }
}
```

我们刚才写的这个 **FindRegex** 类，扩展了 **EventEmitter**，这会让本类的对象可以为其他代码所观察。另外，扩展别的类时，一定要记得在构造器里面调用 **super ()**，以便初始化超类的内部数据（对于本例来说，这个超类就是 **EventEmitter**）。

下面这段代码，演示了刚才这个 **FindRegex** 类的用法：

```
const findRegexInstance = new FindRegex(/hello \w+/)
findRegexInstance
  .addFile('fileA.txt')
  .addFile('fileB.json')
  .find()
  .on('found', (file, match) => console.log(`Matched "${match}" in file
${file}`))
  .on('error', err => console.error(`Error emitted ${err.message}`))
```

大家可以看到，用户能够在这个 **FindRegex** 对象上面，通过 **on ()** 方法给相关的事件注册监听器，这个方法是从 **EventEmitter** 继承下来的。这在 Node.js 的生态系统里是个很常见的模式。比如，**http** 这个核心模块里面，有一个叫作 **Server** 的类也继承自 **EventEmitter**，因此，用户可以在 **Server** 对象上面，通过 **on ()** 方法给相关的事件注册监听器，从而在服务器发生相应的事件时予以处理，比如，服务器收到新请求时，会发出 **request** 事件，服务器建立新连接时，会发出 **connection** 事件，服务器关闭 **socket** 时，会发出 **closed** 事件。

另外还有一些常见的类，也继承自 **EventEmitter**，比如 Node. js 平台中的 stream（流）。我们将在第 6 章详细分析这种对象。

3.2.5 EventEmitter 与内存泄露

如果你要订阅（subscribe）的这个可观察物（observable）会在程序里面存活很长时间，那么一定要记得在已经用不到监听器的时候，及时**取消订阅**（**unsubscribe**）。这样可以让系统清理监听器，把其中无用的对象所占据的内存释放掉，从而防止**内存泄露**（**memory leak**）。未能及时释放 **EventEmitter** 的监听器，是 Node. js 平台（乃至一般的 JavaScript 程序）发生内存泄漏的主要原因。

内存泄漏是一种软件缺陷，它让无用的内存不能及时得到释放，导致应用程序的内存占用量一直增加。比如，下面这段代码就有这个问题：

```
const thisTakesMemory = 'A big string....'
const listener = () => {
  console.log(thisTakesMemory)
}
emitter.on('an_event', listener)
```

由于监听器引用了 **thisTakesMemory** 变量，因此，只有当我们把监听器从 **emitter** 之中移除，或者系统把 **emitter** 本身当成垃圾回收掉之后，这个变量所占据的内存才会释放。如果我们忘了移除监听器，那么系统必须等待程序里面没有指向 **emitter** 的活跃引用，也就是 **emitter**已经变得不可达（unreachable）之后，才会回收它，从而令 **thisTakesMemory** 占据的内存得到释放。

这篇文章很好地解释了 JavaScript 的垃圾收集（也叫垃圾回收）机制，并且谈了什么叫作可达，什么叫作不可达：**nodejsdp.link/garbage-collection**。

这意味着，如果某个 **EventEmitter** 对象，在整个应用程序的运行过程中一直处在可达状态，那么注册在它上面的所有监听器，以及这些监听器所引用的全部对象，都会保留在内存之中。比如，服务器里面可能会有这么一个“一直都在”（permanent）的 **EventEmitter**，假如每传来一项 HTTP 请求，我们就在它上面注册一个监听器，并且从来都不去注销，那么就会出现内存泄漏。这会导致应用程序的内存用量一直增加，当然有些时段增加得可能慢一些，有些时段增加得可能快一些，但总归会让应用程序因为耗尽内存而崩溃。为了防止出现这样的情况，我们可以用 **EventEmitter** 里面的 **removeListener ()** 方法移除监听器：

```
emitter.removeListener('an_event', listener)
```

EventEmitter 内置了一套相当简单的机制，会在有可能出现内存泄漏问题的时候警告开发者。也就是说，如果注册的监听器超过一定数量（默认是 10），那么 **EventEmitter** 就会发出警告。然而有些情况下，确实需要注册十个以上的监听器，因此我们可以通过 **EventEmitter** 的 **setMaxListeners ()** 方法，来修改这个限值。

我们也可以不通过 **on (event, listener)** 方法，而是改用 **once (event, listener)** 来注册监听器，这样的话，监听器只要接收到一次事件，就会自动解除注册。但问题在于，如果这种事件始终没发生，那么监听器就不会自动释放，因此还是有可能发生内存泄漏。

3.2.6 同步事件与异步事件

跟回调的触发方式一样，事件的触发方式也有同步与异步两种，这指的是如果某项任务会产生某种事件，那么当这项任务得以执行的时候，是立刻就触发该事件，还是稍后再触发？前者是同步事件，后者是异步事件。这里的关键点是不能在同一个 **EventEmitter** 上面混用这两种触发方式，尤其是不能针对同一种事件而混用，否则就会出现第 3.1.2.2 节里面说的那种问题。同步触发事件与异步触发事件所造成的主要区别在于用户应该如何注册监听器。

如果事件是异步触发的，那么用户有足够的时间去注册新的监听器，哪怕这项事件已经安排触发了，只要触发事件的这项操作还没有为事件循环所处理，用户就依然有机会注册监听器。这是因为这种事件肯定是在事件循环进入下一个周期之后才正式触发的，所以只要赶在它前面注册监听器就不会错过这样的事件。

我们早前定义的 **FindRegex** 类，是在 **find ()** 方法得到调用之后，才去异步触发相关事件的，因此，我们可以先调用 **find ()** 方法，然后在该方法所返回的 **findRegexInstance** 实例上面注册监听器，而无需担心这样做会错过相关的文本匹配（found）事件。我们回顾一下早前的注册方式：

```
findRegexInstance
  .addFile(...)
  .find()
  .on('found', ...)
```

反过来说，假如这个事件是采用同步方式触发的，那我们就必须赶在有可能触发这种事件的那项任务［即本例中的 **find ()** 任务］完成之前，*先把监听器注册上去*，否则就会错过该任务所产生的此类事件。为了说明这个问题，我们把早前定义的 **FindRegex** 类修改一下，让 **find ()** 任务改用同步方式触发 found 事件：

```
find () {
  for (const file of this. files) {
    let content
    try {
      content = readFileSync(file, 'utf8')
    } catch (err) {
      this. emit('error', err)
    }

this. emit('fileread', file)
const match = content. match(this. regex)
if (match) {
  match. forEach(elem => this. emit('found', file, elem))
    }
  }
  return this
}
```

现在，我们试着注册两个监听器，一个在调用 **find ()** 之前注册，另一个在调用 **find ()** 之后注册，看看这样写会有什么效果：

```
const findRegexSyncInstance = new FindRegexSync(/hello \w + /)
findRegexSyncInstance
  . addFile('fileA. txt')
  addFile('fileB. json')
  //这个监听器能够触发
  . on('found', (file, match) => console. log('[Before] Matched
" $ {match} "'))
  . find()
  //这个监听器不会触发
  . on('found', (file, match) => console. log('[After] Matched
" $ {match} "'))
```

跟我们刚说的一样，调用 **find ()** 任务之后注册的监听器，并不会触发。因此，刚才那段代码打印的是：

```
[Before] Matched "hello world "
[Before] Matched "hello NodeJS "
```

在极个别的情况下，以同步方式触发事件，或许是有道理的，但 **EventEmitter** 这个类是专门为了触发异步事件设计的。如果你发现自己正在用它触发同步事件，那基本上就意味着你不需要用 **EventEmitter**，此时你还可以提醒自己检查一下，看看程序里面是否存在同一个受观测的对象一会儿触发同步事件、一会儿触发异步事件的现象，那样做会导致我们在第 3. 1. 2. 2 节里面讲过的那个问题。

你可以把触发同步事件的代码交给 **process. nextTick ()** 去安排执行，这样就能保证该事件总是会以异步方式得到触发。

3. 2. 7 EventEmitter 与 callback（回调）之间的对比

定义异步 API 时，有一个地方很难判断，这就是到底应该通过 **EventEmitter** 去触发事件，还是仅仅让这个 API 接受用户所传入的回调。总的处理原则是根据语义（程序的意思）来判断，如果 API 必须以异步方式返回处理结果，那就采用回调方案，如果 API 需要借助事件与用户沟通程序之中发生的状况，那就采用事件方案。

这条原则说起来很简单，但遇到实际的问题，还是不太好判断，因为这两种范式在大多数情况下是可以相互转化的，它们都能实现同样的效果。考虑下面这段范例代码：

```
import { EventEmitter } from 'events'

function helloEvents () {
  const eventEmitter = new EventEmitter()
  setTimeout(() => eventEmitter. emit('complete', 'hello world'), 100)
  return eventEmitter
}

function helloCallback (cb) {
  setTimeout(() => cb(null, 'hello world'), 100)
}

helloEvents(). on('complete', message => console. log(message))
```

```
helloCallback((err, message) => console.log(message))
```

helloEvents () 与 **helloCallback ()** 这两个函数的功能是等效的。前者通过事件表示超时，后者则通过回调来表示。然而，这两者之间的真正区别，还是体现在易懂程度、语义，以及实现或使用时所需的代码量上面。

并没有哪一套固定的原则，可以指导你如何在这两种方案之间选择，但是你可以根据下面这些建议，帮助自己做出判断：

• 如果要支持许多种事件，那么回调方案就显得不太好。我们当然可以把事件类型当作参数传给回调，以此来区分各类事件，或是设计多个回调，以便分别表示不同的事件，但两种办法设计出来的 API 都不够优雅。所以，在这种情况下，用 **EventEmitter** 设计的接口会比较好，而且代码也简省一些。

• 如果同一件事可能多次发生，也可能根本就不发生，那么应该采用 **EventEmitter** 方案来设计。因为与之相对的回调方案，重点在于告知操作结果，无论这项操作执行得是否成功，回调函数都会在操作执行完毕时触发一次。为了确定程序的语义，我们应该想想，这样的事件或操作是属于本身就有可能重复出现的，还是属于用户提出了请求之后才去执行的。如果是前者，那就更适合通过事件来表示，而不是仅仅通过回调传递一个处理结果。

• 用回调方案设计出来的 API，只能给某个特定的回调函数发出通知，而采用 EventEmitter 设计出来的方案，则能够把同一事件播报给多个监听器。

3.2.8 把回调与事件结合起来

在特定的情况下，**EventEmitter** 可以跟 callback（回调）结合起来使用，这是个很强大的用法，它既能够通过传统的回调函数，异步地传递结果，同时又能够返回一个 **EventEmitter**，把异步处理的详细状况通知给感兴趣的监听器。

glob 包（**nodejsdp.link/npm-glob**）就采用这种模式设计了一个 API，glob 是个能够用 glob-style（glob 风格）搜索文件的库。这个模块的主入口点是它所导出的一个函数，该函数的签名如下：

```
const eventEmitter = glob(pattern, [options], callback)
```

这个函数的第一个参数 **pattern**，表示有待匹配的样式，第二个参数 **options** 表示一套选项，第三个参数 callback 表示一个回调函数，系统会把能够与 pattern 相匹配的文件放在一份列表里面，传给这个回调函数。此外，**glob** 函数还会返回一个 **EventEmitter**，用来详细报告搜索过程中遇到的状况。比如，它每找到一份匹配的文件，就会实时地触发一个 **match** 事件，它把文件名能够与 **pattern** 匹配的所有文件都找到之后，会触发 end 事件，如果搜索过程遭到手工退出，那么它会触发 **abort** 事件。下面这段代码演示了这个模式的实际用法：

```
import glob from 'glob'

glob('data/*.txt',
  (err, files) => {
  if (err) {
    return console.error(err)
  }
  console.log(`All files found: ${JSON.stringify(files)}`)
})
.on('match', match => console.log(`Match found: ${match}`))
```

将 **EventEmitter** 与传统的回调结合起来，可以在同一套 API 里面提供两种方案，其中一种用来应对比较简单的需求，而另一种则适合比较复杂的用法。

EventEmitter 还可以跟其他异步机制相结合，例如与 Promise 搭配使用（我们会在第 5 章讲解）。那种用法会返回一个包含 Promise 与 **EventEmitter** 的对象（或数组）。如果调用方以后不想再用这个对象了，那么可以通过 **{promise, events} = foo()** 这样的写法，来析构（也就是摧毁）该对象。

3.3 小结

这一章初步介绍了如何编写实际的异步代码。我们谈了在整个 Node.js 平台的异步机制之中，地位很重要的两个模式，也就是 callback（回调）与 **EventEmitter**。大家看到了这两种模式的详细用法、使用习惯以及相关的一些写法。另外，我们还谈了编写异步代码时可能出现的一些问题，并讲解了如何避免这些问题。掌握了这一章的内容之后，我们就能更好地学习本书后面所要讲解的一些高级异步技巧。

下一章要讲的是如何利用回调，来处理复杂的异步控制流。

3.4 习题

- （1）**简单的事件**：对采用异步方式实现的 **FindRegex** 类做出修改，让它在开始寻找匹配文件的时候发出一个事件，并把用户所输入的文件，放在一份列表里面，当作参数传给该事件的监听器。提示：不要混用同步和异步，那样会出现第 3.1.2.2 节里面所说的危害（也就是 Zalgo）。
- （2）**Ticker**：编写一个函数，让它接受 **number** 与 **callback** 做参数。这个函数应该返

回一个 `EventEmitter` 对象，它每 50 毫秒触发一次 `tick` 事件，直至当前时刻与调用该函数的那一刻之间的距离，已经达到 `number` 所表示的毫秒数为止。此时，这个函数会触发 callback 所表示的回调，并把这段时间发生 `tick` 事件的次数，当作结果传给这个回调。提示：你可以把某段逻辑交给 `setTimeout ()` 去安排执行，并在这段逻辑得到执行的时候，继续通过 `setTimeout ()` 做出安排。

- **(3) 对 Ticker 稍作改动**：修改上一道题里面的那个函数，让它在刚刚执行的时候，也立刻发出一次 `tick` 事件。
- **(4) 尝试处理错误**：修改上一道题里面的那个函数，让它注意每个 `tick` 事件的发生时刻（这也包括函数刚开始执行时发生的那次 `tick` 事件），并在该时刻所对应的时间戳[译注7]能够为 5 所整除的情况下，产生一条错误信息。函数需要通过回调与 `EventEmitter` 这两个渠道，分别播报这次错误。提示：你可以通过 `Date.now ()` 获取时间戳，并利用求余运算符（%）判断该时间戳能否为 5 所整数。

译注7 也就是某时刻距离 UTC（协调世界时）1970 年 1 月 1 日 0 点 0 分 0 秒的毫秒数。

第 4 章　利用回调实现异步控制流模式

从采用同步编程风格的平台迁移到 Node. js 这样的平台之后，有人可能会觉得不太适应，因为这种平台的编程风格是**CPS**（接续传递风格，continuation-passing style），而且用的主要是异步 API。这样的异步代码会按照什么顺序执行，可能不太容易判断。即便是一些相当简单的功能（例如迭代一批文件、按顺序执行任务或等待一批操作执行完毕），我们也必须采用新的方式与技巧来开发，否则就会让代码变得低效或难以理解。用回调处理异步控制流的时候，最容易犯的错误，就是陷入 callback hell（“回调地狱”），也就是会把回调逻辑搞成一行特别长的语句，而无法将其分成多条语句书写。如果回调逻辑之间还相互嵌套，那么本来很简单的操作，就会写得难以阅读、难以维护。

这一章会告诉你怎样在某些原则与模式的指导下，合理运用回调，写出整洁且便于管理的异步代码。学会正确处理回调，能够帮助我们更好地学习当前流行于 Node. js 平台中的一些模式，例如 Promise 与 async/await。

总之，这一章要讲这样几项内容：

- 异步编程所遇到的困难。
- 如何避免 callback hell，以及如何使用其他一些技巧来正确地编写回调代码。
- 几种常用的异步模式，例如顺序执行（sequential execution）、顺序迭代（sequential iteration）、平行执行（parallel execution）以及任务数量有限的平行执行（limited parallel execution）。

4.1　异步编程所遇到的困难

用 JavaScript 编写异步代码，经常容易失控。由于 JavaScript 支持闭包，而且能够就地定义匿名函数，因此开发者写起程序会很顺手，用不着在定义函数的地方与使用函数的地方之间跳来跳去。这很符合**KISS** 原则（**Keep It Simple，Stupid**），因为代码可以写得简单而顺畅，并且不用花费太多时间。但与此同时，也会牺牲一些品质，例如模块化程度、可复用程度以及可维护程度等，因为写着写着，就会让回调逻辑之间的嵌套关系迅速失控，让函数越写越大，并导致代码结构变得混乱。其实在大多数情况下，我们没有必要非得当场定义回调逻辑，因此，这其实是个能不能遵守编程规范的问题，而不是异步编程所特有的问题。我们应该及时察觉这种问题，而且最好是能够提前感受到代码有可能会失控，并拿出最为合适的解决方案，以阻止这样的趋势。能不能做到这一点，正体现出高手与初学者之间的区别。

4.1.1　创建简单的网页爬虫

为了讲解这个问题，我们创建一个简单的网页爬虫（web sprider，网络蜘蛛）做例子，它是个运行在命令行界面之中的程序，能够接受用户输入的网址，并把网页内容下载到本地文件里面。笔者在本章所展示的范例代码，需要用到下面这两个 npm 包：

- **superagent**：一个能够简化 HTTP 调用的程序库（**nodejsdp.link/superagent**）。
- **mkdirp**：一个小型的实用工具库，可以递归地创建目录（**nodejsdp.link/mkdirp**）。

另外，笔者还会经常用到一个名叫 **./utils.js** 的本地模块，这里面有应用程序需要使用的一些辅助功能。为了节省篇幅，我们不再给出这份文件的内容，你可以从本书在 Github 网站的代码仓库（**nodejsdp.link/repo**）里面找到完整的实现代码，那里面还有一份 **package.json** 文件，会列出程序所用到的全部软件包。

应用程序的核心功能，写在名为 **spider.js** 的模块里面。笔者现在就来讲解该模块的运作原理。首先，我们把程序需要用到的其他模块加载进来：

```
import fs from 'fs'
import path from 'path'
import superagent from 'superagent'
import mkdirp from 'mkdirp'
import { urlToFilename } from './utils.js'
```

接下来，我们新建名叫 **spider()** 的函数，让它接受有待下载的网址，以及一个会在下载完毕时得到触发的回调：

```
export function spider (url, cb) {
  const filename = urlToFilename(url)
  fs.access(filename, err => { // (1)
    if (err && err.code === 'ENOENT') {
      console.log(`Downloading ${url} into ${filename}`)
      superagent.get(url).end((err, res) => { // (2)
        if (err) {
          cb(err)
        } else {
          mkdirp(path.dirname(filename), err => { // (3)
            if (err) {
              cb(err)
```

```
          } else {
            fs.writeFile(filename, res.text, err => { // (4)
              if (err) {
                cb(err)
              } else {
                cb(null, filename, true)
              }
            })
          }
        })
      }
    })
  } else {
    cb(null, filename, false)
  }
})
}
```

这段代码的内容比较多，我们来详细讲解其中的每个步骤：

（1）在 fs.access 的回调逻辑之中，检查这个网址所对应的内容是不是已经下载过了。如果对应的文件缺失，那我们就知道还没有下载。也就是说，如果 err 的值已经定义，并且它的 code 属性是 **ENOENT**，那就意味着文件不存在，于是我们就可以创建这样一份文件：

```
fs.access(filename, err => ...
```

（2）如果找不到这个文件，那就用下面这行代码把 url 所表示的网页下载下来：

```
superagent.get(url).end((err, res) => ...
```

（3）下载的时候，要确保相应的目录里面有这样一份文件可以接受下载下来的内容：

```
mkdirp(path.dirname(filename), err => ...
```

（4）最后，把 HTTP 响应消息的主体部分写入文件系统〔的相应文件之中〕：

```
fs.writeFile(filename, res.text, err => ...
```

有了这个 **spider ()** 函数之后，我们就可以把用户输入的网址传给它，这样的话，整个网页爬虫程序就写好了（在本例中，用户是通过命令行参数来传递网址的）。**spider ()** 函数已经从我们刚才定义的那份文件里面导出了，现在我们新建一份名叫 **spider-cli.js** 的文件，用以表示可以直接从命令行界面执行的一段脚本：

```
import { spider } from './spider.js'

spider(process.argv[2], (err, filename, downloaded) => {
  if (err) {
    console.error(err)
  } else if (downloaded) {
    console.log(`Completed the download of "${filename}"`)
  } else {
    console.log(`"${filename}" was already downloaded`)
  }
})
```

现在我们可以试用这个网页爬虫程序了，不过，首先要准备好 **utils.js** 模块，并在你的开发项目所对应的目录里面编写 **package.json** 文件，把程序所依赖的包全都列出来。接着还需要运行下面这条命令，以安装该程序所依赖的包：

```
npm install
```

现在我们用下面这样一条命令来执行 **spider-cli.js** 模块，让它把网页内容下载到文件里面：

```
node spider-cli.js http://www.example.com
```

我们这个网页爬虫程序，要求用户必须指明网址所采用的协议（例如 **http://**）。另外，我们不会对 HTML 里面的链接做出调整，也不会下载相关的资源（例如图片等），因为这只是个演示异步编程原理的范例程序而已。

下一小节将要讲解如何改进这段代码，让它读起来更加清晰，这其实是要告诉你，怎样把基于回调的代码写得尽量干净一些。

4.1.2　callback hell

看看前面定义的 **spider()** 函数，你可能就会发现：这个函数所用的算法，其实相当直白，但写出来的代码，却有这么多级缩进，而且读起来很困难。像这样一个简单的功能，假如采用 direct style（直接风格）的阻塞式 API 实现，那肯定特别好写，而且写出来的代码也会相当清晰。但采用 CPS（接续传递风格）的异步 API 来编程时，可就不是这么一回事了，如果我们不能学会合理使用这种当场定义的回调逻辑，那么代码很快就会变得混乱。

闭包与当场定义的回调逻辑用得过滥，会让代码难以阅读、难以维护，这样的现象就叫作**callback hell**（回调地狱）[译注8]。这是 Node.js 乃至一般的 JavaScript 程序里面，经常出现的一种反模式。这样的代码通常会写成下面这种结构：

```
asyncFoo(err => {
  asyncBar(err => {
    asyncFooBar(err => {
      //...
    })
  })
})
```

大家看到，这种多层嵌套的结构，很像一个横过来的金字塔，所以俗称**pyramid of doom**（厄运金字塔）。

这种代码最显著的缺点就是难读。由于嵌套得很深，因此我们看不出某段回调逻辑从哪里开始，到哪里结束。

这种代码还有一个问题，就是各个作用域里面可能出现同名的变量，因为这些变量的意思都差不多，所以我们很可能会用相似甚至相同的字眼给它们起名。最显著的例子，就是每一层的回调逻辑里面用来表示错误信息的那个参数。有些人喜欢用稍微有点差别的名字，来区分每一层的错误对象，例如把它们分别叫作 `err`、`error`、`err1`、`err2` 等。还有一些人，干脆使用相同的名字，例如都叫 `err`，这样会让内层变量把外层的同名变量遮盖起来。总之，这两种办法都很不好，都容易引发混淆，让代码更容易出错。

我们要注意，闭包会占用一些内存，而且对程序的性能也稍有影响。此外，它们还有可能导致不太容易察觉的内存泄漏问题。凡是活跃的闭包所引用的 context（执行情境），都无法在垃圾收集过程中得到清理。

Vyacheslav Egorov 写了一篇博客文章，很好地介绍了闭包在 V8 引擎中的运作方式。他是一位在 Google 从事 V8 开发的软件工程师。这篇文章的网址是：**nodejsdp.link/v8-closures**。

观察 `spider()` 函数，你就会发现，这个函数恰恰陷入了刚才所说的 callback hell。本章接下来的这一节，要告诉你如何用相关的模式与技巧，来修正这些问题。

4.2 涉及回调的编程技巧与控制流模式

看到了我们举的头一个 callback hell 例子之后，你就应该明白它里面有哪些问题是应该

译注8 相当于“回调泛滥成灾”之类的意思。

极力避免的。然而除了这些问题，我们在编写异步代码时，还有很多问题也需要关注。例如在许多场合，我们都需要控制一系列异步任务的流程，而这必须通过特定的模式与技巧才能处理好，尤其是在不依赖外部程序库而只使用纯 JavaScript 的情况下，更需要如此。比如，要想对集合中的元素依次执行异步操作，我们不能像在做同步编程时那样，仅仅对数组调用 **forEach ()**，而是需要使用一种类似于递归的技巧才行。

这一节不仅要告诉你如何避免 callback hell，而且会讲解怎样用简单的纯 JavaScript 代码，来实现几种最为常见的控制流模式。

4.2.1　编写回调逻辑时所应遵循的原则

编写异步代码时，首先要记住的一条原则，就是在定义回调逻辑时，不要滥用原地定义的函数。由于这种函数不要求我们提前考虑模块化程度与可复用程度等因素，因此容易写得比较泛滥，大家在前面已经看到，这样做是得不偿失的。在大多数情况下，解决 callback hell 并不需要借助程序库，也不需要使用花哨的技巧或改用其他范式，你只需要运用常识就行。

下面几套基本的原则，可以帮助我们减少缩进层级，并改善代码的结构：

• 尽早退出。根据退出时所处的结构，使用 **return**、**continue** 或 **break** 等关键字实现退出，而不要编写（并嵌套）完整的 **if...else** 语句。这可以让代码的层次少一些。

• 用带有名称的函数表示回调逻辑，并把这些函数写在闭包结构的外面，如果需要传递中间结果，那就通过参数传递。这样也能让这些函数在栈追踪信息里面显示得清楚一些。

• 提高代码的模块化程度。尽量把代码分成比较小而且可以复用的函数。

现在我们运用这些原则编写实际的代码。

4.2.2　运用相关的原则编写回调

为了演示上一小节讲到的那些原则所能起到的作用，我们现在遵循这些原则，来修复网络爬虫程序里面的 callback hell。

首先，我们把检查操作是否有错时所用的 **if...else** 结构简化一下，将 **else** 部分删去。这是能够做到的，因为我们可以在发现错误之后立刻从函数中返回，这样的话，就不再需要下面这种写法了：

```
if (err) {
  cb(err)
} else {
  //没有出错的情况下应该执行的代码
}
```

我们可以改用下面这种更加清晰的写法：

```
if (err) {
  return cb(err)
}
//没有出错的情况下应该执行的代码
```

这通常称为**尽早返回原则**（**early return principle**）。单凭这一项技巧，我们就能立刻减少函数的缩进层数。这个技巧很简单，不需要做复杂的重构。

采用刚才那种技巧优化代码的时候，有人在触发回调之后，经常忘记让这个函数终止。比如，处理完错误之后，如果忘了退出当前的函数，那么代码还将继续，这是一种典型的错误：

```
if (err) {
  callback(err)
}
//没有出错的情况下应该执行的代码
```

我们总是应该记住，函数触发完回调之后，还会继续往下运行。因此，一定要插入 **return** 指令，让它由此返回，而不要运行接下来的代码。另外要注意，函数的返回值其实并不重要，因为函数执行相关操作所得到的结果（或是操作过程中发生的错误），是以异步方式传给回调函数的，而不是以同步方式返回给本函数的调用方，因此，调用方通常会忽略本函数所返回的值。于是，我们可以采用下面这种便捷的方式书写，让本函数在触发完回调之后立刻返回：

```
return callback(...)
```

假如按照传统的写法来做，那么代码会稍微啰嗦一些：

```
callback(...)
return
```

spider() 函数里面还有一个地方应该优化，也就是要把可复用的代码提取出来。比如，**spider()** 函数将特定的字符串写入文件时所用的代码，就可以提取到下面这样的函数之中：

```
function saveFile (filename, contents, cb) {
  mkdirp(path.dirname(filename), err => {
    if (err) {
      return cb(err)
```

```
    }
    fs.writeFile(filename, contents, cb)
  })
}
```

按照这条原则，我们还可以打造下面这样一个通用的函数，它叫作 **download ()**，这个函数会根据调用方传入的网址与文件名，将该网址对应的内容下载到这份文件里面。在实现这个函数的过程中，我们可以借助早前的 **saveFile ()** 函数来保存文件：

```
function download (url, filename, cb) {
  console.log(`Downloading ${url}`)
  superagent.get(url).end((err, res) => {
  if (err) {
    return cb(err)
  }
  saveFile(filename, res.text, err => {
    if (err) {
      return cb(err)
    }
    console.log(`Downloaded and saved: ${url}`)
    cb(null, res.text)
  })
  })
}
```

有了这个函数之后，就可以正式修改 **spider ()** 函数了，我们让它通过 **download ()** 函数实现下载：

```
export function spider (url, cb) {
  const filename = urlToFilename(url)
  fs.access(filename, err => {
    if (!err || err.code !== 'ENOENT') { // (1)
      return cb(null, filename, false)
    }
    download(url, filename, err => {
      if (err) {
        return cb(err)
      }
```

```
        cb(null, filename, true)
      })
    })
  }
```

修改之后的 **spider ()** 函数，功能与接口都不变，变的只是代码的结构。其中一个比较重要的地方，就是译注 8 所标注的那里。以前我们是先判断文件是否缺失，如果缺失就下载，这次则把思路调过来，运用*尽早返回原则*，先判断文件是否已经存在，如果存在就触发回调并退出本函数。

运用尽早返回原则以及其他一些回调原则，可以大幅缩减代码的嵌套层数，并让它变得易于复用、易于测试。实际上 **saveFile ()** 和 **download ()** 函数也可以导出，这样就能提供给其他模块使用，而且还能让我们针对这两项功能，分别编写专门的单元测试。

在这一小节所演示的重构过程中，大家清楚地看到，许多情况下，我们要做的只是运用某一条原则来重构代码，并提醒自己不要滥用闭包与匿名函数。如果能做到这个，那么只需要稍加修改，就可以取得很好的成果，而且无需借助外部的程序库。

现在我们已经知道如何利用回调，清晰地编写异步代码，接下来，我们开始讲解几种常见的异步模式，例如顺序执行与平行执行等。

4.2.3 顺序执行

这一小节讲解与异步控制流有关的模式，我们要分析几种顺序执行流（sequential execution flow）。

按先后顺序执行一组任务，意味着我们必须一个任务、一个任务地执行，每次只能执行其中的某一项任务，而且执行的顺序不能乱，因为其中一项任务的执行结果，可能影响下一项任务。图 4.1 演示了这种流程。

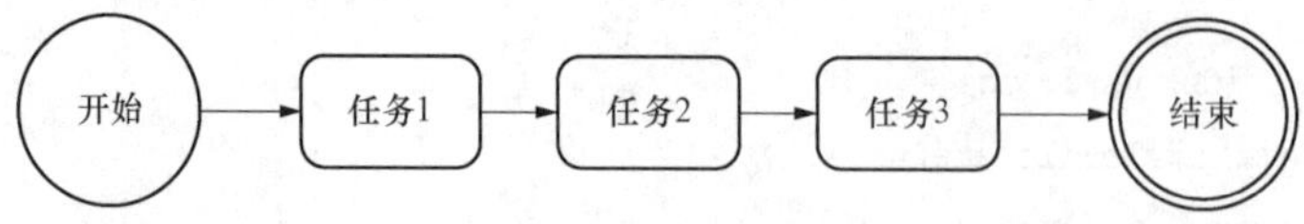

图 4.1 由三项任务构成的顺序执行流

这套流程有下面几个变化形式：

- 按先后顺序执行一组固定的任务，但并不在这些任务之间播发数据。
- 把一项任务的输出当作下一项任务的输入［这也叫作 *chain*（链）、*pipeline*（管道）或 *waterfall*（瀑布）］。
- 迭代某个集合，并针对其中每项元素逐个运行相应的异步任务。

这几种顺序执行流程，如果利用阻塞式的 API，以 direct style（直接风格）来书写，那么实现起来相当简单，但如果用异步的 CPS（接续传递风格）来编，则经常出现 callback hell 现象。

4.2.3.1　按先后顺序执行一组固定的任务

前面编写 **spider ()** 函数的时候，其实我们已经看到了如何实现顺序执行流程。只要遵循几条简单的原则，就能够让一组任务以先后顺序执行。根据早前那个函数的写法，我们可以抽象出下面这个通用的方案：

```
function task1 (cb) {
  asyncOperation(() => {
    task2(cb)
  })
}

function task2 (cb) {
  asyncOperation(() => {
    task3(cb)
  })
}

function task3 (cb) {
  asyncOperation(() => {
    cb() // 这次回调最后执行
  })
}

task1(() => {
  // 下面这行语句，会在 task1、task2 与 task3 都执行完毕之后得以执行
  console.log('tasks 1, 2 and 3 executed')
})
```

这个模式演示了怎样在执行完每项任务所对应的那个异步操作之后，安排下一项有待执行的任务［我们用 **asyncOperation ()** 表示异步操作］。这个模式的重点，是把每项任务都包装成一个单元，由此可见，编写异步代码并不是非得用那么多闭包才行。

4.2.3.2　按先后顺序迭代集合中的元素

如果任务的内容与数量提前就能知道，我们可以利用刚才所描述的模式，按顺序执行这些任务，因为我们可以在执行每项任务的时候，把有待执行的下一项任务，以硬代码（hardcode）的形式，直接写在回调逻辑里面。如果我们遇到的不是这种情况，而是需要对集合中的每个元素执行异步操作，那应该怎么办？此时我们无法将下一项任务以硬代码的形式写在回调逻辑里面，而是需要动态地构造这种逻辑。

4.2.3.2.1 第二版网页爬虫程序

为了演示顺序迭代模式，我们来给网页爬虫程序添加一项新的功能，也就是把网页中包含的链接所指向的内容，也递归地下载下来。为此，我们需要提取页面中的所有链接，并按照先后顺序，递归地针对每个链接，来触发我们的网页爬虫。

首先修改 **spider()** 函数，让它通过名为 **spiderLinks()** 的函数，递归地处理页面之中的所有链接，这个 **spiderLinks()** 函数，我们马上就会讲到。

原来的爬虫程序，如果发现文件已存在，那就直接显示结果，但是这次，就算文件存在，我们也不能立刻结束程序，而是必须读取文件内容，并下载其中的链接所指向的页面，这样可以帮助我们从上次中断下载的地方继续下载。最后还有个变化，就是要增加一个名为 **nesting** 的参数，以限制递归深度。下面来看修改后的 **spider()** 函数：

```
export function spider (url, nesting, cb) {
  const filename = urlToFilename(url)
  fs.readFile(filename, 'utf8', (err, fileContent) => {
    if (err) {
      if (err.code !== 'ENOENT') {
        return cb(err)
      }

      //文件不存在,所以我们开始下载
      return download(url, filename, (err, requestContent) => {
        if (err) {
          return cb(err)
        }

        spiderLinks(url, requestContent, nesting, cb)
      })
    }

    //文件存在,所以我们开始处理其中的链接
    spiderLinks(url, fileContent, nesting, cb)
  })
}
```

下一段我们来看 **spiderLinks ()** 是如何实现的。

4.2.3.2.2　按顺序抓取链接

现在，我们来创建这个新版网页爬虫程序的核心函数，也就是 **spiderLinks ()** 函数，它会按照异步的顺序迭代算法，来分析 HTML 页面里的所有链接，并把这些链接所对应的页面下载下来。注意观察下面这段代码，看它是如何定义这个异步算法的：

```
function spiderLinks (currentUrl, body, nesting, cb) {
  if (nesting = = = 0) {
    //还记得第三章说的那个因为混用同步和异步而导致的 Zalgo 问题吗?
    return process.nextTick(cb)
  }

const links = getPageLinks(currentUrl, body) //(1)
if (links.length = = = 0) {
  return process.nextTick(cb)
}

function iterate (index) { //(2)
  if (index = = = links.length) {
    return cb()
  }

spider(links[index], nesting - 1, function (err) { //(3)
  if (err) {
    return cb(err)
  }
  iterate(index + 1)
})
}

iterate(0) // (4)
}
```

下面我们来看这个新函数之中的四个关键步骤：

（1）用 **getPageLinks ()** 函数获取页面中的所有链接，并把它们放在一份列表里面。这个函数只考虑指向内部目标（internal destination）的链接，也就是位于同一个主机名（hostname）之下的链接。

（2）用名叫 **iterate ()** 的局部函数来迭代这些链接，这个函数接受 **index** 参数，用以表示接下来需要分析的链接在 **links** 中的序号。**iterate ()** 函数执行的时候，首先判断 **index** 是不是已经跟 **links** 数组的长度相等了，如果是的话，就立刻触发 **cb ()** 函数，因为这意味着我们已经把 **links** 里的所有条目都处理完了。

（3）如果 **index** 与数组长度不相等，那我们就开始处理它所表示的这条链接。我们调用 **spider ()** 函数，并减少嵌套深度，在传给这次 **spider** 操作的回调逻辑里面，我们安排程序通过 iterate 函数，处理接下来的那个链接。

（4）把 **iterate ()** 写好之后，我们通过 **iterate (0)** 来启动迭代。

刚才呈现的这套算法，可以按先后顺序为集合中的每个元素执行异步操作，具体到本例来说，这项异步操作指的就是 **spider ()** 函数。

最后，我们稍微修改一下 **spider-cli.js**，让用户可以在命令行界面中指定嵌套深度：

```
import { spider } from './spider.js'

const url = process.argv[2]
const nesting = Number.parseInt(process.argv[3], 10) || 1

spider(url, nesting, err => {
  if (err) {
    console.error(err)
    process.exit(1)
  }
  console.log('Download complete')
})
```

现在我们可以试试这个新版爬虫程序，观察它是如何递归处理网页中的链接，并把它们一个一个下载下来的。如果要下载的链接太多，我们可以先中断这次下载过程（别忘了，我们可以按 *Ctrl* + *C* 组合键）。以后要是想继续下载，那就重新运行爬虫程序，并把头一次下载所传的那个网址传给它。

注意，这个网页爬虫程序有可能会把整个网站都下载下来，所以请慎重使用。例如不要把嵌套深度调得太大，也不要让这个程序一直抓取内容。给同一台服务器频繁发出大量请求，是不礼貌的，有时甚至是不合法的。要做个负责任的爬虫。

4.2.3.2.3 按先后顺序迭代集合中的元素时所采用的模式

刚才讲的 **spiderLinks ()** 函数清楚地演示了怎样迭代集合中的元素，并为每个元素执行异步操作。从那段代码里面，我们可能已经看到了这样一个能够加以推广的模式，该模式可以迭代集合中的元素（或者说一系列任务），并给每个元素施加异步操作。这个模式可以归结成：

```
function iterate (index) {
  if (index === tasks.length) {
    return finish()
  }
  const task = tasks[index]
  task(() => iterate(index + 1))
}

function finish () {
  //迭代完毕
}

iterate(0)
```

一定要注意，如果 **task ()** 是个同步操作，那么这种算法可能会陷入深层递归，因为此时程序不会像 **task ()** 是异步操作时那样，立刻从 iterate 之中返回，而是会立刻进入下一层递归，这有可能让调用栈的深度超过系统所允许的最大值。与之相反，如果 **task ()** 是异步操作，那么系统就会将 task 函数在异步逻辑里面所请求的下一轮迭代，安排到事件循环的下一个周期去执行，而不会让调用栈继续变深。

刚才演示的这个模式很强大，可以扩充或改编，以解决各种常见的需求。这里只举几个例子：

- 我们可以异步地映射数组中的值。
- 我们可以把某一项操作的结果，传给下一轮要执行的那项操作，从而实现出异步版本的 **reduce** 算法[译注9]。
- 我们可以在发现某个条件成立的时候，立刻停止迭代［这样可以给 **Array.some ()** 等辅助函数编写异步版本，以判断数组里面是否存在满足某个条件的元素］。
- 我们甚至可以迭代无数多个元素。

我们还可以继续泛化这个方案，把它表达成下面这样一个函数。这个函数的签名是：

```
iterateSeries(collection, iteratorCallback, finalCallback)
```

译注9　中文叫作归纳算法、化简算法。

在这个函数里面，`collection`指的是我们要迭代的数据集，`iteratorCallback`是我们要在数据集内的每个元素上面执行的函数，而`finalCallback`则是在所有元素都处理完毕或者处理过程中发生错误时所执行的函数。这个辅助函数的实现代码，就留给你做练习吧。

Sequential Iterator（顺序迭代器）模式

创建名为`iterator`的函数，以触发集合中的下一项任务，并确保此任务执行完毕时，会继续触发后面应该执行的那项任务。

下一小节介绍平行执行模式（parallel execution pattern），如果集合中各项任务之间的执行顺序不重要，那么这个模式用起来比顺序执行模式更方便。

4.2.4 平行执行

有的时候，我们虽然需要异步地执行一批任务，但是任务之间的顺序并不重要，我们只是想在所有任务全都执行完毕后得到通知。这样的情况，最好是用图4.2里面的平行执行流（parallel execution flow）来规划。

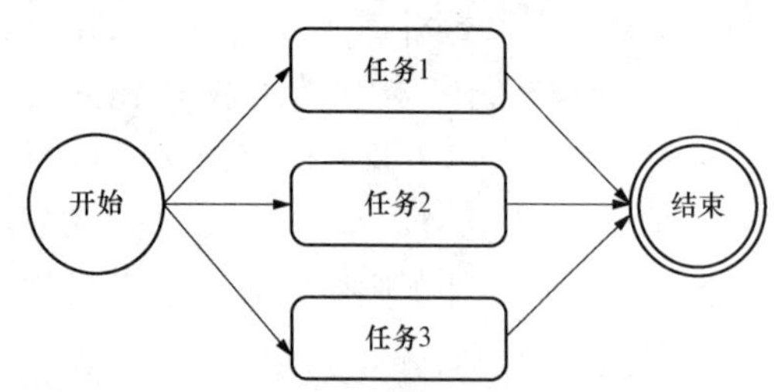

图4.2 由三项任务构成的平行执行流

这听上去似乎有点奇怪，Node.js平台采用的是单线程模型，那怎么会实现出平行执行的效果呢？我们在第1章说过，Node.js平台虽然采用单线程模型，但由于它是个非阻塞式的平台，因此可以在一定程度上实现并发（concurrency）。所以，严格来说，这里不应该用*parallel*（平行或并行）这个词，因为这些任务并不是真的在同时运行，它们只是让事件循环在幕后通过非阻塞式的API做了安排，从而呈现出一种交织执行（或者交错执行）的效果。

某项任务提交完新的异步操作请求之后，会把控制权返还给事件循环，让它能够继续执行下一项任务。因此，我们这里想要描述的这种执行流程，严格来说应该是*并发*（*concurrency*），而不是并行或平行，采用parallel这个词，只不过是说起来方便而已。

图4.3演示了Node.js程序如何平行地运行两项异步任务：

图4.3中，我们看到，**Main**函数（主函数）有两项异步任务需要执行：

（1）**Main**函数触发**Task 1**（任务1）与**Task 2**（任务2），令两者得以执行。这两项任务提交完各自的异步操作之后，都会立刻把控制权交还给**Main**函数，而**Main**函数最后会把控制权交还给事件循环。

（2）事件循环把**Task 1**所提交的那项异步操作执行完之后，会将控制权交给**Task 1**，让它以同步方式执行自己内部的一些处理逻辑，然后，**Task 1**会通知**Main**函数。

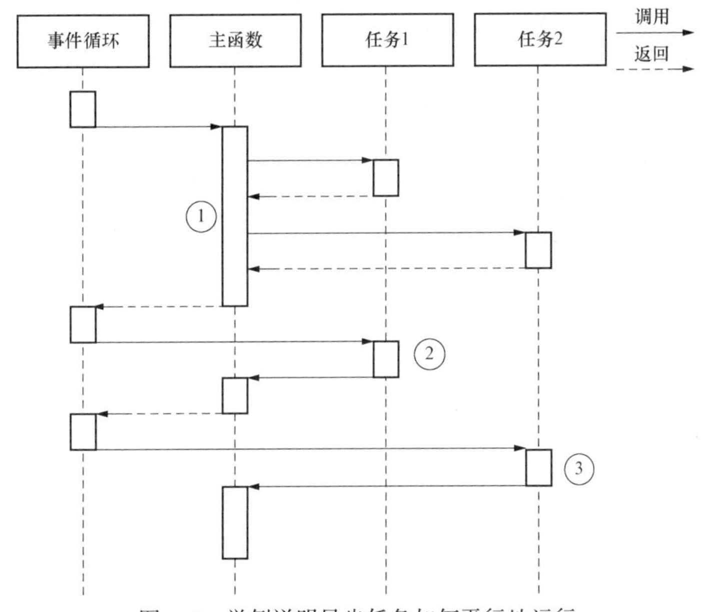

图 4.3　举例说明异步任务如何平行地运行

（3）事件循环把Task 2 所提交的那项异步操作执行完之后，会将控制权交给Task 2 ，等到Task 2 把自己内部的一些逻辑处理完之后，它又会通知Main 函数。这时，Main 函数就知道，Task 1 与Task 2 都已经执行完了，于是它可以继续往下执行，或是将那两项异步操作的结果交给另外的回调逻辑。

总之，这意味着只有异步操作，才能够在 Node.js 里面平行地运行，因为只有这样的操作，才能够通过非阻塞式的 API 得到处理，从而形成并发的效果。Node.js 平台无法并发地执行同步操作（也就是阻塞式的操作），当然了，你可以把这种操作跟异步操作穿插起来，或是用 **setTimeout ()** 与 **setImmediate ()** 等手段安排此类操作异步地执行。我们会在第 11 章详细讲解这些做法。

4.2.4.1　第三版网页爬虫程序

我们的网页爬虫程序，其实非常适合运用平行执行的理念来实现，因为现在这个版本是按照先后顺序，来递归地下载各个页面的，如果能让它平行地下载，那么程序的处理效率很容易就能提升。

为了实现这种效果，我们只需要修改 **spiderLinks ()** 函数就行。我们让这个函数一次把所有的 **spider ()** 任务全都提交上去，并且在这些任务全都执行完毕之后，再触发最终的那个回调。下面是修改后的 **spiderLinks ()** 函数：

```
function spiderLinks (currentUrl, body, nesting, cb) {
```

```
    if (nesting === 0) {
      return process.nextTick(cb)
    }

  const links = getPageLinks(currentUrl, body)
  if (links.length === 0) {
    return process.nextTick(cb)
  }

  let completed = 0
  let hasErrors = false

  function done (err) {
    if (err) {
      hasErrors = true
      return cb(err)
    }
    if (++completed === links.length && !hasErrors) {
      return cb()
    }
  }
  links.forEach(link => spider(link, nesting - 1, done))
}
```

我们现在讲讲这一版的变化。刚才说过，新版的 **spiderLinks ()** 函数一次就要把所有的 **spider ()** 任务全提交上去，要想做到这一点，其实只需要迭代 **links** 数组并针对每个元素施行 **spider ()** 操作就好，而不用等待上一项操作完毕之后，再执行下一项操作：

```
links.forEach(link => spider(link, nesting - 1, done))
```

然后，我们还需要用一项技巧，让程序能够在所有任务都完成之后，再触发 **cb** 所表示的回调逻辑。这项技巧指的就是，我们可以在针对每个元素执行 **spider** 操作时，分别给该操作传入同一个特殊的回调，本例中，这个回调叫作 **done ()**。它会在 **spider** 任务完成的时候，递增 **completed** 计数器，用来表示又有一项 **spider** 任务做完了。如果 **completed** 所表示的数量与 **links** 数组的长度相等，那我们就触发最终的 **cb** 回调：

```
function done (err) {
  if (err) {
    hasErrors = true
```

```
      return cb(err)
    }
    if (++completed === links.length && !hasErrors) {
      return cb()
    }
  }
```

必须要设计 **hasErrors** 这样一个变量，用来记录这些平行执行的 **spider** 任务里面是否有哪个任务在处理过程中发生错误，因为我们需要在出现这种情况的时候，立刻触发 **cb** 所表示的回调逻辑。另外，在所有 **spider** 任务都处理完毕的时候，我们还需要根据这个变量的值，来判断是否需要触发 **cb**，以免重复触发。

修改完之后，我们可以试着用这个版本的程序来抓取某个网页，大家会看到，程序的整体速度大幅提升，因为这次我们是平行地执行网页抓取操作，而不是非要等待前一个链接处理完，再去处理下一个链接。

4.2.4.2　平行地执行集合中的各项任务时所采用的模式

最后，我们可以把平行执行流程归结为这样一个小模式。下面这段通用的代码描述的就是怎样平行地执行一组任务：

```
const tasks = [ /* ... */ ]

let completed = 0
tasks.forEach(task => {
  task(() => {
    if (++completed === tasks.length) {
      finish()
    }
  })
})

function finish () {
//所有任务都完成了
}
```

我们把这个模式稍微修改一下，就能够将每项任务的执行结果收集到集合之中，或是对数组中的元素做过滤与映射，另外，还可以在一定数量的任务完成的时候，尽快触发 `finish()` 回调（最后这种用法也叫作competitive race，即竞赛）。

Unlimited Parallel Execution（数量不限的平行执行）模式

把所有任务全都启动起来，让这些任务平行地运行，并关注已经完成的任务数量，等所有任务都完成后触发回调。

平行地运行多项任务时，可能会遇到数据竞争[译注10]现象，也就是说，这些任务可能会争用外部资源（例如文件或数据库里的记录）。下一部分我们要讲解 Node.js 之中的数据竞争问题，并讨论怎样判断、怎样解决这些问题。

4.2.4.3 解决并发任务之间的数据争用问题

在多线程环境下，如果平行地运行多项任务，而这些任务又都涉及阻塞式的 I/O 操作，那么程序就有可能出问题。然而我们刚才已经看到，Node.js 平台完全不是这样的。在这种平台里平行地运行多项异步任务，并没有那么麻烦，而且消耗的资源也不是很多。

这是 Node.js 平台的一项关键优势，因为开发者可以很方便地对多项任务做平行处理，而不像在其他平台编程时那样，必须使用一些复杂的技术才能实现平行，假如 Node.js 也是那样，那么开发者就不会频繁做平行处理了，而是只会在非做不可的时候才做。

Node.js 的并发模型还有一项重要特征，在于它如何处理任务之间的同步与数据争用问题。在多线程环境下，这通常要使用 lock（锁）、mutex（互斥锁）、semaphore（信号量）与 monitor（监视器）等机制来实现，而且实现过程可能相当复杂，并会对程序性能造成较大影响。然而在 Node.js 平台里面，我们通常不需要这些华丽的同步机制，因为这个平台用的是单线程模型。虽说如此，但并不意味着程序可以完全避开数据争用问题，相反，这种问题还出现得很频繁。它的根本原因，在于触发异步操作与获知操作结果之间，是有延迟的。

下面讲个具体的例子。我们还是用网页爬虫程序来说。最新的这个版本里面，其实就有数据争用问题，不知道大家看出来没有。这个问题发生在 **spider()** 函数之中，这个函数先判断文件是否存在，如果不存在，那么就安排一项操作，把网址所对应的网页下载成文件：

```
export function spider (url, nesting, cb) {
  const filename = urlToFilename(url)
  fs.readFile(filename, 'utf8', (err, fileContent) => {
    if (err) {
      if (err.code !== 'ENOENT') {
        return cb(err)
      }
      return download(url, filename, (err, requestContent) => {
        // ...
```

译注10 也叫竞态条件（race condition），下文同。

如果两项 **spider** 任务操作的是同一个网址，那么就有可能会针对同一份文件调用 **fs.readFile ()**，然而这两项任务在调用的时候，都发现这份文件不存在，于是会分别安排自己的下载操作，并用下载下来的内容创建该文件。图 4.4 描述了这种情况。

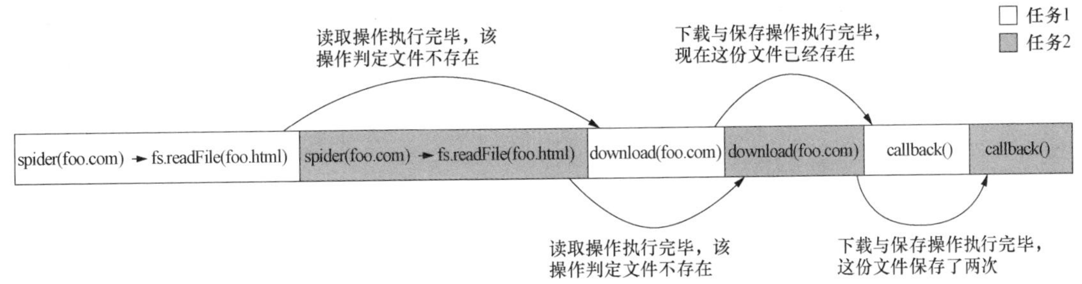

图 4.4　spider () 函数里的数据争用现象

图 4.4 演示的这种情况，指的是 Node.js 平台的同一条线程里面，有**Task 1**（任务 1）与 **Task 2**（任务 2）这样两项任务正在交替地执行，由于任务所执行的操作是异步操作，因此有可能出现数据争用问题，具体到网页爬虫这个例子来说，就是有可能导致两项 **spider** 任务都争着往同一个文件里下载内容。

那么，这个问题如何修复呢？其实答案比很多人想的要简单得多。我们只需要用一个变量来记录 **spider ()** 任务所下载的网址，就能够防止同一个网址多次下载。具体的功能，可以用下面这样的代码来实现：

```
const spidering = new Set()
function spider (url, nesting, cb) {
  if (spidering.has(url)) {
    return process.nextTick(cb)
  }
  spidering.add(url)

// ...
```

这段代码不需要太多解释。我们只是判断有待下载的 **url** 是不是已经位于 **spidering** 这个集合里面了，如果是，就立刻返回，否则就把 **url** 添加到集合里面，并继续执行下载操作。对于目前这个网页爬虫程序来说，并不需要把下载好的 **url** 从集合中删去，因为我们不想让同一个网址下载两次，即便两项 **spider** 任务是在不同的时间点上触发的，我们也不想那样做。但如果我们构建的爬虫程序，有可能要下载成千上万个网页，那么就可以考虑在文件下载完毕时，把已经下载的这个 **url** 从集合中删去，以控制集合的元素数量，并防止程序占据越来越多的内存。

数据争用可能引发许多问题，即便在单线程环境下，也是如此。在某些情况下，这可能会让数据遭到破坏，而且这种 bug 很难查找，因为触发 bug 的时段相当短促。因此，在平行地运行任务时，总是应该仔细检查，看看会不会出现这样的情况。

另外，平行运行的任务数量过多，可能比较危险。下一小节就要解释原因，并告诉你如何控制平行运行的任务数量。

4.2.5 限制任务数量的平行执行

不加控制地开启平行任务，经常会导致程序负担过重。比如，可能会让程序同时读取上千个文件、访问许多个网址，或执行大量的数据库查询操作。这时经常出现资源耗尽的问题，其中最常见的例子，就是应用程序同时想要打开的文件太多，从而将进程能够使用的所有文件描述符全部用完。

如果服务器程序在处理请求时，不限制平行任务的数量，那么就有可能遭受**DoS**（denial-of-service，拒绝服务）攻击。这指的是恶意用户有可能故意发出一项或多项请求，让服务器把可以使用的资源全部耗尽，从而无法响应那些本来需要正常访问该服务器的用户。所以，限制平行任务的数量，一般来说还是有益的，因为这样可以让应用程序更加健壮。

第三版爬虫程序，并没有限制平行任务的数量，因此，有可能会在某些情况下崩溃。比如，如果我们要抓取的网站特别大，那么程序有可能在运行了几秒钟之后，就因为发生 `ECONNREFUSED` 错误而失败。之所以出现这种错误，是因为爬虫程序同时从 Web 服务器中下载的页面数量过多，导致服务器决定不再接受这个 IP 所发出的连接请求。在这种情况下，爬虫程序就会崩溃，于是我们只能再次启动程序，以便继续下载这个网站的内容。当然了，我们也可以修改程序，让它对 `ECONNREFUSED` 做出处理，这样整个程序就不会因为这个原因而崩溃了，但问题在于，这样还是没有解决平行任务过多的问题，所以依然有可能出现其他状况。

所以，笔者要在这一小节介绍怎样限制并发任务的数量，让爬虫程序更加健壮。

图 4.5 演示了五项任务如何在并发上限为 2 的流程中执行。

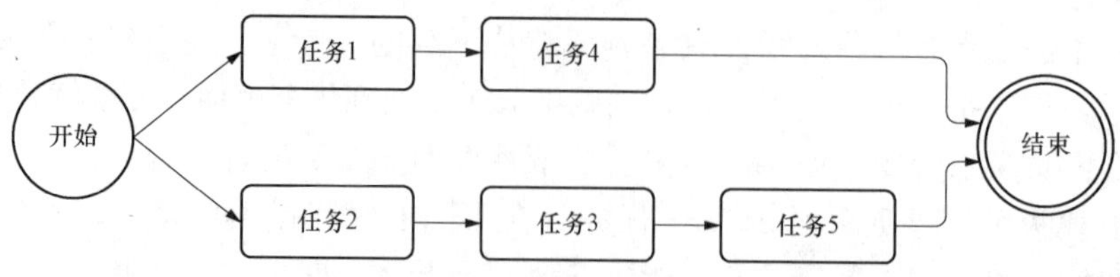

图 4.5 举例说明如何把平行执行的最大任务数设为两项

从图 4.5 中可以清楚地看到算法的运作方式：

（1）我们可以尽量多开一些任务，只要同时执行的任务没有超过并发上限就行。

（2）如果已经达到上限，那我们就看看同时执行的这些任务里面有没有已经完成的，如果有，就开始安排新的任务，直至再度达到并发上限。

下一部分我们来探讨如何实现这种任务数量受限的平行执行模式。

4.2.5.1　限制并发数量

下面我们就来看这样一个模式，它可以平行地执行一批任务，并且让同时运行的任务数量不超过并发上限：

```
const tasks = [
  // ...
]

const concurrency = 2
let running = 0
let completed = 0
let index = 0

function next () {                                              //(1)
  while (running < concurrency && index < tasks.length) {
    const task = tasks[index++]
    task(() => {                                                // (2)
      if (++completed === tasks.length) {
        return finish()
      }
      running--
      next()
    })
    running++
  }
}
next()

function finish() {
  //所有任务都已完成
}
```

这个算法可以说是混用了普通的顺序执行与普通的平行执行模式。它跟那两种模式都有一些相似的地方：

(1) 我们定义了名叫 **next ()** 的迭代器函数（iterator function），这个函数通过 while 循环尽可能多地开启新任务，同时又不让平行运行的任务数量超过 concurrency 所表示的并发上限。

(2) 我们在开启任务的时候，给每项任务都传入同一套回调逻辑，在这段逻辑里面，我们判断 tasks 列表之中的所有任务是否全都执行完毕，如果是，就触发 **finish ()** 回调，以表示整套任务彻底做完。如果还有任务没执行，那就下调正在运行的任务数量，并触发 **next ()** 函数，让它继续开启新任务。

很简单，对吧？

4.2.5.2 限制整个程序的并发数量

我们的网页爬虫程序，正适合利用刚才讲的模式，来限制并发的任务数量。具体来说，为了不让程序里面出现同时爬取大量页面的情况，我们可以限制同时下载的链接数，这样会能让程序表现得稳定一些。

如果直接把受限并发模式运用到 **spiderLinks ()** 函数上面，那么限制的只是某个页面所发起的任务数，而不是整个程序中的任务数。比如，如果把并发上限设为 2，那么限制的只是每个页面最多能够同时发起两项链接下载操作，但问题在于，那两项下载操作所涉及的页面，又有可能分别发起另外两项下载操作，以下载它们的内容里面所包含的相关链接，这样的话，整个程序中同时运行的下载操作，就有可能呈指数式增长。

所以，如果我们面对的是一套总数固定的任务，或者任务总数虽然不固定，但每项任务最多只会衍生出另外一项任务，那么直接运用受限并发模式，就是可行的。但如果每项任务有可能会衍生出两项乃至更多项任务（也就是我们在爬虫程序里看到的这种情况），那么直接运用该模式，未必能限制住整个程序里面的并发任务数。

4.2.5.2.1 利用队列确保任务总数不突破全局上限

我们想要在数量上加以限制的，不是每个页面所能发起的下载操作，而是整个程序之中平行运行的下载操作。要想做到这一点，可以稍微修改一下前面提到的那个模式，但具体如何修改，就留给你做练习吧。笔者在这里要讲的是另外一套机制，也就是利用**队列**(queue)来限制并发的任务数量。下面就来看这套机制的原理。

现在我们实现一个简单的类，叫作 **TaskQueue**，让它把队列与前面讲的那个受限并发模式结合起来。首先新建名为 **taskQueue.js** 的模块：

```
export class TaskQueue {
  constructor (concurrency) {
    this.concurrency = concurrency
    this.running = 0
```

```
      this.queue = []
    }

  pushTask (task) {
    this.queue.push(task)
    process.nextTick(this.next.bind(this))
    return this
  }

  next () {
    while (this.running < this.concurrency && this.queue.length) {
    const task = this.queue.shift()
    task(() => {
      this.running--
      process.nextTick(this.next.bind(this))
    })
    this.running++
  }
 }
}
```

这个类的构造器只需要用户输入一个值，也就是 concurrency 参数所表示的并发上限，然后它还会初始化 **running** 与 **queue** 这两个实例变量。**running** 变量是个计数器，用来记录正在运行的任务数，**queue** 是个数组，用来充当队列，以存放有待运行的任务。

pushTask () 方法做的事情很简单，它只是把新任务添加到队列里面，然后异步调用 **this.next ()**，以推进工作流程，使得这项任务能够得到安排。注意，在通过 **process.nextTick** 异步调用 **next** 的时候，我们必须拿 bind 函数给那次调用绑定执行情境（也叫作上下文），不然的话，等到那次调用真正触发的时候，next 就不清楚自己到底应该在什么样的情境下执行。

next () 方法用来从队列中取出任务并加以触发，而且还要保证同时开启的任务数量不超过总的并发上限。

大家可能注意到了，**next** 方法跟第 4.2.5.1 节讲的那个模式有些相似。它也是在不突破并发上限的前提下，尽可能多开启一些任务，而且会在每项任务完成之后所触发的回调逻辑里面，减少正在运行的任务数量，并异步触发地 **next** 方法，以便继续安排任务。但是，这次的 **TaskQueue** 类有个特别的地方，在于它所处理的这套任务是可以变化的，也就是说，用户可以给其中添加新的任务。另外，这次的方案还有个好处，就是把限制并发任务数量的责任，集中到一个实体上面，并让这个实体在程序多次执行某函数的过程中，得以沿用，从而能够对总的并发任务数加以管控。具体到网页爬虫程序来看，这指的是 **spider ()** 函数，我们马上就会说到这个问题。

4.2.5.2.2 完善 TaskQueue 类

刚才实现的 **TaskQueue** 类，其实已经足以演示队列模式了，但为了能够在实际项目里面使用，我们还需要添加几项功能。比如，我们要在某项任务执行失败的时候设法通知用户，还要让用户知道这些任务是不是全都执行完了。

为此，我们需要把第 3 章讲过的一些概念拿过来用，也就是要把 **TaskQueue** 变成 **EventEmitter**，让它能够播报相关的事件，以便在任务失败或者队列已经清空的时候通知用户。

首先要做的修改是让模块引入 **EventEmitter** 类，并让我们刚写的 **TaskQueue** 类扩展该类：

```
import { EventEmitter } from 'events'

export class TaskQueue extends EventEmitter {
  constructor (concurrency) {
    super()
    // ...
  }
  // ...
}
```

然后，我们就可以在 **TaskQueue** 的 **next ()** 方法里面，通过 **this.emit** 来触发相应的事件了：

```
next () {
  if (this.running === 0 && this.queue.length === 0) { // (1)
    return this.emit('empty')
  }

while (this.running < this.concurrency && this.queue.length) {
  const task = this.queue.shift()
  task((err) => { // (2)
    if (err) {
      this.emit('error', err)
    }
    this.running--
    process.nextTick(this.next.bind(this))
```

```
      })
      this.running++
    }
  }
```

这次实现的 next () 函数跟早前说的那个相比，增加了两个地方：

- next () 函数每次执行的时候，我们都会判断当前是不是已经没有正在运行的任务，而且队列是不是已经空了，如果是，那就说明队列中的任务全都拿完了，于是我们触发 empty 事件。
- 每项任务完成时所触发的回调逻辑里面都会有一个表示错误信息的参数。我们可以通过这个参数，判断任务执行过程中有没有出错，如果出错，那就触发 error 事件以播报这个错误。

请注意，即便某项任务在执行过程中发生错误，我们也还是会安排队列中的其他任务继续执行，而不会把那些任务从队列中移走，也不会停止正在运行的任务。在基于队列的系统中，这是很常见的做法。我们本来就应该预见到任务在执行过程中会有错误发生，因此不要一遇到这种状况，就让整个系统都崩溃掉，而是应该根据发生的错误来重新尝试该任务，或寻找恢复的办法。我们会在第 13 章详细讨论这个问题。

4.2.5.2.3　第四版网页爬虫程序

我们已经实现出了这样一种通用的队列，可以在不超过并发上限的前提下，平行地执行各项任务，那么现在，就应该根据这个方案，来重构网页爬虫程序了。

这次我们打算把 TaskQueue 实例当成堆积工作任务的地方，将每个有待下载的链接视为一项任务，添加到这个队列之中。首先添加的就是用户通过命令行传入的那个网址，然后，程序会把爬取过程中发现的其他网址添加进去。与这些网址相对应的下载任务，会由队列替我们管理，并确保程序在任意一个时刻所运行的任务总数（也就是正在下载或者正在从文件系统中读取的页面总数）不超过 TaskQueue 实例所配置的并发上限。

抓取单个网址所需的逻辑代码，已经在 spider () 函数里面定义好了，所以我们可以把调用该函数的操作当成一项任务，添加到 TaskQueue 里面，为了突出这个意思，最好是把函数名改成 spiderTask：

```
function spiderTask (url, nesting, queue, cb) { //(1)
  const filename = urlToFilename(url)
  fs.readFile(filename, 'utf8', (err, fileContent) => {
    if (err) {
      if (err.code !== 'ENOENT') {
        return cb(err)
```

```
      }

      return download(url, filename, (err, requestContent) => {
        if (err) {
          return cb(err)
        }

        spiderLinks(url, requestContent, nesting, queue) //(2)
        return cb()
      })
    }

    spiderLinks(url, fileContent, nesting, queue) //(3)
    return cb()
  })
}
```

除了名称之外，这个函数还有一些地方也稍微修改了一下：

• 函数的签名里面多了一个叫作 **queue** 的参数，用来表示 **TaskQueue** 实例。我们想让程序每次执行 **spiderTask** 的时候，都使用同一个实例，这样就可以将必须要执行的下载任务，添加到这个队列里面了。

• 具体负责添加任务的，是 **spiderLinks** 函数，因此我们要在程序下载完某个页面之后，调用这个函数，并把 **TaskQueue** 实例传过去，让 **spiderLinks** 函数能够将已经下载好的这个页面之中的那些链接，作为新的下载任务添加到队列里面。

• 另外，如果要处理的这个页面本身已经下载好了，那我们同样得调用 **spiderLinks** 函数并传入 **TaskQueue** 实例，因为这个页面虽然下载好了，但它里面可能还有其他一些链接有待下载。

现在我们重新讲讲这个 **spiderLinks ()** 函数。按照这次的方案，各项任务是否执行完毕，是由 **TaskQueue** 负责判断的，因此 **spiderLinks ()** 函数就不用再关注任务的完成情况了，于是我们可以大幅简化该函数。它现在执行的实际上是同步操作，也就是针对页面中的每个链接，分别给队列中添加一项新任务，以便通过相应的 **spider ()** 操作（我们马上就要讲到）来下载这个链接：

```
function spiderLinks (currentUrl, body, nesting, queue) {
  if (nesting === 0) {
    return
  }
```

```
  const links = getPageLinks(currentUrl, body)
  if (links.length === 0) {
    return
  }

  links.forEach(link => spider(link, nesting - 1, queue))
}
```

现在来看 **spider ()** 函数，程序正是要利用这个函数，下载用户通过命令行所传入的起始网址。另外，如果下载下来的页面里还有其他链接需要处理，那么程序也会调用这个函数，以便将相应的下载任务添加到 **queue** 所表示的队列之中：

```
const spidering = new Set()                                          // (1)
export function spider (url, nesting, queue) {
  if (spidering.has(url)) {
    return
  }

  spidering.add(url)
  queue.pushTask((done) => {                                         //(2)
    spiderTask(url, nesting, queue, done)
  })
}
```

大家都看到了，这个函数主要有两个职责：

(1) 它通过 **spidering** 这个集合，来记录程序已经访问过的，以及正在处理的网址。

(2) 如果当前的网址不在集合之中，那么它向 **queue** 队列里添加一项新任务。该任务得以执行的时候，会触发 **spiderTask ()** 函数，从而正式开始抓取 **url** 所表示的这个网址。

最后，我们修改 **spider-cli.js** 脚本，让用户能够通过命令行界面运行网页爬虫程序：

```
import { spider } from './spider.js'
import { TaskQueue } from './TaskQueue.js'

const url = process.argv[2]                                          //(1)
const nesting = Number.parseInt(process.argv[3], 10) || 1
const concurrency = Number.parseInt(process.argv[4], 10) || 2

const spiderQueue = new TaskQueue(concurrency)                       //(2)
spiderQueue.on('error', console.error)
spiderQueue.on('empty', () => console.log('Download complete'))
```

```
spider(url, nesting, spiderQueue)                                    //(3)
```

这段脚本有三个地方比较重要：

(1) 解析用户通过命令行界面传入的参数。请注意，这次的脚本除了接受要下载的网址以及嵌套深度，还支持一个参数，也就是并发上限。

(2) 创建 **TaskQueue** 对象，并针对 **error** 事件与 **empty** 事件注册监听器。如果发生 **error** 事件，那就把错误打印出来。如果发生 **empty** 事件，那说明程序已经把网站下载完了，于是就显示相应的信息。

(3) 最后，调用 **spider ()** 函数来启动抓取过程。

修改完这些之后，我们用下面这条命令，再把程序运行一次：

```
node spider-cli.js https://loige.co 1 4
```

这次我们应该会看到，同时下载的网页数不超过 4 个。

看过这个例子后，我们就把基于回调的模式讲完了。接下来，笔者要在本章的最后一节里面，介绍一个知名的程序库，它实现了前面讲到的这些模式，还提供了许多异步工具，让你能够直接在实际项目中使用。

4.3 async 库

如果你稍微仔细地想一下我们分析过的这些控制流模式，那么就会发现，从这些模式出发，应该可以构建出更为通用的可复用方案来。比如，我们可以把任务数量不受限的平行执行算法，包装成一个函数，让它接受一系列任务，然后平行地运行这些任务，最后在所有任务都完成时触发某个回调逻辑。把控制流算法像这样包装成函数，可以让开发者更为直白地表达各种异步控制逻辑，而这正是 **async** 库要做的事情（**nodejsdp.link/async**）。

async 库是 Node.js 平台乃至一般的 JavaScript 语言里面，一套相当流行的异步代码解决方案（不要把它跟 **async/await** 关键字搞混了，这一组关键字我们会在后面介绍）。它提供了一组函数，让我们能够用相当简单的代码来执行各种不同的任务，另外还提供了一些有用的辅助工具，以便异步地处理集合中的元素。虽然其他一些库也能实现类似功能，但由于 **async** 一直以来都很流行，尤其是促成了通过回调来定义异步任务这一习惯，因此实际上已经成为 Node.js 的标准方案。

下面举出 **async** 库的几项功能，让你大致了解这个模块的强大作用：

- 对集合中的元素执行异步函数（可以按先后顺序执行，也可以在不超过并发上限的前提下平行地执行）。
- 执行异步函数链（也就是瀑布，waterfall），把前一个函数的输出当成下一个函数的输入。

- 提供一套队列抽象机制，它的功能类似于我们这里实现的 **TaskQueue** 工具类。
- 提供其他一些有用的异步模式，例如**race** 模式，这个模式会平行地执行多个异步函数，一旦有函数率先完成，就叫停所有的函数。

该模块的详情以及使用范例，请参阅 **async** 的开发文档（**nodejsdp.link/async**）。

本章描述这些基本的异步模式，主要是想让你明白其中的道理，因此笔者给出的实现办法是经过简化的，如果你要在日常的工作项目中实现这些控制流程，那么最好还是采用 async 这样成熟而知名的库，只有在需求比较复杂的情况下，才需要自己动手定制算法。

4.4　小结

本章开头说过，编写 Node.js 代码可能比较困难，因为我们必须适应异步的编程方式，对于习惯了其他平台的开发者来说，更是如此。然而看完一整章之后，我们应该已经意识到了：这些 API 用起来其实并没有那么难，我们完全可以按照自己的需求正确地予以运用。我们还发现，Node.js 平台有许多方案可供选择，对于工作中的大部分问题来说，我们都能找到符合自己编程风格的良好方案。

笔者在这一章里，带着大家继续重构并完善早前用作范例的这个网页爬虫程序。我们看到，在开发异步程序的过程中，可能要花很大的功夫才能找到合适的编程思路，让把自己可以把代码写得简单而高效。因此，大家应该多花一些时间来理解并实验本章所介绍的这些理念。

Node.js 的异步编程之旅，其实刚刚开始。接下来的几章，还要再介绍一些常见的技巧，让你学会使用 Promise 与 **async/await** 机制。把所有这些技巧全都学会之后，你就可以根据自己的需求选出最好的方案了，当然也可以在同一个项目里面结合运用多种方案。

4.5　习题

- **(1) 文件拼接：给 concatFiles () 函数编写实现代码**。这应该是个回调风格的函数，用户需要把两个或两个以上的文本文件在文件系统中的路径传给它，并指定一份目标文件：

```
function concatFiles (srcFile1, srcFile2, srcFile3, ... ,
                      dest, cb) {
  // ...
}
```

这个函数必须把每份源文件的内容，按照用户传入参数时指定的顺序，复制到目标文件里面，比如，如果用户指定了两份文件，一份文件的内容是 *foo*，另一份是 *bar*，那么函数向目标文件里写入的内容就应该是 *foobar*（而不是 *barfoo*）。注意，刚才列出的那个签名方式，不符合 JavaScript 的语法，所以你得想个办法处理数量不定的参数。例如可以考虑用 **rest parameters** 语法（剩余参数，参见：**nodejsdp.link/rest-parameters**）来表达这样的一批参数。

- **（2）递归地罗列某个目录与各级子目录之中的文件**。编写回调风格的 **listNestedFiles()** 函数，让用户把本地文件系统里面某个目录的路径传给它。该函数必须异步地迭代这个目录中的所有子目录，最后把整个迭代过程中发现的文件放在一份列表里面，告诉用户。这个函数的签名应该是这样的：

```
function listNestedFiles(dir, cb) { /* ... */ }
```

要是能避开多层嵌套的回调，就更好了。为此，你可以创建必要的辅助函数。

- **（3）递归地在某个目录与各级子目录的〕文本文件之中查找包含关键词的文件**。编写回调风格的 **recursiveFind()** 函数，让用户把本地文件系统里面某个目录的路径，以及一个待查的关键词传给它。这个函数的签名应该是这样的：

```
function recursiveFind(dir, keyword, cb) { /* ... */ }
```

函数需要考虑目录之中的所有文本文件，并判断其中有哪些文件包含这个关键词。整个查找过程完毕之后，函数要把结果放在一份列表里面，通过回调告诉用户。如果没有找到这样的文件，那么必须用空白的数组触发回调。举个例子，假如 **myDir** 目录下有 **foo.txt**、**bar.txt** 与 **baz.txt** 这样三份文件，其中 **foo.txt** 与 **baz.txt** 里面包含关键词 **'batman'**，那么下面这行代码就应该在控制台打印出 ['foo.txt', 'baz.txt'] 才对：

```
recursiveFind('myDir', 'batman', console.log)
//应该打印['foo.txt', 'baz.txt']
```

如果能实现递归搜索就更好了（也就是不仅搜索目录本身所含的文本文件，而且还搜索各级子目录之中的文本文件）。另外，还可以考虑把涉及子目录的那些任务，平行地予以执行，然而要注意控制平行执行的任务数量。

第 5 章　利用 Promise 与 async/await 实现异步控制流模式

回调是 Node. js 平台在异步编程方面的基本构成单元，然而这种结构对开发者相当不友好。上一章我们讲了用回调实现各种控制流模式时应该注意的技巧，笔者说过，有时即便执行一项相当基本的任务，也依然要编写复杂而冗长的代码才行。这个问题在实现顺序执行的时候相当突出，顺序执行是异步编程里面经常用到的一种模式，然而经验不足的开发者在实现这个模式时，经常会陷入多层嵌套的回调代码里面。就算最后能写对，这样的代码也还是显得太过复杂，而且容易出错。大家还记得在编写回调逻辑时，如果没把错误处理好，会发生什么问题吗？如果忘记转发错误，那么这次的错误信息就会丢失，如果忘记把同步代码所抛出的异常捕获下来，那么程序就会崩溃。所以，我们在编写回调代码的时候总是特别小心，生怕出现这样或那样的错误。

面对这么一个如此普遍的问题，Node. js 平台与 JavaScript 语言多年以来一直没有拿出原生的解决方案，因此受到批评。好在这几年经过开发社群的努力，我们总算等来了结果，当然这是在多次迭代与讨论之后才形成的。总之，目前终于有了解决“回调问题”的合理方案。

要想比较顺畅地编写异步代码，首先可以考虑从回调过渡到**promise**，这是一种能够“携带”（carry，也叫作承载）状态与异步操作结果的对象。Promise 之间可以方便地串接，从而实现顺序执行流程，它也可以像其他对象那样，在程序之中传递。Promise 极大地简化了异步代码的编写工作，然而还是有一些地方可以改善。于是，就出现了另外一种叫作**async/await** 的机制，该机制能够进一步简化顺序执行流程，让异步代码变得几乎跟同步代码一样。

我们目前在 Node. js 平台上面编写异步代码时，首选的方案应该是 async/await 机制。但是大家必须明白，async/await 是构建在 Promise 之上的，而 Promise 又是构建在 callback（回调）之上的，只有明白了这种沿承关系，我们才能彻底掌握这几种机制，并根据自己面对的异步编程问题，找出最合适的一种方案。

这一章要讲解以下内容：

• Promise 的工作原理，以及如何使用 Promise 有效实现我们已经看到的这几种常见控制流程。

• async/await 的用法，这将是我们在 Node. js 平台中编写异步代码的主要工具。

等这一章结束的时候，大家应该就能学会 JavaScript 语言里面用来编写异步代码的两种重要工具了。首先我们来看第一种，也就是 Promise。

5.1 Promise

Promise 是 ECMAScript 2015 规范的一部分（也可以说成是 ES6 的一部分，因此它还叫作 ES6 Promise）。Node.js 平台从第 4 版开始，为 Promise 提供原生支持，但是 Promise 本身的历史，还可以再往前推几年，那个时候有许许多多的实现方案，那些方案的特性与行为起初并不一致，后来，大多数的实现方案开始遵循一套名为**Promises/A+**的规范。

采用接续传递风格（CPS）所编写的回调，可以用来播报异步操作的执行结果，而 Promise 机制正是用来替换这种写法的，它要比回调方案先进得多，而且写出的代码比较健壮。大家一会儿就会看到，常见的几种异步控制流程，如果拿 Promise 去实现，那么写出来的代码要比回调方案简洁、易读，而且更加稳定。

5.1.1 什么是 Promise?

Promise 是一种对象，用来体现异步操作的最终结果（或表达执行过程中所遇到的错误）。用 Promise 自身的一套术语来说，如果某项异步操作尚未完成，那么这个 Promise 就处于**pending**（待定）状态，如果该操作顺利完成，那么 Promise 进入**fulfilled**（已兑现）状态，若该操作因为出错而终止，则进入**rejected**（已拒绝）状态。凡是处于 fulfilled 或 rejected 状态的 Promise，都可以说成**settled**（已决定）。

我们可以在 Promise 实例上面使用 `then()` 方法，来接收该 `Promise` 的最终结果（**fulfillment value**）或是它发生错误的原因（**reason**）。下面是这个方法的签名：

```
promise.then(onFulfilled, onRejected)
```

签名中的 `onFulfilled` 参数是一个回调，用来接收 `Promise` 顺利执行完毕时所产生的最终结果，`onRejected` 也是个回调，如果 `Promise` 在执行过程中发生错误，那么可以接收出错的原因。这两个回调都是可选的。

为了演示 `Promise` 比传统的回调方案好在哪里，我们先来看下面这段基于回调方案而写成的代码：

```
asyncOperation(arg, (err, result) => {
  if(err) {
    //处理错误
  }
  //使用异步操作的结果
```

```
})
```

这是一段典型的 CPS（以接续传递风格而写的）代码，如果改用 **Promise** 来写，那么结构会更加清晰，而且读起来也更加顺畅：

```
asyncOperationPromise(arg)
  .then(result => {
    //使用异步操作的结果
  }, err => {
    //处理错误
})
```

这段代码所调用的 **asyncOperationPromise ()**，返回的是一个 **Promise** 对象，我们可以在该对象上面通过 **then ()** 方法书写相应的逻辑，以接收 **asyncOperationPromise ()** 所要执行的这项异步操作的最终结果或出错原因。目前我们还看不出什么特别的地方，但有一个问题值得注意 **then ()** 方法是*同步*返回的，而且它返回的是另外一个 **Promise** 对象。

另外，如果 **onFulfilled** 或 **onRejected** 函数返回了某个值，那么 **then ()** 方法所返回的 **Promise** 对象，会根据这个值的情况，做出相应的设计，具体来说：

- 如果返回的这个值 x 是个普通的值，而不是 **Promise**，那么 **then ()** 方法就会把这个值当成它所返回的那个 **Promise** 对象的最终结果。
- 如果返回的这个值 x，是个 **Promise**，那么 **then ()** 方法就会把这个 **Promise** 的最终结果，当成它所返回的那个 **Promise** 对象的最终结果。
- 如果返回的这个值 x 是个 **Promise**，而且这个 **Promise** 在执行的过程中发生错误，那么 **then ()** 方法就让自己所返回的那个 **Promise** 对象也出错，并把这个错误当成那个对象的出错原因。

这样的话，我们就可以让多个 **Promise** 对象形成*链条*（*chain*），从而把各种情况下所要执行的异步操作轻松地安排好。另外，如果你在 **Promise** 对象上面调用 **then ()** 的时候，没有指定 **onFulfilled** 或 **onRejected** 处理程序，那么该对象的最终结果或出错原因就会转发给链条中的下一个 **Promise** 对象［也就是 **then ()** 所返回的那个 **Promise** 对象］。于是，我们就可以让错误信息沿着这个链条自动传递下去，直到有某个 **onRejected** 捕获该错误为止。我们只需要把多个 **Promise** 对象串接起来，就可以相当容易地实现出顺序执行模式，而不像采用纯粹的回调方案时那样，要编写大量的代码：

```
asyncOperationPromise(arg)
  .then(result1 => {
    //返回另一个 Promise
```

```
    return asyncOperationPromise(arg2)
  })
  .then(result2 => {
    // 返回一个非 Promise 的普通值
    return 'done'
  })
  .then(undefined, err => {
    // 这条 Promise 链上面的任何一个错误，都会在这里得到捕获
  })
```

图 5.1 用另一种方式，描绘了 **Promise** 链的工作原理：

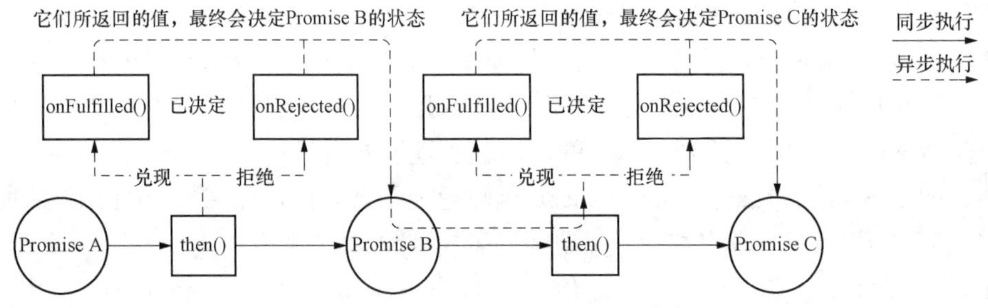

图 5.1　Promise 链的执行流程

图 5.1 演示了多个 **Promise** 对象相串接时的执行流程。我们在Promise A 上面调用 **then()** 方法，会立刻（也就是“同步地”）得到该方法所返回的Promise B 对象，而在Promise B 对象上面调用 **then()** 方法，也会立刻（也就是“同步地”）得到该方法所返回的Promise C 对象。等到Promise A 对象的状态变为 settled（已决定）的时候，系统会根据它是否顺利执行，来判断自己所要触发的是哪一个回调，如果执行顺利（也就是该 **Promise** 得到兑现），那么触发 **onFulfilled** 回调，如果执行失败（也就是该 **Promise** 遭到拒绝），那么触发 **onRejected** 回调。如果触发的回调能够顺利执行，那么系统会用该回调所返回的结果，来兑现Promise B，并把这个结果传给Promise B 的 **onFulfilled** 回调，如果触发的回调发生错误，那么系统会用该回调所返回的结果（即错误原因），来拒绝Promise B，并把这个结果（也就是Promise A 出错的原因），传给Promise B 的 **onRejected** 回调。系统还会按同样的方式，处理Promise B 对象后面所串接的Promise C 对象，依此类推。

Promise 有个重要的特征，就是它*肯定会保证* **onFulfilled()** 与 **onRejected()** 这两个回调总是能够以异步的方式触发，而且最多触发一次。就算我们采用同步的方式来解析某个 **Promise** 并让它返回某个值，系统也还是会保证这一点。而且，即便我们是在 **Promise** 进入已

决定（settled）状态之后，才通过 **then ()** 方法注册回调逻辑的，系统也依然会异步地触发我们所注册的 **onFulfilled ()** 或 **onRejected ()** 回调。于是，我们就不用再担心程序会像第 3 章里面讲的那样（参见第 3.1.2.2 节），由于开发者无意间混用了同步与异步，而出现问题，我们现在能够通过 Promise 写出更为健壮的异步代码，并且不用顾虑那么多地方。

最后还要说一个相当好的特性，也就是如果 **onFulfilled ()** 或 **onRejected ()** 回调（通过 **throw** 语句）抛出异常，那么系统会自动用这个异常，来拒绝 **then ()** 方法所返回的 **Promise** 对象，并将其视作该 Promise 出错的原因。这个优势让 Promise 机制在异常处理上面，远远胜过采用 CPS（接续传递风格）编写的代码，因为异常现在能够沿着 Promise 链自动播报，而且开发者也可以像平常那样，放心地使用 **throw** 语句抛出异常。

5.1.2　Promises/A+与 thenable

以前有许多种针对 **Promise** 的实现方案，这些方案之间基本上无法相互兼容，因此，我们也就无法将各程序库自己所实现的 **Promise** 对象串接起来，因为那些对象之间未必兼容。

JavaScript 开发社群花了很大功夫来解决这个问题，并建立了一份名为**Promises/A+**的规范。这份规范详细规定了 **then ()** 方法的行为，让不同的程序库能够以此为共识，来开发各自的 **Promise** 对象，这样的话，这些 **Promise** 之间就可以相互兼容。目前，大多数 **Promise** 实现方案都遵循这条标准，这也包括 JavaScript 与 Node.js 平台原生的 **Promise** 对象。

Promises/A+规范的详情可参阅官方网站 **nodejsdp.link/promises-aplus**。

采用 **Promises/A+** 规范来实现 **Promise**，意味着凡是支持 **then ()** 方法的对象，都可以当成 **Promise** 来用，于是，包括 **JavaScript** 原生的 Promise API 在内，许多 **Promise** 实现方案都把这样的对象称为**thenable**，意思是可以在它上面调用 **then ()**。这项约定，使得按照不同方式实现出来的 **Promise** 对象之间能够顺畅地交互。

这种根据外在行为而非实际类型来认定（或者判定）对象角色的做法，叫作 **duck typing**（“鸭子类型”），这种做法在 JavaScript 里面很常见。

5.1.3　Promise API

我们先来把 JavaScript 原生的 **Promise API** 迅速讲解一遍。笔者只是简单介绍一下这套 API，让你知道开发者可以用 **Promise** 做些什么，所以，就算遇到一些目前还看不太懂的地方，也别着急，本书后面的内容会让你知道大多数 API 的实际用法。

`Promise` 的构造器可以像这样来调用：`new Promise((resolve, reject) => {})`，这会创建出一个新的 `Promise` 实例，你可以在这对花括号里编写逻辑，以判断这个 `Promise` 是应该得到兑现还是予以拒绝，并触发 `resolve` 或 `reject` 参数所表示的函数，以体现这一决定。传给构造器的那个函数［即由 `(resolve, reject) => {}` 所表示的函数］，接受两个参数：

- `resolve(obj)`：这个参数用来表示一个函数，如果 `Promise` 得到兑现，那么会把最终的执行结果当作 `obj` 参数来触发该函数。如果 `obj` 本身又是个 `Promise` 或 `thenable` 对象，那么当前这个 `Promise` 的最终执行结果，就应该是 `obj` 所表示的那个 `Promise` 或 `thenable` 对象的最终执行结果。

- `reject(err)`：这个参数用来表示一个函数，如果 `Promise` 遭到拒绝，那么会把出错原因当成 err 参数来触发该函数。按照惯例，`err` 应该是个 `Error` 实例。

现在我们来看看 `Promise` 对象里面相当重要的几个静态方法：

- `Promise.resolve(obj)`：这个方法可以根据 `obj` 所表示的某个 `Promise` 对象、`thenable` 对象或普通值，来创建新的 `Promise`。如果 `obj` 是 `Promise`，那就照原样返回；如果 `obj` 是 `thenable`，那就根据当前的 `Promise` 实现方案，把它*转化成* `Promise` 对象并返回；如果是普通值，那就新建 `Promise` 对象，并用该值作为这个对象的最终执行结果。

- `Promise.reject(err)`：这个方法会创建一个 `Promise` 对象，并把 err 参数当成这个 Promise 遭到拒绝的原因。

- `Promise.all(iterable)`：这个方法会创建一个 `Promise` 对象，该对象会在 `iterable` 中的所有元素都得到兑现的时候，得以完成（`iterable` 表示可迭代物，例如 `Array` 这样的数组结构）。如果有的元素本身也是 `Promise` 对象，而且那些 `Promise` 里面有对象遭到拒绝，那么 `Promise.all()` 新建的这个 `Promise`，就会把率先遭到拒绝的那个对象所给出的理由当成自己遭到拒绝的原因，而不再顾及之后的那些对象。`iterable` 里面的每个元素，都可以是 `Promise` 对象、广义的 `thenable` 对象，或者普通的值。

- `Promise.allSettled(iterable)`：这个方法会等待 `iterable` 之中的所有 `Promise` 都得到处理（也就是得以兑现或遭到拒绝），然后再把那些 `Promise` 的最终结果或出错原因，放到一个数组里面，并把该数组视为自身的处理结果。这个数组的每个对象，都带有 `status` 属性，该属性可以是 `'fulfilled'` 或 `'rejected'`，用以表示 `iterable` 里面相应的那个 `Promise` 是被兑现，还是被拒绝，如果被兑现，那么 value 属性会反映最终的处理结果，如果被拒绝，那么 `reason` 属性会反映出错的原因。这个方法与 `Promise.all(iterable)` 的区别在于，它所制造的这个 `Promise` 对象总是会等待 `iterable` 里面的每一个 `Promise` 都处理完毕，而不像 `Promise.all(iterable)` 所返回的那种 `Promise` 一样，会在 `iterable` 里面的任何一个 `Promise` 遭到拒绝时立刻失败。

• **Promise.race（iterable）**：这个方法会返回一个 **Promise** 对象，用以指出 **iterable** 里面的哪一个 **Promise** 率先进入 settled（已决定）状态。

最后，我们来看看开发者可以在 **Promise** 实例上面调用的几个主要方法：

• **promise.then（onFulfilled, onRejected）**：这是 **Promise** 对象里面最基本的方法。它的行为跟我们早前提到的 Promises/A+标准相兼容。

• **promise.catch（onRejected）**：这个方法只是语法糖（也就是一种便捷的语法。语法糖的含义，参见：**nodejsdp.link/syntactic-sugar**），它用来迅速表达 **promise.then（undefined, onRejected）** 这个意思。

• **promise.finally（onFinally）**：这个方法用来设置 **onFinally** 回调，该回调会在当前的 **Promise** 对象进入 settled（已决定）状态时得以触发，所谓“已决定”（settled）意思就是说这个 **Promise** 要么已经得到兑现，要么已经遭到拒绝 **onFinally** 回调跟 **onFulfilled** 与 **onRejected** 不同，它不接受任何参数，而且它的返回值会为系统所忽略。这个方法所返回的 **Promise** 对象，会把当前的 **Promise** 实例所产生的最终结果，当成自己的最终结果，或是把当前的 **Promise** 实例遭到拒绝的理由，当成自己出错的原因。刚才说过，系统会忽视 **onFinally** 所返回的值，但是有一种情况例外，也就是 **onFinally** 回调通过 **throw** 语句抛出了异常，或者返回的是一个已经遭到拒绝的 **Promise**。在这种情况下，这个方法所返回的 **Promise** 对象会把 throw 语句所抛出的异常或是 **onFinally** 所返回的那个 **Promise** 遭到拒绝的理由当成自己的出错原因。

下面举个例子，看看怎样使用构造器，从头开始创建 **Promise**。

5.1.4　创建 Promise

现在我们就来说说怎样通过构造器来创建 **Promise**。像这样从头开始创建 **Promise** 的做法其实是个相当底层的操作，这通常只会发生在我们需要给某套 API 转换代码风格的场合，也就是说，那套 API 是采用另一种异步风格（例如基于回调的风格）来写的，现在我们想把它转换成基于 **Promise** 的风格。开发程序的过程中，我们主要是在使用由其他程序库所创建的 **Promise**，而不太需要自己主动创建 **Promise**，就算需要创建，也只是在现有的 **Promise** 上面调用 **then（）** 方法来创建衍生的 **Promise**，而不是从头开始创建。但是在某些比较复杂的境况下，我们确实得通过构造器，从头创建 **Promise** 对象。

为了演示 **Promise** 构造器的用法，我们创建下面这样一个函数，让它返回一个 **Promise** 对象，这个对象会在经过指定的毫秒数之后得以兑现，并把兑现时的日期与时间视为最终的执行结果。下面就是这个函数的代码：

```
function delay (milliseconds) {
```

```
  return new Promise((resolve, reject) => {
    setTimeout(() => {
      resolve(new Date())
    }, milliseconds)
  })
}
```

大家可能已经猜到了，笔者在编写 **Promise** 构造器所接收的这套执行逻辑［即（resolve，reject）=> {...} 这一部分］时，会用 **setTimeout** 来触发 **resolve**，以模拟异步执行的效果。大家注意看，整个 **Promise** 的逻辑，基本上都包裹在调用 **Promise** 构造器的这套语句结构里面，这种写法正是我们从头开始创建 **Promise** 对象时经常用到的一种方式。

我们刚才创建的这个 **delay()** 函数，可以像下面这样来使用：

```
console.log(`Delaying... ${new Date().getSeconds()}s`)
delay(1000)
  .then(newDate => {
    console.log(`Done ${newDate.getSeconds()}s`)
  })
```

传给 **then()** 方法的那套处理逻辑，会在 **delay()** 函数触发大约 1 秒钟之后，才开始执行它里面的 **console.log()** 语句。

Promises/A+规范规定，传给 **then()** 方法的 **onFulfilled** 与 **onRejected** 回调是互斥的（也就是说，如果 **onFulfilled** 得到触发，那么 **onRejected** 就一定不会触发，反之亦然），而且回调只会触发一次。遵循这份规范的 **Promise** 方案还必须保证，即便多次调用 **resolve** 或 **reject**，系统也只会将 **Promise** 兑现或拒绝一次。

5.1.5　把回调方案改写成 Promise 方案

对基于回调的函数来说，如果我们能提前确定某些特征，那么就可以创建出这样一个函数，把刚说的那种基于回调的函数，转化成能够返回 **Promise** 对象的函数。这种转化称为 **promisification**。

比如，我们可以考虑一下，在 Node.js 平台里面，基于回调的函数通常具备哪些特征：

- 回调通常是该函数的最后一个参数。
- 如果有错误的话，那么错误信息总是当作第一个参数，传给回调。
- 如果有返回值，那么返回值会跟在错误信息后面，传给回调。

考虑到这些特征之后，我们很容易就能编写一个通用的函数，让它把基于回调的 Node.js 函数，转换成基于 **Promise** 的函数。下面就是这个通用函数的流程：

```
function promisify (callbackBasedApi) {
  return function promisified (...args) {
    return new Promise((resolve, reject) => {                   // (1)
      const newArgs = [
        ...args,
        function (err, result) {                                // (2)
          if (err) {
            return reject(err)
          }

          resolve(result)
        }
      ]
      callbackBasedApi(...newArgs)                              // (3)
    })
  }
}
```

刚才这个函数，会返回另外一个名叫 **promisified ()** 的函数，用来表示与调用方输入的 **callbackBasedApi** 函数等效的 **Promise** 版本。下面解释 **promisified ()** 的原理：

（1）这个函数通过 **Promise** 构造器创建新的 **Promise** 对象，并把该对象立刻返回给调用方。

（2）在传给 **Promise** 构造器的执行逻辑里面，我们创建一个特殊的 **newArgs** 结构，以便将该结构传给待转换的 **callbackBasedApi** 版本。由于我们已经知道 **callbackBasedApi** 总是在它的最后一个参数那里接收回调，因此我们只需要把用户传给原版参数的那些值照搬到 **newArgs** 里面，并在最后添上一个回调逻辑［即//（2）所标识的 function］就可以了，这样的话，**callbackBasedApi** 在接收 **newArgs** 所表示的这些参数时，自然会把这个逻辑当成最后一个参数来使用。在这段逻辑里面，我们先判断是否出错，如果出错，就立刻调用 **reject**，以拒绝这个 **Promise**，如果没有出错，那么就用调用 resolve 来兑现这个 **Promise**，并把 **result** 当作它的最终执行结果。

（3）最后，我们用创建好的这个 **newArgs** 结构做参数，来调用 **callbackBasedApi**。

现在，我们用刚刚创建的 **promisify ()** 函数，把 Node.js 平台里面一个基于回调的函数，转化成基于 **Promise** 的函数。这次我们用 **crypto** 模块里面的 **randomBytes ()** 函数做实验，这个函数会创建一个缓冲区，并在里面填入指定数量的随机字节。由于 **randomBytes()** 函数也是按照惯例，把最后一个参数当作回调逻辑来使用的，因此我们可以用 **promisify()** 函数转化它。下面就来看看具体如何转化：

```
import {randomBytes} from 'crypto'

const randomBytesP = promisify(randomBytes)
randomBytesP(32)
  .then(buffer => {
    console.log(`Random bytes: ${buffer.toString()}`)
})
```

这段代码会让控制台显示出一些乱七八糟的内容，这是因为随机产生的字节未必都是可打印的字符。

笔者在这里创建这样一个 **promisification** 函数只是为了讲明其中的道理，实际上，它还应该再具备几项能力，比如，它应该设法处理那种原函数想用一个以上的结果来触发回调的情况。因此，在实际工作中，如果要把 Node.js 平台里面某个基于回调的函数转化成基于 Promise 的函数，那么可以考虑交给 util 这个核心模块里面的 **promisify()** 函数来做。这个函数的文档，参见：**nodejsdp.link/promisify**。

5.1.6 顺序执行与迭代

我们现在已经学到足够了的知识，可以把上一章的网页爬虫程序从回调方案，迁移到 **Promise** 方案。笔者跳过第一个版本，直接从第二版开始演示，也就是那个能够按顺序下载某网页与其中各个链接的版本。

fs 这个核心模块，已经给相应的 API 提供了 Promise 版本，这些版本可以通过该模块的 **promises** 对象来访问。比如，我们可以在程序中写上这样一行：**import {promises} from 'fs'**。

在爬虫程序的 **spider.js** 模块里面，我们首先得把该模块所依赖的其他模块引进来，而且要把我们打算使用的相关函数从回调版本转化成 Promise 版本：

```
import { promises as fsPromises } from 'fs'                    //(1)
import { dirname } from 'path'
import superagent from 'superagent'
import mkdirp from 'mkdirp'
```

```
import { urlToFilename, getPageLinks } from './utils.js'
import { promisify } from 'util'

const mkdirpPromises = promisify(mkdirp)                                      // (2)
```

跟上一章的 **spider.js** 模块相比，这个模块主要有两项区别：

(1) 我们从 **fs** 模块里面引入 **promises** 对象，以便访问 Promise 版本的 **fs** 函数。

(2) 我们利用 **promisify ()** 函数，把 **mkdirp ()** 转换成 Promise 版本。

现在，我们开始修改 **download ()** 函数，让它采用 Promise 方案实现下载：

```
function download (url, filename) {
  console.log(`Downloading ${url}`)
  let content
  return superagent.get(url)                                                  // (1)
    .then((res) => {
      content = res.text                                                      // (2)
      return mkdirpPromises(dirname(filename))
    })
    .then(() => fsPromises.writeFile(filename, content))
    .then(() => {
      console.log(`Downloaded and saved: ${url}`)
      return content                                                          // (3)
    })
}
```

通过这段代码，大家立刻能够体会到 Promise 方案在实现按顺序的异步操作时是多么简洁而优雅。我们只需要把多个回调逻辑通过 **then ()** 方法串起来就好了，这种写法比回调方案更清晰、更直观。

跟上一章的 **download ()** 相比，这次的函数，会直接利用 **superagent** 包所提供的 Promise 来编写。具体来说，我们这次不在 **superagent.get ()** 所返回的对象上面［参见//(1)］调用 **end ()**，而是直接调用 **then ()**，并把//(2) 所标注的那段逻辑传进去，这样的话，**download ()** 就只会在 **get ()** 操作得以兑现（也就是顺利执行）的前提下，才去执行 **mkdirpPromises** 操作。

download () 函数最终的返回值是调用链里面最后的 **then ()** 方法所返回的 **Promise** 对象，也就是说，如果这一系列操作都顺利，那么最后那个 **Promise** 对象就会得以兑现，而且它的最终执行结果会是//(3) 那里所标注的那个 **content**，也就是下载下来的网页所具备的内容。其实这个内容早就在//(2) 那里初始化好了，但我们直到这里，才把它正式返回给调用方，这是因为，我们想保证，**download ()** 所返回给调用方的这个 **Promise** 对象，只会在这一系列操作（也就是 **get**、**mkdirpPromises** 与 **writeFile**）全都完成之后，才得到兑现。

刚才的 **download ()** 函数虽然实现了顺序执行，但它所执行的这套异步操作是提前就确定好的。接下来要改的 **spiderLinks ()** 函数跟它不同，该函数所要顺序执行的这套异步操作，没办法提前确定。下面我们就来看看这个函数怎么修改：

```
function spiderLinks (currentUrl, content, nesting) {
  let promise = Promise.resolve()                                    // (1)
  if (nesting === 0) {
    return promise
  }
  const links = getPageLinks(currentUrl, content)
  for (const link of links) {
    promise = promise.then(() => spider(link, nesting - 1))          // (2)
  }

  return promise
}
```

为了异步地迭代网页中的所有链接，我们必须根据实际发现的链接来动态地构建这个 Promise 链：

(1) 首先，定义一个“空白的”（**empty**）**Promise**，这个 **Promise** 的处理结果是 **undefined**。我们把该对象用作整个链条的起始点。

(2) 然后，我们在 **for** 循环里反复调用 **promise** 变量上面的 **then ()** 方法，并把该方法所返回的 **Promise** 对象，当成 **promise** 变量的新值，这样的话，历次出现的这些 **Promise** 对象就会串成链条。这实际上是 **Promise** 版本的异步迭代模式。

把整个 **for** 循环执行完之后，**promise** 变量的值，会是最后那次调用 **then ()** 方法时，所返回的那个 **Promise** 对象，因此，只有当链条中的所有 **Promise** 都得到处理之后，这个对象的结果才会确定下来。

模式（基于 Promise 机制的顺序迭代模式）。
通过循环结构，动态地构建 Promis 链，以便用其中的每个 **Promise** 对象，来表示相应的异步操作。

现在，我们终于可以把 **spider ()** 函数，也迁移到 Promise 方案上面了：

```
export function spider (url, nesting) {
  const filename = urlToFilename(url)
  return fsPromises.readFile(filename, 'utf8')
    .catch((err) => {
      if (err.code !== 'ENOENT') {
        throw err
      }

      //文件不存在,所以我们开始下载
      return download(url, filename)
    })
    .then(content => spiderLinks(url, content, nesting))
}
```

在这次的 **spider ()** 函数里面，我们用 **catch ()** 捕获 **readFile ()** 操作所抛出的错误。具体来说，我们只关注代号为'ENOENT'的错误，因为这种错误意味着文件不存在，于是我们必须先把 **url** 所表示的那张网页下载成文件才行。我们让这段逻辑返回由 **download (url, filename)** 所给出的那个 **Promise** 对象，意思就是说，如果那个 **Promise** 对象得以兑现（也就是 **download** 操作能够顺利完成），那么系统会把下载下来的这份文件所具备的内容，放在 **content** 里面，告诉下一段逻辑。反之，如果 **readFile ()** 操作没有出现错误，那么程序就会*跳过*我们传给 **catch ()** 的那段处理逻辑，而直接进入下一段逻辑，此时，它还是会通过 **content** 参数，得知网页的内容。所以无论是使用本地已有的文件，还是联网下载文件，后面那段逻辑都会那样执行。

转换完 **spider ()** 函数之后，我们最后来修改 **spider-cli.js** 模块：

```
spider(url, nesting)
  .then(() => console.log('Download complete'))
  .catch(err => console.error(err))
```

整个 **spider ()** 流程里面无论发生什么错误，都能让我们传给 **catch ()** 的这段处理逻辑，给拦截下来。

把已经写好的代码回顾一下，我们就会发现一个很好的地方，也就是说，这次的方案跟以前那种纯回调方案不同，我们现在根本不需要编写错误播报逻辑。这个优势相当大，因为这让我们不用再编写那么多例行代码，而且也不会错过程序在执行异步操作时所发生的错误。

现在我们就把第二版网页爬虫程序从回调方案迁移到了 Promise 方案上面。

还有一种写法，也能用 Promise 实现出顺序迭代模式，这就是通过 **reduce ()** 函数来化简这个 tasks 数组里面的各项任务，这种写法更简明：

```
const promise = tasks.reduce((prev, task) => {
  return prev.then(() => {
    return task()
  })
}, Promise.resolve())
```

5.1.7 平行执行

Promise 不仅可以简化顺序执行流程，而且还能够简化另外一种流程，也就是平行执行流程。我们其实只需要利用内置的 **Promise.all ()** 方法就能实现出这样的流程。这个辅助函数会创建出一个 **Promise** 对象，只有当传给 **Promise.all ()** 方法的所有 **Promise** 都兑现的时候，这个 **Promise** 对象才会得到兑现。如果那些 **Promise** 之间没有因果关系（也就是说，它们不在同一个 **Promise** 链上面，或者说，某个 **Promise** 的结果不需要根据另一个 **Promise** 来确定），那么它们之间就会平行地执行。

为了演示这种用法，我们考虑把第三版网页爬虫程序（就是那个能够平行下载多个链接的版本），也迁移到 **Promise** 方案上面。这里我们其实只需要迁移 **spiderLinks ()** 函数，让它改用 **Promise** 来实现平行的执行流程就可以了：

```
function spiderLinks (currentUrl, content, nesting) {
  if (nesting === 0) {
    return Promise.resolve()
  }

  const links = getPageLinks(currentUrl, content)
  const promises = links.map(link => spider(link, nesting - 1))

  return Promise.all(promises)
}
```

修改之后的函数会调用 **links.map ()** 方法以遍历 links 数组，并针对其中的链接，安排相应的 **spider ()** 任务。每项 **spider ()** 任务所返回的 **Promise**，会收集到 **links.map ()** 所返回的 **promises** 数组之中。这次的 **links.map ()** 迭代跟我们在实现顺序执行流程时所做的迭代有个很重要的区别，以前我们是先等待列表中的上一个 **spider ()** 任务完成，然后才开启新任务，这次则不是，这次我们是在事件循环的同一个周期里面，把所有的 **spider ()** 任务全都启动起来。

把所有的 **Promise** 都收集到 promises 数组之后，我们将这个数组传给 **Promise.all ()** 方法，这个方法所返回的 **Promise** 对象只会在那些 **Promise** 都兑现之后才得以兑现。换句话说，也就是它只会在针对那些页面的下载任务都完成之后才得以完成。而且只要那里面有任何一个 Promise 遭到拒绝，系统就会立刻把这个 **Promise** 对象的状态，也判定为 rejected（已拒绝），这正是第三版爬虫程序想要实现的效果。

5.1.8　限制任务数量的平行执行

目前看到的这几次迁移过程，都没有让我们失望。无论是顺序执行还是平行执行，迁移到 Promise 方案之后，代码质量都得到大幅改进。接下来，我们要谈任务数量受限的平行执行模式，这种模式的迁移过程其实也差不多，它只不过是把顺序执行与平行执行结合起来而已。

笔者在这一小节里面直接谈如何限制整个网页爬虫程序里面的并发任务数量，而不像原来讲解回调方案时那样，先谈怎样针对某一套任务来施加并发上限，然后再谈怎样限制全局的并发任务数量。也就是说，笔者这次要直接实现这么一个类，让该类的对象能够在同一个程序的各个函数之间传递，从而控制住程序里面的并发任务总量。如果你只想限制某一套任务而不是整个程序的平行执行上限，那么可以用更简单的写法来实现，那种写法遵循的还是本小节所要讲解的这些原则，只不过它要做的，是给 **Array.map ()** 写一个特殊的异步版本。具体如何写，就留给你做练习吧，笔者会在本章末尾给出与此有关的一些细节与提示。

如果你想直接在正式产品里面，使用支持 Promise 方案的 **map ()** 函数来施加并发上限，那么可以考虑 **p-map** 包。详情参见：**nodejsdp.link/p-map**。

5.1.8.1　用 Promise 实现 TaskQueue

为了限制爬虫程序同时执行的下载任务数量，我们可以复用上一章实现的 **TaskQueue** 类。首先要做的是修改这个类的 **next ()** 方法，这个方法负责尽可能多地触发任务，直至达到并发上限为止：

```
next () {
  while (this.running < this.concurrency && this.queue.length) {
    const task = this.queue.shift()
    task().finally(() => {
    this.running--
    this.next()
  })
```

```
      this.running++
    }
  }
```

next () 方法里面最关键的变化就在于它如何触发 **task ()**。这次的 **task ()** 应该会返回一个 **Promise** 对象，因此，我们只需要在该对象上面调用 **finally ()** 方法就可以了，无论这个 **Promise** 是得到兑现还是遭到拒绝，我们都在传给 **finally ()** 方法的逻辑里面，调整正在运行的任务数量，并继续调用 **next ()**，以求安排下一批任务。

然后，我们得实现一个新的方法，叫作 **runTask ()**，这个方法会返回一个新建的 **Promise** 对象，并在该对象的执行逻辑里面，把一个特殊的包装函数添加到队列之中，让那个函数在执行的时候触发 **task ()**。**task ()** 所返回的 **Promise**，无论最终是得到兑现还是遭到拒绝，这一结果都会转发给（也就是反映给）**runTask** 所新建的这个 **Promise** 对象。下面就来看这个方法的代码：

```
runTask (task) {
  return new Promise((resolve, reject) => {                    // (1)
    this.queue.push(() => {                                    // (2)
      return task().then(resolve, reject)                      // (4)
    })
    process.nextTick(this.next.bind(this))                     // (3)
  })
}
```

这个方法有这样几件事要做：

（1）通过构造器新建 **Promise** 对象。

（2）在这个 **Promise** 对象的执行逻辑里面，编写一种特殊的包装函数，并把这个函数添加到任务队列之中。如果程序里面的并发任务数量还没有达到上限，那么该函数会在程序稍后运行 **next ()** 的时候得到触发。

（3）调用 **next ()** 方法，让那个方法去触发一批新的任务。这里我们需要把这次调用操作，推迟到事件循环的下一个周期，这样才能保证 **runTask ()** 方法是以异步方式（而不是同步方式）来调用 **next ()** 的。假如不保证这一点，那就有可能出现第 3 章说的因为混用同步和异步而引发的问题（参见第 3.1.2.2 节）。

（4）我们安排到队列里面的那个包装函数，以后会有机会得到运行，那时，我们执行 **runTask** 函数通过 **task** 参数所接收的这项任务，无论该任务是得到兑现，还是遭到拒绝，我们都把执行结果转发给外围的 **Promise** 对象，也就是我们在 **runTask** 方法里面创建并返回的这个 **Promise** 对象。

现在我们已经把 **TaskQueue** 类迁移到 Promise 方案上面了，接下来就用这个改写之后的 **TaskQueue**，实现第四版网页爬虫程序。

5.1.8.2　更新网页爬虫程序的代码

现在可以来改编网页爬虫程序了，我们让它采用刚才修改过的 **TaskQueue** 类，实现并发数量受限的平行执行流程。

首先，要把 **spider ()** 函数拆分成两个部分，第一部分只负责初始化新的 **TaskQueue** 对象，第二部分负责实际执行网页抓取任务，我们把这样的任务，表示成 **spiderTask ()** 函数。然后，我们还得更新 **spiderLinks ()** 函数，让它触发刚才创建的 **spiderTask ()** 函数，并把自己通过 **queue** 参数所收到的 **TaskQueue** 实例转发过去。下面来看这些代码：

```
function spiderLinks (currentUrl, content, nesting, queue) {
  if (nesting === 0) {
    return Promise.resolve()
  }

  const links = getPageLinks(currentUrl, content)
  const promises = links
    .map(link => spiderTask(link, nesting - 1, queue))

  return Promise.all(promises)                                  // (2)
}

const spidering = new Set()
function spiderTask (url, nesting, queue) {
  if (spidering.has(url)) {
    return Promise.resolve()
  }
  spidering.add(url)

  const filename = urlToFilename(url)

  return queue
  .runTask(() => {                                              // (1)
    return fsPromises.readFile(filename, 'utf8')
      .catch((err) => {
        if (err.code !== 'ENOENT') {
          throw err
        }
```

```
      //文件不存在,所以我们开始下载
      return download(url, filename)
    })
  })
  .then(content => spiderLinks(url, content, nesting, queue))
}

export function spider (url, nesting, concurrency) {
  const queue = new TaskQueue(concurrency)
  return spiderTask(url, nesting, queue)
}
```

这段代码的关键点，就在于//(1) 所标注的那个地方，也就是说，我们通过 **queue.runTask ()** 方法，只给队列里面安排了这样一项任务，让它把本地文件之中已有的或通过网络下载下来的这份内容获取过来。安排完该任务之后，我们再考虑抓取这份内容之中所包含的链接。注意，笔者故意把抓取链接所用的 **spiderLinks ()** 操作，放在了这项任务的外面，这是因为 **spiderLinks ()** 还有可能触发更多的 **spiderLinks ()**，假如把该操作放到这项任务里面，那么万一想要执行的任务总数超过整个程序的并发上限，就会引发死锁。

另外要注意 **spiderLinks ()** 里面用//(2) 标出来的那个地方。大家看到，这次我们还是通过 **Promise.all ()** 来平行地运行网页下载任务，至于如何保证同时运行的任务数量不超过并发上限，则由 **queue** 队列负责。

给正式的产品编写代码时，你可以用 **p-limit** 包（参见：**nodejsdp.link/p-limit**）来限制某一组任务的并发上限。这个包在功能上跟我们这里实现的模式是一样，只不过抽象出来的 API 稍有区别。

JavaScript 的 Promise 机制到这里就介绍完了。接下来开始学习 async/await 这一组关键字，这两个关键字让我们能够用全新的方式处理异步代码。

5.2 async/await

我们刚才看到，Promise 方案比纯粹靠回调来实现的方案先进多了，它可以写出清晰易读的异步代码，并且能够直接提供相关的保障措施，让我们不用再像使用纯回调来开发异步程序时那样，手工编写那么多的样板代码。虽然 Promise 方案很好，但对于顺序执行的异步代码来说，还有改进空间。尽管 Promise 链确实比多层嵌套的回调代码强很多，但开发者还是得针对每项任务创建相应的函数，并将其传给相应的 **then ()** 方法。由于顺序执行是日常编程中最为普遍的流程，因此，Promise 链依然显得有点烦琐。我们需要一套更为简单的机制，来处理这种随时都需要用到的顺序执行流程，JavaScript 对此给出了答案，这就是定义在 ECMAScript 标准之中的**async function**（async 函数）与**await expression**（await 表达式），这两者合起来简称**async/await** 。

async/await 这组关键字可以函数出现这样一种效果，使人觉得这个函数总是会在每项异步操作那里阻塞住（即“卡住”），直到这项操作有了结果，然后才继续执行位于此操作之后的语句。我们一会儿就会看到，用 async/await 写出来的异步代码并不会比同步版本的代码复杂太多。

目前，async/await 已经成了 Node.js 平台与 JavaScript 语言处理异步代码的推荐做法，然而，对于我们目前看到的这几种异步控制流模式来说，async/await 并没有把早前实现这些模式时所用到的 Promise 完全抛开，相反，我们后面就会看到，async/await 其实还相当依赖 Promise。

5.2.1　async 函数与 await 表达式

async 函数是一种特殊的函数，可以通过 **await** 表达式在某个 Promise 上面“暂停”，直至这个 Promise 得到解决为止。第 5.1.4 节实现过一个叫作 **delay ()** 的函数，现在我们通过一个简单的例子，来演示怎样把这个函数放到 async/await 机制里面使用。**delay ()** 函数返回的 **Promise** 会在经过指定的毫秒数之后，解析成当前的日期与时间。下面我们就用 async 与 await 编写这个范例函数，让它使用早前写好的 **delay ()** 函数来运作：

```
async function playingWithDelays () {
  console.log('Delaying...', new Date())

  const dateAfterOneSecond = await delay(1000)
  console.log(dateAfterOneSecond)

  const dateAfterThreeSeconds = await delay(3000)
  console.log(dateAfterThreeSeconds)

  return 'done'
}
```

从这个函数的代码可以看出，async/await 机制好像很奇妙，因为代码里似乎没有异步操作的痕迹。其实不是这样的，这个函数还是会以异步的方式执行［我们声明函数的时候，专门在 function 关键字前面加了 async（异步）这个词，这不是没有原因的］。系统每次遇到**await**表达式的时候，都会让函数暂停执行，并保存目前的状态，然后把控制权交给事件循环。等到*await 所针对的*`Promise` 得到解决之后，系统会把控制权还给 async 函数，并告诉它这个 `Promise` 的最终执行结果。

任何一种类型的值都可以写在 **await** 关键字的右侧，未必非得是 **Promise** 才行。如果你写的是其他类型的值，那就相当于先把这个值传给 **Promise.resolve ()** 方法，以构建出一个 **Promise** 对象，然后让 **await** 针对这个对象去等候处理结果。

下面我们看看如何调用刚才写的这个 async 函数：

```
playingWithDelays()
  .then(result => {
    console.log(`After 4 seconds: ${result}`)
  })
```

从这种写法可以看出，async 函数调用起来跟其他函数一样。但是细心的人可能会发现，这种函数还有个相当重要的特点，就是它总会返回一个 **Promise** 对象。这种函数就好比先把自己要返回的那个值，传给 **Promise.resolve ()** 方法，然后将该方法所返回的 **Promise** 对象，返回给调用方。

调用 async 方法，跟调用其他异步操作一样，都会即刻得到结果。也就是说，async 方法会同步地返回 **Promise** 对象，而这个 **Promise** 对象，要么会有最终的执行结果，要么就是在执行过程中发生错误，不论是哪种情况，它总能进入 settled（已决定）状态。

从初次接触 async/await 的这个例子里面，我们看到，Promise 还是占有很大份量的，实际上，async/await 机制可以说是一种为了简化 Promise 的使用流程而设计的语法糖（也就是便捷语法）。大家后面就会看到，以 async/await 方案所实现的各种异步控制流模式，在执行大多数核心操作的时候，都需要使用 Promise 及相关的 API。

5.2.2 用 async/await 处理错误

async/await 不仅能让正常执行的异步代码变得好懂，而且还可以帮我们更加方便地处理错误。实际上，async/await 机制的一项主要优势，正体现在它统一了同步错误与异步错误的处理方式，让 **try…catch** 结构既能处理同步操作通过 *throw* 所抛出的错误，又能顾及 **Promise** 对象在执行异步操作时因为出错而遭到拒绝的情况。我们接下来就要举例说明。

5.2.2.1 用同一套 try…catch 结构处理同步与异步错误

下面定义一个函数，让它返回一个 **Promise** 对象，这个对象会在经过指定的毫秒数之后发生错误，并进入 rejected（已拒绝）状态。这样的函数，其实跟我们已经熟悉的那个 **delay()** 函数很像，只不过那个函数会让 **Promise** 进入 fulfilled（已兑现）状态：

```
function delayError (milliseconds) {
  return new Promise((resolve, reject) => {
    setTimeout(() => {
      reject(new Error(`Error after ${milliseconds}ms`))
    }, milliseconds)
  })
}
```

接下来，我们实现一个 async 函数，让它既有可能遇到同步代码抛出错误的情况，又有可能遇到 **await** 所等候的 **Promise** 对象遭到拒绝的情况。运行这个函数，我们就会看到，无论是同步操作抛出（throw）了错误，还是 **Promise** 在执行异步操作时因为出错而遭到拒绝 catch 块都能把错误捕获下来：

```
async function playingWithErrors (throwSyncError) {
  try {
    if (throwSyncError) {
      throw new Error('This is a synchronous error')
      }
      await delayError(1000)
  } catch (err) {
    console.error(`We have an error: ${err.message}`)
  } finally {
    console.log('Done')
  }
}
```

下面我们就像这样来调用这个函数看看：

```
playingWithErrors(true)
```

这会让控制台里面出现下列文字：

```
We have an error: This is a synchronous error
Done
```

如果调用的时候传入的参数是 false：

```
playingWithErrors(false)
```

那么控制台打印出来的就是：

```
We have an error: Error after 1000ms
Done
```

第4章讲了怎样在纯回调的方案里面处理错误，如果你还记得那些内容的话，那么只要把那套方式跟现在这套一比，就肯定能感觉到，后者由于利用了 Promise 及 async/await 机制，因此比前者大为进步。其实错误处理代码，本来就该写成现在这个样子才对，也就是要能够用简单、易懂的写法，把同步操作与异步操作所引发的错误，全都给处理好。

5.2.2.2 是该用 return 还是该用 return await?

用 async/await 方案处理错误的时候，有一种常见的反模式（antipattern，也就是不正确的、不值得提倡的写法），是把有可能因为出现错误而遭到拒绝的 **Promise** 对象，直接用 return 关键字返回给调用方，同时又把这条 return 语句包裹在 **try…catch** 结构的 try 块之中，以求 catch 块能够将该错误捕获下来。

比如，我们考虑下面这段代码：

```
async function errorNotCaught () {
  try {
    return delayError(1000)
  } catch (err) {
    console.error('Error caught by the async function: ' +
      err.message)
  }
}

errorNotCaught()
  .catch(err => console.error('Error caught by the caller: ' +
    err.message))
```

这种写法，其实并没有对 **delayError()** 所返回的 **Promise** 对象做 await，而是把这个对象返回给了调用 **errorNotCaught()** 函数的人，于是，这意味着函数内部的 **catch** 块起不到作用。所以，刚才那段代码输出的是：

```
Error caught by the caller: Error after 1000ms
```

如果我们想实现的效果是在 **Promise** 对象得以兑现的情况下，把执行结果返回给调用函数的人，而在该对象遭到拒绝的情况下，将错误在函数内部捕获下来，那么用 return 关键字所返回的，就不应该是 **Promise** 对象本身，而应该是针对这个对象的 **await** 表达式。因此，下面这种写法才是正确的：

```
async function errorCaught () {
  try {
    return await delayError(1000)
  } catch (err) {
    console.error('Error caught by the async function: ' +
      err.message) }
  }

errorCaught()
  .catch(err => console.error('Error caught by the caller: ' +
    err.message))
```

我们所做的，只不过是在 **return** 关键字后面加了个 **await**。这样一改之后，async 函数就不会直接把 **Promise** 对象返回个调用方了，而是会在函数内部先把该对象给“处理掉”，如果处理成功（也就是得以兑现），那就把最终结果返回给调用方，如果在处理过程中发生错误（也就是遭到拒绝），那么这个错误就会让函数内部的 **catch** 块捕获到。我们运行上面这段代码，就会看到效果确实如此：

```
Error caught by the async function: Error after 1000ms
```

5.2.3　顺序执行与迭代

我们首先从顺序执行与迭代开始，来讲解如何用 async/await 实现各种控制流模式。笔者刚才好几次说到，async/await 机制最重要的优势，体现在能够通过简单而直观的代码，来按顺序执行一系列异步任务。目前所写的这些范例，已经充分体现了这一优势，然而我们如果拿第二版的网页爬虫程序再举一个例子，那么这种优势还会更加明显。async/await 机制用起来相当简单易懂，所以实际上根本用不着提前抽象出一套模式，我们直接来看修改后的代码就好了。

首先从爬虫程序的 **download ()** 函数开始修改。这是用 async/await 实现出来的版本：

```
async function download (url, filename) {
  console.log(`Downloading ${url}`)
  const { text: content } = await superagent.get(url)
```

```
  await mkdirpPromises(dirname(filename))
  await fsPromises.writeFile(filename, content)
  console.log(`Downloaded and saved: ${url}`)
  return content
}
```

我们先停下来看看，这个版本的 **download ()** 函数是多么简洁。以前我们用纯回调方案实现的时候，要把这项功能分成两个函数来写，而且总共需要 19 行代码，现在，只需要 7 行就够了。而且这次的代码是单层的，根本没有嵌套结构。从这个例子我们就能观察出，async/await 确实对代码的写法有很大影响。

现在，我们看看怎样用 async/await 来异步地迭代数组。这次用 **spiderLinks ()** 函数举例：

```
async function spiderLinks (currentUrl, content, nesting) {
  if (nesting === 0) {
    return
  }
  const links = getPageLinks(currentUrl, content)
  for (const link of links) {
    await spider(link, nesting - 1)
  }
}
```

其实就连这个函数，也没有什么模式可言，我们只是在迭代 links 列表，并把其中每个元素分别交给 **spider ()** 函数去处理，然后对这个函数所返回的 **Promise** 做 await。

接下来这段代码，演示如何用 async/await 来实现 **spider ()** 函数。这里要注意的地方是，我们这次只需要用一个简单的 **try…catch** 结构，就能处理读取文件时所发生的错误，这会让代码很容易就能看懂：

```
export async function spider (url, nesting) {
  const filename = urlToFilename(url)
  let content
  try {
    content = await fsPromises.readFile(filename, 'utf8')
  } catch (err) {
    if (err.code !== 'ENOENT') {
      throw err
    }
```

```
    content = await download(url, filename)
  }
  return spiderLinks(url, content, nesting)
}
```

修改完 **spider ()** 函数之后，我们就把整个网页爬虫程序迁移到了 async/await 方案上面。大家都看到了，迁移过程十分流畅，而且得到的结果也令人满意。

反模式：直接把 async 函数交给 Array. forEach 并期望由此实现顺序执行

这里有必要指出一种错误的写法，也就是说，有些开发者想用 **Array. forEach ()** 或 **Array. map ()**来迭代一系列异步的任务以实现顺序执行。他们会传入一个 async 函数，让这个函数针对数组的每项任务做 await。这种写法是错误的，无法达到顺序执行的效果。

下面解释原因。假如我们刚才迁移 **spiderLinks ()** 函数的时候，是用这样的写法来做异步迭代的，那么实现出来的效果就是错误的：

```
links.forEach(async function iteration(link) {
  await spider(link, nesting - 1)
})
```

这种写法会让程序针对 **links** 数组中的每个元素来调用 **iteration** 函数，每次调用的时候，**iteration** 都会把当前的元素，也就是 **link**，传给 **spider** 函数，并对 **spider** 所返回的 **Promise** 做 **await**。但问题在于，我们并没有对 **iteration** 函数本身所返回的 **Promise** 做 **await**，而是将这个 **Promise** 忽略掉了，这就相当于直接把 **iteration** 这个异步函数触发了出去，于是，针对每个元素所做的 **iteration** 操作，都会在事件循环的同一个回合里面触发，这意味着这些操作是平行执行的，而且，程序根本就不会等待任何一项操作完成，它直接就开始执行 **forEach ()** 结构之后的语句了。

5.2.4　平行执行

在 async/await 方案里面平行地运行一系列任务，主要有两种方式，一种是纯粹采用 **await** 表达式实现，另一种是依赖 **Promise. all ()** 方法。这两种办法实现起来都很简单，但是后面一种比较好，所以更值得推荐。

现在我们分别举例说明这两种方式。还是考虑网页爬虫程序的 **spiderLinks ()** 函数。如果只使用 **await** 表达式来实现任务数量不限的平行执行流程，那么代码就是这个样子的：

```
async function spiderLinks (currentUrl, content, nesting) {
  if (nesting === 0) {
    return
```

```
  }
  const links = getPageLinks(currentUrl, content)
  const promises = links.map(link => spider(link, nesting - 1))
  for (const promise of promises) {
    await promise
  }
}
```

这样写成的代码很简单。我们只是利用 **map()** 把所有的 **spider()** 任务全都平行地启动起来，并将相应的 **Promise** 对象收集到 promises 数组里面，然后通过 for 循环，等候其中的每个 **Promise** 对象处理完毕。

这种写法看上去相当干净，而且好像可以实现出我们想要的效果，但其中有一个地方不够好。这指的就是，由于我们是采用 for 循环逐个等待这些 **Promise** 的，因此即便 promises 数组里面有某个 **Promise** 会遭到拒绝，我们也必须先等候它前面的那些 **Promise** 全都有了结果才行，只有到了这个时候，才能使 **spiderLinks** 本身所返回的这个 **Promise** 对象，也进入 rejected（已拒绝）状态。这种效果在大多数场合都是不够理想的，因为我们要的效果其实是，只要其中任何一项 spider 操作失败，整个 **spiderLinks** 操作就应该尽快失败。所幸 JavaScript 本身就内置了这样的一个函数，正好可以实现这种效果，这就是 **Promise.all()** 函数。只要传给它的那些 **Promise** 对象里面有任何一个遭到拒绝，该函数所返回的这个总的 Promise 就会进入 rejected（已拒绝）状态。于是，我们在采用 async/await 方案实现平行执行的效果时，只需要借助这样一个方法就够了。由于 **Promise.all()** 本身也返回一个 **Promise**，因此我们只需要等候这个 **Promise** 完成就好，此时我们可以把那些异步操作的执行结果都收集起来，例如像下面这样，收集到 results 之中：

```
const results = await Promise.all(promises)
```

所以，在用 async/await 方案实现平行执行的 **spiderLinks()** 函数时，我们推荐的写法其实跟早前的 Promise 方案差不多。从字面上看，唯一的区别就是这次我们把 **spiderLinks()** 定义成了 async 函数，这个函数总返回一个 **Promise** 对象：

```
async function spiderLinks (currentUrl, content, nesting) {
  if (nesting === 0) {
    return
  }

  const links = getPageLinks(currentUrl, content)
  const promises = links.map(link => spider(link, nesting - 1))
```

```
  return Promise.all(promises)
}
```

在用 async/await 机制实现平行执行的过程中，我们发现，这套机制确实跟 **Promise** 分不开。**Promise** 方案里面的技巧，基本上都能够顺利地用在 async/await 方案之中，因此，向后者迁移的时候，我们可以大胆地在 async 函数之中使用这些技巧。

5.2.5 限制任务数量的平行执行

前面讲解 Promise 方案时，我们在第 5.1.8 节里面创建过一个 **TaskQueue** 类，现在只需要复用该类，就能够以 async/await 方案实现出任务数量受限的平行执行模式。你可以直接把它搬过来用，也可以先把内部的代码迁移到 async/await 上面，然后再使用。将 **TaskQueue** 类迁移到 async/await 方案上面，是相当简单的，所以就留给大家做练习好了。无论如何，**TaskQueue** 的外部接口都一样，而且它的 **runTask ()** 方法返回的都是一个 **Promise** 对象，该对象会在队列中的相关任务运行完毕时得到处理。

意识到这一点之后，我们就知道，把第四版网页爬虫程序[译注11]迁移到 async/await 方案是相当容易的，因此笔者就不在这里演示了，因为就算演示，也没有什么新内容可讲。这里想要演示的是另外一种 **TaskQueue** 类，这个类会把 async/await 方案与**producer - consumer**（生产者 - 消费者/生产 - 消费）模式结合起来。

这种模式，会这样来描述我们想要解决的问题：

• 在队列的一端，有一系列数量未知的 *producer*（生产者）给队列中添加任务。

• 在队列的另一端，有一系列数量已知的 *consumer*（消费者）负责每次从队列中提取一项任务，并加以执行。

图 5.2 应该能够帮助我们理解这个模式。

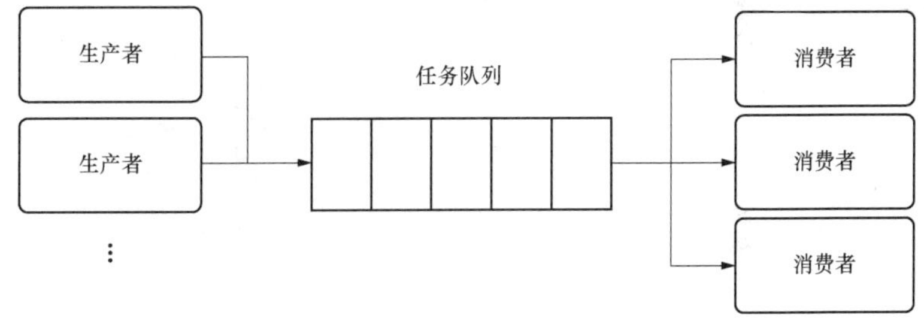

图 5.2　用生产 - 消费模式实现任务数量受限的平行执行

译注11　也就是限制同时下载的网页数量的那个版本。

消费者的数量决定了最多有几项任务能够并发地执行。这个模式的难点在于：队列中没有任务可做时，如何让消费者暂时“睡眠”，并在队列中有新任务可做时“醒来”。好在Node.js用的是单线程模型，因此，要想让消费者“睡眠”，只需要把控制权还给事件循环就可以了，若要让消费者“继续”处理任务，则可以触发相关的回调。

知道了这些，我们就可以开始谈代码了。首先新建**TaskQueuePC**类，这个类公布给外界的接口跟本章早前实现的那个**TaskQueue**类一样。下面按照从上到下的顺序来实现，首先是构造器：

```
export class TaskQueuePC {
  constructor (concurrency) {
    this.taskQueue = []
    this.consumerQueue = []

    //安排消费者开始消耗队列中的任务
    for (let i = 0; i < concurrency; i++) {
      this.consumer()
    }
  }

  // ...
```

首先我们要注意，构造器创建了两个队列，一个叫作**taskQueue**，用来存放任务，另一个叫作**consumerQueue**，用来存放暂时睡眠的消费者。稍后我们就会清楚地看到这两个队列的用法，现在先回到构造器。在构造器的第二部分代码里面，我们安排消费者开始消耗队列中的任务，这些消费者的总数与**concurrency**参数所表示的并发上限相同。下面看看表示消费者的**consumer()**方法是怎么写的：

```
async consumer () {
  while (true) {                                    // (1)
    try {
      const task = await this.getNextTask()         // (2)
      await task()                                  // (3)
    } catch (err) {
      console.error(err)                            // (4)
    }
  }
}
```

我们用// （1）标注的 **while** 循环来实现消费者的逻辑。每次迭代，都通过// （2）所标注的 **getNewTask ()** 函数，从队列中获取新任务。稍后我们就会看到，如果队列是空的，也就是说，目前并没有新任务可以获取，那么当前的这套消费者逻辑就会进入睡眠状态。等到有新的任务可以执行了，消费者再通过// （3）所标注的这个写法来执行该任务。执行上述操作的过程中，即便有错，消费者逻辑也不会停止，这套逻辑只是通过// （4）所标注的语句，把错误记录下来，并进入下一次迭代。

从代码的形式上看，**TaskQueuePC** 里面的每一套消费者逻辑，好像都跟一条线程差不多。用来表示消费者逻辑的这个 **consumer ()** 函数里面，有一个无限的循环，它可以进入“暂停”（也就是暂时睡眠）的状态，直到有另外一套消费者逻辑（也就是所谓另外一条“线程”）唤醒它。但是大家别忘了，实现消费者逻辑所用的这个 **consumer ()** 函数是个 async 函数，而不是普通函数，因此，这实际上只不过是用一种简洁的写法，来描述相关的消费逻辑而已，这种写法是建立在 **Promise** 与回调机制之上的。所以尽管这个 **while** 循环看上去好像会一直消耗 CPU 资源，但实际上，系统在底层是以一种类似于异步递归（asynchronous recursion）的方式执行它的，而不是像传统的 while 循环那样执行。

看了接下来的几段代码，大家就应该能渐渐明白 **TaskQueuePC** 是怎么运作的了。首先是 **getNextTask ()** 的实现代码：

```
async getNextTask () {
  return new Promise((resolve) => {
    if (this.taskQueue.length !== 0) {
      return resolve(this.taskQueue.shift())                    // (1)
    }

    this.consumerQueue.push(resolve)                            // (2)
  })
}
```

getNextTask () 方法返回一个新的 **Promise** 对象，如果存放任务的队列不是空的，那么该对象就会解析成队列中的头一项任务。正如// （1）所标注的那样，它会将这项任务从 **taskQueue** 里面移除，并把它当成参数，调用 **resolve**，从而以该参数的值，来兑现当前的这个 **Promise** 对象。如果存放任务的队列是空的，那就把解决时机往后推迟，推迟的办法是将兑现该 **Promise** 所需的那个 **resolve**，推送到另外一个队列，也就是 **consumerQueue** 队列里面，这个队列用来表示暂时还没有拿到任务的那些消费者逻辑。这样的话，当前的这个

Promise 对象，以及等待该对象处理结果的那套消费者逻辑[译注12]，就会进入睡眠状态。

然后，我们编写“粘合”代码（也叫作胶水代码、胶合代码），让 **TaskQueuePC** 类中的消费者逻辑与生产者逻辑能够对接，这段代码可以理解成该类在生产者（*producer*）这一侧所采用的算法。此算法是以 **runTask ()** 方法的形式实现的：

```
runTask (task) {
  return new Promise((resolve, reject) => {
    const taskWrapper = () => {                         // (1)
      const taskPromise = task()

      taskPromise.then(resolve, reject)
      return taskPromise
    }

    if (this.consumerQueue.length !== 0) {              // (2)
      const consumer = this.consumerQueue.shift()
      consumer(taskWrapper)
    } else {                                            //(3)
      this.taskQueue.push(taskWrapper)
    }
  })
}
```

runTask () 方法在编写 **Promise** 的执行逻辑时，首先创建 **taskWrapper** 函数，也就是//（1）所标的这个函数，如果该函数得以执行，那么会运行 **task** 参数所表示的这项任务，并把运行结果转发给外围的 **Promise** 对象，也就是 **runTask ()** 方法所要返回的这个 **Promise** 对象。接下来，通过//（2）标注的这个 **if** 语句，判断 **consumerQueue** 里面有没有正在睡眠的消费者逻辑，如果队列长度不是 0，那说明至少有一套消费者逻辑正在等候新的任务。我们把队列中的头一个消费者取出来［注意，这个队列里面的消费者，实际上是用相应的消费者逻辑在即将睡眠时，给消费者队列里面推送的那个 **resolve** 来表示的，参见 **getNextTask ()** 里面用//（2）标注的那个地方］。取出来之后，立刻以 **taskWrapper** 为参数，触发 **resolve**，使得相应的 **Promise** 能够兑现，这也就意味着 **taskWrapper** 所包裹的这项 **task** 任务能够得到执行。如果队列里面没有正在睡眠的消费者，也就是说，队列的长度是 0，那么意味着所有的消费者逻辑都处于忙碌状态，于是，我们就在//（3）所标注的这个 **else** 块里，把 **taskWrapper** 推送到存放任务的 **taskQueue** 队列里面，等待以后有消费者能够处理该任务。

译注12　也就是调用这个 async getNextTask() 函数的那个 consumer() 逻辑。

到这里，我们就把 **TaskQueuePC** 类实现好了。这个类公布的接口跟第 5.1.8.1 节所实现的 **TaskQueue** 完全一样，因此，把第 4 版网页爬虫程序迁移到新算法上面，是相当容易的。

而且，我们对整个 async/await 方案的介绍到这里也就同时结束了。但是，在总结本章的内容之前，我们还得谈一个与 **Promise** 有关的微妙现象。

5.3　无限递归的 Promise 解析链所引发的问题

学到这里，大家应该对 **Promise** 的运作原理相当了解了，而且知道如何用它们实现那几种经常见到的控制流程。于是，我们现在正好可以谈一个比较深的问题，这个问题是每一位专业的 Node.js 开发者都应该知道的。这指的就是由无限递归的 Promise 解析链所引发的内存泄漏。这个 bug 跟 Promises/A+规范有关，凡是按照这份规范实现出来的 Promise 方案，都必须面对它。

某些编程任务，并没有事先定出结束时机，还有一些编程任务，所接收的输入数据可能是源源不断的，例如给在线的音频/视频流做编码/解码操作，处理加密货币的实时交易数据，以及监控物联网设备的传感器等。然而，我们就算没有遇到这种需求，也依然有可能需要执行这样的任务，比如，如果程序要采用函数式编程（functional programming）的风格来写，那么我们所要执行的任务，就同样具备刚才说的特征。

下面举一个简单的例子。我们考虑这样一段代码，它通过 Promise 机制无限地安排相关的操作：

```
function leakingLoop () {
  return delay(1)
    .then(() => {
      console.log(`Tick ${Date.now()}`)
      return leakingLoop()
    })
}
```

我们刚才定义的这个 **leakingLoop ()** 函数，采用本章开头所写的 **delay ()** 函数来模拟异步操作的效果。也就是说，它会在经过指定的毫秒之后，把当前的时间戳打印到控制台上面，然后继续调用自身以安排另一次操作，而那次操作也会像刚说的那样执行，并继续安排下一次操作。问题在于，最开始的这次 **leakingLoop ()** 所返回的这个 **Promise** 对象，必须等到后面安排的那项 **leakingLoop ()** 任务有了结果，然后才能够得到解析（或者说得到解决、得到处理），而那项 **leakingLoop ()** 任务，又必须等到它后面所安排的另外一项 **leaking-**

Loop () 任务有了结果，然后才会得到解析，依此类推……于是，这就形成了一条永远无法解析的 Promise 链。遵循 Promises/A＋规范实现出来的 Promise 方案，都会碰到这样的内存泄漏问题，这也包括 JavaScript 的 ES6 Promise 方案。

为了演示这样的内存泄漏情况，我们可以把 **leakingLoop ()** 触发许多遍，以求尽快暴露这个问题：

```
for (let i = 0; i < 1e6; i++) {
  leakingLoop()
}
```

然后，可以拿自己惯用的进程查看工具观察内存使用情况，你会看到内存用量一直往上升，而且过不了几分钟，程序就会彻底崩溃。

要想解决这个问题，我们需要打破这种无限的 Promise 解析链。比如，我们可以让 **leakingLoop ()** 所返回的这个 **Promise** 对象，不要再像刚才那样，依赖下一次调用 **leakingLoop ()** 所返回的 **Promise**，来决定自己的状态。

要想做到这一点，只需要删去 return 关键字就好了：

```
function nonLeakingLoop () {
  delay(1)
    .then(() => {
      console.log(`Tick ${Date.now()}`)
      nonLeakingLoop()
    })
}
```

如果让范例程序执行现在的这个函数，那么内存用量会在上升一段时间之后下降，然后再上升、再下降，而不会像刚才那样一直上升，因为系统会多次安排垃圾收集器去回收用不到的内存，从而令内存用量降低，于是，就不会再有内存泄漏问题了。

然而，我们刚才提出的这个办法，在行为上跟原来的 **leakingLoop ()** 函数有很大区别，具体来说，就是这个函数并不会把深层递归过程中所发生的错误播报出来，因为这些 **Promise** 的状态之间是没有联系的，前一个 **Promise** 不会因为后面的 **Promise** 发生错误而进入 rejected（已拒绝）状态。要想缓解这个问题，我们可以给函数里面添加一些代码，把相关的错误记录下来。但有的时候，我们并不能采用这个变通的手段，因为我们所遇到的需求，可能就是要确保递归过程中所发生的错误，能够反映到浅层的 **Promise** 上面。面对这样的需求，我们可以像下面这样，通过构造器来创建 **Promise**，并在编写执行逻辑的那个地方，定义并调用一个函数，以实现递归逻辑：

```
function nonLeakingLoopWithErrors () {
  return new Promise((resolve, reject) => {
    (function internalLoop () {
      delay(1)
        .then(() => {
          console.log(`Tick ${Date.now()}`)
          internalLoop()
        })
        .catch(err => {
          reject(err)
        })
    })()
  })
}
```

这样的写法，仍然没有在各层递归所创建的 **Promise** 之间建立联系，但它可以保证，无论哪一层的异步操作发生错误，**nonLeakingLoopWithErrors ()** 函数所返回的 **Promise** 对象，会遭到拒绝，不管那个异步操作有多深，都能保证这一点。

除了刚才说的两个办法，还有一种办法，是利用 async/await 方案实现。这种办法可以通过一套简单的无限 **while** 循环，*模拟出*递归的 Promise 链，比如，我们可以这样写：

```
async function nonLeakingLoopAsync () {
  while (true) {
    await delay(1)
    console.log(`Tick ${Date.now()}`)
  }
}
```

这个函数跟最初的 **leakingLoop ()** 函数一样，也能实现出递归的效果，而且它可以保证，异步任务［也就是这里的 **delay ()** 任务］所抛出的错误，总能播报给最初调用函数的人。

另外要注意，假如我们刚才没有通过 while 循环来实现，而是让这个函数再度触发自身，并把触发的结果通过 return 关键字返回，那么又会陷入内存泄漏问题之中，比如，如果我们写的是：

```
async function leakingLoopAsync () {
  await delay(1)
  console.log(`Tick ${Date.now()}`)
```

```
  return leakingLoopAsync()
}
```

这样写出来的代码，创建出来的又是一条无限的 Promise 链，由于这条 Promise 链永远解析不完，因此还是会像最初的 Promise 方案那样，导致内存泄漏。

如果想更详细地了解本节所说的内存泄漏问题，那么可以参考 Node.js 项目里的这个 issue（报错帖）：nodejsdp.link/node-6673，另外，Github 网站上面还有一个与之有关的 issue，也就是 Promises/A+项目里面的这个帖子：nodejsdp.link/promisesaplus-memleak。

下次在构造无限的 Promise 链时，一定要仔细检查，看看会不会产生这一节所说的内存泄漏问题。如果确实有这样的问题，那就在刚说的那几种解决办法里面，选出最符合自己当前需求的一种。

5.4 小结

这一章我们学习了怎样用 Promise 与 async/await 语法，来编写更加简洁、清晰且易懂的异步代码。

大家都看到了，Promise 与 async/await 可以极大地简化顺序执行流程，这种流程是最为常用的控制流程。对于该流程来说，通过 async/await 所编写的异步操作代码，写起来跟普通的同步代码一样简单。另外，如果不想按先后顺序执行，而是想平行地执行某些异步操作，那么也很容易，因为我们可以借助 **Promise.all()** 这个工具函数。

Promise 与 async/await 的好处不止这些，比如，我们在第 3 章里面说到了在纯回调方案中混用同步与异步所带来的危害（参见第 3.1.2.2 节），而 Promise 与 async/await 方案则可以相当轻松地避开这个问题。此外，用 Promise 与 async/await 处理错误，也比纯回调方案直观得多，而且不容易出现失误（例如在使用纯回调方案时，我们可能会忘记转发错误信息，这有可能导致严重的 bug）。

在模式与技巧方面，我们尤其应该记住怎样构建 Promise 链（以便按照顺序来运行一系列任务），怎样把基于回调的方案改写成基于 Promise 的方案（也就是 promisification），以及怎样实现 Producer-Consumer（生产者-消费者）模式。另外，在结合使用 **Array.forEach()** 与 async/await 的时候，要注意审视自己的写法到底正确不正确，而且要注意区分普通的 return 语句与 return await 形式的语句在 async 函数里的区别。

当然了，回调机制本身，仍然广泛地运用于 Node.js 平台及 JavaScript 环境之中，比如某些遗留项目或老旧项目所提供的 API、某些需要与原生库相交互的代码，或是特定的例程之中某些需要稍微加以优化的地方等。所以，Node.js 开发者还是不能把普通的回调完全抛开，然而对于日常工作中的绝大多数编程任务来说，Promise 与 async/await 方案要比回调先进得多，它们可以说是 Node.js 平台处理异步代码的事实标准，因此，笔者在本书接下来的部分里面，也会优先考虑采用 Promise 与 async/await 来讲解。

下一章将要介绍与执行异步代码有关的另一个重要话题，它同时也是整个 Node.js 生态系统里面的另一种基本构成单元，这就是 stream（流）。

5.5 习题

- 5.1 **剖析 Promise.all()**：单独使用或结合使用 Promise 与 async/await 方案，来自己实现 `Promise.all()` 函数。你实现的函数在功能上应该与原版函数等效。
- 5.2 **把 TaskQueue 从 Promise 方案迁移到 async/await 方案**：改写 `TaskQueue` 类的内部代码，尽量让这些代码从 Promise 迁移到 async/await 上面。提示：并非所有地方都能改用 async/await 来做。
- 5.3 **用 Promise 方案实现生产 - 消费模式**：修改 `TaskQueuePC` 类里面的方法，让它们完全不借助 async/await 语法，而是只使用 Promise 来实现。提示：无限循环必须改成异步递归。另外注意，不要写出无限递归的 Promise 解析链，那样会导致内存泄漏。
- 5.4 **实现异步版的 map() 函数**：为 `Array.map()` 实现一个具有并发能力的异步版本，这个版本必须支持 Promise，而且允许调用方设置并发上限。你在编写这个函数时，不要直接利用本章展示的 `TaskQueue` 或 `TaskQueuePC` 类，但你可以参考这两个类所使用的底层模式。这样的一个函数，可以定义成 `mapAsync(iterable, callback, concurrency)`，其中的三个参数分别是：
    - `iterable`，这表示一种可以迭代的结构，比如数组，有待映射的各项数据，就保存在这样的结构里面。
    - `callback`，这表示一个回调，`mapAsync()` 会像原版的 `Array.map()` 那样，把 `iterable` 里面的每条数据，都分别输入给这个回调。这个回调本身，既可以返回一个 `Promise`，也可以返回一个普通的值。
    - `concurrency`，这表示并发上限，它决定了 `mapAsync()` 同时最多可以把多少项数据平行地交给各自的 callback 去处理。

第 6 章　用 Stream 编程

Stream（流）是 Node. js 平台里面相当重要的一种组件与模式[译注13]。Node. js 开发社群有句口号，叫作“stream all the things!”，单凭这句话，你就知道 stream 在 Node. js 中的地位有多突出了。Dominic Tarr 是 Node. js 社群的积极参与者，他把 stream 说成“Node. js 里面最好也最引人误解的理念”。Node. js 的 stream 如此吸引人是有许多理由的，其中有一部分原因在于技术方面，例如性能与效率较高，但还有一部分原因则在于观念方面，因为 stream 相当优雅，而且跟 Node. js 的开发理念很契合。

这一章想要帮助大家彻底理解 Node. js 平台的 stream。笔者在前半部分里面，介绍与之相关的主要概念、术语以及支撑 stream 机制的一些程序库。到了后半部分，我们会讨论更深一些的话题，这些话题主要是想让你知道一些与 stream 有关的实用模式，让你能够用优雅而高效的代码，来应对各种编程需求。

这一章涵盖的话题有：

- 知道 stream 为什么在 Node. js 之中如此重要。
- 知道什么是 stream，如何使用并创建 stream。
- 把 stream 当成一种编程范式来学习，并意识到它们不仅能做 I/O，而且在其他场合也能表现出优势。
- 了解与 stream 有关的模式，并学会把 stream 连接起来，以应对各种场景。

好了，现在进入正题，首先来看 stream 为什么是 Node. js 的一种重要组件。

6.1　理解 stream 在 Node. js 平台中的重要作用

在 Node. js 这样基于事件的平台里面，要想高效地处理 I/O 请求，最好的办法就是实时处理，也就是说，只要一拿到输入数据，就立刻开始处理；只要一拿到程序的处理结果，就立刻把它发送到输出端。

这一节初步介绍 Node. js 之中的 stream 及其优点，这仅仅是概述，因为本章后面几节，还会详细分析怎样使用以及怎样组合 stream。

译注13　为了让文字顺畅，译者酌情互用 stream 与“流”这两种说法。

6.1.1　缓冲模式与流模式

本书目前看到的异步 API，用的几乎都是 *buffer mode*（缓冲模式）。在这种模式下，系统会把某份资源传来的所有数据，都先收集到一个缓冲区里面，直到操作完成为止。然后，系统把这些数据当成一个整块，传回给调用方。图 6.1 演示了缓冲模式的执行流程。

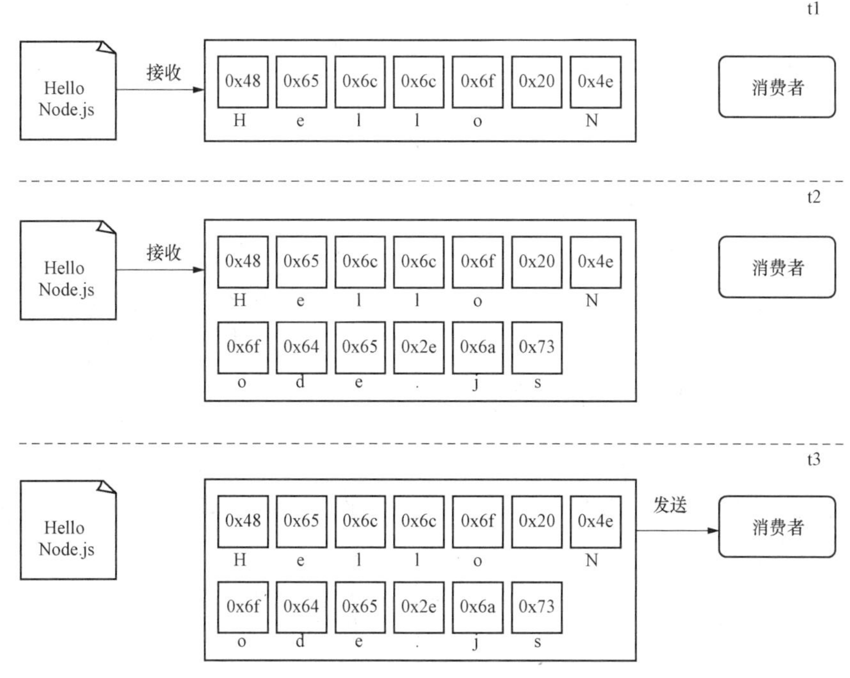

图 6.1　缓冲模式图解

根据图 6.1 来看，在*t1* 这个时间点上，系统从资源端收到了一些数据，并将其存入缓冲区。然后，到了*t2* 这一刻，又有一块数据发了过来，也就是最后的一块数据，于是，整个读取操作就彻底完成了，于是，在随后的*t3* 时点，系统会把整个缓冲区的内容，发给消费者（也就是调用这项操作的那段代码）。

与缓冲模式相反，在流模式下，系统只要从资源方收到数据，就立刻发给消费者，让它能够尽快处理这些数据。这种模式的执行流程如图 6.2 所示。

从图 6.2 中可以看出，在流模式下，系统会把自己从资源端收到的每一块新数据，都立刻传送给消费方，让后者有机会立刻处理该数据，而不是像缓冲模式那样，非要把所有数据都收集到缓冲区，然后再发送。

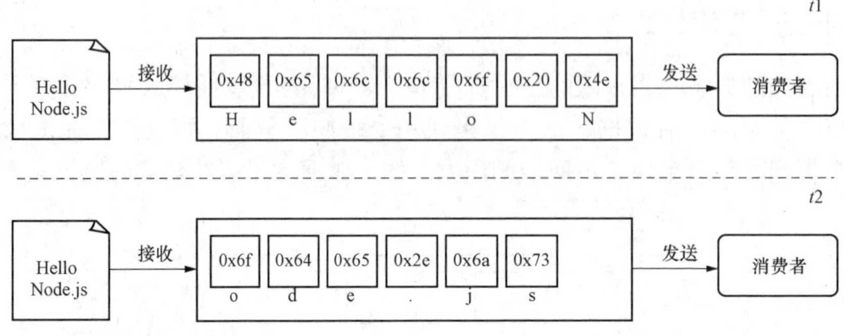

图 6.2　流模式图解

这两种模式之间有什么区别呢？如果只从效率角度来看，那么流模式在空间与时间上面都要比缓冲模式强，因为在空间方面，它占据的内存较少，而在时间方面，它所占用 CPU 时钟周期也比较少。然而，除了效率之外，Node.js 的流模式还有另外一项重要的优势，也就是**便于组合**。下面我们就看看，这些特征会如何改变程序的设计与开发方式。

6.1.2　流模式在空间占用方面的优势

首先要说的是，在那种必须先读入所有数据，然后才能开始处理的缓冲模式之下，有些效果是无法实现的，而在流模式之下，却可以实现。例如我们可能要读取一份特别庞大的文件，比如，这份文件有好几百个 MB，或者有好几个 GB。在这种情况下，如果你设计的 API 需要把整份文件全部读取进来，并将内容放置在一个庞大的缓冲区里面，返回给用户，那么这个 API 用起来就相当糟糕。你可以想象一下，如果有人用这种 API 同时读取好几份大文件，那么程序很快就会把内存耗尽。另外，V8 引擎对缓冲区的尺寸是有限制的，所以，你可能根本就没办法分配一个高达好几 GB 的缓冲区，因此，有时可能还谈不到物理内存耗尽的问题，因为你在分配缓冲区的这个环节就已经卡住了。

缓冲区的最大尺寸在各种操作系统与各种版本的 Node.js 环境之中，可能有所不同。如果你想知道某套开发环境最多能支持多少个字节的缓冲区，那么可以运行下面这段代码：

```
import buffer from 'buffer'
console.log(buffer.constants.MAX_LENGTH)
```

6.1.2.1　用缓冲模式的 API 把文件压缩成 GZIP 格式

我们来举个具体的例子，假设要写一个简单的命令行程序，让它把某份文件压缩成 GZIP 格式。如果使用缓冲模式的 API（也就是 buffered API，又叫缓冲式 API）来做，那么这个

Node.js 程序的代码就是这样的（为了节省篇幅，笔者没有写处理错误逻辑）：

```
import { promises as fs } from 'fs'
import { gzip } from 'zlib'
import { promisify } from 'util'
const gzipPromise = promisify(gzip)

const filename = process.argv[2]

async function main () {
  const data = await fs.readFile(filename)
  const gzippedData = await gzipPromise(data)
  await fs.writeFile(`${filename}.gz`, gzippedData)
  console.log('File successfully compressed')
}

main()
```

我们可以把刚才这段代码，放在 **gzip-buffer.js** 这样的文件里面，然后运行下面这条命令：

```
node gzip-buffer.js <有待压缩的文件路径>
```

如果我们选择的文件足够大（比如，8GB 左右），那么差不多都会看到下面这样一条错误消息，说程序正要读取的这份文件，超过了缓冲区的最大尺寸：

```
RangeError [ERR_FS_FILE_TOO_LARGE]: File size (8130792448) is greater
than possible Buffer: 2147483647 bytes
```

问题是，我们这个程序就是想要支持这种相当庞大的文件，因此，这条错误消息在提醒我们，目前的这种方案不太合适。

6.1.2.2　用流模式的 API 把文件压缩成 GZIP 格式

要想修正刚才那个问题，最简单的办法是改用流模式的 API（streaming API，又叫流式 API）来做，因为这种 API 能够处理相当庞大的文件。下面就来演示这套方案。我们编写一个新的模块，并在其中写入这样的代码：

```
// gzip-stream.js
import { createReadStream, createWriteStream } from 'fs'
import { createGzip } from 'zlib'
```

```
const filename = process.argv[2]

createReadStream(filename)
  .pipe(createGzip())
  .pipe(createWriteStream(`${filename}.gz`))
  .on('finish', () => console.log('File successfully compressed'))
```

你可能会问：“只写这么一点儿代码就行?”没错，我们前面说过，stream 有一项优势，就是易于对接、易于拼合，所以能够形成干净、优雅而且简洁的代码。这一点我们后面还要详细讲解，目前的重点是要意识到新方案可以让程序顺利处理任意尺寸的文件，而且消耗的内存数量也是固定的，不会随着文件尺寸而增加。你可以试试这个程序的效果，只不过你要注意，压缩一份庞大的文件，或许要等很久才行。

请注意，为了节省篇幅，刚才这个例子省略了错误处理逻辑。本章稍后就要讲解，在使用 stream 方案编写程序的时候，应该如何处理错误，在这之前出现的范例代码，都会把处理错误的这一部分逻辑给省去。

6.1.3 流模式在处理时间方面的优势

我们考虑这样一套应用程序。它的客户端把一份文件压缩并上传到远程的 HTTP 服务器，而服务器端则会解压缩，并把结果保存到文件系统之中。现在的问题是，如果我们采用缓冲式 API 来实现该程序的客户端，那么必须先等整份文件全都读取并压缩完毕，然后才能上传给服务器，而服务器那边，也必须先收到所有的数据，然后才能开始解压缩。与缓冲方案相比，stream 方案的效果会更好，而且实现出来的功能跟前者是一样的。在客户端这边，stream 方案只要一收到程序从文件系统之中读取的数据，就可以立即压缩这块数据，并将其发送给服务器端，而服务器端也是如此，它只要一收到远程客户端所发来的数据块，就可以尽快解压缩。下面就来开发这款程序，以演示 stream 在这方面的优势。我们先从服务器端做起。

创建一个名叫 gzip-receive.js 的模块，并在其中写入下列代码：

```
import { createServer } from 'http'
import { createWriteStream } from 'fs'
import { createGunzip } from 'zlib'
import { basename, join } from 'path'

const server = createServer((req, res) => {
  const filename = basename(req.headers['x-filename'])
```

```
  const destFilename = join('received_files', filename)
  console.log(`File request received: ${filename}`)
  req
    .pipe(createGunzip())
    .pipe(createWriteStream(destFilename))
    .on('finish', () => {
        res.writeHead(201, { 'Content-Type': 'text/plain' })
        res.end('OK\n')
        console.log(`File saved: ${destFilename}`)
    })
  })

server.listen(3000, () => console.log('Listening on http://
localhost:3000'))
```

在刚才这段代码中，**req** 是个 stream 对象，用来表示服务器通过网络所接收的数据请求。由于我们利用了 Node.js 平台所提供的 stream 方案，因此每收到一小块数据，都可以立即压缩这块数据并将其写入磁盘。

大家可能注意到了，服务器端的代码，会用 **basename ()** 来处理收到的这份文件，以便将文件名里面的路径部分全都删去。从安全角度看，这是很应该的，因为这样做可以保证相关文件总能保存到我们自己的 **received_files** 目录下，而不会保存到别的什么地方。假如不用 **basename ()** 处理文件名，那么恶意用户就有可能专门构造一项请求，把服务器端的系统文件覆盖掉，从而给服务器注入恶意代码。比如，如果有人故意让 **filename** 所表示的文件名变成**/usr/bin/node**，那会如何？在那种情况下，攻击者实际上可以把服务器的 Node.js 解释器替换成任意文件。

这个程序的客户端，写在名叫 **gzip-send.js** 的模块里面，这个模块的代码如下：

```
import { request } from 'http'
import { createGzip } from 'zlib'
import { createReadStream } from 'fs'
import { basename } from 'path'

const filename = process.argv[2]
const serverHost = process.argv[3]

const httpRequestOptions = {
```

```
    hostname: serverHost,
    port: 3000,
    path: '/',
    method: 'PUT',
    headers: {
      'Content-Type': 'application/octet-stream',
      'Content-Encoding': 'gzip',
      'X-Filename': basename(filename)
    }
  }

  const req = request(httpRequestOptions, (res) => {
    console.log(`Server response: ${res.statusCode}`)
  })

  createReadStream(filename)
    .pipe(createGzip())
    .pipe(req)
    .on('finish', () => {
      console.log('File successfully sent')
    })
```

刚才这段代码，通过 stream 读取文件中的数据，每读到一块数据就把这块数据压缩并发送给服务器端。

现在运行整个程序，首先用下面这条命令开启服务器：

```
node gzip-receive.js
```

然后，用下面这条命令启动客户端，指定想要发送的文件，以及服务器的地址（比如，如果服务器开设在本机，那就写 localhost）：

```
node gzip-send.js <待发送的文件路径> localhost
```

就算我们发送的文件相当大，这套程序也还是可以让数据顺利地从客户端流往服务器。但问题在于，这种范式究竟为什么会比缓冲式 API 更高效呢？换句话说，为什么把数据当成一条由数据块所构成的流就能比先把它全部缓冲起来然后再传送的效率高呢？看了图 6.3 之后，你应该就能明白其中的道理了。

处理一份文件，需要经历以下几个环节：

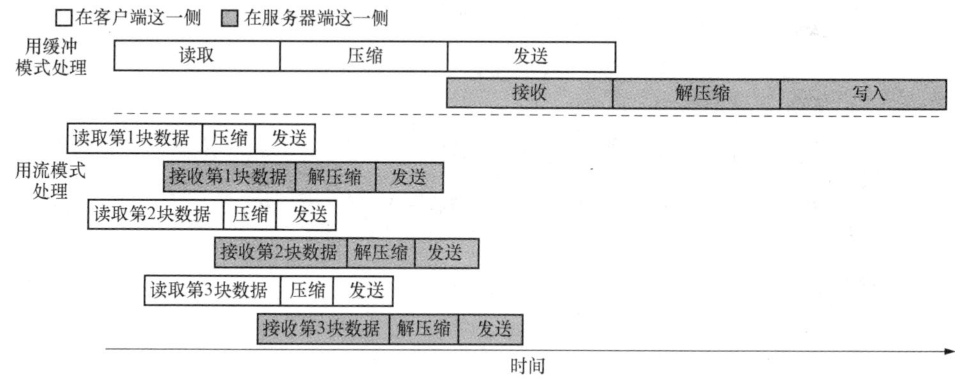

图 6.3　对比缓冲模式与流模式

(1)［客户端］从文件系统之中读取数据。

(2)［客户端］压缩数据。

(3)［客户端］把数据发给服务器。

(4)［服务器端］从客户端接收数据。

(5)［服务器端］解压缩数据。

(6)［服务器端］把数据写入磁盘。

要想完整地实现这套处理流程，我们必须像打造生产线那样，把这些阶段从头到尾组合起来。从图 6.3 之中可见，如果采用缓冲模式，那么整个流程就完全是按先后顺序执行的，也就是说，要想压缩数据，必须等待整份文件读取完毕。要想发送数据，必须先等待整份文件读取完毕，然后还要等待读取出来的这些数据已经完全压缩好。

我们看到，流模式之下的生产线，只要收到第一块数据，就立刻开始运作，而不像缓冲模式那样，必须把整份文件都读取进来，然后才能开始。另外还有个更好的地方，也就是说，只要下一块数据能够使用，它就立刻开启一条平行的生产线，并把那块数据放到那条生产线上处理，而不用等待前面的数据块处理完毕。为什么能够实现出这种效果呢？因为对每块数据所做的处理都是异步任务，所以这些任务在 Node.js 平台里面，完全能够平行地运行。唯一要注意的就是这些数据块必须按先后顺序到来，而这一点，会由 Node.js 平台内部的实现逻辑来保证，无需我们操心。

从图 6.3 之中可以看出，采用流模式，会让整个流程所花的时间变少，因为我们无需像采用缓冲模式时那样，必须先等待所有数据到位，然后一次把这些数据全都处理掉。

6.1.4　stream 之间的组合

目前给出的范例代码，其实已经大致告诉我们，如何通过 `pipe()` 方法来组合 stream 对象。这种组合方式可以将多个处理环节连接起来，使得每个环节只需要负责把一项功能实现好就行，而这正是编写 Node. js 代码时所应采用的正确风格。由于各种 stream 对象都遵循同一套接口，因此从 API 的角度来看，它们是可以相互沟通的，只不过有个条件，就是管道中的后一个 stream 对象，必须支持前一个 stream 对象所产生的那种数据，这可能是二进制数据或文本数据，也可能是由一系列对象所构成的数据，这个我们会在本章稍后讲解。

为了再度演示这种特性的好处，我们给刚才构建的那套 **gzip - send/gzip - receive** 程序增添一个加密层，让客户端先把数据加密，然后再发送给服务器端，并且让服务器端能够给加密的数据解密。

要想实现该功能，我们需要稍微修改一下客户端与服务器端的代码。

6.1.4.1 给客户端增添加密功能

首先来看客户端应该怎么改：

```
// ...
import { createCipheriv, randomBytes } from 'crypto'                    // (1)
const filename = process.argv[2]
const serverHost = process.argv[3]
const secret = Buffer.from(process.argv[4], 'hex')                      // (2)
const iv = randomBytes(16)                                              // (3)
// ...
```

我们说说刚才改的这几个地方：

（1）首先，从 **crypto** 模块里面引入 **createCipheriv ()** 函数，以创建 **Transform** 型的流对象（也就是后面要讲的转换流），并从该模块中引入 **randomBytes ()** 函数。

（2）用户在使用客户端的时候，需要通过命令行传入服务器端所指定的密钥（也叫作密语，secret）。这个密钥是用字符串表示的，而且应该是个十六进制字符串，因此，我们通过一个处在 hex 模式（十六进制模式）下的 Buffer，来读取这个值，并将其载入内存。

（3）最后，生成一串随机的字节，以便在加密文件的时候，把这串字节当成 initialization vector（初始向量，简称 iv）来使用。

然后，我们修改创建 HTTP 请求时所用的那段代码：

```
const httpRequestOptions = {
  hostname: serverHost,
  headers: {
    'Content-Type': 'application/octet-stream',
    'Content-Encoding': 'gzip',
    'X-Filename': basename(filename),
```

```
'X-Initialization-Vector': iv.toString('hex')     // (1)
  }
}

// ...

const req = request(httpRequestOptions, (res) => {
  console.log(`Server response: ${res.statusCode}`)
})

createReadStream(filename)
  .pipe(createGzip())
  .pipe(createCipheriv('aes192', secret, iv))     // (2)
  .pipe(req)

// ...
```

主要改的是这样两个地方：

（1）给 HTTP header（HTTP 头、HTTP 报头）里面添加'**X-Initialization-Vector**'字段，并设置相应的字段值。

（2）把原始数据压缩成 Gzip 数据之后，增设一个环节，给这些数据加密。

这样就把客户端修改完了。

6.1.4.2　给服务器端增添加密功能

现在我们重构服务器端。首先要做的，是从 **crypto** 这个核心模块里面，引入一些工具函数，以生成一个随机的密钥（也就是刚才说的 secret，密语）：

```
// ...
import { createDecipheriv, randomBytes } from 'crypto'
const secret = randomBytes(24)
console.log(`Generated secret: ${secret.toString('hex')}`)
```

这样修改，会让服务器端把生成的这份密语，打印到控制台上面，使得用户能够在执行客户端的时候输入。

接下来，我们要修改接收文件时所用的代码：

```
const server = createServer((req, res) => {
  const filename = basename(req.headers['x-filename'])
  const iv = Buffer.from(
    req.headers['x-initialization-vector'], 'hex')     // (1)
```

```
const destFilename = join('received_files', filename)
console.log(`File request received: ${filename}`)
req
  .pipe(createDecipheriv('aes192', secret, iv))                    // (2)
  .pipe(createGunzip())
  .pipe(createWriteStream(destFilename))
// ...
```

我们改的是两个地方：

（1）必须把客户端在加密时所使用的**initialization vector**读取过来，这样才能正确地解密（iv的详情可参见：**nodejsdp.link/iv**）。

（2）这次的管道，必须把解密放在第一个环节，这样才能让后面的解压缩环节，拿到它能够处理的那种数据。为了实现该环节，我们需要使用**crypto**模块里面的**createDecipheriv()**函数来创建**Transform**型的流对象。

总之我们看到，只需要花费一点点工夫（或者说，只需要修改少数几行代码），就能够给整套应用程序增添加密层。我们所要做的，只不过是通过**createCipheriv**与**createDecipheriv**分别创建适当的**Transform**流，并把它们正确地安排到客户端与服务器端的管道里面。同理，我们也可以把其他类型的流对象拼接成管道，这就像搭积木一样。

这种方法的主要优势在于能够复用，而且，我们通过刚才那几段范例还会发现，用流对象写出来的代码更加清晰，更容易形成模块。所以，流对象不仅可以用来处理纯I/O任务，而且能够简化代码，并促使我们把相关的代码设计到不同的模块里面。

把流模式简单地介绍了一遍之后，我们现在开始更加系统地讨论Node.js平台里面的各种流对象。

6.2 开始学习Stream

上一节讲了流对象的许多强大特性，其实Node.js平台里面到处都在使用它，而且从核心模块开始，就已经在使用流对象了。比如，我们都看到，**fs**模块之中有一个能够读取文件的**createReadStream()**和一个能够写入文件的**createWriteStream()**，这两个函数的名称里面就明确出现了Stream（流）这个词，另外，HTTP的**request**（请求）与**response**（应答）对象，实际上也是流对象，压缩与解压缩所用的**zlib**模块，是以流的形式来提供接口的，刚才说的**crypto**模块，也提供了一些与流对象有关的原语，例如**createCipheriv**与**createDecipheriv**。

流的重要作用，大家都已经知道了，现在我们回过头去详细地讲解这种对象。

6.2.1　流对象的体系结构

Node.js 平台里面的每一种流对象，在类型上都属于下面这四个基本抽象类中的一个，这些类是由 **stream** 核心模块提供的：

- **Readable**。
- **Writable**。
- **Duplex**。
- **Transform**。

每个 **stream** 类的对象，本身也都是一个 **EventEmitter** 实例。所以，流对象实际上可以触发许多种事件，比如 **Readable** 流在读取完毕时会触发 **end** 事件，**Writable** 流在写入完毕时会触发 **finish** 事件，如果操作过程中发生错误，则会触发 **error** 事件。

流对象之所以很灵活，是因为它们不仅能处理二进制数据，而且几乎能处理任何一种 JavaScript 值。流对象的操作模式可以分成两种：

- **二进制模式（Binary mode）**：以 chunk（块）的形式串流数据，这种模式可以用来处理缓冲或字符串。
- **对象模式（Object mode）**：以对象序列的形式串流数据（这意味着，我们几乎能够处理任何一种 JavaScript 值）。

由于流对象支持这样两种操作模式，因此我们不单可以用它处理 I/O，而且能够像做函数式编程那样，把各种处理环节分别表示成相应的流对象，并把这些对象漂亮地组合起来。

接下来，我们就从 **Readable** 流开始，深入讲解 Node.js 平台中的各种流对象。

6.2.2　Readable 流（可读流）

Readable 流表示的是数据源。在 Node.js 平台之中，这样的流用 **Readable** 这个抽象类来实现，该类位于 **stream** 模块之中。

6.2.2.1　通过流对象读取数据

要想通过 **Readable** 流来读取数据，有两种办法可以考虑，一种是 ***non-flowing*** 模式［非流动模式，也叫作 ***paused*** 模式（暂停模式）］，另一种是 ***flowing*** 模式（流动模式）。下面详细说说这两种模式。

6.2.2.1.1　非流动模式

非流动模式也叫作暂停模式，这是我们从 **Readable** 流中读取数据时的默认模式。在这种模式下，我们可以给流对象注册监听器，以监听 **readable** 事件，一旦发生这样的事件，就说明有新的数据可以读取了。此时，我们通过一个循环结构，反复地读取数据，直到把内部缓冲区里面的数据读完为止。这种读取操作，是通过 **read ()** 方法实现的，该方法会从内部缓冲区里面同步地读出数据，并返回一个 **Buffer** 对象，以代表读到的这块数据。**read ()** 方法的签名是这样的：

```
readable.read([size])
```

这种模式让我们可以根据需要，从流对象里面提取数据。

为了演示该模式的运作方式，我们新建一个名叫 **read-stdin.js** 的模块，用它实现一款简单的程序，把标准输入端（这也是一种 **Readable** 流）的内容读取进来，并将读到的东西回显到标准输出端：

```
process.stdin
  .on('readable', () => {
    let chunk
    console.log('New data available')
    while ((chunk = process.stdin.read()) !== null) {
      console.log(
        `Chunk read (${chunk.length} bytes): "${chunk.toString()}"`
      )
    }
  })
  .on('end', () => console.log('End of stream'))
```

read () 方法是一项同步操作，会从 **Readable** 流的内部缓冲区里面提取一块数据。按照默认的规则，如果这个流对象运行在二进制模式下，那么返回的这块数据就是个 **Buffer** 对象。

如果 **Readable** 流在二进制模式运作，那我们可以在流对象上面调用 **setEncoding (encoding)** 方法，并给 **encoding** 参数传入一种有效的编码格式，例如 utf8，这样的话，就不用读取 **Buffer** 对象了，而是可以直接读到字符串。在面对 UTF-8 格式的文本数据时，你最好是使用这个办法来读取，因为这样可以让流对象自动处理由多个字节所构成的字符，并适当地安排缓冲，以防止构成某个字符的那些字节，分别切割到两个数据块里面。换句话说，流对象在这种情况下所产生的每块数据，都是一条有效的 UTF-8 字节序列。注意，**setEncoding ()** 这个方法，可以在同一个 Readable 流上面调用许多次，即便你已经开始从这个数据流里面获取数据了，也还是可以调用该方法。流对象会自动切换编码，以处理接下来的数据块。其实流里面的数据，本身并没有所谓编码，它只不过是一种二进制的数据，至于指定编码，意思是说，我们可以把流所产生的这些二进制数据，按照某一套标准解读成字符。

Readable 流所读出的数据应该如何处理，全靠注册在它上面的监听器决定，只要一有新的数据，这个监听器就会得到触发。此时，我们可以调用流对象的 **read ()** 方法，如果该方法返回 **null**，那说明内部缓冲区里面已经没有数据可以使用了，在这种情况下，我们必须等待该对象发出另外一次 **readable** 事件，那时我们才能够确定，这个流对象又有新的数据可以读取了。如果我们等来的是 **end** 事件，则说明这个流已经结束。对于二进制模式下的流对象来说，我们还可以给 **read ()** 方法传入 **size** 参数，以指定这次读取操作应该读取的数据量。这种做法在实现网络协议或解析特定格式的数据时很有用。

现在我们运行这个 **read-stdin.js** 模块并试着操作一下。我们在控制台界面输入一些字符，然后按***Enter***（回车）键，这样就会看到，程序将我们刚才输入的字符回显到了标准输出端。为了产生 **end** 事件并让这条数据流顺利结束，我们可以插入 **EOF**（**end-of-file**，文件尾）字符（这在 Windows 系统上，可以通过 *Ctrl*＋*Z* 组合键生成，在 Linux 与 macOS 系统上，可以通过 *Ctrl*＋*D* 组合键生成）。

我们还可以试着把这个程序跟其他进程连接起来。这可以通过管道运算符（pipe operator，也就是 | 符号实现），它会把左边那个程序输出的内容，输入给右边的程序。比如，我们可以运行下面这样一条命令：

```
cat <某文件的路径> | node read-stdin.js
```

这个例子很好地演示了由数据流所促成的开发范式，这种范式实际上是一套通用的接口标准，凡是按照该标准所开发的程序，无论采用哪种语言编写，都可以通过管道来沟通。

6.2.2.1.2　流动模式

还有一种办法，也可以从流对象里面读取数据，这就是针对 **data** 事件注册监听器。这会让流进入**flowing 模式**（流动模式），在这种模式下，我们不通过 **read ()** 方法提取数据，而是等着流对象把数据推送到 **data** 监听器里面，只要流对象拿到数据，它就会推送过来。比如，我们早前开发的 **read-stdin.js** 程序如果改用流动模式实现，那么就应该写成：

```
process.stdin
  .on('data', (chunk) => {
    console.log('New data available')
    console.log(
      `Chunk read (${chunk.length} bytes): "${chunk.toString()}"`
    )
  })
```

```
.on('end', () => console.log('End of stream'))
```

跟非流动模式相比，我们在流动模式下，不能够那么灵活地控制数据的流动情况。流对象默认会进入非流动模式，因此，如果想启用流动模式，那么需要针对 **data** 事件注册监听器，或者明确地调用 **resume()** 方法。对于已经进入流动模式的流对象来说，如果暂时不想让它产生 **data** 事件，那么可以调用 **pause()** 方法，这样的话，该对象就会把自己拿到的数据，缓存到内部缓冲区，因为这个方法实际上是让流对象回到非流动模式。

6.2.2.1.3 异步迭代器

由于 **Readable** 流本身还是一种异步迭代器（async iterator），因此早前的 **read-stdin.js** 程序，又可以写成下面这个样子：

```
async function main () {
  for await (const chunk of process.stdin) {
    console.log('New data available')
    console.log(
      `Chunk read (${chunk.length} bytes): "${chunk.toString()}"`
    )
  }
  console.log('End of stream')
}

main()
```

本书第 9 章会详细讨论异步迭代器，所以大家现在先不要太担心范例代码里面用到的这种写法。目前的重点是要知道，如果你必须写这样一个函数，把整个 **Readable** 流里面的数据全都用掉，并返回一个 **Promise** 对象来表示使用结果，那么刚才这套写法是相当方便的。

6.2.2.2 实现自己的Readable流

我们已经知道如何从 **Readable** 流里面读取数据了，接下来要学习怎样自己定制新的 **Readable** 流。为此，首先必须从 **stream** 模块里面继承 **Readable** 原型，然后，还必须在自己的这个具体类之中，给 **_read()** 方法提供实现代码，这个方法的签名是：

```
readable._read(size)
```

Readable 类的内部逻辑会调用我们自己实现的这个 **_read()** 方法，而我们的这个 **_read()** 方法，又必须通过下面这个 **push()** 操作，向内部缓冲区里面填入数据：

```
readable.push(chunk)
```

注意，刚说的 _read () 方法并不是前面一直在用的 read () 方法。read () 是给流对象的消费方使用的，而 _read () 方法则是我们在定制 stream 子类时必须自己实现的一个方法，这个方法不应该由消费方直接调用。按照惯例，如果某个方法的名称以下划线开头，那说明这个方法是不对外开放的，因此，用户不应该直接调用这样的方法。

为了告诉大家如何定制新的 **Readable** 流，我们试着制作一种能够生成随机字符串的流对象。下面新建一个名叫 **random-stream.js** 的模块，并在其中写入以下代码：

```
import { Readable } from 'stream'
import Chance from 'chance'

const chance = new Chance()

export class RandomStream extends Readable {
  constructor (options) {
    super(options)
    this.emittedBytes = 0
  }

  _read (size) {
    const chunk = chance.string({ length: size })                    // (1)
    this.push(chunk, 'utf8')                                         // (2)
    this.emittedBytes += chunk.length
    if (chance.bool({ likelihood: 5 })) {                            // (3)
      this.push(null)
    }
  }
}
```

我们在这份文件开头，把当前模块所要依赖的模块加载进来。这一部分没有什么特殊的地方，只不过这次还用到了一个名叫 **chance** 的 **npm** 模块（这个模块参见：**nodejsdp.link/chance**）。**chance** 库可以生成各种随机值，包括数字、字符串乃至完整的句子。

接下来，新建名叫 **RandomStream** 的类，并把它的超类指定成 **Readable**。在刚才那段代码中，我们从 **RandomStream** 的构造器里面，通过 **super (options)** 调用超类的构造器，以初始化这个 **stream** 对象的内部状态。

如果子类的构造器只需要把外界传给自己的参数（例如刚才的 **options** 参数），直接传给超类的构造器，而不需要执行其他操作，那么可以干脆把子类构造器省掉，这样的话，系统就会自动像这样来调用超类的构造器。但如果除了这项操作之外，还要执行其他操作，那么就必须像本例一样，自己动手给子类编写构造器了，在这种情况下，你必须记得通过 **super** (…) 这样的写法，明确调用超类的构造器。

options 参数本身是个对象，它里面可能会有这样一些属性：

• **encoding** 属性。这个属性用来表示流对象按照什么样的编码标准，把缓冲区中的数据转化成字符串。它的默认值是 **null**。

• **objectMode** 属性。这个属性是个标志，用来表示对象模式是否启用。它的**默认值是 false**。

• **highWaterMark** 属性。这个属性用来表示内部缓冲区的数据上限，如果数据所占的字节数已经达到该上限，那么这个流对象就不应该再从数据源之中读取数据了。它的默认值是 16KB。

现在我们来解释 _ **read** () 方法：

(1) 这个方法利用 chance 库生成一个长度等于 **size** 的随机字符串。

(2) 把字符串推入内部缓冲区。注意，由于我们推入的是字符串，因此在调用 push 方法的时候，不仅需要通过第一个参数来指定需要推入的字符串，而且需要通过第二个参数来指定编码方案，本例采用 **utf8** 方案，所以传的是'**utf8**'（假如第一个参数只是个二进制的 **Buffer**，而不是字符串，那就没有必要传第二个参数了）。

(3) 让这个流对象有百分之五的概率得以终止。为了实现这样的功能，我们会在出现这种状况的时候，以 **null** 为参数调用 push 方法，这样会给内部缓冲区推入 **EOF**（文件结束）符，表示这条数据流至此结束。

请注意，_ **read** () 函数的 **size** 参数是个建议参数（advisory parameter），意思是说，你最好能够尊重这个参数，只推入调用方所请求的这么多个字节，当然了，这只是建议，不是强迫你必须这么做。

调用 **push** () 的时候，应该检查返回值是不是 **false**。如果是，那说明正在接收数据的这个流对象，其缓冲区中的数据量已经触碰了 **highWaterMark** 所表示的上限，我们不应该继续往里面添加数据了。这种现象叫作 backpressure，我们会在本章下一节详细讨论。

RandomStream 类的代码就是这么多，现在我们来试用这种流对象。下面先初始化这样一个 **RandomStream** 对象，然后从其中提取一些数据：

```
// index.js
import { RandomStream } from './random-stream.js'

const randomStream = new RandomStream()
randomStream
  .on('data', (chunk) => {
    console.log(`Chunk received (${chunk.length} bytes): ${chunk.
toString()}`)
  })
  .on('end', () => {
    console.log(`Produced ${randomStream.emittedBytes} bytes of
random data`)
  })
```

好了，现在我们可以尝试自己定制的这个 **stream** 对象了。只需要像往常那样执行 **index.js** 模块就行，我们会看到屏幕上出现了一组随机字符串。

6.2.2.2.1　简化版的定制方案

如果需要定制的这种流对象比较简单，那就用不着专门编写一个类，而是可以采用简化版的写法来制作 **Readable** 流。这种写法只需要调用 **new Readable (options)**，并把一个包含 **read ()** 方法的对象传给 **options** 参数即可。这个 **read ()** 方法，写起来跟刚才我们通过子类来定制 **Readable** 流时所实现的那个 **_read ()** 一样。下面我们就用简化版的写法，来重新制作刚才的 **RandomStream**：

```
import { Readable } from 'stream'
import Chance from 'chance'

const chance = new Chance()
let emittedBytes = 0

const randomStream = new Readable({
  read (size) {
    const chunk = chance.string({ length: size })
    this.push(chunk, 'utf8')
    emittedBytes += chunk.length
    if (chance.bool({ likelihood: 5 })) {
      this.push(null)
    }
```

```
  }
})

// 现在可以直接使用 randomStream 实例了……
```

如果你不需要管理复杂的状态，而且想要用更简洁的方案来定制 **Readable** 流，那么这种写法就很合适。刚才那段代码，只给我们定制的这种 **Readable** 流，创建了一个实例，如果你既想采用这种简化的写法来定制 **Readable** 流，又想针对这样的流生成许多个实例，那么可以把初始化逻辑包装成工厂函数，这样就可以多次调用，从而创建出多个实例了。

6.2.2.2.2 用 iterable 做数据源以构建 Readable 流

有一个叫作 **Readable.from()** 的辅助函数，让你能够把数组或生成器（**generator**）、迭代器（**iterator**）以及异步迭代器（**async iterator**）这样的 **iterable** 对象（可迭代对象）当作数据源，轻松地构建 **Readable** 流。

为了让大家熟悉这个辅助函数的用法，我们看一个简单的例子，这个例子是要把数组中的数据转换成一条 **Readable** 流：

```
import { Readable } from 'stream'
const mountains = [
  { name: 'Everest', height: 8848 },
  { name: 'K2', height: 8611 },
  { name: 'Kangchenjunga', height: 8586 },
  { name: 'Lhotse', height: 8516 },
  { name: 'Makalu', height: 8481 }
]

const mountainsStream = Readable.from(mountains)
mountainsStream.on('data', (mountain) => {
  console.log(`${mountain.name.padStart(14)}\t${mountain.height}m`)
})
```

大家都看到了，**Readable.from()** 方法用起来相当简单，它的第一个参数是个可迭代的实例（具体到本例来说，就是充当数据源的 **mountains** 数组）。如果有需要，还可以在第二个参数的位置上面指定一个可选参数，那个参数本身是一个对象，里面包含与该 **stream** 有关的一些选项，例如用来控制对象模式是否开启的 **objectMode** 选项。

请注意，我们不用专门把 **objectMode** 选项设置成 **true**，因为 **Readable.from ()** 会自动将该选项设为 **true**。除非你故意传入那个可选的参数，并在参数里面把 **objectMode** 定成 **false**，否则用 **Readable.from ()** 创建出来的流对象，总是会自动启用对象模式。当然了，你还可以将其他一些选项也放入容纳选项的那个对象里面，并把该对象当成第二个参数，传给 **Readable.from ()** 函数。

运行刚才那段代码，会看到下面这样的输出信息：

```
Everest         8848m
K2              8611m
Kangchenjunga   8586m
Lhotse          8516m
Makalu          8481m
```

不要在内存里面实例化庞大的数组。比如，如果刚才那个例子的数据源不是五座山峰，而是世界上所有的山峰，那么由于全世界大约有一百万座山峰，因此，我们必须将这些山峰的信息全都放在数组里，并把该数组提前载入内存，这会占据很大空间。在这种情况下，就算我们通过 **Readable** 流来读取这个数组，也没办法发挥流对象在节省内存用量方面的优势，因为它所读取的数组，已经提前加载到内存里面了。总之，数据还是一块一块地加载比较好，载入一块，使用一块，而不要一次把所有数据全都加载进来。于是，在面对比较庞大的数据源时，我们应该使用原生的流方案，例如 **fs.createReadStream**，或是自己来定制流对象，就算要使用 **Readable.from**，也应该考虑拿那种惰性的（即等用到的时候再去获取的）iterable 当数据源，例如生成器、迭代器、异步迭代器等。第 9 章会举例说明这样的做法。

6.2.3 Writable 流（可写流）

Writable 流表示数据目标，也就是能够写入或容纳数据的地方，比如，文件系统里面的文件、数据库中的表格、网络套接字（socket），以及控制台界面中的标准错误端与标准输出端等等。在 Node.js 平台中，这种流通过 **stream** 模块里的 **Writable** 抽象类来实现。

6.2.3.1　向 stream 中写入数据

向 **Writable** 流推送数据，是相当容易的，我们只需要使用 **write ()** 方法就行了，这个方法的签名是：

```
writable.write(chunk, [encoding], [callback])
```

其中的 **encoding** 参数是可选的，如果 **chunk** 是字符串，那么该参数默认为 **utf8**，如果 **chunk** 是 **Buffer**，那么该参数的值会为系统所忽略。**callback** 参数也是可选的，它所表示的这个函数，会在系统把数据块写入底层资源的时候，得到调用。

如果想要告诉 **Writable** 流，已经没有数据需要写入了，那么应该调用 **end ()** 方法：

```
writable.end([chunk], [encoding], [callback])
```

我们可以在调用 **end ()** 方法的时候，再给流对象提供最后一块数据，在这种情况下 **callback** 所表示的函数，会像一个关注了 **finish** 事件的监听器那样，在 **Writable** 流之中的数据全部写入底层资源时，得到触发。

为了演示 **Writable** 流的用法，我们创建一个小的 HTTP 服务器程序，让它输出一些随机字符串：

```
// entropy-server.js
import { createServer } from 'http'
import Chance from 'chance'

const chance = new Chance()
const server = createServer((req, res) => {
  res.writeHead(200, { 'Content-Type': 'text/plain' })      // (1)
  while (chance.bool({ likelihood: 95 })) {                  // (2)
    res.write(`${chance.string()}\n`)                        // (3)
  }
  res.end('\n\n')                                            // (4)
  res.on('finish', () => console.log('All data sent'))       // (5)
})
server.listen(8080, () => {
  console.log('listening on http://localhost:8080')
})
```

刚才创建的这个 HTTP 服务器，会向 **res** 对象里面写入数据，这个对象是个 **http.ServerResponse**实例，同时也是一个 **Writable** 流。下面解释其中几个关键步骤：

（1）首先写入 HTTP 的响应头。注意，写入时所调用的这个 **writeHead ()** 方法，并不是 **Writable** 接口的一部分，它实际上是 **http.ServerResponse** 类专门针对 HTTP 协议所公布的一个辅助方法。

（2）进入 **while** 循环。我们根据 **chance.bool ()** 所返回的值来决定该循环是否继续。由于传给该方法的概率是 95%，因此，这个循环有 5%的概率结束。

(3) 每次执行循环体的时候，都向 **stream** 里面写入一个随机字符串。

(4) 整个循环结构刚一结束，我们就在 **stream** 上面调用 **end ()** 方法，以表示没有其他数据需要写入了。同时我们还提供了该 **stream** 在结束工作之前，所需写入的最后一个字符串，这个字符串是由两个新行符组成的。

(5) 最后，注册一个关注 **finish** 事件的监听器，让它在系统把所有数据都写入底层 **socket** 的时候，得到触发。

要想测试这个服务器程序的效果，我们可以先把服务器启动起来，然后在浏览器里打开 **http://localhost：8080** 这个地址，或是在终端机界面（也就是控制台界面）执行下面这条 curl 命令：

```
curl localhost:8080
```

这时，我们就会看到，服务器开始给你所使用的 HTTP 客户端发送随机字符串了。（请注意，某些浏览器可能会把发来的数据放入缓冲区，等积攒到一定程度再全部显示出来，因此，你或许观察不到明显的串流效果。）

6.2.3.2　backpressure（拥堵）

跟真实的管道系统类似，Node.js 平台的流，也有可能遇到瓶颈或拥堵，也就是说，写入数据的速度可能比消耗数据的速度要快。为了应对这样的情况，流对象会把写进来的数据先放入缓冲区，但如果给该对象写入数据的那个人，不知道现在已经出现了这种情况，那么他还是会不断地写入，导致内部缓冲区里面的数据越积越多，让内存用量变得比较高。

为了提醒写入方注意这种问题，**writable.write ()** 方法会在内部缓冲区触碰 **highWaterMark** 上限的时候，返回 **false**。对于 **Writable** 流来说，**highWaterMark** 属性表示内部缓冲区的数据上限，如果其中的数据超过了这个量，那么 **write ()** 方法就开始返回 **false**，以表明此时不应该再向其中写入内容。当缓冲区清空时，流对象会发出 **drain** 事件，以提示现在又可以向里面写入数据了。这套机制就叫作 backpressure（防拥堵机制）。

backpressure 只是一套建议机制，而不是强制实施的。即便 **write ()** 返回 **false**，我们也还是可以忽略这个信号，继续往里面写入，让缓冲区越变越大。流对象本身并不会因为缓冲区尺寸触碰 **highWaterMark** 上限，而令写入操作阻塞。但我们还是应该注意遵循 **backpressure** 机制，不要让缓冲区膨胀得太过分。

这一部分里面表述的这套机制，其实在 **Readable** 流（写入流）之中也有类似的体现，因为 **Readable** 流实际上也会遇到 **backpressure**（拥堵）问题，所以，**Readable** 流的开发者在实现 **_read ()** 方法时，如果发现自己调用 **push ()** 方法所得到的结果是 **false**，那就不应该再向其中推送新数据了。只不过，这个问题仅仅需要由实 **Readable** 流的人来担心，而不太需要由使用这种流的人负责处理。

我们只需要修改刚才创建的 entropy-server. js 程序，就能够演示如何处理 Writable 流的 backpressure 问题：

```
//...
const server = createServer((req, res) => {
  res.writeHead(200, { 'Content-Type': 'text/plain' })
  function generateMore () {                                    // (1)
    while (chance.bool({ likelihood: 95 })) {
      const randomChunk = chance.string({                       // (2)
        length: (16 * 1024) - 1
      })
      const shouldContinue = res.write(`${randomChunk}\n`)     // (3)
      if (!shouldContinue) {
        console.log('back-pressure')
        return res.once('drain', generateMore)
      }
    }
    res.end('\n\n')
  }
  generateMore()
  res.on('finish', () => console.log('All data sent'))
})
//...
```

刚才那段代码里面有这样几个重要的步骤：

(1) 我们把主逻辑封装在名叫 **generateMore ()** 的函数里面。

(2) 为了让程序更有可能遇到 backpressure（数据拥堵）的情形，我们把数据块的尺寸设置得大一些，让它仅比 16KB 少一个字节，于是，只要推送一块数据，就能让缓冲区里的数据量变得跟默认的 **highWaterMark** 上限相当接近。

(3) 写入这块数据之后，我们检查 **res.write ()** 的返回值。如果返回 **false**，那就说明内部缓冲区已经满了，我们不应该再给它发送数据了。在这种情况下，我们针对 drain 事件注册一次 **generateMore** 回调，使系统能够在清空缓冲区的时候，再度触发 **generateMore ()**。注册完之后，我们就通过 return 提前跳出当前的这次 **generateMore ()**。

我们如果试着运行一下这次的服务器程序，并用 curl 命令做客户端，给服务器发送请求，那么有很大概率会出现 **backpressure** 现象，因为服务器产生数据的速度太快，而底层的

socket 可能一时间处理不了这么多数据[译注14]。

6.2.3.3　实现 Writable 流

要想实现一种新的 **Writable** 流，我们可以继承 **Writable** 类，并实现 **_write ()** 方法。现在我们就试着来做一遍。其中的细节笔者会在实现过程中讲解。

我们要构建的这种 **Writable** 流，接收下面这种格式的对象：

```
{
path: <文件路径>
content: <字符串或 Buffer>
}
```

每收到这样一个对象，我们的这种 **Writable** 流，就会在 **path** 所指的路径下创建一份文件，并把 **content** 属性的内容存入该文件。大家立刻就应该意识到，输入给我们这种 **Writable** 流的数据，并不是字符串或 **Buffer**，而应该是对象，因此，这意味着这种流必须在对象模式下运作。

我们把这个模块叫作 **to-file-stream.js**：

```
import { Writable } from 'stream'
import { promises as fs } from 'fs'
import { dirname } from 'path'
import mkdirp from 'mkdirp-promise'

export class ToFileStream extends Writable {
  constructor (options) {
  super({ ...options, objectMode: true })
}

_write (chunk, encoding, cb) {
  mkdirp(dirname(chunk.path))
     .then(() => fs.writeFile(chunk.path, chunk.content))
     .then(() => cb())
     .catch(cb)
  }
}
```

我们创建一个新的类，来表示这种 **Writable** 流，这个类继承自（或者说扩展自）**stream** 模块的 **Writable** 类。

译注14　遇到这种现象的时候，服务器端会在控制台打印 back-pressure。

我们必须调用超类的构造器，以初始化相关的内部状态，同时还必须注意，要把 **objectMode** 明确设置成 **true**，以便从默认的二进制模式切换到对象模式。除了这个选项，**Writable** 还支持下面两个选项：

- **highWaterMark** 选项。这个选项表示内部缓冲区的数据上限，如果数据量达到这个限值，那么会发生 **backpressure** 现象。它的默认值是 16KB。
- **decodeStrings** 选项。这个选项表示该对象在把数据传给 **_write()** 方法之前，如果发现数据是字符串，那么要不要先将这个字符串转换成二进制的 **Buffer**，然后再传。在对象模式下，系统会忽略这个选项。这个选项的默认值是 **true**。

写完构造器之后，我们开始实现 **_write()** 方法。大家都看到了，这个方法接受一个数据块与一种编码方案（表示编码方案的这个 **encoding** 参数，只有在该对象处于二进制模式，且 **decodeStrings** 选项为 **false** 的情况下才有意义）。另外，这个方法还接受一个回调函数（也就是 **cb**），实现者需要在这次 **_write** 操作结束的时候，触发该函数，当然了，我们不一定非得把操作结果也传过去，但如果操作过程中发生错误，那我们可以把一个表示该错误的 **Error** 对象回传给它，这会促使当前这条 **Writable** 流产生 **error** 事件。

现在我们来试试刚才构建的这个 **Writable** 流。我们创建下面这样一个新的模块，并对刚才定制的流对象执行一些写入操作：

```
import { join } from 'path'
import { ToFileStream } from './to-file-stream.js'

const tfs = new ToFileStream()
tfs.write({
  path: join('files', 'file1.txt'), content: 'Hello' })
tfs.write({
  path: join('files', 'file2.txt'), content: 'Node.js' })
tfs.write({
  path: join('files', 'file3.txt'), content: 'streams' })
tfs.end(() => console.log('All files created'))
```

到这里，我们就把自己定制的第一个 **Writable** 流写好了，并且看到了用户如何使用它来执行写入操作。请大家还是按照往常的方式来运行这个新的模块，然后检查运行结果。这次我们看到，目录里多了一个名叫 **files** 的文件夹，这个文件夹下面出现了三份新的文件。

简化版的定制方案

跟早前讲过的 **Readable** 流类似，**Writable** 流也有一种比较简单的定制方案。假如我们用这套方案重新实现刚才的 **ToFileStream**，那么代码就应该是：

```
// ...
const tfs = new Writable({
  objectMode: true,
  write (chunk, encoding, cb) {
     mkdirp(dirname(chunk.path))
        .then(() => fs.writeFile(chunk.path, chunk.content))
        .then(() => cb())
        .catch(cb)
  }
})
// ...
```

这种方案只需要调用 **Writable** 的构造器，并传入一个包含 **write ()** 函数的对象就行了，我们在这个 **write ()** 函数里面，给自己定制的这种 **Writable** 实例编写逻辑代码，当然了，跟简化版的 **Readable** 定制方案类似，这种方案里面的 **write ()** 函数名也不加下划线。另外，我们还得注意把 **objectMode** 这样必须要明确加以指定的选项，也放在这个对象里面，和 **write ()** 函数一起传给 **Writable** 的构造器。

6.2.4　Duplex 流（双工流/读写流）

Duplex 流既是 **Readable** 流，又是 **Writable** 流，它可以描述那种既充当数据来源，又充当数据目标的实体，例如 network socket（网络套接字）。**Duplex** 流继承了 **stream.Readable** 与 **stream.Writable** 的方法，而那两种流我们前面都分别讲过了，因此，我们在这一方面并没有新的东西要谈。我们只需要明白，用户可以通过 **read ()** 从这样的流之中读取数据，也可以通过 **write ()** 给这样的流里面写入数据，另外，用户可以监听与数据读取有关的 **readable** 事件，也可以监听与数据写入有关的 **drain** 事件。

如果想自己定制 **Duplex** 流，那么既要实现 **_read ()** 方法，又要实现 **_write ()** 方法。在我们传给 **Duplex ()** 构造器的 **options** 对象里面，与 **Readable** 流及 **Writable** 流有关的选项，会分别转发给各自的构造器。这些选项的含义，我们在前面几个小节里已经讲过了，这里只提一个新的选项，它叫作 **allowHalfOpen**，这个选项的默认值是 **true**，如果设置成 **false**，那么 **Duplex** 流会在可读端（也就是 **Readable** 端）已经关闭的时候，自动把可写端（**Writable** 端）也关掉。

如果我们想让 **Duplex** 在其中一侧以对象模式运作，而在另一侧以二进制模式运作，那么可以给 **readableObjectMode** 与 **writableObjectMode** 分别设置不同的值。

6.2.5 Transform 流（传输流）

Transform 流（传输流）是一种特殊的 **Duplex** 流，专门用来转换数据。我们可以举几个具体的例子，比如这一章刚开头说的 **zlib.createGzip ()** 与 **crypto.createCipheriv ()**，所创建出来的就是 **Transform** 流，它们分别用来压缩及加密数据。

对于简单的 **Duplex** 流来说，从中读取的数据与写入其中的数据之间没有直接联系，或者至少可以说，流对象本身，并不关注这两种数据之间有没有联系。以 TCP socket 为例，它只需要知道自己可以给远端发送数据，并从远端接收数据就行了，至于发出去的数据与收到的数据之间是什么关系，并不需要由它来操心。图 6.4 演示了 **Duplex** 流的数据走向。

与简单的 **Duplex** 流不同，**Transform** 流是特殊的 **Duplex** 流，因此，它会对自己从 **Writable**端收到的每一块数据都做出转换，并让用户可以从 **Readable** 端读取到转换之后的数据。图 6.5 演示了 **Transform** 流的数据走向。

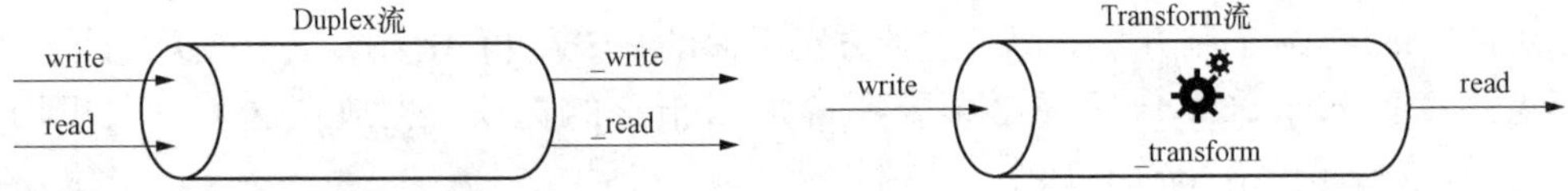

图 6.4　Duplex 流的原理图　　　　图 6.5　Transform 流的原理图

从表面上看，**Transform** 流的接口跟 **Duplex** 流一样，也支持读取与写入，但我们在定制新的 **Transform** 流时，需要实现的并不是定制普通的 **Duplex** 流时所应提供 **_read ()** 与 **_write ()** 方法，而且另一组方法，也就是 **_transform ()** 与 **_flush ()** 方法。

下面就举例说明如何创建新的 **Transform** 流。

6.2.5.1 实现 Transform 流

我们定制这样一种 **Transform** 流，让它把数据里面的某一个字符串，全都替换成另一个字符串。为此，我们必须新建一个模块。比如，可以把这个新模块叫作 **replaceStream.js**。现在直接来看该模块的实现代码：

```
import { Transform } from 'stream'

export class ReplaceStream extends Transform {
  constructor (searchStr, replaceStr, options) {
    super({ ...options })
    this.searchStr = searchStr
    this.replaceStr = replaceStr
    this.tail = ''
  }
```

```
  _transform (chunk, encoding, callback) {
    const pieces = (this.tail + chunk).split(this.searchStr)             // (1)
    const lastPiece = pieces[pieces.length - 1]                          // (2)
    const tailLen = this.searchStr.length - 1
    this.tail = lastPiece.slice( - tailLen)
    pieces[pieces.length - 1] = lastPiece.slice(0, - tailLen)
    this.push(pieces.join(this.replaceStr))                              // (3)
    callback()
  }

  _flush (callback) {
    this.push(this.tail)
    callback()
  }
}
```

这个例子创建了一个新类，该类扩展自 **Transform** 这个基类。新类的构造器接受三个参数，也就是 **searchStr**、**replaceStr** 与 **options**。从参数名称就能够想到，前两个参数分别表示有待替换的字符串以及要替换成的字符串，第三个参数是个对象，用来存放与底层 **Transform** 流有关的一些高级配置。另外，我们还在本类内部，初始化了一个叫作 tail 的变量，这个变量会在稍后实现 **_transform()** 方法的时候用到。

现在我们就看看这个 **_transform()** 方法，它是这个新类的关键方法。这个方法的签名实际上跟 **Writable** 流的 **_write()** 方法一样，但它并不把数据写入底层资源，而是通过 **this.push()** 将其推送到内部缓冲区以供读取，这一点，跟 **Readable** 流的 **_read()** 方法很像。这也正说明了 **Transform** 流的写入端和读取端是怎样配合的。

ReplaceStream 对象的 **_transform()** 方法用来实现我们这套替换算法的核心逻辑。在普通的缓冲区里面搜索待查的字符串，并把它替换成目标字符串，是个很简单的任务，但如果整个字符串并没有完整地出现，而是分块串流进来的，那么问题就不一样了，因为我们要考虑到，当前这块文本末尾的几个字符，与下一块文本开头的几个字符，是不是合起来刚好也能与待查的字符串相匹配。刚才那段代码里面的几个关键步骤是：

(1) 把处理上一块数据时剩下的那些字符（即 **tail**）和当前要处理的这块数据（即 **chunk**）拼合起来，然后用 **split()** 函数把整块数据切成多个部分，切割时所指定的分隔符，正是有待查找的那个字符串，也就是 **searchStr**。

(2) 然后，从分割出来的数组里取出最后一个元素，并提取该元素尾部的 **search-**

String.length-1个字符。我们把提取结果放在tail变量里面，这样的话，这些字符就能够跟下一块数据相拼合了。

（3）最后，把split()所分割的这些元素，用join()函数拼接起来，拼接时所指定的分隔符，正是需要替换成的那个字符串，也就是replaceStr。然后，把拼接好的内容推入内部缓冲区。

整条数据流结束时，我们可能还有一点点内容保存在tail变量里面，没来得及推入内部缓冲区。这正是_flush()方法派上用场的地方，因为系统会在整条数据流即将结束的时候，触发这个方法，让我们有机会把还没推送完的数据，一次推送过去，以彻底结束这个流对象的工作。

_flush()方法只接受一个回调参数，我们必须在所有操作都执行完毕后，触发这个回调，让这条数据流终止。这样我们就写好了ReplaceStream类。

现在可以试试这个新的stream类了。我们创建一段脚本，给这样的一个流对象里写入一些数据，然后读取该对象所转换的结果：

```
import { ReplaceStream } from './replace-stream.js'

const replaceStream = new ReplaceStream('World', 'Node.js')
replaceStream.on('data', chunk => console.log(chunk.toString()))

replaceStream.write('Hello W')
replaceStream.write('orld!')
replaceStream.end()
```

为了考验一下我们的算法，笔者故意把有待搜索的关键字（也就是本例中的World）安排到两个相邻的数据块里面，并依次写入这个流对象之中，而且，我们又请求从同一个流对象里面，把经过该对象处理的这几块数据读取出来，看看它能不能正确地替换。运行刚才那段程序，应该会看到下面这样的结果：

```
Hel
lo Node.js
!
```

注意，刚才那段输出信息，打散到了好几行里面，因为我们是通过console.log()方法逐块打印的，每读到一块数据（也就是一行文本），我们就打印一块数据。这样可以更好地演示这个算法的工作原理，让大家清楚地看到，即便有待搜索的字符串跨越前后两行，它也依然可以将其正确地替换成目标字符串。

简化版的定制方案

既然前面几种 **stream** 都有比较简单的定制方案，那 **Transform** 流自然也不例外。学过那几种 **stream** 的定制手法之后，大家现在应该能意识到，**Transform** 流的简化定制方案应该怎么写。我们以刚才的程序为例，直接来看简化版的实现代码：

```
const searchStr = 'World'
const replaceStr = 'Node.js'
let tail = ''

const replaceStream = new Transform({
  defaultEncoding: 'utf8',

  transform (chunk, encoding, cb) {
    const pieces = (tail + chunk).split(searchStr)
    const lastPiece = pieces[pieces.length - 1]
    const tailLen = searchStr.length - 1
    tail = lastPiece.slice(-tailLen)
    pieces[pieces.length - 1] = lastPiece.slice(0, -tailLen)
    this.push(pieces.join(replaceStr))
    cb()
  },

  flush (cb) {
    this.push(tail)
    cb()
  }
})
// 现在可以向 replaceStream 写入内容了
```

跟大家想的一样，简化版的定制方案，就是直接实例化一个新的 **Transform** 对象。在实例化这个对象的时候，我们把特制的转换逻辑，通过 **transform ()** 函数与 **flush ()** 函数实现出来，并将这两个函数放在 **options** 对象里面，传给 **Transform** 构造器。请注意，这两个函数的名称前面，不带下划线。

6.2.5.2　通过 Transform 流实现过滤与聚合

前面说过，**Transform** 流很适合用来实现数据转化管道之中的各个环节。当时我们举例

说明了如何用 **Transform** 流替换文本流之中的特定单词。其实除了处理纯文本，**Transform** 流还能够转化其他类型的数据，从而完成其他一些任务。比如，我们也经常通过 **Transform** 流，来实现数据过滤（**data filtering**）与数据聚合（**data aggregation**）。

举个实际一些的例子，假设某个名列财富 500 强的公司，让我们分析一份庞大的文件，这份文件包含 2020 年的全部销售数据。公司要求我们把在意大利卖掉的商品所产生的总利润计算出来。

为了把例子说得简单一些，我们假设这些销售数据保存在 CSV 格式的文件里面，文件的每一行都有三个字段，分别是商品类型（type）、销售国家（country）与利润（profit）。于是，这样的一份文件，看起来就应该是下面这个样子：

```
type,country,profit
Household,Namibia,597290.92
Baby Food,Iceland,808579.10
Meat,Russia,277305.60
Meat,Italy,413270.00
Cereal,Malta,174965.25
Meat,Indonesia,145402.40
Household,Italy,728880.54
[... 还有许多行]
```

面对这份文件，我们要做的显然是把 country（国家）字段为“Italy”的所有记录都找出来，然后把这些记录的 **profit**（利润）字段值相加，以得出最终的数字。

要想用数据流的方式处理 CSV 文件，我们可以使用 **csv-parse** 模（**nodejsdp.link/csv-parse**）来做，这是个相当好的方案。

假设我们已经定制出了这样几种 **Transform** 流，能够在管道的相关环节里面过滤或聚合数据，那么现在，我们就可以用下面这样的写法，来完成这项任务：

```
import { createReadStream } from 'fs'
import parse from 'csv-parse'
import { FilterByCountry } from './filter-by-country.js'
import { SumProfit } from './sum-profit.js'

const csvParser = parse({ columns: true })

createReadStream('data.csv')                      // (1)
  .pipe(csvParser)                                // (2)
  .pipe(new FilterByCountry('Italy'))             // (3)
```

```
  .pipe(new SumProfit())                                    // (4)
  .pipe(process.stdout)                                     // (5)
```

这条由 **stream** 对象所构成的管道，可以分为五个环节：

(1) 以 **stream** 的形式来读取包含源数据的 CSV 文件。

(2) 用 **csv-parse** 库把文件中的每一行解析成一条 CSV 记录。每解析出这样的一条记录，这个 **stream** 就会产生一个含有 **type**、**country** 与 **profit** 属性的对象，这三个属性分别与这条记录中的同名字段相对应。

(3) 按国家过滤这些记录，只把国家是“Italy”（意大利）的记录保留下来，其他记录都丢弃，也就是说，不让那些记录进入管道的下一个环节。请注意，这里用到的这种 **Transform** 流，需要我们自己来实现。

(4) 把每条记录的 **profit** 字段值加起来。这个流对象最后会产生一个字符串，以表示在意大利卖掉的这些产品总共有多少利润。只有在原始文件之中的数据全都处理完之后，这个流对象才能把总利润确定下来。请注意，这里用到的这种 **Transform** 流，也需要由我们自己来实现。

(5) 最后，把上一个环节所产生的数据，显示到标准输出端。

现在我们就来实现这个 **FilterByCountry** 流：

```
import { Transform } from 'stream'

export class FilterByCountry extends Transform {
  constructor (country, options = {}) {
    options.objectMode = true
    super(options)
    this.country = country
  }

  _transform (record, enc, cb) {
    if (record.country === this.country) {
      this.push(record)
    }
    cb()
  }
}
```

FilterByCountry 类是个定制版的 **Transform** 流，它的构造器接受一个叫作 **country** 的参数，用来表示我们想保留哪个国家的销售记录。在构造器里面，我们还需要将 **options** 参数

中的 **objectMode** 属性设为 **true**，并传给超类的构造器，这样才能让这个 **stream** 知道，自己处理的不是二进制数据，而是一个一个的对象（具体到本例来说，也就是CSV文件里面一行一行的记录）。

在 _**transform** 方法里面，我们判断当前这条记录的 **country** 字段跟构造这个 **FilterByCountry** 对象时所用的 **country** 是否相符，如果相符，就通过 **this.push()** 把这条记录推送出去，让它能够进入管道的下一个环节。无论是否相符，最后都得触发 **cb()** 回调，以表示当前这条记录已经顺利地处理完毕，而且 **stream** 对象也已经可以准备接收下一条记录了。

模式：Transform filter（Transform过滤器）

有条件地调用 **this.push()**，只让符合条件的数据进入管道的下一环节。

最后我们定制这个名叫 **SumProfit** 的 **Transform** 流：

```
import { Transform } from 'stream'

export class SumProfit extends Transform {
  constructor (options = {}) {
    options.objectMode = true
    super(options)
    this.total = 0
  }

  _transform (record, enc, cb) {
    this.total += Number.parseFloat(record.profit)
    cb()
  }

  _flush (cb) {
    this.push(this.total.toString())
    cb()
  }
}
```

这种 **stream** 所接收的对象，是CSV文件里面的记录，因此，它也需要运行在对象模式之下，这意味着我们必须将 **objectMode** 明确地设为 **true**。另外还要注意，我们在构造器里面初始化了一个名叫 **total** 的变量，并把它的值设为0，用以保存汇总结果。

我们在 _transform () 方法里面处理当前收到的这条记录，并把它的 profit（利润）字段值总计到 total 之中。大家一定要注意，这个时候不能调用 this.push ()，因为我们目前只统计出来一部分字段，并没有把所有的字段全都统计完。这也意味着，数据块流经这个 stream 的时候，该 stream 不会产生出可供读取的值。我们虽然不调用 this.push ()，但还是要跟定制其他 Transform 流时那样，在 _transform () 结束前触发 cb 回调，以表示这条记录已经处理完毕，现在可以接收下一条记录了。

把所有数据都处理完之后，我们这个 SumProfit 流就应该给出最终的结果了，为此，我们需要在 _flush () 方法里面表达这样的逻辑。我们把 total 的值转化成字符串，然后通过 this.push () 将这个字符串推送出去。为什么要把这段逻辑放在 _flush () 里面实现呢？因为系统在关闭 Transform 流之前，会自动触发一次 _flush ()，所以我们刚好在这个时候把最终的结果拿出来。

模式：Streaming aggregation（流聚合）

在 _transform () 里面处理数据，并把目前已经处理的这一部分结果积累起来，等到所有数据处理完之后，在 _flush () 里面调用一次 this.push ()，以推送最终的结果。

这个例子到这里就讲完了。你可以从代码库里找到这份 CSV 文件，然后执行程序，看看在意大利销售的产品，所带来的总利润是多少。这可是一家名列财富 500 强的公司，所以结果自然是相当大。

6.2.6　PassThrough 流

除了前面讲的四种 stream 之外，还有一种也值得学习，这就是 PassThrough 流。这是一种特殊的 Transform 流，它不会对输出的数据块做任何转换。

PassThrough 可能是最受人低估的一种 stream，但实际上，它在许多场合是相当有用的。比如，PassThrough 流可以用来观察数据的流动情况，还可以实现 late piping 与惰性的 stream 模式。

6.2.6.1　观察数据的流动情况

如果想知道有多少数据经过了某一个或某几个流对象，那么我们可以构造一个 PassThrough 实例，并针对 data 事件注册监听器，然后把这个 PassThrough 实例安排在管道的某一点上面。我们举一个简单的例子，来说明这个意思：

```
import { PassThrough } from 'stream'

let bytesWritten = 0
```

```
const monitor = new PassThrough()
monitor.on('data', (chunk) => {
  bytesWritten += chunk.length
})
monitor.on('finish', () => {
  console.log(`${bytesWritten} bytes written`)
})

monitor.write('Hello!')
monitor.end()
```

这个例子新建了一个 **PassThrough** 实例，并监听它的 **data** 事件，我们在监听器的逻辑代码里面，统计穿过这个流对象的字节数量。另外，我们还关注 **finish** 事件，并让那个事件的监听器，把统计出来的数据总量，显示到控制台上面。注册完这样两个监听器之后，我们通过 **write()** 与 **end()** 方法，直接给这个流对象写入两条数据，并结束它的工作。这种写法纯粹是为了演示，在实际工作中，我们不太会直接给 **monitor** 这样的 **PassThrough** 流写入数据，而是会把它安排在管道中的某一点上面。比如，本章前面有个例子，是先创建一个能够压缩数据的流对象，然后串接一个能够把数据写入文件的流对象。如果我们想观察压缩之后的数据有多少个字节，那么可以将 **monitor** 这样的流，安排在那两个流对象之间：

```
createReadStream(filename)
  .pipe(createGzip())
  .pipe(monitor)
  .pipe(createWriteStream(`${filename}.gz`))
```

这种写法的好处在于，我们不用修改管道里面已有的那些环节，而且，如果我们想观察管道之中的另一个环节（比如，我们想观察的不是压缩之后的数据量，而是压缩前的数据量），那么只需要把 **monitor** 这样的 **PassThrough** 对象，移动到另一个位置上面就行了，这仅仅需要修改极少量的代码。

你当然也可以采用另一套方案来实现刚才的 **monitor** 流，也就是说，你可以不使用 **PassThrough**，而是自己定制一种 **Transform** 流。在这种方案下，你必须把收到的数据块照原样尽快推送出去，既不能修改，也不能拖延。如果你用的是 **PassThrough** 方案，那么这一点会由系统自行保证。这两种方案都是有效的，你可以选用自己习惯的那种。

6.2.6.2　Late piping（先把流交给 API，然后再将其安排到管道之中）

某些场合，我们可能会用到一种接受流对象做参数的 API。由于我们已经知道如何创建并使用流对象，因此，在使用这样的 API 时，一般不会遇到什么问题。但如果我们想在 API 调用起来之后，再从流中读取数据，或者给流中写入数据，那么情况可能就稍微有点复杂了。

为了把这种情况演示得更具体一些，我们设想这样一个 API，它允许我们把一份文件上传到某个数据存储服务里面：

```
function upload (filename, contentStream) {
  // ...
}
```

这种功能在 Amazon Simple Storage Service（Amazon S3）或 Azure Blob Storage 服务所提供的文件存储 SDK 里面是很常见的，我们设想的这个 API，实际上就是该功能的一个简化版本。当然了，那些程序库给用户提供的函数，要更加灵活，可以接受各种格式的数据（例如字符串、Buffer 或者 Readable 流）。

通过这个 API 上传文件系统之中的文件是一项很简单的操作，这可以用下面这样的代码完成：

```
import { createReadStream } from 'fs'
upload('a-picture.jpg', createReadStream('/path/to/a-picture.jpg'))
```

但是，如果我们想在上传之前，先对文件流做一些处理，比如，我们想压缩或者加密数据，那该怎么办？另外，如果我们想把这样的数据转换操作，以异步方式安排到 **upload()** 函数调用起来之后再去执行，那该怎么办？

在这种情况下，我们可以把 **PassThrough** 流传给 **upload()** 函数，让它充当一个占位符。这样的话，当 **upload()** 函数里面的代码试图从这个流对象之中读取数据时，就会因为暂时没有数据可读，而陷入等待。我们这时还没给 **PassThrough** 提供数据，因此，**upload()** 函数会一直等着这个 **PassThrough** 实例里面有数据流出来，而且，只有当我们关闭了这个流对象之后，**upload()** 函数才会认为所有数据都已经串流完毕。

我们可以写这样一段脚本来演示这种情况。它可以把文件系统中的一份文件上传上去，同时会用 **Brotli** 压缩算法来压缩这份文件，使得上传上去的数据，实际上是经过压缩的数据。我们假设这个来自第三方的 **upload()** 函数，是由 **upload.js** 模块提供的：

```
import { createReadStream } from 'fs'
import { createBrotliCompress } from 'zlib'
import { PassThrough } from 'stream'
import { basename } from 'path'
import { upload } from './upload.js'
```

```
const filepath = process.argv[2]                                    // (1)
const filename = basename(filepath)
const contentStream = new PassThrough()                             // (2)

upload(`${filename}.br`, contentStream)                             // (3)
  .then((response) => {
    console.log(`Server response: ${response.data}`)
  })
  .catch((err) => {
    console.error(err)
    process.exit(1)
  })

createReadStream(filepath)                                          // (4)
  .pipe(createBrotliCompress())
  .pipe(contentStream)
```

本书的范例代码库里有这个例子的完整实现代码，让你可以在本机运行一个HTTP服务器程序，并通过客户端向这个服务器上传文件。

刚才那段代码有这样几个关键点：

（1）我们根据用户传给客户端程序的第一个命令行参数，来确定文件的完整路径，并通过 **basename** 把其中的文件名提取出来。

（2）我们创建一个 **PassThrough** 实例做占位符，并将其赋给 **contentStream** 变量，这样的话，等到把API调用起来之后，我们就可以将 **contentStream** 安排在管道末端，让真正提供数据的那些流对象，最后能够把数据交给它，进而为API所取用。

（3）调用 **upload()** 函数，并传入适当的文件名，以及作为占位符的 **contentStream** 对象。(我们给原来的文件名添加了 **.br** 后缀，以表示新文件是经过 **Brotli** 算法压缩的)。

（4）最后，把读取文件所用的 **Readable** 流与压缩数据所用的 **Transform** 流拼接起来，接着再跟早前创建的占位符，也就是那个名叫 **contentStream** 的 **PassThrough** 流相拼接，让这三者形成一条管道。

这段代码在执行的时候，会调用 **upload()** 函数，从而尽快启动上传流程［比如，**upload()**函数可能会先跟远程服务器建立连接］，但直到我们把管道搭建好之后，数据才会

流动到 **upload ()** 里面。另外要注意，我们构建的这条管道，会在处理完相关的数据之后得以关闭，从而让 **upload ()** 函数知道，它所要上传的内容就是这些，没有其他内容需要上传了。

模式

如果你想先用某个流对象把 API 调用起来，然后再从其中读取数据或是给其中写入数据，那么可以把一个 **PassThrough** 流交给这个 API，稍后再将这个 **PassThrough** 安排在管道中的相应位置上面。

我们还可以运用这个模式，来改造 **upload ()** 函数的接口，让它不再要求调用方主动传入 **Readable** 流，而是自己构建这样一个流对象，并返回给调用方，使得调用方以后能够通过这个流对象，提供需要上传的内容：

```
function createUploadStream (filename) {
  // ...
  // 返回 Writable 流,让调用方能够通过这个流对象上传数据
}
```

假如这个函数要由我们自己实现，那我们可以利用 **PassThrough** 实例写出相当漂亮的代码，比如像下面这样：

```
function createUploadStream (filename) {
  const connector = new PassThrough()
  upload(filename, connector)
  return connector
}
```

刚才这段代码用 **PassThrough** 流做 connector（连接器），这恰好反映出了这个函数的作用，也就是说，它会返回一个流对象，使得调用方可以根据自己的需要，来决定什么时候应该向这个流对象推送数据，从而让这些数据能够通过该对象，流入需要读取数据的那个函数（也就是本例中的 **upload** 函数）。

刚才那个 **createUploadStream ()** 函数，可以像下面这样使用：

```
const upload = createUploadStream('a-file.txt')
upload.write('Hello World')
upload.end()
```

这本书的代码库里面，也有一个采用这种方案实现的 HTTP 上传程序。

6.2.7 lazy stream（惰性流）

有的时候，我们想一下子就创建出许多个流对象，比如，我们要把这些流对象传给某个函数，让它接着去做处理。常见的一种情况，出现在使用 **archiver** 包（**nodejsdp.link/archiver**）的时候，这个包能够创建 TAR 与 ZIP 格式的压缩文档。它允许我们根据一系列流对象来创建一份压缩文档，并用其中的每个流对象来表示一份有待压缩的原始文件。但问题在于，如果流对象创建的太多（比如，我们给每个文件都开一条 **stream**），那么就有可能遇到 **EMFILE, too many open files** 错误。这是因为，**fs** 模块里面的 **createReadStream()** 等函数，每次在创建新的流对象时，都要打开一个文件描述符，就算我们还没开始从流对象里面读取内容，它也依然要这么做。

这个例子实际上并不特殊，一般来说，只要创建 **stream** 实例，就有可能促使系统执行一些开销很大的初始化操作（例如打开一份文件、开启一个 **socket**，或者开始与数据库建立连接等等），即便我们没有开始使用这个 **stream**，系统也还是要先做这些操作。这意味着，如果我们只是想先把许多个流对象创建出来，以后再去使用，那么系统执行的这些初始化操作，对我们来说，就显得太早了。

遇到这种情况的时候，我们可能想把这些开销比较大的初始化操作，尽量推迟到真正需要使用数据的时候再做。

为了实现出这样的效果，我们可以使用 **lazystream**（**nodejsdp.link/lazystream**）这样的库，这个库能够针对实际的 **stream** 实例创建代理（**proxy**），只有当我们真正要开始通过代理来使用数据的时候，它才去把目标 **stream** 给创建出来。

下面这段代码演示了 **lazystream** 的用法，我们通过它创建一条惰性的 **Readable** 流，等到用户真的需要用到这个流对象时，它再去通过 **createReadStream** 去创建底层的流，以读取 **/dev/urandom** 所生成的随机数：

```
import lazystream from 'lazystream'
const lazyURandom = new lazystream.Readable(function (options) {
  return fs.createReadStream('/dev/urandom')
})
```

我们调用 **new lazystream.Readable()** 时传入的参数，其实是个工厂函数，这个函数会在必要的时候，把底层的流对象创建出来。

lazystream 包在幕后会用 **PassThrough** 流来实现代理效果，只有当 **_read()** 方法首次触发的时候，它才去调用我们早前传入的那个工厂函数，从而把底层的流对象创建出来，并将这个流跟一开始创建的 **PassThrough** 整合到一起。其他代码在使用由这个包所创建出的流对象时，根本不需要关注这个对象究竟是真正的流对象，还是一个代理对象，它只需要像平常那样操作这个流就好，**lazystream** 包会把相关的操作施加到底层的流对象上面。除了可以构建惰性的 **Readable** 流，**lazystream** 包里面还有个类似的工具，可以构建惰性的 **Writable** 流。

另外，你也可以不借助第三方的包，而是从头开始实现 **Readable** 与 **Writable** 流。这就留给大家做练习吧。如果写不下去，那就从 **lazystream** 包的源代码里找找思路，看它是如何实现这个模式的。

下一小节会更详细地讲解 **.pipe ()** 方法，并且会告诉大家，还有哪些方式也能将不同的流对象拼接成一条处理管道。

6.2.8　用管道连接流对象

Unix 管道的理念是 Douglas McIlroy 提出的，这使得系统可以把某个程序所输出的信息，输入给下一个程序。大家来看这样一条命令：

```
echo Hello World! | sed s/World/Node.js/g
```

这条命令先让 **echo** 程序把 **Hello World!** 显示到它的标准输出端，并（通过管道运算符 | ）把这个输出端重新定向到 sed 程序的标准输入端，然后让 **sed** 程序把里面的所有 **World** 都换成 Node.js，并把结果打印到它的标准输出端（这次不再重定向了，所以会打印到控制台上面）。

Node.js 平台的流对象也可以用类似的方式连接，比如，你可以通过下面这个 **pipe ()** 方法，把 **Readable** 流与 **Writable** 流连接起来：

```
readable.pipe(writable, [options])
```

这个接口很直观。**pipe ()** 方法会把 **readable** 流所产生的数据推送给你所指定的 **writable** 流，而且当 **readable** 流发出 **end** 事件的时候，系统会自动让 **writable** 流结束［除非你在调用 **pipe ()** 方法的时候，把｛**end: false**｝传给了 **options** 参数］。**pipe ()** 方法会把它收到的第一个参数返回给调用方，这样的话，如果这个 **writable** 流本身，同时还是个 **Readable** 流（例如是个 **Duplex** 流或 **Transform** 流），那么调用者就可以继续在这个流上面调用 **pipe ()**，从而形成链条。

把两个流通过 **pipe ()** 方法接在一起，会形成*吸附*（*suction*）效应，使得数据能够从 **readable** 流自动进入 **writable** 流，于是我们就没必要再调用 **read ()** 或 **write ()** 了，而且最重要的是，我们不用再担心 backpressure（数据拥堵）问题了，因为这会由系统自动处理。

下面举个简单的例子。我们创建这样一个新模块，让它从标准输入端获取一条文本流，并把这条流跟我们早前定制的**ReplaceStream**接起来，让**ReplaceStream**可以对输入进来的文本做*replace*（替换）操作，然后，我们又把这条定制的**ReplaceStream**流，与标准输出端接起来，以便将转换结果推送到标准输出端：

```
// replace.js
import { ReplaceStream } from './replace-stream.js'

process.stdin
  .pipe(new ReplaceStream(process.argv[2], process.argv[3]))
  .pipe(process.stdout)
```

刚才这段程序会把标准输入端发过来的数据，接到**ReplaceStream**上面，并把**ReplaceStream**接到标准输出端。为了试用这个小应用程序，我们可以利用UNIX系统的管道操作符，给该程序的标准输入端写入一些数据，比如像下面这样：

```
echo Hello World! | node replace.js World Node.js
```

这条命令会输出这样的内容：

```
Hello Node.js!
```

这个简单的例子告诉我们，流（尤其是文本流）是一种通用的接口，所有的流之间，几乎都可以通过管道奇妙地组合起来，从而形成相互连通的效果。

6.2.8.1 处理管道之中的错误

用**pipe()**方法拼接流对象的时候，前一个流所产生的**error**事件，不会自动播报给下一个流。例如我们来看这段代码：

```
stream1
  .pipe(stream2)
  .on('error', () => {})
```

上面这种写法，只能捕获**stream2**对象（也就是监听器直接关注的这个流对象）所发生的错误，这意味着，如果还想把**stream1**所发生的错误也捕获下来，那么必须再写一个监听器，让它直接关注那个对象。于是，代码就会变成：

```
stream1
  .on('error', () => {})
  .pipe(stream2)
  .on('error', () => {})
```

这种写法显然不太好，如果管道里面的环节很多，那么效果尤其糟糕。更严重的问题是，当某个流对象发生错误的时候，系统会把这个对象从管道里面拿走，此时，如果我们没有正确地销毁相关的流对象，那么就有可能让某些资源处于游离状态（dangling，也叫作悬挂状态），例如可能导致文件描述符或网络连接未能及时关闭，从而发生内存泄漏。下面这种写法，可以让刚才那段代码变得健壮一些（但即便写成这样，也还是不够理想）：

```
function handleError (err) {
  console.error(err)
  stream1.destroy()
  stream2.destroy()
}

stream1
  .on('error', handleError)
  .pipe(stream2)
  .on('error', handleError)
```

这段代码针对 **error** 事件，在 **stream1** 与 **stream2** 上面分别注册了监听器，无论哪个流对象发生错误，相应的监听器都会调用 **handleError** 函数，从而将该错误记录下来，并把管道中的每一个流都关掉。这样可以确保已经分配的资源总是能够正确地予以释放，而且可以保证错误总是能够得到处理。

6.2.8.2　通过 pipeline () 方法更好地处理管道中的错误

像刚才那样手工处理管道中的错误，不仅很烦琐，而且容易出错，所以我们尽量不要那样做。

幸好 **stream** 包提供了一个很棒的工具函数，让我们可以构建出更安全的管道，并且能够用更简单的方式，处理其中的错误。这个工具函数就是 **pipeline ()**。

简单地说，这个 **pipeline ()** 函数是这样用的：

```
pipeline(stream1, stream2, stream3, ... , cb)
```

这个工具函数会把参数列表中的这些流对象，一个接一个地串起来，并针对每个流对象都注册适当的 **error** 监听器与 **close** 监听器，这样的话，无论是整条管道顺利地完成工作，还是其中某个环节出现错误，系统都能够正确地销毁所有的流。最后那个 **cb** 参数，表示一个可选的回调，它会在整条管道结束的时候得到触发。如果管道是因为某个环节出现错误而结束的，那么系统会把错误信息当成首个参数，传给 **cb** 回调。

为了练习这个辅助函数的用法，我们来编写一个简单的脚本，让它实现下面这样一条管道：

- 从标准输入端读取 Gzip 格式的数据流。
- 解压缩数据。
- 把文本中的所有字母都转成大写。
- 把转换好的数据压缩成 Gzip 格式。
- 把压缩过的数据发到标准输出端。

我们把这个模块叫作 **uppercasify-gzipped.js**：

```
import { createGzip, createGunzip } from 'zlib'                       // (1)
import { Transform, pipeline } from 'stream'

const uppercasify = new Transform({                                    // (2)
  transform (chunk, enc, cb) {
    this.push(chunk.toString().toUpperCase())
    cb()
  }
})

pipeline(                                                              // (3)
  process.stdin,
  createGunzip(),
  uppercasify,
  createGzip(),
  process.stdout,
  (err) => {                                                           // (4)
    if (err) {
      console.error(err)
      process.exit(1)
    }
  }
)
```

这段范例代码里面的关键步骤有：

(1) 从 **zlib** 和 **stream** 模块里面引入必要的内容。

(2) 创建一条简单的 **Transform** 流，把收到的每块数据都转成大写。

(3) 把相关的 stream 实例按顺序传给 **pipeline ()** 函数，以定义一条管道。

（4）调用 **pipeline ()** 函数的时候，我们还传入了一个回调，以监控整个管道是否结束。如果管道是因为出现错误而结束的，那就把错误打印到标准错误端，并退出程序，退出的时候，将错误码设为 1。

这条管道会自动从标准输入端获取数据，并把最终产生的数据打印到标准输出端。

我们可以用下面这条命令测试这个脚本的效果：

```
echo 'Hello World! ' | gzip | node uppercasify-gzipped.js | gunzip
```

这条命令应该打印出这样的内容：

```
HELLO WORLD!
```

如果我们把刚才那条命令里面的 gzip 环节省掉，那么脚本就会因为出现下面这样的错误而失败：

```
Error: unexpected end of file
    at Zlib.zlibOnError [as onerror] (zlib.js:180:17) {
  errno: -5,
  code: 'Z_BUF_ERROR'
}
```

这个错误发生在 **createGunzip ()** 函数所创建的那个流对象里面，因为那个对象所处理的，应该是经过压缩的数据才对。如果数据没有经过 Gzip 算法压缩，就直接发到了那里，那么该对象的解压缩算法就会因为无法处理数据而出错。在这种情况下，**pipeline ()** 函数会在出错之后执行清理工作，并销毁管道之中的所有 **stream** 对象。

我们可以用 **util** 这个核心模块里面的 **promisify ()** 函数，把 **pipeline ()** 轻松地转化成 Promise 版本（也就是让这个函数 *promisified*）。

透彻地理解了 Node.js 平台的 stream 对象（流对象）之后，就可以看一些比较复杂的 stream 模式（流模式）了。接下来，笔者要讲解涉及控制流程的 stream 模式，以及一些与管道有关的高级 stream 模式。

6.3　用 stream 实现异步控制流模式

从目前讲过的这些例子里面，我们清楚地看到，stream 不仅能处理 I/O，而且还能处理其他数据，于是，我们就可以把原来的写法改用 stream 来做，让代码变得更加优雅。除了可以简化代码，stream 还有一项优势，就是能够将“异步控制流”（asynchronous control flow）转化成“**流控制**”（**flow control**），这是什么意思呢？笔者接下来就要讲到。

6.3.1 顺序执行

在默认情况下，stream 是按照先后顺序处理数据的。例如对于 **Transform** 流的 **_transform()** 函数来说，它必须先将当前这块数据处理好，并把 **callback()** 调用完，然后才有机会再度为系统所触发，以处理下一块数据。这是 stream 的一项重要特征，数据块与数据块之间的顺序之所以不会搞错，关键就在于此。然而从另一方面来看，我们正好可以利用这项特征，拿 stream 对象制作一套优雅的方案，以取代传统的控制流模式。

至于如何打造这样的方案，笔者并不想用过多的言辞去解释，我们还是直接看代码比较好。我们制作这样一个例子，来演示怎样利用 stream 按顺序执行一系列异步任务。这个例子要求我们创建一个函数，把用户所输入的多个源文件合并成一个目标文件，并遵守用户在传入这些源文件时所用的顺序。我们新建一个名叫 **concat-files.js** 的模块，给里面写入这样一段内容：

```
import { createWriteStream, createReadStream } from 'fs'
import { Readable, Transform } from 'stream'

export function concatFiles (dest, files) {
  return new Promise((resolve, reject) => {
    const destStream = createWriteStream(dest)
    Readable.from(files)                                         // (1)
      .pipe(new Transform({                                      // (2)
        objectMode: true,
        transform (filename, enc, done) {
          const src = createReadStream(filename)
          src.pipe(destStream, { end: false })
          src.on('error', done)
          src.on('end', done)                                    // (3)
        }
      }))
      .on('error', reject)
      .on('finish', () => {                                      // (4)
        destStream.end()
```

```
        resolve()
      })
    })
  }
```

刚才这段代码会把 **files** 数组里面的文件，以 stream 的形式按顺序地迭代。这个算法有这样几个关键的步骤：

（1）首先，我们通过 **Readable.from()** 创建一个 **Readable** 流，以读取 **files** 数组。这个流运行在对象模式之下［**Readable.from()** 所创建的流，默认都处于该模式］，它能够把 **files** 数组里面的每个元素（也就是每份源文件的名字）依次发给读取它的人，具体到本例来说，这意味着我们可以把另一个流串在它后面，让那个流所接到的每块数据，都表示某一份源文件的路径名，而且那些数据块出现的顺序，会跟用户在 **files** 数组里面指定的顺序相符。

（2）接下来，创建一个定制的 **Transform** 流［就是上一步里说的那个串在 **Readable.from(files)** 后面的流］，让它按顺序处理每份源文件。这个流所收到的数据块应该是个字符串，用来表示当前这份源文件的路径名，因此，我们要把 **objectMode** 设置成 **true**。在编写转换逻辑的时候，我们针对当前这份文件创建一个 **Readable** 流以读取其中的内容，并把它跟下一个流串起来，那个流是个 **Writable** 流，用来把当前这份文件的内容，写入目标文件。我们必须注意，就算当前这份源文件处理完毕，我们也不能让系统自动把 **Writable** 流给关了，因为后面可能还要给那个流里面，写入下一份源文件的内容，所以，在通过 **pipe()** 方法串接的时候，要指定 {**end: false**} 选项，不让系统在这条 **Readable** 结束的时候，自动关掉串在它后面的 **Writable** 流。

（3）当前这份源文件的内容如果全都输送给了 **destStream** 流，那么系统会让这条 **Readable** 流产生 **end** 事件，此时我们需要触发 **transform** 逻辑里面用来表示回调的那个 **done** 函数，这样才能让 **Transform** 流知道，这块数据（也就是这份源文件）已经处理完了，可以开始处理下一个源文件了。

（4）把所有的源文件都处理完之后，**Readable.from()** 所创建的那个 **Readable** 流会产生 **finish** 事件，此时我们把写入目标文件所用的 **destStream** 流关掉，并调用 **resolve()**，以表示我们在 **concatFiles()** 函数里面新建的这个 **Promise** 对象，此时已经可以宣告完工了。

下面我们新建这样一个 **concat.js** 脚本，来试用刚才写的那个模块：

```
import { concatFiles } from './concat-files.js'

async function main () {
```

```
  try {
    await concatFiles(process.argv[2], process.argv.slice(3))
  } catch (err) {
    console.error(err)
    process.exit(1)
  }

  console.log('All files concatenated successfully')
}
main()
```

我们像下面这样来运行这个 **concat.js** 脚本，先指出目标文件的名字，然后给出一系列源文件，比如：

```
node concat.js all-together.txt file1.txt file2.txt
```

这条命令会创建出一个叫作 **all-together.txt** 的新文件，它里面先出现 **file1.txt** 文件的内容，然后出现 **file2.txt** 文件的内容。

我们写的这个 **concatFiles()** 函数，仅仅通过 **stream** 对象，就实现出了异步的顺序迭代流程，这种写法简洁而优雅，它让我们在第 4 章所讲的纯回调方案与第 5 章所讲的 Promise 及 Async/Await 方案之外，又多了一种方案可供考虑。

模式

利用一条或多条 stream 对象，很容易就能按先后顺序迭代一系列异步任务。

下一小节要讲解如何利用 Node.js 平台的 stream 对象，以不考虑顺序的方式平行地执行多项任务。

6.3.2 无序的平行执行

刚才我们已经看到如何用 stream 依序地处理每块数据，然而这种处理办法，有的时候效率不够高，因为它没能充分利用 Node.js 平台的并发优势。比如，如果每块数据都涉及一项很耗费时间的异步操作，那么若是能把这些任务平行地启动起来，程序的整体速度就会变得比按照先后顺序执行时更快。当然了，这么做的前提是这些数据块之间不存在关联，这种情况在处理对象流的时候很常见，但如果处理的是二进制流就不太会遇到这样的情况了。

注意

如果数据块之间的处理顺序很重要，那么你就不能运用这里所说的平行方案来处理，因为该方案不保证顺序。

第 4 章讲过一些与平行执行有关的模式，但当时用的是纯回调方案，其实我们只需要在这些模式的基础上做些修改，就可以利用 **Transform** 流，实现出 **stream** 方案之下的平行执行了。下面来看具体的做法。

6.3.2.1　用 stream 实现无序的平行执行

现在直接来看实现无序的平行执行时所需的代码，然后笔者会用一个例子演示这种代码的用法。首先创建名为 **parallel-stream.js** 的模块，并定制下面这样一种 **Transform** 流，让它能够平行地执行用户通过 **userTransform** 所指定的转换逻辑：

```
import { Transform } from 'stream'

export class ParallelStream extends Transform {
  constructor (userTransform, opts) {                    // (1)
    super({ objectMode: true, ...opts })
    this.userTransform = userTransform
    this.running = 0
    this.terminateCb = null
  }

  _transform (chunk, enc, done) {                        // (2)
    this.running++
    this.userTransform(
      chunk,
      enc,
      this.push.bind(this),
      this._onComplete.bind(this)
    )
    done()
  }

  _flush (done) {                                        // (3)
    if (this.running > 0) {
      this.terminateCb = done
```

```
    } else {
      done()
    }
  }

  _onComplete (err) {                                              // (4)
    this.running--
    if (err) {
      return this.emit('error', err)
    }
    if (this.running === 0) {
      this.terminateCb && this.terminateCb()
    }
  }
}
```

现在我们来分析这个类里面的关键代码：

(1) 大家都看到了，这个 **ParallelStream** 类的构造器通过 **userTransform** 参数，接收用户所传入的函数，并把这个函数保存到 **this.userTransform** 这个实例变量里面。我们让这个构造器触发超类构造器，并且把 **objectMode** 设置成 **true**，令本实例默认进入对象模式。

(2) 接下来该说 **_transform()** 方法了。我们在这个方法里面先递增当前正在运行的任务数量，然后执行 **userTransform()** 函数，最后调用 **done()**，以通知这条 **Transform** 流，当前这次变换已经做完。之所以能实现出平行执行的效果，关键正在这里。注意看，我们并不是先等待 **userTransform()** 函数把真正的任务做完，然后再触发 **done()**，而是只要把 **userTransform()** 一启动起来，就立刻触发 **done()**。我们给 **userTransform()** 提供一个特殊的回调，也就是本例中的 **this._onComplete()** 方法，这样的话，那个函数在真正完成它自己的任务之后，就可以触发这个回调，让我们这边知道，这项任务确实是做完了。

(3) 系统在即将终止当前这条 **stream** 的时候，会调用 **_flush()** 方法，因此，我们必须让这个方法去判断，当前还有没有尚未运行完毕的任务，如果有，就别急着触发 done() 回调，而是把回调时机往后推迟，等到最后一项任务完成之后，再触发 **done()** 回调并生成 finish 事件。为此，我们需要在这种情况下，把 **done** 赋给 **this.terminateCb** 变量，让最后完成的那项任务，能够在触发它的 **_onComplete()** 时，通过该变量正确地触发 **done()** 回调。

(4) 要想让这条 **stream** 对象正确地终止，我们必须在 **_onComplete()** 方法里面做出适当的处理。每一项异步任务完成的时候都会触发这个方法，于是，我们就应该判断，除了当前这项任务之外，还有没有尚未完成的任务，如果没有，那说明当前这项任务是整套任务里面最后完成的一项，于是，它应该检查系统在这之前有没有触发过 _flush() 方法，如果触发过，那么按照我们在//(3)那里的写法，_flush() 肯定会把 done 赋给 this.terminateCb，以推迟回调时机，而正确的回调时机，就是此刻，于是我们就在这里触发 this.terminateCb() 以生成 finish 事件。

利用刚才构建的这个 ParallelStream 类，我们很容易就能创建出一条 Transform 流，以便平行地执行各项任务，但是要注意一个问题，也就是这些任务未必能够按照用户当时指定的顺序来执行，因为我们没办法保证这些异步操作的完成顺序以及它们给这条 stream 推送执行结果的顺序，肯定与我们启动这些任务时所依照的顺序相同。意识到这一点，大家立刻就能明白，二进制流是不太适合用这个类做平行处理的，因为这样处理出来的数据，在顺序上未必与处理前的数据相同，而二进制流通常很在乎顺序。反之，如果处理的是对象流，那么肯定有一些场合是能够用上我们这个类的。

6.3.2.2 实现 URL 状态检测程序

现在我们用刚才的 ParallelStream 实现一款具体的范例程序。假设我们要构建一项简单的服务，以判断某个文件里面的诸多网址是否有效。这些网址全都保存在同一份文件里，它们之间用换行符分隔。

这个问题可以用 stream 方案漂亮地解决，而且这样写出来的程序，效率特别高，因为我们能够利用 ParallelStream 类，让这些网址检测任务平行地运行起来。

下面我们新建一个 check-urls.js 模块，来编写这个简单的应用程序：

```
import { pipeline } from 'stream'
import { createReadStream, createWriteStream } from 'fs'
import split from 'split'
import superagent from 'superagent'
import { ParallelStream } from './parallel-stream.js'

pipeline(
  createReadStream(process.argv[2]),                          // (1)
  split(),                                                     // (2)
  new ParallelStream(                                          // (3)
    async (url, enc, push, done) => {
      if (!url) {
        return done()
      }
      try {
        await superagent.head(url, { timeout: 5 * 1000 })
```

```
        push(`${url} is up\n`)
      } catch (err) {
        push(`${url} is down\n`)
      }
      done()
    }
  ),
  createWriteStream('results.txt'),                    // (4)
  (err) => {
    if (err) {
      console.error(err)
      process.exit(1)
    }
    console.log('All urls have been checked')
  }
)
```

大家都看到了，用 **stream** 做出来的方案相当干净而且特别直观，因为我们把所有的逻辑都规整在了同一条管道里面。现在解释其中的几个关键点：

(1) 首先，我们把用户所指定的文件当成输入数据，以此创建 **Readable** 流。

(2) 我们让这份文件的内容，流入 **split** 之中，这是一种 **Transform** 流，可以把它收到的每行文字都当成一个数据块，分别派发出去。

(3) 然后，就到了使用 **ParallelStream** 来检测网址状态的这一步了。我们针对每个网址，发送 head 请求并等候回应。如果这项操作有了结果，那就把结果推送给 **ParallelStream**。

(4) 最后，让所有的结果都流入 **results.txt** 这份文件。

现在我们可以用下面这样一条命令，运行这个 **check-urls.js** 模块：

```
node check-urls.js urls.txt
```

命令里面提到的 **urls.txt** 文件是一份容纳受测网址的文本文件（每个网址占据一行）。比如，它的内容是这样的：

```
https://mario.fyi
https://loige.co
http://thiswillbedownforsure.com
```

命令运行完之后，我们会看到程序创建了一份叫作 **results.txt** 的文件，这份文件包含每个网址的检测结果，比如是这样：

```
http://thiswillbedownforsure.com is down
https://mario.fyi is up
https://loige.co is up
```

这些网址在存放检测结果的这份文件里面出现的顺序，很可能跟它们在一开始的那份文件里面不同，这清楚地表明，检测网址状态的那些任务肯定是平行执行的，而不是按照某个固定顺序执行的，假如真是按顺序执行的，那么这两份文件里面的网址在顺序上也应该相同才对。

如果你想知道按顺序执行会是什么结果，那可以把 **ParallelStream** 改成普通的 **Transform** 流，这样就能对比这两种方案的效果与性能了（至于具体怎么改，就留给你做练习吧）。用普通的 **Transform** 做出来的版本会慢得多，因为它必须先把前一个网址的状态检测完，然后才能开始检测下一个网址，然而从另一方面来说，这也有好处，就是能够确保这些网址在 **results.txt** 里面的顺序，与原先在 **urls.txt** 里面的顺序一致。

下一小节要讲解怎样扩充这个采用 **stream** 方案而实现的平行任务模式，让它能够限制同时运行的任务数量。

6.3.3　无序且带有并发上限的平行执行模式

如果 **check-urls.js** 程序所要操作的文件里面，包含巨量的网址，那么刚才那种做法肯定会出问题，因为应用程序一下子就会创建出数量极多的连接，并试着平行地发送许多份数据，这有可能让程序变得不稳定，甚至会影响整个系统的反应能力。所以，我们要控制负载量与资源使用量，而要想做到这一点，大家都知道，我们必须给平行任务设定并发上限。

笔者创建这样一个 **limited-parallel-stream.js** 模块，以演示如何在 stream 方案中施加并发上限，这个模块会由上一小节创建的 **parallel-stream.js** 改编而成。

下面看具体的代码，首先说构造器（跟以前有区别的地方，用粗体表示）：

```
export class LimitedParallelStream extends Transform {
  constructor (concurrency, userTransform, opts) {
    super({ ...opts, objectMode: true })
    this.concurrency = concurrency
    this.userTransform = userTransform
    this.running = 0
    this.continueCb = null
```

```
      this.terminateCb = null
    }
  // ...
```

这次的构造器多了一个参数，也就是用来表示并发上限的 **concurrency** 参数。另外，我们这次要用两个实例变量来分别保存两个回调，一个变量是 **this.continueCb**，这会在接下来要讲的 **_transform()** 方法里面细说，另一个变量是 **this.terminateCb**，我们可能要在 **_flush** 方法里面给这个变量赋值。

接下来说 **_transform()** 方法：

```
  _transform (chunk, enc, done) {
    this.running++
    this.userTransform(
      chunk,
      enc,
      this.push.bind(this),
      this._onComplete.bind(this)
    )
    if (this.running < this.concurrency) {
      done()
    } else {
      this.continueCb = done
    }
  }
```

这次的 **_transform()** 方法必须判断：把当前这项任务算进来之后，还有没有空余名额再开启新的任务了，如果有，那就触发 **done()** 回调，让系统安排处理下一项任务，如果没有，那说明当前运行着的任务数量，已经触碰并发上限，于是，我们就把 **done** 保存到 **this.continueCb** 变量里面，让正在运行着的某项任务，能够在它运行完毕时尽快触发该变量所保存的 done 回调，使得系统能够安排下一项任务。

_flush() 方法跟 **ParallelStream** 类里的一样，所以就不讲了，我们直接跳到 **_onComplete()** 方法：

```
  _onComplete (err) {
    this.running--
    if (err) {
      return this.emit('error', err)
```

```
    }
    const tmpCb = this.continueCb
    this.continueCb = null
    tmpCb && tmpCb()
    if (this.running === 0) {
      this.terminateCb && this.terminateCb()
    }
  }
```

每次一有任务完成，我们就判断 **this.continueCb** 里面是否保存着回调（即前面说的 **done** 回调），如果有，就触发这个回调，让原来卡住的 **stream** 能够继续处理下一个元素。

LimitedParallelStream 类到这里就算实现好了。我们现在可以用它替换 **check-urls.js** 里面的 **ParallelStream**，这样就能够给平行任务设置并发上限了。

6.3.4　有序的平行执行

上一小节创建的那种平行 **stream**，未必能按照数据的原始顺序来处理数据，然而在某些场合，这是不能接受的。也就是说，有时我们确实要求接收方所看到的顺序，必须跟发送方所采用的顺序一致。当然了，这并不意味着这种需求绝对无法并行，实际上这样的数据转化任务，还是可以并行执行的，只不过我们得做出适当的安排，确保各项数据是按照同一套顺序产生与接收的。

要想做到这种效果，我们需要把每项任务所给出的数据先放到缓冲区里面排列好，但是具体的做法特别烦琐，不适合在这样的一本书里面讲，所以为了简单起见，笔者就不带着大家实现这套代码了，而是决定复用已有的 **npm** 包。这个包也是专门为了这种需求而设计的，它就是 **parallel-transform**（**nodejsdp.link/parallel-transform**）。

只要把现有的 **check-urls** 模块修改一下，就能迅速观察到这种有序的平行执行效果。我们现在的需求是，既要让每项网址检测任务平行地运行，又要让各网址在目标文件里面的顺序与原始文件一致。下面就利用 **parallel-transform** 改写程序：

```
//...
import parallelTransform from 'parallel-transform'

pipeline(
  createReadStream(process.argv[2]),
  split(),
  parallelTransform(4, async function (url, done) {
```

```
      if (! url) {
        return done()
      }
      console.log(url)
      try {
        await request.head(url, { timeout: 5 * 1000 })
        this.push(`${url} is up\n`)
      } catch (err) {
        this.push(`${url} is down\n`)
      }
      done()
    }),
    createWriteStream('results.txt'),
      (err) => {
        if (err) {
          console.error(err)
          process.exit(1)
        }
        console.log('All urls have been checked')
      }
  )
```

在这个例子里面，我们用 **parallelTransform ()** 创建一个运行在对象模式下的 **Transform** 流，让它平行地执行我们编写的转换逻辑，我们把它的并发上限设置成 4，这意味着同一时刻最多可以有 4 块数据平行地得到处理。运行这个版本的 **check-urls.js** 程序之后，我们就会发现，在它所生成的 **results.txt** 文件里面，各网址的顺序与它们在原始文件（即 **urls.txt**）里面的顺序相同，然而在执行程序的过程中，我们也能观察到，针对各网址而做的检测操作确实是在平行地运行，而不是先要把前一个网址检测完，然后才开始检测下一个网址。

在使用这种有序的平行执行模式时，要注意一个问题：如果其中某项任务处理得特别慢，那么有可能会堵塞管道或是造成内存用量增加。具体是哪种表现，取决于模式的实现者所采取的策略。一种策略是不让其他任务卡住，于是，那些任务就会把处理结果先放到缓冲区里面，让系统可以先把这些结果之间的顺序排列好，这个策略要求程序必须扩大缓冲区的容量，以便暂存这些结果，另一种策略是把其他任务卡住，专门等这项任务执行完。前面那种策略的好处是不会拖慢程序的速度，后面那种策略则能够防止内存用量过高。**parallel-transform** 的实现者采用第二种策略，也就是说，它会控制内部缓冲区的尺寸令其不要超过指定的上限。

到这里，我们就把 stream 方案下的异步控制流模式讲完了。接下来，我们讲一些跟管道有关的模式。

6.4　管道模式

在日常的编程工作中，我们可以按照各种模式对 Node.js 的 stream 做管道方面的处理。比如，可以把两个不同的 stream 合并到一起，也可以把同一个 stream 分流到两条或更多条的管道之中，还可以根据某项条件对流做重定向。这一节要讲解 Node.js 平台里面几种相当重要的管道模式。

6.4.1　组合 stream

这一章总是在强调怎样构建管道。管道是一种简单的基础设施，利用这种设施写出来的代码，容易形成模块，而且复用起来也很方便，但问题在于，如果我们想复用的不单单是某几行代码，而是整条管道，那该怎么办？如果我们想把多个 stream 组合到一起，让它们从外面看上去好像是一个 stream，那该怎么办？图 6.6 描述的就是这样一种想法。

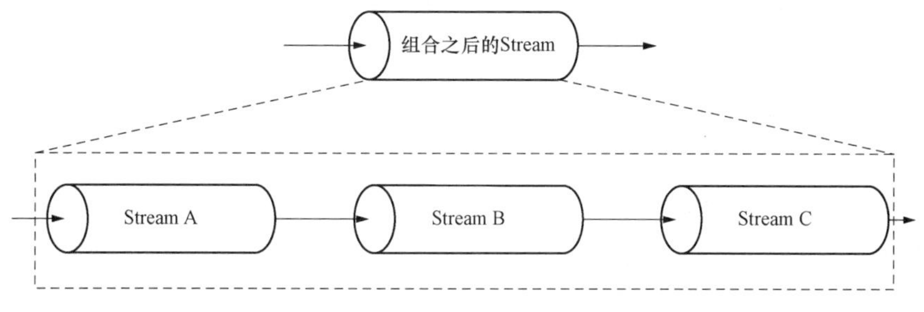

图 6.6　组合多条 stream

其实图 6.6 已经对刚才的问题给出了一些提示，比如：

- 当我们向组合后的 stream 写入数据时，我们实际上是在给管道里的第一个 stream 写入数据。
- 当我们从组合后的 stream 里面读取数据时，我们实际上是在从管道里的最后一个 stream 里面读取数据。

像刚才那样，由多个 Stream 组合而成的流，其实应该是个 **Duplex** 流，要想构建这样的流，我们应该把组合前的第一个 Stream，连接到它的 **Writable** 端（可写端），并把最后一个 Stream 连接到它的 **Readable** 端（可读端）。

要想根据两个不同类型的流对象（例如一个是 **Writable** 流，另一个是 **Readable** 流），来创建一个 **Duplex** 流，我们可以使用 **duplexer2**（**nodejsdp.link/duplexer2**）或 **duplexif**（**nodejsdp.link/duplexify**）这样的 **npm** 模块。

但仅仅做到这一点，还不够，因为要想正确地组合多条 stream，我们还必须确保，管道里面任何一个流对象所出现的错误，全都能够得到捕获并予以播报。当前我们以前也说过，用 **pipe()** 构建出来的管道，并不会把某个流对象所发生的错误事件，自动播报给下一个流对象，因此，我们必须给管道中的每个流对象都注册事件监听器，这样才能正确地处理错误。另外我们还提到，如果改用 **pipeline()** 这个辅助函数来构建管道，那么就可以克服 **pipe()** 在错误处理方面的这项缺点，可是问题在于，**pipe()** 与 **pipeline()** 这两个函数，返回的都只是管道里面最后的那个流对象，因此，从这样构建出来的管道里面，我们只能拿到管道尾部的那个 **Readable** 组件（也就是最后的那个流对象），而拿不到管道开头的那个 **Writable** 组件（也就是第一个流对象）。

我们可以用下面这段代码很快地验证这个问题：

```
import { createReadStream, createWriteStream } from 'fs'
import { Transform, pipeline } from 'stream'
import { strict as assert } from 'assert'

const streamA = createReadStream('package.json')
const streamB = new Transform({
  transform (chunk, enc, done) {
    this.push(chunk.toString().toUpperCase())
    done()
  }
})
const streamC = createWriteStream('package-uppercase.json')

const pipelineReturn = pipeline(
  streamA,
  streamB,
  streamC,
  () => {
    // 在这里处理错误
  })
assert.strictEqual(streamC, pipelineReturn) // 这个断言成立
```

```
const pipeReturn = streamA.pipe(streamB).pipe(streamC)
assert.strictEqual(streamC, pipeReturn) // 这个断言成立
```

从验证出的结果来看，要想单凭 **pipe ()** 或 **pipeline ()** 把多个流对象组合到一起，显然不是一件容易的事。

好了，现在我们把组合 stream 所带来的好处再重新说一遍：

• 组合后的 stream，可以当成一个黑盒来使用。用户无需了解这个黑盒内部的管道，具体是怎么搭建起来的。

• 组合后的 stream，只需要挂接一个事件监听器，就可以处理整条管道之中的错误。我们不用给管道中的每个流对象都注册这样的监听器。

把多个 stream 组合成一个是相当常见的操作，因此，如果没有特殊需求，那么可以考虑复用已有的库，例如 **pumpify**（**nodejsdp.link/pumpify**）。

这个库提供的接口相当简单，我们只需要把管道里面的每一个流对象传给这个 **pumpify ()** 函数，就可以得到组合之后的流。这个方法的签名跟 **pipeline ()** 特别像，只是没有表示回调的那个参数而已：

```
const combinedStream = pumpify(streamA, streamB, streamC)
```

pumpify 函数会把传入的这几个 stream 组合成一个新的 stream，然后返回给调用方。开发者既不用担心组合时所涉及的一些复杂问题，又能够享受刚才说的那几项好处。

如果你想知道 **pumpify** 这样的库究竟是怎么构建的，那可以去 GitHub 看看这个项目（**nodejsdp.link/pumpify-gh**）的源代码。其中一个有意思的地方是，**pumpify** 用到了 **pump** 模块（**nodejsdp.link/pump**），而那个模块在 Node.js 平台推出 **pipeline ()** 这个辅助函数之前，就已经有了，**pipeline ()** 正是受到 **pump** 启发而制作出来的。对比一下两者的源代码，你就会发现，它们之间相同的地方果然很多。

6.4.1.1　实现 combined stream（组合流）

我们用个简单的例子演示一下怎样合并 stream。假设我们要组合出这样两个 **Transform** 流：

• 一个用来压缩并加密数据。

• 另一个用来解密并解压缩数据。

要想构造出这样的组合流，我们可以利用 **pumpify** 这样的库，把核心库里面已有的一些 stream 对象组合起来。下面就编写这样一份 **combined-streams.js** 文件，用来组合刚说的那两条流：

```
import { createGzip, createGunzip } from 'zlib'
import {
  createCipheriv,
  createDecipheriv,
  scryptSync
} from 'crypto'
import pumpify from 'pumpify'
function createKey (password) {
  return scryptSync(password, 'salt', 24)
}

export function createCompressAndEncrypt (password, iv) {
  const key = createKey(password)
  const combinedStream = pumpify(
    createGzip(),
    createCipheriv('aes192', key, iv)
  )
  combinedStream.iv = iv

  return combinedStream
}

export function createDecryptAndDecompress (password, iv) {
  const key = createKey(password)
  return pumpify(
    createDecipheriv('aes192', key, iv),
    createGunzip()
  )
}
```

现在我们可以把组合出来的这两个 stream 当成黑盒使用，比如，可以构建一款简单的程序将文件压缩并加密。下面用 **archive.js** 模块表示这个程序：

```
import { createReadStream, createWriteStream } from 'fs'
import { pipeline } from 'stream'
import { randomBytes } from 'crypto'
import { createCompressAndEncrypt } from './combined-streams.js'
```

```
const [,, password, source] = process.argv
const iv = randomBytes(16)
const destination = `${source}.gz.enc`

pipeline(
  createReadStream(source),
  createCompressAndEncrypt(password, iv),

  createWriteStream(destination),
  (err) => {
    if (err) {
      console.error(err)
      process.exit(1)
    }
    console.log(`${destination} created with iv: ${iv.toString('hex')}`)
  }
)
```

使用这个模块的人，不用操心该模块内部到底是通过多少个步骤，才把整条管道构建出来的，他只需要把构建出来的管道当成一条 stream 来用就好。

下面运行这个 archive 模块，我们只需要在命令行参数里面指定密码与需要加密的文件就行：

```
node archive.js mypassword /path/to/a/file.txt
```

这条命令会创建出**/path/to/a/file.txt.gz.enc** 这样一份压缩并加密过的文件，而且会把加密时所使用的 iv（initialization vector）打印到控制台。

现在给大家留个练习，运用 **createDecryptAndDecompress ()** 函数创建一个类似的脚本程序，让用户指定当初压缩时所使用的密码与 iv，以及有待处理的文件，然后把这个文件解密并解压。

如果你要构建的不是范例程序，而是实际的产品，那么最好是能把 iv 也包含在加密后的数据里面，而不要让用户自己去传。要想实现这种效果，你可以让负责制作压缩文件的那个 stream 多产生 16 个字节，用以表示 iv，而解压缩的程序也需要相应调整，它得想办法把表示 iv 的这 16 字节剥离，以确定真正需要处理的那部分数据。这会让程序变得稍微有点复杂，所以笔者没有将其纳入范例代码，而是采用了刚才那种比较简单的方案，也就是让用户自己来记录并指 iv。等你能够熟练运用 stream 之后，就可以试着做这个练习，把 iv 包含到压缩文件里面，而不要让用户自己去传。

这个例子清楚地演示了怎样把多条 stream 组合起来。这一方面使得组合起来的 stream 能够作为整体得到复用，另一方面简化了整条管道的错误管理工作。

6.4.2 拆分 stream（fork 模式）

同一个 **Readable** 流，可以分别与多个 **Writable** 流相连，从而实现 *fork*（分支/拆分）操作。如果我们要把同一份数据发给多个接收方，例如发给两个不同的 socket 或者两份不同的文件，那么这种操作就相当有用。它让程序能够对同一份数据，分别做出不同的转换，或者根据某项标准，把源数据划分到不同的组里。Unix 系统有个命令叫作 **tee**（**nodejsdp.link/tee**），如果熟悉这个命令，那你就会看到，同样的理念也可以运用在 Node.js 平台的流对象上面。

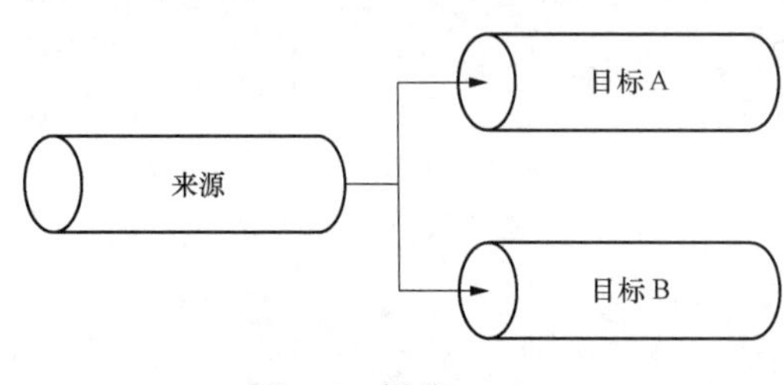

图 6.7 拆分 stream

图 6.7 演示了这个模式。

给 Node.js 平台的 stream 做拆分是相当简单的，但同时也必须注意一些问题。我们首先通过一段范例来演示这个模式，从这段范例出发，我们可以更加清楚地看到使用这种模式时需要注意的问题。

让同一个程序生成多种校验和

我们创建这样一个小的工具程序，让它根据用户给定的文件，生成两种校验和，一种是 sha1 校验和，另一种是 md5 校验和。我们把这个模块叫作 **generate-hashes.js**：

```
import { createReadStream, createWriteStream } from 'fs'
import { createHash } from 'crypto'

const filename = process.argv[2]
const sha1Stream = createHash('sha1').setEncoding('hex')
const md5Stream = createHash('md5').setEncoding('hex')
const inputStream = createReadStream(filename)

inputStream
  .pipe(sha1Stream)
  .pipe(createWriteStream(`${filename}.sha1`))

inputStream
  .pipe(md5Stream)
```

```
.pipe(createWriteStream(`${filename}.md5`))
```

写起来很简单，对吧？我们把 **inputStream** 变量所表示的流对象，分别与两个 **stream** 接起来，一个是用来生成 sha1 校验和的 **sha1Stream**，另一个是用来生成 md5 校验和的 **md5Stream**。下面解释几个值得注意的地方：

• **inputStream** 结束之后，**md5Stream** 与 **sha1Stream** 也会自动结束，除非你用 **pipe ()** 拼接管道的时候，指定了 {**end: false**} 做参数。

• 用来计算校验和的这两条 stream，收到的都是同一份数据，因此，如果你在其中一条 stream 里面所执行的操作，会对这份数据产生副作用（也就是说，会修改数据的内容），那就要相当小心，因为这样的操作会影响另一条 stream 所看到的内容。

• 这种写法本身就会自动处理 backpressure（数据拥堵）问题，也就是说，数据从 **inputStream**流出的速度，会跟分支里面最慢的那一支相同。如果某个分支的速度比较慢，迟迟不能把源 stream 发过来的数据处理好，那么其他分支也会一起陪着它等待。当然这还意味着，如果某个分支彻底堵住了，那么整个管道体系也会完全卡住。

• 如果你在各分支已经开始消耗源 stream 的数据之后，又给源 stream 挂接新的分支，那么就叫作异步构建管道（async piping），新挂接的分支，只能收到源 stream 在你挂接之后所产生的那些数据。在这种情况下，如果你不想让新分支错过之前的数据，那么可以先挂一个 **PassThrough** 实例上去，把位置占住，这样的话，就算其他分支想要开始从源 stream 中获取数据，也必须等这个 **PassThrough** 一起做才行，于是 **PassThrough** 背后那个真正的分支，就不会因为其他分支先开始处理而错过数据了。当然了，采用这个办法的时候，必须注意上一条里面说的 backpressure 问题，如果你迟迟不让 **PassThrough** 底层的那个分支开始读取数据，那么就会把整条管道卡住，令其他分支也无法开始运作。

6.4.3　合并 stream（merge 模式）

Merge（合并/归并）是与 fork（分支/拆分）相反的操作，它把多个 **Readable** 流分别跟同一个 **Writable** 流拼接，如图 6.8 所示。

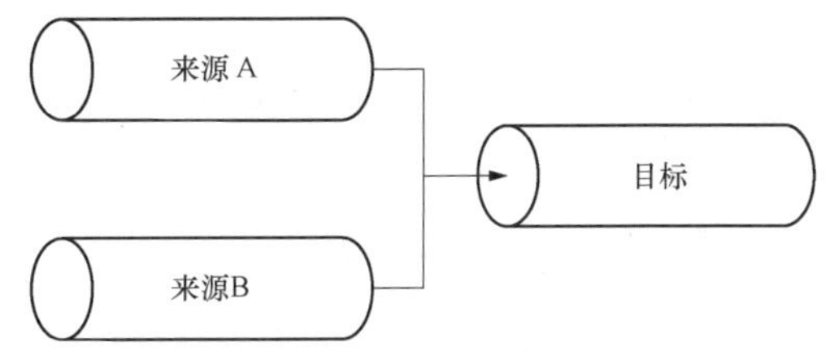

图 6.8　合并 stream

把多条 stream 合并成一条，通常来说是比较简单的，但我们必须注意一个问题，也就是 end 事件的触发时机。系统默认是采用 { **end: true** } 选项来拼接的，于是，只要任何一条源 stream 结束，系统就会自动让目标 stream 也随之结束，这经常导致程序出错，因为如果还有其他的源 stream 尚未结束，那么那些 stream 可能会给已经终止的这个目标 stream 里面，继续写入内容。

要想解决这个问题，我们可以在把多个源 stream 分别与同一个目标 stream 相拼接的时候，指定 { **end: false** } 选项，而且要记得在把所有的源 stream 都读取完毕之后，对目标 stream 明确调用 **end ()** 方法。

合并文本文件

下面举一个简单的例子，来演示怎样合并 stream。我们实现这样一款小型程序，让它根据用户所指定的输出路径与一系列文本文件，把其中每份文件的每一行内容，都写到同一个目标文件之中，并保存在指定的路径下。这个新模块可以叫作 **merge-lines.js**。我们现在就来编写代码，首先做初始化：

```
import { createReadStream, createWriteStream } from 'fs'
import split from 'split'

const dest = process.argv[2]
const sources = process.argv.slice(3)
```

刚才那段代码只是把程序要依赖的模块加载进来，然后初始化两个变量。其中，**dest** 变量表示那份目标文件，**sources** 变量表示所有的源文件。

接下来，创建名叫 destStream 的流对象，以便向目标文件写入内容：

```
const destStream = createWriteStream(dest)
```

然后，针对有待合并的每一份源文件，创立相应的 **sourceStream**：

```
let endCount = 0
for (const source of sources) {
  const sourceStream = createReadStream(source, { highWaterMark: 16 })
  sourceStream.on('end', () => {
    if (++endCount === sources.length) {
      destStream.end()
      console.log(`${dest} created`)
    }
  })
  sourceStream
    .pipe(split((line) => line + '\n'))
    .pipe(destStream, { end: false })
}
```

这段代码针对每份源文件创建相应的 **Readabl** 流。每创建一个这样的流，就在它上面注册一个监听器以监听 **end** 事件。发生该事件的时候，我们判断已经结束的 stream 数量，是否跟源文件的数量一样多，如果是，那就说明所有的源文件全都读完了，于是就调用 **destStream.end ()**，以表示程序不再需要向目标文件写入其他内容。注册完监听器之后，我们还要把当前这个流对象与 **split ()** 所返回的流拼接起来，后者是一条 **Transform** 流，能够给收到的每块数据末尾补充一个换行符，最后，我们要跟负责写入目标文件的 **destStream** 相拼接。执行完整个 **for** 循环之后，我们就把针对每份源文件而设的那一套流程，全都分别接到了这个 **destStream** 上面。

我们现在可以用下面这种形式的命令来执行这段代码：

```
node merge-lines.js <目标文件><源文件 1><源文件 2><源文件 3> ...
```

如果有待合并的文件相当大，那么你就会发现，源文件里面的文本，在目标文件之中可能是交错出现的，不是说非要把第一份源文件输出完，然后才开始输出第二份，为了让这个效果体现得更加明显，笔者故意把 **highWaterMark** 属性设置得相当低，让它仅仅取 16 字节。这样的交错排列，对于某些对象流以及某些断行的文本流（比如本例中的这种）来说，是可以接受的，但如果遇到的是二进制流，那么在大多数情况下，都不能这么处理。

这种模式还有另一个版本，能够按顺序地合并源 stream 所给出的数据，那个版本会根据用户指定这些 stream 时所采用的顺序，一个一个地从其中读取数据，只有读完上一个 stream，它才让下一个 stream 开始产生数据，这样做出来的效果，就相当于把源文件按照先后顺序，一个一个地拼合起来。当然了，跟其他模式一样，我们也不一定非要自己手工去实现，而是可以直接利用已有的 npm 包来处理这种需求，比如 **multistream**（**https://npmjs.org/package/multistream**）就能够做到。

6.4.4　多路复用与解多路复用（mux/demux 模式）

这其实是 Merge（合并）模式的一种特殊形式，说它特殊，是因为我们并没有真的打算把多个源 stream 合并到一起，我们只是想让这些 stream 都把数据纳入同一个共享通道（shared channel），该通道里面的数据，在逻辑上依然能够跟产生这块数据的源 stream 对应起来，因此，等数据到达通道另一端的时候，我们就可以将其重新分割，让每块数据都能够流到与源 stream 相对应的通道里面。图 6.9 演示了这个模式的思路。

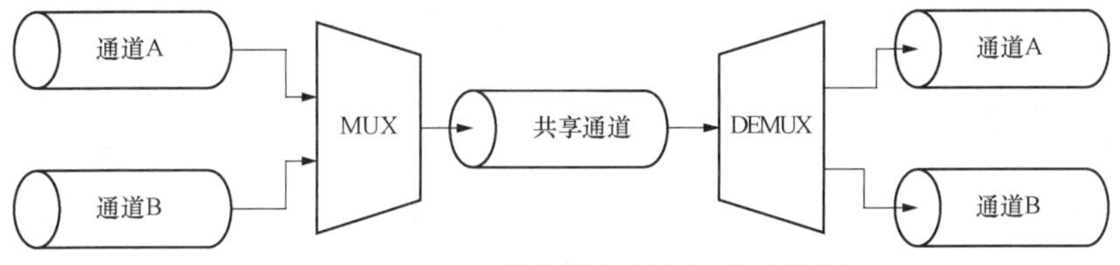

图 6.9　stream 的多路复用与解多路复用

把多条 stream 组合到一起，让它们能够沿着一条 stream 传输数据，这叫作多路复用（**multiplexing**，或者叫作多工），这种情况下的 stream（流），也称为 channel（通道）。与多路复用相对，把同一条 stream 里面所承载的数据，按照来源重新分流到不同的通道之中，这叫作解多路复用（**demultiplexing**，或者叫作解多工）。执行这两种操作的那两个设备，分别称为多路复用器/多工器（**multiplexer** 或 **mux**）与解多路复用器/解多工器（**demultiplexer** 或 **demux**）。这在计算机科学与电信学里面是个很多人都在研究的话题，因为任何一种传播媒介，无论是电话、广播、电视，还是互联网本身，都离不开这项基本的机制。但在本书之中，笔者并不会专门去解释它，因为解释起来的话，需要很多篇幅才能说清。

我们这一小节，只想演示怎样让多个 stream 都能够通过同一条通道传播数据，同时又让这些数据在传播过程中保持原有的身份，以便在通道另一端重新分流。

6.4.4.1 构建一款远程的日志记录器

下面我们通过一个范例程序来讨论多路复用与解复用。这个程序要启动一条有待记录其日志信息的子进程（child process），并把它的标准输出端与标准错误端，都重定向到同一台远程服务器上面，而那台服务器则要将自己收到的数据按照来源，重新分流到两份不同的文件之中，其中一份用来保存客户向标准输出端所写入的内容，另一份用来保存客户向标准错误端所写入的内容。在这个例子里面，共享的媒介（也就是前文所说的共享通道）指的是一条 TCP 连接，需要共享该媒介的（或者说，有待执行多路复用的）那两条通道指的是子进程的 stdout 端与 stderr 端。我们这里利用 ***packet switching***（数据包交换，简称包交换）技术实现多路复用，这也正是 IP、TCP 与 UDP 等协议所采用的办法。这项技术会把有待传递的数据封装成 packet（数据包，简称包），同时让封装者能够在包里面标注一些 meta information（元信息），以确定这个数据包的身份，从而正确地实现多路复用、路由、流向控制以及受损数据检测等功能。当然了，笔者这里所要实现的协议是经过大幅简化的，我们把数据包装成图 6.10 所示的这种数据包。

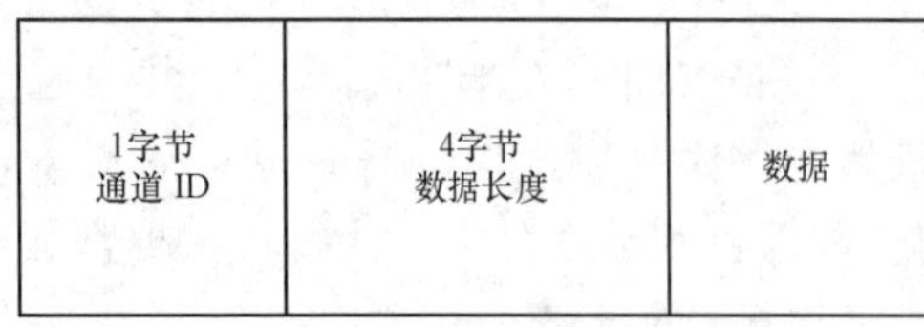

图 6.10 这款日志记录器所使用的数据包结构

从图 6.10 里面可以看到，每块数据包都承载着实际的数据，然而在这些数据前面，还有 5 个字节的头信息（最开始的一个字节是*通道 ID*，紧跟着的四个字节是*数据长度*）。我们通过头信息来确定每个数据包是由哪条源 stream 产生的，并确定该数据包所容纳的数据是多少个字节，这样才能在需要分流的时候，把它正确地路由到相应的通道里面。

6.4.4.1.1 客户端——多路复用

我们先从客户端这边（client side）开始写。位于客户端这边的模块该叫什么名字好呢？不如就叫 `client.js` 吧，这表示它是整套应用程序里面的客户部分，负责启动一条子进程，并针对它的两个 stream 施行多路复用。

好的，现在就来定义这个模块。首先把需要依赖的东西引进来：

```
import { fork } from 'child_process'
import { connect } from 'net'
```

然后实现这样一个函数，对多个源 stream 执行多路复用操作：

```
function multiplexChannels (sources, destination) {
  let openChannels = sources.length
  for (let i = 0; i < sources.length; i++) {
    sources[i]
      .on('readable', function () {                              // (1)
        let chunk
        while ((chunk = this.read()) !== null) {
          const outBuff = Buffer.alloc(1 + 4 + chunk.length)      // (2)
          outBuff.writeUInt8(i, 0)
          outBuff.writeUInt32BE(chunk.length, 1)
          chunk.copy(outBuff, 5)
          console.log(`Sending packet to channel: ${i}`)
          destination.write(outBuff)                              // (3)
        }
      })
      .on('end', () => {                                          // (4)
        if (--openChannels === 0) {
          destination.end()
        }
      })
  }
}
```

这个函数通过参数接收有待合流的多个源 stream，以及一个目标通道，然后，执行这样几个步骤：

(1) 针对每个源 stream，为 **readable** 事件注册监听器。给这种事件注册监听器，意味着我们要通过默认的 non-flowing（非流动）模式从 stream 里面读取数据。

(2) 每读到一块数据，我们就把它封装成一个数据包，封装的时候，先用一个字节（也就是一个 **UInt8**）表示通道 ID，然后用四个字节（也就是一个 **UInt32BE**）表示数据块的大小，最后写入实际数据。

（3）制作好这样一个数据包之后，我们把它写入目标 stream（或者说目标通道）。

（4）最后，为 end 事件注册监听器，以便在所有的源 stream 都结束之后，让目标 stream 也结束。

由于数据包里面表示源通道 ID 的那个字段只有一个字节，因此我们这种协议，最多能够对 256 条源 stream 执行多路复用，因为 1 个字节 8 个二进制位，于是能够表示出 2 的 8 次方，也就是 256 种不同的值。

有了这个函数之后，客户端这边剩下来的代码，就相当好写了：

```
const socket = connect(3000, () => {                          // (1)
  const child = fork(                                         // (2)
    process.argv[2],
    process.argv.slice(3),
    { silent: true }
  )
  multiplexChannels([child.stdout, child.stderr], socket)     // (3)
})
```

最后这段代码，执行这样几项操作：

（1）新建 TCP 连接，以便从客户端这边，连接位于 **localhost:3000** 这一地址上面的服务器端。

（2）把除去 **node** 与 **client.js** 之外的首个命令行参数（即 **process.argv [2]**），当成子进程所在的程序予以执行，并把 **process.argv** 里面接下来的那些参数，全都当成这条子进程所要使用的参数传给那个程序。为了让子进程不继承上级进程（父进程）的 **stdout** 与 **stderr**，我们需要指定 {**silent: true**} 选项。

（3）最后，通过刚才实现的 **mutiplexChannels ()** 函数做多路复用。我们把子进程的 **stdout** 与 **stderr** 放到一个数组里面，让它们成为多路复用的来源，并把 socket 的可写端（Writable 端）当成多路复用的目标（也就是当成共享通道）。

6.4.4.1.2 服务器端——解多路复用

现在我们来看这套程序的服务器端（也就是 **server.js** 模块）该怎么写。这个模块需要对远程连接发过来的 stream 做分流（也就是解多路复用），把其中的内容正确地划分到两个文件里面。

首先创建一个叫作 **demultiplexChannel ()** 的函数：

```
import { createWriteStream } from 'fs'
import { createServer } from 'net'
```

```
function demultiplexChannel (source, destinations) {
  let currentChannel = null
  let currentLength = null

  source
    .on('readable', () => {                                   // (1)
      let chunk
      if (currentChannel === null) {                          // (2)
        chunk = source.read(1)
        currentChannel = chunk && chunk.readUInt8(0)
      }

      if (currentLength === null) {                           // (3)
        chunk = source.read(4)
        currentLength = chunk && chunk.readUInt32BE(0)
        if (currentLength === null) {
          return null
        }
      }

      chunk = source.read(currentLength)                      // (4)
      if (chunk === null) {
        return null
      }

      console.log(`Received packet from: ${currentChannel}`)
      destinations[currentChannel].write(chunk)               // (5)
      currentChannel = null
      currentLength = null
    })
    .on('end', () => {                                        // (6)
      destinations.forEach(destination => destination.end())
      console.log('Source channel closed')
    })
}
```

刚才那段代码看上去有点复杂，但其实很容易就能解释清楚。由于我们有 Node.js 平台的 **Readable** 流可以利用，因此对采用早前那个小协议所封装的数据包做分流（也就是做解多路复用）是相当容易的：

（1）我们采用默认的 non-flowing mode（非流动模式）从 stream 中读取数据。

（2）首先判断有没有读取过通道 ID，如果没有，就从 stream 里读取一个字节，并把这个字节转换成数字。

（3）接下来处理数据长度。如果没有读取过数据长度信息，那么这次就需要读取 4 个字节，但问题在于，内部缓冲区之中的数据有可能不足 4 个字节（虽然出现概率较小，但毕竟需要考虑），此时会导致 **source.read(4)** 返回 **null**。在这种情况下，我们只需要中断这次解析就行了，我们可以等到下次处理 **readable** 事件的时候再试。

（4）如果把数据长度处理好了，那我们就知道接下来应该从内部缓冲区里面提取多少个字节，于是，我们试着读取这么多个字节。

（5）把实际的日志数据读取到之后，我们将其写入与数据来源相对应的目标通道，然后把 **currentChannel** 与 **currentLength** 变量重新设置成 **null**，以便在解析下一个数据包的时候使用。

（6）最后，在系统关闭源 stream 之后，我们把所有的目标通道也关掉。

现在我们可以正式给源 stream 做分流了，我们利用刚才实现的那个函数，编写下面这段代码：

```
const server = createServer((socket) => {
  const stdoutStream = createWriteStream('stdout.log')
  const stderrStream = createWriteStream('stderr.log')
  demultiplexChannel(socket, [stdoutStream, stderrStream])
})
server.listen(3000, () => console.log('Server started'))
```

这段代码会在 3000 端口上面开放 TCP 服务。对于收到的每一条连接来说，我们的服务器都会创建两个 **Writable** 流，以指向两份不同的文件，一份用来保存客户[译注15]想要给标准输出端写入的内容，另一份用来保存客户想要给标准错误端写入的内容。这两条 **Writable** 流，正是我们在执行分流（也就是解多路复用）操作时所面对的目标通道。创建好这样两个流对象之后，我们用 socket 与二者所构成的数组（也就是 [**stdoutStream, stderrStream**]）做参数，调用 **demultiplexChannel()** 函数以实现分流。

译注15　也就是客户端在执行 node client.js generateData.js 命令时所指定的那个 generateData.js 程序，详见下文。

6.4.4.1.3　运行 mux/demux 程序

现在可以试用这款 mux/demux 程序了，但在试用之前，首先要创建一个小小的 Node.js 程序，让它给标准输出端与标准错误端写入一些内容，这样才能把这个程序传给客户端，并验证服务器端能不能把这些内容，正确地写入相应的日志文件之中。我们把这个小程序所在的模块，叫作 **generate-data.js**：

```
console.log('out1')
console.log('out2')
console.error('err1')
console.log('out3')
console.error('err2')
```

好了，现在可以正式测试我们的远程日志程序了。首先启动服务器端：

```
node server.js
```

然后，我们启动客户端，把受测的子进程所在的脚本文件 **generate-data.js** 当成客户端的参数：

```
node client.js generateData.js
```

客户端立即就会运行起来，然而它启动的那条进程给标准输出端与标准错误端所写的信息，并不会出现在当前的控制台里面，而是会沿着一条 TCP 连接传到服务器端，服务器会把这些信息分流到两份文件之中。

请注意，由于我们是通过 **child_process.fork()**（参见 **nodejsdp.link/fork**）来启动进程的，因此，只能在命令行之指定 Node.js 模块，而不能随意指定用其他语言编写的程序。

6.4.4.2　对象流的多路复用与解多路复用

刚才的例子，演示的是怎样对二进制流/文本流做多路复用与解多路复用，然而值得注意的是，这样一组操作，也能施加在对象流上面。处理这种 stream 与处理其他 stream 相比，最大的区别在于，系统每次传输的本身就是一个完整的对象，而不像在处理二进制流或文本流时那样，传输的有可能只是整套数据中的某个片段，因此，我们在做多路复用时，只需要记录每个对象的 **channelID**（通道 ID）就可以了，而不用记录该对象所对应的数据是多少个字节，同理，在解多路复用的时候，也只需要根据这个 **channelID**，把对象路由到正确的目标 stream 就好，而不用先考虑这个对象所对应的数据总共有多少。

对于解多路复用来说，还有一个模式也应该介绍，这个模式能够根据某项条件，把源

stream 发来的数据，路由到相应的目标通道里面，这样就可以实现复杂的分流逻辑了，例如可以实现图 6.11 所示的这种逻辑。

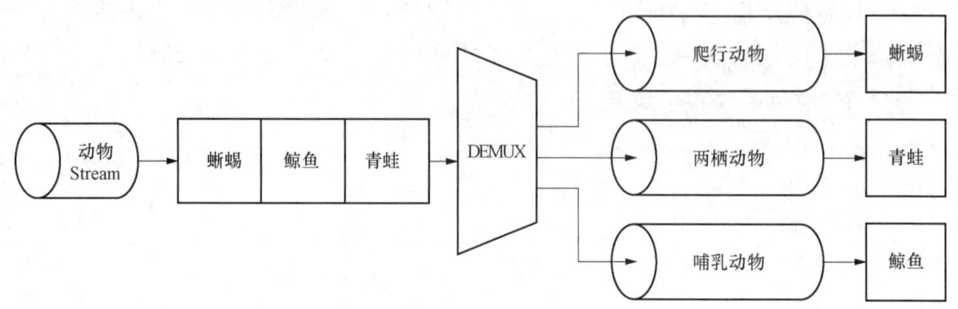

图 6.11　给对象流做解多路复用

图 6.11 所示的这种解多路复用器，接受一条对象流，其中的每个对象都表示某种动物，它会按照该动物所在的 class（纲），把它派发到正确的目标通道里面，例如爬行动物、两栖动物、哺乳动物。

我们可以运用同样的思路，来实现 stream 版本的 if ... else 逻辑。大家可以从这个名叫 **ternary-stream** 的包（**nodejsdp.link/ternary-stream**）里面寻找思路，它实现的正是这样的功能。

6.5　小结

这一章讲了 Node.js 平台的 stream（流），并介绍了它的一些常见用法。通过这些介绍，我们能够明白，Node.js 开发者为什么这么喜欢用 stream，同时大家也看到，在掌握 stream 的基本原理之后，我们可以实现出许多新功能，而且能把这些新功能的代码，写得相当流畅。另外，我们还分析了一些高级的模式，并且学会了怎样把采用不同的参数所配置出的 stream 连接起来，让它们协同运作，这是相当重要的，因为这可以让 stream 的适用范围变得更广，让它的功能变得更强大。

如果某项功能无法单凭某一条 stream 实现，那么可以考虑把多条 stream 连接起来，让它们共同实现这项功能，这很好地体现了“*每个模块只做一件事*”（*one thing per module*）的理念。从这一点上来说，stream 在 Node.js 平台里面，并非那种*可学可不学*（*good to know*）的东西，而是属于必须要学会的特性，它是处理二进制数据、字符串与对象时的关键工具。因此，用一整章的篇幅来讲 stream 当然是有道理的。

下面几章将要按照传统的面向对象分类法来介绍设计模式，但是别误会，这并不意味着这些模式全都用的是面向对象的编程方式。JavaScript 在某种程度上，自然可以说是一门面向对象的语言，然而我们在 Node.js 平台里面使用这门语言时，不一定非得执着于这种编程方式，我们也经常会采用函数式的编程方式来写代码，或者混用这两种方式。

6.6　习题

- (1) **对比各种数据压缩算法的效率**：编写一个命令行脚本，让用户能够指定一份有待压缩的文件。这个脚本会使用 `zlib` 模块所提供的各种压缩算法（Brotli、Deflate、Gzip）分别压缩该文件。你需要制作一张汇总表格，列出每个算法在处理这份文件时所耗费的时间，以及所达成的压缩率。提示：这个程序很适合采用 fork 模式来做，然而你要注意，笔者在这一章里面介绍这个模式的用法时，提醒过大家，使用这个模式时，必须考虑到性能方面的一些问题。
- (2) **用 stream 处理数据**：Kaggle 网站上面可以找到一些有用的数据集，例如 London Crime Data（伦敦的罪案数据，**nodejsdp.link/london-crime**）。你可以把 CSV 格式的数据下载下来，然后构建一个脚本程序，通过 stream 分析这套数据，并回答下面几个问题：
  - 罪案数量是逐年增长还是逐年下降？
  - 伦敦比较危险的地区有哪些？
  - 每个地区最常出现哪种犯罪行为？
  - 哪种犯罪是最少见的？

  提示：你可以把 Transform 流与 PassThrough 流组合起来，以便在解析数据的过程中，观察这些数据的内容。然后，你可以让程序把相关的数据汇合到内存中的某块区域，以回答刚才那些问题。另外，你不一定非得用同一条管道回答这四个问题，而是可以针对每个问题，构建专用的管道，并通过 fork 模式把解析出来的数据派发给适当的管道。
- (3) **通过 TCP 分享文件**：构建一个客户端与一个服务器端，让它们之间通过 TCP 连接来传输文件。如果能够先加密再传输，或者能够同时传输多份文件，那就更好了。把这套程序实现出来之后，你可以把服务器端启动起来，并把客户端程序与服务器的 IP 地址发给朋友或同事，看看对方能不能顺利地将文件传输过来。提示：要想同时传输多份文件，可以考虑 mux/demux 模式。
- (4) **用 Readable 流实现字符动画**：你知不知道，只需要用 `Readable` 流就能够在终端机界面（也就是命令行界面）里创建出很棒的字符动画效果。如果你不明白笔者说的这种动画是什么意思，那就在终端里运行 `curl parrot.live` 命令看看。很有意思，对吧？所以我们也可以试着自己来实现类似的功能。提示：如果在实现过程中遇到困难，你可以用浏览器访问 `parrot.live` 这个网址，看看它的源代码是怎么写的。

第 7 章　创建型的设计模式

设计模式（design pattern）是为了解决反复出现的问题而提出的可复用解决方案。这个术语从定义上面来看，涵盖的范围相当广，应用程序里面有许多地方都能够总结出相应的设计模式。然而，这个术语在实际使用过程中，一般指的是《*Design Patterns*：*Elements of Reusable ObjectOriented Software*》[译注16]（*Pearson Education*）这本书里面描述的这套面向对象的设计模式，这本书让这些模式在 1990 年代变得相当流行，它的四位作者 Erich Gamma、Richard Helm、Ralph Johnson 与 John Vlissides 也成了传奇的**Gang of Four**（GoF，四人组）。为了把这套设计模式与广义的设计模式区分开，我们通常将其称为传统的（*traditional*）设计模式或者 GoF 设计模式。

要想把这套面向对象的设计模式运用到 JavaScript 语言里，我们恐怕不能像面对经典的面向对象语言时那样，直接照搬过来。JavaScript 当然也可以说是一种面向对象的语言，然而它同时还是基于原型的（prototype - based）语言，并采用动态类型判定机制（dynamic typing）来处理数据的类型。另外，它还把函数视为头等实体，因此也能体现出函数式编程语言的一些风格。这些特征，使得 JavaScript 成为一种灵活多变的语言，它给开发者提供了强大的功能，但同时也让他们之间，在编程的风格、习惯以及技巧上面产生了分化，进而也影响了他们在运用设计模式时所采取的方法。在 JavaScript 语言里面，同一个效果可以用许多方式实现，每位开发者都可以用他自认为最好的办法来实现这个效果。JavaScript 的开发者之所以会对同一套需求设计出那么多种框架与程序库，并且都认为自己设计得特别好，正是因为这门语言相当灵活，让他们能够用各自喜欢的写法实现出各自的思路。这种现象在其他语言里面不太会出现，另外，由于 Node. js 还给 JavaScript 带来了许多新特性，因此又进一步拓展了这门语言的运用范围。

从这个意义上说，JavaScript 对传统的设计模式也有影响，因为这些模式在 JavaScript 里面可以用许多种方式实现，这意味着我们就不一定非得采用面向对象的方式来实现。

有些情况下，想在 JavaScript 里面按传统方式实现这些设计模式是不太可能的，因为 JavaScript 其实并没有*传统意义上的*那种类或抽象接口。尽管如此，我们还是可以把每个模式的本意、它想要解决的问题，以及解决该问题时的核心理念体现出来。

[译注16] 中文版叫作《设计模式：可复用面向对象软件的基础》《物件导向设计模式：可再利用物件导向软体之要素》。

在这一章以及接下来的两章里面，我们要讲解如何在Node.js平台之中依照该平台的理念，来运用最为重要的几种GoF模式，这些内容会让我们从另一个角度，重新体会这些模式的重要意义。除了传统的模式，我们还会说一些“不那么传统的”（less traditional）的设计模式，这些模式是在JavaScript环境下产生的。

具体到本章来说，我们要讲**创建型的**（**creational**）设计模式，这种模式正如其名称所示，用于解决对象的创建问题。比如，*Factory*（工厂）模式能够把对象的创建逻辑封装成函数，*Revealing Constructor* 模式让我们能够在创建对象的时候，把私有的属性与方法暂时暴露出来，并在创建完毕后隐藏，*Builder*（建造者/生成器）模式能够简化复杂对象的创建过程。另外，还有 *Singleton*（单例/单件）模式与 *Dependency Injection*（依赖注入）模式，它们能够帮助开发者在应用程序里面整理各模块之间的关系。

在看这一章以及后面两章之前，你必须先知道一些与JavaScript的继承有关的知识。另外注意，笔者在描述这些模式的时候，可能会使用比较灵活、比较直观的示意图，而不一定使用标准的UML图，这是因为，在实现有些模式时，我们不仅要用类，而且还要用到对象乃至函数。

7.1 Factory（工厂）模式

我们首先要讲的是Node.js里面经常用到的一种设计模式，也就是**Factory**（工厂）模式。大家接下来就会看到，这个模式的用法不止一种，它其实是个用途很广的模式。这个模式的主要优点是，它能够把对象的创建流程与流程中的每个步骤所采用的具体实现手法相解耦。另外，它还让设计者能够仅仅暴露出某个类的“一小部分”，使得开发者能够放心地扩充或操控这个类，而无需担心用户那边会怎么使用，因为用户只需要通过工厂来创建这个对象就好，此时指的是工厂函数，他接触不到那么多的选项，因此，这样写出来的代码更加健壮，也更容易理解。最后，工厂模式还能够利用闭包来强化封装效果。

7.1.1 把对象的创建流程与该流程的实现方式解耦

我们前面说过，编写JavaScript代码时，采用函数式的编程范式，通常要比采用纯粹的面向对象式设计方案要好，因为这样写出来的代码简单、容易使用，而且*暴露面较小*。在如何新建对象实例这个问题上，尤其如此。通过工厂创建对象，要胜过直接用new运算从类里面创建对象，或是用 `Object.create()` 来新建对象，因为这种创建方式，从许多方面来看，都要比另外两种更方便、更灵活。

首先要说的是，工厂模式让我们能够*把创建对象的流程与该流程的实现方式解耦*[译注17]。实际上，工厂模式封装的是创建新实例的逻辑，这让开发者能够在该模式内部，灵活地调控这个实例的创建手法。比如，我们可以在工厂里面选用 new 运算符来创建某个类的实例，也可以利用闭包动态地构建一个有状态的对象字面量（stateful object literal），甚至还可以根据某项条件，返回另外一种类型的对象。使用工厂模式的人，完全不需要知道这个实例究竟是怎么创建出来的，他只需要知道自己能通过工厂制造出这样的实例就行。所以，如果我们直接通过 **new** 创建对象，那就相当于把对象的创建方式定死了，但如果我们是通过工厂来创建这个对象的，那就要比用 **new** 创建灵活得多，而且几乎不用付出其他代价。下面举个简单的例子，比如，我们可以提供这样一个简单的工厂函数，让它创建 **Image** 对象：

```
function createImage (name) {
  return new Image(name)
}
const image = createImage('photo. jpeg')
```

这个 **createImage ()** 工厂函数似乎根本没有必要写，因为直接用 new 运算来实例化 **Image**类，好像更简单一些。我们本来可以直接写成这样：

```
const image = new Image(name)
```

但是这种写法的缺点，我们刚才已经提到了，也就是说，这么写会把对象的类型锁定到 **Image** 上面。反之，如果我们是通过工厂函数来创建对象的，那么以后就有很大的修改余地。比如，我们以后可能想重构 **Image** 类，把它分割成许多小类，让每个小类与我们想要支持的某种图像格式相对应。

如果用户只能通过我们写的这个工厂来创建新的图片对象，那我们就可以像下面这样，放心地重构工厂函数，因为用户已经写好的代码不会受到影响：

```
function createImage (name) {
  if (name. match(/\. jpe? g $ /)) {
    return new ImageJpeg(name)
  } else if (name. match(/\. gif $ /)) {
    return new ImageGif(name)
  } else if (name. match(/\. png $ /)) {
    return new ImagePng(name)
  } else {
```

译注17 也可以理解成：把创建对象这一操作与该对象如何创建相解耦。

```
      throw new Error('Unsupported format')
    }
  }
```

这样的工厂函数可以把相关的类隐藏起来，让外界无法扩充或修改这些类［还记得 small surface area（小接触面/小暴露面）原则吗?］。我们编写 JavaScript 代码时，可以只导出这个工厂，而不导出它里面用到的那些具体的类。

7.1.2 强化封装效果

由于有闭包可以利用，因此我们还可以把工厂当成**封装**（**encapsulation**）机制使用。

封装指的是控制组件的内部细节，让外部代码无法直接操纵这些细节。外界要想跟这个组件交互，只能通过公开的接口来做，这样可以让外部代码不会因为该组件的实现细节发生变化，而受到影响。封装是一条基本的面向对象设计原则，另外三项原则是继承、多态、抽象。

要想在 JavaScript 语言里面做封装，有一种重要的手段就是利用函数的作用域及闭包来实现，而工厂模式正可以很直观地体现这种手段，让我们能够把相关的变量设计成私有变量，不允许外界触碰。我们来看这样一个例子：

```
function createPerson (name) {
  const privateProperties = {}
  const person = {
    setName (name) {
      if (! name) {
        throw new Error('A person must have a name')
      }
      privateProperties.name = name
    },
    getName () {
      return privateProperties.name
    }
  }

  person.setName(name)
  return person
}
```

刚才那段代码利用闭包，创建了两个对象，一个是 **person** 对象，用来表示工厂返回给调用方的公开接口，另一个是 **privateProperties**，用来容纳一组属性，外界访问无法直接访问这组属性，他们只能通过 **person** 对象提供的接口来操纵其中的某些方面。比如，根据刚才那段代码的写法，外界可以通过 **setName** 来修改 **privateProperties** 里面的 **name** 字段，但是他给该字段指定的值不能是空白值，假如我们把 **name** 设计成 **person** 对象的普通属性，而没有像刚才那样封装，那就无法实施这条规则了。

要想实施相关的封装规则，我们除了闭包，还可以考虑其他一些技巧。比如，下面这些办法也能够做到：

• 在类里面设计私有字段（也就是给字段名称前面加上#）。这是 Node.js 在第 12 版推出的功能。详情参见：**nodejsdp.link/tc39-private-fields**。这是目前为止最新的写法，但笔者编写本书时，这项特性依然处在实验阶段，还没有纳入正式的 ECMAScript 规范。

• 用 WeakMap 实现。详见：**nodejsdp.link/weakmaps-private**。

• 用 symbol 实现，下面这篇文章解释了实现方式：**nodejsdp.link/symbol-private**。

• 在构造器里面定义私有变量（Douglas Crockford 推荐的正是这种办法，参见：**nodejsdp.link/crockford-private**）。这个办法很旧，但这是最有名的办法。

• 用特定的命名格式来提醒使用者注意，也就是给这种属性的名字前面加一个下划线（即“_”字符）。这只是一种约定，无法真正阻止外界读取或修改这样的属性。

7.1.3 构建一款简单的 code profiler（代码测评工具）

下面我们用工厂模式制作一款具体的范例程序。这个程序是一个简单的 *code profiler*（代码测评工具/代码性能分析器），这种 code profiler 对象拥有下面两个方法：

• **start()** 方法，用来启动 profiling session（测评流程）。

• **end()** 方法，用来终止测评，并把执行时间记录到控制台。

首先创建名叫 **profiler.js** 的文件，并写入以下内容：

```
class Profiler {
  constructor (label) {
    this.label = label
    this.lastTime = null
  }
```

```
  start () {
    this.lastTime = process.hrtime()
  }

  end () {
    const diff = process.hrtime(this.lastTime)
    console.log(`Timer "${this.label}" took ${diff[0]} seconds ` +
      `and ${diff[1]} nanoseconds.`)
  }
}
```

我们刚才定义的这个 **Profiler** 类，采用 Node.js 平台提供的高解析度（或者说高精确度）计时器，来记录 **start ()** 方法得到触发的时刻，然后等程序执行到 **end ()** 方法的时候，再度计时，并计算出这两个时刻之间的时长，最后将结果打印到控制台。

如果把这个 **profiler** 用在日常的程序里面，让它去计算各种例程的执行时间，那我们立刻就能预见到，控制台上会出现大量的测评数据，这在运行着正式产品的生产环境里面，尤其成问题。因此，我们可能想把这些测评数据重新定向到另一个地方，例如定向到一份专属的日志文件里面，另外，对于运行在生产模式的应用程序来说，我们可能想禁用 **profiler** 功能。由此可见，假如我们直接通过 new 运算符来实例化这样一个 **Profiler** 对象，那么就必须在客户端或 **Profiler** 对象本身的代码里面，多编写一些逻辑，这样才能根据开发者的需求来启用或禁用测评功能。

如果我们不想直接实例化 **Profiler** 对象，那么可以通过工厂，把创建 **Profiler** 对象的逻辑给封装起来，让工厂函数自己判断应用程序是处在生产模式，还是处在开发模式。如果是前者，那么返回一个 **mock** 对象（仿制对象），该对象的接口与真正的 **Profiler** 相同，但所有的方法都是空白的，如果是后者，那就返回真正的 **Profiler** 实例。我们想要在 **profiler.js** 模块里面做的，正是提供这样一种工厂，让开发者能够通过这个工厂，来创建相应的 **Profiler** 对象。这样的话，这个模块就不用导出 **Profiler** 类了，它只需要把工厂导出就好。下面来看代码：

```
const noopProfiler = {
  start () {},
  end () {}
}

export function createProfiler (label) {
  if (process.env.NODE_ENV === 'production') {
```

```
    return noopProfiler
  }

  return new Profiler(label)
}
```

这个 **createProfiler ()** 函数，就是我们刚说的工厂，它的职责是把创建 **Profiler** 对象这一操作与具体如何创建 **Profiler** 相区隔，让前者从后者之中抽象出来。如果程序运行在生产模式下，那么工厂返回的就是 **noopProfiler**，这种 **Profiler** 实际上什么事情都不做，于是就相当于把测评功能给禁用了。如果程序没有运行在生产模式下，那么工厂会新建一个功能完备的 **Profiler** 实例。

由于 JavaScript 采用动态类型判定机制，因此我们可以让函数在某种情况下通过 new 运算符实例化一个对象，而在另外一种情况下直接返回简单的对象字面量［这种机制也叫作**鸭子类型判定机制**（duck typing），详见：**nodejsdp.link/duck-typing**］。刚才那个工厂函数，就是利用这一机制编写的。另外，我们还可以在返回对象之前，再执行一些初始化步骤，或者在特定的条件下返回另外一种对象，无论怎样，这些细节都能够与使用这个对象的那些代码隔开。总之，工厂模式的强大作用是很容易就能体会到的。

现在我们就试用一下刚写的工厂函数。我们编写这样一个算法，对给定的数字做因数分解，然后用刚才的 profiler 记录该算法所耗费的时间：

```
// index.js
import { createProfiler } from './profiler.js'

function getAllFactors (intNumber) {
  const profiler = createProfiler(
    `Finding all factors of ${intNumber}`)
  profiler.start()
  const factors = []
  for (let factor = 2; factor <= intNumber; factor++) {
    while ((intNumber % factor) === 0) {
      factors.push(factor)
      intNumber = intNumber / factor
    }
  }
  profiler.end()
```

```
    return factors
  }

  const myNumber = process.argv[2]
  const myFactors = getAllFactors(myNumber)
  console.log(`Factors of ${myNumber} are: `, myFactors)
```

profiler 变量表示的是我们测评算法时所使用的 **Profiler** 对象，这个对象具体采用哪套实现方案，由 **createProfiler ()** 工厂在程序运行的时候，根据 **NODE_ENV** 环境变量来确定。

比如，如果我们把模块放在生产模式下运行（也就是让 **NODE_ENV** 环境变量取 production），那么控制台里就不会出现测评信息：

```
NODE_ENV=production node index.js 2201307499
```

但如果我们是在开发模式下运行的，那么就会看到测评信息：

```
node index.js 2201307499
```

这个例子只是个相当简单的程序，然而通过这款程序，我们清楚地看到：把创建对象这一操作与该对象具体如何创建相区隔是很有好处的。

7.1.4　Node.js 大环境之中的工厂模式

我们以前说过，工厂模式在 Node.js 环境下很常见。比如，知名的 Knex 软件包（**nodejsdp.link/knex**）就是个例子。Knex 是一种查询生成器（query builder，也叫查询构建器），能够对各种数据库做 SQL 查询。这个包只导出一个函数，这个函数是个工厂函数，它会执行各种判断逻辑，并根据用户想要查询的数据库引擎，正确地选出与该引擎相搭配的 Dialect 对象，最后根据这个 Dialect 创建并返回 Knex 对象，让用户能够通过该对象来查询数据库。你可以去 **nodejsdp.link/knex-factory** 看看源代码。

7.2　Builder（生成器/建造者）模式

Builder 是一种创建型的设计模式，它提供一套简单易用的接口，让开发者能够一步一步地创建复杂的对象。用这种模式来创建复杂的对象，要比从头开始创建容易得多，而且写出来的代码也相当好懂。

最能明确体现 Builder 模式优点的地方就是参数很多或者很复杂的构造器。有的类之所以需要这样的构造器，是因为它必须提前知道这些参数，只有这样，它才能构造出功能完整而且状态合理的对象。所以，我们在决定如何优化这种构造器时，一定要考虑到这个因素。

现在我们来讲解 Builder 模式的通用结构。假设有一个表示船的类，叫作 **Boat**，它的构造器是下面这个样子：

```
class Boat {
  constructor (hasMotor, motorCount, motorBrand, motorModel,
              hasSails, sailsCount, sailsMaterial, sailsColor,
              hullColor, hasCabin) {
    // ...
  }
}
```

用这个构造器写出来的代码相当难看，而且很容易出错，因为如果不跟函数签名相对照，我们很难理解每个参数值究竟是什么意思。比如，我们可能会写出这样的代码：

```
const myBoat = new Boat(true, 2, 'Best Motor Co. ', 'OM123', true, 1,
                        'fabric', 'white', 'blue', false)
```

要想改进这样的构造器，首先可以考虑把所有的参数都汇聚到同一个对象字面量里头，也就是把构造器改成下面这样：

```
class Boat {
  constructor (allParameters) {
    // ...
  }
}

const myBoat = new Boat({
  hasMotor: true,
  motorCount: 2,
  motorBrand: 'Best Motor Co. ',
  motorModel: 'OM123',
  hasSails: true,
  sailsCount: 1,
  sailsMaterial: 'fabric',
  sailsColor: 'white',
  hullColor: 'blue',
  hasCabin: false
})
```

从这段代码可以看出，构造器修改过之后，调用这个构造器的代码会比原来清晰得多，因为我们能够明确地看到每个参数所取的值。但是这种写法还可以继续改进。把所有的输入值都放在同一个对象字面量里，其实是有缺点的，因为我们必须查看这个类的文档，才能知道这个字面量之中究竟应该包含哪些输入值，假如文档也没有写，那恐怕就得查看该类的源代码才行。另外，这种写法也没办法引导开发者在创建对象的时候，把应该指定的输入值全都提供出来。比如，如果开发者指定了 **hasMotor: true**，那说明这艘船是有发动机的，因此他必须同时指定另外三个输入值，也就是 **motorCount**、**motorBrand** 与 **motorModel**，以描述发动机的数量、品牌与型号，但是，我们目前的接口没办法确保这一点。

Builder 模式能够克服上述缺陷，并提供一套便利的接口，让我们能够写出简单易懂的代码，而且它提供的这套接口本身就能够表达出自己的用法，不需要再另外写文档去描述。我们只需要遵循这套用法，就能创建出状态完备的对象。下面就针对 **Boat** 类运用 Builder 模式，我们要编写一个名为 **BoatBuilder** 的类，让开发者通过这个类去创建 **Boat**：

```
class BoatBuilder {
  withMotors (count, brand, model) {
    this.hasMotor = true
    this.motorCount = count
    this.motorBrand = brand
    this.motorModel = model
    return this
  }

  withSails (count, material, color) {
    this.hasSails = true
    this.sailsCount = count
    this.sailsMaterial = material
    this.sailsColor = color
    return this
  }

  hullColor (color) {
    this.hullColor = color
    return this
  }

  withCabin () {
```

```
    this.hasCabin = true
    return this
  }

  build() {
    return new Boat({
      hasMotor: this.hasMotor,
      motorCount: this.motorCount,
      motorBrand: this.motorBrand,
      motorModel: this.motorModel,
      hasSails: this.hasSails,
      sailsCount: this.sailsCount,
      sailsMaterial: this.sailsMaterial,
      sailsColor: this.sailsColor,
      hullColor: this.hullColor,
      hasCabin: this.hasCabin
    })
  }
}
```

为了透彻了解 Builder 模式怎样帮助开发者正确构建 **Boat** 对象，我们来看这样一个例子：

```
const myBoat = new BoatBuilder()
  .withMotors(2, 'Best Motor Co. ', 'OM123')
  .withSails(1, 'fabric', 'white')
  .withCabin()
  .hullColor('blue')
  .build()
```

大家看到，**BoatBuilder** 类提供了一些辅助方法，提醒开发者通过调用这些方法，来指定有待构建的这个对象在某个方面的特征，有些方法还会要求开发者传入适当的参数，从而确保创建出来的 **Boat** 对象能够具备合理的状态。一般来说，我们会针对每个参数设计相应的辅助方法[译注18]，或者针对一组相关的参数设计辅助方法[译注19]，但也不一定非要这样做才行。

译注18 例如针对 hasCabin 设计 withCabin 方法，如果开发者想把这个参数设为 true，那就调用该方法，否则无需调用。

译注19 例如针对 hasMotor、motorCount、motorBrand 与 motorModel 设计 withMotors 方法，如果开发者想把 hasMotor设为 true，那就调用该方法，同时必须指定另外三项参数。

究竟如何通过辅助方法督促调用方传入必备的输入参数，还是留给 Builder 类的设计者自己决定比较好。

总之，在实现 Builder 模式的时候，需要把握下面几条大的原则：

- 这个模式的主要目标是让开发者不用直接去调用复杂的构造器，而是可以在辅助方法的引导下，一步一步地构造对象，这样会让代码更容易看懂，而且管理起来也更方便。
- 如果构造器的某几个参数之间有联动关系，那就应该为这组参数设计一个相应的辅助方法，让开发者能够通过该方法，把这些参数指定好。
- 如果某个参数的取值可以通过另一个参数推导出来，那就应该提供相关的 setter 方法（设置器方法），让开发者只需要指定后面那个参数就行，我们把前面那个参数的取值，放在 setter 方法内部去计算。多用这样的 setter 方法来封装相关的参数推导逻辑，可以让开发者在构造这个对象时少做一些计算。
- 如果有必要的话，我们在把相关的值传给要构建的那个类的构造器之前，可以多执行一些处理（例如可以做类型转换、正规化，或其他一些验证），这样能够让我们设计的这个 Builder 类，进一步简化开发者的工作。

在 JavaScript 语言里面，Builder 模式不仅能够帮助开发者构造复杂的对象，而且能够帮助他们调用复杂的函数。从技术调度看，这两种用法几乎是相同的。它们之间的主要区别在于，针对函数运用 Builder 模式时，应该把 **build ()** 方法改成 **invoke ()**，这样的话，当开发者把调用函数所需的参数通过相应的辅助方法交给我们之后，他就可以通过 **invoke ()** 正式调用他想调用的那个函数了，我们这边会把该函数的执行结果返回给他。

接下来，还要举一个更具体的例子，以演示怎样使用刚才学到的 Builder 模式。

7.2.1　实现 URL 对象生成器

我们想实现一个 **Url** 类，以保存某个标准的 URL 之中的每一部分，并且能够验证每一部分的取值是否合理，另外还能够把它们合起来转换成一个字符串。我们在实现这个类的时候，想把它尽量做得简省一些。当然了，如果要在正式的产品之中使用这种功能，那笔者还是推荐你采用内置的 **Url** 类（**nodejsdp.link/docs-url**）。

现在我们就创建名叫 **url.js** 的文件，并在该文件中定制这样一个 **Url** 类：

```
export class Url {
  constructor (protocol, username, password, hostname,
    port, pathname, search, hash) {
    this.protocol = protocol
```

```
    this.username = username
    this.password = password
    this.hostname = hostname
    this.port = port
    this.pathname = pathname
    this.search = search
    this.hash = hash
    this.validate()
  }

  validate () {
    if (!this.protocol || !this.hostname) {
      throw new Error('Must specify at least a ' +
        'protocol and a hostname')
    }
  }

  toString () {
    let url = ''
    url += `${this.protocol}://`
    if (this.username && this.password) {
      url += `${this.username}:${this.password}@`
    }
    url += this.hostname
    if (this.port) {
      url += this.port
    }
    if (this.pathname) {
      url += this.pathname
    }
    if (this.search) {
      url += `?${this.search}`
    }
    if (this.hash) {
      url += `#${this.hash}`
    }
```

```
    return url
  }
}
```

标准的 URL 由许多部分构成，为了把每个部分都考虑到，我们这个 **Url** 类的构造器需要接收许多参数。这样的构造器调用起来有点困难，因为我们必须知道每个参数所要表示的，究竟是 URL 里面的哪一部分内容。例如我们需要像下面这样来调用：

```
return new Url('https', null, null, 'example.com', null, null, null,
  null)
```

这种情况正好可以用到刚才说的 Builder 模式。我们现在就针对 **Url** 类来运用这个模式。具体来说，就是要创建 **UrlBuilder** 类，让它给 **Url** 类的构造器所要接收的每一个参数或每一组相关的参数，都分别提供对应的 setter 方法。最后，这个 **UrlBuilder** 类还要提供 **build()** 方法，让调用者在把必要的参数全都设置好之后，能够通过这个方法，获得新建的 **Url** 实例。下面我们创建名为 **urlBuilder.js** 的文件，并在该文件之中实现 **UrlBuilder** 类：

```
export class UrlBuilder {
  setProtocol (protocol) {
    this.protocol = protocol
    return this
  }

  setAuthentication (username, password) {
    this.username = username
    this.password = password
    return this
  }

  setHostname (hostname) {
    this.hostname = hostname
    return this
  }

  setPort (port) {
    this.port = port
    return this
  }
```

```
  setPathname (pathname) {
    this.pathname = pathname
    return this
  }

  setSearch (search) {
    this.search = search
    return this
  }

  setHash (hash) {
    this.hash = hash
    return this
  }

  build () {
    return new Url(this.protocol, this.username, this.password,
      this.hostname, this.port, this.pathname, this.search,
      this.hash)
  }
}
```

这段代码写得相当直观，只有一个地方需要说明，这就是 **setAuthentication ()** 方法，这个方法是针对 URL 中的 **username** 与 **password** 这两部分而设的。我们把二者合起来放到一个方法里面是想清楚地告诉开发者，如果要给 **Url** 指定验证信息，那么必须同时提供 **username**（用户名）与 **password**（密码）。

现在可以试着用一下这个 **UrlBuilder** 类了，我们会看到，这样构造 **Url** 要比直接调用构造器好很多。我们把这段实验代码，写在名叫 **index.js** 的文件里面：

```
import { UrlBuilder } from './urlBuilder.js'

const url = new UrlBuilder()
  .setProtocol('https')
  .setAuthentication('user', 'pass')
  .setHostname('example.com')
  .build()
```

```
console.log(url.toString())
```

由此可见，UrlBuilder类确实让代码变得比原来清晰许多，每一个**setter**方法都清楚地表明它要设置的是哪个参数，而且有些方法还提醒开发者，相关的参数必须同时指定，不能遗漏［例如调用**setAuthentication（）**方法时，必须同时指定**username**与**password**］。

Builder模式也可以直接实现在目标类里面。比如，我们刚才其实可以重构Url类，给它添加一个空白的构造器（空白的构造器意味着这个构造器在创建对象的时候不做验证）。当然了，我们在这样做的时候，还必须针对网址中的各个部分，给这个**Url**类编写相应的**setter**方法，而不是像刚才那样，把它们写在单独的**UrlBuilder**类中。问题是，这种写法有个很大的缺点。刚才，我们是把构建目标对象所用的逻辑，跟目标对象本身分别写在两个类里，那样可以确保用户通过Builder类所拿到的实例，一定处在合理的状态。比如，凡是通过**UrlBuilder.build（）**构建出来的**Url**对象，肯定是个有效的网址对象，而且它的状态也必然是合理的，在这样的对象上面调用**toString（）**方法，肯定能够得到有效的网址字符串。但如果把Builder模式直接实现到**Url**类里面，那就无法保证这一点。比如，如果用户还没有把网址的各个部分全都指定完，就去调用**toString（）**，那么他得到的字符串，就不一定是个有效的网址字符串。当然我们可以添加一些验证逻辑，来处理这个问题，但这样会让**Url**类变得过于复杂。

7.2.2 Node.js大环境之中的Builder模式

Builder模式也是Node.js平台与JavaScript语言里面相当常见的一种模式，因为它能够提供一套优雅的解决方案，让开发者顺利地创建复杂的对象或调用复杂的函数。内置的**http**与**https**模块提供了一个叫作**request（）**的API，直接用这个API来新建HTTP（S）请求是相当复杂的，只要稍微看一下文档（**nodejsdp.link/docs-http-request**），你立刻就能意识到，这个函数所能接受的选项实在太多。这样的情况会提醒我们思考能不能用Builder模式提供一套更加方便的接口。有个相当流行的HTTP（S）请求包装器（request wrapper）叫作**superagent**（**nodejsdp.link/superagent**），它就是通过Builder模式来简化请求创建操作的。它提供了一套方便的接口，让我们能够一步一步地把新的请求创建出来。比如，我们可以像下面这样来创建：

```
superagent
  .post('https://example.com/api/person')
```

```
.send({ name: 'John Doe', role: 'user' })
.set('accept', 'json')
.then((response) => {
  // 处理服务器所给出的响应
})
```

从这段代码可以看出，**superagent** 所提供的并不是那种常见的 Builder，因为它不像我们经常看到的 Builder 那样，提供 **build ()** 或 **invoke ()** 方法，而且没有功能类似的方法可供我们调用，另外，它也没有使用 **new** 运算符。要想触发请求，我们得调用 **then ()** 方法，当然了，有人可能觉得，既然提供了 **then ()** 方法，那说明 **superagent** 所制作的这个请求对象，应该是个 **Promise**，但其实并非如此，它只不过是个定制的 *thenable* 而已，只要是 *thenable*，就可以在它上面调用 **then ()**，不一定非得是 Promise 才行。**then ()** 方法会触发 superagent 所构建的这项请求。

我们在第 5 章讲过 *thenable*。

查看 superagent 库的源代码，你就会发现，其中的 **Reqeust** 类（**nodejsdp.link/superagent-src-builder**）用的正是 Builder 模式。

Builder 模式就讲到这里。接下来，我们要讲 Revealing Constructor 模式。

7.3 Revealing Constructor 模式

Revealing Constructor 模式属于那种在经典的“Gang of Four”之书（《设计模式》）里找不到的模式。这个模式是 JavaScript 与 Node.js 开发者自己提出来的。它想要解决一个难题，就是类的设计者怎样向开发者“reveal”（展示或批露）某些私密的功能，让他只能在创建该类的对象时使用这些功能，一旦创建完毕，就不能再针对这个对象调用这些功能了。这是个重要的需求，因为设计者有时只想让开发者在构建对象的过程中操纵其内部数据，而不想让他在对象构建完毕之后继续操纵。具体来说，在这样三种情况下，设计者有可能会提出这个需求：

- 设计者想让这个对象只能在创建的时候受到修改。
- 设计者允许用户定制这个对象的行为，但只想让他在创建该对象时予以定制，而不想让他在创建完了之后重新定义此行为。
- 设计者想让这个对象只能在创建的时候初始化一次，而不能在创建好了之后又予以重置。

Revealing Constructor 模式所提供的用法其实只有几种，但为了让大家把这几种用法理解得透彻一些，我们先将开发者在使用这个模式构造对象时所需编写的代码，仔细分析一遍，假如设计者针对 SomeClass 类运用了 Revealing Constructor 模式，那么我们在用这个 Constructor（构造器）来创建对象时，就可以写成：

```
//                          (1)                    (2)            (3)
const object = new SomeClass(function executor(revealedMembers) {
  // 用户在这里编写代码,通过 revealedMembers 所展示的私密功能操纵本对象……
})
```

通过刚才那段代码，我们看到，使用 Revealing Constructor 模式所提供的 Constructor 时，有三个基本的要素值得注意。第一，用户需要调用 **constructor**（构造器）本身。第二，用户需要给构造器传入 **executor** 函数。设计者在编写构造器时，会触发用户所传入的这个函数。第三，用户在编写 executor 函数时，可以通过 **revealedMembers** 参数，使用设计者所批露的私密功能，除了这些私密功能，正在构造的这个对象可能还会提供一些公开的功能，但这些私密功能，只能在 executor 函数里使用，对象一旦构造完毕，就不能再用了。

想让这个模式生效，设计者必须保证：对象创建完毕之后，用户无法再使用设计者通过 revealedMembers 所批露的那些私密功能。要做到这一点，我们可以利用早前介绍 Factory（工厂）模式时所提到的封装技术。

Domenic Denicola 在他写的一篇博客文章里面，率先指出这个模式并给它起名，这篇文章参见：**nodejsdp.link/domenic-revealing-constructor**。

下面我们就举几个例子，看看 Revealing Constructor 是怎么运作的。

7.3.1　构建不可变的缓冲区

不可变的（immutable）对象与数据结构有很多优点，这让它们能够在许多场合取代相应的可变（mutable 或 changeable）对象及可变数据结构。说某个对象不可变，意思是指，这个对象创建出来之后，它的数据或状态就不能再修改了。

把这种不可变的对象传给其他程序库或函数之前，不用创建**防御式的拷贝**（defensive copy），因为根据刚才的定义，我们知道，这种对象是不能修改的，就算你把它传给自己不了解或者无法控制的代码，也无需担心它会遭到修改。

要想修改不可变的对象，我们只能根据该对象新建复本，并在复本上面修改，这样的代码，维护与理解起来都很容易，而且很容易就能知道对象的状态有没有发生变化。

不可变对象还有一个用途，是让开发者能够很有效率地判断出程序所发生的变化。由于我们在修改这种对象时，必须创建复本，而不能在原对象上面修改，因此，如果我们在某个地方发现了一个对象，但是这个对象跟该地原有的对象身份不一致，那就说明有人想要修改原来那个对象。要想判断两个对象身份是否一致，只需要使用 === 运算符即可［这个运算符叫作严格相等（strict equality）运算符，或者三等号（triple equals）运算符］。做前端编程的时候，我们经常运用这个技巧，高效地判断某些 UI（图形界面）是否需要刷新。

具体到这本书来看，笔者要举的例子是用 Revealing Constructor 模式创建一种简单而且不可变的缓冲区，这种缓冲区对象，可以与 Node.js 的普通 Buffer（也就是可变版本的 Buffer，参见：**nodejsdp.link/docs-buffer**）相对照。我们这个 Buffer 一旦创建好，其中的内容就不能再修改了。

下面我们新建一个名叫 **immutableBuffer.js** 的文件，并在这份文件里面实现这个不可变的缓冲区：

```
const MODIFIER_NAMES = ['swap', 'write', 'fill']

export class ImmutableBuffer {
  constructor (size, executor) {
    const buffer = Buffer.alloc(size)                          // (1)
    const modifiers = {}                                       // (2)
    for (const prop in buffer) {                               // (3)
      if (typeof buffer[prop] !== 'function') {
        continue
      }

      if (MODIFIER_NAMES.some(m => prop.startsWith(m))) {      // (4)
        modifiers[prop] = buffer[prop].bind(buffer)
      } else {
        this[prop] = buffer[prop].bind(buffer)                 // (5)
      }
    }

    executor(modifiers)                                        // (6)
  }
}
```

下面我们解释这个新的 **ImmutableBuffer** 类是怎样运作的：

（1）首先，根据构造器所收到的 size 参数，分配容量相当的缓冲区，这个缓冲区是用 Node.js 提供的普通 **Buffer** 来实现的，我们把它保存到 **buffer** 变量之中。

（2）然后，创建名叫 **modifiers** 的对象字面量，我们稍后要把能够修改 buffer 的那些方法存进去。

（3）迭代内部缓冲区（也就是 **buffer**）的所有属性（这既包括 buffer 自己的属性，又包括它继承下来的属性）。我们把类型不是 function（函数）的那些属性忽略掉。

（4）针对每一个类型是 function 的属性，我们判断该属性所表示的方法，是不是那种能够修改 **buffer** 的方法。具体的判断方式是看当前属性（也就是 **prop** 所表示的这个属性）的名字，有没有用 **MODIFIER_NAMES** 数组之中的那几个字符串开头。如果条件成立，那说明 **prop** 所表示的，确实是一个能够修改 buffer 的方法，于是，我们在该方法上面调用 **bind**，以便将它的 **this** 关键字绑定到 **buffer** 实例上面，然后，我们把处理好的这个方法，添加到 **modifiers** 对象里面，用以表示这是个私密的方法，用户只能在构造对象的过程中调用，一旦构造完毕，就不能再调用了。

（5）如果 **prop** 所表示的方法不能修改 **buffer**，那我们直接把它添加到当前对象（也就是 **this**）里面，允许用户在创建完这个对象之后，继续针对该对象调用此方法。

（6）最后，触发 **executor** 函数。这个函数是用户在调用我们这个构造器时，通过 **executor** 参数传进来的。我们在触发的时候，把 **modifiers** 当成参数传回去，让用户能够通过 **modifiers** 所揭示的那些私密功能，修改当前这个 **ImmutableBuffer** 对象内部的 **buffer**。

实际上，我们这个 **ImmutableBuffer** 是在使用它的人与它内部的那个普通 buffer 对象之间，充当代理（**proxy**，或者说，充当中介）。在 **buffer** 实例所能提供的方法里面，只读的（也就是不会修改其内容的）那些方法，可以直接通过 **ImmutableBuffer** 接口调用，而其他一些有可能修改其内容的方法，则只能在 **executor** 函数里面使用。

第 8 章会详细分析 Proxy 模式。

请注意，这个范例仅仅是为了演示 Revealing Constructor 模式的原理而写的，因此笔者故意把这个不可变的缓冲区，实现得相当简单。比如，我们没有公布缓冲区的大小，也没有提供能够在 **executor** 函数之外初始化该缓冲区的方式。这两项功能，就留给你做练习吧。

现在我们用一段代码来演示这个 **ImmutableBuffer** 类的用法。我们新建一份名叫 **index.js** 的文件，并写入下列代码：

```
import { ImmutableBuffer } from './immutableBuffer.js'
```

```
const hello = 'Hello! '
const immutable = new ImmutableBuffer(hello.length,
  ({ write }) => {                                    // (1)
    write(hello)
  })
console.log(String.fromCharCode(immutable.readInt8(0)))   // (2)

// 下面这种写法会导致程序出现这样的错误
// "TypeError: immutable.write is not a function"
// immutable.write('Hello? ')                          // (3)
```

我们从这段代码中首先观察到的，是用户怎样在 **executor** 函数里面调 **write ()** 方法，把字符串写入缓冲区（这个方法属于构造器在回调 **executor** 函数时通过 **modifiers** 参数所批露的一个私密方法）。当然除了该方法外，用户还可以在 **executor** 函数之中，调用 **modifiers** 所提供的其他一些私密方法，例如 **fill ()**、**writeInt8 ()**、**swap16 ()** 等。

这段代码还告诉我们另外两点：第一，**ImmutableBuffer** 实例构造完毕之后，用户只能在该实例上面，调用那种不会修改缓冲区内容的方法，例如//（2）那里所标注的 **readInt8 ()** 方法。第二，假如他想调用那种能够修改缓冲区内容的方法［参见//（3）］，那么程序就会报错，因为我们的 **ImmutableBuffer**，根本就没有给他提供那些方法。

7.3.2 Node.js 大环境之中的 Revealing Constructor 模式

Revealing Constructor 模式的封装能力很强，所以主要用在那种需要安全封装（或者说，做傻瓜式封装）的场合。如果有这样一种组件，它需要提供给数量极多的开发者使用，而且要严格地封装，以保证这些开发者看到的接口是相同的，不会有谁比别人多看到一些功能，那么就特别适合对该组件运用 Revealing Constructor 模式。当然了，即便我们要面对的开发者没有那么多，也还是可以利用这个模式，把项目的代码改得简洁一些，让其他开发者与团队能够使用项目所提供的接口来编程（把这样的接口创建出的对象交给第三方使用，要比直接让第三方去调用构造器更安全）。

JavaScript 里面有个常见的类，用到了 Revealing Constructor 模式，这就是 **Promise** 类。大家可能已经注意到了，我们在创建全新 **Promise** 对象时，要给构造器传入一个函数，这个函数实际上就是 Revealing Constructor 模式里面的 **executor** 函数，它的两个参数 **resolve** 与 **reject**，分别表示 **Promise** 的设计者给我们提供的两项特殊功能，也就是 **resolve ()** 函数与 **reject ()** 函数，我们在编写 **executor** 函数时，可以利用这两个函数，来修改 **Promise** 的内部状态，以决定这个 **Promise** 是应该兑现，还是应该拒绝。下面我们回顾一下新建 **Promise**

对象时所用的写法：

```
return new Promise((resolve, reject) => {
  // ...
})
```

Promise 对象一旦创建好，状态就不能再修改了。你只能用第 5 章讲过的那些方法，来获取它的执行结果或失败原因。

7.4 Singleton（单例/单件）模式

现在我们要说说面向对象的编程语言里面特别常见的一种模式，也就是Singleton（单例/单件）模式。一会儿大家就会看到，在 Node.js 里面实现这个模式是很容易的。单从这一点上来说，似乎没有什么值得讨论的地方，但问题在于，这个模式用起来会有一些风险和限制，这是每一位想要写出好代码的开发者都必须知道的。

Singleton 模式的目标是确保某个类只能出现一个实例，对该类所做的访问都必须通过这个实例执行。下面几种情况，会促使我们规定某个类只能有一个实例：

- 我们想要共用状态信息，不想让同一个实体由好几个对象来表示，那样会让那些对象的状态各不相同。
- 我们想要优化资源的使用逻辑，不想让用户创建出好多个这样的这个资源。
- 我们想确保程序对某资源所做的访问操作总是同步的，不想让多项操作在同一时刻争抢这份资源。

这几种情况都相当常见。比如，我们要设计这样一个 **Database** 类，让开发者能够通过该类访问数据库：

```
// 'Database.js'
export class Database {
  constructor (dbName, connectionDetails) {
    // ...
  }
  // ...
}
```

在实现这样的类时，我们通常会打造一个数据库连接池，这样可以复用这些连接，而不必每遇到一个新的请求，就去新开一条连接，由于我们要自己维护连接池，因此不想让用户创建出多个这样的 **Database** 实例。另外，我们的 **Database** 实例里面可能还会保存一些状态信息，比如会有一份列表，用来存放有待执行的数据库事务（transaction），因此，假如用户又创建了新的 **Database** 实例，那么那个实例就无法得知这些状态信息。由此可见，我们这个 Database 类，同时符合刚才说的那三种情况之中的两种，因此可以考虑设计成 Singleton（单例）。所以，我们通常会在应用程序启动的时候，把唯一的这个 Database 实例配置好，让程序里的其他组件都通过这个实例，来访问数据库。

很多刚接触 Node.js 的人都不清楚如何正确实现 Singleton 模式，其实这个模式实现起来可能比你想的简单。只需要从模块里面导出一个实例，基本上就做到了单例模式所应具备的效果。例如我们看下面这种写法：

```
// file 'dbInstance.js'
import { Database } from './Database.js'

export const dbInstance = new Database('my-app-db', {
  url: 'localhost:5432',
  username: 'user',
  password: 'password'
})
```

这个模块只需要把新建的这个 **Database** 实例导出就行了，这样的话，我们就可以说，无论哪个包引入 **dbInstance** 模块，我们在那个包里看到的 **dbInstance**，总是同一个实例（其实有的时候，整个应用程序的代码，可能全都写在一个包里面）。我们为什么有理由这么说呢？因为第 2 章提到过，Node.js 加载完某个模块之后，会把它缓存起来，以后即便再次引入该模块，系统也只需要从缓存之中取出这个模块，而不会重新将代码执行一遍，因此，不用担心程序里面会出现多个 **Database** 实例。

比如，我们在另一个模块里，只需要添加这样一行代码，就可以使用刚才那个 **dbInstance** 模块所导出的共享实例了：

```
import { dbInstance } from './dbInstance.js'
```

但这样做是有风险的，因为系统在缓存模块的时候，会把模块的全路径当作键（key），来识别模块的身份。全路径不同的两个模块，即便内容相同，也必须分开处理，而不能视作同一个模块，因此，我们的这种做法，只能保证同一个包内所用到的 **Database** 实例都是相同的，而无法保证包与包之间看到的实例也相同。因为每个包都有可能会用它自己的 **node_modules** 目录来管理依赖关系，这可能导致某个包在项目里出现好几份，因而让相应的模块也出现好几份，使得这个包所看到的实例，与另一个包所看到的实例，可能是两个不同的实例。当然了，这种情况比较少见，但我们一定要知道这种情况会导致什么结果。

比如，我们把刚才的 **Database.js** 与 **dbInstance.js** 文件，放到一个叫作 **mydb** 的包里。这个包的 **package.json** 文件可能是这样写的：

```
{
  "name": "mydb",
  "version": "2.0.0",
  "type": "module",
  "main": "dbInstance.js"
}
```

接下来，假设我们有这样两个包，分别叫作 **package-a** 与 **package-b**，它们各自的 **index.js**文件都是这样写的：

```
import { dbInstance } from 'mydb'

export function getDbInstance () {
  return dbInstance
}
```

这两个包都依赖 **mydb** 包，但 **package-a** 依赖的是 1.0.0 版本，**package-b** 依赖的是 2.0.0 版本（在我们这个例子里面，这两个版本的 **mydb** 包是用同一套代码实现的，只不过我们为了举例，故意在它们的 **package.json** 文件里面写了不同的版本号）。

说完了整个结构之后，我们把这些包之间的依赖关系，画成下面这个树状图：

```
app/
'-- node_modules
     |-- package-a
     |     '-- node_modules
     |          '-- mydb
     '-- package-b
          '-- node_modules
               '-- mydb
```

从这张图中我们看到，**package-a** 与 **package-b** 都要用到 **mydb** 模块，但使用的版本不同，而且这两个版本之间不兼容（比如，一个要使用 1.0.0 版，另一个要使用 2.0.0 版）。在这种情况下，常见的包管理器（例如 **npm** 与 **yarn**），并不会将 **package-a** 与 **package-b** 共同依赖的 **mydb** 包“提升”（hoist）到顶级的 **node_modules** 目录，而是会在 **package-a** 与 **package-b** 的目录里面，分别建立 **node_modules** 目录，并把每个包所要使用的那个 **mydb** 版本，安装到相应的 **node_modules** 目录之中，这样就能解决两个 **mydb** 不兼容的问题了。

从刚才的目录结构里面，我们看到，**package - a** 与 **package - b** 都依赖各自的 **mydb** 包，而 app 包同时依赖 **package - a** 包与 **package - b** 包，这里的 app 包也就是我们的根包（root 包）。

在这种情况下，刚才那种方案就无法确保整个程序之中只有一个 **Database** 实例了。比如，如果我们在 **app** 包的根目录下面，编写这样一份 **index. js** 文件：

```
import { getDbInstance as getDbFromA } from 'package - a'
import { getDbInstance as getDbFromB } from 'package - b'

const isSame = getDbFromA() = = = getDbFromB()
console. log('Is the db instance in package - a the same ' +
  'as package - b? ${isSame ? 'YES' : 'NO'}')
```

运行这个程序文件，你会发现，“*Is the db instance in package - a the same as package - b?*”（**package - a** 与 **package - b** 里面的数据库实例是否相同?）的答案是“NO”（否）。因为 **package - a** 与 **package - b** 所依赖的是各自的那一份 **mydb** 包，而不是同一份 **mydb** 包，因此，它们会从各自的 **node _ modules** 目录里面加载 **mydb** 包，于是，两者看到的 **dbInstance** 对象，自然就不同了。这肯定破坏了单例模式想要实现的效果。

假如 **package - a** 与 **package - b** 所依赖的两个 **mydb** 包，在版本上能够兼容，例如 ^2.0.1 与 ^2.0.7，那么包管理器就可以将 **mydb** 包放在顶级的 **node _ modules** 目录里面（这叫作依赖提升，**dependency hoisting**），这样的话，**package - a**、**package - b** 与 **root** 包（根包），就可以共享同一个 **dbInstance** 实例了。

看到这个例子之后，我们就能够肯定地说：正如其他人所讲的那样，Node. js 平台并没有真正的 Singleton 模式，除非我们像下面这样，把实例保存到全局变量（global variable）里面：

```
global. dbInstance = new Database('my - app - db', {/ * ... * /})
```

这种写法能够确保，整个应用程序里面只有一个 dbInstance 实例，而不像刚才那样，只能把保证范围限制在某个包里面。但是请大家注意，在绝大多数情况下，我们并不需要这样纯粹（***pure***）的单例。我们通常还是会像刚才那样，在应用程序的主包里面引入相关的模块并创建刚才说的那种单例，或者是把这项操作放在程序的某个组件里面，并把这个组件设计成一个模块，让应用程序去依赖该模块。

如果你创建的包需要提供给第三方使用，那就尽量把它设计成无状态的（stateless），以避免我们在这个小节讨论的这些问题。

总之，在这本书里，为了简单起见，如果某模块导出了这样一个类实例或这样一个有状态的对象，那么无论它是模块级别的单例，还是严格意义上的纯单例，笔者都统称它为 Singleton（单例）。

接下来，我们要介绍两种管理模块依赖关系的办法，一种办法基于单例模式，另一种办法基于依赖注入（Dependency Injection）模式。

7.5　管理模块之间的依赖关系

每个应用程序都是由多个组件聚合而成的，应用程序变大之后，怎样处理这些组件之间的依赖关系，就显得相当重要了，因为这影响到代码是否便于维护，也影响到整个项目能否成功。

如果组件 A 必须使用组件 B 来实现某项功能，那我们就说“A **依赖**B”，或者反过来说“B **为**A **所依赖**”“B **受到**A **依赖**”。为了帮助大家理解这个概念，我们来看这样一个例子。

假设我们要针对某个博客系统写一套 API，这个系统使用数据库保存博客数据。连接数据库的操作，由名叫 **db.js** 的通用模块实现（这个模块叫作数据库模块），另外还有一个 **blog.js** 模块，也就是博客模块，我们会让这个模块公布一套接口，使得用户可以通过相关的函数，在数据库中创建一篇博客文章，或者从数据库中获取一篇文章。

图 7.1 演示了数据库模块与博客模块之间的依赖关系。

这一节我们要分别采用两种办法，管理它们之间的依赖关系，一种基于 Singleton（单例/单件）模式，另一种采用 Dependency Injection（依赖注入）模式。

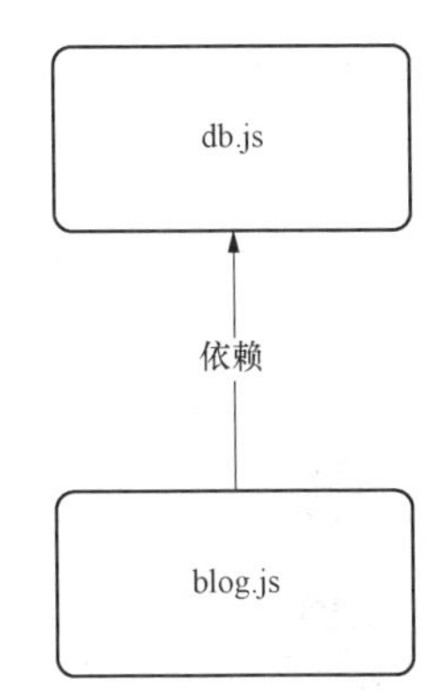

图 7.1　博客模块与数据库模块之间的依赖关系

7.5.1　用 Singleton 模式管理模块之间的依赖关系

要想管理两个模块之间的依赖关系，最简单的办法，就是利用 Node.js 平台本身的模块系统来管理。如果使用这种办法，那么受到依赖的这个有状态对象，实际上就是刚才那一节所讲的 Singleton（单例/单件）。

为了演示这个办法的具体效果，我们来制作一款简单的博客程序，并且用前面说过的 Singleton 模式来表示数据库连接。下面给出这款程序的其中一种写法（这些代码写在 **db.js** 文件里面）：

```
import { dirname, join } from 'path'
```

```
import { fileURLToPath } from 'url'
import sqlite3 from 'sqlite3'
const __dirname = dirname(fileURLToPath(import.meta.url))
export const db = new sqlite3.Database(
  join(__dirname, 'data.sqlite'))
```

刚才那段代码采用 SQLite（**nodejsdp.link/sqlite**）做数据库，以存放博客文章。为了与 SQLite 交互，我们使用 npm 提供的 **sqlite3** 模块（**nodejsdp.link/sqlite3**）。SQLite 这样的数据库系统会把所有数据都保存在本地的一份文件里面。对于我们这个数据库模块（也就是 **db.js** 模块）来说，这个文件指的是 **data.sqlite**，它和该模块保存在同一个文件夹下面。

刚才那段代码创建一个新的数据库实例，用以连接数据库并访问我们的 **data.sqlite** 数据文件，然后，它把这个数据库连接导出为 **db** 单例。

下面我们来看博客模块（也就是 **blog.js** 模块）应该怎样实现：

```
import { promisify } from 'util'
import { db } from './db.js'

const dbRun = promisify(db.run.bind(db))
const dbAll = promisify(db.all.bind(db))

export class Blog {
  initialize () {
    const initQuery = 'CREATE TABLE IF NOT EXISTS posts (
      id TEXT PRIMARY KEY,
      title TEXT NOT NULL,
      content TEXT,
      created_at TIMESTAMP DEFAULT CURRENT_TIMESTAMP
    );'

    return dbRun(initQuery)
  }

  createPost (id, title, content, createdAt) {
    return dbRun('INSERT INTO posts VALUES (?, ?, ?, ?)',
      id, title, content, createdAt)
  }
```

```
  getAllPosts () {
    return dbAll('SELECT * FROM posts ORDER BY created_at DESC')
  }
}
```

blog.js 模块导出一个名叫 **Blog** 的类，它里面包含三个方法：

- **initialize ()**：这个方法会判断数据库里有没有 posts 表，如果没有，就建立这样的表，用以保存博客数据。
- **createPost ()**：这个方法接受一批参数，这些参数是我们在创建一篇博客文章时，所必须指定的。它会执行 INSERT 语句，给数据库里面添加一篇文章。
- **getAllPosts ()**：这个方法把数据库之中的所有文章获取出来，并放到一个数组里面，返回给调用方。

下面我们创建这样一个 **index.js** 模块，把刚才那个博客模块所提供的方法尝试一下：

```
import { Blog } from './blog.js'

async function main () {
  const blog = new Blog()
  await blog.initialize()
  const posts = await blog.getAllPosts()
  if (posts.length === 0) {
    console.log('No post available. Run "node import-posts.js"' +
      ' to load some sample posts')
  }

  for (const post of posts) {
    console.log(post.title)
    console.log('-'.repeat(post.title.length))
    console.log(`Published on ${new Date(post.created_at)
      .toISOString()}`)
    console.log(post.content)
  }
}

main().catch(console.error)
```

index.js 模块的代码很简单。我们用 **blog.getAllPosts ()** 方法把数据库里面的所有文章都取出来，然后迭代。对于每篇文章，我们都用适当的格式显示它的内容。

在运行这个 **index.js** 程序之前，你可以先用 **import-posts.js** 模块给数据库里面写入几篇范例文章。**import-posts.js** 的代码跟这个我们这个例子用到的其他文件一样，都包含在本书的代码库中[译注20]。

你可以做个有趣的练习，也就是修改 **index.js** 模块，让它根据数据库里的文章，生成一套 HTML 文件。其中一份文件是整个博客的文章目录，另外的那些文件分别对应于博客中的每篇文章。这样的话，你就可以构建一款极简版的静态网站生成器了。

刚才那些代码通过 **db.js** 模块所提供的数据库单例，实现了一款相当简单的命令行程序，用以操纵相应的博客系统。在大多数情况下，如果受依赖的那个模块，表示的是某种有状态的实体（比如我们这个例子里面的数据库），那我们可以让那个模块导出一个单例给其他模块使用，然而，在某些情况下，仅仅提供一个实例恐怕并不够用。

如果受依赖的实体是有状态的，而我们又要把这个实体传给别的模块使用，那么像刚才那个例子一样，只使用一个实例，当然是最简单、最直观，也最容易理解的方案。但问题是，如果我们想在测试的时候，用仿制的数据库把真正的数据库替换掉，那该怎么办？如果我们想让这个命令行程序或这套 API 的用户，不仅能使用默认提供的 SQLite 做后端，而且还能切换到其他后端数据库上面，那又该怎么办？在面对这样一些需求时，如果数据库模块只能导出一个实例，那并不利于我们打造一套结构良好的解决方案。

当然了，我们可以在 **db.js** 模块里面编写 **if** 语句，根据程序中的某些条件或配置来选择不同的实现方案，另外，我们还可以操控 Node.js 的模块系统，让它把引入数据库文件这一操作拦截下来，并在必要时做出相应的替换。但是大家应该知道，这些做法都是相当粗糙的，远远不够优雅。

下一节我们要学习另一种管理模块依赖关系的办法，那种办法可以比较好地解决我们这里说的这个问题。

7.5.2 用 DI（依赖注入）管理模块之间的依赖关系

Node.js 的模块系统与 Singleton 模式是相当棒的工具，能够把应用程序之中各组件的依赖关系整理好。然而有的时候，这个办法并不一定见效。这种办法虽然简单、实用，但同时

[译注20] 如果运行这套程序的时候出现错误，可以考虑修改 package.json 文件，让它指定版本较新的 sqlite3 模块（sqlite3 的最新版本参见：https://www.npmjs.com/package/sqlite3）。

也会让组件之间形成比较紧密的耦合（*coupling*）。

在刚才那个例子里面，blog.js 模块跟 db.js 模块之间紧密耦合（*tightly coupled*）。这意味着，如果没有 db.js 模块，那么 blog.js 就无法运作，另外还意味着，blog.js 必须使用 db.js 模块来访问数据库，而无法使用另外一种数据库模块来访问。依赖注入模式（**dependency injection pattern**，也叫依赖注射模式）正用来打破这样的紧密耦合关系。

依赖注入（**dependency injection，DI**）是个很简单的模式，它让某个外部实体，把某组件（比如刚才那个例子里的 **blog.js** 模块）所要依赖的东西*输入给*这个组件，这样的外部实体，通常称作 **injector**（注入者/注入方）。

injector 负责初始化各种组件，并把它们正确地联系起来。你可以用一个简单的初始化脚本做 injector，也可以用一个比较复杂的 *global container*（全局容器）来做，那个容器负责管理所有受依赖的模块，并统一协调整个系统里面的各个模块之间的关系。这种办法的主要优势，在于能够降低耦合程度，如果某个模块所要依赖的另外一个模块，包含那种有状态的实例（比如数据库连接），那么这种办法的优点就更加突出。用 DI 管理依赖关系的时候，我们不用把某个模块所要依赖的东西，直接写在该模块自己的代码里，而是让这个模块向外界去索要，或者说，让外界把这个东西传给该模块。这样的话，凡是跟这个东西相兼容的实体，都可以传给该模块使用，这也让我们能够轻松地将该模块复用到其他场合之中。

图 7.2 解释了依赖注入模式所采用的思路。

在图 7.2 中，Service 是一项服务，它需要使用某个东西（即 Dependency）来维持运作。我们让该服务依赖一套预先定义的接口（即图 7.2 中标有《interface》的那个方框），用以表示 Service 要使用的这个东西所应提供的功能。**Injector** 会想办法获取或创建一个具体的实例，让该实例去实现这套接口，然后，Injector 把这个实例（即图 7.2 中标有《implementaion》的那个方框）传给（或者说“注入”）Service。总之，Injector 的职责，就是给 Service 提供一个满足 Dependency 接口的实例，让 Service 可以通过这个实例来访问它所要使用的东西。

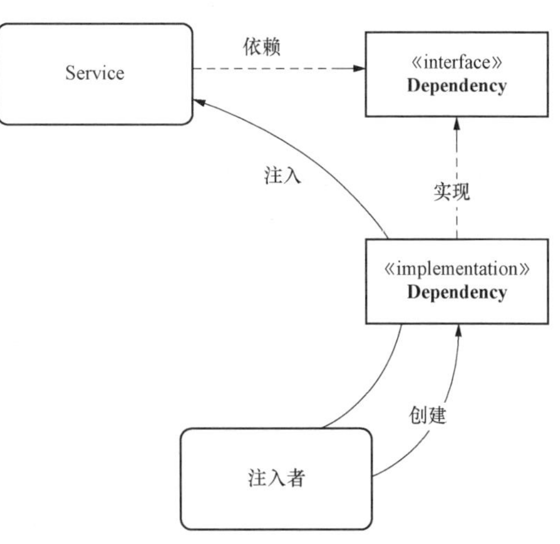

图 7.2 依赖注入模式的示意图

为了演示这个模式的用法，我们重构上一小节的博客系统，改用 DI（依赖注入）来管理模块之间的依赖关系。首先重构 **blog.js** 模块：

```
import { promisify } from 'util'

export class Blog {
  constructor (db) {
    this.db = db
    this.dbRun = promisify(db.run.bind(db))
    this.dbAll = promisify(db.all.bind(db))
  }

  initialize () {
    const initQuery = `CREATE TABLE IF NOT EXISTS posts (
      id TEXT PRIMARY KEY,
      title TEXT NOT NULL,
      content TEXT,
      created_at TIMESTAMP DEFAULT CURRENT_TIMESTAMP
    );`

    return this.dbRun(initQuery)
  }

  createPost (id, title, content, createdAt) {
    return this.dbRun('INSERT INTO posts VALUES (?, ?, ?, ?)',
      id, title, content, createdAt)
  }

  getAllPosts () {
    return this.dbAll(
      'SELECT * FROM posts ORDER BY created_at DESC')
  }
}
```

新版几乎跟原来一样，只有两个小地方不同，然而，这两个地方都很重要：

- 这次我们不再引入数据库模块了。
- Blog 类的构造器，这次接受 **db** 做参数，让调用方把博客需要使用的数据库传进来。

现在的构造器多出来了一个叫作 **db** 的参数，它表示的，正是博客模块所要使用的数据库，这个数据库会在程序运行起来的时候由 **Blog** 类的客户组件（client component）来提供，该组件在这里充当 injector（注入者/注入器），它会把 **Blog** 类所要依赖的那个数据库，通过 **db** 参数注入 **Blog** 的构造器。由于 JavaScript 语言没有提供表示抽象接口（abstract interface）的机制，因此我们对 **db** 所表示的数据库在语法上不做特别要求，我们只要求 injector 提供的这个 **db**，必须支持 **run** 与 **all** 方法，这样我们才能使用 **db.run()** 与 **db.all()** 等功能。这叫作 duck typing（“鸭子”类型判定机制），本书前面已经讲过了。

现在该修改 **db.js** 模块了。这次我们要把 Singleton 模式去掉，改用一种更容易复用，也更容易配置的写法：

```
import sqlite3 from 'sqlite3'

export function createDb (dbFile) {
  return new sqlite3.Database(dbFile)
}
```

这次的新写法让 **db** 模块导出一个叫作 **createDb()** 的工厂函数，这个函数能够在程序运行的时候创建新的数据库实例。调用方会把数据库文件的路径通过 **dbFile** 传给该函数，让这个函数针对这份文件来建立数据库连接，这意味着调用方能够根据需要自行指定数据库文件并创建相应的数据库实例，而不必像以前那样，只能使用默认的 **data.sqlite** 文件。

现在，我们几乎把各模块都准备齐了，只剩下一个模块，也就是 injector 所在的模块。下面我们举例说明，在 DI 方案下，怎样编写这个充当 injector 的 **index.js** 模块：

```
import { dirname, join } from 'path'
import { fileURLToPath } from 'url'
import { Blog } from './blog.js'
import { createDb } from './db.js'

const __dirname = dirname(fileURLToPath(import.meta.url))

async function main () {
  const db = createDb(join(__dirname, 'data.sqlite'))
  const blog = new Blog(db)
  await blog.initialize()
  const posts = await blog.getAllPosts()
  if (posts.length === 0) {
```

```
    console.log('No post available. Run 'node import-posts.js" +
      'to load some sample posts')
  }
  for (const post of posts) {
    console.log(post.title)
    console.log('-'.repeat(post.title.length))
    console.log(`Published on ${new Date(post.created_at)
      .toISOString()}`)
    console.log(post.content)
  }
}

main().catch(console.error)
```

这段代码的写法跟早前采用 Singleton 模式时的写法类似，但是有两个重要的区别（这两个地方都印成了粗体）：

（1）我们这次通过 **createDb ()** 这个工厂函数来创建本程序所要使用的数据库实例，也就是 db 实例。

（2）我们这次在实例化 Blog 的时候，把刚才创建的数据库实例 **db**，明确地“注入”**Blog** 的构造器。

这次实现出的博客系统让 **blog.js** 模块与实际的数据库彻底解耦，这样的话，我们就更容易单独测试这个模块了。

我们这里采用的注入方式是把某个类的对象所要依赖的东西，传给该类构造器的相关参数，这种方式叫作**构造器注入**(constructor injection)，除此之外，我们还可以把这个东西，传给构造器之外的某个函数或方法，这称为**函数注入**(function injection)。当然了，我们也可以把这个东西赋给对象的相应属性，这叫作**属性注入**(property injection)。

DI 模式虽然能够促进解耦与复用，但这是有代价的。因为它让我们很难在编码期（*coding time*，或者说，很难从代码的字面意思上）确定某个模块到底要依赖什么东西，于是，我们就不那么容易透彻理解系统里面各个模块之间的关系了。如果应用程序比较大，其中的服务也比较多，而且这些服务之间的依赖关系又比较复杂，那么这个问题尤其突出。

另外，我们还应该注意的是，刚才那段范例脚本如何实例化 **Blog** 所依赖的那个 **db** 数据库。大家都看到了，我们必须先把数据库实例创建出来，然后才能用这个实例去创建 **Blog** 实例，并在它上面调用函数。由此可见，使用原始的 DI 模式会迫使我们把应用程序中的依赖关系全部手工整理一遍，我们要保证自己是按照正确的顺序来拼装这些模块的。如果模块数量太多，那管理起来肯定相当困难。

还有一个模式，叫作Inversion of Control（控制反转或者控制倒置），这个模式把应用程序里面各模块之间的关系管理工作，转交给第三方的实体负责。这个实体可以是service locator（服务定位器），也可以是dependency injection container（依赖注入容器），前者是个简单的组件，某模块可以采用 `serviceLocator.get('db')` 之类的写法，向它索取自己需要使用的东西；后者是一个系统，能够根据代码里面或者配置文件之中的元数据（metadata），把某个模块所要使用的东西，注入该模块。Martin Fowler 的博客里面有篇文章（**nodejsdp.link/ioc-containers**）详细解释了这些组件。这些技巧虽然跟 Node.js 平台惯用的编程手法稍微有点区别，但它们最近开始变得比较流行。你可以进一步参考 **inversify**（**nodejsdp.link/inversify**）与 **awilix**（**nodejsdp.link/awilix**）。

7.6　小结

大家在这一章里面看到了几个跟创建对象有关的传统设计模式。其中有的模式相当基础，同时也相当重要，这样的模式，你从前可能已经以某种方式使用过了。

在面向对象的编程语言里面，Factory（工厂）与 Singleton（单例/单件）应该是最常见的两种模式，然而具体到 JavaScript 语言来看，这两种模式的实现方式与它们的地位，却跟"*Gang of Four* 之书"（即《设计模式》）里面所讲的有很大区别。比如，Factory 模式在 JavaScript 里面，使用范围要比原书中广得多，因为这个模式可以跟 JavaScript 语言本身这种半面向对象、半函数（或者说，面向对象与函数式编程相混合）的特征，很好地结合起来。再比如 Singleton 模式，它在 JavaScript 语言里面实现起来相当方便，甚至根本没必要总结成一种模式，只不过我们在使用的时候，必须考虑到几项风险。

在这一章介绍的这些模式里，Builder（生成器/建造者）模式可能算是比较传统的面向对象模式，然而大家还看到，除了用来构建对象，这个模式也能用来调用复杂的函数。

跟上面三种模式不同，Revealing Constructor 模式值得单独归入一类。这个模式是从 JavaScript 语言自身产生出来的，它提供了一种优雅的方式，让我们把对象中的某些私密属性"reveal"（暴露、批露）给开发者，令他们可以在构建该对象的过程中，使用这些属性所提供的功能，然而一旦构建完毕，就无法再度使用。在 JavaScript 这样一门比较宽松的语言里面，我们可以通过这个模式，较为严格地控制这些私密属性的使用范围。

最后，我们介绍了两种管理模块之间的依赖关系时所使用的技巧，一种基于 Singleton 模式，另一种基于 Dependency Injection（依赖注入/依赖注射）模式。前面那种办法比较简单，而且相当实用，后面那种办法功能强大，但是实现起来比较复杂。

我们以前说过，传统的设计模式在这本书里，要专门用三章的篇幅来讲，所以，这只是个开头而已。在这三章里，笔者会告诉你怎样在创意与稳定之间寻求平衡。大家不仅要意识到模式能够复用，从而改善代码质量，还必须明白，模式的具体实现方式并不是最为重要的地方。其实一种模式与另一种模式之间，在实现代码上面可能有许多地方是相似的。真正重要的，在于每个模式所采用的结构、原则，以及设计思路。只有掌握了这些，你才能利用相关的模式，灵活地设计出优秀的 Node.js 应用程序。

下一章要讲另外一类传统的设计模式，也就是**结构型的**（structural）模式。跟它的名字一样，这些模式所处理的，是对象之间的组合方式，它想帮助我们构建出复杂的结构，同时又让这种结构相当灵活，而且易于复用。

7.7 习题

- **（1）用 Factory（工厂）模式给控制台输出彩色信息：**创建一个叫作 `ColorConsole` 的类，让这个类只包含一个名叫 `log()` 的空白方法。然后创建三个子类，它们分别叫作 `RedConsole`、`BlueConsole` 与 `GreenConsole`。每个子类的 `log()` 方法都接受一个字符串做输入参数，该方法需要采用与类名相对应的颜色（红、蓝、绿），把这个字符串打印到控制台。接下来，创建一个工厂函数，让它根据调用方所给的颜色，返回相应的 `ColorConsole` 子类，比如，如果输入的参数是`'red'`，那就应该返回一个 `RedConsole` 对象。最后，编写一小段脚本程序，试着用这个工厂函数创建几个 `ColorConsole` 对象，并把各种颜色文字写到控制台。至于如何在控制台里显示彩色文字，请参考问答网站 Stack Overflow 上面的帖子：`nodejsdp.link/console-colors`。
- **（2）用 Builder 模式打造 HTTP 请求：**用内置的 `http.request()` 函数做基础，创建自己的 Builder 类，以构建 HTTP 请求。这个 Builder 必须提供最基础的功能，让用户可以指定这项请求所使用的 HTTP method、基本的 URL、URL 之中与查询有关的部分、header 参数，以及这项 HTTP 请求的主体数据。你还需要提供一个 `invoke()` 方法，让该方法返回一个 `Promise` 对象，以触发这次请求。`http.request()` 的文档可以参考：`nodejsdp.link/docs-http-request`。
- **（3）创建一种能够防止别人捣乱的队列：**创建一个 `Queue` 类，让它只对外公布一个方法，也就是 `dequeue()` 方法。这个方法所返回的 `Promise` 对象如果顺利得到执行，那么会解析成一个新的元素，这个元素取自 `queue` 内部的那个数据结构。如果队列里面还没有元素，那么 Promise 会在该队列出现新元素时得到解析。你创建的 **Queue** 类，必须提供一个 revealing constructor，这个 constructor（构造器）会向开发者传入的 executor 函数批露 enqueue 功能，让 executor 可以调用 **enqueue()** 函数，从尾部给内部队列推入新元素。你提供的 **enqueue()** 函数必须支持异步调用，如果 **dequeue()** 方法返回的 Promise 对象，当初因为队列里没有元素而受到阻塞，那么你提供的这个 **enqueue()** 函数，还必须考虑如何“解除阻塞”，让那个 Promise 能够顺利地得到解析。为了验证这个 **Queue** 类的效果是否正确，你可以在 executor 函数里面构建一个小的 HTTP 服务器。这个服务器能够接收客户端发来的消息或任务，并将它们推入队列。你可以编写一个循环结构，利用 **dequeue()** 方法反复从队列中弹出元素，以消耗客户端所发来的这些信息。

第 8 章　结构型的设计模式

这一章要讲几种很流行的结构型设计模式，并研究如何把它们运用到 Node. js 上面。结构型的设计模式是想给我们提供一种管理实体关系的方式。

本章具体讲述下面三个模式：

- **Proxy**（代理）：这个模式让我们能够在用户访问另一个对象时做出管控。
- **Decorator**（修饰器）：这是个常见的模式能够动态地增强现有对象的行为。
- **Adapter**（适配器）：这个模式让我们能够访问到与某对象接口不同的另一个对象所具备的功能。

在这一章里，我们还要讲解几个值得注意的概念，例如**reactive programming**（响应式编程/反应式编程/回应式编程，简称**RP**），另外还要用一下 LevelDB，这是 Node. js 生态环境里面常用的一种数据库技术。

看完这章，你就知道这几种结构型的设计模式适合用在什么样的场合了，而且你会明白怎样在自己的 Node. js 程序里面高效地实现这些模式。

8. 1　Proxy（代理）模式

Proxy 模式里面有两个角色，proxy 与 subject，其中，**proxy** 是一个对象，用来管控用户对另外一个对象的访问行为，受管控那个对象叫作**subject** 。proxy 与 subject 的接口是相同的，所以你既可以直接在 subject 上面调用接口中的某个方法，也可以在控制着 subject 的这个 proxy 上面调用该方法。由于 proxy 用的也是 subject 的那套接口，因此这个模式也叫作 **surrogate**（代理人/替代者）模式，意思是说，proxy 代表或者代替 subject 来接受用户的访问并与用户沟通。

当用户（Client）通过 proxy 来操作 subject 的时候，proxy 会把用户想要对 subject 所执行的全部操作（或其中某些操作）拦截下来，以便增强或补充该操作的功能。图 8. 1 演示了这个模式的原理。

从图 8. 1 中可以看出，proxy 对象与 subject 对象的接口是相同的，因此你可以把两者之中的任何一个，提供给用户（Client）使用，从这一点上说，两者是可以互换的。但如果你给用户提供的是 proxy 对象，而不是原始的 subject 对象，那你就可以在执行 subject 的相关功能之前或之后，多做一些处理，以增强这项功能。

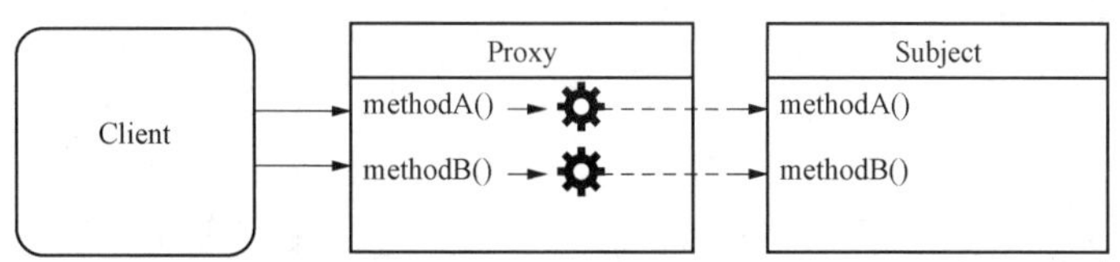

图 8.1　Proxy 模式的示意图

大家一定要注意，我们这里说的 Proxy（代理）模式，并不意味着该模式是在某两个类之间充当中介。我们的意思是：用一个 proxy 对象，把 subject 实例包裹起来，让用户通过 proxy 去访问 subject，而不要直接访问 subject，同时，还要确保 subject 对象的内部状态准确无误。

proxy 对象可以在许多情况下使用，例如：

- **验证数据**：先让 proxy 验证用户所输入的数据，验证通过之后，再把数据转发给 subject。
- **确保安全**：先让 proxy 判断用户有没有权限执行操作，如果有，再把操作请求传给 subject。
- **实现缓存机制**：在 proxy 对象内部设立缓存，如果用户想执行的操作，其结果可以直接从缓存之中获取，那就把缓存里面的结果返回给用户，只有在缓存里面没有这份数据时，才把操作请求发给 subject 去执行。
- **惰性初始化**：如果 subject 对象创建起来开销很大，那就让 proxy 尽量推迟 subject 的创建时机，只有在必须用到 subject 的时候，才去真正创建它。
- **实现日志记录功能**：让 proxy 把用户想要在 subject 上面执行的方法拦截下来，并记录方法的名称、相关的参数以及调用该方法的时间。
- **表示远程对象**：proxy 可以用来表示远程对象，让这个对象看起来跟本地对象一样。

Proxy 模式还有许多用法，笔者刚才只是稍微举了几个例子，让你知道这个模式大概可以怎么使用。

8.1.1　怎样实现 Proxy 模式

给对象做代理的时候，我们可以让 proxy 把该对象的所有方法都拦截下来，也可以只拦截其中的一部分方法，而把另外一部分方法直接派发给该对象。这样的效果可以用多种办法实现，笔者在这一小节里面，要演示其中的几种。

下面我们举个简单的例子，假设有这样一个 **StackCalculator** 类：

```
class StackCalculator {
  constructor () {
```

```
    this.stack = []
  }

  putValue (value) {
    this.stack.push(value)
  }

  getValue () {
    return this.stack.pop()
  }

  peekValue () {
    return this.stack[this.stack.length - 1]
  }

  clear () {
    this.stack = []
  }

  divide () {
    const divisor = this.getValue()
    const dividend = this.getValue()
    const result = dividend / divisor
    this.putValue(result)
    return result
  }

  multiply () {
    const multiplicand = this.getValue()
    const multiplier = this.getValue()
    const result = multiplier * multiplicand
    this.putValue(result)
    return result
  }
}
```

这个类实现了一款简单的计算器，它是基于栈结构而实现的。这个计算器把运算数（operand，或者叫作操作数，也就是数学运算所要操作的值）存放到栈里面。在执行某项运算（例如乘法）的时候，它把该运算所要使用的两个数（例如被乘数与乘数）从栈中提取出来，然后把运算结果推入栈中。这个程序的实现思路，跟手机上的计算器程序差不多。

下面这段范例代码，演示了如何用 **StackCalculator** 执行乘法与除法：

```
const calculator = new StackCalculator()
calculator.putValue(3)
calculator.putValue(2)
console.log(calculator.multiply()) // 3 * 2 = 6
calculator.putValue(2)
console.log(calculator.multiply()) // 6 * 2 = 12
```

我们这个 **StackCalculator** 类还提供了一些工具方法，例如 **peekValue ()**，这个方法可以查看（也就是窥视）栈顶的那个值（这指的是刚刚推入栈中的那个值，或者上一次运算的结果）。另外还有 **clear ()** 方法，这个方法可以重置整个栈。

有一个地方值得注意：在 JavaScript 语言里面，如果跟 0 相除，那么会得到一个神奇的值，叫作 **Infinity**。这与其他许多种编程语言不同，在那些语言里面，除以 0 是一项非法操作（illegal operation），会导致程序崩溃或抛出运行期异常（runtime exception，也叫运行时异常）。

接下来，我们用 Proxy 模式增强这个 **StackCalculator** 实例的功能，让它在与 0 相除的时候，表现出更加合理的行为，也就是说，让它不要返回 **Infinity** 这样的值，而是明确地报错。

8.1.1.1　通过组合对象来实现 Proxy 模式

组合（composition）是把某对象与另一个对象相结合，让后者能够扩充或使用前者的功能。具体到 Proxy 模式来看，这指的是创建一个新的对象（即 proxy 对象），让它的接口跟原对象（即 subject 对象）相同，并且让 proxy 对象通过实例变量或闭包变量来保存 subject。这个 subject 可以由用户（即 client，也叫作客户）在建立 proxy 的时候注入，也可以由 proxy 自己创建。

下面我们就用对象组合技术，实现一款安全的计算器：

```
class SafeCalculator {
  constructor (calculator) {
    this.calculator = calculator
  }

  // proxied method(需要由 proxy 做出附加处理的方法)
  divide () {
```

```
    // 附加的验证逻辑
    const divisor = this.calculator.peekValue()
    if (divisor === 0) {
      throw Error('Division by 0')
    }
    // 如果该操作有效，那就派发给 subject
    return this.calculator.divide()
  }

  // delegated methods(可以直接派发给 subject 的方法)
  putValue (value) {
    return this.calculator.putValue(value)
  }

  getValue () {
    return this.calculator.getValue()
  }

  peekValue () {
    return this.calculator.peekValue()
  }

  clear () {
    return this.calculator.clear()
  }

  multiply () {
    return this.calculator.multiply()
  }
}

const calculator = new StackCalculator()
const safeCalculator = new SafeCalculator(calculator)

calculator.putValue(3)
calculator.putValue(2)
```

```
console.log(calculator.multiply()) // 3*2 = 6

safeCalculator.putValue(2)
console.log(safeCalculator.multiply()) // 6*2 = 12

calculator.putValue(0)
console.log(calculator.divide()) // 12/0 = Infinity

safeCalculator.clear()
safeCalculator.putValue(4)
safeCalculator.putValue(0)
console.log(safeCalculator.divide()) // 4/0 ->出错
```

safeCalculator 对象是原来那个 **calculator** 实例的 proxy。在 safeCalculator 上面调用 **multiply ()** 方法，会导致程序转而调用 **calculator** 实例的 **multiply ()** 方法。**divide ()** 也一样，然而这次，当除数为 0 的时候，在 proxy 对象上面调用，跟直接在原来的 subject 对象上面调用，效果是不同的。

在用组合技术实现这个 proxy 的时候，我们必须把自己想要操控的方法［比如本例中的 **divide ()** 方法］拦截下来，并把其他一些方法［比如本例中的 **putValue ()**、**getValue ()**、**peekValue ()**、**clear ()** 与 **multiply ()** 方法］手工委派给 subject。

注意，原来那个 **calculator** 对象本身的状态（例如栈里的那些值），仍然由 **calculator** 实例维护，我们这个 **safeCalculator** 对象，只不过是在必要的时候读取或修改它状态，而不会直接替它来维护状态。

刚才那段代码还有一种写法是通过工厂函数与对象字面量来创建 proxy 对象：

```
function createSafeCalculator (calculator) {
  return {
    // 需要做出附加处理的方法
    divide () {
      // 附加的验证逻辑
      const divisor = calculator.peekValue()
      if (divisor === 0) {
        throw Error('Division by 0')
      }
      // 如果该操作有效,那就派发给 subject
      return calculator.divide()
```

```
    },
    // 可以直接派发的方法
    putValue (value) {
      return calculator.putValue(value)
    },
    getValue () {
      return calculator.getValue()
    },
    peekValue () {
      return calculator.peekValue()
    },
    clear () {
      return calculator.clear()
    },
    multiply () {
      return calculator.multiply()
    }
  }
}

const calculator = new StackCalculator()
const safeCalculator = createSafeCalculator(calculator)
// ...
```

这种写法要比基于类的方案简洁，但是对那些不需要由 proxy 做额外处理的方法来说，我们还是得把它们手工派发给 subject。

如果你要代理的那种对象（也就是 Proxy 模式里的 subject 对象）比较复杂，那么无论你采用的是这两种写法里的哪一种，都必须对很多方法做手工派发，这是相当枯燥的。要想让 proxy 对象自动派发一大批方法，你可以考虑用 **delegates**（**nodejsdp.link/delegates**）这样的工具完成。另外还有一种新的原生方案，也就是使用 Proxy 对象完成，本章稍后就会讲到这个办法。

8.1.1.2 通过增强原对象来实现 Proxy 模式

如果原对象里面只有少数几个方法需要做代理，那么最简单、最常用的办法，可能就是 **object augmentation** 了（中文称为对象增强、对象扩增，这个办法也叫作 **monkey patching**，“猴子补丁”）。在采用这种写法时，我们会直接修改 subject，并拿我们自己实现的逻辑，把它里面需要做代理的方法给替换掉。

具体到本小节这个计算器的例子来看，我们可以这样写：

```
function patchToSafeCalculator (calculator) {
  const divideOrig = calculator.divide
  calculator.divide = () => {
    // 附加的验证逻辑
    const divisor = calculator.peekValue()
    if (divisor === 0) {
      throw Error('Division by 0')
    }
    // 如果该操作有效，那就触发 subject 里面原有的逻辑
    return divideOrig.apply(calculator)
  }

  return calculator
}

const calculator = new StackCalculator()
const safeCalculator = patchToSafeCalculator(calculator)
// ...
```

如果我们只需要给一个或几个方法做代理，那么这种写法当然是相当方便的。大家注意到了吗？所有的 delegated method（也就是那种无需额外处理，即可直接派发给 subject 的方法），这次都不用重新实现了。

这样写虽然方便，但比较危险，因为这种写法直接修改了 subject 对象的状态与处理逻辑。它跟早前那两种写法不同，那两种写法只是在 subject 外面包了一层，而没有改变 subject 本身的逻辑。

如果你要把原对象（也就是 subject 对象）分享给代码库里面的其他部分使用，那么就尽量不要去修改对象本身的逻辑。给原对象做“monkey patching”（“猴子补丁”），可能会让应用程序里面的其他组件受到意外影响，因为那些组件并不清楚原对象的行为与逻辑，已经悄悄发生了变化。要想知道“monkey patching”为什么会引发危险，你可以在调用完 patchToSafeCalculator 之后，试着在 **calculator** 实例上面做一次除数为 0 的除法，你会发现，原对象没有按照 JavaScript 默认的逻辑返回 **Infinity**，而是抛出了错误。原对象本身的那种行为，已经让 patchToSafeCalculator 给改掉了，如果应用程序里的其他组件不了解这一情况，那它们就依然会按照原来设想的去运作，从而出现意外的效果。

下一部分要讲内置的 Proxy 对象，这个对象比上面说的那几种写法强大，它能够更好地实现出 Proxy 等模式。

8.1.1.3 用内置的 Proxy 对象实现 Proxy 模式

ES2015 规范提出了一种原生的方案，能够创建出强大的 proxy 对象。

ES2015 规范描述的这种 **Proxy** 对象有一个构造器，这个构造器接受 **target** 与 **handler** 做参数：

```
const proxy = new Proxy(target, handler)
```

其中，**target** 参数表示我们要代理的那个对象（也就是 Proxy 模式里面扮演**subject** 角色的那个对象），**handler** 参数是一个特殊的对象，用来定义 proxy 的行为。

你给构造器传入的这个 **handler** 对象，可以包含一系列特定的方法，这些方法的名字都是预先约定好的，例如 **apply**、**get**、**set**、**has** 等，它们统称**trap method**（陷阱方法），如果程序要在代理出来的这个 proxy 实例上面执行某些操作，那么该对象会自动触发你在 handler 对象里面定义的相关方法，比如，如果程序要在 proxy 上面“获取”（get）某个属性（property），那么就会自动触发 handler 对象里面的 get 方法，并让 property 参数取该属性的值。

为了帮助大家理解这个 API 的用法，我们看看如何用内置的 **Proxy** 对象给原来的 StackCalculator 做代理：

```
const safeCalculatorHandler = {
  get: (target, property) => {
    if (property === 'divide') {
      // 这个方法需要做附加处理
      return function () {
        // 附加的验证逻辑
        const divisor = target.peekValue()
        if (divisor === 0) {
          throw Error('Division by 0')
        }
        // 如果该操作有效，那就派发给 subject
        return target.divide()
      }
    }

    // 这个属性或方法无需附加处理，可以直接采用 subject 自身的逻辑
```

```
      return target[property]
    }
  }

const calculator = new StackCalculator()
const safeCalculator = new Proxy(
  calculator,
  safeCalculatorHandler
)
// ...
```

我们用内置的 **Proxy** 对象给 **StackCalculator** 做代理的时候，在传给 **Proxy** 构造器的 **handler** 对象里面提供名为 **get** 的陷阱方法，以拦截程序对原对象的属性及方法所做的访问操作，这当然也包括我们关注的 **divide ()** 方法。如果拦截下来的正好是 **divide ()** 方法，那么我们让 proxy 返回一个改版的 divide 函数，这个函数在原版的 **divide ()** 方法之上，实现了自己的判断逻辑，它会预先判断除数是不是 0，是，就报错，不是，就执行原版方法。另外要注意，如果拦截下来的是其他方法和属性，那我们直接返回 **target [property]**，意思是说，采用原对象自身的逻辑就行了，不用做额外处理。

最后还有个关键的地方要注意：用内置的 **Proxy** 做出来的这种对象，会继承 subject 的 prototype（原型），因此，判断 **safeCalculator instanceof StackCalculator** 所得到的结果，是 **true**。

通过这个例子，我们清楚地看到，用内置的 Proxy 做出来的对象，既不会像早前的 object augmentation（或者说 monkey patching）写法那样，改变原对象自身的逻辑（参见第 8.1.1.2 节），又不会像采用 composition 方案时那样，要求我们把无需附加处理的那些属性和方法，也全都手工地派发一遍（参见第 8.1.1.1 节）。我们只需要修改自己想增强的那些地方即可。

Proxy 对象的其他功能以及这种对象的局限

Proxy 对象已经深度整合到了 JavaScript 语言里面，这让开发者能够通过这种对象，来拦截程序对其他对象所做的许多操作，并定制这些操作的效果。这样一种特性，让我们能够把从前不太好做的一些效果，给轻松地实现出来，例如**元编程**（meta - programming）、**运算符重载**（operator overloading）以及**对象虚拟化**（object virtualization）。

我们用另外一个例子，来演示这样的效果：

```
const evenNumbers = new Proxy([], {
  get: (target, index) => index * 2,
```

```
  has: (target, number) => number % 2 === 0
})

console.log(2 in evenNumbers) // true
console.log(5 in evenNumbers) // false
console.log(evenNumbers[7]) // 14
```

这个例子创建了一个虚拟的数组（virtual array）用来涵盖所有的偶数。这个数组可以像普通数组一样使用，也就是说，我们可以用访问普通数组时的写法，来访问其中的元素，例如 **evenNumbers[7]**，也可以用 in 运算符判断某个元素在不在这个数组里面，例如 **2 in evenNumbers**。由于这种数组并没有实际保存数据，因此称为虚拟的（*virtual*）数组。

刚才那段代码演示了 **Proxy** 对象的高级用法，但我们需要注意，这种用法并不是在通过 **Proxy** 对象来实现 Proxy 模式。这个例子的意思是说，尽管这个对象叫作 **Proxy**，但除了经常用来实现同名的模式之外，它还能够实现其他一些模式与功能。比如，本章后面就要讲到，怎样用 **Proxy** 对象实现另一种模式，也就是 Decorator 模式。

大家看看这段实现代码。我们这次把一个空白的数组传给 Proxy 构造器的 target 参数，并传入自编的 handler 对象，这个对象定义了 **get** 与 **has** 这两个陷阱方法：

- **get** 陷阱方法用来拦截程序访问数组元素的操作，并返回与指定的下标相对应的偶数值。
- **has** 陷阱方法用来拦截针对该数组的 in 运算，并判断受测数值是否位于数组之中。

Proxy 对象还支持其他一些有用的陷阱方法，例如 **set**、**delete**、**construct** 等，另外，我们还能够创建可撤回的 **Proxy** 对象，那种对象可以禁用所有的陷阱方法，并恢复 **target** 对象原有的行为。

笔者不打算在这一章里面，把这些特性全都讲一遍，这里的重点是想让大家明白，**Proxy** 对象的功能很强大，你可以在这种对象的基础上实现 Proxy 设计模式。

这篇 MDN 文档列出了 Proxy 对象的各种功能与 handler 对象支持的所有陷阱方法：**nodejsdp.link/mdn-proxy**。另外，Google 网站上还有一篇文章，详细介绍了 **Proxy** 对象的用法：**nodejsdp.link/intro-proxy**。

在 JavaScript 语言里面，**Proxy** 对象是一种功能很强大的对象，但它有一个关键的限制，就是没办法完全通过 *transpile* 或 *polyfill* 技术实现出来。这是因为，**Proxy** 对象的某些陷阱机制，只能在运行期实现，因此无法用单纯的 JavaScript 代码重写。如果你想让程序在不直

接支持 **Proxy** 对象的旧版 Node. js 平台或浏览器上面运行，那么就得注意这个问题了。

Transpilation：这个词是 *transcompilation* 的简称。它指的是对源代码所做的一种编译操作，用来将源代码从一种语言改写（或者说翻译）成另一种语言。具体到 JavaScript 领域，这指的是一种技术，用来把采用新功能所编写的代码，改写成不采用该功能但效果与早前相同的代码，这样的话，原先写的程序，就可以在不支持新功能的环境下运行。

Polyfill：这指的是用普通的 JavaScript 代码来实现某套标准的 API，让开发者能够把这些代码引入本身不支持该 API 的环境（例如旧版的浏览器与运行环境）之中，从而使用 API 所提供的功能。**core - js**（**nodejsdp. link/corejs**）是一款相当完备的 JavaScript 库，它对许多 API 做了 polyfill。

8.1.1.4　各种 proxy 技术之间的对比

通过组合来实现 Proxy 模式，是简单而*安全的*，因为这种方式并不修改 subject 原有的行为。它唯一的缺点是，要求我们必须把 proxy 对象所收到的方法调用请求，手工派发到 subject 上面，即便我们要拦截的方法只有一个，也依然得把剩下那些方法，照原样派发给 subject。另外，如果程序还要访问 subject 之中的属性，那我们想办法把针对属性的访问请求派发过去。

对象的属性可以通过 **Object. defineProperty ( )** 派发，详见：**nodejsdp. link/define - prop**。

与组合相比，通过对象增强技术来实现 Proxy 模式，则会修改原对象的行为，这在某些情况下可能不太理想，但这样做的好处，是不用再把那些无需额外处理的方法调用请求，也手工派发一遍。所以，如果原对象的行为容许修改，那么这种办法通常要比通过组合来实现 Proxy 模式更好。

然而，有一种情况似乎要求我们必须通过组合来实现 Proxy 模式，这就是当我们要控制 subject 的初始化行为时，比如，我们只想在确实要用到 subject 的时候再去创建它（也就是要实现惰性初始化，*lazy initialization*）。

如果你要拦截大量的函数调用行为，或是要拦截各种形式的属性访问操作，乃至要动态地定制这些操作的效果，那么 **Proxy** 对象就是首选的实现方案。这种对象提供的访问控制机制是比较高端的，你无法通过另外两种方案简单地模拟出来。比如，它可以在程序想从对象中删除某个键的时候，把这个删除行为拦截下来，也可以在程序想要检查对象中是否有某个属性的时候，把这个检查行为拦截下来。

这里还要再强调一遍，**Proxy** 对象不会修改原对象的行为，因此，就算你要把原对象在应用程序的多个组件之间共享，也不用担心这个问题。另外我们还看到，如果我们不想拦截某些方法调用或属性访问操作，那么很容易就能通过 **Proxy** 对象实现自动派发，而不用一个一个地手工派发。

下一小节要利用 Proxy 模式编写一个更为实际的例子，并对比已经讲过的这几种方案在实现 Proxy 模式时的区别。

8.1.2 创建带有日志功能的 Writable 流

为了演示如何在实际程序中运用 Proxy 模式，我们现在构建这样一个 proxy，让它给 Writable 流做代理，以拦截 **write ()** 方法。程序每次想通过这个方法给 **Writable** 流写入数据时，我们这个 proxy 都会记录一条日志信息。这次笔者打算通过 **Proxy** 对象来实现代理。我们把代码写在名叫 **logging-writable.js** 的文件里面：

```
export function createLoggingWritable (writable) {
  return new Proxy(writable, {                                    // (1)
    get (target, propKey, receiver) {                             // (2)
      if (propKey === 'write') {                                  // (3)
        return function (...args) {                               // (4)
          const [chunk] = args
          console.log('Writing', chunk)
          return writable.write(...args)
        }
      }
      return target[propKey]                                      // (5)
    }
  })
}
```

刚才这段代码创建了一个工厂函数，它会对调用方通过 **writable** 参数所传入的流对象做代理，并返回这个代理对象。下面解释其中的几个要点：

（1）调用 Proxy 构造器，创建 ES2015 规范的 **Proxy** 对象。调用的时候，我们把原来的 **writable** 对象传进去，并把构造出来的代理对象返回给调用方。

（2）通过 **get** 陷阱来拦截程序对原对象的属性所做的访问操作。

（3）判断受访问的属性是不是 **write** 方法。如果是，就返回一个函数，让这个函数针对 **writable** 原有的 **write** 行为做代理。

（4）具体的代理逻辑其实很简单，也就是从程序传给原函数的参数列表里面，提取 **chunk** 参数，并把该参数所表示的内容记录下来，最后，调用原函数并传入参数列表中的各个参数。

（5）如果受访问的属性不是 **write** 方法，那就照原样派发给 **writable** 对象。

现在我们试着用一下刚才创建的这个工厂函数，看看它实现的代理效果是否正确：

```
import { createWriteStream } from 'fs'
import { createLoggingWritable } from './logging-writable.js'

const writable = createWriteStream('test.txt')
const writableProxy = createLoggingWritable(writable)

writableProxy.write('First chunk')
writableProxy.write('Second chunk')
writable.write('This is not logged')
writableProxy.end()
```

这个代理对象并没有改变原来那个流对象的接口或行为，但是它会把程序写入 **writableProxy** 的每一块数据，都自动记录到控制台。

8.1.3 用 Proxy 实现 Change Observer 模式

Change Observer 模式是这样一种设计模式，它让某对象（也就是 subject）把状态的变化情况通知一个或多个 observer（观察者），令它们能够在 subject 的状态发生改变时尽快做出“react”（反应/回应/响应）。

Change Observer 模式虽然跟第 3 章说的 Observer 模式很像，但还是有区别的。Change Observer 模式的重点，在于让我们能够监测对象属性上面的变化，而 Observer 模式则更加宽泛，它采用 EventEmitter 播报信息，让我们知道系统里面发生了什么事件，这个事件不一定是指受观察的对象在属性上面出现了变化。

Proxy 对象很适合用来实现这种属性观测逻辑。下面我们写一个名叫 **create-observable.js** 的模块，来演示其中一种实现方式：

```
export function createObservable (target, observer) {
  const observable = new Proxy(target, {
    set (obj, prop, value) {
```

```
      if (value !== obj[prop]) {
        const prev = obj[prop]
        obj[prop] = value
        observer({ prop, prev, curr: value })
      }
      return true
    }
  })

  return observable
}
```

在这段代码中，**createObservable()** 接受一个 **target** 参数，用来表示需要观察的对象，还接受一个 **observer** 参数，用来表示该对象发生变化时所要触发的函数。

我们这里采用 ES2015 规范的 **Proxy** 对象来创建这个 **observable** 实例。创建这个实例的时候，我们在传入的 handler 对象里面定义 **set** 陷阱，以拦截程序对原对象（即 target）所执行的属性设置操作。这个陷阱的实现代码，会把该属性现有的值，与程序想要设置的新值相对比，如果二者不同，那就修改 target 对象的相关属性，并通知 observer。在触发 observer 的时候，我们把与这次变化有关的信息（也就是属性的名称、该属性以前的值，以及该属性现在的值），放在一个对象字面量里面传过去。

这里实现的 Change Observer 模式是经过简化的。比较高级的实现方案应该支持多个 observer，而且还应该通过别的陷阱，来拦截其他形式的修改操作，例如把程序删除字段或修改 prototype（原型）的行为也拦截下来。另外，如果原对象里面嵌套着其他对象或数组，那么我们还应该针对那个对象或数组，也递归地创建相应的 Proxy 对象，但笔者目前实现的这个简化版本，并没有顾及这些问题。

下面我们利用刚才的 **createObservable()** 所创建的 **observable** 对象，编写一款简单的销售票据程序，让它能够在票据的某个字段发生变化的时候，自动更新这张票据的金额：

```
import { createObservable } from './create-observable.js'
function calculateTotal (invoice) {                          // (1)
  return invoice.subtotal -
    invoice.discount +
    invoice.tax
}
```

```
const invoice = {
  subtotal: 100,
  discount: 10,
  tax: 20
}
let total = calculateTotal(invoice)
console.log(`Starting total: ${total}`)

const obsInvoice = createObservable(                        // (2)
  invoice,
  ({ prop, prev, curr }) => {
    total = calculateTotal(invoice)
    console.log(`TOTAL: ${total} (${prop} changed: ${prev} ->
${curr})`)
  }
)

                                                            // (3)
obsInvoice.subtotal = 200 // TOTAL: 210
obsInvoice.discount = 20 // TOTAL: 200
obsInvoice.discount = 20 // 属性值没有变化,不用更新
obsInvoice.tax = 30 // TOTAL: 210
console.log(`Final total: ${total}`)
```

在这个例子里面，invoice（票据）包含 **subtotal**（小计）、**discount**（折扣）与 **tax**（税）这三个值。票据的总额，是根据这三个值计算出来的。下面解释这段代码的实现细节：

(1) 声明 **calculateTotal ()** 函数，让它给 **invoice** 参数所表示的这张票据计算总额。接下来，我们创建一个演示用的 **invoice** 对象，并通过刚才这个函数计算它的总额，然后把结果保存在名为 **total** 的变量里面。

(2) 针对 **invoice** 对象，用 **createObservable ()** 函数创建可观测版的对象，也就是 **obsInvoice**。如果程序试图通过这个可观测的版本，来修改原对象之中的某个值，那我们就通过 **calculateTotal ()** 函数重新计算这张票据的总额，并打印一条日志信息，以记录这次变更。

(3) 最后，我们让程序对可观测版的票据做一些修改。只要程序想修改 **obsInvoice** 对象之中的某个值，我们刚才在创建该对象时所指定的那段观测逻辑就会得到触发。那段逻辑会更新 **total** 变量所表示的票据总额，并把日志信息打印到屏幕上面。

运行这个程序，你会在控制台里看到这样的信息：

```
Starting total：110
TOTAL：210 (subtotal changed：100 -> 200)
TOTAL：200 (discount changed：10 -> 20)
TOTAL：210 (tax changed：20 -> 30)
Final total：210
```

在这个例子中，计算票据总额的逻辑代码是比较简单的，然而就算复杂一些也没关系，比如，我们可以给票据里面添加一些新字段，来表示运费以及其他各种税费。给 **invoice** 对象添加完这些新字段之后，我们只需要更新 **calculateTotal ()** 函数的计算逻辑就好。这样的话，如果这些新属性的值发生了变化，那么 **calculateTotal ()** 也会自动触发，从而令 **total** 变量总是能够表示出这张票据当前的总额。

这种可观测的对象（Observable），是反应式编程（**reactive programming，RP**）与函数式反应式编程（**functional reactive programming，FRP**）的基础。这些编程风格的详情，可参见《*Reactive Manifesto*》（《反应式宣言》）：**nodejsdp.link/reactive-manifesto**。

8.1.4 Node.js 大环境之中的 Proxy 模式

Proxy 模式（尤其是其中的 Change Observer 模式）用途相当广泛，许多后端项目与程序库都在用它，而且前端也可以使用。下面这几个流行的项目，就用到了这些模式：

- LoopBack（**nodejsdp.link/loopback**）。这是 Node.js 平台流行的 Web 框架，它用 Proxy 模式来拦截针对控制器的方法调用，并予以增强。通过这项功能，我们可以构建出自定义的验证及认证机制。
- Vue.js（**nodejsdp.link/vue**）第三版。这是很流行的一种 JavaScript UI 框架，它用 **Proxy** 对象实现了 Proxy 模式，并通过这个模式重新实现了可观测的属性。
- MobX（**nodejsdp.link/mobx**）。这是个知名的反应式状态管理库，经常与 React 或 Vue.js 一起，用在前端的应用程序里面。它跟 MobX 类似，也利用 **Proxy** 对象来实现响应式的 observable。

8.2 Decorator（修饰器）模式

Decorator 是结构型的设计模式，能够动态地扩充现有对象的行为。它跟传统的类继承是有区别的，因为它所做的扩充，针对的只是那个明确受到修饰的对象，而不是对象所在的类，因此，它不会让该类的所有对象都自动得到扩充。

从实现角度来看，这个模式跟 Proxy（代理）模式很像，但它的重点并不是给某对象现有的接口做增强或修改，而是要给其中添加新的功能，如图 8.2 所示。

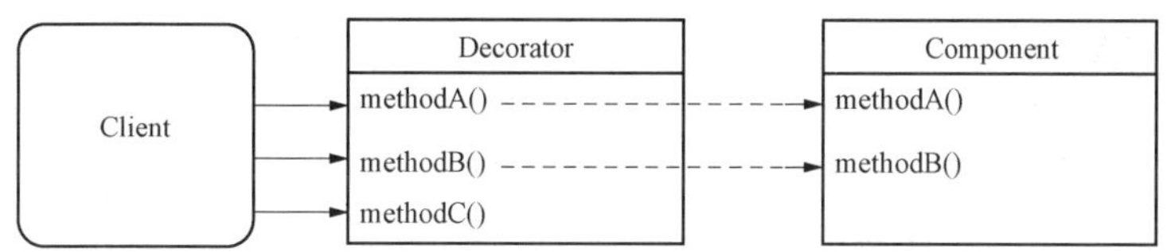

图 8.2　Decorator 模式的示意图

在图 8.2 中，**Decorator** 对象扩充了 **Component** 对象的功能，给它添加了 **methodC ()** 这样一种操作。至于 **Component** 里面本来就有的那些方法，则是照原样委派过去，然而，在某些情况下，其实也可以拦截下来并执行附加的逻辑，以增强它们的功能。

8.2.1　实现 Decorator 模式的几种办法

虽然 Proxy 与 Decorator 是两个模式，而且目标不同，但在实现手法上面，其实是一样的，因此，我们在这里很简单地介绍一遍就好。这次，我们用 Decorator 模式来处理 **StackCalculator** 类的实例并“修饰”它，让它支持名叫 **add ()** 的新方法，这个方法执行的是两数相加的运算。另外，我们还让这个 decorator（修饰器）把 **divide ()** 方法拦截下来，并且跟早前那个 **SafeCalculator** 例子一样，实现一段检测逻辑，以判断除数是否为 0。

8.2.1.1　用组合实现 Decorator 模式

用组合的办法实现 Decorator 模式时，我们把受修饰的组件包裹在一个新的对象里面，并让这个新对象所在的类，支持原组件所具备的那套功能。这样的话，新对象所在的类只需要定义新的方法就行了，原组件已有的那些方法，可以直接委派过去：

```
class EnhancedCalculator {
  constructor (calculator) {
    this.calculator = calculator
  }

  // 需要添加的新方法
  add () {
    const addend2 = this.getValue()
    const addend1 = this.getValue()
```

```
    const result = addend1 + addend2
    this.putValue(result)
    return result
  }

  // 行为需要修改的方法
  divide () {
    // 附加的验证逻辑
    const divisor = this.calculator.peekValue()
    if (divisor === 0) {
      throw Error('Division by 0')
    }
    // 如果该操作有效，那就派发给 subject
    return this.calculator.divide()
  }

  // 可以直接派发的方法
  putValue (value) {
    return this.calculator.putValue(value)
  }

  getValue () {
    return this.calculator.getValue()
  }

  peekValue () {
    return this.calculator.peekValue()
  }

  clear () {
    return this.calculator.clear()
  }

  multiply () {
    return this.calculator.multiply()
  }
```

```
}

const calculator = new StackCalculator()
const enhancedCalculator = new EnhancedCalculator(calculator)

enhancedCalculator.putValue(4)
enhancedCalculator.putValue(3)
console.log(enhancedCalculator.add()) // 4+3 = 7
enhancedCalculator.putValue(2)
console.log(enhancedCalculator.multiply()) // 7*2 = 14
```

还记得当初是怎样通过组合来实现 Proxy 模式的吗？你会发现，这段代码跟以前那段代码特别像。

这段代码给受修饰的组件添加了 **add ()** 这个新的方法，并增强了该组件的 **divide ()** 方法所具备的功能（这跟早前那个 SafeCalculator 一样）。最后，它还是把 **putValue ()**、**getValue ()**、**peekValue ()**、**clear ()** 与 **multiply ()** 等方法派发给了原来的 subject（也就是受修饰的那个组件）。

8.2.1.2　通过增强原对象来实现 Decorator 模式

如果用**Object decoration**（对象修饰）技术来实现 Decorator 模式，那么只需要像下面这样，把新的方法直接添加到受修饰的对象里面即可（这也叫作 monkey patching，“猴子补丁”）：

```
function patchCalculator (calculator) {
  // 需要添加的新方法
  calculator.add = function () {
    const addend2 = calculator.getValue()
    const addend1 = calculator.getValue()
    const result = addend1 + addend2
    calculator.putValue(result)
    return result
  }

  // 行为需要修改的方法
  const divideOrig = calculator.divide
  calculator.divide = () => {
    // 附加的验证逻辑
```

```
    const divisor = calculator.peekValue()
    if (divisor === 0) {
      throw Error('Division by 0')
    }
    // 如果该操作有效，那就派发给 subject
    return divideOrig.apply(calculator)
  }

  return calculator
}

const calculator = new StackCalculator()
const enhancedCalculator = patchCalculator(calculator)
// ...
```

请注意，在这个例子里面，**calculator** 跟 **enhancedCalculator** 实际上引用的是同一个对象，也就是说，**calculator == enhancedCalculator**。这是因为，**patchCalculator()** 直接修改了原来的 **calculator** 对象，并把修改后的对象返回，而不像以前那样，用另外一个对象将 **calculator** 包裹起来。你可以调用 **calculator.add()** 方法，看看程序能不能在原有的 **calculator** 对象上面顺利执行加法，或者调用 **calculator.divide()** 方法，看看该方法在除数是 0 的情况下，会不会报错。

8.2.1.3 通过 Proxy 对象实现 Decorator 模式

用 **Proxy** 对象也可以实现出 Decorator 的效果。这种写法看上去应该是这个样子的：

```
const enhancedCalculatorHandler = {
  get (target, property) {
    if (property === 'add') {
      // 需要添加的新方法
      return function add () {
        const addend2 = target.getValue()
        const addend1 = target.getValue()
        const result = addend1 + addend2
        target.putValue(result)
        return result
      }
    } else if (property === 'divide') {
      // 行为需要修改的方法
```

```
        return function () {
          // 附加的验证逻辑
          const divisor = target.peekValue()
          if (divisor === 0) {
            throw Error('Division by 0')
          }
          // 如果该操作有效，那就派发给 subject
          return target.divide()
        }
      }

      // 不需要做附加处理的方法与属性
      return target[property]
    }
  }

  const calculator = new StackCalculator()
  const enhancedCalculator = new Proxy(
    calculator,
    enhancedCalculatorHandler
  )
  // ...
```

这几种实现方式在 Decorator 模式上面的区别，与它们在 Proxy 模式上面差不多，我们在讲那种模式的时候已经分析过了，所以就不重复了。现在笔者要举个实际一些的例子，来演示怎样运用 Decorator 模式解决工作中的需求。

8.2.2　用 Decorator 模式来修饰 LevelUP 数据库

在开始讲解这个例子的代码之前，我们首先要说说**LevelUP**，因为例子里面要用到这个模块。

8.2.2.1　简单介绍 LevelUP 与 LevelDB

LevelUP（**nodejsdp.link/levelup**）是一种可以在 Node.js 平台里面使用的包装器，用来包装 Google 的**LevelDB**。这是一种键值型数据库（key - value store，也叫键值存储），本来是为了在 Chrome 浏览器中实现 Indexed Database API（简称 IndexedDB），但后来大家发现，LevelDB 的实际用途远远不止这一项，它可以说是“Node.js of databases”（数据库领域中的“Node.js”），因为它与 Node.js 平台一样，也属于那种本身极简单，而且又极容易扩展的产品。LevelDB跟Node.js一样，性能特别高，同时又只提供一套最为基本的数据库功能，让开发者自己在上面构建其他功能。

Node.js社群的开发者Rod Vagg为了把强大的LevelDB数据库带到Node.js平台而创建了LevelUP模块。这个模块原本是专门用来包装LevelDB的，后来还支持许多种数据库后端，例如内存中的数据库（in-memory store）、Riak或Redis这样的NoSQL数据库，以及IndexedDB与localStorage等Web storage引擎，这样的话，服务器端与客户端就能够使用同一套API了，这会产生许多相当有意义的用法。

目前，围绕着LevelUP形成了一个大圈子，里面有许多插件和模块，它们能够扩充LevelUP这个微小的内核，以实现出复制（replication）、辅助索引（secondary index）、实时更新（live update）、查询引擎（query engine）等功能。另外，还可以在LevelUP上面构建完整的数据库，例如PouchDB（**nodejsdp.link/pouchdb**），这是一种跟CouchDB类似的数据，甚至可以构建图数据库，例如LevelGraph（**nodejsdp.link/levelgraph**），它同时支持Node.js与浏览器平台。

与LevelUP有关的各种产品，详见**nodejsdp.link/awesome-level**。

8.2.2.2 实现LevelUP插件

在接下来要讲的这个例子里面，大家会看到怎样用Decorator模式创建一款简单的LevelUP插件。具体来说，笔者会采用object augmentation（对象增强/对象扩增）技术来实现这个模式，如果你想修饰某个对象并给它添加一些功能，那么这是最简单，同时也是最实用、最高效的办法。

为了把这个例子讲得简单一些，我们在写代码的过程中会用到**level**包（**nodejsdp.link/level**），这个包把**levelup**与一个叫作**leveldown**的默认适配器（adapter）捆绑到一起，该适配器采用LevelDB做后端。

我们要构建的是这样一种LevelUP插件：程序只要把符合某样式的对象保存到数据库之中，这个插件就会发出通知。比如，如果我们订阅（或者说关注）`{a: 1}`这个样式，那么只要有`{a: 1, b: 3}`或`{a: 1, c: 'x'}`这样的对象存入数据库，这款插件就会通知我们。

下面就开始构建这个小插件。我们创建名叫**level-subscribe.js**的新模块，然后写入这样一段代码：

```
export function levelSubscribe (db) {
  db.subscribe = (pattern, listener) => {                    // (1)
```

```
    db.on('put', (key, val) => {                              // (2)
      const match = Object.keys(pattern).every(
        k => (pattern[k] === val[k])                          // (3)
      )
      if (match) {
        listener(key, val)                                    // (4)
      }
    })
  }

  return db
}
```

其实整个插件的代码就这么多，写起来相当简单。现在迅速分析一下这段代码：

（1）我们修饰 **db** 对象，给它添加名叫 **subscribe ()** 的新方法。这里用的是 object.

（2）augmentation 技术，因此只需要把这个新方法直接写到 db 里面就行了。

（3）我们监听针对数据库的 **put** 操作。

（4）我们执行一种相当简单的样式匹配算法（pattern - matching algorithm），也就是判断 **pattern** 中的每一个属性，是否都能够在即将插入数据库的这份数据里面找到。

（5）如果能，那就通知 **listener** 所表示的监听器。

下面编写代码，试用刚刚写好的插件：

```
import { dirname, join } from 'path'
import { fileURLToPath } from 'url'
import level from 'level'
import { levelSubscribe } from './level-subscribe.js'

const __dirname = dirname(fileURLToPath(import.meta.url))

const dbPath = join(__dirname, 'db')
const db = level(dbPath, { valueEncoding: 'json' })          // (1)
levelSubscribe(db)                                            // (2)

db.subscribe(                                                 // (3)
  { doctype: 'tweet', language: 'en' },
  (k, val) => console.log(val)
)
```

```
db.put('1', {                                                              // (4)
  doctype: 'tweet',
  text: 'Hi',
  language: 'en'
})
db.put('2', {
  doctype: 'company',
  name: 'ACME Co.'
})
```

现在解释这段代码里面的几个关键点：

（1）首先初始化 LevelUP 数据库，我们需要指出数据库文件存放在哪个目录，还要为数值指定默认的编码方案。

（2）然后，我们把原始的 **db** 对象传给刚才编写的 **levelSubscribe()** 函数，将自制的插件挂接到 **db** 数据库上面。

（3）这时，程序就可以使用插件提供的新功能［也就是 subscribe() 方法］了，我们向该插件订阅 **doctyp** 属性为 **'tweet'** 且 **language** 属性为 **'en'** 的对象，只要有这样的对象存入数据库，插件就会通知我们。

（4）最后，我们用 **put** 方法给数据库里面存放几个值。第一次调用 **put** 方法时存放的那个对象，符合我们刚才订阅的样式，因此，插件会触发监听器，使得监听器能够把这个值打印到控制台上面。第二次调用 **put** 方法时存放的对象，不符合我们关注的标准，因此插件不会触发监听器，所以，程序不会把该对象打印到控制台。

这个例子演示了怎样在实际的应用程序里面，采用最简单的手法，也就是 object augmentation（对象增强/对象扩增）来实现 Decorator 模式。这个模式看上去好像没有什么特别的地方，然而只要恰当地运用，就能发挥出很大效果。

为了把例子举得简单一些，这款插件只处理 **put** 操作，然而我们也可以让它轻松地处理其他操作，例如 batch 操作（参见：**github.com/Level/levelup#batch**）。

8.2.3 Node.js 大环境之中的 Decorator 模式

你可以看看下面几款 LevelUP 插件的代码，以了解 Decorator 模式是如何运用于实际程序之中的：

- **level-inverted-index**（**nodejsdp.link/level-inverted-index**）：这款插件给 LevelUP

数据库增加 inverted index（倒排索引/反向索引/反查索引），让我们能够查询到某些简单的文本出现在数据库中的哪些值里面。

- **levelplus**（**nodejsdp.link/levelplus**）：这款插件给 LevelUP 数据库添加原子式的（atomic）更新操作，让这种更新操作能够作为一个整体，完整地得到执行，而不会中途受到干扰。

除了可以实现 LevelUP 插件，Decorator 模式还有很多用途。下面两个优秀的项目就用到了这种模式：

- **json-socket**（**nodejsdp.link/json-socket**）。这个模块让我们能够更加容易地通过 TCP socket 或 UNIXsocket 发送 JSON 数据。它用来修饰某个已有的 **net.Socket** 实例，让该实例能够具备其他一些方法与行为。
- **fastify**（**nodejsdp.link/fastify**）。这是一个 Web 应用程序框架，它公布的 API，能够修饰 Fastify 服务器实例，让该实例具备其他一些功能或套用其他一些配置，这样的话，应用程序里的其他代码就可以使用这些附加的功能了。这个框架以一种相当通用的形式实现了 Decorator 模式。详情可参见文档页面：**nodejsdp.link/fastify-decorators**。

8.3　Proxy 模式与 Decorator 模式之间的区别

看到这里，你可能会问，Proxy 模式跟 Decorator 模式之间到底有什么区别？这个疑问是很有理由的，因为这两种模式之间实在太像了，有时甚至可以互换。

从传统的观点来看，Decorator 模式是一种增强现有对象的机制，它想给对象添加新的行为，而 Proxy 模式的重点，则是控制程序对某个具体对象或虚拟对象所做的访问。

这就是这两种模式在概念上的区别，这种区别是从它们在程序运行期的用法上面来谈的。

Decorator 模式可以看成包装器（wrapper），我们能够用这种模式包装各种类型的对象，让包装出来的这个对象，除了具备原对象的功能之外，还具备其他一些功能。Proxy 模式与之不同，它的重点不是要改变原对象的接口，而是要对程序访问该对象的情况加以控制，因此，在给原对象做完代理之后，你可以把代理出来的这个对象，传给那种需要使用原对象的地方。

如果从实现的角度看，那么这两种模式之间的区别，在强类型的编程语言里面，会体现得相当明显，因为那种语言在编译期就要执行相关的检查，以判断你所给的对象在字面上是否支持某项功能，而不是等到运行期再判断，因此，如果你修饰或代理出来的对象，在类型上与原对象不兼容，那么你就无法把这种对象，交给那些需要使用原对象的地方。与那些语言不同，JavaScript 是一门动态语言，而 Node.js 平台又是建立在这样一门语言之上的，因此，Proxy 模式与 Decorator 模式之间的界限，在 Node.js 里面就相当模糊了。在这样一种平台里面，这两种模式经常可以互化，而且大家刚才也看到了，实现 Proxy 模式时所用的技巧，同样可以用来实现 Decorator 模式。

所以，在使用 JavaScript 语言及 Node.js 平台来编程的时候，我们不需要抠字眼儿，也不用执着于这两种模式的经典定义。你应该把 Proxy 模式与 Decorator 模式所要解决的问题，合起来看成一个大的类别，只要你面对的需求能够归入这个大类，那就可以把二者视为两个相互补充的工具，有时甚至可以互换。

8.4 Adapter（适配器）模式

Adapter 模式让我们能够通过一套与原对象不同的接口来访问原对象的功能。

日常生活中也有这样的例子，比如，如果想把 Type-A 型的 USB 插头连接到 Type-C 型的 USB 口，那么就可以通过 Adapter（适配器/转换器）实现，我们先把 Type-A 型的 USB 插头接到转换器的 Type-A 口，再把转换器的插头接到最终的 Type-C 口。我们可以宽泛地说：Adapter 是用来转换某个对象的，让它能够用在需要使用另一套接口的情境之中。

从软件的角度看，我们可以说：Adapter 模式用来转换某对象所具备的接口（这叫作 **adaptee**，受适配方/被适配者)，让它与用户（Client）所要求的另一套接口相兼容。图 8.3 演示了这个模式的原理。

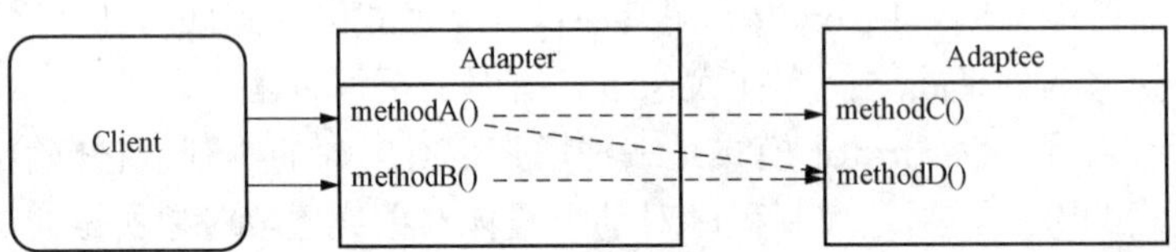

图 8.3　Adapter 模式的示意图

从图 8.3 中可以看出，Adapter 实际上就是一种针对 Adaptee 的包装器，只不过它对 Client 所公布的接口，跟 Adaptee 原本的那套接口不同。另外，我们从图 8.3 中还看到，Adapter 里面的某些操作，可能只需要用 Adaptee 里面的一个方法就能实现出来，但还有一些操作，则需要组合 Adaptee 里面的多个方法，才能予以实现。Adapter 中的方法，实际上是一座桥梁，让 Client 可以通过这些方法，来使用 Adaptee 里面的功能。这个模式很直观，因此我们接下来直接看范例代码。

8.4.1 通过 fs 式的 API 来使用 LevelUP

我们想要构建一个针对 LevelUP API 的 adapter（适配器），让它把那套接口转换成一套与 `fs` 这个核心模块相兼容的接口。具体来说，我们要保证，程序每次在 adapter 上面调用

readFile () 与 **writeFile ()** 时，它都能把这些操作，相应地转化成 **db.get ()** 与 **db.put ()** 操作。这样的话，我们就能够让 LevelUP 数据库充当存储后端（storage backend），并利用适配器将其转化成一种支持 **fs** 接口的对象，使得程序能够在这个对象上面，通过简单的文件操作来修改后端数据库之中的内容。

现在就来新建名叫 **fs-adapter.js** 的模块。在这个模块里面，我们先把它所要依赖的模块加载进来，然后编写并导出 **createFsAdapter ()** 这个工厂函数，让用户能够通过该函数构造 adapter（适配器）：

```
import { resolve } from 'path'

export function createFSAdapter (db) {
  return ({
    readFile (filename, options, callback) {
      // ...
    },
    writeFile (filename, contents, options, callback) {
      // ...
    }
  })
}
```

然后，我们开始实现工厂函数里面写的这个 **readFile ()** 函数，确保该函数的接口与 **fs** 模块所设计的同名函数相兼容：

```
readFile (filename, options, callback) {
  if (typeof options === 'function') {
    callback = options
    options = {}
  } else if (typeof options === 'string') {
    options = { encoding: options }
  }

  db.get(resolve(filename), {                              // (1)
    valueEncoding: options.encoding
  },
  (err, value) => {
    if (err) {
```

```
      if (err.type === 'NotFoundError') {                                    // (2)
        err = new Error(`ENOENT, open "${filename}"`)
        err.code = 'ENOENT'
        err.errno = 34
        err.path = filename
      }
      return callback && callback(err)
      }
      callback && callback(null, value)                                      // (3)
    })
  }
```

在编写 **readFile ()** 函数的时候，我们要多用一些代码，来确保这个函数的行为，尽可能地接近原版的 **fs.readFile ()** 函数。下面解释其中几个关键点：

（1）我们调用 **db.get ()** 方法，从 **db** 实例所表示的数据库中获取文件。在获取的时候，我们要先把表示文件名的 **filename** 参数传给 **resolve ()**，以确定该文件的全路径，另外还要根据用户在调用 **readFile ()** 函数时所输入的值，来确定 encoding 选项，并根据这个选项的值，来设定调用 **db.get ()** 方法时所要指定的 **valueEncoding** 值。

（2）如果数据库中没有我们要查的这个键，那么 **err** 变量的 type 就是'NotFoundError'，在这种情况下，我们创建一个错误码为 **ENOENT** 的 **Error** 对象，这个错误码，正是 fs 模块用来表示文件缺失时所使用的错误码。创建好之后，我们把这个 **Error** 对象赋给 **err** 变量。笔者在这个例子里面，只想将最常见的一种数据库错误适配到 **fs** 模块的 API 上面，所以如果 **err** 变量的 type 不是'NotFoundError'，那意味着 **db.get ()** 方法产生了其他错误，在那些情况下，我们直接把 **err** 转发给 **callback** 就好。

（3）如果数据库里面有我们要查的这个键，那就把该键所对应的值传给 **callback** 回调。

笔者写这样一个函数，并不是打算彻底取代或完全复刻 **fs.readFile ()** 函数，而是只想适配最常见的用法与出错情况。

接下来我们还要实现 **writeFile ()** 函数，这样才能把这个小小的适配器给写好：

```
writeFile (filename, contents, options, callback) {
  if (typeof options === 'function') {
    callback = options
    options = {}
  } else if (typeof options === 'string') {
    options = { encoding: options }
  }
```

```
  db.put(resolve(filename), contents, {
    valueEncoding: options.encoding
  }, callback)
}
```

大家都看到了，笔者写的这个 **writeFile ()** 函数，跟刚才的 **readFile ()** 函数一样，也不打算做得十全十美，我们只是用它来包装 **db** 实例的 **put ()** 方法而已。本来 **options** 里面还有一些问题应该考虑（例如 **options.mode** 所表示的文件权限），但我们忽略了，另外，我们也没有对操纵数据库时所发生的错误做出适配，而是直接照原样转发。

这个新的适配器到这里就算写好了。现在可以写一个小模块，来试用这个适配器，首先，测试原版的 **fs**：

```
import fs from 'fs'

fs.writeFile('file.txt', 'Hello! ', () => {
  fs.readFile('file.txt', { encoding: 'utf8' }, (err, res) => {
    if (err) {
      return console.error(err)
    }
    console.log(res)
  })
})

// 试着读取一份不存在的文件
fs.readFile('missing.txt', { encoding: 'utf8' }, (err, res) => {
  console.error(err)
})
```

刚才那段代码采用原版的 **fs** API 对文件系统执行了几次读取与写入操作，这些操作会让控制台上面出现这样的内容：

```
Error: ENOENT, open "missing.txt "
Hello!
```

下面我们把原版的 **fs** 模块改成我们自己编写的适配器：

```
import { dirname, join } from 'path'
```

```
import { fileURLToPath } from 'url'
import level from 'level'
import { createFSAdapter } from './fs-adapter.js'

const __dirname = dirname(fileURLToPath(import.meta.url))
const db = level(join(__dirname, 'db'), {
  valueEncoding: 'binary'
})
const fs = createFSAdapter(db)
// ...
```

运行这段程序，我们会在控制台上面看到同样的输出信息，但是这次，程序不会像刚才那样，通过 **fs** 所提供的 API 直接从文件系统读取数据或者直接把数据写入文件系统，而是会通过 adpater（适配器）执行操作，适配器会把这些操作放在 LevelUP 数据库上面执行。

刚才创建的 adapter 看上去有点无聊：既然 fs API 是用来操纵文件系统的，那为什么不真的去操纵文件系统，而是要用它去操纵数据库呢？其实这种做法有先例：LevelUP 自己就有一些适配器，让用户可以拿它去操纵浏览器里面的数据库式结构，而不是去操纵传统意义上的数据库。比如 **level-js**（**nodejsdp.link/level-js**）就是这样一个插件。因此，我们刚才写的那种 adapter，完全说得通。而且我们还可以用类似的技术，让某些使用 **fs** 式 API 的代码，能够同时在 Node.js 平台与浏览器平台运行。等讲到如何跟浏览器平台共用代码的时候，大家就会更明确地意识到，Adapter 是一种相当重要的模式，这个话题会在第 10 章详细讲解。

8.4.2 Node.js 大环境之中的 Adapter 模式

现实项目中有很多地方都会用到 Adapter 模式。下面列出几个知名的例子，给大家分析研究：

- LevelUP 本身就是个例子，我们前面说过，它支持许多种存储后端，例如默认的 LevelDB 以及浏览器中的 IndexedDB 等。为什么能做到这种效果呢？这是因为，LevelUP 有各种适配器，这些适配器能够重现 LevelUP 内部的（也就是私密的）那套 API，让各种后端数据库都能以该 API 的形式受到操纵。你可以看看其中某些适配器是怎么实现的：**nodejsdp.link/level-stores**。
- JugglingDB 是个支持多种数据库的 ORM（object relational mapping，对象关系映射），由于它支持多种数据库，因此当然要通过适配器，让这些数据库都兼容于同一套接口。你可以看看其中某些适配器是如何实现的：**nodejsdp.link/jugglingdb-adapters**。

• nanoSQL（**nodejsdp.link/nanosql**）是一款流行的多模型数据库抽象库，由于它需要支持数量极多的数据库，因此会频繁使用 Adapter 模式。

• 对于我们刚才那个例子来说，**level-filesystem**（**nodejsdp.link/level-filesystem**）是个特别合适的补充材料，因为这个模块也在 LevelUP 上面实现了 **fs** 式的 API，而且实现得很好。

8.5 小结

结构型的设计模式绝对是软件工程里面使用相当广泛的一类模式，我们一定要信任这些模式的效果。这一章讲了 Proxy（代理）、Decorator（修饰器）与 Adapter（适配器）这三种模式，并告诉大家怎样在 Node.js 平台上面，用各种手段实现这些模式。

大家都看到了，Proxy 模式是个很有用的工具，能够控制程序对现有对象的访问情况。另外笔者还说道，Proxy 模式让我们能够运用各种编程范式来书写代码，例如它可以跟 Change Observer 模式结合，以实现反应式编程（reactive programming，RP）。

本章的第二部分，讲的是另外一种强大的工具，也就是 Decorator 模式，这个模式能够给现有对象增添附加的功能。我们看到，该模式实现起来跟 Proxy 模式差不多。然后，我们还用 LevelDB/LevelUP 举了一些例子，告诉大家怎样用这个模式编写相关的插件，以增强 LevelUP 的功能。

最后介绍的是 Apater 模式，这种模式能够包装现有的对象，让程序可以另外一套接口，来访问对象之中的功能。如果程序中的某个组件需要用到符合某种接口的对象，而你现在拥有的这个对象，在接口上面不满足那个组件的要求，那你就可以用这个模式来包装该对象，让包装出来的对象，在接口上与那个组件的要求相符。针对这个模式，笔者举了个例子，也就是把 LevelUP 包装成 fs 式的 API，让程序能够像操纵普通文件那样，来操纵 LevelUP 所表示的后端数据库。

这三种模式所制造出来的三种对象，看起来极为相似，但我们可以站在使用者的角度，从接口上面予以区分：proxy 对象提供的接口，跟原对象完全一样，decorator 对象提供的接口，不仅涵盖了原对象的接口，而且还有所加强，adapter 对象提供的是一套与原对象不同的接口。

下一章要讲解最后一类传统的设计模式，也就是行为型的设计模式。这个大类里面，有许多重要的模式，例如 Strategy（策略）、Middleware（中间件）、Iterator（迭代器）。大家准备好了吗？

8.6 习题

- **（1）用缓存机制处理 HTTP 请求**：针对某个你经常使用的 HTTP 客户端库做代理，让代理出来的这个对象，能够把服务器对相关的 HTTP 请求所做的回应给缓存起来，这样的话，如果程序以后通过这个代理对象发出相同的请求，那么该对象就可以直接从本地的缓存之中，把服务器上次针对这种请求所给的回应取出来，并返回给程序，而无需再度询问远程服务器。你可以查看 `superagent-cache` 模块（`nodejsdp.link/superagent-cache`）的代码，以寻找实现思路。
- **（2）给日志信息加盖时间戳**：给 `console` 对象做代理，以增强那些能够写入日志信息的函数［例如 `log()`、`error()`、`debug()` 与 `info()`］，让代理出来的这个对象，能够把当前的时间也记录到相关的日志里。比如，如果程序执行 `consoleProxy.log('hello')`，那么控制台就应该显示出像 `2020-02-18T15:59:30.699Z hello` 这样包含时间信息的日志。
- **（3）给控制台输出彩色文字**：修饰 console 对象，给它添加 `red(message)`、`yellow(message)` 与 `green(message)` 等方法。这些方法的行为跟 `console.log(message)` 方法相似，只不过会把文字分别显示成红色、黄色与绿色。笔者在第 7 章的习题（1）里面，已经提到了怎样利用一些技巧，给控制台输出彩色文字。如果你这次想用别的方法实现这一点，那么可以参考 `ansi-styles` 模块（`nodejsdp.link/ansi-styles`）。
- **（4）内存中的虚拟文件系统**：我们在本章正文里面，把 LevelDB/LevelUP 包装成了 fs 式的接口，现在请修改那个范例，让那套 `fs` 式的接口，不要把数据写入 LevelDB，而是写入内存。你可以用键值对的形式，把“文件”名以及该“文件”之中数据，保存到的对象或 `Map` 实例之中。
- **（5）惰性缓冲区**：试着实现这样一个叫作 `createLazyBuffer(size)` 的工厂函数，让它针对指定大小的 `Buffer` 对象，创建虚拟的代理对象。代理出来的这个实例，只会在程序头一次需要执行 `write()` 方法的时候，才去实例化自己所要代理的 `Buffer` 对象（并为它分配相应的内存空间）。假如程序始终都没有给这个代理对象写入内容，那么该对象就不会真的去创建 Buffer 实例。

第 9 章　行为型的设计模式

前两章讲的模式，能够帮助我们**创建**对象，并打造复杂的对象**结构**，现在我们该谈谈软件设计中的另外一个方面了，也就是组件的**行为**。所以，这一章要讲的就是怎样把对象组合起来，并规定出这些对象之间的交流方式，让组合而成的这种结构，变得易于扩展、易于形成模块、易于复用且易于适配。像是"我怎么才能在程序运行的时候修改算法中的某些部分?""我怎样根据对象的状态修改该对象的行为?"以及"我如何在一个自己不知道实现细节的集合上面迭代?"等问题，都属于本章之中的模式所要解决的典型问题。

我们其实已经见过这样一种模式了，而且它还相当常用，这就是 Observer（观察者）模式，第 3 章介绍过这个模式。Observer 模式是 Node. js 平台的一种基本模式，因为它能够提供一套简单的接口，让开发者可以订阅并处理事件。在 Node. js 的事件驱动架构里面，这个模式是必不可少的。

如果你熟悉"**GoF** 设计模式"（即《设计模式》那本书里讲的 23 种模式），那么你会发现，本章讲到的某些模式用 JavaScript 语言实现起来，都跟传统的面向对象语言有很大区别。Iterator（迭代器）模式就是个相当明显的例子，我们稍后会讲到这个模式。用 JavaScript 语言实现该模式时，不需要扩展任何类，也不需要构建复杂的体系。我们只用给需要迭代的那个类，添加一个特殊的方法就行。另外，这一章还会讲到一个叫作 Middleware（中间件）的模式，它跟 GoF 模式中的 Chain of Responsibility（责任链）模式特别像，但由于 Middleware 模式在 Node. js 平台里面的实现方式，已经成为一种标准的做法，因此我们可以单独把它拿出来讲，而不用总是把它当作 Chain of Responsibility 的一种变化形式。

现在我们就要正式开始讲行为型的设计模式了。这一章会介绍下面六种模式：

- Strategy（策略）模式：这个模式帮助我们修改组件的某一部分，让该组件能够适应特定的需求。
- State（状态）模式：这个模式让我们能够根据组件的行为修改它的状态。
- Template（模板）模式：这个模式让我们能够复用某组件的结构，以定义新的组件。
- Iterator（迭代器）模式：这个模式让我们能够定义一套通用的接口，使得开发者可以通过这套接口迭代某个集合。
- Middleware（中间件）模式：这个模式让我们能够将一系列处理步骤定义到一个模块里面。
- Command（命令）模式：这个模式能够把执行某例程所需的信息表示出来，让我们能够轻松地传输、存储并处理这种信息。

9.1 Strategy（策略）模式

Strategy模式把某对象（这里叫作**context**）的逻辑里面可能发生变化的（**variable**）部分单独抽出来，让这一部分可以用各种策略（**strategy**）来实现，从而令该对象表现出不同的形式。context会实现这一系列算法所共用的逻辑，并把这些算法有可能出现分歧的地方预留出来，这样的话，它就能够根据某个可变的因素（例如某个输入值、某个系统配置或用户选项）来运用相应的strategy（策略），以调整自己的行为。

这个模式中的这些strategy指的通常是一系列解决方案里面的某几种方案，这些方案都实现同一套接口，也就是context所要求的那套接口。图9.1描述Strategy模式的结构。

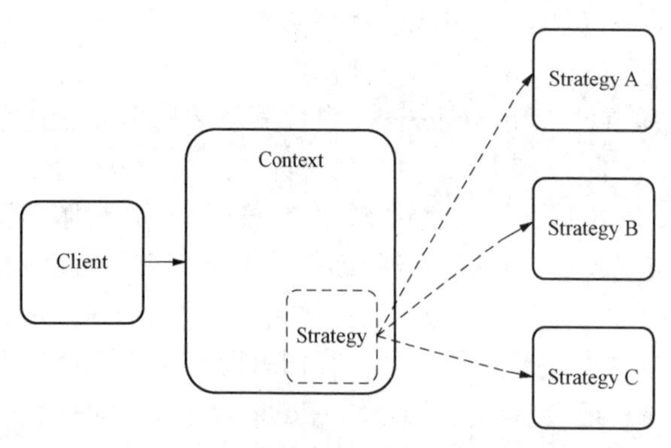

图9.1 Strategy模式的一般结构

从图9.1中我们可以看出，Context对象的某个地方，能够安插不同的Strategy，这就好比机器上面的某个地方，能够换用不同的零件一样。用汽车打个比方：汽车本身相当于Context，它的轮胎相当于Strategy，因为我们可以根据道路状况，换用不同的轮胎。例如在雪地可以换用冬季胎（winter tire，也叫作雪地胎/雪胎），因为它上面有胎钉，能够防滑；在高速公路上面可以换用高性能轮胎（high-performance tire），以便长途驾驶。这样做的好处在于：我们不需要仅仅因为换轮胎，就把整个车都换掉，另一方面，我们也不需要把适应这两种路况的轮胎同时安上，那样会让车子有八个轮胎，我们只需要把当前用到的这四个轮胎安上就行。

大家很快就能意识到这个模式有多么强大。它不仅可以把某个问题里面需要分别予以关注的两个方面隔开，而且还能让我们根据该问题所在的具体情境，灵活选用合适的办法来解决这个问题。

如果你发现，自己可能要编写复杂的条件逻辑（例如大量的`if … else`或`switch`结构）来体现某个组件在行为上的变化，或者需要把同一系列的各种组件混起来使用，那么你尤其应该考虑Strategy模式。比如，你有一个`Order`型的对象用来表示电商网站的订单。这个对象需要实现`pay()`方法以支付订单，并把资金从顾客的账户转移到电商网站的账户。

为了支持各种支付系统，我们可以考虑下面两种办法：

• 在 **pay ()** 方法里编写 **if … else** 结构，根据顾客选择的支付手段，来完成相应的支付操作。

• 根据顾客选择的支付方式，把具体支付的逻辑委托（delegate，也叫作委派）给相应的 **strategy** 对象。程序里的各种 **strategy** 对象都是为了支持某种支付网关（payment gateway）而编写的。

如果用第一种办法，那么必须修改 **Order** 对象的代码，才能让它支持别的支付方式。而且如果支付方式特别多，那么这种办法就会让代码变得相当复杂。反之，如果采用 Strategy 模式，那么 **Order** 对象实际上就能够支持无数种支付方式了，而且我们只需要把用户的详细信息、购买的商品以及相关的价格管理清楚就行，至于怎样完成支付，则可以委派给另一个对象去做。

下面就拿一个简单而实用的例子来演示这个办法的好处。

9.1.1　处理各种格式的配置信息

假设我们要创建一种 **Config** 对象，用来保存应用程序所使用的一套配置属性，其中可能包含数据库的 URL、服务器的监听端口等信息。**Config** 对象需要提供一套简单的接口，让开发者能够访问这些参数，同时还需要能够导入并导出配置，使得这些配置信息可以持久地保存起来（例如保存到文件中）。至于信息的存放格式，我们想要支持许多种，例如 JSON、INI 或 YAML 等。

刚才我们讲过 Strategy 模式的结构，具体到这个例子来看，大家立刻就能意识到，**Config** 对象里面可能发生变化的地方，在于怎样把配置数据序列化到文件里面，以及如何对文件中的信息做反序列化，把它还原成配置数据。下面我们就来实现 Strategy 模式。

首先创建名叫 **config.js** 的新模块，把我们这个配置管理器的通用流程定义出来：

```
import { promises as fs } from 'fs'
import objectPath from 'object-path'

export class Config {
  constructor (formatStrategy) {                                    // (1)
    this.data = {}
    this.formatStrategy = formatStrategy
  }

  get (configPath) {                                                // (2)
    return objectPath.get(this.data, configPath)
```

```
  }

  set (configPath, value) {                                   // (3)
    return objectPath.set(this.data, configPath, value)
  }

  async load (filePath) {                                     // (4)
    console.log(`Deserializing from ${filePath}`)
    this.data = this.formatStrategy.deserialize(
      await fs.readFile(filePath, 'utf-8')
    )
  }

  async save (filePath) {                                     // (5)
    console.log(`Serializing to ${filePath}`)
    await fs.writeFile(filePath,
      this.formatStrategy.serialize(this.data))
  }
}
```

下面解释刚才那段代码中的几个关键点：

（1）在构造器里面，我们创建一个叫作 **data** 的变量，用来保存配置数据。然后，我们还把调用方传给 **formatStrategy** 参数的策略对象，保存到同名的变量之中，稍后我们要通过该变量所表示的策略对象，来解析配置文件里面保存的数据，我们还要依靠它对程序所使用的配置属性做序列化处理，并保存到文件之中。

（2）我们编写 **set ()** 与 **get ()** 这样两个方法，来设置并获取相关的配置属性。这些属性采用 dotted path notation 来表示，也就是用圆点划分不同的级别，例如 property 这个配置项下面的 subProperty 小项，就表示成 **property.subProperty**。这两个方法都利用 **object-path** 这个库（**nodejsdp.link/object-path**）实现自己的操作。

（3）另外，我们还要编写 **load ()** 与 **save ()** 方法，让它们分别对配置数据执行反序列化与序列化操作，这两个方法都会将具体的操作委派给具体的策略对象去做，而这个策略对象，正是调用方传给 Config 构造器的那个 **formatStrategy** 参数，我们当时把那个参数保存到了 **formatStrategy** 变量里面，用以表示 **Config** 类的运作逻辑之中，可能发生变化的那一部分。

大家都看到了，这样设计出来的代码是相当简洁的，它让 **Config** 对象能够顺利地从各种格式的文件里面读取数据，并把数据写入其中。尤其值得注意的是，我们没有为了支持这些格式而写的逻辑，以硬代码的形式放在 Config 里面，而是把它们表示成了不同的策略，让开发者在构造 Config 的时候，自己选择想要的策略，这实际上意味着，**Config** 类能够支持任何一种文件格式，只要有相关的策略对象可以使用就行。

为了演示这个好处，我们在 **strategies.js** 这个文件里面，创建几个策略对象试试看。首先，我们要实现这样一种策略，让它能够读取 INI 文件之中的配置数据，并且能够把配置数据写入这样的文件之中。INI 是一种广泛使用的配置格式（详情参见 **nodejsdp.link/ini-format**）。

在实现这个策略的时候，我们要用到一个叫作 **ini** 的 **npm** 包（参见 **nodejsdp.link/ini**）：

```
import ini from 'ini'

export const iniStrategy = {
  deserialize: data => ini.parse(data),
  serialize: data => ini.stringify(data)
}
```

其实并没有什么复杂的地方。我们这个策略对象只使用很简单的几行代码，就实现出了它应该支持的那套接口。于是，开发者在构造 **Config** 对象时，就可以把这种策略对象传给构造器。

接下来，我们再实现一种策略对象，用来支持 JSON 格式的文件，这种格式在 JavaScript 语言以及 Web 开发领域用得很广：

```
export const jsonStrategy = {
  deserialize: data => JSON.parse(data),
  serialize: data => JSON.stringify(data, null, '')
}
```

现在我们创建名叫 **index.js** 的模块，把上面这些代码合起来尝试一遍，看它能不能正确地从 INI 及 JSON 格式的文件中读取配置数据，并把数据写入这些文件。

```
import { Config } from './config.js'
import { jsonStrategy, iniStrategy } from './strategies.js'

async function main () {
  const iniConfig = new Config(iniStrategy)
  await iniConfig.load('samples/conf.ini')
  iniConfig.set('book.nodejs', 'design patterns')
```

```
  await iniConfig.save('samples/conf_mod.ini')

  const jsonConfig = new Config(jsonStrategy)
  await jsonConfig.load('samples/conf.json')
  jsonConfig.set('book.nodejs', 'design patterns')
  await jsonConfig.save('samples/conf_mod.json')
}

main()
```

这个测试模块，体现出了 Strategy 模式的关键特性。也就是说，我们在 Config 里面，只需要实现这个配置管理器的通用流程就可以了，至于有可能发生变化的那些地方（例如怎样对数据执行序列化与反序列化操作），则可以表示成策略对象，并让用户在构造 Config 实例的时候自行选择。如果要处理的文件格式有很多种，那么我们可以用相应的策略对象，构造多个 Config 实例。

除了这个例子所用的办法，我们还可以采取另外一些手段，来实现策略对象的切换功能。比如可以考虑下面这两种方式：

- **创建两套策略体系**，以分别表示整个流程之中可以变化的那两个地方：其中一套针对反序列化操作，另一套针对序列化操作。这样的话，我们就可以从其中一种格式的文件里读取配置数据，并把数据写入另一种格式的文件之中。
- **动态地选择策略**：让 `Config` 对象根据文件的扩展名来选择合适的策略。为此，我们可以构造一张映射表（也就是 `map` 结构），把每一种扩展名（extension）所对应的策略（strategy）保存进去，让 `Config` 对象从这张表里面查出自己应该使用哪种策略。

所以我们看到，如何切换策略对象是有许多种手法可以考虑的，具体选用哪一种，要看你面对什么样的需求，另外，你还要在实现手法的灵活程度与简洁程度之间权衡，功能比较强大的手法，实现起来可能也相应地比较复杂。

这个模式本身也有其他表现形式。比如，我们可以把模式中的 Context 与 Strategy 都拿简单的函数来表示，这样就将整个模式化至最简：

```
function context(strategy) {...}
```

这种形式看上去可能有点过于单薄了，但在 JavaScript 这样的编程语言里面，它的作用不应该受到低估，因为在这样的语言之中，函数是头等实体（first-class citizen），普通对象能做到的，它们几乎都能做到。

无论你采用哪种手法来切换策略，这个模式背后的理念都是相同的。虽然实现细节上面可能稍微有点儿区别，但模式的核心思路不变，都是为了把流程之中固定的部分与可变的部分隔开。

Strategy 模式的结构看上去可能跟 Adapter 模式有点像。但这两个模式之间是有重要区别的。Adapter 模式里面的 adapter（适配器）对象，并不给 adaptee（有待适配的原对象）添加新功能，因为原对象的功能本身就已经实现好了，它只是让原对象的功能，可以通过另外一套接口予以访问。为此，adapter 可能要编写一些代码，以实现这种接口转换逻辑，但即便如此，这些逻辑也是专门为了完成转换而写的，并不是说原对象里面缺失了这样的逻辑，必须要由 adapter 去补充。与 Adapter 模式不同，Strategy 模式里面的 context 与 strategy 对象，实现的是同一套算法的两个方面，一个是通用的方面，另一个是可变的方面，这两方面的逻辑都是必不可少的，要想让整个算法运作，我们必须把二者组合起来才行。

9.1.2　Node.js 大环境之中的 Strategy 模式

Passport（**nodejsdp.link/passportjs**）是 Node.js 平台的一种认证框架，让 Web 服务器能够支持各种认证方案（authentication schema）。比如，利用 Passport 框架，我们很容易就能让用户通过他的*Facebook 账号*或*Twitter 账号*，来登入我们开发的 Web 应用程序。Passport 利用 Strategy 模式，把认证过程中的通用逻辑与有可能变化的部分（也就是具体的认证步骤）区隔开，这样的话，我们在选择认证方案的时候就比较灵活了。我们既可以通过 OAuth 获取 access token（访问令牌/访问标记/访问标志），以访问 Facebook 或 Twitter 账号并实现认证，又可以使用本地数据库中的用户名与密码来完成认证。无论采用哪种认证方案，对 Passport 来说，都只是认证流程之中那个变化的部分而已，因此，这样的程序库实际上能够支持无数种认证服务。大家可以去 **nodejsdp.link/passport-strategies** 看看它支持的认证方案，以体会 Strategy 模式的作用。

9.2　State（状态）模式

State 模式是 Strategy 模式的特例或特化（specialization），它会根据 Context 的状态（state）来改变自己的策略（strategy）。

在刚才那一节里面，我们看到，context 对象能够根据某种可变的因素来选取 strategy（策略），例如根据配置信息中的某个属性或用户输入的某个参数来选取，然而一旦选定，context 对象就会在自己的生命期内，始终维持这种策略不变。但是，对于 State 模式来说 strategy 是变动的，context 对象在自己的生命期里面，会根据内部状态选用不同的 strategy

（此处叫作**state**，状态），让自己表现出与该状态相对应的行为。

图 9.2 演示了 State 模式的原理。

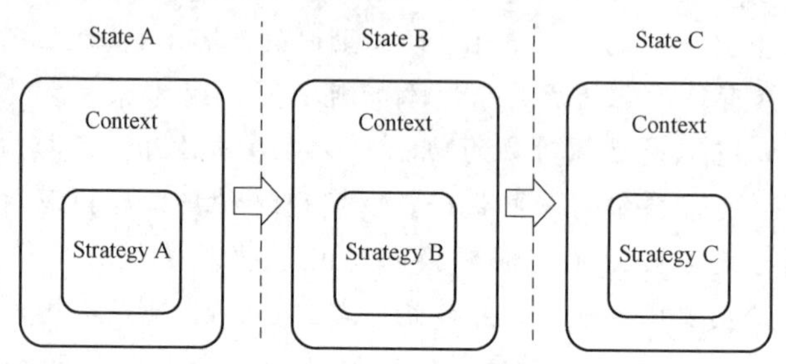

图 9.2 State 模式的示意图

图 9.2 演示了 context 对象怎样从 A 状态进入 B 状态，然后切换到 C 状态。在 State 模式中，context 对象每进入一种状态，就会选用与该状态相对应的 strategy。这意味着，它在不同的状态下，会表现出不同的行为，然而这些行为都与对应的状态相符。

为了帮助大家更好地理解这个模式，我们举这样一个例子：假设有一个酒店预订系统，它里面有个 `Reservation` 对象，用来对预订房间的逻辑建模。这样的对象，需要根据订单状态调整自身行为，因此，这属于可以运用 State 模式的典型情况。

这个对象可能有三种状态：

- 刚开始预订房间的时候，订单处在未确认的（unconfirmed）状态，这时用户可以通过 **confirm ()** 方法确认这个订单。**cancel ()** 方法在未确认的状态下是不能调用的，因为只有已确认的订单才可以取消（比如，如果订单确认之后，出现了异常，那么用户可以取消该订单）。用户如果不想预订了，那么可以通过 **delete ()** 方法删除该订单。
- 订单进入已确认的（confirmed）状态之后，不需要再度确认，因此，在这种状态下，我们不允许用户再次执行 **confirm ()** 方法。这样的订单可以通过 **cancel ()** 方法取消，但不能用 **delete ()** 方法删除，因为确认过的订单需要留下记录。
- 到了入住日的前一天，已确认的订单会进入临期（date - approaching）状态，此时用户不能再通过 **cancel ()** 方法取消它，因为时间上已经来不及了。

假如我们要把这套系统实现在同一个对象里面，那肯定要用 **if ... else** 或 **switch** 结构来判断订单的状态，这样才能知道用户在这种状态下能够执行哪些操作。我们需要把用户能够执行的操作启用，并把用户不应该执行的操作禁用。图 9.3 举例说明了如何用 State 模式实现一款客房预订程序。

如果我们换一种做法，也就是改用 State 模式来实现这个系统，那么就不用再做刚才那些判断了。从图 9.3 之中可以看出，State 模式的三种策略，正好对应于该系统的三种状态，

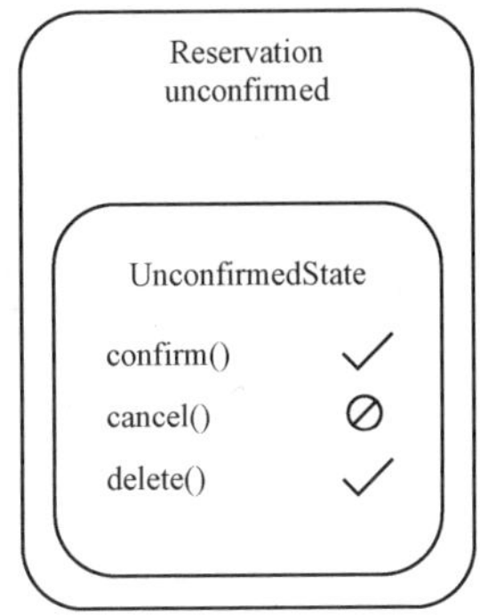

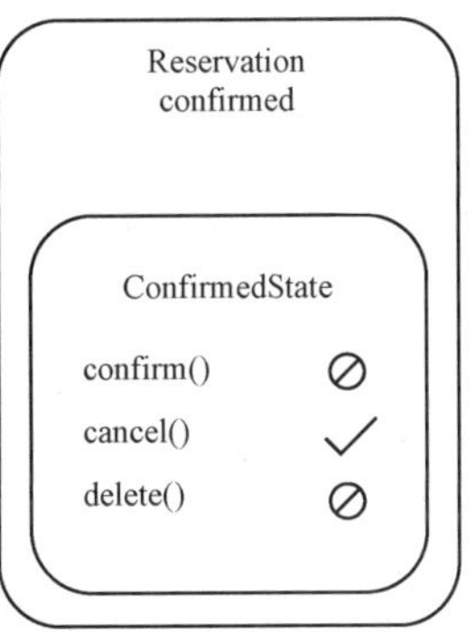

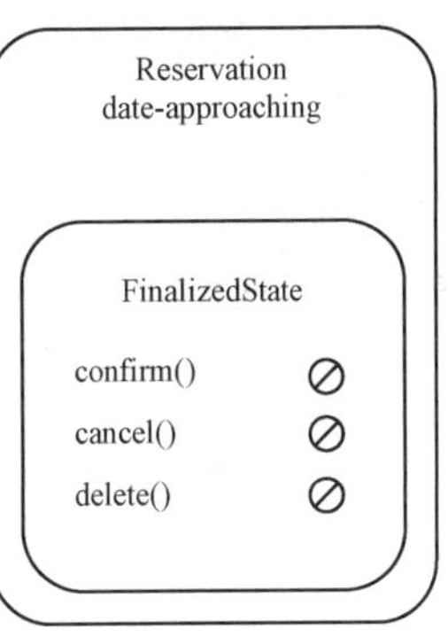

图 9.3　举例说明如何用 State 模式实现一款客房预订程序

这三种状态在字面上都支持 **confirm ()**、**cancel ()** 与 **delete ()** 方法，然而每个状态在实现这些方法时，则会正确地表现出与该状态相对应的行为，让那些不应当在此状态下执行的方法，无法生效。State 模式令我们很容易就能切换 **Reservation** 对象的状态，从而改变它的行为，具体来说，在进入另一个状态时，我们只需要激活（**activate**，也就是启用）与该状态相对应的 strategy 就好（在 State 模式中，这些 strategy 都是用 **state** 对象来表示的）。

状态迁移（**state transition**）可以由 **context** 对象发起并控制，也可以由用户所写的代码或者由 **state** 对象自己来做。最后一种办法是最灵活的，而且耦合度最低，因为 **context** 不需要知道总共有多少种状态，也不用担心什么时候应该从其中一种状态切换到另外一种。

下面我们用一个更为具体的例子，来演示刚才这些与 State 模式有关的知识。

实现一种能够处理常见错误的 socket

我们构建这样一种给客户端使用的 TCP socket，让它在服务器失联的时候不要直接报错，而是把这段时间内想要发送的数据放到队列里面，等客户端与服务器之间重新建立起连接后，再尝试发送。这样一种 socket，可以用在比较简单的监控系统之中，这种系统里面会有一批计算机，定期向这个 socket 发送与资源使用情况有关的统计数据。如果用来收集这些数据的那台服务器下线了，那么我们的 socket 就可以先把这些数据放到队列里面，等服务器上线之后再发送过去。

下面新建一个名叫 **failsafeSocket.js** 的模块，用来定义我们的 **context** 对象：

```
import { OfflineState } from './offlineState.js'
import { OnlineState } from './onlineState.js'
```

```
export class FailsafeSocket {
  constructor (options) {                                      // (1)
    this.options = options
    this.queue = []
    this.currentState = null
    this.socket = null
    this.states = {
      offline: new OfflineState(this),
      online: new OnlineState(this)
    }
    this.changeState('offline')
  }
  changeState (state) {                                        // (2)
    console.log(`Activating state: ${state}`)
    this.currentState = this.states[state]
    this.currentState.activate()
  }
  send (data) {                                                // (3)
    this.currentState.send(data)
  }
}
```

FailsafeSocket 类有三个主要的部分：

（1）构造器。它要初始化很多数据结构，其中包括一个队列，用来在这个 socket 联系不到服务器的时候，保存有待发送的数据。另外，它还要创建一组状态，这组状态共有两个，其中 offline 状态用来实现 socket 在服务器下线时的行为，online 状态用来实现 socket 在服务器上线时的行为。

（2）**changeState ()** 方法。这个方法负责让 socket 从一种状态迁移（或者说切换）到另一种状态。它只需更新 **currentState** 这个实例变量的值，并在新状态上面调用 **activate ()** 方法即可。

（3）**send ()** 方法。这个方法用来实现 **FailsafeSocket** 类的主要功能，也就是发送数据。该方法在 socket 处于 offline 状态时所表现出的行为，应该跟 socket 处于 online 状态时不同，为此，我们需要把具体的操作委派（或者说委托）给当前活跃的这个状态对象。

下面我们就来看看这两种状态应该怎么写。首先看 **offlineState.js** 模块：

```
import jsonOverTcp from 'json-over-tcp-2'                      // (1)
```

```
export class OfflineState {
  constructor (failsafeSocket) {
    this.failsafeSocket = failsafeSocket
  }

  send (data) {                                              // (2)
    this.failsafeSocket.queue.push(data)
  }
  activate () {                                              // (3)
    const retry = () => {
      setTimeout(() => this.activate(), 1000)
    }

    console.log('Trying to connect...')
    this.failsafeSocket.socket = jsonOverTcp.connect(
      this.failsafeSocket.options,
      () => {
        console.log('Connection established')
        this.failsafeSocket.socket.removeListener('error', retry)
        this.failsafeSocket.changeState('online')
      }
    )
    this.failsafeSocket.socket.once('error', retry)
  }
}
```

这个模块负责实现 socket 处于 offline 状态时的行为。下面解释其中几个关键点：

(1) 我们不打算从头开始实现 TCP socket，而是借助 **jsonover-tcp-2** 这个小型的库（**nodejsdp.link/json-over-tcp-2**）来做。这个库能够解析流经 socket 的所有数据并调整其格式，让这些数据以 JSON 对象的形式得到处理，从而大幅简化我们的工作。

(2) **send ()** 方法只负责把自己收到的数据放入队列即可。由于我们假设，当 socket 处于 offline 状态时，服务器端已经下线，因此需要将这些数据保存起来，稍后再发送。这个方法只需要写这样一行代码就够了。

(3) **activate ()** 方法通过 **json-over-tcp-2** 库提供的 API，尝试与服务器建立连接。如果无法建立，那就在一秒钟之后重试，直到建立起有效的连接为止，到了那时，它会让 **failsafeSocket** 迁移到 online 状态。

接下来创建 **onlineState.js** 模块，我们要在这个模块里实现 **OnlineState** 类：

```
export class OnlineState {
  constructor (failsafeSocket) {
    this.failsafeSocket = failsafeSocket
    this.hasDisconnected = false
  }
  send (data) {                                              // (1)
    this.failsafeSocket.queue.push(data)
    this._safeWrite(data)
  }
  _safeWrite (data) {                                        // (2)
    this.failsafeSocket.socket.write(data, (err) => {
      if (!this.hasDisconnected && !err) {
        this.failsafeSocket.queue.shift()
      }
    })
  }
  activate () {                                              // (3)
    this.hasDisconnected = false
    for (const data of this.failsafeSocket.queue) {
      this._safeWrite(data)
    }


    this.failsafeSocket.socket.once('error', () => {
      this.hasDisconnected = true
      this.failsafeSocket.changeState('offline')
    })
  }
}
```

这个类用来实现 **FailsafeSocket** 处在 online 状态时的行为，在这种状态下，socket 跟服务器之间建立了有效的连接。下面解释其中几个关键点：

（1）**send()** 方法首先把有待发送的这份数据推入队列，由于我们假设，当 socket 处于 online 状态时，服务器端是在线的，因此现在可以直接试着将该数据写入 socket。这一点，通过本类内部的 **_safeWrite()** 方法实现。

（2）**_safeWrite()** 方法试着将数据写入 socket 的 **Writable** 流（也就是可写流，详情

参见官方文档：**nodejsdp.link/writable-write**），并观察这个方法有没有顺利将这份数据写进底层资源。如果写入过程没有出错，同时 socket 也没有断开，那说明数据已经顺利写入，于是我们把它从队列中移除。

（3）**activate ()** 方法会把 socket 处于 offline 状态时所积累的那批数据，全都写入 socket。然后，它开始监听 **error** 事件，为了简单起见，我们假设：只要发生了这样的事件，那就说明服务器下线了，这意味着 socket 也需要相应地进入 offline 状态。于是，我们把 socket 的状态迁移到 **offline**。

FailsafeSocket 到这里就写完了。现在我们构建一套简单的客户端与服务器端，来试用这种 socket。首先创建 **server.js** 模块，把服务器端的代码写在这个模块里面：

```
import jsonOverTcp from 'json-over-tcp-2'
const server = jsonOverTcp.createServer({ port: 5000 })
server.on('connection', socket => {
  socket.on('data', data => {
    console.log('Client data', data)
  })
})
server.listen(5000, () => console.log('Server started'))
```

然后创建 **client.js** 模块，我们把客户端的代码写到这个模块里面：

```
import { FailsafeSocket } from './failsafeSocket.js'

const failsafeSocket = new FailsafeSocket({ port: 5000 })

setInterval(() => {
  // 发送当前的内存使用情况
  failsafeSocket.send(process.memoryUsage())
}, 1000)
```

我们这款简单的服务器程序，会把它收到的每条 JSON 信息打印到控制台，而客户端则会每隔一秒钟就发送一次统计数据，以报告内存使用情况，这些数据是利用我们前面写的 **FailsafeSocket** 对象发送的。

现在试着用一下刚刚构建的这个小系统，我们需要把客户端与服务器端都启动起来，然后停止服务器端，过一段时间之后再重新启动，以观察 **failsafeSocket** 能不能正确处理服务器在线、下线与重新上线的情况。如果实现得没问题，那我们应该会看到，客户端在 **online** 状态与 **offline** 状态表现出不同的行为，如果服务器下线，那么客户端会按照 **offline** 方式运作，也就是把有待传输的内存统计数据先放到队列里面，等服务器端上线之后，尽快发送过去。

这个例子清楚地告诉我们，如何利用 State 模式简洁地处理组件的状态逻辑，让该组件能够根据状态调整其行为，同时又能够封装成可以复用的模块。

这一小节构建的这个 **FailsafeSocket** 类，只是为了演示 State 模式的用法，并不打算做得特别完备，因此，笔者没有考虑如何处理 TCP socket 所涉及的各种连接问题。比如，我们没有验证，写入 socket 流之中的数据是不是全都为服务器所接收，因为那种验证所要编写的代码，跟我们这里要讲的这个模式，没有太大的关系。如果你要在正式的软件里面使用与本例相似的功能，那么可以考虑 ZeroMQ（**nodejsdp.link/zeromq**）。本书第 13 章会提到一些使用 ZeroMQ 的模式。

9.3　Template（模板）模式

接下来我们要分析的是**Template（模板/样板）**模式，这个模式跟 Strategy（策略）模式有很多相似的地方。Template 模式定义一个抽象的类，用来实现某个组件的骨架（skeleton，也就是通用的部分），并在其中留下一些还没有实现的步骤，让子类去做。这样的步骤叫作 **template method（模板方法）**，子类通过实现模板方法，来填补抽象类在逻辑上的缺失，让整个组件的功能完整。这个模式想帮助我们针对某组件定义一系列的类，以展现该组件的各种形式。图 9.4 所示这张 UML 图描述了 Template 模式的结构。

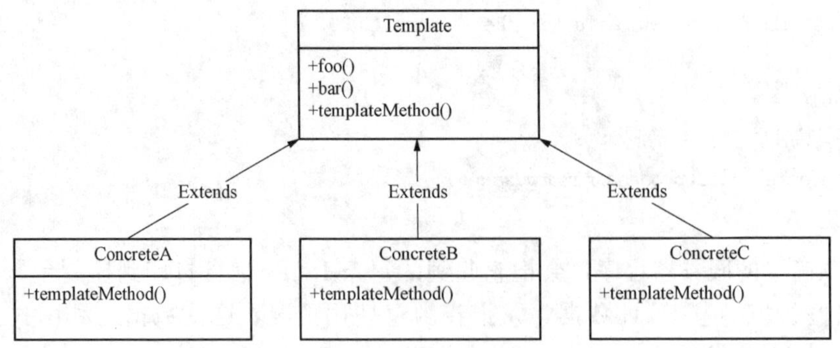

图 9.4　Template 模式的 UML 图

图 9.4 有三个具体的类（concrete class），它们都扩展（extend，也就是继承）了 Template 这个模板类，并各自实现了模板类中名叫 **templateMethod()** 的模板方法。这个方法在模板类里，应该定义成*abstract*（*抽象*）方法，或者按照 C++语言的说法，定义成*pure virtual*（*纯虚*）

方法。但是，JavaScript 语言不能在语法上严格地定义抽象类，所以我们只需要让 Template 类不要提供这么一个 **templateMethod ()** 方法就行，或者把这个方法指向一个函数，让那个函数总是抛出异常，以表示 **templateMethod ()** 还没有为子类所实现。与我们前面说的那些模式相比，Template 模式是更为传统的面向对象模式，因为这种模式特别依赖继承。

Template 与 Strategy 模式很像，但在结构和实现上面，还是有重要区别的。这两个模式都想把组件里面固定不变的部分与可以变化的部分给隔开，让我们能够复用那些固定的部分，同时又能灵活地选择可变的部分。然而，在选择的时机上面，这两种模式有所区别。Strategy 模式让我们在运行期*动态地*（*dynamically*）选择，而 Template 模式则要求我们把自己所做的选择，提前实现成具体的类。明白了这种区别之后，我们就能意识到，如果自己想把某个组件的各种变化形式预先包装好，那么 Template 模式可能更合适一些。当然了，具体选用哪种模式，还是应该由开发者根据每种方案在面对具体需求时，所表现出的好处与坏处来酌情判断。

下面我们看一个例子。

9.3.1　用 Template 模式重新实现配置管理器

为了帮助大家更好地理解 Strategy 模式与 Template 模式之间的区别，我们现在把讲解 *Strategy* 模式时举过的那个例子，重新实现一遍，这次我们打算用 Template 模式来实现范例程序中的 **Config** 对象。这个版本的程序跟以前一样，也支持各种格式的配置文件，它能够从文件之中加载配置属性，并把这些属性写回文件。

首先定义模板类。我们把这个类叫作 **ConfigTemplate**：

```
import { promises as fsPromises } from 'fs'
import objectPath from 'object-path'

export class ConfigTemplate {
  async load (file) {
    console.log(`Deserializing from ${file}`)
      this.data = this._deserialize(
        await fsPromises.readFile(file, 'utf-8'))
  }

  async save (file) {
    console.log(`Serializing to ${file}`)
    await fsPromises.writeFile(file, this._serialize(this.data))
  }
```

```
  get (path) {
    return objectPath.get(this.data, path)
  }

  set (path, value) {
    return objectPath.set(this.data, path, value)
  }

  _serialize () {
    throw new Error('_serialize() must be implemented')
  }

  _deserialize () {
    throw new Error('_deserialize() must be implemented')
  }
}
```

ConfigTemplate 类实现通用的配置管理逻辑，包括设置属性、获取属性、从文件里面加载配置属性，以及将配置属性存回文件。它把 **_serialize()** 与 **_deserialize()** 留给子类去实现，这两个方法就属于我们刚说的那种模板方法，开发者在创建具体的 **Config** 类时，需要实现这些方法，让这个具体的类能够支持特定的文件格式。这些模板方法的名字应该以下划线开头，表示它们只在这个体系内部使用，这是一种简单的办法，可以标注应该受到保护的方法（protected method）。由于 JavaScript 语言不能将方法声明为 abstract（抽象）方法，因此我们只需要把这种方法定义成**stub**（**桩方法**）就可以了，让它在执行的时候报错（换句话说，这意味着，如果具体的子类没有覆写这个方法，那么程序就会执行 stub，进而报错，以提醒开发者必须覆写此方法）。

下面我们根据刚才的模板，创建一个具体的类，让程序可以载入并保存 JSON 格式的文件：

```
import { ConfigTemplate } from './configTemplate.js'

export class JsonConfig extends ConfigTemplate {
  _deserialize (data) {
    return JSON.parse(data)
  }

  _serialize (data) {
```

```
    return JSON.stringify(data, null, '')
  }
}
```

JsonConfig 类扩展了我们刚才定义的模板类，也就是 **ConfigTemplate** 类，并给 **_deserialize()** 与 **_serialize()** 方法提供了具体的实现代码。

同理，我们还可以再创建一个类，这个类叫作 **IniConfig**，用来支持 **.ini** 格式的文件：

```
import { ConfigTemplate } from './configTemplate.js'
import ini from 'ini'

export class IniConfig extends ConfigTemplate {
  _deserialize (data) {
    return ini.parse(data)
  }

  _serialize (data) {
    return ini.stringify(data)
  }
}
```

下面我们试着用这两种具体的类，来加载并保存一些配置数据：

```
import { JsonConfig } from './jsonConfig.js'
import { IniConfig } from './iniConfig.js'

async function main () {
  const jsonConfig = new JsonConfig()
  await jsonConfig.load('samples/conf.json')
  jsonConfig.set('nodejs', 'design patterns')
  await jsonConfig.save('samples/conf_mod.json')

  const iniConfig = new IniConfig()
  await iniConfig.load('samples/conf.ini')
  iniConfig.set('nodejs', 'design patterns')
  await iniConfig.save('samples/conf_mod.ini')
}
```

```
main()
```

注意观察 Template 模式跟 Strategy 模式的区别：我们这次把解析某种格式的配置文件时所用的逻辑，*直接写在了*与这种格式相对应的类里面，让这个类专门支持这样的格式，而不是像 Strategy 模式那样，等到程序运行的时候，再去选用某种策略，以支持相应的文件格式。

Template 模式让我们只需要写很少的代码，就可以复用模板类里面定义的通用逻辑，并据此制作出新的配置管理器，这种管理器继承了模板类已经实现好的那些方法，它只需要把还没实现的几个抽象方法写出来就行。

9.3.2 Node.js 大环境之中的 Template 模式

这个模式对我们来说，其实不算全新的模式，因为它在第 6 章已经出现过了，当时我们通过继承某种 stream 类，来定制自己的 stream。对于那种用法来说，所谓模板方法指的是我们定制 stream 子类时所要实现的方法，例如 **_write()**、**_read()**、**_transform()**、**_flush()**。我们在创建自定义的 stream 子类时，会继承相应的抽象 stream 类，并给需要覆写的模板方法提供实现代码。

下一节要学习一种相当重要而且极为普遍的模式，这种模式本身也已经融入 JavaScript 语言了，它就是 Iterator（迭代器/迭代子）模式。

9.4 Iterator（迭代器）模式

Iterator（迭代器/迭代子）模式是个相当基本的模式，由于它非常重要，而且用途很广，因此许多语言会内置该模式。所有的主流编程语言，几乎都以某种形式实现了这个模式，这当然也包括 JavaScript 语言（从 ECMAScript2015 规范开始，JavaScript 就内置这个模式了）。

Iterator 模式定义了一套通用的接口或协议，让用户能够迭代某个容器（例如数组或树状结构）之中的元素。它在迭代这个容器时所使用的算法，通常要根据容器的实际数据结构来定，比如，在数组这样的容器上面迭代，与在树状结构上面遍历，所用的算法就有区别：迭代数组，只需要使用简单的循环就行，而遍历树状结构则需要使用更为复杂的逻辑（参见：**nodejsdp.link/tree-traversal**）。Iterator 模式让我们能够把算法或者容器结构方面的细节隐藏起来，令外界只需通过我们公布的这套接口，即可迭代任何一种容器，而不用担心迭代时所使用的算法与该容器的结构。总之，Iterator 模式让我们能够把容器遍历算法的实现细节，与利用该算法实现出的元素获取操作相解耦。

然而，具体到 JavaScript 语言来看，Iterator 所能迭代的不单是容器，还包括 EventEmitter 或 Stream 这样的结构。因此，大家可以把 Iterator 模式理解得更宽泛一些，也就是说：

只要某结构能按顺序产生元素，或者其中的元素能按顺序获取，那么我们就可以利用 Iterator 模式定义一套接口，让用户通过该接口访问此结构之中的元素。

9.4.1 iterator 协议

Iterator 模式在 JavaScript 语言里面，是通过**协议**（**protocol**）实现的，而不是通过某种语法规则强制实施的（所以，它不像在别的语言里面那样，要求受迭代的容器或迭代该容器的那个东西，必须继承自某个类型）。这意味着实现 Iterator 模式的人，与使用该模式来迭代的人之间，需要按照预先达成的约定来沟通，这样才能正确地操纵相关的对象。

在 JavaScript 语言里面实现 Iterator 模式，需要从**iterator protocol**（**迭代器协议**）入手，这个协议约定了一套接口，用来产生一系列的值。迭代器协议定义了一种叫作 ***iterator*** 的对象，这种对象必须实现 `next()` 方法，并且让该方法表现出这样一项特征：`next()` 方法每次受到调用时，都通过**iterator result** 对象，把下一个元素返回给调用者，这个 iterator result 对象具备 `done` 与 `value` 这两项属性：

- 如果迭代完毕，也就是说没有元素可以返回了，那么 `done` 属性应该是 `true`，否则应该是 `undefined` 或 `false`。
- 如果 `done` 属性是 `true`，也就是没有元素可以迭代了，那么 `value` 属性可以留空；如果 `done` 不是 `true`，那么 `value` 属性应该表示当前迭代出来的这个元素。当然了，就算 `done` 是 true，我们也可以明确地给 `value` 属性设定某个值，这个值虽然不用来表示受到迭代的元素，但可以表示与整个迭代过程有关的某项因素（例如表示迭代完所有元素所花的时间，或者在元素都是数字的情况下，表示这些元素的平均值）。

你当然可以让 iterator 返回的这个 iterator result 对象，还拥有其他一些属性，但是那些属性会为 JavaScript 语言本身的迭代机制所忽略，另外，使用你这套 API 来迭代容器内容的人，可能也不会顾及你写的那些属性（我们马上就要讲如何通过 iterator 来迭代容器）。

下面我们就通过一个简单的例子，来演示怎样实现迭代器协议。我们要制作名为 `createAlphabetIterator()` 的工厂函数，让它产生一种迭代器，这种迭代器能够遍历英文字母表里的所有大写字母。这个函数可以这样来实现：

```
const A_CHAR_CODE = 65
const Z_CHAR_CODE = 90

function createAlphabetIterator () {
  let currCode = A_CHAR_CODE
```

```
    return {
      next () {
        const currChar = String.fromCodePoint(currCode)
        if (currCode > Z_CHAR_CODE) {
          return { done: true }
        }

        currCode++
        return { value: currChar, done: false }
      }
    }
  }
```

这个迭代器的逻辑很简单。它每次执行 **next()** 方法的时候，都会把表示当前字母的这个 currCode 数字转换成对应的字符，然后让 currCode 自增（也就是给它的值加 1），最后把当前字符按照迭代器协议所要求的形式，放在表示迭代结果的 iterator result 对象里面返回给调用方。

迭代器协议并不要求迭代器对象最终总是会返回一个 done 属性为 **true** 的迭代结果。实际上，我们经常会碰到**无限的**（infinite）迭代器，例如每次迭代都返回一个随机数的那种迭代器。还有一种无限迭代器，它每次返回某个数学级数里面的下一项，例如斐波那契数列（Fibonacci series）的下一个元素，或者常量 **pi**（也就是圆周率）的下一位数字（大家可以做个练习，把这个圆周率算法用迭代器模式实现出来：**nodejsdp.link/pi-js**）。另外要注意，即便某个迭代器在理论上是无限的，我们在实现它的时候，也还是有可能因为计算能力或存储空间受限而被迫让它停止，刚说的斐波那契数列就是个例子，因为这个数列里的元素值，很快就会变得极其庞大。

实现迭代器的时候一定要注意，这种对象通常是有状态的（stateful），因为我们需要记录当前迭代的*位置*（*position*）。刚才那个例子，把表示状态的 **currCode** 变量放在闭包里面来管理，然而除了这种办法之外，我们还可以考虑其他方案，例如把状态设计成实例变量。这样做便于调试，因为我们可以随时查看迭代器的迭代情况，但同时也意味着，外部代码有可能会修改实例变量，从而操控这个迭代器。你需要考虑到每种方案的优点与缺点，并选择合适的实现方案。

迭代器也可能完全没有状态，比如返回随机元素的那种迭代器，它可能会随机决定自己是否停止迭代，或者根本就不停止，而是一直迭代下去。再比如有些迭代器，第一轮迭代就停止了，这种迭代器也没有状态可言。

下面我们看看怎样使用刚才构建的那种迭代器。我们编写这样一段代码：

```
const iterator = createAlphabetIterator()

let iterationResult = iterator.next()
while (!iterationResult.done) {
  console.log(iterationResult.value)
  iterationResult = iterator.next()
}
```

你可以把这段代码所反映出的用法，理解成 Iterator 模式的一种典型写法。然而我们接下来就会看到，除了这种写法之外，还有别的写法也能使用该模式所提供的迭代器。实际上，在 JavaScript 语言里面，我们可以用比刚才更方便、更漂亮写法，来操作迭代器。

迭代器还可以考虑支持另外两个方法，也就是 **return([value])** 与 **throw(error)** 方法。按照惯例，使用迭代器的人，可以通过前一个方法给迭代器发信号，告诉它提前停止迭代。另外，他可以通过第二个方法告诉迭代器，程序里面发生了某种错误。JavaScript 内置的迭代器，很少使用这两个方法。

9.4.2 iterable 协议

iterable protocol（**可迭代协议**）规定了一种标准的方式，让某对象能够依照这种方式返回迭代器，以表示该对象里面的元素能够通过迭代器来迭代。这样的对象叫作**iterable**（**可迭代的对象/可迭代物**），它通常指的是那种容纳普通元素的容器，但也可以指其他一些数据结构，例如 Directory 对象，这种对象容纳的是某个目录下面的所有文件，于是，我们可以通过该对象，来迭代这些文件。

在 JavaScript 语言里面，我们可以让某种对象实现**@@iterator 方法**，以表明它是个可迭代的（iterable）对象。这个方法可以通过内置的 **Symbol.iterator** 符号来表示。

这种用两个@符号开头的名字，是 ES6 规范定义的 *well-knownsymbol*[译注21]。详情参见 ES6 规范中的相关章节：**nodejsdp.link/es6-well-known-symbols**。

译注21　字面意思是知名符号、著名符号，实际上是一种特殊的符号，这种符号所指的东西会由 JavaScript 系统中的某些算法与机制所使用，因此必须按照约定来实现，以保证程序正常运作。

这个@@**iterator**方法应该返回一个迭代器对象，让人能够通过该对象，迭代 iterable 里面的元素。比如，如果我们想让 **MyIterable** 类的对象变成可迭代的对象，那么可以考虑像下面这样编写@@**iterator**方法（也就是［**Symbol.iterator**］**()** 方法）：

```
class MyIterable {
  // 其他方法……
  [Symbol.iterator] () {
    // 返回迭代器
  }
}
```

为了演示实际的写法，我们构建这样一个类，让它管理二维数组结构之中的信息。我们想让这个类实现可迭代协议，从而令用户能够通过迭代器逐个访问到其中的所有元素。首先创建 **matrix.js** 文件，并在其中写入这段代码：

```
export class Matrix {
  constructor (inMatrix) {
    this.data = inMatrix
  }

  get (row, column) {
    if (row >= this.data.length ||
      column >= this.data[row].length) {
      throw new RangeError('Out of bounds')
    }
    return this.data[row][column]
  }

  set (row, column, value) {
    if (row >= this.data.length ||
      column >= this.data[row].length) {
      throw new RangeError('Out of bounds')
    }
    this.data[row][column] = value
  }

  [Symbol.iterator] () {
```

```
    let nextRow = 0
    let nextCol = 0

    return {
      next: () => {
        if (nextRow === this.data.length) {
          return { done: true }
        }

        const currVal = this.data[nextRow][nextCol]

        if (nextCol === this.data[nextRow].length - 1) {
          nextRow++
          nextCol = 0
        } else {
          nextCol++
        }

        return { value: currVal }
      }
    }
  }
}
```

大家都看到了，这个类包含设置元素值的 **set** 方法与获取元素值的 **get** 方法，另外还包含 **@@iterator** 方法，这个方法用来实现可迭代协议。按照协议的要求，我们让 **@@iterator** 方法返回一个迭代器，并且令该迭代遵循迭代器协议。这个迭代器的逻辑很简单，它就是单纯按照从左上到右下的顺序，沿着每一行、每一列往后推进，在推进过程中，我们会借助 **nextRow** 与 **nextCol** 这两个下标变量，来表示当前推进到的行数与列数。

现在可以来迭代这个 **Matrix** 类的对象了，我们创建一份名叫 **index.js** 的文件：

```
import { Matrix } from './matrix.js'

const matrix2x2 = new Matrix([
  ['11', '12'],
  ['21', '22']
])
```

```
const iterator = matrix2x2[Symbol.iterator]()
let iterationResult = iterator.next()
while (! iterationResult.done) {
  console.log(iterationResult.value)
  iterationResult = iterator.next()
}
```

这段代码其实很简单，它只不过是创建了一个 Matrix 实例，然后在该实例上面通过 @@**iterator**方法获取迭代器而已。获取到迭代器之后，当然就可以按照第 9.4.1 节提到的那种典型写法，来逐个访问该迭代器所返回的各个元素了。这段代码输出的结果应该是**'11'**，**'12'**，**'21'**，**'22'**。

9.4.3 在 JavaScript 语言内建的机制之中使用 iterator 与 iterable

看到这里，你可能会问："iterator 协议与 iterable 协议到底有什么用呢？我们为什么要让自己写的类符合这种协议呢？"这两个协议其实是一种标准的接口，如果你的类遵循这些协议，那么这个类的对象，就可以与 JavaScript 语言本身的一些机制，以及第三方的一些代码搭配起来使用。那些代码会要求你传入 **iterable** 对象，所以，如果你定义的类遵循 iterable 协议，那你就可以把该类的对象传给那些 API，另外，JavaScript 语言本身有一些结构，也在语法上也要求你应该传入遵循 iterable 协议的对象。

比如，**for … of** 循环结构就是个相当明确的例子，这个结构的 **of** 右侧，应该是个实现了 iterable 协议的对象，或者说，是个可迭代的对象。上一小节末尾的那段代码，演示的是怎样手工迭代 iterable，我们当时先从 iterable 里面获取了 iterator（也就是迭代器），然后调用迭代器的 **next ()** 方法，以获取下一个元素，并判断 **done** 属性是否为 **true**，如果是，那就说明没有其他元素了，于是停止迭代，如果不是，那就继续通过 **next ()** 方法获取元素，并继续判断，直到 **done** 属性变成 **true** 为止。除了手工迭代，我们还可以利用 JavaScript 语言内置的 **for … of** 循环来迭代，这样做更简单，因为你只需要把可迭代的对象写在 **of** 后面就行了，系统会自动从中获取迭代器，并把每次迭代到的元素放在 **of** 左侧的变量里面，让你去访问。用这种结构来遍历上一个例子里面的 matrix2x2 数组，会更加直观，代码也相当简洁：

```
for (const element of matrix2x2) {
  console.log(element)
}
```

JavaScript 语言里还有一种机制，也针对的是 iterable 对象，这就是 spread 运算符（展开运算符、散布运算符)：

```
const flattenedMatrix = [...matrix2x2]
console.log(flattenedMatrix)
```

另外，我们可以把 iterable 放在解构赋值（destructuring assignment）操作的右侧：

```
const [oneOne, oneTwo, twoOne, twoTwo] = matrix2x2
console.log(oneOne, oneTwo, twoOne, twoTwo)
```

JavaScript 语言里面还有一些内置的 API，也接受 iterable：

- **Map ([iterable])：参见 nodejsdp.link/map-constructor。**
- **WeakMap ([iterable])：参见 nodejsdp.link/weakmap-constructor。**
- **Set ([iterable])：参见 nodejsdp.link/set-constructor。**
- **WeakSet ([iterable])：参见 nodejsdp.link/weakset-constructor。**
- **Promise.all (iterable)：参见 nodejsdp.link/promise-all。**
- **Promise.race (iterable)：参见 nodejsdp.link/promise-race。**
- **Array.from (iterable)：参见 nodejsdp.link/array-from。**

具体到 Node.js 平台来看，有个特别常用的 API 会接受 **iterable** 做参数，这就是 **stream.Readable.from (iterable, [options])**（参见：**nodejsdp.link/readable-from**），它可以根据这个可迭代的对象，创建出一条可读取的流。

注意，我们刚说的那些 API 跟语法结构，接受的都是 iterable 而不是 iterator。但如果你写了一个函数［比如前面写的 **createAlphabetIterator ()** 函数］，它返回的是 iterator，而你又想把这个 iterator 用在 JavaScript 语言内置的 API 跟语法结构里面，那该怎么办呢？其中一个办法，是让 iterator 本身也实现@@**iterator** 方法并返回 iterator 自己，这样的话，它就同时成了一个 iterable。于是，我们就可以像使用其他 iterable 对象那样，来使用这个函数所返回的 iterator 了，比如，如果我们把 **createAlphabetIterator ()** 返回的 iterator 按照刚说的办法做了修改，那么就可以将该函数的返回值用在 **for … of** 结构里面：

```
for (const letter of createAlphabetIterator()) {
  //...
}
```

JavaScript 语言本身定义了许多种 iterable 对象，它们都可以用在刚说的那些 API 跟语法结构里面。其中最常见的是 Array，另外还有其他一些数据结构，例如 Map 及 Set，其实就连

String（字符串）这样的数据结构，也都实现了@@**iterator**方法，因此可以用在需要接受iterable的场合。如果单说Node.js平台特有的数据结构，那么最常见的可能要数**Buffer**了。

有个小技巧，能够确保数组中肯定不包含重复的元素。如果**arrayWithDuplicates**所表示的数组里面可能有重复元素，那你可以执行**const uniqArray = Array.from (new Set (arrayWithDuplicates))**语句，这样能够去除重复的元素，并把结果保存在**uniqArray**里面。这个技巧也反映出不同的组件之间，是如何通过同一套iterable协议来沟通的。

9.4.4 Generator（生成器）

ES2015规范提出了一种跟迭代器（iterator）密切相关的写法，这就是**生成器**（generator），它也叫作**半协程**（semicoroutine）。生成器是一种比普通函数更宽泛的函数结构，它可以有多个入口点（entry point）。普通的函数只有一个入口点，也就是函数的开头，每次执行函数，它都会从开头执行，但生成器却不一定要从开头执行，而是可以从上次暂停的那个地方接着往下执行（生成器遇到**yield**语句会暂停）。笔者在这里提到生成器，最主要的意思是想说，它特别适合用来实现迭代器（iterator），我们马上就会看到，生成器函数（generator function）所返回的生成器对象（generator object），本身既是iterator，也是iterable。

9.4.4.1 与Generator有关的语法

生成器函数（generator function）需要用**function ***来定义，也就是在**function**关键字后面加一个星号：

```
function * myGenerator () {
  // 生成器的主体部分
}
```

调用生成器函数时，程序并不会像调用普通函数那样，立刻执行其中的代码，而是会让这种函数返回一个**生成器对象**（generator object），我们刚才说了，这样的对象既是iterator，又是iterable。另外还有个重要的地方，也就是在生成器对象上面调用**next ()**，会让生成器从头执行或从上次暂停的地方继续往下执行，如果它遇到了**yield**指令，那么会再度暂停，如果它遇到**return**指令或到达函数尾部，那么这个生成器就算执行完毕了。在编写生成器函数时，我们把生成器在当前这一阶段所要返回的值**x**，写在**yield**关键字的后面（也就是**yield x**），这就相当于我们早前在编写迭代器的时候，返回**done**属性为**false**的迭代结果一样（例如**return {done: false, value: x}**）；同理，在生成器函数里面通过**return**关键字结束该生成器，就好比我们早前在编写迭代器的时候，返回**done**属性为**true**的迭代结果一样（例如**return {done: true, value: x}**）。

9.4.4.2　简单的生成器函数

为了演示刚才说的那些内容，我们实现一个简单的生成器函数，也就是 **fruitGenerator ()** 函数，让它生成两种水果的名字，并指出这两种水果是在哪个季节成熟的：

```
function * fruitGenerator () {
  yield 'peach'
  yield 'watermelon'
  return 'summer'
}

const fruitGeneratorObj = fruitGenerator()
console.log(fruitGeneratorObj.next())                    // (1)
console.log(fruitGeneratorObj.next())                    // (2)
console.log(fruitGeneratorObj.next())                    // (3)
```

刚才那段代码会打印出这样的内容：

```
{ value: 'peach', done: false }
{ value: 'watermelon', done: false }
{ value: 'summer', done: true }
```

下面简单地解释执行过程：

(1) 第一次触发 **fruitGeneratorObj.next ()** 的时候，生成器会从头开始执行，直至遇见 **yield** 命令为止（这指的是函数代码里的头一个 **yield**），此时生成器暂停，并把'**peach**'这个值返回给调用方。

(2) 第二次触发 **fruitGeneratorObj.next ()** 的时候，生成器会从早前暂停的地方继续执行，直至遇到 **yield** 命令为止（这指的是函数代码里面的第二 **yield**），此时生成器又会暂停，并把'**watermelon**'这个值返回给调用方。

(3) 最后一次触发 **fruitGeneratorObj.next ()** 的时候，生成器会从早前暂停的地方继续执行，但这次它首先遇到的不是 **yield** 命令，而是 **return** 语句，因此这个生成器就终止执行，并返回'**summer**'这个值，同时，还会把表示执行结果的那个对象里面的 **done** 属性设为 **true**。

由于生成器对象本身也是 **iterable**，因此可以用在 **for … of** 结构里面。例如：

```
for (const fruit of fruitGenerator()) {
  console.log(fruit)
}
```

这样写，会打印出：

```
peach
watermelon
```

summer 为什么没有打印出来呢？因为这个值不是由生成器函数的代码通过 yield 命令给出的，而是通过 return 语句返回的，所以 for … of 结构不会把它当作生成器对象所生成的元素。这个值只用来说明，生成器执行完毕时，所返回的结果是 summer。

9.4.4.3　控制生成器对象的执行逻辑

生成器对象不仅具备普通的迭代器所具备的能力，而且还可以通过 **next ()** 方法接收参数（对于生成器来说，迭代器协议中的这个 **next ()** 方法，可以带参数，也可以不带）。如果带参数，那么我们就可以把调用方在触发 **next ()** 方法时所传入的参数，赋给 **yield** 指令左侧的变量。为了演示这种用法，我们创建这样一个简单的生成器函数：

```
function * twoWayGenerator () {
  const what = yield null
  yield 'Hello ' + what
}

const twoWay = twoWayGenerator()
twoWay.next()
console.log(twoWay.next('world'))
```

刚才这段代码执行之后，会打印出 **Hello world**。下面解释为什么会打印出这种结果：

（1）首次触发 **next ()** 方法，会把生成器推进到第一条 **yield** 语句那里，然后令其暂停。

（2）第二次触发 **next ()** 方法，会让生成器从暂停的地方（也就是 **const what = yield null** 那里）继续往下运行，但由于我们这次触发的时候传入了参数**'world'**，因此，生成器会收到我们传的这个参数值，于是，它先把该值赋给上一条 **yield** 语句左侧的那个变量，也就是 **what**，然后再向下推进。这次它会停到第二条 **yield** 语句那里，把**'Hello'**这个字符串与 **what** 变量的内容（即**'world'**）相拼接，并将拼接出来的结果返回给调用方。于是，控制台上面打印出的就是 **Hello world**。

生成器对象还支持两种方法，也就是 **throw ()** 与 **return ()**，你在使用生成器的过程中，不一定非得调用这两个方法。**throw ()** 方法会把异常抛给生成器，让人觉得这个异常好像出现在生成器上次执行到的 **yield** 命令那里，**throw ()** 方法返回的是一个表示迭代结果的对象，其中包含 **done** 与 **value** 属性。**return ()** 方法会迫使生成器终止，并返回 {**done: true, value: returnArgument**} 形式的对象，其中的 **returnArgument**，就是你在调用 **return ()** 方法时传入的那个值。

下面这段代码演示了这两个方法的功能：

```
function * twoWayGenerator () {
  try {
    const what = yield null
    yield 'Hello ' + what
  } catch (err) {
    yield 'Hello error: ' + err.message
  }
}

console.log('Using throw():')
const twoWayException = twoWayGenerator()
twoWayException.next()
console.log(twoWayException.throw(new Error('Boom! ')))

console.log('Using return():')
const twoWayReturn = twoWayGenerator()
console.log(twoWayReturn.return('myReturnValue'))
```

刚才这段代码会让控制台打印出这样的内容：

```
Using throw():
{ value: 'Hello error: Boom! ', done: false }
Using return():
{ value: 'myReturnValue', done: true }
```

生成器执行到第一条 **yield** 语句时，会把控制权交还给我们的范例代码，我们通过 **throw ()** 方法给生成器注入异常，这会让它从上次暂停的地方（也就是第一条 **yield** 语句那里）继续执行，并且刚一执行就立刻发生异常，于是，我们在 **twoWayGenerator ()** 里面写的那个 **try … catch** 结构会把该异常捕获下来。接着我们又制作了一个生成器对象，然后调用 **return ()** 方法，这会让生成器停止执行，并把我们通过 **return ()** 方法传入的值，放在一个表示迭代结果的对象里面，返回给我们。

9.4.4.4 怎样用生成器来替换普通的迭代器

由于生成器对象本身也是一种迭代器，因此我们可以考虑用生成器函数而不是普通的函数来实现某个类的@@**iterator**方法，这样也能让该类的对象成为可迭代的对象，从而用在那些需要传入**iterable**的场合。为了演示这种方案，我们把以前实现过的那个**Matrix**类改写一遍。下面是修改之后的**matrix.js**文件：

```
export class Matrix {
  // 其他方法保持不变

  *[Symbol.iterator] () {                                          // (1)
    let nextRow = 0                                                 // (2)
    let nextCol = 0

    while (nextRow !== this.data.length) {                         // (3)
      yield this.data[nextRow][nextCol]

      if (nextCol === this.data[nextRow].length - 1) {
        nextRow++
        nextCol = 0
      } else {
        nextCol++
      }
    }
  }
}
```

刚才那段代码跟旧版相比，有好几个地方值得注意。下面我们就来详细解释：

(1) 首先，这次的@@**iterator**方法是用生成器函数的形式实现的（因为[**Symbol.iterator**]的左边有个星号）。

(2) 这次，我们把维护迭代状态所用的两个变量，设计成*[**Symbol.iterator**]()函数本身的局部变量，而不像旧版的**Matrix**类那样，将二者放在闭包之中。我们这样做没有问题，因为这个函数所返回的生成器对象从暂停状态恢复执行的时候，是可以访问到生成器函数里面那些局部变量的，而且那些变量会延续它们暂停时的取值。

(3) 我们这次采用标准的循环结构来迭代二维数组之中的元素，这样写出来的代码更直观，它不用像旧版那样，必须让迭代器的**next**()方法一个一个地返回元素。

从这个例子可以看出，用生成器函数实现iterable协议，要比用普通的函数更好，因为那种方案要求我们必须从头开始实现迭代器，而生成器函数则不用，因为这种函数所返回的生成器对象，本身就是一种迭代器。另外，用生成器函数来实现，还可以把迭代逻辑编写得更加直观，这样写出来的代码，在功能上与原来那种方案的代码相仿（有时甚至更强）。

JavaScript 语言里面还有一种内置的写法，也要求传入 **iterable** 对象做参数，这就是 **yield** *表达式，这也叫作**generator delegation**。它会迭代星号右侧的 **iterable**，并依次通过 **yield** 指令交出其中的每个元素。

9.4.5 async iterator（异步迭代器）

我们前面说的这些迭代器，在通过 **next ()** 方法给出下一个元素的时候，用的都是同步操作，然而在 JavaScript 语言里面（尤其是在 Node.js 平台之中）做迭代时，我们经常发现，要迭代的这些元素，必须以异步的方式产生。

比如，如果我们要迭代的是 HTTP 服务器所收到的各项请求、某次 SQL 查询所得到的各项结果，或某次 REST API 调用所返回的各段内容，那么就会遇到刚说的那种情况，也就是说，要迭代的元素必须以异步方式产生。在这种情况下，我们希望迭代器的 **next ()** 方法能够返回一个 Promise 对象，这样的话，我们就能通过该对象，异步地获取这个元素，要是能使用 async/await 机制，那就更好了。

这其实正是**async iterator**（异步迭代器）所要解决的问题。这种 iterator 必须返回 Promise，除了这项要求之外，它跟普通的（也就是同步版的）iterator 一样。于是，这意味着我们可以把这种 iterator 的 **next ()** 方法，实现成异步函数。另外，iterable 对象也有异步版本，这叫作**async iterable**（异步的可迭代对象），这种 iterable 必须实现@@**asyncIterator** 方法，也就是那个通过［**Symbol.asyncIterator**］标识的方法，并让该方法同步地返回（或者说，立刻返回）一个 async iterator。

async iterable 可以用 **for await...of** 结构来迭代，这种结构只能用在 **async** 函数（异步函数）里面。其实 **for await...of** 只是通过异步的顺序执行流程实现了 Iterator（迭代器）模式而已，它相当于一种便捷语法（syntactic sugar，语法糖），用来实现跟下面这段代码相同的功能：

```
const asyncIterator = iterable[Symbol.asyncIterator]()
let iterationResult = await asyncIterator.next()
while (!iterationResult.done) {
  console.log(iterationResult.value)
  iterationResult = await asyncIterator.next()
}
```

当然了，**for await...of** 结构也可以用来迭代普通的 iterable，而不是说非得迭代 async iterable。例如我们可以用这种结构迭代 Promise 数组。就算迭代出来的元素不全是（甚至全都不是）Promise，程序也能够运行。

为了演示 async iterator 与 async iterable 的原理，我们构建这样一个类，让它根据用户输入的一系列网址，来异步地迭代其中的每个网址，并判断其状态（**up** 表示上线，**down** 表示下线）。我们把这个类叫作 **CheckUrls**：

```
import superagent from 'superagent'

export class CheckUrls {
  constructor (urls) {                                          // (1)
    this.urls = urls
  }

  [Symbol.asyncIterator] () {
    const urlsIterator = this.urls[Symbol.iterator]()           // (2)

    return {
      async next () {                                           // (3)
        const iteratorResult = urlsIterator.next()              // (4)
        if (iteratorResult.done) {
          return { done: true }
        }

        const url = iteratorResult.value
        try {
          const checkResult = await superagent                  // (5)
            .head(url)
            .redirects(2)
          return {
            done: false,
            value: `${url} is up, status: ${checkResult.status}`
          }
        } catch (err) {
          return {
            done: false,
```

```
            value: `${url} is down, error: ${err.message}`
          }
        }
      }
    }
  }
}
```

我们分析一下这段代码的关键点：

(1) **CheckUrls** 类的构造器，接受一份含有多个网址的列表，由于我们已经知道了 iterator 与 iterable 的用法，因此现在只需要说，这份列表可以由任意一种 iterable 对象来扮演。

(2) 实现@@**asyncIterator** 方法的时候，我们先从 **this.urls** 对象上面获取一个迭代器。为什么可以从它上面获取迭代器呢？因为我们在上一条里面说了，用户传给构造器的，应该是一种可以迭代的对象（即 iterable 对象），因此我们只需要通过［**Symbol.iterator**］**()** 来触发它的@@**iterator** 方法，即可获取到迭代器。

(3) 注意，我们这次实现的这个 **next ()** 方法，是个 **async** 函数，这意味着它总是会返回 Promise，以符合 **async iterator** 协议的要求。

(4) 在 **next ()** 方法里面，我们通过第二步获取到的那个 **urlsIterator**，尝试取得列表中的下一个网址，如果列表里面的网址都迭代完了，那我们只需要返回｛**done: true**｝就好。

(5) 如果列表里还有网址可以获取，那就给这个网址发送 **HEAD** 请求，并通过 **await** 指令异步地获取该请求的处理结果。

接下来，我们用前面提到的 **for await...of** 结构来迭代这样一个 **CheckUrls** 对象：

```
import { CheckUrls } from './checkUrls.js'

async function main () {
  const checkUrls = new CheckUrls([
    'https://nodejsdesignpatterns.com',
    'https://example.com',
    'https://mustbedownforsurehopefully.com'
  ])

  for await (const status of checkUrls) {
    console.log(status)
  }
}
```

```
main()
```

大家都看到了，用 **for await...of** 结构来迭代 async iterable，是相当直观的，而且笔者接下来就要讲到，这种结构可以跟 JavaScript 内置的一些 iterable 结合，让我们能够用另一种办法获取异步信息。

在使用 **for await...of** 结构（以及它的同步版本）来迭代的时候，如果这个结构因为遇到 break 语句、return 语句或异常而提前跳出，那么系统会在迭代器上面调用可选的 **return ()** 方法。因此，如果你的迭代器在那三种情况下，需要像正常执行完毕时那样做一些清理，那么可以把这些清理操作写在 **return ()** 里。

9.4.6 async generator（异步生成器）

除了 async iterator 之外，还有**async generator**（异步生成器）。定义**async generator function**（异步生成器函数）时的写法跟定义普通的 generator function（生成器函数）类似，只不过前面多了 async 关键字：

```
async function * generatorFunction() {
  // 生成器函数的主体部分
}
```

大家应该能想见，这种函数的主体部分会出现 **await** 指令，而且它所返回的 async generator 对象，在执行 **next ()** 方法的时候，会返回一个 Promise 对象，这个 Promise 对象得到解析之后，会形成一个表示结果的对象，这个对象跟普通的 generator 在执行 **next ()** 方法时所返回的对象一样，都具备 **done** 与 **value** 属性。前面说过，普通的 generator 对象既是 iterator，又是 iterable，异步的 generator 对象也类似，它既是异步的 iterator，又是异步的 iterable，因此，可以用在 **for await...of** 结构里面。

用异步的 generator 来充当异步的 iterator，要比纯手工实现这样的 iterator 更简单，下面我们就举个例子来说明。这个例子是把早前 **CheckUrls** 类改用异步的 generator 实现：

```
export class CheckUrls {
  constructor (urls) {
    this.urls = urls
  }

  async * [Symbol.asyncIterator] () {
```

```
    for (const url of this.urls) {
      try {
        const checkResult = await superagent
          .head(url)
          .redirects(2)
        yield `${url} is up, status: ${checkResult.status}`
      } catch (err) {
        yield `${url} is down, error: ${err.message}`
      }
    }
  }
}
```

大家注意看，与单纯用异步的 iterator 来实现时相比，用异步的 generator 实现，要少写几行代码，而且这样写出来的逻辑更加明确、更加直观。

9.4.7 async iterator（异步迭代器）与 Node.js 平台的 stream（流）

仔细想一下，你就会发现，async iterator 与 Node.js 平台的 readable stream（可读流）很像，它们的目标与行为是类似的。我们其实可以说，async iterator 本身就是一种流式结构，因为它们也能像流对象那样，一小块一小块地处理异步资源，这就好比我们通过可读的流对象（readable stream）来访问异步资源时，也是在一小块一小块地读取。

所以，当你知道 `stream.Readable` 实现了@@`asyncIterator` 方法的时候，应该不会觉得这是个巧合，因为 `stream.Readable` 的设计者就是想让它也成为一种 async iterable（异步的可迭代对象），于是，我们不仅能够采用流对象本身的机制来读取数据，而且还可以通过 `for await...of` 结构读取，这样或许更加直观。

现在我们立刻举例演示这个意思。下面这段代码，会把当前进程的 stdin（标准输入）流，与一条运用 `split()` 逻辑来执行转换的流相拼接，然后通过 `for await...of` 结构来迭代这条拼接而成的管道。这条管道一遇见标准输入流里面的新行符（或者说换行符），就会产生一块数据，这块数据会让 `for await...of` 结构里面的 `log` 语句打印出来：

```
import split from 'split2'

async function main () {
  const stream = process.stdin.pipe(split())
  for await (const line of stream) {
    console.log(`You wrote: ${line}`)
```

```
    }
  }

main()
```

这段范例代码会把用户通过标准输入端敲进去的字符，回显到控制台，用户每按一次*回车*键，它就把当前输入的这批字符回显出来。如果想退出程序，那就按 *Ctrl* + *C* 组合键。

我们看到，通过这种方式使用可读的流对象，是相当直观、相当简洁的。这个例子同时还让我们意识到：iterator（迭代器）与 stream（流）这两种范式是多么地相似。它们实在太像了，有时几乎可以互换。有个例子能够进一步说明这一点，这就是 **stream.Readable.from(iterable,[options])** 函数，它接受 iterable 做参数，这个 iterable 可以是同步的，也可以是异步的。函数会包裹这个 iterable，并把它的功能“适配”到 Readable 流上面，让包装出来的这个对象，能够像 Readable 流一样使用［这也很好地演示了 Adapter 模式（适配器）的用法，我们在第 8 章说过这个模式］。

既然 stream 对象与异步的 iterator 这样密切相关，那我们怎么分辨何时该用前者，何时该用后者呢？这要根据用法以及其他许多因素来定，为了帮助大家判断，我们可以从这样几个方面考虑这两种结构的区别：

• stream 是推送（*push*）式的，也就是说，stream 先把数据主动推送到它的内部缓冲区，然后我们再让使用这些数据的代码，从这个缓冲区里面拿数据。异步的 iterator 在默认的情况下，是提取（*pull*）式的，也就是说，只有在消费方需要用到数据的时候，它才会从这个 iterator 里面获取数据，或让这个 iterator 产生数据。

• stream 更适合用来处理二进制数据，因为 stream 本身提供了内部缓冲机制以及 backpressure（防拥堵）机制。

• stream 可以通过 **pipe()** 组合成管道，这是个相当常见，而且用起来很流畅的 API。与之相比，异步的 iterator 并没有提供这么一种标准的组合方式。

EventEmitter 对象也支持迭代。我们可以把它当作 **emitter** 参数，传给 **events.on(emitter, eventName)** 这个工具函数，这样就能获取到一个异步迭代器，该迭代器会逐个给出符合 **eventName** 的所有事件。

9.4.8 Node.js 大环境中的 Iterator 模式

iterator，尤其是异步的 iterator，很快就在 Node.js 环境里面流行起来。其实在许多情况下，我们都会考虑用这样的 iterator 来处理流式资源，并替换某些内置的迭代机制。

比如，有这样几个流行的包，叫作@**databases/pg**、@**databases/mysql** 与@**databases/sqlite**，它们分别用来访问 Postgres、MySQL 与 SQLite 数据库（详情参见 **nodejsdp.link/atdatabases**）。

这些模块都公布一个叫作 **queryStream ()** 的函数，这个函数返回 async iterable，我们很容易就能通过它，迭代某次查询所得到的各项结果。比如：

```
for await (const record of db.queryStream(sql'SELECT * FROM my_table'))
{
  // 处理这条记录
}
```

这个 async iterable 所实现的迭代器，会自动处理数据库指针（cursor），令其正确地指向查询结果之中的相关记录，我们所要做的，只是把它放在 **for await...of** 结构的 **of** 右侧就好。

还有一个程序库的 API 也特别依赖迭代器，这就是 **zeromq** 包（参见 **nodejsdp.link/npm-zeromq**）。下一节要讲另一种行为型的模式，也就是 Middleware 模式，那时我们会举出详细的例子。

9.5　Middleware（中间件）模式

Middleware（中间件）是 Node.js 平台上面相当独特的一种模式，然而这也是很容易让初学者误解的模式，尤其是那些以前做过从企业级编程的人。他们之所以不太理解 Middleware 在 Node.js 平台中的用法，可能是因为他们总以为 middleware 这个词在 Node.js 里面的含义，也跟在企业级开发领域差不多。对于后者来说，middleware 是企业级架构里面的一个术语，用来指代那些帮助开发者对底层机制（例如操作系统的 API、网络通信机制以及内存管理机制等）做出抽象的各种软件套件，这些套件让开发者能够把精力集中于应用程序的业务逻辑，而不用再操心那些底层机制。从这个意义上来讲，middleware 这个词，总是让人联想起 CORBA、企业服务总线（enterprise service bus）、Spring、JBoss 与 webSphere。然而这个词的在 Node.js 平台里面的含义，则要广泛得多，凡是能够在底层服务与应用程序之间起到粘合作用的软件层，都可以叫作中间件（所以，在 Node.js 里面，中间件指的就是它字面上的意思，即“*位于两者中间的软件*”）。

9.5.1　Express 里面的中间件

Express（参见 **nodejsdp.link/express**）让中间件这个词在 Node.js 平台里面流行了起

来，对于 Node.js 来说，中间件是个相当明确的设计模式，它表示的是一套（通常由函数来扮演的）服务，这些服务形成一条管道，用以处理服务器收到的 HTTP 请求，并负责给出相关的响应。

Express 是一种 Web 框架，它之所以出名，是因为这种框架极其简单，而且不会促使开发者必须采用某种特定的方式来使用它（也就是所谓的 non-opinionated，不带成见的、不先入为主的）。Express 能够做出这种效果，主要依赖的正是 Middleware 模式。Express 的中间件实际上是一种策略，让开发者能够有效地创建并发布新的特性，进而把这些特性轻松地添加到应用程序里面，同时，又让 Express 框架的核心部分不会随之膨胀。

Express 的中间件具备下面这样的函数签名：

```
function (req, res, next) { ... }
```

签名中的 **req** 表示传入的 HTTP 请求，**res** 是响应信息，**next** 是当前的中间件在执行完任务之后所要触发的回调，而那个回调又会继续触发管道中的下一个中间件。

下面这些任务，都可以通过 Express 框架的中间件来执行：

- 解析请求消息的主体（body）部分。
- 对请求与响应做压缩/解压缩。
- 产生访问日志。
- 管理会话。
- 管理加密的 cookie。
- 提供针对**CSRF**（**cross-site request forgery，跨站请求伪造**）的防护机制。

仔细想想，大家就能看出，这些任务严格来说，都不属于应用程序的主要业务逻辑，而且也不是一款 Web 服务器程序最为核心的部分。它们只是附属的任务，是那种给应用程序中的其他部分提供支持的组件，有这些组件支援，开发者就可以把精力集中在真正的业务逻辑上面了。因此，正如我们刚才所说，这些任务就是字面上的“中间件”，也就是位于底层服务与应用程序“中间的软件”。

9.5.2 从模式的角度谈中间件

在 Express 里面实现中间件模式时，所用的办法其实并不新颖，这个办法就相当于我们在 Node.js 平台里面实**Intercepting Filter**（拦截过滤器）模式与**Chain of Responsibility**（责任链）模式时所用的办法。说得更宽泛一些，中间件模式其实是一种**管道**，这让我们想起了早前讲过的 stream。目前，中间件在 Node.js 平台的使用范围，早已突破了 Express 框架的界限，只要有这样一组以函数形式来表示的处理单元、过滤器或处理程序，它们之间需要连接成一条异步的序列，用来给某种类型的数据做前置处理（preprocessing）或后置处理（post-processing)，那么我们就可以用中间件模式来实现该管道。这个模式的主要优点在于*灵活*。中间件模式让我们只需花很小的精力，就可以打造出一套插件系统，让开发者能够顺利地扩充该系统，给它添加新的过滤器与处理程序。

如果你想详细了解 Intercepting Filter 模式，可以从这篇文章入手：**nodejsdp.link/intercepting-filter**。还有一篇文章，很好地介绍了 Chain of Responsibility 模式：**nodejsdp.link/chain-of-responsibility**。

图 9.5 演示了 Middleware 属性的各部分。

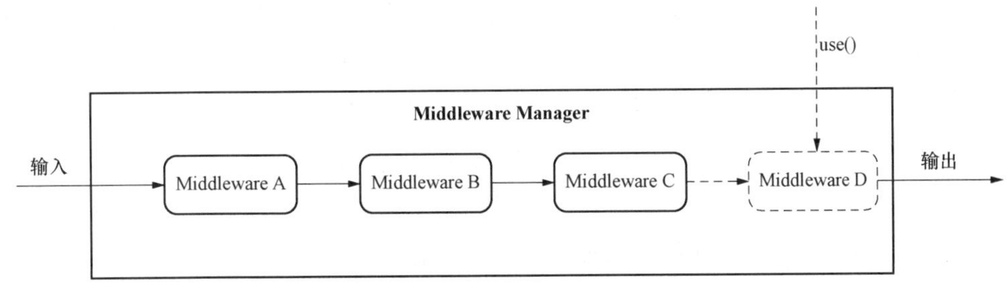

图 9.5　Middleware 属性的结构

这个模式最关键的部分就是**Middleware Manager**（**中间件管理器**），它负责安排并执行中间件函数（middleware function）。这个模式里面有这样几个重要的细节：

- 用户可以通过 **use()** 函数注册新的中间件（在实现中间件模式的时候，很多人都把这个函数叫作 use，你当然也可以改用其他的名字）。一般来说，新的中间件只能添加至管道末尾，但这并不是绝对的。
- 如果收到了有待处理的数据，那么这个模式就会按照异步的顺序执行流程，来触发已经注册的中间件。管道中的每个单元（unit，或者每个环节），都把上一个单元的执行结果，当作自己的输入信息。
- 管道中的每个中间件，都能够决定这份数据是否不再需要继续处理了。当它认为这份数据不需要继续处理的时候，可以调用某个特殊的函数（如果下一个中间件是通过回调触发的），也可以不去触发回调，另外，还可以抛出错误。当某个中间件出错时，这个模式通常会触发另一系列的中间件，那个系列是专门用来处理错误的。

至于数据到底怎么在管道之中接受处理并予以传播，其实并没有严格规定。下面这两种办法，都可以把修改后的数据沿着管道传递下去：

- 让每个中间件把自己想要添加的属性或函数，补充到它所接收的这份数据上面，并把补充后的数据继续往下传。

• 将数据设计成不可变的对象，让每个中间件都把处理结果另外表示成一个对象，然后继续往下传递。

哪种办法合适，取决于中间件管理器是用什么方式实现的，另外还要看中间件本身执行的是哪类任务。

9.5.3 创建针对 ZeroMQ 的中间件框架

现在我们构建一款针对**ZeroMQ**（**nodejsdp.link/zeromq**）消息库的中间件框架，以此来演示 Middleware 模式的用法。ZeroMQ 也叫作 ZMQ 或 ØMQ，它提供一套简单的接口，让程序能够通过各种协议，在网络上面以原子方式（也就是中途不可受到干扰的方式）来交换消息。这个框架的特点是性能较高，而且提供了一套基本的抽象机制，让我们能够通过该机制，顺利实现自己想要定制的消息架构。由于具备这些优势，因此我们经常选用 ZeroMQ 来构建复杂的分布式系统。

第 13 章会详细分析 ZeroMQ 的各种特征。

ZeroMQ 的接口相当接近底层，它只能用 JavaScript 字符串或二进制缓冲区来表示消息，因此，如果你在使用这个库的时候，想采用特定的编码形式或格式来表示数据，那必须自己实现这个功能。

于是，我们接下来就举这样一个例子，也就是构建一个中间件系统，对流经 ZeroMQ socket 的数据所需接受的前置处理与后置处理做出抽象，让程序能够用 JSON 对象的形式来操作消息，并且能够对消息做压缩与解压缩。

9.5.3.1 编写 Middleware Manager（中间件管理器）

要想构建针对 ZeroMQ 的中间件系统，我们首先得创建一个组件，让它负责在收到数据或发送数据的时候，触发管道里面的那些中间件。于是，我们新建下面这样一个名叫 **zmqMiddlewareManager.js** 的模块：

```
export class ZmqMiddlewareManager {
  constructor (socket) {                                          // (1)
    this.socket = socket
    this.inboundMiddleware = []
    this.outboundMiddleware = []

    this.handleIncomingMessages()
```

```
      .catch(err => console.error(err))
  }

  async handleIncomingMessages () {                                    // (2)
    for await (const [message] of this.socket) {
      await this
        .executeMiddleware(this.inboundMiddleware, message)
        .catch(err => {
          console.error('Error while processing the message', err)
        })
    }
  }

  async send (message) {                                               // (3)
    const finalMessage = await this
      .executeMiddleware(this.outboundMiddleware, message)
    return this.socket.send(finalMessage)
  }

  use (middleware) {                                                   // (4)
    if (middleware.inbound) {
      this.inboundMiddleware.push(middleware.inbound)
    }
    if (middleware.outbound) {
      this.outboundMiddleware.unshift(middleware.outbound)
    }
  }

  async executeMiddleware (middlewares, initialMessage) {              // (5)
    let message = initialMessage
    for await (const middlewareFunc of middlewares) {
      message = await middlewareFunc.call(this, message)
    }
    return message
  }
}
```

下面解释 **ZmqMiddlewareManager** 的实现细节：

（1）我们在这个类的开头定义构造器，让它接受 ZeroMQ socket 做参数。在构造器里面，我们创建两份空白的列表，用来容纳两批中间件函数，一批函数负责处理入站消息（inbound message，也就是传入的消息），另一批函数负责处理出站消息（outbound message，也就是发出的消息）。接下来，我们立刻开始处理传入这个 socket 的消息，这些处理逻辑写在 **handleIncomingMessages ()**方法里面。

（2）在 **handleIncomingMessages ()** 方法里面，我们把 ZeroMQ socket 当作异步的可迭代对象（async iterable）使用，并通过 **for await...of** 循环来处理传入这个 socket 的消息。处理每个消息的时候，我们都通过 **executeMiddleware ()** 方法，让这个消息沿着 **inboundMiddleware** 这条中间件管道向下传递。

（3）我们接下来定义 **send ()** 方法，这个方法跟 **handleIncomingMessages ()** 类似，也用来处理消息，但它处理的是出站消息。我们把该方法通过 **message** 参数所收到的消息，传给 **outboundMiddleware** 管道里面中间件去处理，并把最终的结果保存在 **finalMessage** 变量之中，然后通过 socket 发送消息。

（4）然后，我们编写 **use ()** 方法，这个方法用来给本对象内部的两条管道里面添加新的中间件函数。具体到目前这套实现方案来看，我们要求中间件函数必须成对地出现，也就是说，调用方必须把两个函数合起来放在 **middleware** 参数里面传给我们，其中，该参数的 **inbound** 属性，应该指向处理入站消息的中间件函数，而 outbound 属性则应指向处理出站消息的中间件函数。我们会把这两个属性所指向的中间件函数，分别添加到相应的列表（也就是管道）里面。这里必须注意，我们给 **inboundMiddleware** 列表添加函数时，是从尾部添加的，但是给 **outboundMiddleware** 列表添加函数时，却是从头部添加的［也就是通过 **unshift ()** 把函数插入该列表开头］。之所以要这样做，是因为处理入站消息的那套函数，与处理出站消息的那套对应函数之间，应该按照相反的顺序出现。比如，如果消息入站的时候，需要先做解压缩，然后按 JSON 格式做反序列化，那么在出站的时候，就必须先做序列化，然后压缩。当然了，中间件函数成对地出现，并不是 Middleware 模式的严格要求，这仅仅是我们这种实现方案的细节问题。

（5）最后编写的这个 **executeMiddleware ()** 方法是我们这个组件的核心，因为它负责真正执行某条管道里面的那些中间件函数。该方法需要通过 **middleware** 数组接收一份函数列表（也就是一条管道），然后，它需要逐个执行其中的函数，并把每个函数的执行结果，传给管道中的下一个函数。大家注意，我们触发管道中的函数时，给前面加了 **await** 关键字，这样写既能应对同步函数，也能应对那种用 Promise 来表示执行结果的异步函数。最后，我们把整个管道的执行结果，返回给调用方。

为了简单起见，我们并没有提供负责处理错误的管道。一般来说，如果某个中间件函数抛出了错误，那么中间件系统应该把这个错误，交给一条专门负责应对错误的管道去处理。这项功能做起来其实也很容易，我们只需要允许用户在调用 **use ()** 方法的时候，除了通过 **middleware** 参数的 **inboundMiddleware** 与 **outboundMiddleware** 属性指定那一对中间件函数之外，还可以通过 **errorMiddleware** 属性指定一个处理错误的函数就好。

9.5.3.2 实现处理消息所用的中间件函数

把 Middleware Manager 做好之后，我们可以创建第一对中间件函数，有了这对函数，我们就能够演示如何利用这套框架，来处理入站消息与出站消息。本小节开头说过，我们这个中间件系统的一项目标，是提供一套过滤器，对入站的 JSON 消息做反序列化处理，并把出站的消息序列化成 JSON 格式。现在就来编写这样一个中间件，以实现这项目标。我们新建 **jsonMiddleware.js** 模块，并写入如下代码：

```
export const jsonMiddleware = function () {
  return {
    inbound (message) {
      return JSON.parse(message.toString())
    },
    outbound (message) {
      return Buffer.from(JSON.stringify(message))
    }
  }
}
```

我们这个中间件的 **inbound** 函数，对收到的消息做反序列化处理，让它从 JSON 格式的字符串变成 JavaScript 字符串。中间件的 **outbound** 函数对收到的消息做序列化处理，让它从 JavaScript 字符串变成 JSON 格式的字符串，然后将其转化为 **Buffer**。

同理，我们还可以再实现一对中间件函数，这次我们将二者写在 **zlibMiddleware.js** 模块之中，并利用 **zlib** 这个核心模块（**nodejsdp.link/zlib**）所提供的 **inflateRawAsync ()** 及 **deflateRawAsync ()** 函数，实现解压缩与压缩功能：

```
import { inflateRaw, deflateRaw } from 'zlib'
import { promisify } from 'util'

const inflateRawAsync = promisify(inflateRaw)
const deflateRawAsync = promisify(deflateRaw)
```

```
export const zlibMiddleware = function () {
  return {
    inbound (message) {
      return inflateRawAsync(Buffer.from(message))
    },
    outbound (message) {
      return deflateRawAsync(message)
    }
  }
}
```

跟刚才处理 JSON 格式的那个中间件不同，这次的中间件所依赖的两个函数都是异步函数，它们会返回 Promise 对象，以表示最终的执行结果。由于我们刚才在实现 Middleware Manager（中间件管理器）的时候，已经考虑到了同步函数与异步函数这两种情况，所以现在这样写是没有问题的。

大家应该注意到了，我们这个框架所实现的中间件机制，跟前面说的 Express 框架有很大区别。这种现象其实很正常，而且它正好向我们演示了如何按照具体的需求，来改编这个模式。

9.5.3.3 使用这个针对 ZeroMQ 的中间件系统

我们现在就来使用刚才建立的那套中间件系统。为了使用该系统，我们来编写一套简单的应用程序，让它的客户端定期向服务器端发送 *ping*，并让服务器端把收到的消息回显给客户端。

从实现的角度看，我们打算利用 Request/Reply（请求/响应）模式来发送并收取消息，这种模式刚好对应于 ZeroMQ（**nodejsdp.link/zmq-req-rep**）所提供的这一对 socket，也就是 req/rep。我们会把这一对 socket 包裹在 **ZmqMiddlewareManager** 里面，令其获得我们构建的这套中间件系统所具备的功能，其中包括 JSON 格式的序列化与反序列化。

第 13 章会分析 Request/Reply 模式以及其他一些消息模式。

9.5.3.3.1 服务器端

现在开始编写这个程序的服务器端，我们把下面这段代码放在名叫 **server.js** 的文件里：

```
import zeromq from 'zeromq'                                            // (1)
```

```
import { ZmqMiddlewareManager } from './zmqMiddlewareManager.js'
import { jsonMiddleware } from './jsonMiddleware.js'
import { zlibMiddleware } from './zlibMiddleware.js'

async function main () {
  const socket = new zeromq.Reply()                                   // (2)
  await socket.bind('tcp://127.0.0.1:5000')

  const zmqm = new ZmqMiddlewareManager(socket)                       // (3)
  zmqm.use(zlibMiddleware())
  zmqm.use(jsonMiddleware())
  zmqm.use({                                                          // (4)
    async inbound (message) {
      console.log('Received', message)
      if (message.action === 'ping') {
        await this.send({ action: 'pong', echo: message.echo })
      }
      return message
    }
  })
  console.log('Server started')
}

main()
```

服务器端的代码有这样几个关键点：

（1）把需要用到的模块加载进来。这里使用的 **zeromq**，其实是一套针对原生的 ZeroMQ 库而写的 JavaScript 接口。参见 **nodejsdp.link/npm-zeromq**。

（2）接下来，我们在 **main ()** 函数里面新建 ZeroMQ 的 **Reply socket**，并让它监听本机（**localhost**）的 **5000** 端口。

（3）然后我们就开始用自己写的中间件管理器（也就是 **ZmqMiddlewareManager**）包装这个 socket，并给管理器里面添加两个中间件，以实现与 zlib 及 JSON 有关的功能。

（4）现在，我们可以开始处理客户端所发来的请求了，为此，我们只需要给管理器里再添加一个中间件就好。我们给这个中间件编写 inbound 函数，让它充当 request handler（请求处理程序/请求处理器），以处理每一条请求。

由于我们写的 request handler 是挂接在 zlib 与 JSON 这两个中间件后面的，因此，客户端发来的消息首先会由 zlib 中间件解压缩，然后由 JSON 中间件反序列化成普通的 JavaScript 字符串，接着才会来到 request handler 这里。与之相对，我们通过 **send()** 所发出的消息，则会首先由 JSON 中间件序列化成 JSON 格式，然后由 zlib 中间件压缩。

9.5.3.3.2　客户端

我们把这个程序的客户端代码，写在 **client.js** 文件里面：

```
import zeromq from 'zeromq'
import { ZmqMiddlewareManager } from './zmqMiddlewareManager.js'
import { jsonMiddleware } from './jsonMiddleware.js'
import { zlibMiddleware } from './zlibMiddleware.js'

async function main () {
  const socket = new zeromq.Request()                                    // (1)
  await socket.connect('tcp://127.0.0.1:5000')
  const zmqm = new ZmqMiddlewareManager(socket)
  zmqm.use(zlibMiddleware())
  zmqm.use(jsonMiddleware())
  zmqm.use({
    inbound (message) {
      console.log('Echoed back', message)
      return message
    }
  })

  setInterval(() => {                                                    // (2)
    zmqm.send({ action: 'ping', echo: Date.now() })
      .catch(err => console.error(err))
  }, 1000)

  console.log('Client connected')
}

main()
```

客户端的代码跟服务器端差不多，只是下面这两个地方有重要区别：

（1）我们这次创建的不是 **Reply** socket，而是 **Request** socket，而且也不是让它去监听本机的端口，而是让它去连接远程主机（这也包括本地主机）上面的某个端口。这次我们设置中间件时所用的代码，跟刚才编写服务器端时差不多，只不过我们最后挂载的 request handler，在逻辑上跟服务器端的那个不同，这个 handler 只需要把收到的消息打印出来就行。这些消息应该是服务器端针对我们发出的 *ping* 请求所给出的 *pong* 回复。

（2）客户端的核心逻辑就是一个计时器，它每秒钟都向服务器端发送一条 *ping* 消息。

现在我们就来试一试，看看客户端与服务器端能不能正确地配合。首先启动服务器：

```
node server.js
```

然后我们可以再开一个终端窗口（也就是再开一个命令行界面），用来启动客户端：

```
node client.js
```

现在我们应该会看到，客户端一直给服务器端发送消息，而服务器端则会把每条消息都回显给客户端。

这说明我们写的这个中间件系统确实达到了目的。它会通过其中安排的各个中间件把消息的解压缩/压缩以及反序列化/序列化工作处理好，让开发者能够集中精力去编写 handler，以实现真正的业务逻辑。

9.5.4　Node.js 大环境之中的 Middleware 模式

这一节开头说过，Middleware 模式在 Node.js 平台里是随着 Express（**nodejsdp.link/express**）而流行的。因此我们可以说，该模式在整个 Node.js 环境之中最明显的体现形式，就是它在 Express 里面的那种用法。

另外还有两个例子：

- Koa（**nodejsdp.link/koa**），这是 Express 的后继项目，它就是由开发 Express 的那个团队制作的，而且设计理念与主要的设计原则，也跟 Express 相同。Koa 的中间件与 Express 稍微有点区别的地方在于，它使用了比较新的编程技术，例如 async/await，而没有采用原始的回调。
- Middy（**nodejsdp.link/middy**），这是个典型的例子，它表明中间件模式还可以用在 Web 框架之外的领域。Middy 是个针对 AWS 的 Lambda 函数而设计的中间件引擎。

接下来我们要讲 Command 模式，大家马上就会看到，这是个相当灵活，形式相当多样的模式。

9.6　Command（命令）模式

Node.js 里面还有一个相当重要的模式，这就是**Command**（命令）。按照最宽泛的定义，凡是把执行某动作所需的信息封装起来以便稍后加以执行的对象，都可以叫作 command 对象。总之，设计这种对象的意思就是说，我们不打算直接调用某个方法或函数，而是打算创建这么一个 command 对象，用来表达我们需要执行调用操作这一想法。这个想法稍后会由另一个组件负责实现，那个组件会把它落实成真正的操作。按照传统的设计方式，这个模式应该包含四个主要组件，如图 9.6 所示。

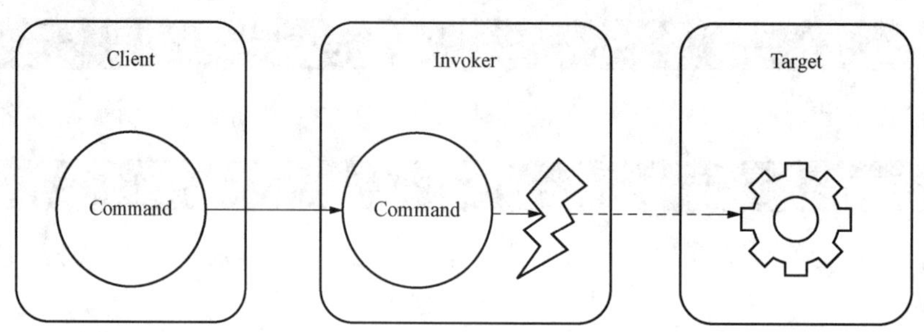

图 9.6 Command 模式的组件

Command 模式的四个典型组件是：

• **Command**（命令）。这个组件表示一种对象，用来封装调用某方法或某函数时所必备的信息。

• **Client**（用户/客户）。这个组件用来创建 command，并把它提供给 Invoker。

• **Invoker**（调用者/调用器）。这个组件负责在 Target 上面执行 command。

• **Target**［目标，也叫作**receiver**（接收者）］。这个组件表示需要执行的东西，它可能是某个单独的函数，也可能是对象中的某个方法。

大家接下来就会看到，这四个组件的形式，会随着我们实现该模式所用的手法而大幅变化。其实前面讲过的一些模式也是这样。

在很多情况下，我们都会通过 Command 模式执行某项操作，而不是直接执行该操作，比如：

• 我们想把这项操作安排到稍后执行，而不是立刻就执行它，于是可以将其表示成 command。

• 我们想对执行某项操作所需的数据做序列化处理，并通过网络予以传输，这时就可以考虑将其封装成 command。这种 command 有许多用途，例如可以分发到远程计算机上面，可以从浏览器传输到服务器，还可以创建**RPC**（**remote procedure call**，远程过程调用）系统。

• 我们想把系统执行过的各项操作记录下来。通过 Command 来执行操作，是很便于记录的。

• 在某些处理数据同步问题的算法与解决冲突的算法之中，Command 是个相当重要的部分。

• 如果把需要执行的操作安排成 command 对象的形式，那么在该操作还没有执行之前，我们很容易就能取消这次操作。另外，如果该操作已经执行，那么我们可以撤销（revert 或 undo）该操作，让应用程序恢复到还没有执行这项操作时的状态。

• 我们可以把多个 command 组织到一起，让这些 command 合起来构成一项原子事务（atomic transaction，不可中途打断的事务），或者用来实现一套机制，让这些 command 所表示的操作合起来得到执行。

• 我们可以对某套 command 执行各种变换，例如消除重复、连结或分割，也可以运用更为复杂的算法，例如**operational transformation**（**OT，操作转换**）。目前大多数实时协作软件，都以 OT 算法为基础，例如协作式的文本编辑软件。

这篇文章很好地解释了 OT 的原理：**nodejsdp.link/operational-transformation**。

刚才说的这几项，已经让我们清楚地意识到这个模式的重要作用了，在 Node.js 这样一个重视网络与异步执行的平台上面，这些作用尤其突出。

现在我们要详细讨论 Command 模式的两种实现方式，让大家更明确地了解这个模式是怎么使用的。

9.6.1　Task 模式

首先我们来看如何用最简单、最基本的手法实现 Command 模式，这指的就是以**Task 模式**（任务模式）的形式实现它。要想在 JavaScript 里面创建一个表示调用操作的对象，最简单的办法当然是写一个函数，并在其中定义一个闭包，把需要调用的那项操作（也就是 target）裹在闭包里面，然后返回该闭包，这种闭包又叫作 target 的**绑定函数**（**bound function**）：

```
function createTask(target, ...args) {
  return () => {
    target(...args)
  }
}
```

createTask() 函数返回的对象，跟下面这种写法所得到的 **task** 对象（几乎）相同：

```
const task = target.bind(null, ...args)
```

这样的 **task** 大家应该不会觉得陌生，因为整本书里面已经多次用到这个模式了，尤其是

第 4 章。这样写，让我们能够单独通过一个的组件（也就是 task）来控制并安排某项有待执行的任务（即 **target**），这个组件其实就是 Command 模式里面的 Invoker。

9.6.2 用复杂一些的办法实现 Command

下面我们举一个更有系统的例子，来演示 Command 模式的用法。这次我们想通过该模式给程序提供*撤销执行*（*undo*）与*序列化*（*serialization*）这两项功能。首先我们把这次的命令模式所针对的执行目标（也就是 target）写出来，它是一个小型的对象，用来给一款类似 Twitter 的社交媒体服务发送状态更新（status update）请求。为了把例子说得简单一些，我们通过下面这种方式模拟这项服务（这些代码写在名为 **statusUpdateService.js** 的文件之中）：

```
const statusUpdates = new Map()

// The Target
export const statusUpdateService = {
  postUpdate (status) {
    const id = Math.floor(Math.random() * 1000000)
    statusUpdates.set(id, status)
    console.log(`Status posted: ${status}`)
    return id
  },
  destroyUpdate (id) => {
    statusUpdates.delete(id)
    console.log(`Status removed: ${id}`)
  }
}
```

刚才创建的 **statusUpdateService** 用来表示 Command 模式所针对的执行目标。现在编写一个工厂函数，让它创建 command 对象，我们想让这种 command 对象能够通过 **statusUpdateService** 服务，在社交媒体里面发布新的内容。我们把下面这段代码写在名为 **createPostStatusCmd.js** 的文件之中：

```
export function createPostStatusCmd (service, status) {
  let postId = null

  // Command 对象
  return {
```

```
      run () {
        postId = service.postUpdate(status)
      },
      undo () {
        if (postId) {
          service.destroyUpdate(postId)
          postId = null
        }
      },
      serialize () {
        return { type: 'status', action: 'post', status: status }
      }
    }
  }
```

刚才这个函数是个工厂函数，它所创建出来的 command 对象，能够用来表达与“发布内容”有关的几项操作。具体来说，它实现了下面三项功能：

- **run ()** 方法。执行这个方法，就相当于在目标服务上面触发相关的操作，换句话说，它运用了上一小节所说的 *Task* 模式。command 对象如果执行了这个方法，那么会通过目标服务，发布一条新的内容。
- **undo ()** 方法。这个方法用来撤销（或者说逆转）**run ()** 方法所执行的 *post* 操作（也就是发布新内容的操作）。具体到目前这个例子来看，我们要做的是在目标服务上面调用 **destroyUpdate ()** 方法，以删除相关的内容。
- **serialize ()** 方法。这个方法用来构建一个 JSON 对象，把当前这个 command 里面的必要信息全部存放进去，让我们以后可以根据该对象来重建 command。

然后我们就可以构建 Invoker 了。首先编写构造器，然后编写 **run ()** 方法（下面这些代码，写在 **invoker.js** 文件里面）：

```
import superagent from 'superagent'

// The Invoker
export class Invoker {
  constructor () {
    this.history = []
  }
```

```
  run (cmd) {
    this.history.push(cmd)
    cmd.run()
    console.log('Command executed', cmd.serialize())
  }

  // 这个类的其余代码
```

Invoker 的基本功能，实现在 **run ()** 方法之中。这个方法要把 **cmd** 参数所表示的 command 对象保存到 history 实例变量里面，用以记录执行过的命令，然后触发 command 本身。

接下来我们可以添加这样一个方法，让它把 command 所表示的命令，推迟一段时间去执行，而不是立刻就执行：

```
delay (cmd, delay) {
  setTimeout(() => {
    console.log('Executing delayed command', cmd.serialize())
    this.run(cmd)
  }, delay)
}
```

然后我们实现 **undo ()** 方法，让它撤销上一条命令（command）：

```
undo () {
  const cmd = this.history.pop()
  cmd.undo()
  console.log('Command undone', cmd.serialize())
}
```

最后，我们还要写这样一个方法，让它把 command 对象序列化成 JSON 格式，并通过一项网络服务发给远程服务器，让这个 command 能够在远程服务器上面运行：

```
async runRemotely (cmd) {
  await superagent
    .post('http://localhost:3000/cmd')
    .send({ json: cmd.serialize() })

  console.log('Command executed remotely', cmd.serialize())
}
```

command（命令）、invoker（调用者）与 target（目标）都写好了，现在还有一个组件要写，这就是 client（客户/用户），我们把它实现在一个名叫 **client.js** 的文件里面。首先，我们引入这个模块所要依赖的东西，然后实例化 **Invoker**：

```
import { createPostStatusCmd } from './createPostStatusCmd.js'
import { statusUpdateService } from './statusUpdateService.js'
import { Invoker } from './invoker.js'

const invoker = new Invoker()
```

接着，我们用下面这行代码，创建一个 command 对象：

```
const command = createPostStatusCmd(statusUpdateService, 'HI! ')
```

这个 command 对象，用来表示我们想在社交网站上面发布一条内容为“HI!”的推文。我们可以通过 run（）方法，把这个操作立刻派发给目标服务去执行：

```
invoker.run(command)
```

发布完之后，如果我们觉得自己写错了，那还可以通过下面这个方法撤回这条推文，这样的话，时间线就会恢复到发布这条内容之前的样子：

```
invoker.undo()
```

另外，我们也可以不立即发送，而是把这条消息推迟 3 秒再发：

```
invoker.delay(command, 1000 * 3)
```

除了在本机执行，我们还可以把 command 交给另一台计算机执行，以缓解当前这台计算机的压力：

```
invoker.runRemotely(command)
```

我们刚才实现的这个小例子，演示了怎样把某项操作包装成 command，以实现各种各样的功能，其实 Command 模式还能实现许多效果，大家刚才看到的，只是其中很小的一部分。

最后要注意的是，我们只有在非用不可的时候，才需要像刚才那样，实现功能完备的 Command 模式。大家都看到了，在这种方案下，就算只是为了调用 **statusUpdateService** 之中的某个方法，我们也还是得写很多附加的代码才行。因此，如果我们要做的，只是简单地调用一个方法，那么用如此复杂的办法来实现 Command 模式，就显得小题大做了。所以，如果你只是想安排某个任务的执行时机，或者想运行某项异步操作，那么用刚才那种简单的手法（也就是以 *Task 模式*的形式）来做，就相当合适，但如果你真的要实现一些高级功能，比如要支持撤销、变换、冲突解决，或者我们刚才举例时提到的那些花哨用法，那就很有必要像这个例子一样，采用比较复杂的方案来实现 Command 模式。

9.7　小结

本章开头，讲了三个关系密切的模式，也就是 Strategy（策略）、State（状态）与 Template（模板）。

Strategy 模式让我们从一系列密切相关的组件里面，把相同的部分抽取到 context 之中，并把不同的部分（也就是每个组件所具备的特定行为）实现成 strategy 对象，让 context 可以通过 strategy 来体现某种具体行为。State 模式是 Strategy 模式的一种变形，它强调的是某个实体在不同状态之下的不同行为，它把每种状态都表示成一个 strategy。Template 模式可以视为“静态版”（static version）的 Strategy 模式，它把具备特定行为的各种组件，分别表示成模板类的子类，并把这些组件所共有的逻辑步骤，抽象到模板类里面。

接下来，我们谈了 Iterator（迭代器）模式，它现在已经成为 Node.js 平台中的一种核心模式。我们看到了 JavaScript 语言怎样（通过 iterator 协议与 iterable 协议）给这个模式提供原生支持，另外还讲了怎样用异步的 iterator（async iterator，异步迭代器）取代复杂的异步迭代模式，有时甚至可以用它来模仿 Node.js 平台的 Stream（流）对象所具备的一些行为。

然后我们讲到 Middleware（中间件）模式，这是从 Node.js 环境里面产生的一种相当特别的模式，我们可以用这种模式对数据与网络请求做前置处理（preprocess）与后置处理（postprocess）。

最后，谈到 Command（命令）模式所提供我们的一些能力，利用这些能力，我们可以实现出各种各样的功能，其中包括比较简单的撤销/重做（undo/redo），以及序列化（serialization），也包括比较复杂的算法，例如 OT（操作转换）算法。

到这里，讲述“传统”设计模式的这三章就结束了。大家现在应该学到了一大套设计模式，这些模式在日常的编程工作里面是很有用处的。

下一章我们不再局限于服务器端的开发了，而是要利用 Node.js 平台提供的支持，创建一种“通用的”JavaScript 应用程序（Universal JavaScript application），让它既能运行在服务器端，又能运行在客户端的浏览器里面。到时我们还会讲一些很有用的 Universal JavaScript 模式。

9.8　习题

- **（1）用 Strategy（策略）模式实现日志记录功能：**编写一个能够记录日志信息的组件，让它至少提供 **debug ()**、**info ()**、**warn ()** 与 **error ()** 这几个方法，以记录重要级别（或者说严重程度）各不相同的几种日志信息。这个组件还应该接受一个 strategy（策略）对象，用来决定日志信息应该发到哪里。比如，可以有这样一种 strategy 叫作 **ConsoleStrategy**，它把消息发到控制台，还可以有一种 strategy 叫作 **FileStrategy**，它把消息记录到文件里面。

• **（2）用 Template（模板）模式实现日志记录功能：**把上一道题说的那个日志记录组件，改用 Template 模式实现。这次可以定义一个叫作 **ConsoleLogger** 的子类，让它把日志写入控制台，还可以定义一个 **FileLogger** 子类，让它把日志写入文件。这两道题是想让你体会 Template（模板）模式与 Strategy（策略）模式之间的区别。

• **（3）仓库管理系统：**假设我们要实现一款仓库管理程序。我们需要创建一个类，给仓库中的货品建模，并记录它的去向。这样的 **WarehouseItem** 类有一个构造器，接受货品的 id（编号）与初始的 state（状态）做参数［这个 state 可以取 **arriving**（正在入库）、**stored**（已入库）或 **delivered**（已投递）］。另外，它还应该有三个公开的方法：

• **store (locationId)**。这个方法用来把货品的状态切换到 **stored**，并把该货品的保存地点记录为 **locationId**。

• **deliver (address)**。这个方法用来把货品的状态修改成 **delivered**，并把投递到的地址设置成 **address**，同时把已经记录的保存地点（locationId）清除掉。

• **describe ()**。这个方法返回一个字符串，以表示货品的当前状态，例如“Item 5821 is on its way to the warehouse”（5821 号货品正在运往仓库）、“Item 3647 is stored in location 1ZH3”（3647 号货品存放于仓库中的 1ZH3）或“Item 3452 was delivered to John Smith，1st Avenue，New York”（3452 号货品投递给了纽约第一大道的 John Smith）。

要想让货品处于 **arriving** 状态，用户只能在构造这件货品的时候予以指定，而无法在创建完货品之后，通过某个方法让该货品从其他状态切换到 **arriving** 状态。另外，如果货品已经处于 **stored** 或 **delivered** 状态，那么用户不能将其调回 **arriving** 状态；如果货品已经处于 **delivered** 状态，那么用户不能将其调回 **stored** 状态；货品要想进入 **delivered** 状态，必须首先进入 **stored** 状态，而不能从 **arriving** 状态直接跳到 **delivered** 状态。用 State 模式实现这个 **WarehouseItem** 类。

• **（4）用 Middleware（中间件）模式实现日志记录功能：**把习题（1）与习题（2）里面的那个日志组件改用 Middleware 模式实现，这次我们允许用户给程序里面添加各种中间件，以定制每条日志消息所需接受的各项后置处理（postprocess）逻辑，这些逻辑都与具体的处理方式及输出方式有关。比如，可以添加一个具备 **serialize ()** 功能的中间件，让程序能够把日志消息序列化成某种格式的字符串，以便联网传输或予以保存，然后，它还可以添加一个具备 **saveToFile ()** 功能的中间件，让程序能够把每条消息都保存到某份文件里面。这道题是想让你知道，Middleware 模式是一种相当灵活、相当通用的模式。

• **（5）用 Iterator（迭代器）模式实现〔异步〕队列：**实现一个跟第 5 章的 **TaskQueue** 类相似的 **AsyncQueue** 类，这个类的行为与接口与 **TaskQueue** 稍有区别。它应该有一个叫作

enqueue() 的方法，用来给队列里面添加新的条目，另外还应该公布@@**asyncIterable**方法，让用户能够异步地处理队列中的元素，假如程序只使用该方法所返回的一个异步迭代器（async iterator）来处理，那么就相当于每次只消耗一个元素［或者说，并发度/并发能力（concurrency）是1］。**AsyncQueue**类所提供的这个异步迭代器，只有在该队列的**done()**方法已经调用，且队列中的所有元素都已经让用户消耗完的时候，才会终止迭代。你还得考虑到程序里面有多个地方都调用@@**asyncIterable**的情况，在这种情况下，程序可以通过多个异步迭代器来消耗同一个队列里面的元素，以提高并发能力。

第 10 章　用 Universal JavaScript 开发 Web 应用程序

JavaScript 本身有一项目标，是想让 Web 开发者能够直接在浏览器端执行代码，并构建出动态的交互网站。

目前的 JavaScript 已经比刚出现的时候成熟多了。如果说 JavaScript 刚开始只是一门很单纯、用途很有限的语言，那么现在，它已经跳出了浏览器的范围，我们几乎可以用它来构建任何一种应用程序。实际上，我们目前不仅可以用 JavaScript 做前端开发，而且能用它编写服务器与手机 App，另外还可以用在可穿戴设备、自动调温器以及无人机等嵌入式设备之中。

由于 JavaScript 能够跨越各种平台与设备，因此开发者正在追求一种新的用法，也就是让同一个项目的代码，能够在不同的环境之中，相当轻松地得到复用。开发者可以利用 Node. js 平台来构建 Web 应用程序，并让这种程序的代码，很容易就能在服务器端（也就是后端）与浏览器端（也就是前端）之间共用。这种追求代码复用的写法，一开始叫作**Isomorphic JavaScript**（**同构的 JavaScript**），但现在基本上已经改称**Universal JavaScript**（**通用的 JavaScript**）了。

这一章要介绍的正是 Universal JavaScript 的强大之处，尤其是它在 Web 开发领域的作用，笔者会告诉大家许多有用的工具与技巧，让大家能够在服务器端与浏览器端共用代码。

笔者还会讲解什么叫作 module bundler（模块打包工具/模块打包器），并解释我们为什么需要这样的工具。然后，大家会看到这种工具的运作原理，笔者要带着大家使用一款相当流行的打包工具，也就是 Webpack。接下来，我们会讨论一些通用的模式，这些模式能帮我们把同一套代码复用到不同的平台上面。

最后，我们要学习 React 的基本功能，并用它构建一款完整的 Universal JavaScript 应用程序，以实现出一套前端与后端通用的渲染、路由及数据加载功能。

总之，这一章要讲述下面几个话题：

- 怎样在浏览器与 Node. js 平台之间共享代码。
- 跨平台开发的基础知识（代码分支、模块交换，以及其他一些有用的模式）。
- 简单介绍 React。
- 如何用 React 与 Node. js 构建一款完整的 Universal JavaScript 应用程序。

请先稳定情绪，这一章的内容很刺激的。

10.1 让 Node. js 与浏览器共用同一套代码

Node. js 平台有个重要的特点，就是它建立在 JavaScript 语言的基础上，并通过 V8 这个 JavaScript 引擎来运行。该引擎同时又是某些常见的浏览器所使用的引擎，比如 Google Chrome 与 Microsoft Edge 就使用这种引擎。于是，有人可能认为，既然 Node. js 与那些浏览器用的都是这款 JavaScript 引擎，那应该很容易就能让两者共用同一套代码。然而我们一会儿就会看到，事实并非如此：除了那种相当简单、相当通用，而且自成一体的代码片段之外，其他程序要想在二者之间共享，都得经过一番设计才行。

要想让某套代码同时适应客户端与服务器端，我们必须做出相当大的努力，才能确保这套代码在这样两个差距较大的环境之中，都能够正常地运作。比如，Node. js 平台没有 DOM（文档对象模型），也没有存续时间比较长的视图，反过来说，浏览器平台无法像 Node. js 那样访问文件系统，它没有那么多接口能够与底层的操作系统相沟通。

还有一个比较大的问题在于，你有没有把握保证，某个平台一定支持你所使用的 JavaScript 特性。在针对 Node. js 平台做开发的时候，我们可以放心地使用比较新的 JavaScript 功能，因为我们能够确定服务器上面运行的 Node. js 是什么版本。比如，如果运行的是第 8 版（或是比它更新的版本），那我们就可以放心地使用 async/await 机制。与 Node. js 这边不同，在针对浏览器做开发的时候，我们不太有把握保证自己所使用的新功能，一定为客户端的浏览器所支持。

这是因为，每位用户所使用的浏览器可能各不相同，而这些浏览器对新功能的支持情况，也有所区别。有些用户使用的浏览器比较新，完全支持 async/await 机制，而另一些用户可能用的还是旧设备上面的旧版浏览器，那些浏览器不一定支持 async/await 机制。

所以，要想同时针对这两个平台做开发，我们必须尽量降低它们两边之间的差异。这可以通过抽象、模式以及某些工具实现，其中一些工具让我们能够在构建应用程序的时候决定，该程序是采用与浏览器相兼容的代码，还是采用针对 Node. js 平台的代码，另一些工具则会在程序运行的时候，动态地切换这两种代码。

好在整个开发社群已经越来越关注这种新的开发思维了，因此，许多程序库与框架，都开始同时支持这两种环境。另外，越来越多的工具也开始为这种开发形式提供支持，而且这些工具近年来一直在改进与完善。这意味着，如果你能在 Node. js 平台上面找到与某项功能有关的 npm 包，那么你很有可能也会在浏览器平台上面发现类似的机制。然而，这并不总是能够保证，你所写的应用程序一定可以在浏览器与 Node. js 平台上面全都顺利地运行。我们稍后就会看到，要想开发出跨平台的代码，我们还是得小心地设计才对。

这一节要讲解我们在针对 Node. js 平台与浏览器平台编写代码时，有可能遇到的一些基本问题。笔者会介绍某些工具与模式，让大家能够利用它们来应对这项新的挑战。

跨平台环境下的 JavaScript 模块

如果要在浏览器与服务器端共用代码，那么首先会遇到这样一个问题，也就是说 Node.js 平台的模块系统与浏览器那边的情况不同，后者的模块系统混杂多样，而不像 Node.js 平台这么单一。另外还有一个问题，浏览器上面并没有 **require ()** 这样的函数能够用来引入某个模块，而且也不能直接从文件系统里面解析某个模块。目前的新式浏览器，大多支持 **import** 语句及 ES 模块，但你不能保证访问网站的每位用户，用的都是这种新式浏览器。

除了这些问题，我们还得考虑到，在服务器端部署代码时的手法与在浏览器端不同。我们在服务器端，会把模块直接从文件系统里面加载进来。这种操作通常很快就能完成，因此开发者喜欢把代码分割成许多个小的模块，让这些模块简洁清晰、易于整理。

浏览器端的脚本加载方式跟服务器端完全不同。这个加载流程，是从浏览器下载远程 HTML 页面时开始的。浏览器要解析页面中的 HTML 代码，在解析的时候，它有可能发现，代码里面引用了一些脚本文件，于是，浏览器需要把这些文件下载下来并加以执行。如果应用程序比较大，那么其中可能有许多脚本需要下载，因此浏览器必须发出大量的 HTTP 请求，这样才能将应用程序所需要的这些脚本文件全都下载下来并予以解析，只有做完这一步，程序才能够完全得到初始化。程序用的脚本越多，浏览器为运行该程序而下载这些脚本所花的时间就越长，如果网速比较慢，那么这项延迟尤其明显。我们可以通过 **HTTP/2 Server Push**（**nodejsdp.link/http2-server-push**）、客户端缓存机制（client-side caching）、预加载（preloading）之类的技术来缩短延迟，但这个问题依然存在，也就是说：接收并解析一大批脚本文件，在速度上还是不如把这些脚本代码优化到少数几个文件里面。

为了解决这个问题，我们经常会针对浏览器构建一种包，这样的包叫作 **bundle**。最典型的构建方式，是把所有的源代码都规整到少数几个 bundle 里面（比如，让每张网页都只对应于一个 JavaScript 文件，也就是一个 bundle），这样的话，浏览器在访问页面时就不用下载那么多脚本文件了。我们在构建 bundle（或者说，打包）的过程中，不仅能够减少文件的数量，而且能够执行其他一些有意义的优化措施。还有一种常见的优化手法，叫作 *code minification*（代码极简化/代码缩小化/代码最小化），意思是在维持功能不变的前提下，尽量降低代码的字符数量，为此，我们一般要删去注释与无用的代码，而且要修改函数与变量的名称。

1. 模块打包工具

如果想大量编写这种在服务器端与浏览器端都能运作的代码，那么在构建程序的时候，我们就需要使用一项工具，来帮助自己把程序所用到的东西“打包”。这样的工具通常称为模块打包工具（**module bundler**，也叫模块打包器）。下面我们用一个例子演示服务器端与浏览器端怎样在模块打包器的帮助下共用同一套代码，如图 10.1 所示。

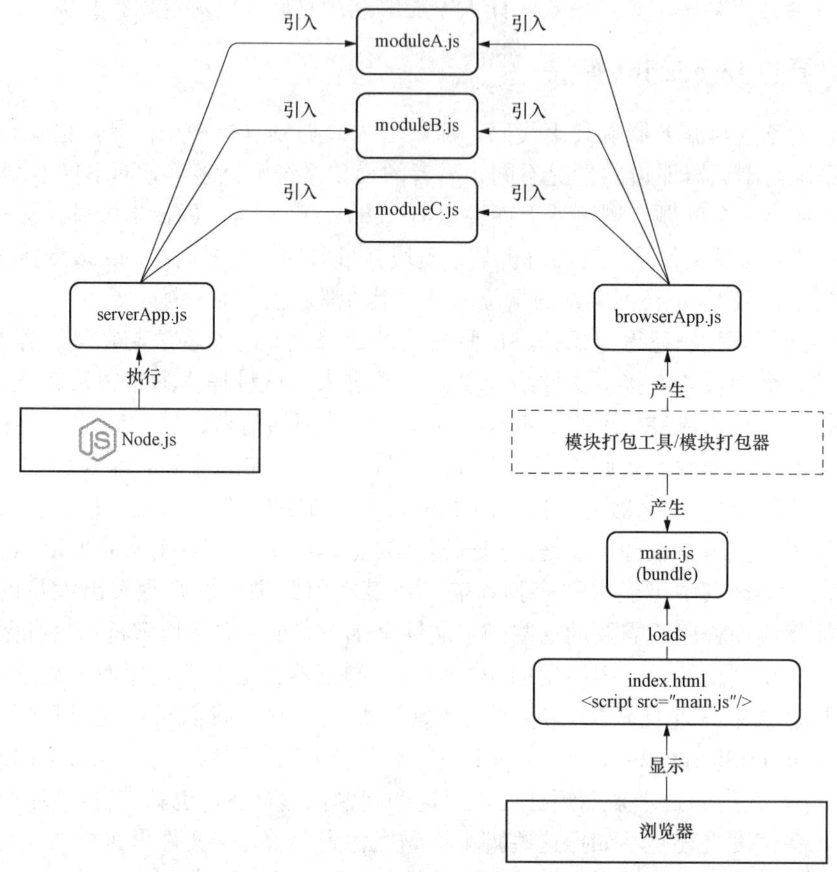

图 10.1　让服务器端与（受到模块打包工具帮助的）浏览器端能够载入同一套模块

从图 10.1 中可以看出，代码在服务器端与浏览器端，是通过两种不同的方式处理并加载的：

- **服务器端**：Node.js 平台可以直接执行 **serverApp.js** 脚本，而这个脚本又会引入 **moduleA.js**、**moduleB.js** 与 **moduleC.js** 这三个模块。
- **浏览器端**：浏览器端需要使用的脚本是 **browserApp.js**，它也需要引入 **moduleA.js**、**moduleB.js** 与 **moduleC.js** 这三个模块。假如让 **index.html** 文件直接引入 **browserApp.js** 脚本，那么浏览器就必须下载五个文件，才能让这个 Web 应用程序完全得到初始化（也就是说，它需要下载 **index.html** 文件、**browserApp.js** 文件，以及该文件所依赖的那三个文件）。有了模块打包工具，我们就可以把需要下载的文件总数降到两个，因为这种工具会预先处理 **browerApp.js**，把该文件以及它所依赖的那三个文件，汇聚成一个叫作 **main.js** 的文件，让这个文件的功能，与前四个文件合起来所要实现的效果相同，这样的话，**index.html** 只需引用 **main.js** 就好，于是，浏览器只需要下载两个文件，而不用像没有使用模块打包器的时候那样，下载五个文件。

总之就是，在浏览器端，我们通常要分成构建与运行这样两个阶段来处理代码，而服务器端通常没有构建阶段，我们会直接运行源代码。

至于具体的模块打包工具，最有名的可能就是**webpack**（**nodejsdp.link/Webpack**）。这是一款相当完备、相当成熟的工具，也是笔者在本章里面所要选用的工具。当然我们必须注意，除了 Webpack，还有许许多多的模块打包工具可供选择，这其实是个相当庞大的生态环境，这里面的每种打包工具都有各自的优势。下面举几个很有名的打包工具给大家看看：

- **Parcel**（**nodejsdp.link/parcel**）：这是一款无需配置就能*自动运作的神奇工具*，它的速度很快。
- **Rollup**（**nodejsdp.link/rollup**）：这是一种很早就开始完全支持 ESM 机制的打包工具，它提供了许多优化功能，例如可以分析依赖关系树，把执行不到的死代码给优化掉（这叫作 tree shaking、dead code elimination）。
- **Browserify**（**nodejsdp.link/browserify**）：这是第一个支持 CommonJS 模块机制的打包工具，目前仍然有很多人在使用。

另外还有一些模块打包工具最近也流行起来，例如**FuseBox**（**nodejsdp.link/fusebox**）、**Brunch**（**nodejsdp.link/brunch**）、**Microbundle**（**nodejsdp.link/microbundle**）。

在接下来的这一部分里面，我们要详细讨论模块打包工具的运作原理。

2. 模块打包工具的运作原理

我们可以把模块打包工具，定义成一种接受应用程序的源代码并产生一个或多个 bundle 文件的工具（我们在给这种工具输入源代码的时候，需要指定整个程序的入口模块，让它能够由该模块出发，探查这个程序需要依赖哪些模块）。在打包过程中，这种工具并不改变程序本身的业务逻辑，它只是想创建一些针对浏览器平台而优化的文件。从某种角度来说，这样的打包工具，相当于一款针对浏览器平台的编译器（compiler）。

笔者在刚才那一部分里面举了个例子，说这样的打包工具能够减少浏览器所需下载的文件数量，实际上，除此之外，它还有许多功能。比如，它可以使用**Babel**（**nodejsdp.link/babel**）这样的**transpiler**。transpiler 是一种处理源代码并转换其语法风格的工具，它可以把采用新式的 JavaScript 语法而写的代码，转换成符合 ECMAScript 5 语法规范的等效代码，以确保转换之后的代码，能够在许多浏览器上面运行（这包括比较旧的一些浏览器），而不像转换之前的代码那样，只能在支持那些 JavaScript 新功能的浏览器上面运行。有一些模块打包工具不仅能对 JavaScript 代码做预处理与优化，而且还能处理其他一些资源，例如图片与样式表（stylesheet）。

在这一部分里面，笔者要通过一个经过简化的例子，来演示模块打包工具的运行原理，让大家知道它怎样根据某款程序的源代码产生效果相同的 bundle 文件，并针对浏览器平台来优化 bundle。模块打包工具的运作流程，可以分成两个环节，一个是**依赖关系解析**（**dependency resolution**），另一个是**打包**（**packing**）。

依赖关系解析

这个环节的目标是遍历整套代码库，从主模块（也就是**入口点**，**entry point**）开始，把该模块直接或间接依赖的所有模块都找到。于是，模块打包工具就可以把这些模块之间的依赖关系，表示成一张有向无环图（direct acyclic graph，也写成 acyclic direct graph，无环有向图），这种图又称为**依赖关系图**（**dependency graph**）。

我们用一个例子，也就是一款假想的计算器程序来演示这个道理。笔者专门把实现代码写得简单一些，因为这里的重点在于模块结构，我们要看的是模块之间的依赖关系，以及模块打包工具如何根据这套关系来构建应用程序的依赖关系图：

```
// app.js                                                        //(1)
import { calculator } from './calculator.js'
import { display } from './display.js'
display(calculator('2 + 2 / 4'))
// display.js                                                    //(5)
export function display () {
  // ...
}

// calculator.js                                                 //(2)
import { parser } from './parser.js'
import { resolver } from './resolver.js'
export function calculator (expr) {
  return resolver(parser(expr))
}

// parser.js                                                     //(3)
export function parser (expr) {
  // ...
}

// resolver.js                                                   //(4)
export function resolver (tokens) {
```

```
    // ...
}
```

现在我们就跟着模块打包工具来处理这套源代码，并在处理过程中逐步绘制出一张依赖关系图：

（1）模块打包工具首先从应用程序的入口点开始分析，也就是从 app.js 模块开始分析。在这一阶段，模块打包程序要查找 import 语句，并以此来确定该模块会依赖哪些模块。首先，它要扫描入口点的代码，它发现，第一条语句就是一条 import 语句，这条语句想要引入的是 calculator.js 模块。于是，模块打包工具就把扫描 app.js 的工作暂时放下，立刻转向 calculator.js 模块。这就相当于我们在上网的时候，从浏览器的一个分页（tab）切换到另一个分页，由于模块打包工具会把目前扫描到的位置（也就是 app.js 模块的第一行）记录下来，因此等它把 app.js 处理完之后，就能够回到上次扫描的地方，继续往下处理。

（2）处理 calculator.js 文件的时候，模块打包工具立刻就在这个文件里面发现了一条 import 语句，这条语句想要引入一个新的模块，也就是 parser.js 模块，于是，打包工具就暂时停止 calculator.js 的处理工作，转向 parser.js 模块。

（3）在处理 parser.js 文件的过程中，模块打包工具没有发现 import 语句，因此当它把整份文件扫描完之后，就会回到刚才暂时放下的 calculator.js 文件，并继续扫描。现在，它会发现另一条 import 语句，这条语句要引入 resolver.js 模块。这次，模块打包工具还是会把 calculator.js 的处理工作暂时停下来，并转向 resolver.js 模块。

（4）resolver.js 模块里面也没有 import 语句，于是控制权又回到了 calculator.js。这次，calculator.js 模块里面没有再出现 import 语句了，于是，控制权回到 app.js 模块。在这个模块里面，接着出现的这条 import 语句，想要引入 display.js 模块，于是，模块打包工具立刻转向该模块。

（5）display.js 模块里面没有 import 语句，因此控制权会回到 app.js。这次，app.js 里面没有再出现 import 语句，于是整套代码就全部扫描完毕，而且依赖关系图也完全构造好了。

只要模块打包工具从一个模块跳到另一个模块，就意味着它发现了一条新的依赖关系，于是，它会给依赖关系图里面添加一个节点，以表示跳转到的那个模块，并在这两个模块之间建立一条有向的路径。图 10.2 演示了模块打包工具在分析刚才那套代码时，怎样逐步发现新的模块并把这些模块安排到依赖关系图里面。

这种解析依赖关系的办法，也能够处理循环依赖（cyclic dependency）的情况。如果模块打包程序在解析过程中又碰到了以前解析过的模块，那么它就会跳过该模块，以防止依赖关系图里面出现环状路径。

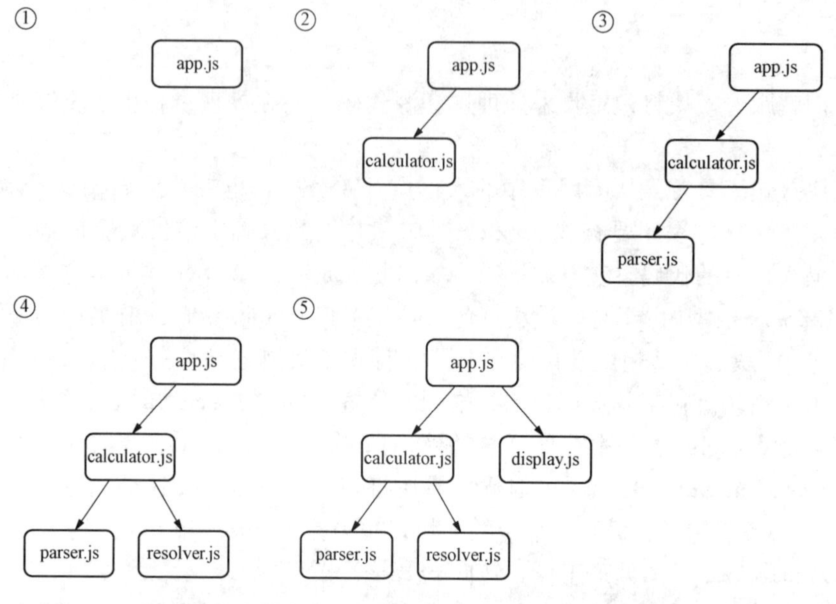

图 10.2 模块打包工具如何逐步描绘出依赖关系图

Tree shaking

值得注意的是，在解析整个项目中的各个模块时，如果某模块里面的某些实体（例如函数、类、变量等）从来没有为其他模块所引入，那么这些实体就不会出现在依赖关系图里面，因此也不会包含在最终制作好的 bundle 之中。还有一种更先进的模块打包工具，它会记录程序从每个模块里面都引入了哪些实体，并且会把这份记录同依赖关系图里面的这些模块所导出的实体相对比。如果导出的函数里面，有一些函数从来没有在程序之中使用，那么打包工具就会把这些函数，从最终的 bundle 里面删去。这样的优化技术叫作**tree shaking**（**nodejsdp.link/tree-shaking**）。

在解析依赖关系的这一环节里面，模块打包工具会构建出一种数据结构，叫作**modules map**（模块映射表）。这种结构实际上是个 hash map（哈希表），它用某种独特的标识符（例如文件路径）做键（key），来区分每个模块的身份，并把这个标识符映射到相应的值上面，这个值指的是该模块的源代码。对于刚才的例子来说，我们可以把这个 modules map，简单地理解成下面这个样子：

```
{
  'app.js': (module, require) => {/* ... */},
```

```
  'calculator.js': (module, require) => {/* ... */},
  'display.js': (module, require) => {/* ... */},
  'parser.js': (module, require) => {/* ... */},
  'resolver.js': (module, require) => {/* ... */}
}
```

modules map 中的每个模块，都是一个工厂函数（*factory function*），这个函数接受两个参数，也就是 **module** 参数与 **require** 参数。下一部分会详细解释这两个参数。大家现在要记住的是，这个工厂函数会把它要加载的那个模块所具备的源代码，完整地收录进来。比如，在表示 **calculator.js** 模块的这个键值对里面，键是'**calculator.js**'，该键所对应的值，是下面这样一个工厂函数：

```
(module, require) => {
  const { parser } = require('parser.js')
  const { resolver } = require('resolver.js')
  module.exports.calculator = function (expr) {
    return resolver(parser(expr))
  }
}
```

大家注意，模块打包工具所分析的那些模块，是我们用 ESM 语法写的，然而在该工具所分析出来的 modules map 里面，那套语法则变成了一种类似 CommonJS 风格的写法。这其实没有什么好担心的，因为我们前面说过，浏览器平台不支持 CommonJS 机制，而且 modules map 里面的工厂函数所设计的这些变量，也不是全局变量，因此无需顾虑名称冲突问题。就拿刚才这个简化版的 modules map 来说，我们就故意选了一套跟 CommonJS 同名的叫法（例如我们把表示本模块的那个参数叫作 **module**，把引入其他模块所用的那个函数叫作 **require**，把本模块所导出的函数，放在 **module.exports** 里面）。实际上，每种模块打包工具，都有它自己独特的命名办法，比如，Webpack 使用的是__Webpack_require__与__Webpack_exports__这种形式的名字。

打包

modules map 是依赖关系解析环节的成果。在接下来的打包（packing）环节里面，模块打包工具要把这份 modules map 转换成一个*可执行的 bundle*（*executable bundle*），这是一份 JavaScript 文件，其中包含原应用程序的所有业务逻辑。

为什么要这样转换呢？道理其实很简单：我们已经把原来那个应用程序之中的各个模块，以及它们之间的依赖关系表示出来了，现在，我们还需要把这套结构，转化成一种浏览器能够正确执行的东西才对，而这个东西，指就是最终的这份 bundle 文件。

以我们刚才举的那种结构为例，现在只需要写出下面这样一段代码，并把依赖关系解析环节所得到的 modules map 传给它，就可以实现打包了：

```
((modulesMap) => {                                         // (1)
  const require = (name) => {                              // (2)
    const module = { exports: {} }                         // (3)
    modulesMap[name](module, require)                      // (4)
    return module.exports                                  // (5)
  }
  require('app.js')                                        // (6)
})(
  {
    'app.js': (module, require) => {/* ... */},
    'calculator.js': (module, require) => {/* ... */},
    'display.js': (module, require) => {/* ... */},
    'parser.js': (module, require) => {/* ... */},
    'resolver.js': (module, require) => {/* ... */},
  }
)
```

这段代码的篇幅不长，但是执行的操作比较多。下面我们就来解释其中的各个步骤：

（1）这段代码是合起来一条**IIFE**，也就是一条立即调用函数表达式（**immediately invoked function expression**），它在调用函数的时候，会把模块解析环节所得到的 modules map，当作参数传给该函数。

（2）这个函数在执行的时候，会定义一个 **require** 函数，该函数虽然跟 CommonJS 机制里的那个函数同名，但这个是*我们自己定制的*，而不是 CommonJS 里的那个。**require** 函数通过 **name** 参数接收模块的名称，它需要根据这个名称，从 **modulesMap** 里查出相应的工厂函数，并予以触发。

（3）**require** 函数要初始化一个叫作 **module** 的对象，这个对象里面只有一个属性，也就是 **exports** 属性，这个属性也是个对象，该对象目前并没有属性，它要等着稍后触发的工厂函数来给自己填充属性，用以表示名叫 **name** 的这个模块想要导出的实体。

（4）根据 **name** 所表示的模块名称，从 **modulesMap** 里面查出负责加载该模块的工厂函数，并予以触发。在触发的时候，我们把上一步创建的 **module** 对象，与一个指向 **require** 函数自身的引用，传给工厂函数。这种实现手法，跟 Service Locator 模式（**nodejsdp.link/service-locator-pattern**）的实现手法是一样的。这个工厂函数在执行过程中，可以修改 module

参数所表示的对象里面的 **exports** 属性，把自己想要导出的实体添加进去，另外，它还可以通过 **require** 参数递归地引入其他模块。

（5）最后，**require** 函数把 **module.exports** 对象返回，这个对象由上一步触发的那个工厂函数所填充，用来表示本模块想要导出的东西。

（6）定义完 **require** 之后，我们要拿整张依赖关系图的入口点（也就是本例中的 **app.js**）做参数，来触发 **require** 函数。这实际上就相当于让整个应用程序的代码能够跑起来。在 **require** 加载入口模块的过程中，它会按照依赖关系图（也就是 **modulesMap** 参数）所描绘的正确顺序，把入口模块所直接依赖与间接依赖的所有模块，全部加载进来，并让每个模块自身的业务逻辑都能够得到执行。

这套流程实际上是个自成一体的模块系统，它能够把文件里面已经安排好的这些模块，适当地加载进来并予以执行。换句话说，我们实际上是把原来分散在多个文件里面的程序代码，汇聚到同一份文件里面了，这个文件的执行效果，与原来那些文件合起来所达成的效果相同。这样的一份文件，正是模块打包器最终生成的 bundle 文件。

请注意，刚才那段代码，是笔者故意要简化成那个样子的，它仅仅为了演示模块打包程序的工作原理。有一些特殊的情况，我们并没有考虑到，比如，万一程序请求加载的模块，modules map 里面没有，那该怎么办？

3. 怎样使用 Webpack 这款模块打包工具

知道了模块打包工具的原理之后，我们就通过这种工具，来构建一款简单的应用程序，让它既能在 Node.js 平台执行，也能在浏览器里执行。在这个过程中，大家会学到如何编写一个简单的程序库，让开发者不需要修改其内容，就能够拿它分别开发浏览器端与服务器端的应用程序。

为了把例子举得简单一些，我们只让这个程序实现“hello world”式的功能就好。当然了，本章后面的 10.4 节，还会举出更为实际的例子。

首先，在你的操作系统里打开一个命令行窗口（或者终端机界面），输入下面这条命令，以安装 Webpack：

```
npm install --global Webpack-cli
```

然后，我们在一个新的目录里执行这样一条命令，以初始化一个新的项目：

```
npm init
```

按照提示把这个项目初始化完之后，我们还需要修改 **package.json** 文件，给其中添加 **"type": "module"** 选项，以表示我们想在 Node.js 平台里面使用 ESM 机制。

现在，我们可以运行这条命令了：

```
Webpack-cli init
```

这条命令会把 Webpack 安装当前这个项目里面，并自动生成一份 Webpack 配置文件。笔者编写这本书的时候，Webpack 的版本是第 4 版，这个版本在配置项目的过程中，无法识别出我们的 Node.js 程序想使用 ESM 机制，因此，我们必须手工修改两个地方：

- 把 **Webpack.config.js** 改名叫作 **Webpack.config.cjs**。
- 让 **package.json** 文件具备这样两个选项：

```
"build": "Webpack --config Webpack.config.cjs"
"start": "Webpack-dev-server --config Webpack.config.cjs"
```

现在开始编写应用程序的代码。

我们先来编写需要在服务器与浏览器端共用的这个模块，也就是 **src/say-hello.js**：

```
import nunjucks from 'nunjucks'

const template = '<h1>Hello <i>{{ name }}</i></h1>'

export function sayHello (name) {
  return nunjucks.renderString(template, { name })
}
```

这段代码需要用到 **nunjucks** 这个模板库（**nodejsdp.link/nunjucks**），所以你必须通过 npm 把这个库装好。这个模块导出一个简单的 **sayHello** 函数，这个函数只接受一个参数，也就是 **name**，它会根据该参数构造一条 HTML 字符串。

现在我们编写一个浏览器端的应用程序，让它使用刚才的模块。这个程序写在 **src/index.js** 文件里面：

```
import { sayHello } from './say-hello.js'

const body = document.getElementsByTagName('body')[0]
body.innerHTML = sayHello('Browser')
```

这段代码用**sayHello** 函数构建一个 HTML 片段，让这个片段能够以相应的格式显示出 *Hello Brower* 这两个词，然后，它把这段 HTML 插入 **body** 元素。

如果想预览一下这个程序的效果，那就在终端界面运行 **npm start** 命令，这会开启操作系统默认的浏览器，并在其中运行该程序。

如果你想生成静态版本的程序文件，那么可以运行这样一条命令：

```
npm run build
```

这会产生一个叫作 **dist** 的目录，它里面会有两个文件，一个是 **index.html**，另一个就是模块打包程序所生成的 **bundle** 文件（这个文件的名称，类似于 **main.12345678901234567890.js** 这样的形式）。

bundle 文件的名称里面有一串数字，这串数字是对文件内容做 hash（哈希/杂凑）所得出的。这意味着，源代码发生变化之后，模块打包工具产生的 bundle 文件，会改用另一串数字来命名，这种优化技术叫作**cache busting**。Webpack 工具默认会启用这项技术，如果你要把资源部署到CDN（**content delivery network**，**内容分发网络/内容传递网络**），那么这项技术尤其有用。因为对于 CDN 来说，如果用新版本的文件覆盖同名的旧文件，那么开销通常很大，因为你必须把新版文件分发到位于各地的多台服务器，而且你还必须考虑到，各个层面的缓存（这也包括用户的浏览器）里面，存放的是否依然是旧版文件。与之相反，如果每次修改源代码之后所产生的 bundle 文件，名称都跟原来不同，那么我们就完全不用担心缓存里是否还存放着旧版文件的问题了，因为新版文件的名称跟旧版不一样，这会迫使程序必须去访问新版文件，而不会出现从缓存里面获取旧版文件的情况。

你可以用浏览器打开 **index.html** 文件，看看这个程序的显示效果。

你还可以看看模块打包工具所生成的 bundle 文件。这次你会发现，文件里的内容好像有点难懂，而且比处理之前的 **say-hello.js** 要多。当然了，整个文件的结构还是能够看清楚的，而且我们会注意到，这个文件不仅包含了刚才写的 **sayHello** 模块，而且还把 **nunjucks** 库的源代码，也全部包含了进来。

除了在浏览器端使用 **say-hello.js** 之外，我们能不能在 Node.js 平台里面也使用这个模块呢？现在就来试试，比如，我们用模块所导出的 **sayHello** 函数制作一个字符串，并把它打印到控制台里面：

```
// src/server.js
import { sayHello } from './say-hello.js'
console.log(sayHello('Node.js'))
```

这样写没问题！

你可以运行这个程序看看：

```
node src/server.js
```

你会看到它输出下面这样的信息：

```
<h1>Hello <i>Node.js</i></h1>
```

把 HTML 字符串显示到控制台里，可能没有什么用处，但这里的重点是想说明：我们可以把同一个库既放在浏览器端使用，又放在服务器端使用，而且我们不用修改这个库的代码。

下一节要介绍几种模式，让我们既能在浏览器与 Node.js 平台上面使用同一个程序库，又能针对其中某个平台实现特殊的功能。

10.2 跨平台开发的基础知识

在面向多个平台开发程序的时候，最常遇到的一个问题，可能就是如何在尽量复用代码的前提下，针对具体的平台实现一些特殊的处理。下面我们就看看跟这个问题有关的一些原则与模式，例如代码分支与模块交换等。

10.2.1 在运行程序的时候做代码分支

要想根据宿主平台（host platform）做出不同的实现，最简单、最直观的办法，就是让程序动态地进入相应的代码分支。这要求我们必须具备这样一种机制，它能够在程序运行的时候，判断出该程序到底是在哪个平台上面运行的，并让程序进入 **if...else** 结构里面与该平台相对应的那个分支。为了实现出这种机制，我们一般采用的做法是判断特定的全局变量是否存在，如果某个全局变量只在 Node.js 平台或浏览器平台存在，而程序确实能访问到这个变量，那我们就知道，程序是在这个平台上面运行的。

比如，我们可以判断一下，程序里面是否存在名为 **window** 的全局变量，如果存在，就说明它是在浏览器里运行的。下面我们修改 **say-hello.js** 模块，让它用这项技巧来判断程序是运行在浏览器里，还是运行在 Node.js 平台，并据此对程序的功能略微做出调整：

```
import nunjucks from 'nunjucks'

const template = '<h1>Hello <i>{{ name }}</i></h1>'

export function sayHello (name) {
  if (typeof window !== 'undefined' && window.document) {
```

```
    // 针对客户端而写的代码
    return nunjucks.renderString(template, { name })
  }

  // 针对 Node.js 平台而写的代码
  return `Hello \u001b[1m${name}\u001b[0m`
}
```

转义序列 **\u001b[1m** 是一种特殊的指令，用来调整文字在终端界面（也就是命令行界面）里的格式，它会把文本设置成粗体。还有一个转义序列叫作 **\u001b[0m**，用来将格式还原到默认状态。如果想详细了解这些转义序列与它们的发展历史，请阅读维基百科的〈ANSI escape code〉词条：**nodejsdp.link/ansi-escape-sequences**。

试着在 Node.js 平台与浏览器里面分别运行这个程序，看看效果有什么区别。你会发现，Node.js 平台里的那个程序，不会再输出 HTML 形式的字符串了，而是会输出纯文本形式的字符串，并让其中的某一部分在控制台里呈现相应的格式。浏览器平台里的前端程序，运行效果跟原来一样。

在运行期做代码分支时可能遇到的问题

让程序在运行的时候进入专为 Node.js 或浏览器平台而写的代码，自然是最直观也最简单的办法，但是这种办法有下面几个不太方便的地方：

- 这种办法要求我们把针对两个平台而写的特定代码，全都放在同一个模块里面，这意味着这两种代码，也会同时出现在模块打包工具所制作的 bundle 文件之中。这会让 bundle 文件变得比较大，而且里面会包含其中一个平台不需要使用也不会执行到的那些代码。而且，这一部分代码里可能还有敏感信息，像是加密用的密钥或调用 API 用的密钥（API key），这些信息其实不应该发送给客户端的浏览器。所以，在这种情况下，这么做有严重的安全问题。
- 如果这种办法用得太过泛滥，那么代码会变得相当难懂，因为这种办法会把应用程序的业务逻辑，与专门为了判断平台而写的判断逻辑混起来。
- 就算其中某个分支需要所加载的模块，只会在该分支所对应的平台里面使用，这个模块也还是会出现在最终的 bundle 文件之中。以下面这段代码为例，尽管程序实际上只会用到 **clientModule** 与 **serverModule** 之中的一个模块，Webpack 也还是要把这两个模块，全都放在最终生成的 bundle 里面（除非你在构建的时候，明确告诉它把其中某个模块排除掉）：

```
import { clientFunctionality } from 'clientModule'
import { serverFunctionality } from 'serverModule'
```

```
if (typeof window !== 'undefined' && window.document) {
  clientFunctionality()
} else {
  serverFunctionality()
}
```

刚才说的第三个问题，是由于下面两个原因而产生的：

• 模块打包工具在构建的时候，无法确定某个变量到了运行的时候会取什么值（除非这个变量是个常量）。因此，对于刚才那段代码来说，模块打包工具必须把 **if...else** 结构的两个分支全都包含在最终的 bundle 文件里面，其实我们都知道，这个程序在浏览器上面运行的时候，执行的总之其中的某一个分支，而绝对不会进入另一个分支。

• 引入 ES 模块所用的 import 语句，必须写在文件开头，我们没办法根据当前的环境，来排除其中的某些 import 语句。模块打包工具无法判断这些 import 语句是全都要用到，还是只有一部分需要用到，因此，它只能把这些语句所要引入的模块，全部引进来。

刚说的第二个原因，意味着根据变量的取值来引入的那些模块，是不会出现在 bundle 里面的。比如，下面这种写法不会给 bundle 里面引入任何模块：

```
moduleList.forEach(function(module) {
  import(module)
})
```

当然了，我们应该说明的是，Webpack 在特定情况下能够克服某些缺陷，它会试着猜测这种语句可能会引入什么样的模块。比如，如果你写成这样：

```
function getControllerModule (controllerName) {
  return import('./controller/${controllerName}')
}
```

那么 Webpack 就会把 **controller** 目录下面的所有模块，全都包含到最终的 bundle 里面。

强烈建议大家阅读官方文档（**nodejsdp.link/Webpack-dynamic-imports**），以了解 Webpack 所支持的各种情况。

10.2.2 在构建程序的时候做代码分支

这一小节要讲解怎样通过 Webpack 的一些插件，在构建程序的时候，移除那些只需要在服务器端运行的代码。这样产生出的 bundle 文件更小，而且不会无意间泄漏那些只应该出现在服务器端的敏感信息（例如密语、密码或 API 密钥）。

Webpack 支持插件，这些插件可以扩充 Webpack 的功能，也可以在 Webpack 产生 bundle

文件的过程中增加一些处理步骤。要想在构建程序的时候做代码分支，我们可以使用 **DefinePlugin**这个内置插件以及 **terser - Webpack - plugin** 这个第三方插件（**nodejsdp. link/terser - Webpack**）。

DefinePlugin 能够把源文件里面的特定部位，替换成定制的代码或变量值，**terser - Webpack - plugin** 插件能够压缩成品代码并移除那些执行不到的语句（或者说，能够**消除“死代码”**）。

首先重写范例之中的 **say - hello. js** 模块，在里面做分支判断，然后我们来看看如何配置这两个插件，以实现刚才说的功能：

```
import nunjucks from 'nunjucks'
export function sayHello (name) {
  if (typeof __BROWSER__ ! = = 'undefined') {
    // 针对客户端而写的代码
    const template = '<h1>Hello <i>{{ name }}</i></h1>'
    return nunjucks. renderString(template, { name })
  }
  // 针对 Node. js 平台而写的代码
  return 'Hello \u001b[1m $ {name}\u001b[0m'
}
```

大家注意看，这段代码检测的是程序里面有没有__ **BROWSER** __，如果有，就执行针对浏览器而写的那段代码。我们在构建程序的过程中，利用 DefinePlugin 插件把这个__ **BROWSER** __替换成实际的值。

现在我们用这条命令安装 **terser - Webpack - plugin** 插件：

```
npm install - - save - dev terser - Webpack - plugin
```

最后，修改 **Webpack. config. cjs** 文件的内容：

```
// ...
const TerserPlugin = require('terser - Webpack - plugin')
module. exports = {
  mode: 'production',
  // ...
  plugins: [
    // ...
    new Webpack. DefinePlugin({
      __BROWSER__: true
    })
```

```
  ],
  //...
  optimization: {
    //...
    minimize: true,
    minimizer: [new TerserPlugin()]
  }
}
```

第一个要改的地方是把 **mode** 选项设为'**production**'，这样的话，就能启用 code **minification**（又叫 minimization，代码极简化/代码缩小化/代码最小化）之类的优化机制了。具体的优化手段，应该定义在一个专门的 **optimization** 对象里面。我们把这个对象的 **minimize** 属性设为 **true**，意思是启用 **minification** 机制，同时还要新建一个 **terser - Webpack - plugin** 实例，并把它提供给 **minimize** 属性，以表示这次的 minification，由这个插件来执行。最后，我们需要配置 **Webpack.DefinePlugin** 插件，让它把源代码中的 **__BROWSER__**，替换成 **true** 这个 **boolean** 值。

在配置 **terser - Webpack - plugin** 插件所用的这个对象里面，每个属性的值都是一段代码，Webpack 会在构建程序的时候求出这段代码的值，并用这个值来替换源代码之中与属性名称相匹配的那些地方。这意味着，我们可以把源代码之中的符号，替换成一些随着外部情况而变化的值，例如某个环境变量的内容、当前的时间戳，或者上一次通过 **git** 命令向代码库提交 bundle 文件的时间等。

按照现在这样的配置，我们每次构建新 bundle 时，Webpack 都会把源代码里面的每一个 **__BROWSER__** 替换成 **true** 值。于是，**say - hello.js** 模块中的那个 **if** 语句，实际上就成了 **if (typeof true ! = = 'undefined')**，Webpack 能够意识到，括号里面的那一部分肯定是 **true**，于是，它就会把代码转化成 **if (true)**。

Webpack 把所有代码都处理完之后，会触发 **terser - Webpack - plugin** 插件，让它对代码执行 minification（极简化）操作。**terser - Webpack - plugin** 插件是对 **Terser (nodejsdp.link/terser)** 所做的包装，Terser 是一款新式的 JavaScript 代码优化器，它的优化算法能够移除“死”代码，也就是永远不会执行到的那些代码。在优化之前，我们的代码是：

```
if (true) {
  const template = '<h1>Hello <i>{{ name }}</i></h1>'
  return nunjucks.renderString(template, { name })
}
```

```
return 'Hello \u001b[1m${name}\u001b[0m'
```

Terser 会把它优化成：

```
const template = '<h1>Hello <i>{{ name }}</i></h1>'
return nunjucks.renderString(template, { name })
```

经过优化之后，我们的 bundle 里面就不会出现那些只在服务器端使用的代码了。

在构建程序的时候做代码分支，要比在运行的时候去做更好，因为这样产生出来的 bundle 文件比较小，但如果这种手段用得太过泛滥，那么代码还是会变得相当混乱，因为那样的代码里面，肯定有特别多的 **if** 结构，所以阅读与调试起来都很困难。

在这种情况下，我们最好是把跟平台有关的代码，放到专门的模块里面。下一小节就要讲解这种技术。

10.2.3　模块交换（模块替换）

其实大多数情况下，我们在构建程序的时候，已经知道哪些代码需要包含在客户端的 bundle 里面，那些代码不需要。因此，我们可以根据这项决定，直接告诉模块打包工具，在构建的过程中把某个模块换成另一个模块。这样生成的 bundle 文件相当小，因为我们把用不到的模块完全排除掉了，而且这种做法也不会把原始的程序代码弄得很乱，因为我们在编写那些代码时，不需要像上一节所讲的那样，在运行期或构建期做分支判断，因而也就不用编写那么多 **if...else** 结构。

现在我们就修改早前的例子，看看如何让 Webpack 通过模块交换（模块替换）机制来处理源代码。

这里的主要思路是把原来的 **sayHello** 功能，分别实现到两个模块里，一个叫作 **say-hello.js**，它是针对服务器端优化的，另一个叫作 **say-hello-browser.js**，它是针对浏览器端优化的。我们稍后就会告诉 Webpack，把程序里面引入 **say-hello.js** 的那些地方，都改为引入 **say-hello-browser.js**。这里先把这次要用到的两个模块列出来：

```
// src/say-hello.js
import chalk from 'chalk'
export function sayHello (name) {
  return 'Hello ${chalk.green(name)}'
}

// src/say-hello-browser.js
```

```
import nunjucks from 'nunjucks'
const template = '<h1>Hello <i>{{ name }}</i></h1>'
export function sayHello (name) {
  return nunjucks.renderString(template, { name })
}
```

大家注意，服务器端的版本这次依赖了一个新的模块，叫作 **chalk**（**nodejsdp.link/chalk**），这个工具库可以调整文本在终端机里面的显示格式。这也体现出这种方案的一项重要优势，它让我们能够在服务器端的代码里面，放心地使用一些新的功能与程序库，而不必担心这会影响到客户端（也就是前端/浏览器端）的 bundle 文件。现在我们就来告诉 Webpack，让它在构建程序的时候，把 **say-hello.js** 替换成 **say-hello-browser.js**。为此，我们需要修改 **Webpack.config.cjs** 文件，将早前使用的 **Webpack.DefinePlugin** 插件，改成一个新的插件：

```
plugins: [
  // ...
  new Webpack.NormalModuleReplacementPlugin(
    /src\/say-hello\.js$/,
    path.resolve(__dirname, 'src', 'say-hello-browser.js')
  )
]
```

这个新的插件叫作 **Webpack.NormalModuleReplacementPlugin**，它接受两个参数，第一个参数是一条正则表达式，第二个参数是一个字符串，用来表示某资源所在的路径。构建程序的时候，如果源代码想要引入的某个模块，在路径上与第一个参数中的正则表达式相匹配，那么该插件就会让源代码改为引入第二个参数所指向的那个模块。

这项技巧既适用于内部模块，也适用于 **node_modules** 文件夹之中的外部程序库。

利用 Webpack 这款模块打包工具以及其中的模块替换插件，我们很容易就能把各平台之间差异比较大的那些地方给处理好。我们可以把与具体平台有关的那些代码，写到单独的模块里面，并让模块打包工具在构建最终的 bundle 时，将针对 Node.js 平台而写的那个模块，替换成针对浏览器而写的模块。

10.2.4 适用于跨平台开发的设计模式

我们把前面各章讲到的设计模式里面，能够用来做跨平台开发的模式总结一遍：

• **Strategy**（策略）与 **Template**（模板）：这应该是我们在 Node.js 与浏览器平台之间共用代码时，最常用到的两个模式。它们其实就是想把算法之中的固定步骤提取出来，同时让那些有所变化的步骤能够随时得到替换，而这正好能用来解决我们的问题。在开发跨平台的程序时，我们用这两种模式把组件里面与具体平台无关的部分提取出来，同时把那些与具体平台相关的部分，表示成策略或模板方法（这样的策略或方法，可以用运行期或构建期的代码分支来切换，也可以用模块替换机制来切换）。

- **Adapter**（适配器）：如果想替换的是整个组件，而不仅仅是其中与特定平台有关的某个部分，那么最有用的可能就是这个模式了。我们在第 8 章已经看到过很多例子。如果服务器端的程序使用的是 SQLite 之类的数据库，那么你在实现浏览器端的代码时，就可以考虑利用 Adapter 模式做适配，让浏览器端的某些存储机制，也能像 SQLite 一样使用，这样的话，我们就可以用同一套接口来操纵这两个平台。比如，你可以考虑用 **`localStorageAPI`**（**`nodejsdp.link/localstorage`**）或 **`IndexedDB API`**（**`nodejsdp.link/indexdb`**）来操纵浏览器端的数据，并把这套 API 适配成适当的接口。
- **Proxy**（代理）：如果某段代码使用了服务器特有的功能，而你又想让这段代码在浏览器端也能够正常运行，那么通常需要想一个办法，在浏览器里面支持那段代码所用到的功能。这正是 *remote* Proxy（远程 Proxy）模式发挥效果的场合。比如，如果这段代码要访问服务器端的文件系统，那么为了让它能够从浏览器端执行这样的操作，我们可以在客户这边创建一种 `fs` 式的对象，让该对象把浏览器想要通过它来执行的方法调用，全都代理到服务器端的 `fs` 模块上面，你可以考虑用 Ajax 或 WebSockets 来交换相关的命令与返回值。
- **Dependency Injection**（依赖注入/依赖注射）与**Service Locator**（服务定位器）：这两个模式都可以在必要的时候，把多个备选模块之中的某一个模块，安插到适当的地方。我们前面在讲*打包*的时候，已经看到了模块打包工具怎样利用 Service Locator 模式，把各模块之中的代码都汇集到同一个文件里面（参见第 10.1.1.2.2 节）。

跨平台开发时可以考虑的模式相当多，而且这些模式都很强大。但是，最强大的技能，还在于开发者的判断能力和运用能力，我们要根据目前遇到的具体问题，选出最恰当的模式，并正确地运用该模式来解决问题。

现在，大家已经理解了模块打包工具的基础知识，而且学到了编写跨平台代码时所能用到的一些模式，接下来，我们就进入本章的第二个话题，也就是 React。我们要用它来编写书中的第一个 Universal JavaScript 程序。

10.3　React 简介

React 是一个流行的 JavaScript 库，它由 Facebook 开发并维护。这个库提供一套丰富的函数与工具，用来构建 Web 应用程序之中的视图层（view layer）。React 会针对视图做出抽象，这种抽象的核心概念是**component**（组件）。它可以指某个按钮、某个输入表单、HTML

div 这样的简单容器，也可以指用户界面之中的其他任何一种元素。我们可以根据这样一个概念，定义出许多职责明确而且很容易得到复用的组件，并通过这些组件，把应用程序的用户界面搭建起来。

与面向 Web 应用程序的其他视图库相比，React 最大的特点就在于它并不依赖 DOM（文档对象模型）结构，而是依赖一种高级的抽象机制，叫作**virtual DOM**（**nodejsdp.link/virtual-dom**）。这种抽象机制既适用于网页，也适用于其他场合，比如，可以构建手机 App，可以给三维场景建模，甚至还能表达出硬件形式的组件之间所做的交互。总之，virtual DOM 会把数据重新组织成一种树状结构，让这些数据能够高效地得到渲染。

"一次学习、随处编写。"（*Learn it once, use it everywhere.*）

——Facebook

Facebook 用这句口号来介绍 React，是在模仿 Java 语言的口号"*Write it once, run it everywhere*"（一次编写，随处运行），但同时也体现出了 React 在开发理念上面与 Java 的区别。Java 语言最初的设计目标是想让开发者只写一套程序，而且不需要修改，就能放在各种平台平台上面运行。但 React 不是这样，它积极面对各种平台之间固有的区别，并鼓励开发者针对每一种平台做出优化，从而写出专为该平台设计的版本。React 这个程序库，专注于提供一套设计与架构的原则，这套原则*运用起来很方便*，同时它还提供一些工具，我们只要掌握了这些原则与工具，就可以轻松地针对每一种具体平台而编写代码。

如果你想知道 React 在 Web 开发领域之外的使用情况，那么可以参考这样几个项目。**React Native** 是针对手机 App 的项目（**nodejsdp.link/react-native**），**React PIXI** 是用 OpenGL 做 2D 渲染的项目（**nodejsdp.link/react-pixi**），**react-three-fiber** 是创建 3D 场景的项目（**nodejsdp.link/react-three-fiber**），另外还有针对硬件的**React Hardware**（**nodejsdp.link/react-hardware**）。

React 在 Universal JavaScript 开发领域之所以很受重视，主要原因是它里面的 component 在客户端与服务器端都能够得到渲染，而且这两端基本上只需要使用同一套代码就行。换句话说，我们只需要像平常制作网页那样来编写 HTML 代码就可以了，React 能够把这种代码直接放在 Node.js 平台上面运行。至于浏览器平台，React 会执行一种叫作**hydration** 的流程（**nodejsdp.link/hydration**），给代码里添加前端专用的效果，例如针对 click（点击）操作的处理逻辑、动画、额外的异步数据获取机制以及路由机制等。经过 hydration 流程处理之后，原本的静态标记就具备了完整的动态交互功能。

这让我们可以构建出**SPA**（**single-page application**，单页面应用程序），这种程序基本上会先在服务器端渲染，然后，等用户这边的浏览器把页面加载进来之后，如果用户开始点击页面中的内容，那么再把需要动态变化的那一部分刷新出来，而不是把整个页面都重新加载一遍。

这种设计有两个重要的优势：

- **SEO（search engine optimization，搜索引擎优化）的效果更好**：由于构成网页的这些标记代码，已经由服务器端预先渲染出来了，因此许多搜索引擎只需要直接查看服务器所返回的 HTML，就可以知道这个网页的内容，而不用先去模拟一套浏览器环境，等这套环境把网页完全加载好之后，才知道里面的内容是什么。
- **效率更高**：由于它预先把标记语言所要实现的显示效果渲染出来了，因此浏览器这边所看到的，就是最终确定下来的效果。即便浏览器还在下载、解析并执行页面中的 JavaScript 代码，已经显示出来的这部分内容，其效果也不会发生变化。这种办法让用户可以更稳定地观看网页内容，而不太会出现网页在加载过程中突然冒出一块内容的情况。

这里有必要说的是，React 的 virtual DOM 在对发生变化的这部分内容做渲染时，能够优化渲染的方式。也就是说，它不会每遇到一个变化的地方，就把整个内容完全渲染一遍，而是会在内存中维护一套智能的差异判定算法（diffing algorithm），以便预先计算出：要想更新视图，至少需要对 DOM 执行几次修改。该机制能把修改次数降到最低，让浏览器高效地执行渲染。

简单地介绍完 React 之后，我们就开始编写第一个 React component。

10.3.1　React 编程入门

我们直接用一个具体的例子，来演示怎样编写 React 程序。虽然这只是个“Hello World”式的范例，但可以帮助我们了解 React 的理念，明白了这套原理之后，我们再来看更为实际的例子。

首先新建一个文件夹，然后在里面执行这样几条命令，以配置一个新的 Webpack 环境：

```
npm init - y
npm install - - save - dev Webpack Webpack - cli
node_modules/.bin/Webpack init
```

按照提示配置好 Webpack 环境。接着我们安装 React：

```
npm install - - save react react - dom
```

现在我们创建 **src/index.js** 文件，在里面写入下列代码：

```
import react from 'react'
```

```
import ReactDOM from 'react-dom'
const h = react.createElement                                    // (1)

class Hello extends react.Component {                            // (2)
  render () {                                                    // (3)
    return h('h1', null, [                                       // (4)
      'Hello ',
      this.props.name || 'World'                                 // (5)
    ])
  }
}

ReactDOM.render(                                                 // (6)
  h(Hello, { name: 'React' }),
  document.getElementsByTagName('body')[0]
)
```

下面讲解这段代码里面的几个关键点：

(1) 我们首先要做的，是给 **react.createElement ()** 这个函数起个短一些的别名，这样用起来方便。接下来的范例代码要把这个函数调用两遍，以创建相应的 React 元素。这里所说的 React 元素，既包括普通的 DOM 节点（也就是那种常规的 HTML 标记），又包括 React 领域中的 component。

(2) 我们现在定义一个名叫 **Hello** 的 component，让它扩展（也就是继承）**react.Component** 类。

(3) 每个 React component，都要实现 **render ()** 方法。当这个 component 在 DOM 中得到渲染并且要显示到屏幕上面的时候，系统会根据你在这个方法里面定义的逻辑，来决定渲染效果。该方法必须返回某个 React 元素。

(4) 我们用 **react.createElement ()** 函数创建 h1 型的 DOM 元素。我们需要给这个函数传入至少三个参数。第一个参数可以是字符串，用来表示某种 HTML 标记的名称，也可以是某个 React component 类的名字。第二个参数是个对象，用来给 component 传递属性（component 的属性叫作 attribute 或者 **prop**），如果不需要指定属性，那就像我们这样，传入 **null**。接下来，你可以把某些数据放在数组里面，并把这个数组当作第三个参数传给函数，也可以直接将这些数据传给该函数。这些数据表示的是这个 HTML 元素的子元素。文本（或者说文本节点）也可以充当子元素，我们这个例子就是如此。

(5) 我们在这里通过 **this.props** 来访问这个 component 在程序运行时所收到的属性。具体来说，我们要找的是 name 属性。如果程序运行的时候，这个 component 具备一个叫作

name 的属性，那就用该属性的值构造文本节点，否则我们用默认的 "**World**" 字符串来构造。

（6）最后这段代码，是要用 **ReactDOM.render ()** 函数初始化这个 React 应用程序 **ReactDOM.render ()** 函数负责把 React 程序挂载到某个页面。这里的 React 程序，其实就是指 React component 的实例。我们根据刚才定义的 **Hello** 类来创建 component 实例，并给该实例传入"React" 这个字符串，令其成为 **name** 属性的值，这样就能通过上一步里的 **this.props.name** 访问到该值。然后我们要指定 **ReactDOM.render ()** 的第二个参数，这个参数是个 DOM 节点，用来表示 React 程序在网页中的上级元素。本例把它挂载到 **body** 元素下面，你当然也可以把它挂载到网页中的其他 DOM 元素下面。

现在我们运行这样一条命令，预览这个程序的效果：

```
npm start
```

你应该会在浏览器窗口里看到"Hello React"的字样。如果看到了，那么恭喜：你的第一个 React 应用程序已经写好啦！

10.3.2　用其他写法取代 react.createElement

react.createElement () 函数调用得太多，可能会让 React component 的代码变得比较乱。如果出现多层嵌套的 **react.createElement ()**，那么看代码的人或许就很难理解，你这个 component 到底想要渲染一个什么样的 HTML 结构，即便你像刚才那样采用 h () 这种简短的别名，写出来的代码也还是不太好懂。

所以，我们一般不太直接调用 **react.createElement ()**，而是会采用另一种写法来编写代码。这种写法叫作**JSX**（**nodejsdp.link/jsx**），它是 React 团队为了解决刚才说的那个问题而设计的。

JSX 是 JavaScript 的超集（superset），它允许开发者在 JavaScript 代码里面嵌入 HTML 风格的代码，于是，我们就可以像编写 HTML 网页那样，来创建 React 元素了。用 JSX 写 React component 要比用 **react.createElement ()** 更顺畅，而且写出来的代码也更容易理解。下面我们举一个具体的例子，这样大家就更容易体会 JSX 的优势了。这个例子是要用 JSX 改写刚才的"Hello React"程序：

```
import react from 'react'
import ReactDOM from 'react - dom'
  class Hello extends react.Component {
    render () {
      return <h1>Hello {this.props.name || 'World'}</h1>
  }
```

```
}

ReactDOM.render(
  <Hello name="React"/>,
  document.getElementsByTagName('body')[0]
)
```

这样写看起来清晰多了，对吧？

但问题在于，JSX 并不是标准的 JavaScript 功能，而且要想采用 JSX 编写 component，我们必须把 JSX 代码“编译”成等效的标准 JavaScript 代码。对于 Universal JavaScript 应用程序来说，这意味着客户端与服务器端都需要这么处理，所以，为了讲得简单一些，笔者在本章接下来的内容里面，不再使用 JSX 举例。

有一些比较新的写法，能够与标准的 JavaScript 相兼容，这些写法会用到 tagged template literal（带标记的模板字面量，详情参见 **nodejsdp.link/template-literals**）。这种带标记的模板字面量，既能够写出容易阅读的代码，又不需要经过额外的编译环节。在利用这种机制所实现出的库里面，发展趋势比较好的两个是 htm（**nodejsdp.link/htm**）与 esx（**nodejsdp.link/esx**）。

本章接下来的内容，使用 **htm** 写法来举例，因此，我们把“Hello React”这个范例程序，用这种写法再重新实现一遍：

```
import react from 'react'
import ReactDOM from 'react-dom'
import htm from 'htm'

const html = htm.bind(react.createElement)                    // (1)
class Hello extends react.Component {
  render () {                                                 // (2)
    return html`<h1>
      Hello ${this.props.name || 'World'}
    </h1>`
  }
}

ReactDOM.render(
  html`<${Hello} name="React"/>`,                             // (3)
```

```
  document.getElementsByTagName('body')[0]
)
```

这段代码看上去应该不难懂。但我们还是把 **htm** 的用法简单说一下：

（1）我们首先要做的，是创建 **html** 这个 template tag function（模板标记函数/模板标签函数）。这个函数让我们能够用模板字面量生成 React 元素。程序运行的时候，这个模板标记函数会按照我们的意思来调用 **react.createElement ()**。

（2）我们用 **html** 这个标记函数来书写带标记的模板字面量，以创建 h1 标记。大家注意，带标记的模板字面量，是一种标准的 JavaScript 功能，因此，我们可以像编写其他 JavaScript 代码那样，使用 **$ {expression}** 这样的写法，给字符串里面插入动态表达式，让这些表达式的值，留到程序运行的时候再去确定。另外要记得，模板字面量与带标记的模板字面量，都是用一对反引号（backtick，也就是`）括起来的，而不是采用英文的单引号（'）。

（3）与创建 HTML 元素类似，我们在创建 React component 实例时，也可以采用 **$ {ComponentClass}** 形式的写法来指定 component 的类型。如果 component 实例包含子元素，那我们可以用</>这个特殊的标记给 component 收尾，例如< **$ {Component}** >< **child/**></>。另外，我们在模板字面量里面，可以像编写普通的 HTML 属性那样，把属性传给 component。

现在，大家应该已经懂得这个“Hello World”式的 React component 所具备的基本结构了。在接下来的这一小节里，我们要学习怎样管理 React component 的状态，这对于实际工作中遇到的应用程序来说，是个很重要的问题。

10.3.3　有状态的 React component

前面那个例子构建的 React component，*是无状态的*（*stateless*），所谓无状态，意思是说，这个组件只需要接收外部输入给它的数据就好（具体到刚才那个例子来看，这份数据指的是 **name** 属性），而不用在内部管理一些信息，它不需要根据这些信息计算出自己应该如何在 DOM 里面得到渲染。

无状态的 component 当然很好，但有时候，我们还是得管理某种状态信息。这在 React 里面当然是可以做到的，接下来我们就用一个例子演示这种做法。

这个例子是要构建一款 React 应用程序，以显示 GitHub 网站上面最近有所更新的一系列项目。

我们可以把这样一套逻辑专门封装到一个 component 里面，让这套逻辑负责从 GitHub 网站异步地获取数据，并将这些数据显示到该 component 之中，这个 component 我们给它起名叫作 **RecentGithubProjects**。用户可以通过 query 属性配置 component，以决定自己想要显示的，是 GitHub 网站上面的哪些项目。这个属性的值应该是类似 "javascript " 或 "react "

这样的关键词，我们的程序会用这个关键词来调用相应的 API，以访问 GitHub 网站。

现在我们就来看看，这个名叫 **RecentGithubProjects** 的 component 是怎么写的：

```
// src/RecentGithubProjects.js
import react from 'react'
import htm from 'htm'

const html = htm.bind(react.createElement)

function createRequestUri (query) {
  return `https://api.github.com/search/repositories?q=${
    encodeURIComponent(query)
  }&sort=updated`
}

export class RecentGithubProjects extends react.Component {
  constructor (props) {                                    // (1)
    super(props)                                           // (2)
    this.state = {                                         // (3)
      loading: true,
      projects: []
    }
  }

  async loadData () {                                      // (4)
    this.setState({ loading: true, projects: [] })
    const response = await fetch(
      createRequestUri(this.props.query),
      { mode: 'cors' }
    )
    const responseBody = await response.json()
    this.setState({
      projects: responseBody.items,
      loading: false
    })
  }
```

```
  componentDidMount () {                                          // (5)
    this.loadData()
  }

  componentDidUpdate (prevProps) {                                // (6)
    if (this.props.query !== prevProps.query) {
      this.loadData()
    }
  }

  render () {                                                     // (7)
    if (this.state.loading) {
      return 'Loading ...'
    }

                                                                  // (8)
    return html`<ul>
      ${this.state.projects.map(project => html`
        <li key=${project.id}>
          <a href=${project.html_url}>${project.full_name}</a>:
          ${' '}${project.description}
        </li>
      `)}
    </ul>`
  }
}
```

这段代码里面出现了几个新的 React 概念，下面我们来讲解其中的关键点：

（1）这次我们给 component 手工编写构造器，以覆写 react.Component 默认提供的那个。我们写的这个构造器，允许用户把各项属性放到 props 参数里面传进来。

（2）进入构造器之后，我们首先要做的是用 props 当参数，来触发默认的构造器，让 React 系统能够正确地初始化这个 component。

（3）现在我们定义这个 component 的初始状态。它的最终状态，当然应该包含一份 GitHub 项目列表，但这份列表需要在程序运行过程中动态地加载进来，所以目前我们还拿不到这份列表。于是，我们就在状态信息中设计一个名为 loading 的标志字段，并把它设为 true，以表示项目列表正在加载，另外再设计一个 projects 字段，用来存放稍后加载进来的项目，这个字段目前设置成空白数组。

（4）**loadData ()** 函数负责发出 API 请求，以获取必要的数据，并利用 **this.setState ()** 来更新这个 component 的内部状态。请注意，**this.setState ()** 需要调用两次，第一次是在发出 HTTP 请求之前（此时我们要把状态信息中的 loading 字段设为 true，表示程序开始加载项目列表），第二次是在 HTTP 请求得到执行之后（此时我们要把状态信息中的 **loading** 字段设为 **false**，以表示项目列表加载完毕，并把获取到的项目填充至 **projects** 数组）。component 的状态发生变化时，React 会自动地重新渲染这个 component。

（5）这里出现了一个新的 React 方法，也就是 **componentDidMount ()** 方法，这是个与 component 的生命期（*lifecycle*）有关的函数。React 系统一旦顺利初始化这个 component 并把它挂载（英文叫作 attach 或 *mount*）至 DOM，就会自动触发该函数。我们应该在这里，把 component 首次得到渲染时所需使用的数据加载进来。

（6）接下来还有一个跟 component 的生命期有关的方法，也就是 **componentDidUpdate ()** 方法。如果 component 的状态更新了（比如，有某个新的属性传给了这个 component），那么 React 系统就会自动触发这个方法。具体到本例来说，我们需要判断的是，**props** 里面的 **query** 属性有没有变化，如果变了，那就重新加载项目列表。

（7）最后我们要编写的是 **render ()** 函数。这个函数的重点，在于它需要根据 component 的状态执行不同的逻辑，如果 component 处于正在加载项目列表的状态，那么只需要返回一个文本节点就行，如果处在项目列表已经加载完毕的状态，那么则需要构建一份清单，以表示最近有所更新的这些 GitHub 项目。只要组件的属性有所变化，React 系统就会自动触发 **render ()** 方法，因此我们只需要在这个方法里面编写一个简单的 if 语句就行，而不用担心其他的问题。我们只需要让这个方法，把 component 在当前这种状态下应该渲染出来的效果返回即可。这种技术通常称为**条件渲染**（**conditional rendering**）。

（8）最后，我们用 **Array.map ()** 创建一系列的<li>条目，以便分别表示程序通过 API 从 GitHub 网站查询到的那些项目。请注意，我们在创建每个<li>条目时，都会给它设置 **key** 属性。这个属性对于 React component 来说，是个特殊的属性，如果你要渲染一系列这样的条目，那么根据 React 文档里面所提到的建议，你应该给其中每个条目都设置一个独特的 **key**，这样可以帮助 virtual DOM 优化每一次的渲染逻辑，从而只重绘确实发生变化的条目（如果你想知道 React 究竟如何优化，请参考 **nodejsdp.link/react-reconciliation**）。

大家可能发现了，我们并没有考虑到获取数据的过程中有可能发生的错误并对此做出处理。在 React 程序里面处理错误，有许多方案可以考虑。最合适的一种方案，就是实现 **ErrorBoundary** 组件（**nodejsdp.link/error-boundary**），这还是留给大家做练习吧。

下面我们来实现应用程序里面的主 component。这个 component 要显示一份导航菜单（navigation menu），让用户可以点击其中的菜单项（例如“JavaScript”“Node.js”“React”），以查看不同类型的 GitHub 项目：

```
// src/App.js
import react from 'react'
import htm from 'htm'
import { RecentGithubProjects } from './RecentGithubProjects.js'

const html = htm.bind(react.createElement)

export class App extends react.Component {
  constructor (props) {
    super(props)
    this.state = {
      query: 'javascript',
      label: 'JavaScript'
    }
    this.setQuery = this.setQuery.bind(this)
  }

  setQuery (e) {
    e.preventDefault()
    const label = e.currentTarget.text
    this.setState({ label, query: label.toLowerCase() })
  }

  render () {
    return html`<div>
      <nav>
        <a href="#" onClick=${this.setQuery}>JavaScript</a>
        ${' '}
        <a href="#" onClick=${this.setQuery}>Node.js</a>
        ${' '}
        <a href="#" onClick=${this.setQuery}>React</a>
      </nav>
      <h1>Recently updated ${this.state.label} projects</h1>
```

```
      <${RecentGithubProjects} query=${this.state.query}/>
    </div>`
  }
}
```

这个 component 用内部状态来记录用户当前选定的查询关键词。一开始，我们把查询关键词默认设为 " javascript "，这样的话，当 React 系统渲染这个组件时，就会把这个值传给 **RecentGithubProjects** 组件，让它去查询 GitHub 网站上面最近有所更新的 JavaScript 项目。用户如果点击导航菜单中的某个菜单项，那我们就把状态信息中的 **query** 属性，更新成与这个菜单项相对应的关键词，同时，这还会令 React 系统自动触发 **render**（）方法，这个方法会把 **query** 属性的新值传给 **RecentGithubProjects**。这又会促使 **RecentGithubProjects** 发生*更新*，于是那个 component 就会执行它内部的那一套更新逻辑，用新的关键词去调用 API，以获取另外一份项目列表。

这里有一个小细节需要注意，也就我们要在构造器里面，把当前这个实例手工绑定到 **setQuery**（）函数上面。为什么要这样绑定呢？因为程序在处理 **click**（点击）事件时，会触发 **this.setQuery**，假如我们不提前在这里绑定，那么触发的时候，**setQuery**（）里面的 **this** 就是 undefined，这导致我们没办法正确执行函数里面的 **this.setState** 语句。

写好这样两个 component 之后，我们现在只需要把刚才的这个 **App** component 挂载至 DOM 即可。所以，我们这样来写：

```
// src/index.js
import react from 'react'
import ReactDOM from 'react-dom'
import htm from 'htm'
import { App } from './App.js'

const html = htm.bind(react.createElement)

ReactDOM.render(
  html`<${App}/>`,
  document.getElementsByTagName('body')[0]
)
```

最后我们在控制台执行 **npm start** 命令，观察程序在浏览器中的显示效果。

由于程序里用到了 async/await，因此 Webpack 默认生成的配置文件可能没办法直接套用。如果运行程序的时候出现了问题，请参考这本书在 GitHub 网站中的范例项目（**nodejsdp.link/wpconf**），并据此修改你的配置文件。

你可以刷新一下页面，点击导航菜单上的那几个词试试看。点击另一个词之后，可能要等上几秒，然后就能看到与该词相关的 GitHub 项目列表了。

现在大家应该都清楚 React 的原理了，而且学会了怎样把各种组件组合起来，以及如何利用组件的状态及各种属性（props）来实现程序的逻辑。笔者希望你可以通过这个简单的范例程序，在 GitHub 网站上面发现一些新奇而有趣的 JavaScript 开源项目，其中或许就有你能够帮上忙的地方。

目前讲到的这些基础知识，足以帮助我们用 React 构建第一款 Universal JavaScript 程序了。如果你想熟练掌握 React，那最好是去查看官方文档（**nodejsdp.link/react-docs**），那里面说得更加详细。

学完这些与 Webpack 和 React 有关的知识之后，我们就可以开始创建一款简单但同时也很完整的 Universal JavaScript 应用程序了。

10.4　创建 Universal JavaScript 应用程序

讲完基础知识之后，我们就来构建一款比较完整的 Universal JavaScript 应用程序。这个程序是个简单的"书库"，它能够列出每位作者的名字、简介，以及该作者的某些作品。这个程序虽然很简单，但我们在制作它的过程中，可以接触许多高级的技术，例如**universal routing**（**universal 路由**）、**universal rendering**（**universal 渲染**）与**universal data fetching**（**universal 数据获取**）。笔者构建这样一款范例程序，是想让你以后能够用这个程序做基础，来开发实际工作之中遇到的 Universal JavaScript 项目。

我们在制作这款范例程序的过程中，要用到下面几项技术：

- **React**（**nodejsdp.link/react**），这个我们刚才已经讲过了。
- **React Router**（**nodejsdp.link/react-router**），这是一种跟 React 相配套的路由层（routing layer）。
- **Fastify**（**nodejsdp.link/fastify**），这是一种框架能够在 Node.js 平台之中迅速而顺畅地搭建 Web 服务器。
- **Webpack**，模块绑定工具。

笔者专门挑选了这样几种技术，来构建这款范例程序，因为这样可以简化制作流程，让我们从具体的技术细节里面跳出来，尽量把重点放在设计原则与设计模式上面。学会这些模式之后，你就可以利用自己掌握的知识，随意组合其他各种技术，来实现类似的功能。

为了把例子设计得简单一些，我们这次只用 Webpack 处理前端代码，而让后端代码保持不变，也就是依然采用 Node.js 原生的 ESM 模块机制来做。笔者编写本书的时候，Webpack 与 Node.js 在处理模块引入操作时，所用的做法稍微有点区别，对于那种采用 CommonJS 语法写成的模块来说，这种区别尤其微妙。所以，笔者建议大家在运行本章接下来的例子时，能够通过 **esm**（**nodejsdp.link/esm**）运行，而不要直接把范例交给 node 命令去运行〕。**esm** 是个 Node.js 库，它会对涉及 ESM 模块的引入操作预先加以处理，从而尽量缩小 Webpack 和 Node.js 在这种操作上面的差异。把 **esm** 安装到项目里面之后，我们就可以通过这样的格式来执行脚本了：

```
node -r esm script.js
```

10.4.1 先构建一款只有前端逻辑的应用程序

这一小节专门来讲怎样构建一款只有前端逻辑的应用程序（frontend-only app），在这种情况下，Webpack 仅仅充当 Web 服务器，以托管这款程序。到了后面几个小节，我们会扩充这个基本的程序，让它逐渐演变成一款完整的 Universal JavaScript 程序。

这次，我们要用的是一种专门定做的 Webpack 配置文件，而不是默认生成的那种配置文件，因此，请大家从本书的范例代码库之中（**nodejsdp.link/frontend-only-app**）找到笔者定制好的 **package.json** 与 **Webpack.config.cjs** 文件，并把它们复制到你给本项目新建的文件夹里。然后，执行下面这条命令，以安装项目所依赖的模块：

```
npm install
```

为了用比较简单的办法模拟数据库，笔者把这个程序需要使用的数据，放在了一个 JavaScript 文件里面，因此，大家还需要将范例代码库中的 **data/authors.js** 文件，也复制到自己的项目文件夹。这份文件用下面这种格式存放数据：

```
export const authors = [
  {
    id: 'author\'s unique id',
    name: 'author\'s name',
    bio: 'author\'s biography',
    books: [ // 这位作者所写的书
      {
        id: 'book unique id',
```

```
        title: 'book title',
        year: 1914 // 本书的出版年份
      },
      // 其他书目……
    ]
  },
  // 其他作者……
]
```

你可以按照这个格式，把自己喜欢的其他作家与他们的作品也添加进来。

将所有的配置信息都安排到位之后，我们现在很快地讲一下这个程序想要实现的效果，如图 10.3 所示。

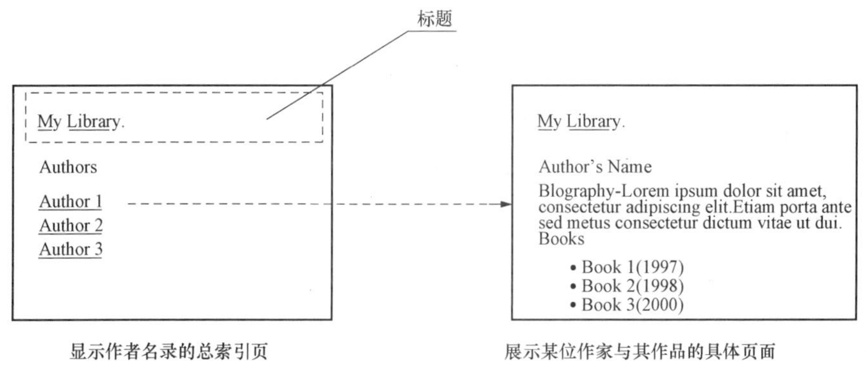

图 10.3　应用程序的效果图

图 10.3 演示了应用程序之中的两种页面，一种是总索引页，用来显示数据库里收录的各位作者；另一种是具体页面，用来展示某位作者的详细信息，例如简介以及代表作等。

我们想让这两种页面共同一套 Header（标题栏/标头），这样的话，用户无论在什么地方，都可以点击标题栏中的那个链接，以返回总索引页。

我们想把总索引页发布到服务器的根路径（/），并把与每位作者相对应的那些具体页面，分别发布到 **/author/: authorId** 形式的路径之中。

最后，我们还得有 **404** 页面，用来表示某路径不存在有效网页的情况。

现在我们把整个项目的文件结构画出来：

```
src
├── data
|   └── authors.js  - 数据文件
```

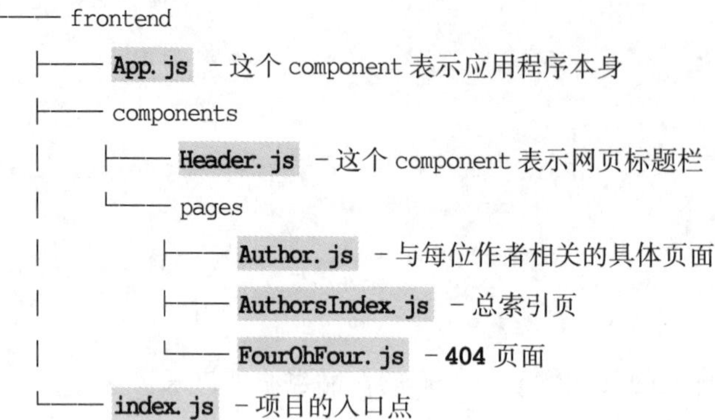

```
└─── frontend
    ├─── App.js - 这个 component 表示应用程序本身
    ├─── components
    │    ├─── Header.js - 这个 component 表示网页标题栏
    │    └─── pages
    │         ├─── Author.js - 与每位作者相关的具体页面
    │         ├─── AuthorsIndex.js - 总索引页
    │         └─── FourOhFour.js - 404 页面
    └─── index.js - 项目的入口点
```

首先编写 **index.js** 模块，这是整个项目的入口点，我们需要用它来加载前端应用程序，并将其挂载至 DOM：

```
import react from 'react'
import reactDOM from 'react-dom'
import htm from 'htm'
import { BrowserRouter } from 'react-router-dom'
import { App } from './App.js'

const html = htm.bind(react.createElement)

reactDOM.render(
  html'<${BrowserRouter}><${App}/></>',
  document.getElementById('root')
)
```

这段代码相当简单，我们只不过是引入了名叫 **App** 的 component，并把它挂载至 DOM 里面那个 ID 为 **root** 的元素。唯一需要说明的细节就是，这次我们把 App component 包裹在了 **BrowserRouter** component 之中，这种 component 来自 **react-router-dom** 库，它能够给应用程序提供客户端的路由功能。我们接下来要写的某些 component，会充分利用这样的路由功能，并通过链接把各种页面联系起来，让用户能够在其中跳转。后面我们还会再次提到这种路由功能的配置方式，因为那时我们需要在服务器端也使用它做路由。

现在我们先来看 **App.js** 的源代码该怎么写：

```
import react from 'react'
import htm from 'htm'
import { Switch, Route } from 'react-router-dom'
```

```
import { AuthorsIndex } from './components/pages/AuthorsIndex.js'
import { Author } from './components/pages/Author.js'
import { FourOhFour } from './components/pages/FourOhFour.js'

const html = htm.bind(react.createElement)

export class App extends react.Component {
  render () {
    return html`
      <${Switch}>
        <${Route}
          path="/"
          exact=${true}
          component=${AuthorsIndex}
        />
        <${Route}
          path="/author/:authorId"
          component=${Author}
        />
        <${Route}
          path="*"
          component=${FourOhFour}
        />
      </>
    `
  }
}
```

大家从这段代码里面应该能看出来，**App** 这个 component 负责加载与每种页面相对应的那种 component，并针对它们来配置路由。

我们在这里使用 **react-router-dom** 模块里的 **Switch** component 来配置路由，这个 component 下面能够定义多个 **Route** component，每个 **Route** 都要指定 **path** 与 **component** 属性。在渲染的时候，**Switch** 会把当前的 URL 分别与这些 **Route** 的 **path** 相匹配，找到首个能够匹配的 **Route**，并根据该 **Route** 之中的 component 属性来渲染相应的 component。

在编写 JavaScript 代码的 **switch** 结构时，我们必须注意各条 **case** 分支的出现顺序，同理，在给 Switch 下面定义 **Route** 时，这些 **Route** 之间的先后顺序也很重要。我们定义的最后

一个 **Route**，是个能够处理所有情况的 **Route**，凡是无法与前面那些 **Route** 相匹配的情况，都会跟这个 **Route** 匹配。

另外要注意，我们定义第一个 **Route** 时，把 **exact** 属性设置成了 **true**。这是必须的，因为 **react-router-dom** 默认会按照前缀来匹配，假如不把 **exact** 明确指定成 **true**，那么凡是以/开头的 URL，都能与该 **Route** 相匹配。将 **exact** 设为 **true** 之后，就只有/本身能够匹配了（那些以/开头，但是后面还有其他内容的 URL，不再与这条 **Route** 相匹配）。

现在我们很快地说一下 **Header** component：

```
import react from 'react'
import htm from 'htm'
import { Link } from 'react-router-dom'

const html = htm.bind(react.createElement)

export class Header extends react.Component {
  render () {
    return html`<header>
      <h1>
        <${Link} to="/">My library</>
      </h1>
    </header>`
  }
}
```

这个 component 相当简单，它只不过是渲染了一个包含“My Library”字样的 **h1** 标题（一级标题）而已。唯一需要说明的地方就是，这几个字不是直接放在<**h1**>里面的，而是先包裹在 **react-router-dom** 库的 **Link** 之中。**Link** 是一种负责渲染链接的 component，用户点击这种链接，会触发应用程序的路由机制，该机制无需刷新整个页面，即可令程序动态切换至某条新的路径。

现在，我们要分别编写与每种页面相对应的 component。首先看 **AuthorsIndex**，这个 component 对应于总索引页：

```
import react from 'react'
import htm from 'htm'
import { Link } from 'react-router-dom'
import { Header } from '../Header.js'
import { authors } from '../../../data/authors.js'
```

```
const html = htm.bind(react.createElement)

export class AuthorsIndex extends react.Component {
  render () {
    return html`<div>
      <${Header}/>
      <div>${authors.map((author) =>
        html`<div key=${author.id}>
          <p>
            <${Link} to="${`/author/${author.id}`}">
              ${author.name}
            </>
          </p>
        </div>`)}
      </div>
    </div>`
  }
}
```

这个 component 同样很简单。我们只不过是依照数据文件里面能够找到的作者资料，动态地渲染了一份列表。另外要注意，我们这次又用到了 **react-router-dom** 库中的 **Link**，这次用它是为了动态地创建链接，让该链接指向与当前这位作者相对应的那个具体页面。

下面我们看 **Author** 的代码，这个 component 所对应的页面，用来展示每位作者的简介及作品：

```
import react from 'react'
import htm from 'htm'
import { FourOhFour } from './FourOhFour.js'
import { Header } from '../Header.js'
import { authors } from '../../../data/authors.js'

const html = htm.bind(react.createElement)

export class Author extends react.Component {
  render () {
    const author = authors.find(
```

```
      author => author.id === this.props.match.params.authorId
    )
    if (!author) {
      return html`<${FourOhFour} error="Author not found"/>`
    }
    return html`<div>
      <${Header}/>
      <h2>${author.name}</h2>
      <p>${author.bio}</p>
      <h3>Books</h3>
      <ul>
        ${author.books.map((book) =>
          html`<li key=${book.id}>${book.title} (${book.year})</li>`
        )}
      </ul>
    </div>`
  }
}
```

这个 component 的逻辑稍微有点儿多。我们在 **render()** 方法中过滤 **authors** 数据集，从里面选出当前这个页面所应展示的这位作者。请注意，我们在筛选的时候，用 **props.match.params.authorId** 来表示当前这位作者的 ID。props 里面的 **match** 属性，是路由机制在渲染页面时传给该 component 的，而 match 属性里面的 **params** 对象，则用来表示程序在访问当前路径时所指定的动态参数。

如果要在 **render()** 方法里面执行复杂的计算操作，那么通常应该对操作结果做 memoize（记忆化）处理（**nodejsdp.link/memoization**）。这样一来，程序在输入数据没有发生变化的情况下，就不用再浪费时间去执行那些复杂的操作了。对我们这个例子而言，可以考虑把 **authors.find()** 操作加以优化，这就留给大家做练习吧。这项技术的详细信息，参见：**nodejsdp.link/react-memoization**。

有的时候，这边收到的作者 ID，无法与数据集里的任何一位作者相匹配，于是 **author** 的值就是 undefined。在这种情况下，程序当然应该展示 **404** 页面，因此，我们不再像遇到正常情况时那样，渲染与这位作者有关的数据，而是直接把渲染逻辑委派（或者说委托）给 **FourOhFour**，令其 component 负责渲染 **404** 错误页。

最后，我们来看 **FourOhFour** 的写法，这个 component 对应于 **404** 页面：

```
import react from 'react'
import htm from 'htm'
import { Link } from 'react-router-dom'
import { Header } from '../Header.js'
const html = htm.bind(react.createElement)
export class FourOhFour extends react.Component {
  render () {
    return html`<div>
      <${Header}/>
      <div>
        <h2>404</h2>
        <h3>${this.props.error || 'Page not found'}</h3>
        <${Link} to="/">Go back to the home page</>
      </div>
    </div>`
  }
}
```

这个 component 负责渲染 **404** 页面。请注意，如果开发者配置了 **error** 属性，那我们就会把该属性展示出来，以显示相关的错误信息，另外，我们这次依然使用 **react-router-dom** 库中的 **Link** component 来构造链接，让用户能够点击这个链接，以返回主页（也就是总索引页）。

这个范例程序的代码相当多，我们到这里，总算把这个只含前端逻辑的应用程序给写好了，现在只需在控制台中执行 **npm start** 命令，即可用浏览器观察到该程序的运行效果。程序的功能相当简单，如果代码写得没有问题，那么应该能在这款 Web 应用程序中，看到数据库里收录的各位作者及其作品。

大家应该把浏览器的开发工具打开，验证一下程序所配置的动态路由是否正确，也就是说，我们要确认：程序加载完第一个页面之后，如果跳转到其他页面，那么是不会发生页面刷新的。

为了更好地理解用户如何与 React 应用程序交互，我们可以在 Chrome 或 Firefox 浏览器上面安装 React Developer Tools 插件（分别参见 **nodejsdp.link/react-dev-tools-chrome**、**nodejsdp.link/react-dev-tools-firefox**），并通过该插件来观察交互情况。

10.4.2 给程序添加服务器端的渲染逻辑

没错，这个程序确实能够正常运行，但问题是，它目前仅仅运行在客户这一端，也就是说，如果我们想用 **curl** 命令获取其中某个页面，那么看到的会是这种信息：

```
<!DOCTYPE html>
<html>
  <head>
    <meta charset="UTF-8">
    <title>My library</title>
  </head>
  <body>
  <div id="root"></div>
  <script type="text/javascript" src="/main.js"></script></body>
</html>
```

我们根本没有获取到有效的内容。这段 HTML 代码表示的只是个空白容器（也就是这个 id 为 root 的<**div**>元素），该容器是应用程序在运行的时候，动态挂载到页面里的。

这一小节我们要来修改这个应用程序，让它还能够从服务器端渲染相关的内容。

首先我们给项目安装 **fastify** 与 **esm**：

```
npm install --save fastify fastify-static esm
```

然后我们在 **src/server.js** 里面编写服务器端的程序代码[译注22]：

```
import { resolve, dirname } from 'path'
import { fileURLToPath } from 'url'
import react from 'react'
import reactServer from 'react-dom/server.js'
import htm from 'htm'
import fastify from 'fastify'
import fastifyStatic from 'fastify-static'
import { StaticRouter } from 'react-router-dom'
import { App } from './frontend/App.js'
```

译注22 如果程序有问题，可考虑把源码中的 req.raw.originalUrl 改成 req.raw.url。

```
const __dirname = dirname(fileURLToPath(import.meta.url))
const html = htm.bind(react.createElement)

                                                                    // (1)
const template = ({ content }) => `<!DOCTYPE html>
<html>
  <head>
    <meta charset="UTF-8">
    <title>My library</title>
  </head>
  <body>
    <div id="root">${content}</div>
    <script type="text/javascript" src="/public/main.js"></script>
  </body>
</html>`

const server = fastify({ logger: true })                            // (2)

server.register(fastifyStatic, {                                    // (3)
  root: resolve(__dirname, '..', 'public'),
  prefix: '/public/'
})

server.get('*', async (req, reply) => {                             // (4)
  const location = req.raw.originalUrl
                                                                    // (5)
  const serverApp = html`
    <${StaticRouter} location=${location}>
      <${App}/>
    </>
  `
onst content = reactServer.renderToString(serverApp)                // (6)
const responseHtml = template({ content })

reply.code(200).type('text/html').send(responseHtml)
```

```
})

const port = Number.parseInt(process.env.PORT) || 3000                    // (7)
const address = process.env.ADDRESS || '127.0.0.1'

server.listen(port, address, function (err) {
  if (err) {
    console.error(err)
    process.exit(1)
  }
})
```

这段代码比较长，我们现在来讲其中的几个关键点：

（1）这次我们不打算用 webpack dev server 来搭建服务器，所以这段程序必须能够返回完整的 HTML 代码。于是，我们要在这里定义一个函数，并在这个函数之中使用模板字面量来构造 HTML 模板，以后所有的页面，都根据这个模板来制作。我们会把服务器渲染出的 React 应用程序，当作 content 填充到该模板之中，以获得最终的 HTML 代码，并将其返回给客户端。

（2）这里创建一个 Fastify 服务器实例，并启用日志记录（logging）功能。

（3）大家从刚才那段模板代码里面已经看到了，我们这个 Web 应用程序需要加载 **/public/main.js**这一脚本。这个脚本是由 webpack 打包工具所生成的前端 bundle。这里我们通过 **fastify-static** 插件，让 Fastify 服务器实例利用 **public** 目录下的所有静态资源来提供服务。

（4）这行代码定义了一个万能的路由，服务器端所收到的每一项 **GET** 请求，都能够与这条路由相匹配。之所以要这么做，是因为我们把实际的路由逻辑已经写在 React 应用程序里面了，因此不用在这里处理。我们只需要将 React 应用程序渲染出来就好，它自己知道应该如何根据当前的 URL 渲染相应的 component，以展示正确的页面。

（5）编写服务器这边的代码时，我们必须用 **react-router-dom** 库里的 **StaticRouter** 实例来包裹 App component。**StaticRouter** 是一种能够在服务器端做渲染的 React Router。这种 Router 不从浏览器的当前窗口中获取 URL，而是允许我们直接通过 **location** 属性传递这个 URL。

（6）现在我们终于可以用 **serverApp** 这个 component 来生成 HTML 代码了。我们把 **serverApp** 传给 React 的 **renderToString()** 函数。这样生成的 HTML 代码，与客户端程序根据指定的 URL 所生成的那种代码是一样的。接下来，我们把生成的 HTML 代码传给

template () 函数，以调整页面的格式，并把调整好的最终结果返回给客户端。

（7）最后这几行代码，是让 Fastify 服务器实例在指定的地址和端口上面监听，如果没有指定，那就默认监听 **localhost**（本机）的 **3000** 端口。

现在我们运行 **npm run build** 命令，创建前端的 bundle，接着就可以用下面这条命令启动服务器端了：

```
node -r esm src/server.js
```

我们打开浏览器，访问 **http://localhost:3000/**这个地址，大家会看到，修改后的程序跟以前一样，能够正常运作。没问题，对吧？好的，接下来我们就用 **curl** 命令获取程序的主页面，看看服务器端所生成的代码，跟本小节开头那个空白的模板相比，有什么区别：

```
curl http://localhost:3000/
```

这次我们看到的应该是：

```
<!DOCTYPE html>
<html>
   <head>
      <meta charset="UTF-8">
      <title>My library</title>
   </head>
   <body>
      <div id="root"><div><header><h1><a href="/">My library</a></h1></header><div><h2>Authors</h2><div><div><a href="/author/joyce"><p>James Joyce</p></a></div><div><a href="/author/h-g-wells"><p>Herbert George Wells</p></a></div><div><a href="/author/orwell"><p>George Orwell</p></a></div></div></div></div></div>
      <script type="text/javascript" src="/public/main.js"></script>
   </body>
</html>
```

这次没错了，网页的 root 容器里面包含有效的内容，这说明我们所写的这个服务器端程序，确实能够直接把数据文件里面收录的各位作者给显示出来。大家还可以试着访问与某位作者相对应的具体页面，看看这个程序能不能正确处理那些页面。如果都没问题，那么这个程序似乎就算写完了。但实际上，我们只能说基本写完，因为如果你要访问的网页不存在，那么它给出的结果好像有点儿奇怪。比如，如果访问这个网址：

```
curl -i http://localhost:3000/blah,
```

那么显示出来的就是：

```
HTTP/1.1 200 OK
content-type: text/html
content-length: 367
Date: Sun, 05 Apr 2020 18:38:47 GMT
Connection: keep-alive

<!DOCTYPE html>
<html>
  <head>
    <meta charset="UTF-8">
    <title>My library</title>
  </head>
  <body>
    <div id="root"><div><header><h1><a href="/">My library</a></h1></
header><div><h2>404</h2><h3>Page not found</h3><a href="/">Go back to
the home page</a></div></div></div>
    <script type="text/javascript" src="/public/main.js"></script>
  </body>
</html>
```

这个结果似乎没什么问题，它告诉我们，程序渲染出来的就是 **404** 页面，但你仔细看看，就会发现，**curl** 命令显示的状态码竟然是 **200**，而不是 **404**。

我们需要稍微修改一下代码，才能解决这个问题。现在就来说说如何修改。

React 的 **StaticRouter**，允许我们给它传递一个通用的 **context** 属性，让 React 应用程序与服务器通过该属性交换信息。于是，我们就可以利用这个机制，让 **404** 页面给这个共享的 context 里面注入信息，这样的话，服务器端就能够读取该信息，以判断是应该返回值为 **200** 的状态码，还是应该返回值为 **404** 的状态码。

我们首先修改服务器端那个万能的 **StaticRouter**：

```
server.get('*', async (req, reply) => {
  const location = req.raw.originalUrl
  const staticContext = {}
  const serverApp = html`
    <${StaticRouter}
        location=${location}
        context=${staticContext}
    >
        <${App}/>
    </>
  `
  const content = reactServer.renderToString(serverApp)
  const responseHtml = template({ content })

  let code = 200
  if (staticContext.statusCode) {
    code = staticContext.statusCode
  }

  reply.code(code).type('text/html').send(responseHtml)
})
```

修改后的版本与之前版本的区别，用粗体标出。大家可以看到，我们创建了一个名叫 **staticContext** 的空白对象，并把它传给了 **StaticRouter** 实例的 context 属性。等到服务器端的渲染逻辑执行完毕之后，我们判断程序在渲染过程中有没有给 **staticContext.statusCode** 设置明确的取值，如果设置了，那就把这个值当作状态码，连同渲染出来的 HTML 代码，一起返回给客户端。

然后我们还需要修改与 **404** 页面相对应的 **FourOhFour** component，让它给 **staticContext** 里面的 **statusCode** 填入明确的取值，也就是 **404**。具体的修改办法，是让 **render ()** 函数在返回需要渲染的元素之前，先把 **statusCode** 设置好：

```
if (this.props.staticContext) {
  this.props.staticContext.statusCode = 404
}
```

需要注意的是，我们传给 **StaticRouter** 的这个 context 属性，只会出现在 **StaticRouter**

直接路由到的那个 component 之中，如果那个 component 又渲染了其他的 component，那么后者不会收到该属性。我们重新构建前端的 bundle，然后重新启动服务器，这次大家会看到，如果请求访问/路径之下的某页面，且该页面不存在，那么程序能够正确地给出 **404** 状态码，因为负责设置 **404** 状态码的 **FourOhFour** component，是直接从 **StaticRouter** 路由过来的，但如果请求的是/路径的 **author** 子路径之中的页面，那么就算该页面不存在，程序给出的状态码也依然是 200，而不是我们想要看到的 **404**，因为负责设置 **404** 状态码的 **FourOhFour** component，这次并不是直接从 **StaticRouter** 路由过来的，而是经过 **Author** component 中转的，因此，**FourOhFour** 在 **this.props** 里看不到一个叫作 **staticContext** 的属性。

为了让 **FourOhFour** component 在经过 **Author** 中转的境况下，也能收到 **staticContext** 信息，我们需要在负责中转的这个 component，也就是 **Author** component 里面，修改 **render()** 方法，让它把自己的 **staticContext** 转给 **FourOhFour**：

```
if (!author) {
  return html`<${FourOhFour}
    staticContext=${this.props.staticContext}
    error="Author not found"
  />`
}
// ...
```

这样修改之后，服务器就可以正确给出 **404** 状态码了，因为 **FourOhFour** 无论是直接从 **StaticRouter** 路由过来的，还是经过 **Author** 中转的，它都能收到服务器提供的 **staticContext** 对象，并给里面填充正确的状态码。

现在我们已经写出一个功能完整的 React 程序了，而且这个程序能够在服务器端实现渲染。但是别急，我们还有一些事情要做……

10.4.3 让程序用异步的方式获取数据

现在假设我们要给都柏林大学三一学院图书馆（The Library of Trinity College Dublin）做网站，这个图书馆是全球知名的图书馆，有大约三百年历史，藏书大约七百万本。我们怎样才能让用户在网站里浏览这么多书籍呢？七百万本书的信息，全都放到一份简单的数据文件里面，一次加载进来，恐怕不太好。

有一种比较好的办法，是让程序向一套专用的 API 去查询书籍数据，每次查询时，只需要把渲染某个页面所用到的那一部分书籍信息查出来就好，而不用把整个图书馆的藏书全都列出来。如果用户还继续浏览网站中的其他页面，那我们再去获取渲染那些页面所需的书籍信息。

大多数 Web 应用程序，其实都可以用这个办法来设计，这当然也包括我们这个范例程序。具体来说，我们这套 API 应该提供这样两种信息［或者说，这样两个 endpoint（端点)］：

- **/api/authors**，这个端点提供作者列表。
- **/api/author/：authorId**，这个端点提供与某位作者有关的信息。

为了把例子说得简单一些，我们尽量不设计得太复杂。笔者只打算演示：要想让应用程序能够以异步方式获取数据，我们必须做出哪些修改才行。为了把重点放在这个问题上面，笔者不打算把这套 API 与某个实际的数据库产品结合起来，也不打算支持 pagination（分页）filtering（过滤/筛选）或 search（搜索）等高级功能。

所以，我们还是决定用目前的数据文件充当数据源。针对这样的数据源构建 API 服务器，其实是相当简单的，由于这部分内容跟本章的关系不大，因此笔者就不再讨论这套 API 的实现细节，而是把它留给大家做练习。你可以从本书的范例代码库里面（**nodejsdp.link/authors-api-server**），查看笔者所实现的 API 服务器。

这个简单的 API 服务器，是独立于后端服务器而运作的，因此，它会使用另外一个端口（甚至是另外一个域）来提供服务。为了让浏览器能够对另一个端口或域发出异步的 HTTP 请求，我们需要让这个 API 服务器支持 **CORS**（**cross-origin resource sharing**，跨源资源共享，参见 **nodejsdp.link/cors**）机制，以便安全地处理这些跨源的请求。Fastify 服务器很容易就能启用 CORS 机制，我们只需安装 **fastify-cors** 插件（**nodejsdp.link/fastify-cors**）即可。

另外，我们还需要一种在浏览器与 Node.js 平台都能顺利运作的 HTTP 客户端。**superagent**（**nodejsdp.link/superagent**）是个不错的选择。

现在我们把范例程序需要用到的两个新模块装上：

```
npm install --save fastify-cors superagent
```

然后就可以启动 API 服务器了：

```
node -r esm src/api.js
```

我们试着用 **curl** 命令发出一些请求，比如：

```
curl -i http://localhost:3001/api/authors
curl -i http://localhost:3001/api/author/joyce
curl -i http://localhost:3001/api/author/invalid
```

如果这些命令的执行结果都没有问题，那我们接下来就修改 React 程序里的各种 component，让它们采用刚设计的这套 API 端点来获取作者信息，而不要像原来那样，直接从 **authors** 数据集里面读取。我们首先修改的 component 是 **AuthorsIndex**：

```
import react from 'react'
import htm from 'htm'
import { Link } from 'react-router-dom'
import superagent from 'superagent'
import { Header } from '../Header.js'

const html = htm.bind(react.createElement)


export class AuthorsIndex extends react.Component {
  constructor (props) {
    super(props)
    this.state = {
      authors: [],
      loading: true
    }
  }

  async componentDidMount () {
    const { body } = await superagent.get('http://localhost:3001/api/
authors')
    this.setState({ loading: false, authors: body })
  }

  render () {
    if (this.state.loading) {
        return html`<${Header}/><div>Loading ...</div>`
    }

    return html`<div>
```

```
        <${Header}/>
        <div>${this.state.authors.map((author) =>
          html`<div key=${author.id}>
            <p>
              <${Link} to="${`/author/${author.id}`}">
                ${author.name}
              </>
            </p>
          </div>`)}
        </div>
      </div>`
    }
  }
```

这个版本与上一小节那个版本之间的区别，已经用粗体标出来了。我们实际上是把这个 React component 从一个无状态的 component，转化成了有状态的 component。我们在构造器里面初始化了一个表示状态信息的 state 对象，把它的 authors 属性设为空白数组，并把 **loading** 标志设为 **true**，以表示正在加载作者清单。然后，我们在 componentDidMount 这个与生命期有关的方法里面，通过新设计的 API 端点来加载作者数据。最后我们修改 render() 方法，让它判断当前是否正在执行异步加载操作，如果是，那就显示一条信息，表示目前还在加载数据。

接下来修改的 component 是 Author：

```
import react from 'react'
import htm from 'htm'
import superagent from 'superagent'
import { FourOhFour } from './FourOhFour.js'
import { Header } from '../Header.js'

const html = htm.bind(react.createElement)

export class Author extends react.Component {
  constructor (props) {
    super(props)
    this.state = {
      author: null,
```

```
      loading: true
    }
  }

  async loadData () {
    let author = null
    this.setState({ loading: true, author })
    try {
      const { body } = await superagent.get(
        `http://localhost:3001/api/author/${
          this.props.match.params.authorId
        }`)
      author = body
    } catch (e) {}
    this.setState({ loading: false, author })
  }

  componentDidMount () {
    this.loadData()
  }

  componentDidUpdate (prevProps) {
    if (prevProps.match.params.authorId !==
      this.props.match.params.authorId) {
      this.loadData()
    }
  }

  render () {
    if (this.state.loading) {
      return html`<${Header}/><div>Loading ...</div>`
    }
```

```
    if (!this.state.author) {
      return html`<${FourOhFour}
        staticContext=${this.props.staticContext}
        error="Author not found"
      />`
    }

    return html`<div>
      <${Header}/>
      <h2>${this.state.author.name}</h2>
      <p>${this.state.author.bio}</p>
      <h3>Books</h3>
      <ul>
        ${this.state.author.books.map((book) =>
          html`<li key=${book.id}>
            ${book.title} (${book.year})
          </li>`
        )}
      </ul>
    </div>`
  }
}
```

这个 component 的修改方式，跟刚才说的 **AuthorsIndex** 类似，但是这次，我们把加载数据的逻辑提取到了 **loadData()** 方法里面，因为除了 **componentDidMount()** 方法，还有另一个与生命期有关的方法［即 **componentDidUpdate()** 方法］，也想使用这套逻辑。我们这个程序，确实需要实现 **componentDidUpdate()** 方法，因为如果这个 component 实例收到了新的属性，那么 React 系统就会触发该方法，因此，为了保证 component 在收到新属性之后能够正确地得到渲染，我们必须定义这样一个方法。这个 Author component 在什么情况下，会收到新的属性呢？设想一下，假如我们以后还要在展示作者信息的那个页面里，制作一些链接，让它们分别指向与该作者有关的其他一些作者，那么就有可能出现这种情况。

现在我们试着运行新版的代码。首先用 **npm run build** 命令重新生成前端 bundle，然后启动后端服务器与 API 服务器，最后在浏览器里访问 **http://localhost:3000/** 这个网址。

把这些页面都浏览一下，你就会发现，程序的效果跟我们预想的一样，没有问题。另外，你可能也会注意到，程序能够交互式地载入页面内容，而不是一直卡在那里，非要把所有内容全都加载进来，然后才能显示。

浏览器端确实没有问题，但服务器端的渲染效果是否正常呢？如果我们用 curl 命令访问主页，那么会看到这样一段 HTML 代码：

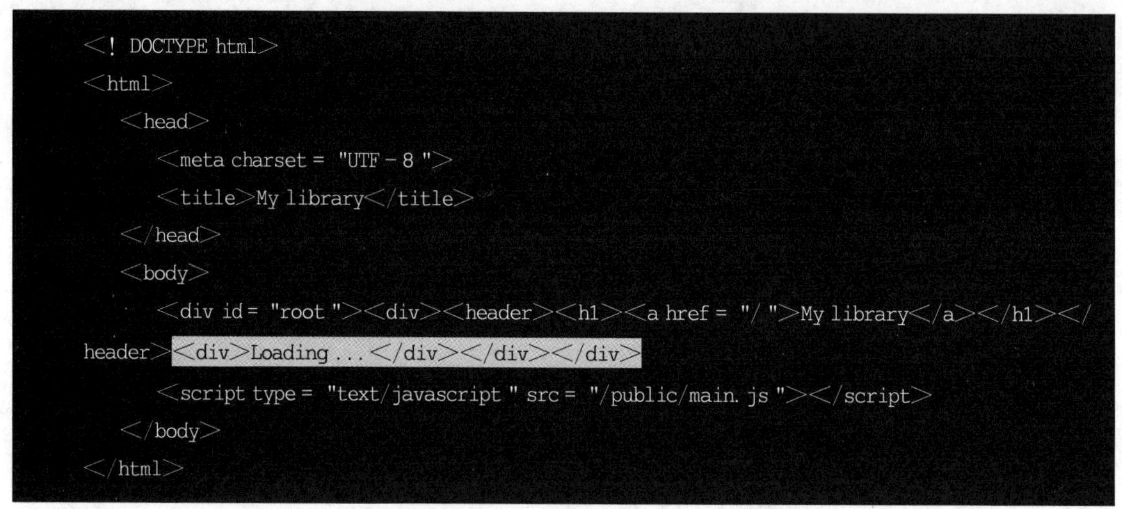

```
<! DOCTYPE html>
<html>
  <head>
    <meta charset = "UTF - 8 ">
    <title>My library</title>
  </head>
  <body>
    <div id = "root "><div><header><h1><a href = "/ ">My library</a></h1></
header><div>Loading ...</div></div></div>
    <script type = "text/javascript " src = "/public/main. js "></script>
  </body>
</html>
```

大家注意到了吗？curl 命令并没有获取到有效的内容，它只显示出了一个带有“Loading …”字样的页面，这并不是我们想要的效果。另外还有一个问题，如果你用 **curl** 命令访问某个不存在的页面，那么返回的还是这段 HTML 标记，而且状态码是 **200**，不是我们想要看到的 **404**。

服务器为什么端渲染不出有效的内容呢？因为渲染这些内容的代码，写在 **componentDidMount** 这个生命周期方法里面，而这个方法，只有在浏览器平台才会触发。在服务器端运行 React 程序，是不会触发该方法的。

服务器端的渲染效果不正确，除了方法触发上面的原因之外，还有一个原因在于：服务器端的渲染，是一种同步操作，就算我们把渲染逻辑移动到其他方法里面，也还是无法在服务器端，实现出异步加载数据的效果。

下一小节将会提出一种模式，让我们在服务器与浏览器这两端，能够采用完全一致的方案，来加载数据并渲染页面。

10.4.4 在服务器端与浏览器端采用同一套方案获取数据

由于服务器端的渲染是一种同步操作，因此要想把必要的数据迅速而完整地加载进来，可能得动点脑筋。为了避开上一小节末尾所说的那两个问题，我们可能要使用一些看上去不太直观的做法。

其实问题的根源在于，我们把路由逻辑写在了 React 应用程序里面，而服务器这边在调用 **renderToString ()** 之前，并不知道自己正在渲染的是哪个页面。因此，它无法针对每一种具体的页面，把这种页面所需要的数据，给预先加载进来。

那么，怎样让服务器与浏览器这两端，采用同一套方案来获取数据呢？这在 React 开发领域，还是个没有定论的问题。许多框架与程序库，都针对这个问题，提出了自己的做法，这些做法都想把服务器端的渲染效果处理好，让它跟浏览器端的最终渲染结果一致。

目前值得讨论的做法主要是两种，一种叫作**two - pass rendering**（两轮渲染/两次渲染/两回合渲染），另一种叫作**async page**（异步页面）。这两种做法采用不同的技术，确保服务器端能够把渲染页面所需的数据预先加载进来。无论采用哪一种做法，服务器都会在它所生成的 HTML 页面里提供一个内联的 **script** 块，只要服务器把数据完全加载好，它就会将这些数据注入 global scope（全局作用域，也就是 **window** 对象）之中，这样的话，如果页面是在浏览器里展示的，那么客户端那边，就不需要把服务器端加载好的数据重新加载一遍了，因为这些数据现在已经位于 **window** 对象之中。

10.4.4.1　两轮渲染

两轮渲染的思路，是通过 React router 的 **staticContext** 对象，在 React 程序与服务器之间交换信息。图 10.4 演示了这种做法的原理。

两轮渲染的步骤是这样的：

(1) 服务器第一次调用 **renderToString ()** 时，会把客户发来的 URL 传给 React 程序，同时传递一个空白的 **staticContext** 对象。

(2) React 程序根据 URL 做路由，以确定需要渲染的 component。每一种需要异步加载数据的 component，都需要实现一些额外的逻辑，让这些数据在服务器端也能够得到加载。比如，我们可以这样来实现，也就是把加载数据的操作表示成 Promise，并将其添加到 **staticContext** 之中。这样的话，这一轮渲染结束之后，服务器就会收到一份不完整的 HTML 标记，服务器一看到它不完整，就明白相关的数据目前还没有完全加载进来，如果正在执行的数据加载操作有许多项，那么 **staticContext** 里面就会出现多个 Promise。

(3) 这时，服务器需要查看 **staticContext** 的内容，并等待其中所有的 Promise 都得到解决，以确保渲染页面所需的数据全部得以加载。在这个过程中，服务器可以新建一个 **staticContext** 对象，来存放早前那个 **staticContext** 里面各项 Promise 的执行结果。这个新的 **staticContext** 是用来做第二轮渲染的，这种做法之所以叫两轮渲染，原因正在于此。

(4) 现在轮到 React 这边了。由于 URL 没有变，因此路由机制还是会选出跟第一轮渲染时相同的那个 component。但是这次，component 会发现，自己需要使用的数据已经出现在

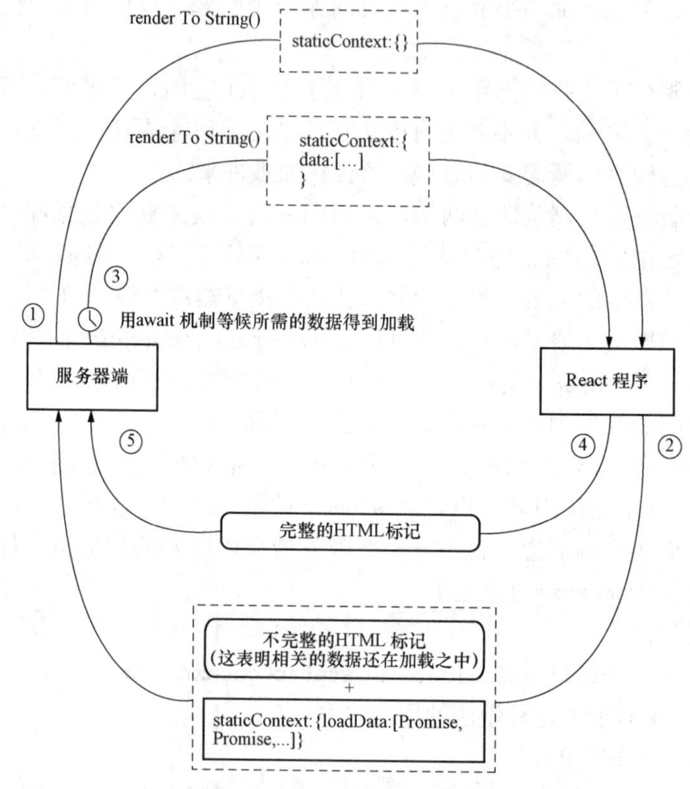

图 10.4　两轮渲染的原理图

传过来的 **staticContext** 里面了，于是，它直接拿这些数据把视图渲染出来就行。这一步所产生的，是一份完整的 HTML 标记，可以直接交给服务器使用。

（5）这时，服务器端已经拿到了完整的 HTML 标记，于是就可以用它渲染最终的 HTML 页面了。服务器端还会把这些数据放在一个 **script** 标签里面，这样的话，浏览器在访问应用程序的首个页面时，就可以直接使用这些数据，而不必重新加载一遍。

这个做法相当强大，而且具备几项重要的优势。比如，它让我们能够相当灵活地安排这些 React 组件。如果需要异步加载数据的 component 有很多种，那么你可以把这些 component 放到任何一层上面，而不是说非得像某些做法那样，安排到某个特定的层级。

这个做法还有一些比较复杂的形式，有可能让渲染次数超过两次。比如，在第二轮渲染的时候，component 树里面可能会渲染出一个新的 component，而这个新的 component，本身又需要异步地加载数据，因此，它没办法直接把渲染好的结果添加到 **staticContext** 之中，而是只能暂且添加一个新的 Promise 对象，以表示这项有待执行的数据加载操作。为了照顾这种情况，服务器必须采用循环结构来处理渲染，也就是说，上一轮渲染结束之后，如果还有 Promise 尚未解决，那就必须继续渲染，直到所有的 Promise 全解决为止。这种形式的两轮渲染，叫作**multi-pass rendering**（多轮渲染/多次渲染/多回合渲染）。

这个做法最大的缺点，在于它需要多次调用 `renderToString ()`，而调用这个函数的开销其实并不小，所以，在真实的应用程序里面，这么做可能会迫使服务器渲染许多轮，从而让整个渲染流程变得相当缓慢。

这会令整个应用程序的性能严重下降，让人用起来相当难受。

接下来我们要讲另外一种做法，它比这个做法简单，而且效率可能也比较高。

10.4.4.2 异步页面

我们现在要介绍的这种做法，称为“async page”（异步页面），它要求开发者采用比较严格的结构来设计 React 应用程序。

这种做法所采用的思路，是把应用程序里面的各种 component，安排成特定的结构，以便对需要异步加载数据的那种页面，加以特殊处理。下面先举一个例子，让大家看看这种结构可以如何来安排，明白了这一点之后，我们就比较容易解释：这种方案究竟怎样实现出异步的数据加载效果。

图 10.5 演示了 async page 技术所要使用的结构。现在我们详细讨论这个树状结构的每一层，看看这些层面上的 component 都是做什么用的。

（1）整个应用程序的根部，总是一种 `Router` component（对服务器端来说，是 `StaticRouter`，对浏览器端来说，是 `BrowserRouter`）。

（2）这个 `Router` component 应该有唯一的下级 component，也就是 App component。

（3）App component 也应该有唯一的下级 component，也就是 `react-router-dom` 包里面的 `Switch` component。

（4）这个 `Switch` component，下面可以有一个或多个 `Route` component，这些 component 用来定义程序里面有可能出现的每一条路由路径，并指出程序进入该路径之后，应该渲染哪个 component。

（5）这一层才是最值得讨论的一层，因为它提出了“page component”（页面组件）这一概念。这种 component 负责确定整个页面的样貌，它下面可以有自己的树状结构，并在里面任意安排各种 component，以便用这些 component 将整个页面渲染出来，比如，它可以渲染出一个带有 header（页头）、body（主体）及 footer（页脚）的页面。page component 分成两类，一类是常规的 component，它跟普通的 React component 一样，另一类就是 `AsyncPage` component。这是一种特殊的 component，它是有**状态的**（**stateful**），这种 component 能够把服务器端与浏览器端所需要用到的数据，异步地加载进来。它们需要实现一个特殊的静态方法，叫作 `preloadAsyncData ()`，并把加载数据所用的逻辑写到这个方法里面。

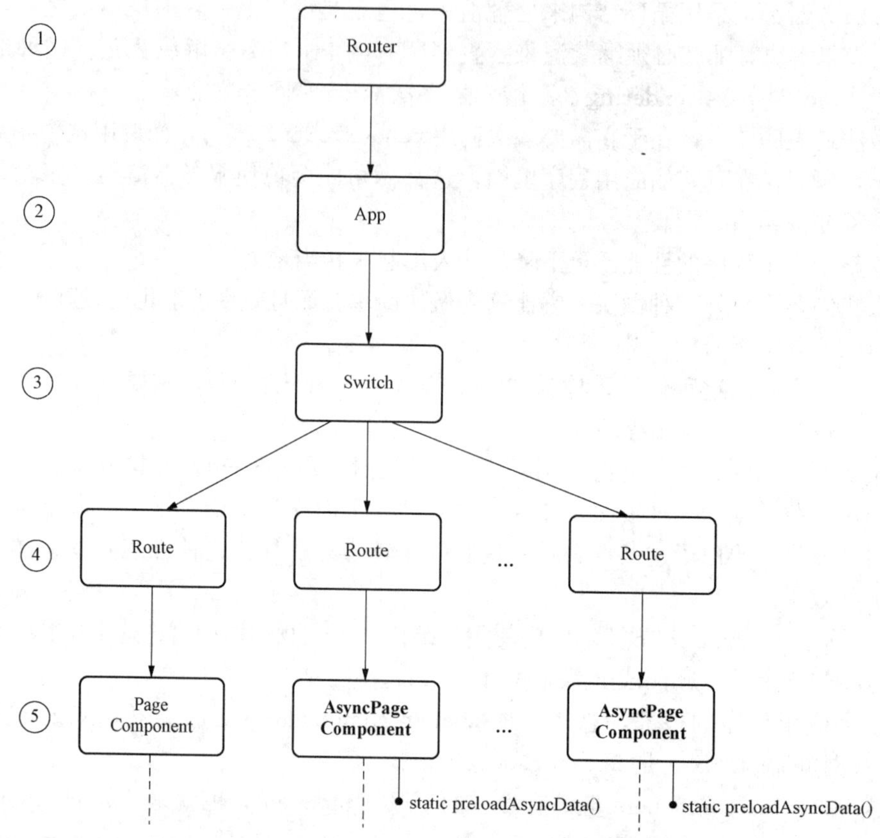

图 10.5　含有 async page（异步页面）的树状结构

由此可见，前四层负责的是路由逻辑，第五层负责加载数据并把实际页面渲染出来。在这五层之外，不需要定义其他层面来处理路由与数据加载任务。

从理论上来说，第五层之下还可以有其他层面，但那些层面不属于 async page 技术所必需的层面，因为那些层面都是等第五层的页面渲染出来之后，才放在客户端去处理的。

现在我们就来讨论这套比较严整的结构，看看它怎样在只渲染一次的前提下，采用同一套方案在服务器端与浏览器端获取数据。

总的思路是：如果我们能把这套路由规则（也就是每一条路径与该路径所对应的 component），单独写到一份文件里面，那么就可以在服务器端先利用这份文件，判断出当前要渲染的是哪个 page component，然后再触发 React 程序那边的渲染流程。

判断的时候，我们要看这个 page component 是不是 AsyncPage，如果是，那就意味着服务器端在渲染之前，必须把该页面所需的某些数据加载进来，这时我们可以在这个 component 上面调用 **preloadAsyncData ()**，让它去异步加载这些数据。

只要数据一加载进来，我们就把它添加到 staticContext 里面，这样就能渲染整个应用程序了。在渲染的时候，**AsyncPage** 知道这些数据已经加载进来并存放在 **staticContext** 里面了，因此它直接渲染就好，不用像以前那样，先进入 loading（“加载中……”的）状态，等数据加载好之后再离开该状态。

渲染完之后，服务器可以把已经加载好的这些数据，放到一个 **script** 标签里面，这样的话，浏览器那边就不用重新等待这份数据加载进来了，因为 **script** 里面的代码已经把这些数据放到了浏览器能够直接使用的地方了。

Next.js (nodejsdp.link/nextjs) 是一种流行的框架，用来开发 Universal JavaScript 应用程序，它使用的就是我们刚说的这套做法，因此，这也可以当成 Async Page（异步页面）模式在 Node.js 大环境中的一个例子。

10.4.4.3　实现异步页面模式

前面已经把获取数据时可能遇到的问题讲清楚了，现在我们开始在应用程序之中实现这样的 async page（异步页面）。

我们目前的组件，在结构上已经符合异步页面模式的要求了，因为 **AuthorsIndexAuthor** 与 **FourOhFour**，刚好都处在第四层。我们要让前两种页面在服务器与浏览器端，能够采用同一套方案获取数据，因此，需要把它们转化成异步页面。

首先要做的修改是把路由规则专门提取到 **src/frontend/routes.js** 这样一个文件里面：

```
import { AuthorsIndex } from './components/pages/AuthorsIndex.js'
import { Author } from './components/pages/Author.js'
import { FourOhFour } from './components/pages/FourOhFour.js'

export const routes = [
  {
    path: '/',
    exact: true,
    component: AuthorsIndex
  },
  {
    path: '/author/:authorId',
    component: Author
```

```
  },
  {
    path: '*',
    component: FourOhFour
  }
]
```

我们想让应用程序里的各个部分，都根据这份配置文件来决定路由，因此，现在要修改前端的 **App** component，让它根据该文件，定义 **Switch** 之下的各条 **Route**：

```
// src/frontend/App.js
import react from 'react'
import htm from 'htm'
import { Switch, Route } from 'react-router-dom'
import { routes } from './routes.js'

const html = htm.bind(react.createElement)

export class App extends react.Component {
  render () {
    return html`<${Switch}>
      ${routes.map(routeConfig =>
        html`<${Route}
          key=${routeConfig.path}
          ...${routeConfig}
        />`
      )}
    </>`
  }
}
```

大家都看到了，我们修改的只不过各条 **Route** 的建立方式而已。以前，我们是直接在这里定义与每条路径相对应的 **Route** component，现在则是从名为 **routes** 的数组里面读取信息，并采用动态的方式来定义。这样一来，如果 **routes.js** 文件如果发生变化，那么我们的这个 **App** component 会自动套用新版的路由规则。

好了，接下来，我们该更新服务器端的逻辑了，也就是要修改 **src/server.js** 文件。

首先要做的，是从 **react - router - dom** 包引入一个工具函数，以判断某个 URL 是否与我们定义的某条 Route 路径相匹配。为此，我们当然要让 **src/server. js** 文件也像 **src/frontend/routes. js** 那样，把包含路由规则的那个 **routes. js** 模块引进来。

```
// ...
import { StaticRouter, matchPath } from 'react-router-dom'
import { routes } from './frontend/routes.js'
// ...
```

然后，我们要修改服务器端在填充 HTML 模板时所用的 template 函数，给它添加 serverData 参数，用来表示服务器这边以异步方式加载到的数据。我们将这份数据嵌入需要该数据的那个页面：

```
// ...
const template = ({ content, serverData}) => `<!DOCTYPE html>
<html>
    <head>
        <meta charset="UTF-8">
        <title>My library</title>
    </head>
    <body>
        <div id="root">${content}</div>
        ${serverData ? `<script type="text/javascript">
window.__STATIC_CONTEXT__ = ${JSON.stringify(serverData)}
        </script>` : ''}
        <script type="text/javascript" src="/public/main.js"></script>
    </body>
</html>`
// ...
```

大家都看到了，修改后的模板，多出来一个叫作 **serverData** 的参数。如果调用 **template** 函数时传了这个参数，那么函数就会渲染出一个 **script** 标签，并通过标签中的脚本代码，把 **serverData** 所表示的这份数据，注入 **window** 全局变量，让它成为该变量的 **__STATIC_CONTEXT__** 属性。

接下来，我们要进入重要的部分了，也就是重写服务器端的渲染逻辑：

```
// ...
```

```
server.get('*', async (req, reply) => {
  const location = req.raw.originalUrl
  let component                                                    // (1)
  let match
  for (const route of routes) {
    component = route.component
    match = matchPath(location, route)
    if (match) {
      break
    }
  }

  let staticData                                                   // (2)
  let staticError
  let hasStaticContext = false
  if (typeof component.preloadAsyncData === 'function') {
    hasStaticContext = true
    try {
      const data = await component.preloadAsyncData({ match })
      staticData = data
    } catch (err) {
      staticError = err
    }
  }
  const staticContext = {
    [location]: {
      data: staticData,
      err: staticError
    }
  }

                                                                   // (3)
  const serverApp = html`
    <${StaticRouter}
        location=${location}
        context=${staticContext}
```

```
    >
      <${App}/>
    </>
  `
  const content = reactServer.renderToString(serverApp)
  const serverData = hasStaticContext ? staticContext : null
  const responseHtml = template({ content, serverData })

  const code = staticContext.statusCode
    ? staticContext.statusCode
    : 200
  reply.code(code).type('text/html').send(responseHtml)
// ...
```

这段代码改动的地方很多，我们现在逐个讲解其中的每一部分：

(1) 首先修改的这一部分，是为了判断当前这条 URL 所要渲染的，到底是哪种页面。我们用循环结构迭代 **routes** 之中的每一条路由规则，并通过 **matchPath** 这个工具函数去判断 **location** 所表示的 URL 是否与 **route** 所表示的路由规则相匹配，如果匹配，那就跳出循环，跳出之后，component 变量的值，指的就是需要渲染的那种页面。我们当初定义 **routes** 时，在最后写了一条通用的规则，把无法与其他规则相匹配的 URL，全都路由到了 **404** 页面，因此，这里不会出现迭代完整个 **routes** 依然找不到路由的情况，因为就算这个 URL 无法与前面那些规则相匹配，它也总是能跟 **routes** 里的最后一条路由规则匹配 **match** 变量包含与匹配结果有关的信息。如果匹配到的这条路由规则，当初定义了某些参数，那么 URL 里面与那些参数相对应的部分，会自动成为 **match** 之中的属性值。比如，**/author/joyce** 这条 URL，会与 **routes** 之中的**'/author/:authorId'**规则相匹配，而那条规则里面定义了 **authorID** 参数，因此，URL 之中的 **joyce**，就会成为该参数的取值，于是，**match** 变量的 **params** 属性，就相当于 { **authorId: 'joyce'** }。到了需要渲染 **Author** 页面的时候，那个页面在自己的状态信息里，也会看到这样的取值。

(2) 接下来修改的这一部分是想判断：根据路由规则所选出来的那种页面，是不是异步页面（AsyncPage），具体的判断方法，是看该 component 有没有定义一个名叫 **preloadAsyncData** 的静态方法。如果有，那就触发该方法，并把 **match** 对象放在一个新的对象里面，然后把这个新对象当成参数传过去（这样的话，那个页面就可以从 **match** 之中查出它在获取数据时所需要的参数，例如 **authorId** 参数）。函数返回的应该是个 **Promise**，如果这个 **Promise** 顺利得到解析，那意味着我们已经拿到了渲染该 **component** 所需的数据，于是，我们就把这份数据放在 **staticData** 里面；如果 **Promise** 遭到拒绝，那么我们把处理 **Promise** 的过程中发生的错误，记录到 **staticError** 之中。最后，我们创建 **staticContext** 对象，这个对象会把预先加载到的数据（或者加载过程中发生的错误）与当前的路径联系起来。那为什么不单单记录数据，而是要把当前路径作为这份数据的键，同时记录进去呢？这是因为，有的时候，浏览器会突然决定渲染另外一种页面（这可能是程序的逻辑错误导致的，也可能是因为用户在某个页面还没有完全加载进来的时候，就按下了后退按钮），而渲染那种页面时所需要的数据，不一定是当前加载进来的数据，假如我们不记录位置，那就有可能导致程序把无关的数据，渲染到需要展示的那种页面之中。

（3）最后修改的这一部分，是要调用 **renderToString()** 函数，把 React 程序所生成的 HTML 获取过来。大家注意，由于我们传过去的 **staticContext** 里面，已经把渲染相关页面所需的数据，提前准备好了，因此我们希望 React 程序能够直接将该页面的最终结果展示出来，而不是像以前那样，只显示“Loading...”字样，以表示相关的数据还在加载之中。这种效果当然不会自动出现，而是需要我们给 React component 那边添加相应的逻辑，让它判断加载页面所需的数据，是不是已经放在 **staticContext** 里面了，如果是，那就不用先进入 loading 状态，然后再切换到加载完毕的状态，而是可以直接把最终的渲染结果展示出来。获取到 React 程序所生成的 HTML 之后，我们用 **template()** 函数把这段 HTML 补充成一份完整的页面，发送给客户端。在发送之前，还得保证状态码是正确的。比如，如果最终渲染的是 **FourOhFour**（**404** 页面，那么那个页面在渲染时，会将相应的状态码（也就是 **404**）设置到 **staticContext.statusCode** 里面，于是我们在这里就必须判断 **staticContext** 之中有没有 **statusCode** 属性，如果有，就把该属性的值当成最终的状态码，如果没有，就把状态码设为默认的 **200**。

服务器端的渲染逻辑，到这里就写完了。

现在该创建 React 应用程序这边的异步页面抽象机制了。由于我们有两种异步页面需要渲染，因此最好能建立一个基类，并采用第 9 章讲的 Template 模式，把需要由子类所实现的方法预留出来，也就是那两种异步页面。我们把这个基类写在 **src/frontend/components/pages/AsyncPage.js** 文件之中：

```
import react from 'react'

export class AsyncPage extends react.Component {
  static async preloadAsyncData (props) {                          // (1)
    throw new Error('Must be implemented by sub class')
  }

  render () {
```

```
    throw new Error('Must be implemented by sub class')
  }

  constructor (props) {                                                  // (2)
    super(props)
    const location = props.match.url
    this.hasData = false

    let staticData
    let staticError

    const staticContext = typeof window !== 'undefined'
      ? window.__STATIC_CONTEXT__ // 这个页面是在浏览器端渲染的
      : this.props.staticContext  // 这个页面是在服务器端渲染的

    if (staticContext && staticContext[location]) {
      const { data, err } = staticContext[location]
      staticData = data
      staticError = err
      this.hasStaticData = true

      typeof window !== 'undefined' &&
        delete staticContext[location]
    }

    this.state = {
      ...staticData,
      staticError,
      loading: !this.hasStaticData
    }
  }

  async componentDidMount () {                                           // (3)
    if (!this.hasStaticData) {
      let staticData
      let staticError
```

```
        try {
          const data = await this.constructor.preloadAsyncData(
            this.props
          )
          staticData = data
        } catch (err) {
          staticError = err
        }
        this.setState({
          ...staticData,
          loading: false,
          staticError
        })
      }
    }
  }
```

这个类提供了一套辅助代码，让我们能够继承该类，以构建有状态的 component，从而表示出各种异步页面。这些异步页面可以处理三种情况：

• 页面是在服务器端渲染的，在这种情况下，渲染所需的数据，肯定已经加载进来了（因此没有必要再次加载）。

• 页面是在客户端渲染的，而且渲染该页面所需的数据，已经出现在了 **window.__STATIC_CONTEXT__** 变量之中（因此也没有必要再次加载）。

• 页面是在客户端渲染的，但是渲染所需的数据还没有准备好（出现这种情况，有可能是因为服务器那边还没有渲染过这个页面，比如，服务器端首次渲染的是另外一个页面，浏览器把那个页面展示出来之后，用户从那里跳转到了这个页面）。在这种情况下，我们必须在系统触发该页面的 **componentDidMount()** 方法时，把渲染页面所需的数据动态地加载进来。

现在我们来看这段代码中的三个关键点：

(1) 开发者不应该直接实例化这个 component 类，而是应该先定义它的某个子类，并实现 **static async preloadAsyncData(props)** 与 **render()** 方法，然后对那种子类做实例化。为了确保这一点，我们让这两个方法默认抛出错误，以提醒子类的开发者必须予以实现。

(2) 我们在构造器里初始化这个 component 的状态。这有两种可能，一种是数据已经准备好了，因此我们可以直接把数据放到表示状态信息的这个 **state** 对象里面。还有一种是数据尚未准备好，这时我们需要让 component 进入 loading 环节，等浏览器要把这个 component 放到页面上的时候，它会触发 **componentDidMount()** 方法，那个方法会把相关的数据加载进来。如果这个 component 是在浏览器端渲染的，而且它是从 **staticContext** 里面获取数据的，那么我们还必须记得把这份数据删掉，这样的话，用户从网站中的其他页面返回这个页面时，我们的程序就会加载最新的数据，而不使用以前加载的陈旧数据，因为那份数据可能已经过时了。

（3）只有当 React 程序运行在浏览器端的时候，这个 **componentDidMount ()** 方法才会得到触发。我们在这里只需要判断，渲染所需的数据是不是还没有加载进来，如果没有，那就动态地加载（也就是当场加载）。

把这套有用的抽象机制做好之后，我们就可以重写 **AuthorsIndex** 与 **Author** 这两个 component，并将其转化成 async page（异步页面）。首先从 **AuthorsIndex** 开始：

```
import react from 'react'
import htm from 'htm'
import { Link } from 'react-router-dom'
import superagent from 'superagent'
import { AsyncPage } from './AsyncPage.js'
import { Header } from '../Header.js'

const html = htm.bind(react.createElement)

export class AuthorsIndex extends AsyncPage {
  static async preloadAsyncData (props) {
    const { body } = await superagent.get(
      'http://localhost:3001/api/authors'
    )
    return { authors: body }
  }

  render () {
    // 不变……
  }
}
```

大家都看到了，修改之后的 component 类继承自 **AsyncPage**。由于管理状态的代码已经写在 **AsyncPage** 里面了，因此我们不用给这个子类编写构造器，只需要把加载数据所用的业务逻辑，定义在 **preloadAsyncData ()** 方法之中即可。

把这个方法，跟旧版 **AuthorsIndex** 类的 **componentDidMount ()** 方法对比一下，你就会发现，它们的写法其实差不多。新版的 **AuthorsIndex** 不再需要编写 **componentDidMount ()** 方法，因为这个方法现在已经由超类实现好了，我们只需要使用继承下来的这份实现就行。目前的 **preloadAsyncData ()** 方法，跟旧版 **AuthorsIndex** 的 **componentDidMount ()** 之间只有一个区别，就是它不需要直接设定 component 的内部状态，它只需要通过 **return** 语句把异步加载进来的数据返回即可。至于 component 的内部状态，会由超类 **AsyncPage** 的相关代码负责更新。

接着我们修改 Author component：

```
import react from 'react'
import htm from 'htm'
import superagent from 'superagent'
import { AsyncPage } from './AsyncPage.js'
import { FourOhFour } from './FourOhFour.js'
import { Header } from '../Header.js'

const html = htm.bind(react.createElement)

export class Author extends AsyncPage {
  static async preloadAsyncData (props) {
    const { body } = await superagent.get(
      `http://localhost:3001/api/author/${
        props.match.params.authorId
      }`
    )
    return { author: body }
  }

  render () {
    // 不变……
  }
}
```

这个 component 的改法，跟刚才的 AuthorsIndex 类似。我们只是把加载数据的逻辑移动到了 **preloadAsyncData ()** 方法里面，并把修改状态的工作交给超类去完成。

我们只需要在 src/frontend/index.js 文件里再做一项小小的优化，整个程序就改好了。这项优化指的是把 reactDOM.render () 函数换成 reactDOM.hydrate ()。由于浏览器初次加载页面时，所要获取的这套 HTML 标记码，与服务器端针对该页面所要产生的那套标记码完全一样，因此我们可以改用 hydrate () 来渲染，这会让浏览器头一次访问网页时快一些。

现在总算可以观察修改之后的效果了。我们重新构建前端 bundle 并重启服务器，然后看看服务器端生成的页面，这次它应该把页面所要用到的数据完全加载进来了，而不像以前那样，仅仅显示该页面正在加载。另外，404 错误也能够正确地得到汇报，这包括数据源里没有收录某作者而用户却请求访问该作者页面的情况。

好的，到这里，我们就构建出了一款能够在客户端与服务器端共用同一套代码、逻辑与数据的程序，这才是真正的 Universal JavaScript 应用程序。

10.5 小结

这一章讲的是如何开发 Universal JavaScript 应用程序，这是一种新型的开发方式，而且正在持续发展。它给 Web 开发领域带来了许多新的思路，让我们能够创建出加载速度较快且易于访问的单页面应用程序（single - page application），并针对搜索引擎优化该程序。

本章在讲 Universal JavaScript 的时候，关注的都是基础问题。首先我们谈的是模块打包工具（module bundler，模块打包器），笔者解释了我们为什么需要使用这类工具，并讲解了它们的工作原理。然后我们具体谈了怎样使用 Webpack 这款模块打包工具。接下来，我们介绍了 React 并讲解了它的某些功能。笔者演示了怎样用它构建面向 component（面向组件）的用户界面，并从头开始构建范例程序，以演示如何实现 universal rendering（universal 渲染）、universal routing（univesal 路由）与 universal data retrieval（universal 数据获取）。

这一章讨论的话题虽然多，但是都属于相当基本的问题，Universal JavaScript 里面值得说的问题其实还有很多。你可以从本章讲到的这些知识出发，继续研究这种开发方式。Universal JavaScript 发展得很快，在接下来的几年里，工具与程序库可能都会有很大变化，但本章所讲的这些基础概念依然适用，所以大家不用担心，只要跟着发展节奏不断尝试就好。如果你能从工作中的实际业务需求出发，利用学到的知识构建出一款 Universal JavaScript 程序，那你就能慢慢地提升自己的开发水平，进而成为专家。

另外还要说的是，这一章学到的知识，也能够开发 Web 应用程序之外的东西，例如手机 App。如果你对这个话题感兴趣，可以从 React Native 出发，继续探索。

下一章要提出一些问题，并针对这些问题给出解决方案，在这个过程中，我们要谈很多高级话题。大家准备好了吗?

10.6 习题

- **（1）美化程序界面。**我们这个书目展示程序，看上去相当朴素，如果能添加一些色彩效果与图片就好了。你能不能试着美化一下这个程序呢？如果遇到困难或者缺乏思路，那可以去 GitHub 上面看看笔者针对这道题所做的版本（nodejsdp.link/univ）。
- **（2）用更合适的办法管理数据。**我们前面说过，把大量数据存放在同一份文件里，恐怕不太好。所以，现在你不妨选择一款数据库做后端，并把这些数据全都移动到数据库里。在这个过程中，你可以试着提升这款程序的档次，给它编写一段脚本，让它能够从 Open Library（nodejsdp.link/open-libary-api）这样的数据源里面引入大量图书信息。
- **（3）分页与搜索。**把数据迁移到数据库里面之后，数据量可能就会逐渐增多，因此我们可能应该添加搜索（search）与分页（pagination）等功能。
- **（4）用 Universal JavaScript 开发方式制作博客网站。**从头开始，用 Universal JavaScript 方式构建一个博客网站。然后，试着利用 Next.js（nodejsdp.link/nextjs）或 Gatsby（nodejsdp.link/gatsby）这样的框架重新做这个网站。

第 11 章　高　级　技　巧

这一章打算像菜谱那样，提出一个问题、解决一个问题，然后再提出并解决下一个问题。这样我们就有了一套 *recipe*（教程），其中每个 recipe，都能解决日常的 Node. js 工作之中的某个编程问题。

当然了，这一章所提出的问题，大部分都很如何异步完成任务有关，这并不奇怪，因为我们在前面的章节里已经反复说过，有些任务在传统的同步编程方式下很容易就能写好，但是要想异步地执行，就比较复杂了。其中一个相当经典的问题，就是怎样初始化包含异步任务的组件（component），在这种情况下，我们要考虑到，如果该组件还没有彻底初始化好，就有人要使用它，那该怎么办。这一章会告诉你怎样合理地解决这个问题。

这一章除了要讲异步编程，还要谈到怎样在 Node. js 平台处理 CPU 密集型的（CPU - intensive）任务。

本章要讲的话题是下面这四个：

- 如何处理需要在初始化过程中执行异步任务的组件。
- 如何批量处理异步请求并缓存处理结果。
- 如何取消异步操作。
- 如何运行 CPU 密集型任务。

现在就开始正式讲解。

11. 1　如何应对初始化过程中需要执行异步任务的组件

Node. js 平台的核心模块里面之所以有同步 API，一项原因在于这些 API 能够帮助我们轻松地实现相关的初始化任务。在比较简单的程序里面，用同步 API 执行初始化任务，可以简化许多操作，而且由于这种 API 只会在初始化特定的组件时执行一次，因此它们的缺点就不会显得那么突出了。

但问题在于，初始化过程中的某些任务，并没有相应的同步 API 可以实现，尤其是网络方面的操作。比如，在初始化过程中可能要通过网络，履行握手协议或者接收配置参数。许多数据库驱动程序，以及针对消息队列等中间件系统而写的客户端，都会遇到这样的情况。

11.1.1 初始化过程中含有异步任务的组件所面对的问题

我们举这样一个例子。假设有个模块叫作 **db**，它要跟远程数据库交互。这个 **db** 模块必须先连接数据库服务器并与其握手（handshake，交握），然后才能接受 API 请求并顺利处理该请求。因此，如果初始化阶段还没有彻底执行完毕，那么用户无法在该模块上面做查询，也不能给它发送别的命令。下面这段代码，就是我们举这个例子时所用的 **db** 模块，它写在名为 **db.js** 的文件里面：

```
import { EventEmitter } from 'events'

class DB extends EventEmitter {
  connected = false

  connect () {
    // 模拟建立网络连接时的延迟
    setTimeout(() => {
      this.connected = true
      this.emit('connected')
    }, 500)
  }

  async query (queryString) {
    if (!this.connected) {
      throw new Error('Not connected yet')
    }
    console.log(`Query executed: ${queryString}`)
  }
}

export const db = new DB()
```

这个模块是个相当典型的例子，演示了初始化过程中涉及异步任务的情况。在这种情况下，我们可以选用两个简单而迅速的方案，来解决相关的问题，一个叫作 *local initialization check*（*本地初始化检查*），另一个叫作 *delayed startup*（*延迟启动*）。下面详细讲解这两个方案。

11.1.1.1 本地初始化检查

第一个方案是在想程序调用该模块的 API 之前，先确保模块的初始化工作已经完成。为了确保这一点，这个模块在执行每一种异步操作之前，都必须先检查自己是否已经初始化完毕：

```
import { once } from 'events'
import { db } from './db.js'

db.connect()

async function updateLastAccess () {
  if (! db.connected) {
    await once(db, 'connected')
  }

  await db.query('INSERT ( ${Date.now()}) INTO "LastAccesses "')
}

updateLastAccess()
setTimeout(() => {
  updateLastAccess()
}, 600)
```

跟我们刚才说的一样，每次调用 **query ()** 方法之前，**db** 模块都必须先判断自己是否已经初始化完毕，如果没有，那就必须等待初始化工作执行完毕。为了实现这种效果，我们采用的办法是监听'**connected**'事件。这个方案还有一种形式，是把检测逻辑交给服务的提供方去实现，也就是让提供 **query ()** 方法的人把这套逻辑做好，这样我们就不用在 **db** 模块里面编写了。

11.1.1.2 延迟启动

还有一种简单而迅速的解决方案，也能把初始化过程中涉及异步操作的组件给处理好，这个方案要求我们先把组件自身的初始化流程做完，然后再安排执行那些依赖于该组件的操作。下面这段代码，用的就是这个方案：

```
import { db } from './db.js'
import { once } from 'events'

async function initialize () {
  db.connect()
  await once(db, 'connected')
```

```
}

async function updateLastAccess () {
  await db.query('INSERT ($ {Date.now()}) INTO "LastAccesses "')
}

initialize()
  .then(() => {
    updateLastAccess()
    setTimeout(() => {
      updateLastAccess()
    }, 600)
  })
```

这段代码的意思是，我们首先等待初始化工作执行完毕，然后安排那些需要使用 **db** 对象的操作［例如 **updateLastAccess ()** 函数］去执行。

这个办法最大的缺点，在于我们必须提前确定：有哪些组件会用到这个初始化过程中带有异步操作的组件。我们必须把那些组件安排在该组件之后，否则，程序就会出现各种问题和错误。如果我们不想耗费精力去厘清这些组件之间的依赖关系，那就必须先把所有的异步服务全都初始化好，然后才能让整个应用程序启动起来。这样写起来相当简单，而且效果也是正确的，但问题在于，整个应用程序的启动时间可能拖得比较长，另外，它没有考虑到：如果某些组件在程序运行过程中，需要重新初始化，那该怎么办？

接下来的这一小节，会介绍第三种方案，它让用户能够像执行普通操作那样，方便地执行这种需要予以特殊处理的操作，同时又可以确保，程序在真正开始执行这种操作的时候，该操作所依赖的组件已经彻底初始化好了，初始化过程中的那些异步任务也都已经执行完了。

11.1.2 预初始化队列（pre-initialization queue）

要想确保程序在执行某组件所提供的服务时，该组件必定已经初始化完毕，除了前面说到的两种方案之外，还有一种，是采用队列与 Command 命令模式来实现。这种方案的思路是，如果组件还没有初始化好，那就把这些必须在组件初始化完毕之后才能执行的方法调用（method invocation）操作，添加到队列里面，等所有的初始化步骤都完成之后，再将队列中的这些操作取出来执行。

现在我们就来看看，怎样把这套方案运用在本例中的 **db** 组件上面：

```
import { EventEmitter } from 'events'
```

```
class DB extends EventEmitter {
  connected = false
  commandsQueue = []

  async query (queryString) {
    if (! this.connected) {
      console.log('Request queued: ${queryString}')

      return new Promise((resolve, reject) => {              // (1)
        const command = () => {
          this.query(queryString)
            .then(resolve, reject)
        }
        this.commandsQueue.push(command)
      })
    }

    console.log('Query executed: ${queryString}')
  }

  connect () {
    // 模拟建立网络连接时的延迟
    setTimeout(() => {
      this.connected = true
      this.emit('connected')
      this.commandsQueue.forEach(command => command())        // (2)
      this.commandsQueue = []
    }, 500)
  }
}

export const db = new DB()
```

这段代码可以分成两部分，这两部分的作用，跟我们刚才那段话里描述的思路是一致的：

(1) 如果组件还没有初始化完毕（也就是说，组件的 **connected** 属性是 **false**），那我们就创建一个 command（命令）对象，把当前想要调用的方法［也就是 **query ()** 方法］及其参数（也就是 **queryString** 参数）包裹起来，然后将这个 command 推入 **commandsQueue** 队列。等到系统真正执行该方法时，它会把执行结果转交给我们在这里新建的这个 **Promise** 对象，使得拿到这个 Promise 的人也能知道这一结果。

（2）如果组件已经初始化好了（在本例中，这意味着该组件已经与数据库服务器建立了连接），那我们就遍历 **commandsQueue** 队列，把早前在此排队的所有 command（命令）都拿出来予以执行。

用户在使用我们刚实现的这个 **DB** 类时，可以直接在它上面调用相关的方法，而不用提前判断该组件有没有初始化完毕，因为那些判断逻辑，已经在 DB 内部实现好了，消费方（也就是使用 **DB** 的人）可以像使用普通的组件那样，放心地调用该组件所提供的方法，而无须担心这个组件目前到底有没有初始化好。

我们现在试着进一步缩减 **DB** 类的例行代码，并提升它的模块程度。这可以通过第 9 章讲的 **State**（状态模式实现，具体来说，我们这个 **DB** 类应该有这样两种状态：

• 第一种状态，用来表示该组件已经初始化完毕。只要这个组件完成初始化，我们就让它进入这种状态。在这样的状态下，每个方法都只需要直接实现自己的业务逻辑就好，而不用担心组件的初始化问题，因为我们知道，只要组件进入该状态，就说明它已经完成初始化。

• 第二种状态，用来表示组件还没有初始化完毕。这个状态所要实现的方法，跟第一种状态相同，但它在实现这些方法时，并不会真的去执行业务逻辑，它只是把用户想要执行的操作及其参数封装到 **command**（命令）对象里面，并将该对象推入队列而已。

现在我们就看看怎样运用这套结构来改进 **db** 组件。首先创建 **InitializedState** 类，用来表示 db 已经完成初始化的那种状态：

```
class InitializedState {
  async query (queryString) {
    console.log(`Query executed: ${queryString}`)
  }
}
```

大家看到，我们在 **InitializedState** 里面需要实现的方法只有一个，也就是 **query ()** 方法，在实现这个方法时，我们把调用方传进来的查询字符串打印到控制台。

然后我们编写 **QueuingState**，这是本方案的关键所在。这种状态必须把队列机制实现出来：

```
const METHODS_REQUIRING_CONNECTION = ['query']
const deactivate = Symbol('deactivate')

class QueuingState {
```

```
  constructor (db) {
    this.db = db
    this.commandsQueue = []

    METHODS_REQUIRING_CONNECTION.forEach(methodName => {
      this[methodName] = function (...args) {
        console.log('Command queued:', methodName, args)
        return new Promise((resolve, reject) => {
          const command = () => {
            db[methodName](...args)
              .then(resolve, reject)
          }
          this.commandsQueue.push(command)
        })
      }
    })
  }

  [deactivate] () {
    this.commandsQueue.forEach(command => command())
    this.commandsQueue = []
  }
}
```

大家注意看，这个 **QueuingState** 的主要代码，是在系统触发该类的构造器时（也就是我们创建这个 **QueuingState** 时）执行的。METHODS_REQUIRING_CONNECTION 里面记录了那些必须等该组件初始化完毕（或者说，必须等网络连接建立起来之后）才能开始执行的方法，我们针对每一个这样的方法，创建相应的函数对象，以表示该方法。这个对象会把用户对该方法的调用操作以及调用时想要使用的参数，封装成一个新的 command，并推入队列。等系统以后把这个 **command** 执行完毕时，会将执行结果反映 Promise，进而让调用方知道，在 **db** 实例上面执行这个方法，得到的是什么结果。

这个状态类里面还有一个重要的地方，就是 **[deactivate] ()**。组件会在离开（deactivate）该状态的时候，触发这个方法（具体到本例来看，如果 **db** 组件已经初始化完毕，那么它就会离开 **QueuingState** 状态，并进入 **InitializedState** 状态）。我们需要在组件触发该方法时，把队列中已有的命令全都拿出来执行。请注意，我们并没有直接给这个方法起名，而是先制作了一个名为 deactivate 的符号（symbol），然后拿这个符号来指代这个方法。

为什么不直接把这个方法叫作 deactivate 呢？这是因为，我们想避开名称冲突的问题。假如不这么做，万一 **DB** 类以后碰巧有个新方法叫作 **deactivate ()**，那该怎么办？按照这套方案的要求，我们必须在状态类里面，也定义这样一个同名的方法，而这会跟已有的 **deactivate** 相冲突。

把 **DB** 类所处的两种状态都实现好之后，我们现在修改 **DB** 类本身：

```
class DB extends EventEmitter {
  constructor () {
    super()
    this.state = new QueuingState(this)                              // (1)
  }

  async query (queryString) {
      return this.state.query(queryString)                           // (2)
  }

  connect () {
    // 模拟建立网络连接时的延迟
    setTimeout(() => {
      this.connected = true
      this.emit('connected')
      const oldState = this.state                                    // (3)
      this.state = new InitializedState(this)
      oldState[deactivate] && oldState[deactivate]()
    }, 500)
  }
}

export const db = new DB()
```

现在我们说说新版 **DB** 类里面的几个关键点：

（1）我们在构造器之中新建 **QueuingState**，并把它赋给当前实例的 **state** 变量，以表示这个 **db** 实例目前处在 **QueuingState** 状态。这意味着该组件的初始化工作还没有执行完毕，它在初始化的过程中，可能要执行某些异步操作。

（2）我们这个类只有一个业务方法要实现，也就是 **query ()** 方法，这种方法现在实现起来相当简单，它只需要在该组件当前所处的状态（也就是 **this.state**）上面调用同名的方法即可。

(3) 最后，如果我们与数据库之间建立起了连接，那就意味着初始化阶段已经结束，此时我们把状态从 `QueuingState` 切换到 `InitializedState`，并在 `oldState` 所表示的旧状态上面调用 `[deactivate]()` 方法，以提醒那个状态，组件目前已经离开了此状态。具体到本例来说，这就相当于触发了 `QueuedState` 的 `[deactivate]()` 方法，根据我们刚才所写的实现代码，这会让程序将队列中的所有命令都拿出来执行。

大家立刻就能意识到，这种方案让我们不用再写那么多样板代码（boilerplate）了，同时，也不需要再把判断组件是否初始化完毕的那些逻辑，与业务逻辑混在一起，而是可以将业务逻辑单独写到一个类里面（比如本例中的 `InitializedState` 状态类）。

当然了，目前这种写法，只适用于你能够修改组件代码的情况，也就是说，那个在初始化过程中需要执行异步任务的组件，其代码是能够为你所修改的。如果不能修改，那你就得创建包装器（wrapper）或代理（proxy）对象了，创建那些对象时所用的技巧，跟我们刚才说的这套写法差不多。

11.1.3 Node.js 大环境之中的解决方案

我们刚才说的这种写法，许多数据库驱动程序与 ORM 库都在使用。其中最有名的是 Mongoose（`nodejsdp.link/mongoose`），这是一种针对MongoDB 数据库而做的 ORM（对象关系映射）。使用 Mongoose 的时候，开发者不需要先等待程序与数据库建立起连接，然后再发送查询请求，而是可以刚一上来就直接发送请求。如果发送请求的时候，连接还没有建立好，那么这些请求就会进入队列，等到程序与数据库完全建立起连接之后，再加以执行，这恰恰就是我们在刚才那一小节所说的做法。如果你想让开发者顺畅地使用你所设计的 API，或者说，你想提供良好的DX（developer experience，开发者体验），那么必须考虑实现这样的效果。

查看 Mongoose 的代码，你会发现，它给原生驱动程序里的每个方法都做了 proxy（也就是给每个方法都创建了代理版本），这样的话，开发者调用的实际上是代理出来的版本，而不是原生驱动程序里的那个版本。对代理版本的方法所做的调用，会先进入上一小节所说的那种 pre-initialization queue（预初始化队列），等程序连接到数据库之后再加以执行。相关的代码片段，参见 `nodejsdp.link/mongoose-init-queue`。

还有个类似的例子，是 `pg` 包（`nodejsdp.link/pg`），这是一款针对 PostgreSQL 数据库的客户端，它也利用了 pre-initialization queue 技术，但是具体手法稍微有点区别。无论程序有没有连接到数据库，`pg` 都会把查询请求推送到队列里面，并试着立刻执行队列中的所有命令。相关的代码片段参见 `nodejsdp.link/pg-queue`。

11.2 批量处理异步请求并缓存处理结果

对于负载较重的应用程序来说，缓存（cache）是相当重要的，Web 程序里面到处都在使用缓存，无论是网页、图像、样式表等静态资源，还是数据库查询结果等纯数据资源，都需要予以缓存。这一节要讲的是怎样把异步操作的执行结果缓存起来，以及怎样把应用程序所要面对的大量请求，从压力转化为动力。

11.2.1 什么叫作批量处理异步请求？

面对异步操作，最基本的缓存机制，是把针对同一个 API 所发出的调用请求，合并成一个批次（**batching**）加以处理。这个思路其实很简单：如果我们在执行某个异步函数的时候，发现程序里面还有相同的调用操作尚未执行完毕，那我们就让当前这次调用操作“搭上顺风车”，跟正在等待处理的那次操作一起得到执行，而不用发出全新的调用请求。首先来看图 11.1。

图 11.1 演示的是两个客户端采用*完全相同的输入数据*，来执行同一种异步操作。如果没有特意做批处理，那么这两个客户端所发起的这两项异步操作，就会各自执行，并在不同的时间点上面完成。

现在我们考虑另一种做法，如图 11.2 所示。

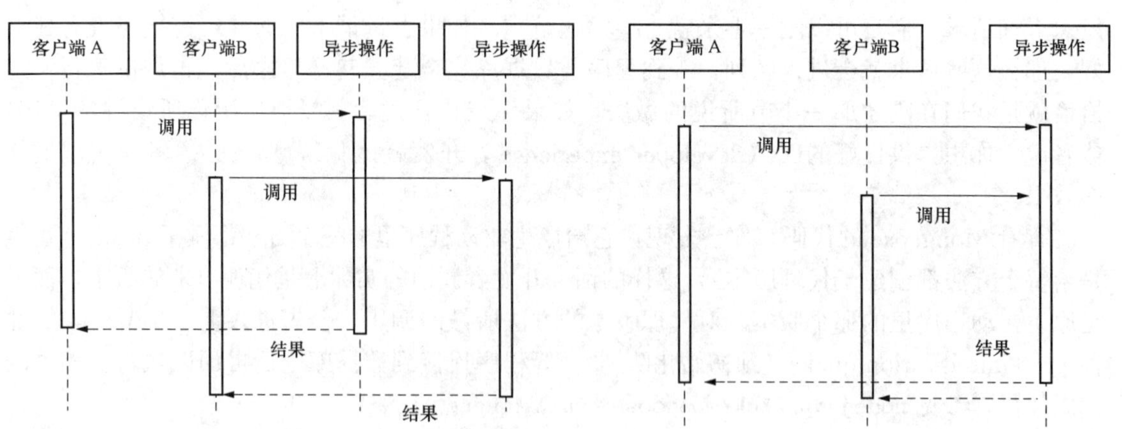

图 11.1　没有并入同一批次的两项异步调用请求

图 11.2　把两项异步调用请求并入同一批次处理

图 11.2 演示的这种做法，是把两项完全相同的调用请求合并成一个批次来处理，让后发起的那项请求，跟着先发起的那项请求一起得到处理（所谓完全相同，是说它们要调用的是同一个 API，而且调用时所输入的数据也一样）。等到异步操作执行完毕的时候，这两个客户

端都会得到通知，尽管程序实际上只执行了一次异步操作，但得到通知的客户端却有两个。这是个简单而强大的手法，能够降低应用程序的负载压力，而且不像比较复杂的缓存机制那样，通常要求我们考虑如何去管理内存并制定缓存过期策略。

11.2.2 用更好的办法来缓存异步请求的处理结果

如果异步请求执行得很快，或是在执行过程中，总是有内容相同的请求要加进来一并得到处理，而这个情况持续的时间又比较长，那么刚说的那种批处理方案，效果就不太好了。而且，在大多数情况下，我们其实不用做得那么保守，也就是说，未必非得针对每次调用都发起一项请求，因为如果这次调用的内容与前面某次调用完全相同，那么基本上可以沿用前面所得到的处理结果。总之，在这些情况下，要想更好地降低应用程序的负载并提升其响应能力，我们需要更为积极的缓存策略。

我们的思路很简单：只要某项请求处理完毕，我们就把结果加入缓存，这指的可能是把它放到内存中的某个变量里面，也可能指的是给某台专门用作缓存的服务器（例如某台 Redis 服务器）中添加一个条目。这样的话，如果下次还要调用这个 API，那就可以直接从缓存里面获取结果，而不用发起新的请求。

这样的缓存思路，对于有经验的开发者来说不算新奇，但问题是，在异步编程领域，我们还应该把这个思路，跟前面讲的批处理结合起来，这是因为，当缓存还没有设置好的时候，程序里面可能有多个内容相同的调用请求正在执行，所以我们还是应该先把这些请求合并成同一批次加以处理，这样的话，等到处理完毕的时候，只需要设置一次缓存就够了，否则，同一份处理结果会设置两次。

基于上面考虑到的这些问题，我们可以把这种批处理与缓存相结合的请求处理模式（combined request batching and caching pattern），如图 11.3 所示。

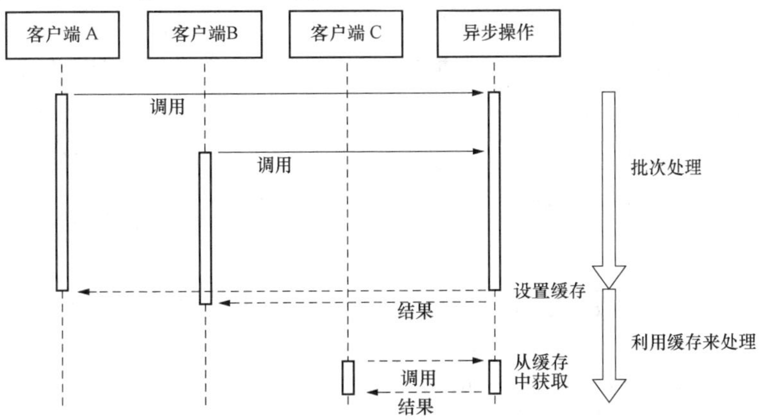

图 11.3 批处理与缓存相结合的请求处理模式

从图 11.3 中我们可以看出，这种比较理想的异步缓存处理算法，分成两个阶段：

• 第一阶段跟单纯的批处理模式相同，也就是说，在缓存还没有得到设置的情况下，凡是内容相同的调用请求，都编入同一批次加以处理。等到请求处理完毕，把缓存一次设置好。

• 第二阶段出现在缓存已经得到设置之后，此时程序可以直接从缓存里面获取执行结果。

另外，还有一个相当关键的细节要考虑，这就是第 3 章说过的那种 *Zalgo* 反模式。由于我们现在设计的是异步 API，因此就算是直接从缓存里面返回结果，也必须用异步的方式来返回。比如，即便缓存是直接放在内存里面的，即便访问这样的缓存只需要采用同步操作即可完成，我们也还是必须用异步的方式返回结果，而不能运用同步与异步。

11.2.3　不带缓存或批处理机制的 API 服务器

在开始讲解这些新技术之前，我们先要来实现一个小例子，也就是一款既没有缓存机制又不做批处理的服务器程序，这样的话，我们就能够以这个程序为基准，衡量即将实现的这些处理技巧所发挥的效果。

我们考虑这样一个 API 服务器，它用来管理某家电子商务公司的销售数据。具体来说，我们想要向服务器询问的是某类商品的总销售量。为了实现这项需求，我们打算通过 **level** 这个 npm 包（**nodejsdp.link/level**）访问 LevelUP 数据库。这款程序所采用的数据模型，是一份简单的交易列表，这份列表存储在名为 **sales** 的 sublevel 里面（sublevel 指的是 LevelUP 数据库里面的一个区域）。列表中的每一项，用的都是这样的格式：

```
transactionId {amount, product}
```

其中，**transactionId** 是键，它所对应的值是 {**amount, product**} 形式的 JSON 对象，该对象的 **amount** 属性表示产品的销售量，**product** 属性表示这种产品的类型。

由于程序要处理的数据相当直观，因此我们只需要实现一个简单的查询函数，让它迭代数据库里面的相关条目就可以了，我们打算把这个函数当作基准点，让后续的实现方案都很它做比较。为了让这个函数能够返回某种产品的总销量，我们可以这样来写代码（这些代码写在 **totalSales.js** 文件里面）：

```
import level from 'level'
import sublevel from 'subleveldown'

const db = level('example-db')
const salesDb = sublevel(db, 'sales', { valueEncoding: 'json' })

export async function totalSales (product) {
  const now = Date.now()
```

```
  let sum = 0
  for await (const transaction of salesDb.createValueStream()) {
    if (!product || transaction.product === product) {
      sum += transaction.amount
    }
  }

  console.log(`totalSales() took: ${Date.now() - now}ms`)

  return sum
}
```

totalSales() 函数针对名为 **sales** 的 sublevel，迭代其中的每一条交易记录，以统计当前这种产品的总销量。我们故意采用比较慢的方式来实现这个算法，以便与稍后要实现的那些带有批处理及缓存机制的算法相对比。假如这个算法出现在实际工作中，那我们应该会先把 **sales** 里面与当前产品相符的记录提取出来，然后再汇总，或者采用 map/reduce（映射—化简）算法逐渐推导出结果，而不会像现在这样，直接把所有的交易记录都拿出来，一个一个地判断。

我们在 **server.js** 文件里面，创建一个简单的 HTTP 服务器，让它提供一项服务，使得客户端能够访问到我们刚才写的这个 **totalSales()** API：

```
import { createServer } from 'http'
import { totalSales } from './totalSales.js'

createServer(async (req, res) => {
  const url = new URL(req.url, 'http://localhost')
  const product = url.searchParams.get('product')
  console.log(`Processing query: ${url.search}`)

  const sum = await totalSales(product)

  res.setHeader('Content-Type', 'application/json')
  res.writeHead(200)
  res.end(JSON.stringify({
    product,
    sum
  }))
```

```
}).listen(8000, () => console.log('Server started'))
```

头一次启动服务器之前，我们必须先给数据库中填充一些范例数据。这可以通过 **populateDb.js** 脚本完成，这个脚本位于本书的范例代码库里面，它放在与本章的当前范例相对应的文件夹之中。该脚本会在数据库里面随机创建多达十万条的销售记录，让我们刚写的那个查询算法，必须花费一些时间才能把这些数据处理完毕：

```
node populateDb.js
```

把范例数据准备好之后，就可以启动服务器了：

```
node server.js
```

要想给这个服务器发送查询请求，我们只需要在浏览器里面访问这种形式的网址就好：

```
http://localhost:8000?product=book
```

然而，这样做只能给服务器发送一次请求，为了更好地了解这个服务器程序的性能，我们想自动地发送许多次请求。所以，笔者写了一个名叫 **loadTest.js** 的小脚本，把它放在本书范例代码库中与本章当前范例相对应的文件夹里面。这个脚本已经把它所要连接的 URL 配置好了，你只需要运行这样一条命令，就可以启动它：

```
node loadTest.js
```

大家看到，这个脚本会给服务器发送 20 次请求，让服务器必须多花一点时间才能把这些请求处理完毕。请你把脚本的总执行时间记下来。我们现在要给刚才写的查询算法做一些优化，看看优化之后的版本，能够节省多少时间。我们打算利用 Promise 对象的特点，实现出带有批处理与缓存机制的算法。

11.2.4 利用 Promise 实现批处理与缓存

Promise 是个很好用的工具，能够实现异步的批处理，并把处理结果缓存起来。现在我们就来解释它为什么能够做出这种效果。

第 5 章在讲 Promise 的时候说过两个特性，可以帮助我们实现出想要的效果：

- 同一个 Promise 能够挂接多个 **then()** 监听器。
- **then()** 监听器肯定能够得到调用，而且只会调用一次。就算你是在 Promise 已经解决之后才挂接这个监听器的，它也依然会得到执行。另外，**then()** 总是会以异步的方式执行。

总之，第一项特性让我们能够通过 Promise 批量地处理请求，而第二项特性则意味着 Promise 能够把处理结果保存起来，这样的话，它本身其实就是一套缓存，能够保证这个表示处理结果的值，总是会以异步的方式得到访问，而且访问到的结果总是一致的。换句话说，利用 Promise 的这两项特性，我们能够以相当简洁的代码，实现出批处理与缓存机制。

11.2.4.1　让 Web 服务器采用批处理的方式返回销售总量

现在我们来给 totalSales 这个 API 添加批处理层。这个模式的思路很简单：如果程序调用 API 的时候，发现目前已经有一个相同的调用请求正在处理，那么它就不发出新的请求，而是等待正在处理的这项请求执行完毕。这个思路用 Promise 很容易就能实现出来，我们只需要构建一张映射表（map），把某一项调用请求所涉及的具体参数（比如我们这个例子里面的产品类型），与相关的 Promise 对应起来就好，这个 Promise 所表示的，就是这项请求的执行情况。以后遇到请求的时候，我们先根据该请求的参数，在这张映射表里面查找，如果发现其中已经有了这样的条目，那就直接返回相关的 Promise 对象，如果没有，那么再发出新的调用请求。

下面就把这套思路写成代码。我们新建名叫 **totalSalesBatch.js** 的模块，这个模块所提供的 **totalSales()** API，与早前那个用作参考的版本不同，它会在原有的功能上面搭建批处理层：

```
import { totalSales as totalSalesRaw } from './totalSales.js'

const runningRequests = new Map()

export function totalSales (product) {
  if (runningRequests.has(product)) {                           // (1)
    console.log('Batching')
    return runningRequests.get(product)
  }

  const resultPromise = totalSalesRaw(product)                  // (2)
  runningRequests.set(product, resultPromise)
  resultPromise.finally(() => {
    runningRequests.delete(product)
  })

  return resultPromise
}
```

这个 **totalSalesBatch** 模块所实现的 **totalSales ()** 函数，是对 **totalSales** 模块里的原版 API 所做的代理（proxy）。它是这样运作的：

（1）如果用户要统计其总销量的那种产品（**product**），已经位于 **runningRequests** 这个映射表里面了，那我们就直接返回与 **product** 键相对应的值。出现这种情况，意味着程序里面有相同的查询请求正在接受处理，我们只需要*搭便车*就好。

（2）如果映射表里面找不到 **product** 键，那我们就执行原版的 **totalSales ()** 函数［也就是此处的 **totalSalesRaw ()** 函数］，并把该函数所返回的 Promise 放到 **runningRequests** 映射表里面。接下来我们还得通过 **finally ()** 注册一个挂钩，让程序在这项请求处理完毕之后，将其从映射表中删掉。

新版 **totalSales ()** 函数的功能，跟原版的 API 一致，但区别在于，如果采用相同的输入值多次调用新版 API，那么这些调用会合并成同一个批次来处理，以节省时间与资源。

大家是不是想知道，新版的 **totalSales ()** 函数，跟没有做批处理的原版 API 相比，效率能提高多少？我们现在就把刚才创建的 HTTP 服务器模块（也就是 **server. js** 文件）打开，将该文件所引入的 **totalSales. js** 改为 **totalSalesBatch. js**：

```
// import { totalSales } from './totalSales.js'
import { totalSales } from './totalSalesBatch.js'

createServer(async (req, res) => {
  // ...
```

现在我们可以重新启动服务器，并给它做负载测试（load test），这次我们立刻就会注意到，发给服务器的查询请求是*成批*返回的，而不是像原来那样，查询一次，返回一次。这正是我们刚才实现的这个批处理模式想要达成的效果，而且这个效果很好地演示了批处理模式的执行原理。

另外，我们还会注意到，执行负载测试所花的总时间，比原来大幅减少。跟普通的 **totalSales ()** 相比，在新版的 API 上面测试，速度至少是原来的四倍。

这个结果表明，只添加简单的批处理层，就可以大幅提升程序的性能，而不用专门构建一套复杂且完备的缓存机制，其实更重要的还在于，我们不用费心去制定缓存过期策略。

Request Batching（批量处理请求）模式最适合用于负载较高且 API 执行速度较慢的场合，因为在这种场合运用批处理，可以把大量的请求归到同一组里面执行。

下面我们在这个模式的基础上稍微做一些修改，以实现一种既能够批次处理又带有缓存机制的模式。

11.2.4.2 让 Web 服务器采用批处理与缓存相结合的方式返回销售总量

在批处理版本的 API 上面添加缓存层，其实相当简单。由于我们是用 Promise 来实现这个 API 的，因此只需要把相关的 Promise 留在映射表里面就行了，换句话说，就算这项请求已经执行完毕，我们也不急着把相关的 Promise 从映射表里删去。

下面我们就编写 **totalSalesCache.js** 模块，以实现这个新版的 API：

```
import { totalSales as totalSalesRaw } from './totalSales.js'

const CACHE_TTL = 30 * 1000 // 把缓存的 TTL(有效时间/存活时间)设为 30 秒
const cache = new Map()

export function totalSales (product) {
  if (cache.has(product)) {
    console.log('Cache hit')
    return cache.get(product)
  }

  const resultPromise = totalSalesRaw(product)
  cache.set(product, resultPromise)
  resultPromise.then(() => {
    setTimeout(() => {
      cache.delete(product)
    }, CACHE_TTL)
  }, err => {
    cache.delete(product)
    throw err
  })

  return resultPromise
}
```

为了启用缓存功能而写的代码，以粗体标出。这段粗体代码，是想让程序在处理完这次请求之后，先等待一段时间（这段时间的长度由 **CACHE_TTL** 确定），然后再将 Promise 从缓存中删去。但如果这项请求在处理过程中发生了错误，那么就立刻把相关的 Promise 从缓存里面移走。这种缓存过期策略虽然相当简单，但对于我们目前这个范例程序来说，已经很合适了。

现在就来试着用一下这个带有缓存功能的 **totalSales ()** 函数。为了把 API 切换到这个版本，我们只需在 **server.js** 里面修改 **import** 语句所引入模块文件即可：

```
// import { totalSales } from './totalSales.js'
// import { totalSales } from './totalSalesBatch.js'
import { totalSales } from './totalSalesCache.js'

createServer(async (req, res) => {
  // ...
```

跟刚才修改完算法之后所做的事情类似，现在我们还是来重新启动服务器，然后用 **loadTest.js** 脚本测评服务器的性能。如果采用默认的参数测评，那我们应该会观察到，新版算法的执行时间比那种只做批处理而不做缓存的算法要短 10%。当然了，具体的效果要根据许多因素来决定，例如服务器收到的请求数量，以及这些请求的间隔时间等。如果请求数量比较大，而且这种情况持续的时间比较长，那么带有缓存的新算法优势就相当突出了。

11.2.4.3 实现缓存机制时的注意事项

大家必须注意，在开发实际的应用程序时候，可能得针对缓存，考虑更为高级的失效策略与存储机制。我们需要考虑的包括：

• 如果缓存起来的值太多，那么占用的内存就比较大。如果我们想把缓存所占据的内存量控制在某个限值之下，那么当数据即将超限时，可以实施**LRU**（**least recently used**，最久未用）策略，把上次使用时间距离现在最久的那一条数据删掉，或实施**FIFO**（**first in first out**，先进先出）策略，把最早加入缓存的那条数据删掉。

• 如果应用程序跨越多个进程，那么把缓存数据简单地放在每条进程自身的内存里面，可能导致每个服务器实例看到不同的缓存值。如果你要开发的这款应用程序无法忍受这个效果，那就必须采用共享式的缓存解决方案。这种方案让多个实例能够访问同一份缓存，而且在效率上，也比把缓存放在每条进程自身的内存里面要高。比较流行的缓存方案有 Redis（**nodejsdp.link/redis**）与 Memcached（**nodejsdp.link/memcached**）等。

• 为了让缓存长期发挥作用并及时得到更新，除了根据各条缓存数据的加入或使用时间来制定缓存失效策略，我们还可以手工管理缓存，只是这样管理起来会相当复杂（比如，如果发现程序里的某个值发生了变化，而这个值在缓存里面也有着相应的条目，那我们可以考虑手工同步二者）。Phil Karlton 在 Netscape（网景）与 Silicon Graphics（硅谷图形）等许多公司做过首席软件工程师，他有一句名言："计算机科学里面只有两个难题：缓存失效策略与命名策略"（There are only two hard things in Computer Science：cache invalidation and naming things）。

到这里，我们就把如何批量处理请求并缓存处理结果的问题讲完了。接下来，我们要讲一个比较难做的功能，也就是取消异步操作[译注23]。

11.3 取消异步操作

如果某项操作可能要耗费比较长的时间，那么最好是能让用户可以取消该操作，或是在这项操作已经没有必要继续执行的时候，把它叫停。在多线程的环境中，这项功能很容易实现，我们只需要终止相关的线程终止就行了，但 Node.js 平台是个单线程的平台，所以实现起来稍微有一点复杂。

这一节所说的取消，重点是要取消异步操作，而不是仅仅取消 Promise，这两者是有区别的。顺便说一下，Promises/A+标准并没有描述取消 Promise 所用的 API。如果你需要这样的功能，可以考虑使用 bluebird（**nodejsdp.link/bluebird-cancelation**）这样的第三方 Promise 库。另外要注意，取消 Promise，并不意味着自动取消 Promise 所指代的那项操作。如果你要把那项操作也给取消掉，那么在使用 **bluebird** 库来构造 Promise 时，你可以通过 **onCancel** 注册回调逻辑，以便在 Promise 遭到取消的情况下，手工取消 Promise 所指代的异步操作（与采用普通方式构造 Promise 相比，使用 **bluebird** 来构造时，除了可以在执行器函数里面触发 **resolve** 与 **reject** 这两个回调之外，你还可以注册 **onCancel** 回调，以便在本 Promise 遭到取消时执行一些逻辑）。取消异步操作，才是本节所要关注的重点。

11.3.1 采用最基本方案创建可叫停的函数

要想写出一个能够中途叫停的异步函数，我们可以遵循这样一条简单而基本的原则，也就是说，每执行一次异步调用，我们就判断一下，这项调用是否应该取消，如果应该，那就提前退出这个函数。比如，我们考虑下面这段代码：

```
import { asyncRoutine } from './asyncRoutine.js'
import { CancelError } from './cancelError.js'
```

译注23 指如果某个异步函数要执行多项异步操作，那么我们想让使用这个函数的人能够中途叫停该函数。

```
async function cancelable (cancelObj) {
  const resA = await asyncRoutine ('A')
  console.log (resA)
  if (cancelObj.cancelRequested) {
    throw new CancelError ()
  }

  const resB = await asyncRoutine ('B')
  console.log (resB)
  if (cancelObj.cancelRequested) {
    throw new CancelError ()
  }

  const resC = await asyncRoutine ('C')
  console.log (resC)
}
```

cancelable () 函数接受一个参数，也就是名为 **cancelObj** 的对象，这个对象里面应该有一个 **cancelRequested** 属性。函数每执行一次异步调用，就判断一下该属性的值，如果值是 **true**，那说明有人要求叫停这个函数，于是我们抛出专用的 **CancelError** 异常，让这个函数终止执行。

这个函数所要执行的这种异步操作，写在 **asyncRoutine ()** 函数里面，这只是一个纯粹为了演示而写的函数，它会给控制台上打印一个字符串，并在 100 毫秒之后把另一个字符串，设定为这次异步操作的执行结果。**asyncRoutine ()** 的完整实现代码，以及我们为了表示异步函数中途遭到叫停而专门设计的这种 **CancelError**，都可以在本书的范例代码库里面找到。

必须要注意的是，只有当 **cancelable ()** 函数把控制权交还给事件循环之后，外部代码才有机会设置 **cancelObj** 的 **cancelRequested** 属性，这通常发生在 **cancelable ()** 函数等待其中某项异步操作的执行结果时。考虑到这一点之后，我们就明白了，**cancelable ()** 只需要在这项异步操作执行完毕之后，去检查 **cancelRequested** 的取值就好，而没有必要检查得太过频繁。

下面这段代码演示了外部用户如何取消（或者说叫停）这个 **cancelable ()** 函数：

```
const cancelObj = { cancelRequested: false }
cancelable(cancelObj)
```

```
  .catch(err => {
    if (err instanceof CancelError) {
      console.log('Function canceled')
    } else {
      console.error(err)
    }
  })

setTimeout(() => {
  cancelObj.cancelRequested = true
}, 100)
```

由此可见，要想叫停这个函数，只需要将 **cancelObj** 的 **cancelRequested** 属性设成 **true** 即可。这会让函数提前终止并抛出 **CancelError**。

11.3.2 把可叫停的异步函数所要执行的异步调用包装起来

创建并使用这样一个可以中途叫停的异步函数是相当简单的，但我们还是必须编写很多的例行代码。把这些代码混在异步函数里面，会让该函数本身的业务逻辑不够突出。

为了让开发者不用编写这么多例行代码，我们可以考虑设计一个包装器，让这个包装器提供一个包装函数（wrapping function），把异步函数所要执行的异步操作，连同判断该函数是否应该提前推出的那些逻辑，一并包装起来，这样的话，这个异步函数就可以利用包装后的函数来执行异步操作了。

这个包装器可以这样来写（我们把它写在 **cancelWrapper.js** 文件里）：

```
import { CancelError } from './cancelError.js'
export function createCancelWrapper () {
  let cancelRequested = false

  function cancel () {
    cancelRequested = true
  }

  function cancelWrapper (func, ...args) {
    if (cancelRequested) {
      return Promise.reject(new CancelError())
    }
```

```
    return func(...args)
  }

  return { cancelWrapper, cancel }
}
```

如果我们想编写一个可以中途叫停的异步函数，那么就调用 **createCancelWrapper ()** 这个工厂函数，来创建包装器。工厂函数所返回的对象里面，有两个函数，一个是名为 **cancelWrapper** 的包装函数，我们要把这个包装函数传给异步函数，让它去包装自己想要执行的异步操作，另一个是 **cancel** 函数，用来叫停正在执行的异步函数。异步函数想要执行的各种异步操作，都用 **cancelWrapper** 来包装，这样的话，无论异步函数执行到了哪一项操作，我们都可以通过 **cancel ()** 叫停。

这个用来包装异步操作的 **cancelWrapper ()** 函数，接受有待包装的操作本身，也就是 **func**，另外还接受执行该操作时所用的那套参数，也就是 **args**。**cancelWrapper** 所做的事情很简单，它先判断这项操作是否应该取消，如果应该，那就返回一个会遭到拒绝的 Promise，并用 **CancelError** 对象描述遭到拒绝的原因，否则，就触发 **func**。

现在我们就用工厂函数创建包装器，并利用包装器所提供的包装函数重新编写这个可以叫停的异步函数，也就是 **cancelable ()** 函数。大家会发现，这样写出来的代码，好懂多了：

```
import { asyncRoutine } from './asyncRoutine.js'
import { createCancelWrapper } from './cancelWrapper.js'
import { CancelError } from './cancelError.js'

async function cancelable (cancelWrapper) {
  const resA = await cancelWrapper(asyncRoutine, 'A')
  console.log(resA)
  const resB = await cancelWrapper(asyncRoutine, 'B')
  console.log(resB)
  const resC = await cancelWrapper(asyncRoutine, 'C')
  console.log(resC)
}

const { cancelWrapper, cancel } = createCancelWrapper()

cancelable(cancelWrapper)
  .catch(err => {
```

```
    if (err instanceof CancelError) {
      console.log('Function canceled')
    } else {
      console.error(err)
    }
  })

setTimeout(() => {
  cancel()
}, 100)
```

我们立刻就能看出，用包装函数来实现取消逻辑，效果相当好。这样写出来的 **cancelable ()** 函数，比原来简明得多。

11.3.3 利用生成器实现可叫停的异步函数

刚才利用包装函数写成的 **cancelable ()**，要比把取消逻辑直接写在里面的那个版本强很多，但依然不够理想。第一个原因在于容易出错，比如，我们在编写 **cancelable ()** 的时候，可能忘了包装某项异步操作。第二个原因在于，把每项异步调用都包装起来，还是会让代码显得有些乱，如果函数本身的逻辑就比较大、比较复杂，那么这样包装会让函数的代码变得更难懂。

改用生成器来做这个方案，效果好一些。我们在第 9 章里面说过，生成器可以用来实现迭代器（Iterator）模式，然而除此之外，它还有许多用途，我们可以用生成器实现出各种各样算法。具体到现在这个问题来看，我们想用它构建一个监控器（supervisor），以控制异步函数的执行流程。这种方案让我们能够像编写普通的异步函数那样，来编写这个中途可以叫停的异步函数，我们要做的只不过是把普通的异步函数所用的 **await** 指令换成 **yield**。

现在我们看看怎样利用生成器，实现中途可以叫停的函数（这些代码写在 **createAsyncCancelable.js** 文件里面）：

```
import { CancelError } from './cancelError.js'

export function createAsyncCancelable (generatorFunction) {        // (1)
  return function asyncCancelable (...args) {
    const generatorObject = generatorFunction(...args)              // (3)
    let cancelRequested = false

    function cancel () {
```

```
      cancelRequested = true
    }

    const promise = new Promise((resolve, reject) => {
      async function nextStep (prevResult) {                          // (4)
        if (cancelRequested) {
          return reject(new CancelError())
        }

        if (prevResult.done) {
          return resolve(prevResult.value)
        }

        try {                                                          // (5)
          nextStep(generatorObject.next(await prevResult.value))
        } catch (err) {
          try {                                                        // (6)
            nextStep(generatorObject.throw(err))
          } catch (err2) {
            reject(err2)
          }
        }
      }

      nextStep({})
    })

    return { promise, cancel }                                         // (2)
  }
}
```

这个 **createAsyncCancelable ()** 函数看起来有点复杂，我们现在详细分析其中的关键点：

(1) 首先大家应该注意到，这个函数接受一个名为 **generatorFunction** 的参数，该参数本身是个生成器函数，用来表示有待监控的原函数，它里面包含一系列异步调用，我们想让用户在程序执行这些调用的过程中，能够随时把执行过程叫停。**createAsyncCancelable ()** 所返回的，是另外一个函数，叫作 **asyncCancelable ()**，这个函数把 **generatorFunction** 与我们所要施加的监控逻辑包裹到了一起。用户可以使用这个函数，来执行原有的生成器函数想要执行的那些异步操作，这样的话，就可以在执行过程中随时喊停。

（2）**asyncCancelable ()** 函数会返回一个对象，该对象有两个属性：

1）一个是 **promise** 属性，用来表示原函数最终的执行结果（如果那个函数在执行过程中发生错误，那么就用来表示出错的原因）。

2）另一个是 **cancel** 属性，用户可以通过这个属性触发 cancel（取消）操作，以叫停受到监控的原函数。

（3）**asyncCancelable ()** 在执行的时候，首先要做的，是用自己所收到的参数（也就是 args）来触发生成器函数，并获取该函数所返回的生成器对象，接下来我们要通过这个对象，控制原函数的执行流程。

（4）我们把监控逻辑，全都实现在 **nextStep ()** 函数里面，这个函数负责迭代我们想要监控的那个原函数，它的 **prevResult** 参数，表示的是原函数里面的上一条 **yield** 语句所产生的结果。这个结果可能是实际的值，也有可能是个 **Promise** 对象。无论是哪一种情况，我们首先判断的是用户有没有要求叫停，如果要求叫停，那我们就抛出 **CancelError**，如果没有要求叫停，那我们就判断原函数是否已经执行完毕了（也就是说，**prevResult** 的 **done** 属性是否已经是 **true** 了），如果是，那就立刻让 **nextStep ()** 所在的这个 **Promise** 得到解析，并返回执行结果。

（5）**nextStep ()** 函数的关键部分，在于它怎样推进这个受监控的生成器函数（注意，受监控的原函数不是普通的函数，而是个生成器函数）。我们这里之所以要用 **await**，原因在于：如果生成器函数的上一条 **yield** 语句所返回的不是实际结果，而是个 Promise，那么我们必须等待这个 Promise 有了执行结果，然后再把这个结果通过生成器对象的 **next ()** 方法回传给原函数。这样写还有一个好处：如果 **prevResult.value** 是个 Promise，而这个 Promise 在执行的过程中发生错误（也就是遭到拒绝），那么我们的 **catch** 结构就可以把这个错误捕获下来。另外，如果受监控的原函数主动抛出了某个异常，那么这个异常同样能够为 **catch** 结构所捕获。

（6）在 **catch** 语句里面，我们把捕获下来的异常重新抛给原函数。如果这个异常是原函数故意要抛出的，那这么做确实没必要，但如果这个异常是因为 Promise 在执行过程中发生错误而产生的，那我们这样写就很应该了。虽然这种写法在某些情况下显得多余，但就目前这个范例程序来说，它能够大幅简化我们的编程工作。无论是哪种情况，我们都把异常抛给原函数，并把原函数在这一轮所产生的结果获取过来，然后拿这个结果继续触发 **nextStep ()**。这样的话，如果该异常没有为原函数所捕获，或者原函数又抛出了另外一个异常，那我们可以直接让 **nextStep ()** 所在的 Promise 进入已拒绝的状态，用以表示原函数的整个执行流程就此终止。

大家都看到了，我们在实现 **createAsyncCancelable ()** 函数的过程中，使用了许多小技巧来推进原函数的执行流程。总之，我们只需要编写这么样的一段代码，就可以把一个包含多项异步调用的原函数，打造成一个可以中途叫停的版本，该方案让我们无须手工编写其他代码，即可制作出能够随时叫停的版本。大家马上就会意识到这种方案的好处。

现在我们重新编写范例程序里面的那个函数，并通过我们刚才创建的 **createAsyncCancelable ()**，制作受监控的版本，然后通过这个版本执行原函数：

```
import { asyncRoutine } from './asyncRoutine.js'
import { createAsyncCancelable } from './createAsyncCancelable.js'
import { CancelError } from './cancelError.js'

const cancelable = createAsyncCancelable(function * () {
  const resA = yield asyncRoutine('A')
  console.log(resA)
  const resB = yield asyncRoutine('B')
  console.log(resB)
  const resC = yield asyncRoutine('C')
  console.log(resC)
})

const { promise, cancel } = cancelable()
promise.catch(err => {
  if (err instanceof CancelError) {
    console.log('Function canceled')
  } else {
    console.error(err)
  }
})

setTimeout(() => {
  cancel()
}, 100)
```

我们立刻就能看出，**createAsyncCancelable ()** 所包装的这个生成器函数，在写法上跟原来那个异步函数几乎一样，只是要把其中的 **await** 都改成 **yield**。我们在编写这个生成器函数时，不用专门考虑中途叫停的问题，而是可以直接像编写异步函数时那样，执行自己想要做的异步操作。我们只需要把自己实现的这个函数包裹在 createAsyncCancelable () 里面，并使用经过包装的版本就行，这个版本在执行过程中可以通 cancel () 叫停。

还有一个值得注意的地方在于，经过 createAsyncCancelable () 所包装的这个函数（也就是本例中的 cancelable）虽然可以像其他函数那样调用，但它返回的并不是执行结果，而是一个最终能够解析成执行结果的 Promise 对象，同时它还返回一个 cancel 函数，让用户能够在系统解析该 Promise 的过程中随时喊停。

在前面介绍的几种方案这里面，采用生成器来实现中途可以叫停的异步函数，是最为理想的做法。

如果要在实际工作中实现这样的功能，那我们很可能会使用 Node.js 平台里面一款流行的软件包，也就是caf［参见：nodejsdp.link/caf，caf 是 cancelable async flows（可取消的异步流）的首字母缩写］。

11.4　运行 CPU 密集型任务

第 11.2 节实现的那个 totalSales () 函数，故意要消耗掉很多资源，而且故意要让算法花费好几百个毫秒才能运行完毕。尽管如此，但触发 totalSales () 函数，并不会妨碍应用程序继续处理外界传入的其他请求。原因我们在第 1 章已经讲过了：异步操作是提交给事件循环去安排执行的，而不是说必须当场执行完毕，因此它不会把程序给卡住，程序依然可以继续接受其他请求。

但如果我们想执行的不是异步操作，而是一项耗时很久的同步任务，那会如何呢？在这种情况下，我们只有等待这项同步任务执行完毕，然后才能交还控制权。这样的任务叫作 **CPU - bound**（CPU 密集型）任务，因为它依赖的是 CPU 资源，并且依赖得很迫切，而不像某些任务那样，主要依赖 I/O 资源。

现在我们就通过一个例子来演示，如何在 Node.js 平台里面处理这样的任务。

11.4.1　解决 subset sum（子集合加总）问题

我们选择一个运算量很大的问题来做实验。**子集合加总**（subset sum）就是个很好的例子，这个问题要求我们判断：某个由整数所构成的集合（这个集合里允许出现重复元素），是否存在非空且元素之和等于 0 的子集。比如，如果输入的集合是［1，2，－4，5，－3］，那我们就应该判断出，该集合存在两个非空且元素之和等于 0 的子集，分别是［1，2，－3］与［2，－4，5，－3］。

要想解决这个问题，最直白的一种算法，是把该集合的所有非空子集都找出来，并逐个判断。这个算法的复杂度是 $O(2^n)$，换句话说，如果集合里有 n 个元素，那么这个算法所耗费的时间，跟 2 的 n 次方呈正比。这意味着，如果集合里有 20 个整数，那么这个算法大约要执行 1048576（也就是 2 的 20 次方）次判断。这个数量很适合用来做实验。另外，笔者在做实验的时候，还想对原问题稍加修改，也就是说，我们想让这个程序能够找出总和为任意整数的所有非空子集，而不像原问题那样，把这个总和锁定为 0。

现在就来实现这个算法。首先新建名为 **subsetSum.js** 的模块。我们要在这个模块里创建一个叫作 **SubsetSum** 的类：

```
export class SubsetSum extends EventEmitter {
  constructor (sum, set) {
    super()
    this.sum = sum
    this.set = set
    this.totalSubsets = 0
  }
//...
```

我们让这个 **SubsetSum** 类扩展（也就是继承）**EventEmitter**，这样的话，我们每发现一个符合条件的子集，就可以触发一次事件，大家稍后就会看到，这样写会让程序变得相当灵活。

接下来，我们把原集合的所有非空子集都找出来，每找到一个，就用 **_processSubset** 判断该子集的各元素之和是否等于用户指定的那个值：

```
_combine (set, subset) {
  for (let i = 0; i < set.length; i++) {
    const newSubset = subset.concat(set[i])
    this._combine(set.slice(i + 1), newSubset)
    this._processSubset(newSubset)
  }
}
```

这个算法的具体细节，笔者就不在这里解释了，这里要强调的主要是两个意思：

• 第一，**_combine()** 方法是个纯粹的同步方法。它会递归地寻找原集合的每一个非空子集，在把这些子集全都找出来并加以判断之前，它不会将控制权还给事件循环。

• 第二，**_combine()** 方法每找到一个子集，就会把这个子集交给 **_processSubset()** 方法做进一步处理。

_processSubset() 方法负责验证 **subset** 参数所表示的这个子集，其各元素之和是不是等于我们要找的那个数，也就是 **this. sum**：

```
_processSubset (subset) {
  console.log('Subset', ++this.totalSubsets, subset)
  const res = subset.reduce((prev, item) => (prev + item), 0)
  if (res === this.sum) {
    this.emit('match', subset)
  }
}
```

这个方法实现起来很简单，它只不过是对 subset 运用 **reduce**（化简）操作，逐个地把当前元素类加到已经汇总出来的值上面而已。如果最终的总和等于我们要找的数（即 **this. sum**），那就触发 **match** 事件。

最后，我们编写 **start ()** 方法，把整个流程串起来：

```
start () {
  this._combine(this.set, [])
  this.emit('end')
}
```

start () 方法触发 **_ combile ()** 方法，让程序把原集合的各种非空子集都找出来并予以判断。整套操作结束之后，**start ()** 方法产生 **end** 事件，用以表示所有的子集均已检查完毕，如果其中有符合条件的子集，那么程序以前应该发出过相应的 **match** 事件。这样写没有问题，因为 **_ combile ()** 是个同步方法，如果程序执行到了它下面的那条语句，也就是 **this. emit ('end')**，那就意味着 **_ combile ()** 方法所要执行的计算任务已经彻底完成了。

接下来，我们要发布刚才创建的算法，让客户端能够通过网络调用该算法。这次我们跟编写其他范例时一样，也用一个简单的 HTTP 服务器来实现。我们想要创建一个端点，让它接受 **/subsetSum? data = <Array>&sum = <Integer>** 格式的查询请求，收到这样的请求之后，服务器就开始用 **data** 及 **sum** 参数所指定的数组与总和，触发 **SubsetSum** 算法。

我们把这个简单的服务器程序写在名为 **index. js** 的模块里面：

```
import { createServer } from 'http'
import { SubsetSum } from './subsetSum.js'
createServer((req, res) => {
  const url = new URL(req.url, 'http://localhost')
  if (url.pathname !== '/subsetSum') {
    res.writeHead(200)
    return res.end('I\'m alive!\n')
```

```
  }

  const data = JSON.parse(url.searchParams.get('data'))
  const sum = JSON.parse(url.searchParams.get('sum'))
  res.writeHead(200)
  const subsetSum = new SubsetSum(sum, data)
  subsetSum.on('match', match => {
    res.write(`Match: ${JSON.stringify(match)}\n`)
  })
  subsetSum.on('end', () => res.end())
  subsetSum.start()
}).listen(8000, () => console.log('Server started'))
```

由于 **SubsetSum** 对象会通过 match 事件，来表示自己发现了某个符合条件的子集，因此我们在编写这个服务器时，只需要监听该事件并做出相应的处理即可，也就是说，我们只需要用相当简单的代码，就能够实现出这样一种实时处理的效果，让程序刚一发现符合要求的结果，就立刻予以回报。另外还要注意，如果服务器收到的 URL 不是 **/subsetSum**，那么我们会让服务器打印一条 **I'm alive!** 字样的消息，这样做是为了判断服务器在执行 **SubsetSum** 计算任务时，还能不能对其他请求给出回应。接下来我们就会说到这个问题。

现在可以看看 **SubsetSum** 算法的效果了。大家想知道服务器端会怎样处理请求吗？我们这就把服务器启动起来：

```
node index.js
```

把服务器启动起来之后，我们就可以发送第一项查询请求了。我们构造一个含有 17 个随机数字的多重集合（也就是允许出现重复元素的集合），这样的集合会有 131071 个非空的子集，这个量很适合用来测试，它会让服务器忙碌一阵子才能全部判断完：

```
curl -G http://localhost:8000/subsetSum --data-urlencode "data=[16,
19,1,1,-16,9,1,-5,-2,17,-15,-97,19,-16,-4,-5,15]" --data-urlencode
"sum=0"
```

几秒钟之后，我们就会看到服务器那边传过来的结果。然而，如果我们在服务器计算的过程中，再打开一个终端窗口并执行这样一条命令，那么就会发现一个严重的问题：

```
curl -G http://localhost:8000
```

大家立刻就会注意到，服务器必须把我们刚才发出的那项请求彻底处理完毕，然后才能响应这次的请求，也就是说，服务器在执行 **SubsetSum** 算法的过程中，无法对其他请求给出回应。这个效果并不意外。因为 Node.js 的事件循环只运行在一条线程里面，如果这条线程让某个比较耗时的同步操作阻塞住了，那么就暂时无法进入下一个循环，因此，就算是这种仅仅发送 **I'm alive**！文本的简单任务，它也抽不出时间来完成。

看到这种现象，我们很快就能意识到，如果应用程序想要同时处理多项请求，那么刚才写的这套方案不可行。但是大家别灰心，这个问题在 Node.js 平台里面，有很多种处理办法。接下来，我们就要说到三种最常用的办法，也就是"通过 **setImmediate** 分步执行""使用外部进程来执行"，以及"使用工作线程来执行"。

11.4.2 通过 setImmediate 分步执行

CPU 密集型的算法，通常都是由一系列步骤组成的，这可能是指一系列的递归调用，也可能是指循环逻辑中的许多次迭代，还有可能是由这两者结合或演变而成的其他形式。既然是由一系列步骤组成的，那我们就没有必要非得把这一系列步骤一次执行完毕，而是可以每执行一步（或者每执行几步）就把控制权还给事件循环一次，这样的话，事件循环就有可能利用这个机会，来执行那些目前还在等待处理的 I/O 操作，而不像原来那样，由于这个运行时间比较长的算法一直占据着线程，导致事件循环没有机会处理其他 I/O 操作。要实现出这样的效果，比较简单的一种方案，是想办法让程序在事件循环把等待处理的这些 I/O 操作执行完之后，能够继续执行算法的下一个步骤，而这正是 **setImmediate()** 函数最擅长的情况（我们在第 3 章介绍过这个函数）。

11.4.2.1 让求解子集合加总问题的这个算法能够分步执行

现在我们就用这个方案来改写子集合加总算法。其实 **subsetSum.js** 模块里面只有少量需要调整。为了便于演示，我们创建名为 **subsetSumDefer.js** 的新模块，把原模块的 **subsetSum** 类复制过来，以此为基础开始修改。

首先要做的，是添加名叫 **_combineInterleaved()** 的新方法，这个方法是本方案的关键所在：

```
_combineInterleaved (set, subset) {
  this.runningCombine++
  setImmediate(() => {
    this._combine(set, subset)
    if (--this.runningCombine === 0) {
      this.emit('end')
    }
  })
```

```
}
```

大家都看到了，这个函数想要做的，仅仅是利用 **setImmediate()** 函数，把原来那个同步版的 _**combine()** 方法安排到事件循环里面去执行而已，这样 _**combine()** 就不会把整个程序卡住了。但问题是，_**combine()** 需要把原集合的每一个非空子集都考虑一遍，而这次的算法是个异步算法，所以我们得想办法确定该算法何时结束。

为了确定这一点，我们需要记录当前有多少次针对 _**combine()** 的方法调用操作正在执行，笔者这里所用的模式，跟第 4 章在实现异步的平行执行流程时所用的相似。如果针对 _**combine()** 方法所做的调用全都运行完毕了，那就意味着整个算法彻底结束，于是我们触发 end 事件，以告知关注该事件的那些监听器：这个算法现在已经执行完了。

要想把原有的子集合加总算法调整好，我们还需要再修改两个地方。第一，是让 _**combine()** 方法改用刚才写的那个延迟版本［也就是 _**combineInterleaved()**］来做递归，而不要像原来那样，通过直接调用自身来做递归：

```
_combine (set, subset) {
  for (let i = 0; i < set.length; i++) {
    const newSubset = subset.concat(set[i])
    this._combineInterleaved(set.slice(i + 1), newSubset)
    this._processSubset(newSubset)
  }
}
```

让 _**combine()** 通过 _**combineInterleaved()** 做递归，可以确保该算法的下一个步骤，总会由 **setImmediate()** 安排到事件循环里面去执行，而不是当场予以执行。这样的话，事件循环就有机会去执行目前尚待处理的其他 I/O 请求。

第二个需要稍加修改的地方，位于 **start()** 方法之中：

```
start () {
  this.runningCombine = 0
  this._combineInterleaved(this.set, [])
}
```

这段代码首先把针对 _**combine()** 方法所做的调用数量，设置为 0。然后，把原来直接调用 _**combine()** 方法的那行语句改掉，让它调用 _**combineInterleaved()** 方法，由于 **end** 事件这次会由该方法异步地加以触发，因此我们就不用在 **start()** 这里触发了。

这样修改之后，我们这个新版的子集合加总算法，就可以分步骤地执行了，而不像原版算法那样，必须从头执行到尾。新版算法会给事件循环留出空隙，让它有机会执行其他一些尚待处理的请求。

最后当然还有一个地方也得修改，这就是 **index.js** 模块。我们要让它使用新版的 **SubsetSum API**。这个修改做起来相当容易：

```
import { createServer } from 'http'
// import { SubsetSum } from './subsetSum.js'
import { SubsetSum } from './subsetSumDefer.js'

createServer((req, res) => {
  //...
```

现在我们看看服务器改用新版子集合加总算法之后的表现。重启服务器，然后给它发送这样一条请求，让服务器在原集合 data 之中，找出各元素之和等于 **sum** 值的所有非空子集：

```
curl -G http://localhost:8000/subsetSum --data-urlencode "data=[16,
19,1,1,-16,9,1,-5,-2,17,-15,-97,19,-16,-4,-5,15]" --data-urlencode
"sum=0"
```

趁服务器正在处理上述请求的时候，我们再开一个终端窗口，从里面发出另一条请求，看看服务器此时能不能响应该请求：

```
curl -G http://localhost:8000
```

很好！这次我们看到，后发出的这项请求几乎立刻得到了响应，这说明我们的方案见效了，服务器即便正在运行 **SubsetSum** 这种耗时很长的任务，也依然能响应其他请求。

11.4.2.2 利用 setImmediate() 实现分步执行时需要注意的问题

我们刚才看到，要想让程序在执行 CPU 密集型任务时依然保持响应能力，其实并不是特别复杂，我们只需要利用 **setImmediate()** 把该任务的下一个步骤安排到事件循环里面，让它稍后（而不是立刻）执行就好，这样的话，事件循环就有机会先执行尚待处理的 I/O 操作，然后再执行该任务的下一个步骤。但问题在于，这样做的效率不够理想。把某项任务的下一个步骤安排到稍后去执行，会给程序增加少量开销，如果算法的步骤数特别多，那么这种开销积累起来就比较大。对于 CPU 密集型的任务来说，这是我们最不愿意见到的现象，因为这意味着我们的算法没有能够尽快把任务执行完，而是过久地占用了 CPU 资源。要想缓解这个现象，我们可以让该任务多执行几步，然后再通过 **setImmediate()** 安排下一批步骤，而不是每执行一步，就通过 **setImmediate()** 安排一次。这样做虽然能够缓解这个现象，但并不解决根本问题。

另外要注意的是，如果任务的每一步都需要花费比较长的时间，那我们这个办法的效果就不太好了。在这种情况下，事件循环还是会在一个比较长的时间段内失去响应，导致整个应用程序出现卡顿现象，这对于一款正式上线的软件产品来说，是很不应该的。

当然了，这并不是说这个技巧根本就没有用。如果某项同步任务只是偶尔执行几次，而且其中每个步骤花的时间也不太长，那我们就可以通过 `setImmediate ()` 来安排这些步骤，让它们能够与应用程序里的其他操作穿插着执行，在这种情况下，要想让事件循环不受阻塞，这是最简单、最有效的办法。

请注意，这种耗时较长的任务，是不能用 `process.nextTick ()` 方法来安排分步执行的。因为我们在第 3 章说过，这个方法会把任务安排在有待处理的 I/O 操作前面，这样的话，如果那项任务里面又继续安排其他任务，那么有待处理的 I/O 操作在这段时间内，就总是得不到机会执行。大家可以把前面那个例子中的 `setImmediate ()` 改成 `process.nextTick ()`，以了解这个问题。

11.4.3 使用外部进程执行任务

把算法的下一步推迟到稍后去执行，并不是处理 CPU 密集型任务的唯一方案。还有另一种模式，也能防止事件循环受到阻塞，这指的是通过**子进程**（child process）来运行任务。我们前面已经看到了，Node. js 平台很适合处理 I/O 密集型的（I/O - intensive）应用程序，例如 Web 服务器，因为它采用的是异步架构，可以相当充分地运用资源，来处理这些 I/O 请求。既然如此，那我们最好是把 I/O 之外的任务从主应用程序之中拿出来放到单独的进程里面去执行，这里的任务指的是 CPU 密集型的任务，这样做有三个比较大的好处：

- 第一，我们不用像上一种方案那样，把这项同步任务拆分成好多个步骤，让其他的 I/O 任务穿插在这些步骤之间寻找执行机会，而是可以像平常那样去编写这项任务的代码，让该任务从头到尾执行下去。
- 第二，在 Node. js 平台里面与新创建出来的进程相交互，是比较容易的，这可能要比采用 `setImmediate ()` 来编写算法更加简单，而且就算程序以后放在了处理器更多的计算机上面运行，我们也不需要修改主应用程序，它可以自动把这些处理器给利用起来。
- 第三，如果我们想极力提升效率，那么可以采用低级语言（例如老式的 C 语言）来实现外部进程，或者采用新式的编译型语言（例如 Go 或 Rust）来改写。也就是说，我们可以选用最合适的工具来实现外部进程。

Node. js 提供了丰富的 API，让我们能够与外部进程交互。这些 API 都可以在 `child_process` 模块里找到。另外，如果这个外部进程本身也是个 Node. js 程序，那么它跟我们的主程序之间，很容易就能连接起来，而且可以相当顺畅地与本地程序交互。之所以能够做到这种效果，是因为我们可以用 **child _ process. fork ()** 函数来创建新的 Node. js 子进程，这个函数在创建子进程的时候，还会提供一条通道，让我们能够使用一套与 **EventEmitter** 类似的接口，跟子进程交换信息。下面我们就再次修改这个处理子集合加总问题的服务器，看看怎样把该问题放到外部进程里面去执行。

11.4.3.1 把计算子集合加总问题的任务交给外部进程去执行

这次重构，是想单独创建一种子进程，让它专门处理这个同步的 SubsetSum 任务，这样的话，主服务器的事件循环就有机会处理网络中传来的请求了。我们按照下面这套步骤来重构：

（1）首先新建名为 **processPool. js** 的模块，这样我们就有了一个进程池，这个进程池里面将会有许多条正在运行的进程供我们取用。为什么不等到真正使用进程的时候再去建立新的进程呢？这是因为，新建一条进程是个相当耗费资源的操作，而且要花时间，所以不如预先建立好一批进程，让它们一直运行着，并把它们放在进程池里面，这样的话，程序随时都能直接取出一条来使用，既节省时间，又不过多地占用 CPU 周期。另外，这样做还能够限定同时运行的进程数量，让应用程序不会无休止地创建新的进程，也就是说，可以防止有人对应用程序发起**DoS**（**denial - of - service**，拒绝服务）攻击。

（2）接下来，我们要创建名为 **subsetSumFork. js** 的模块，让它负责把 SubsetSum 任务放在一条子进程里面运行。这个模块的职责是与那条子进程交互，把任务的处理结果转发给主应用程序，这样的话，开发者就可以方便地获取处理结果，而不用管它是应用程序自己计算出来的，还是由外部的进程计算出来的。

（3）最后，我们需要启动一条工作进程（**worker**），这也是从主程序里面创建出来的一条子进程，它表示的是一个新的 Node. js 程序，该程序只有一项目标，就是运行子集合加总算法，并把处理结果转发给上级进程（也就是主程序本身所在的进程）。

DoS 攻击是想让目标服务器无法给正常用户提供服务。攻击者通常会利用目标服务器的漏洞发出大量请求，让它没有机会服务正常的用户，如果这些请求是从多个计算机发出的，那么这种 DoS 攻击又称为 DDoS（distributed DoS，分布式 DoS）攻击。

11.4.3.1.1 实现进程池

现在我们就来逐步构建这个表示进程池的 **processPool. js** 模块：

```
import { fork } from 'child_process'
export class ProcessPool {
  constructor (file, poolMax) {
    this.file = file
```

```
    this.poolMax = poolMax
    this.pool = []
    this.active = []
    this.waiting = []
  }
//...
```

这个模块的第一部分代码，先从 **child_process** 里面引入 **fork ()** 函数，我们要用这个函数创建新的进程。然后，我们定义 **ProcessPool** 类的构造器，让它接受 **file** 与 **poolMax** 这样两个参数，其中，**file** 参数表示需要用子进程来运行的那个 Node. js 程序，**poolMax** 参数表示进程池里面最多能有几个实例在运行。除了这两者之外，我们还定义了三个实例变量：

- **pool** 变量，这用来表示进程池里面准备好接受新任务的那些进程。
- **active** 变量，这表示当前正在执行任务的那些进程。
- **waiting** 变量，这是一个用来存放回调的队列，如果当前没有空余的进程可以执行新的任务，那我们就把一个表示这次执行请求的对象，推入该队列。

ProcessPool 类接下来的这一部分代码，指的是它的 **acquire ()** 方法，该方法会从进程池里面取出一条空余的进程，用来执行任务，如果暂时没有这样的进程，那么一旦有，它就会把这样一条进程交给使用方：

```
acquire () {
  return new Promise((resolve, reject) => {
    let worker
    if (this.pool.length > 0) {                                  // (1)
      worker = this.pool.pop()
      this.active.push(worker)
      return resolve(worker)
    }

    if (this.active.length >= this.poolMax) {                    // (2)
      return this.waiting.push({ resolve, reject })
    }

    worker = fork(this.file)                                     // (3)
    worker.once('message', message => {
      if (message === 'ready') {
        this.active.push(worker)
```

```
          return resolve(worker)
        }
        worker.kill()
        reject(new Error('Improper process start'))
      })
      worker.once('exit', code => {
        console.log(`Worker exited with code ${code}`)
        this.active = this.active.filter(w => worker !== w)
        this.pool = this.pool.filter(w => worker !== w)
      })
    })
  }
```

acquire () 方法的逻辑很简单，其中有这样几个关键点：

(1) 如果进程池 **pool** 里面有空余的进程，那只需要把这条进程移动到 **active** 列表，然后通过 **resolve ()** 满足外围的 Promise 对象即可。

(2) 如果进程池 **pool** 里面没有空余的进程，而且当前正在执行任务的进程数量已经达到上限，那我们就必须等待某条进程空闲下来。为此，我们把外围的 **Promise** 对象所提供的 **resolve ()** 回调与 **reject ()** 回调包裹在一个对象里面，推入 **waiting** 队列。

(3) 如果进程池里面没有空余的进程，但是当前正在执行任务的进程数量还未达到上限，那我们就用 **child_process.fork ()** 创建新的进程。然后我们等待刚创建出来的这条进程给我们发送 **ready** 消息，以表示它已经启动起来了，并且可以接受新的任务了。凡是通过 **child_process.fork ()** 创建的进程，都自动具备这样一条基于消息的通道。

ProcessPool 类的最后一部分代码，是关于 **release ()** 方法的，这个方法负责把已经执行完任务的进程，放回到进程池 **pool** 之中：

```
release (worker) {
  if (this.waiting.length > 0) {                              // (1)
    const { resolve } = this.waiting.shift()
    return resolve(worker)
  }
  this.active = this.active.filter(w => worker !== w)        // (2)
  this.pool.push(worker)
}
```

release () 方法是这样运作的：

(1) 如果 **waiting** 列表里面有任务请求正在等待处理，那就从队列顶端取出这样一项请求，并把正要释放的这条 **worker** 进程，交给与该请求相对应的 **resolve ()** 回调，使得这项请求能够得到满足。

（2）如果 **waiting** 列表里面没有任务请求需要处理，那就把这条进程从 **active** 列表中删去，并把它放回到进程池 **pool** 之中。

大家都注意到了，如果目前还有任务需要处理，那我们就直接把正准备释放的这条进程，转交给需要执行任务的那个人，而不是先把这条进程停掉，然后重新启动，以执行那项任务。我们这样做虽然是想节省时间，但并不一定是最好的解决办法，具体效果如何，跟应用程序的需求有很大关系。

要想降低程序占用内存的数量，并让进程池更加灵活，我们可以考虑下面两项优化技术：

- 如果某条进程闲置的时间达到一定限度，那就终止该进程，以释放内存。
- 添加一套机制，用来终止那些失去响应的进程，或者重启那些崩溃的进程。

我们这个例子故意把进程池实现得简单一些，因为如果要把各种细节都考虑到，那还有许多地方需要完善。

11.4.3.1.2 与子进程交互

把表示进程池的 **ProcessPool** 类写好之后，我们就可以来实现 **SubsetSumFork** 类了，这个类负责与执行子集合加总任务的工作进程相交互，并把那种进程所产生的结果转发过来。我们为什么可以做这样的交互呢？这是因为那些工作进程都是用 **child_process.fork ()** 创建出来的，而我们前面说过，用 **child_process.fork ()** 创建出的子进程，自动具备一条基于消息的简单通道，让我们能够与其交互。下面就来看看 **SubsetSumFork** 类所在的 **subsetSumFork.js** 模块该怎样写：

```
import { EventEmitter } from 'events'
import { dirname, join } from 'path'
import { fileURLToPath } from 'url'
import { ProcessPool } from './processPool.js'

const __dirname = dirname(fileURLToPath(import.meta.url))
const workerFile = join(__dirname,
  'workers', 'subsetSumProcessWorker.js')
const workers = new ProcessPool(workerFile, 2)

export class SubsetSum extends EventEmitter {
  constructor (sum, set) {
    super()
    this.sum = sum
```

```
    this.set = set
  }

  async start () {
    const worker = await workers.acquire()                    // (1)
    worker.send({ sum: this.sum, set: this.set })

    const onMessage = msg => {
      if (msg.event === 'end') {                              // (3)
        worker.removeListener('message', onMessage)
        workers.release(worker)
      }

      this.emit(msg.event, msg.data)                          // (4)
    }

    worker.on('message', onMessage)                           // (2)
  }
}
```

首先要注意的是，我们新建了一个 **ProcessPool** 对象，以表示线程池，并让该对象里面的子进程，把 **./workers/subsetSumProcessWorker.js** 文件所表示的那个程序，当作以后所要运行的任务。新建该对象时，我们把线程池的最大容量（也就是正在执行任务的最大线程数）设置成了 2。

另外要注意的地方，就是我们想让这次的这个 **SubsetSum** 类，跟原来的 **SubsetSum** 类，在对外公布的 API 上面保持一致。这个新版的 **SubsetSum** 也继承自 **EventEmitter**，而且它的构造器和原来的 **SubsetSum** 一样，也接受 **sum** 与 **set** 这样两个参数。它同样具备 **start ()** 方法，用来启动整个算法的执行流程，然而它会把这套流程，放在一条单独的进程里面去执行。下面解释 **start ()** 方法的几个关键点：

(1) 我们试着从进程池里面获取一条空闲的子进程。只要这项操作完成，我们就立刻通过指代这条子进程的 **worker** 变量，给它发送一条消息，以指定所要处理的任务。在 Node.js 平台中，凡是用 **child_process.fork ()** 所启动的进程，都自动具备这样一个名为 **send ()** 的 API，在我们所要实现的这套方案中，这是一条基本的通信渠道。

(2) 然后，我们在子进程（也就是 worker 进程）上面调用 **on** 方法，以注册监听器，让它监听 **message** 事件，这样的话，子进程只要收到消息，我们注册的这个 **onMessage** 监听器就能够处理这条消息［注册监听器的功能，也是 **child _ process. fork ()** 方法所启动的子进程自动具备的，它跟上一条说的那个通信渠道，位于同一套机制里面］。

（3）如果系统触发了我们注册的这个监听器，那么首先要判断监听到的消息是不是代表 **end** 事件，如果是，那就意味着这条子进程所执行的任务已经完成，于是我们把 **onMessage** 监听器从子进程里面注销，并把这条子进程放回进程池。

（4）然后，监听器会把收到的消息用｛**event, data**｝的格式予以转发（或者说，重新播发），让程序能够通过我们创建的这个 **SubsetSum**，来得知执行具体任务的子进程所产生的事件。

用来封装任务的 **SubsetSum** 类已经写好了，接下来，我们开始实现子进程自己的逻辑。

大家还应该知道的是，我们可以在子进程上面调用 **send ()** 方法，把主应用程序里面的 socket handle（也就是操作套接字所用的标识符）传过去。**send ()** 方法的详细用法参见：**nodejsdp. link/childprocess - send**。**cluster** 模块正是采用这种办法，把 HTTP 服务器的负载分摊给多个进程的。我们会在下一章详细讨论这个问题。

11. 4. 3. 1. 3　实现子进程自己的逻辑

现在我们创建 **workers/subsetSumProcessWorker. js** 模块，以表示子进程所要执行的逻辑：

```
import { SubsetSum } from '../subsetSum.js'

process.on('message', msg => {                                    // (1)
  const subsetSum = new SubsetSum(msg.sum, msg.set)

  subsetSum.on('match', data => {                                 // (2)
    process.send({ event: 'match', data: data })
  })

  subsetSum.on('end', data => {
    process.send({ event: 'end', data: data })
  })

  subsetSum.start()
})
```

```
process.send('ready')
```

我们很明显地看到，这段代码直接沿用了原版（也就是同步版）的 **SubsetSum** 来执行任务。由于这次我们处在另一条进程里面，因此不用再担心主程序的事件循环，会在执行任务的过程中受到阻塞了，它依然可以继续处理客户端发来的 HTTP 请求。

下面我们解释这段代码在子进程里面运行的时候，会做哪些事情：

(1) 首先监听上级进程传来的消息。我们可以通过 **process.on ()** 方法来注册监听逻辑［凡是用 **child_process.fork ()** 所启动的进程，都提供这样的 API］。

上级进程发来的消息只有一种，这种消息会指出目前这条子进程所应执行的任务，于是，我们就通过消息中的 **sum** 与 **set** 字段构建原版的 **SubsetSum** 对象，以表示这项任务。然后，我们在该对象上面注册两个监听器，分别监听原版对象所产生的 **match** 与 **end** 事件，并将这些事件分别转发给上级进程。最后，我们在原版的 **SubsetSum** 对象上面调用 **start ()** 方法，让它开始计算。

(2) 只要原版的 **SubsetSum** 对象在运行算法的过程中产生相应的事件，我们所注册的监听器就会把这个事件以及其中的数据，用 {**event, data**} 的形式发给上级进程。而上级进程那边，则会采用 **subsetSumFork.js** 模块里面写好的逻辑来处理该事件，这个模块我们在上一部分已经讲过了。

由此可见，我们只需要把早前的算法包裹起来就可以了，而不用修改它的内部逻辑。这清楚地表明，我们能够运用这套办法，将应用程序之中的某一部分，轻松地提取到外部进程去执行。

如果子进程不是 Node.js 程序，那我们就无法像刚才那样，在它上面调用 **on ()** 与 **send ()** 等方法了。在这种情况下，我们可以利用子进程公布给上级进程的标准输入流与标准输出流，自己建立一套协议，让双方通过这套协议所描述的结构来通信。为此，你可能需要参考 Node.js 官方文档（**nodejsdp.link/child_process**），以详细了解 **child_process** 模块所提供的各项功能。

11.4.3.2 实现这种多进程的方案时所应注意的问题

跟上一个方案类似，为了尝试新版的子集合加总算法，我们还是来修改 **index.js** 文件，这次，我们要把 HTTP 服务器所引入的模块改为 **./subsetSumFork.js**：

```
import { createServer } from 'http'
// import { SubsetSum } from './subsetSum.js'
// import { SubsetSum } from './subsetSumDefer.js'
import { SubsetSum } from './subsetSumFork.js'
```

```
createServer((req, res) => {
//...
```

我们重启服务器，然后试着发送一条简单的请求：

```
curl -G http://localhost:8000/subsetSum --data-urlencode "data=[16,
19,1,1,-16,9,1,-5,-2,17,-15,-97,19,-16,-4,-5,15]" --data-urlencode
"sum=0"
```

跟上一小节讲的那种穿插执行的方案类似，目前的这种方案，也不会让事件循环在程序运行 CPU 密集型任务的过程中遭到阻塞。我们可以在程序处理该任务的过程中，给服务器发送下面这种请求，以确认这一点：

```
curl -G http://localhost:8000
```

刚才这条命令，应该会立刻返回 `I'm alive!` 字样的文本。

更值得注意的地方在于，我们还可以在程序执行任务的过程中，试着再给服务器发送一项任务，让程序同时执行两项 `SubsetSum` 任务，以充分利用计算机中的两个处理器（当然了，前提是这台计算机拥有多个处理器，而不是仅仅拥有一个处理器）。但如果我们在程序同时执行这两项任务的过程中，又给服务器提交一项任务，那么这项任务就会暂时挂起，这并不是因为事件循环受到了阻塞，而是因为我们在创建进程池的时候，把同时运行任务的最大进程数明确地设置成了 2，因此，最后提交的这项任务，必须等前两条进程里面的某一条把它自己当前的任务执行完毕，才有机会得到执行。

总之，这种多进程的方案跟早前那种穿插执行的方案相比，有很多优点。第一，它不用把算法拆解成许多个步骤，因此在计算效率上不会受到影响；第二，它可以把计算机上面的多个处理器充分利用起来。

接下来，我们要展示另一种方案，它用线程来取代进程。

11.4.4 用工作线程执行任务

从 Node 10.5.0 版本开始，我们可以用一种新机制把 CPU 密集型的算法从主事件循环里面剥离出来，这种机制就是**worker thread**（工作线程）。这种线程与 `child_process.fork()` 所创建出的子进程相比，显得较为轻便，而且还有许多好处。工作线程占据的内存数量要比进程少，而且由于这些线程都位于同一条主进程里面，因此启动起来比较快。

虽然工作线程是基于真实的线程而构建的，但它们并不像 Java 或 Python 等其他编程语言里的线程那样，提供深度的同步机制与数据共享功能。这是因为 JavaScript 是一种单线程的编程语言，它本身并没有内置这样一种机制，能够对多个线程访问同一变量的行为加以同步。假如让 JavaScript 像其他语言那样，支持完备的多线程机制，那它就不再是 JavaScript 语言了，而是成了另一种语言。如果我们既不想改变 JavaScript 语言本身，又想在 Node.js 平台里面发挥多线程的优势，那可以考虑采用工作线程来解决。

工作线程是这样一种线程，它本身并不跟主应用程序所在的线程共享信息，而是运行在自己的 V8 实例里面，该实例拥有独立的 Node.js 运行时环境与事件循环。它跟主线程之间，可以利用基于消息的通信渠道来沟通，两者之间可以传输 **ArrayBuffer** 对象，用户可以利用 **SharedArrayBuffer** 对象做数据同步（这通常还需借助 Atomics）。

你可以通过这篇文章（**nodejsdp.link/shared-array-buffer**）详细了解 **SharedArrayBuffer** 与 **Atomics**。虽然文章是针对 Web Worker 讲的，但里面有许多概念跟 Node.js 的 worker thread（工作线程）相似。

由于主线程与工作线程之间隔离得相当明确，因此不会破坏 JavaScript 语言本身的特质，但与此同时，我们又可以利用一些基本的通信机制与数据共享机制，在这两种线程之间交互，这对于 99%的需求来说，都已经足够了。

现在我们就用工作线程改写这个 SubsetSum 范例程序。

在工作线程里面运行子集合加总任务

由于操纵工作线程所用的 API，跟操纵子进程所用的 API 有许多相似之处，因此与前一种方案相比，我们需要修改的地方很少。

首先我们创建一个新类，叫作 ThreadPool（线程池），这个类跟上一种方案的 ProcessPool（进程池）相似，只不过我们这次操纵的是线程，而不是进程。下面这段代码标出了 **ThreadPool** 类与 **ProcessPool** 类之间的区别。大家可以看到，这两个类的 **acquire ()** 方法只有少数几行有所区别，它们的大多数代码都是一样的：

```
import { Worker } from 'worker_threads'

export class ThreadPool {
  // ...

  acquire () {
    return new Promise((resolve, reject) => {
      let worker
      if (this.pool.length > 0) {
```

```
        worker = this.pool.pop()
        this.active.push(worker)
        return resolve(worker)
      }

      if (this.active.length >= this.poolMax) {
        return this.waiting.push({ resolve, reject })
      }

      worker = new Worker(this.file)
      worker.once('online', () => {
        this.active.push(worker)
        resolve(worker)
      })
      worker.once('exit', code => {
        console.log(`Worker exited with code ${code}`)
        this.active = this.active.filter(w => worker !== w)
        this.pool = this.pool.filter(w => worker !== w)
      })
    })
  }

  //...
}
```

接下来我们要改编 worker，这次我们把它放在一个名叫 **subsetSumThreadWorker.js** 的新文件里面。新的 worker 跟旧版相比，主要区别在于，这次它要使用 **parentPort.postMessage()** 与 **parentPort.on()** 来发送消息并注册监听器，而不像原来那样，使用 **process.send()** 与 **process.on()**：

```
import { parentPort } from 'worker_threads'
import { SubsetSum } from '../subsetSum.js'

parentPort.on('message', msg => {
  const subsetSum = new SubsetSum(msg.sum, msg.set)
```

```
  subsetSum.on('match', data => {
    parentPort.postMessage({ event: 'match', data: data })
  })

  subsetSum.on('end', data => {
    parentPort.postMessage({ event: 'end', data: data })
  })

  subsetSum.start()
})
```

然后我们编写 **subsetSumThreads.js** 模块，这个模块跟上一个方案的 **subsetSumFork.js** 模块基本上相同，只有少数几行代码有所区别，这几行代码用粗体标出：

```
import { EventEmitter } from 'events'
import { dirname, join } from 'path'
import { fileURLToPath } from 'url'
import { ThreadPool } from './threadPool.js'

const __dirname = dirname(fileURLToPath(import.meta.url))
const workerFile = join(__dirname,
  'workers', 'subsetSumThreadWorker.js')
const workers = new ThreadPool(workerFile, 2)

export class SubsetSum extends EventEmitter {
  constructor (sum, set) {
    super()
    this.sum = sum
    this.set = set
  }

  async start () {
    const worker = await workers.acquire()
    worker.postMessage({ sum: this.sum, set: this.set })

    const onMessage = msg => {
```

```
        if (msg.event === 'end') {
          worker.removeListener('message', onMessage)
          workers.release(worker)
        }

        this.emit(msg.event, msg.data)
      }

      worker.on('message', onMessage)
    }
  }
```

大家都看到了，把某个应用程序从多进程的方案，迁移到采用工作线程（worker thread）来实现的方案上面，是相当容易的。这一方面是因为这两种方案所使用的 API 很接近，另一方面则是因为，Node. js 的工作线程与进程之间，有很多相似之处。

最后我们修改 **index. js** 模块，让它引入我们刚才编写的 **subsetSumThreads. js** 模块，以改用新版的算法：

```
import { createServer } from 'http'
// import { SubsetSum } from './subsetSum.js'
  // import { SubsetSum } from './subsetSumDefer.js'
  // import { SubsetSum } from './subsetSumFork.js'
import { SubsetSum } from './subsetSumThreads.js'

createServer((req, res) => {
  // ...
```

现在我们试试这个采用工作进程所实现的新版算法。与前面两种方案一样，这个版本的子集合加总算法，也不会阻塞主应用程序的事件循环，因为该算法是单独运行在一条线程里面的。

刚才这个例子，演示的只是 worker thread（工作线程）所具备的一小部分功能。更为高级的一些用法，例如传递 **ArrayBuffer** 与 **SharedArrayBuffer** 对象，可参见官方 API 文档：**nodejsdp. link/worker - threads**。

11. 4. 5 在实际工作中处理 CPU 密集型任务

通过目前这些范例，大家应该已经知道，怎样使用 Node. js 平台的各种机制来运行 CPU

密集型的任务了。然而使用进程池与线程池等复杂的机制时，我们还必须搭配其他机制来处理与进程池或线程池有关的一些问题，例如超时、错误以及各种故障，笔者早前为了把范例程序讲得简单一些，省略了这些问题。因此，除非你有特殊需求，否则最好还是利用比较成熟的库来开发实际工作中的程序。例如可以考虑 `workerpool`（`nodejsdp.link/workerpool`）与 `piscina`（`nodejsdp.link/piscina`）这两个库，它们都是基于本节所提出的理念而实现的，可以用外部进程或工作线程来协调 CPU 密集型的任务。

最后要说的是，我们还必须考虑到：如果算法运行起来特别复杂，或者 CPU 密集型任务的数量超过了单一节点所能承受的量，那我们就得把这项计算任务分布到多个节点上面了。这是一个与本章所讲的话题完全不同的话题，我们会在接下来的两章里面详细讨论。

11.5 小结

这一章介绍了几个比较强大的新模式，这些模式所要处理的问题，比前面那些更为复杂。由于我们要解决的问题变得复杂起来，因此笔者呈现给大家的解决方案，也会逐渐高深。当然了，在演示如何根据自己的需求来定制解决方案并予以复用的时候，本章只给出了少数几套教程，但这些教程已经很好地告诉我们，只要掌握这样几条原则与这样几种模式，就可以解决 Node.js 开发中的许多复杂问题。

接下来的两章，是我们这次"Node.js 设计模式"最精彩的部分。在学过了这么多具体的 Node.js 开发技巧之后，我们现在可以上升到策略层面，研究几种架构模式，以帮助我们扩展 Node.js 应用程序并将其分布到多个节点上面。

11.6 习题

- **(1) 用 Proxy 模式给对象添加预初始化队列**：用 JavaScript 的 Proxy 创建一种包装器，用来给任意对象添加预初始化队列（pre-initialization queue）功能。这个包装器应该允许使用者决定原对象里面的哪些方法需要跟预初始化队列相结合，另外也可以决定这个包装出来的对象在原对象初始化完毕时，应该用什么名称的属性/事件来表示这一点。
- **(2) 用纯回调来实现〔异步任务的〕批处理与缓存**：不使用 Promise 或 async/await 机制，仅仅通过回调（callback）、流（stream）与事件（event）来实现早前范例程序中的 `totalSales` API。提示：如果某个值可以直接从缓存里面返回，那么要注意返回该值时所采用的方式，不要把同步和异步混起来用。
- **(3) 实现深度的异步函数叫停功能**：增强 `createAsyncCancelable()` 函数，让用户能够通过该函数所包装出来的对象，取消多层嵌套的异步函数，也就是说，如果受包装的原函数里面，还调用了另外一个涉及多项异步操作的函数，那么用户在叫停原函数的时候，那个函数也应该立刻停在自己所执行到的这项异步操作这里，而不要再往下执行。提示：想办法让 **createAsyncCancelable ()** 函数的用户在编写传给该函数的生成器函数时，能够在里面以 **asyncCancelable ()** 的形式调用另外那个涉及多项异步操作的函数，并通过 **yield** 语句给出那个函数的执行结果。

- **(4) 实现** Compute farm（**"计算农场"**）：创建一个带有 POST 端点的 HTTP 服务器，让该端点能够接收字符串形式的函数代码，以及一个表示各参数取值的数组，然后，服务器会用这些参数来调用该函数，并将其放在某条工作线程或单独的进程里面执行，然后将执行结果回传给用户。提示：你可以考虑使用 **eval ()** 函数与 **vm.runInContext ()** 函数，也可以两个都不用。注意：不管你怎么做这道习题，都应该注意，在正式的软件产品里面随意运行用户提交过来的代码，可能有严重的安全风险，除非你很清楚提交过来的这些代码是什么意思，否则绝对不应该这样做。

第 12 章　用架构模式实现扩展

很早以前，Node. js 只是一种用 C＋＋与 JavaScript 写成的非阻塞式 Web 服务器，那时它叫作 Web. js。创始人 Ryan Dahl 很快就意识到这个平台的潜力很大，于是给它增设了各种工具，让开发者能够以 JavaScript 语言及非阻塞的编程范式为基础，制作各种类型的服务器端应用程序。

Node. js 平台的特点，让它很适合实现分布式的系统，无论是只有几个节点的小系统，还是那种有成千个节点的巨大网络，都可以用 Node. js 来做，它天生就是用来做分布式开发的。

跟其他 Web 平台不同，Node. js 平台很早就开始探索如何开发可扩展的应用程序。许多人都觉得，这是因为 Node. js 用的是单线程模型，如果不做扩展，就很难把计算机上面的多个 CPU 核心充分利用起来。但这只是其中一项原因，Node. js 平台之所以很早就开始关注 scalability（可扩展程度/可扩展性）的问题，其实还有更深层的理由。

大家在这一章里面会看到，扩展一款应用程序，并不仅仅意味着提高它的处理能力，让它能够更快地处理请求。除了能够起到这些作用之外，它还是一项关键的步骤，让我们能够提升应用程序的可用性（availability）与容错能力。

有的时候，我们所说的可扩展能力或者可扩展性，仅仅指的是能不能把应用程序里面的复杂逻辑，拆分成许多个易于管理的小块儿。但除此之外，我们还应该从其他方面来考虑可扩展性，也就是说，我们要用一种立体的思维，而不是直线式的或平面式的思维来考虑它，这种思维可以比喻成一个立方体，我们把这种立方体叫作**scale cube**，它提醒我们要从广度、高度与深度这三个方面，来考虑应用程序的可扩展能力，而不能只注意到其中的一个或两个方面。

这一章要讲的内容包括：

- 为什么要关注应用程序的可扩展能力？
- 什么是 scale cube？为什么说它能够帮助我们理解应用程序的可扩展能力？
- 怎样通过运行同一款应用程序的多个实例来扩展该程序？
- 怎样在扩展应用程序时利用负载均衡器？
- 什么是服务注册表（service registry）？如何使用这种注册表？
- 怎样使用 Kubernetes 这样的容器编排（container orchestration）平台来运行并扩展 Node. js 应用程序？

• 怎样针对单体式的应用程序（monolithic application）设计微服务（microservice）架构？

• 怎样使用某些简单的架构模式来整合（或者说集成）大量的服务？

12.1 浅谈如何扩展应用程序

可扩展能力（scalability，或者说可扩展性）是指某系统面对不断变化的环境，通过壮大自身来适应这种变化的能力。这种壮大，不单是指技术水平提升，它也涉及业务与组织结构方面的提升。

如果你打算成立一家“独角兽”（unicorn）企业，希望自己的产品很快达到那种服务全球数百万用户的水平，那么你在可扩展能力上面，就会遇到比较大的挑战。例如：应用程序怎样满足不断增长的需求？系统会不会越来越慢、越来越容易崩溃？怎样保存大量数据并管控 I/O 操作？如果招募更多员工，那么如何把员工划分成不同的团队，让这些团队既能够自主而高效地工作，又不会出现多个团队争着修改同一块代码的情况？

就算你要做的项目不是刚说的那种大规模项目，也还是逃不开可扩展能力方面的问题，只不过这些问题会表现在其他地方而已。如果你不针对这些问题做出准备，那么就有可能无法顺利推进项目，进而让运作该项目的公司受到损失。至于如何提升可扩展能力，则必须结合具体的项目来谈，而且要考虑到这个项目当前与以后的业务需求。

可扩展能力是个相当大的话题，但我们在这一章之中，只打算把项目的可扩展能力，放在 Node. js 这个平台的范围里面来谈。笔者会展现几种实用的模式与架构，告诉大家怎样通过这些模式与架构，来扩展 Node. js 应用程序。

如果你能掌握这些技巧，而且能透彻地理解项目所在的业务环境，那么就可以设计并实现出优秀的 Node. js 应用程序，以满足当前的业务需求并适应将来发生的变化，让项目的客户满意。

12.1.1 扩展 Node. js 应用程序

我们前面说过，在一款典型的 Node. js 应用程序中，大多数工作都是在单线程的情境下运行的。笔者在第 1 章里面告诉大家，这种单线程的模型，不一定会限制应用程序的能力，有时它反而是一项优势，因为它可以与非阻塞的 I/O 范式（non - blocking I/O paradigm）相结合，让程序能够优化资源的使用方式，以便同时处理多项请求。在应用程序收到的请求量比较适中（也就是每秒大约收到有几百个请求）的情况下，这种模型的效果相当好，如果应用程序执行的主要是 I/O 密集型任务（例如从文件系统与网络中读取或写入数据），而不是 CPU 密集型任务（例如数字运算或数据处理），那么这种优势会更加明显。

虽然单线程的模型相当好，但只要我们用的是市面上常见的那种硬件，那么单一线程所发挥的能力，就毕竟是有限的。无论服务器多么强劲，要想让 Node. js 应用程序应对大量的负载，我们必须把它扩展到多个进程乃至多台计算机上面。

负载量并不是扩展 Node. js 应用程序的唯一动力。在讨论可扩展能力的时候，我们确实想要利用某些技术来提升程序所能处理的负载量，但除此之外，我们还可以利用另一些技术，来提升程序在其他方面的指标，例如提升**可用性**（**availability**，或者说可用程度）与**容错能力**（**tolerance to failures**）。另外，可扩展能力还跟应用程序能否适应尺寸与复杂程度方面的变化有关，这意思是说，我们在给程序做架构的时候，总希望这套架构可以在程序越来越大、越来越复杂的过程中依然保持稳固，这是个相当重要的软件设计需求。

JavaScript 是一种必须谨慎使用的编程语言。它缺乏类型检查机制，而且有许多陷阱或容易弄错的地方，这可能会给应用程序的发展造成阻碍，但如果能够小心而仔细地做设计，那我们就可以把某些缺陷转化成优点，JavaScript 总是促使我们把程序写得简单一些，促使我们把组件划分成多个易于管理的部分。采用这种方式来写 JavaScript 代码，让我们可以构建出易于分布、易于扩展且易于演化的应用程序。

12.1.2　从三个方面考虑可扩展能力

说到可扩展能力，首先要把握住一条基本原则，也就是**负载分布**（**load distribution**）原则，这意思是说，我们要把应用程序的负载分摊到多条进程及多台计算机上面。实现负载分布的方式有许多种，Martin L. Abbott 与 Michael T. Fisher 在《*The Art of Scalability*》这本书[译注24]中提出了一个绝妙的模型，叫作 scale cube，可以帮助我们理解这些方式。这个模型提示我们从立方体的左下角（也就是未经扩展的应用程序）开始，沿着三维空间的三个坐标轴来考虑扩展方向：

- X 轴——克隆（Cloning）。
- Y 轴——按服务/功能分解（Decomposing by service/functionality）。
- Z 轴——按数据所在的分区来划分工作（Splitting by data partition）。

从立方体的左下角出发，沿着这三个轴的方向，最终都可以通过立方体的边，走到右上角，如图 12.1 所示。

立方体的左下角（也就是 X 轴与 Y 轴相交的那个地方），表示那种把所用功能都放在同一个节点上面，并且只有一个实例的应用程序。这种程序通常叫作**monolithic application**（**单体式应用程序**）。如果只需要面对少量负载，或者还处在早期开发阶段，那么我们通常就会把

[译注24] 第一版的中文版是《可扩展的艺术——现代企业的 Web 架构、流程及组织》，第二版的中文版是《架构即未来——现代企业可扩展的 Web 架构、流程和组织》。

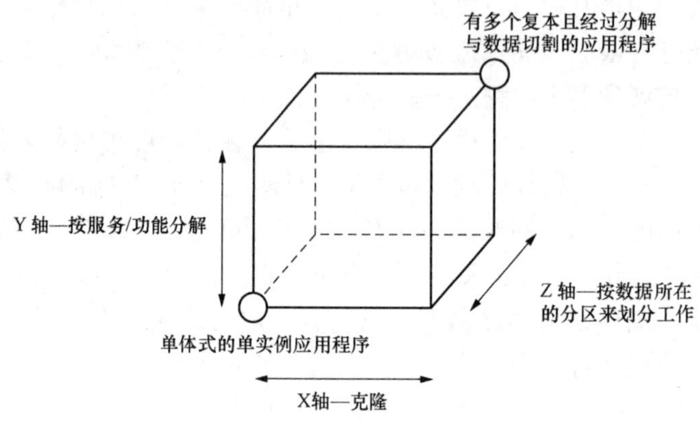

图 12.1 scale cube

程序做成这个样子。从单体式应用程序出发，我们可以沿着三个方向，采用三种不同的策略来扩展它。这三个方向就是三维空间中的三个坐标轴，也就是 X 轴、Y 轴与 Z 轴，我们可以通过图中的立方体来形象地理解

- **X 轴——克隆**：对于一个单体式的，未经扩展的应用程序来说，最直观的演变方向，就是沿着 X 轴向右推进，这是最简单、最省时（主要指的是开发时间），也最有效的方式。沿着这个方向扩展，意图是很明确的，也就是要让应用程序出现 n 个复本，每个复本（也就是每个实例）只需要处理总负载量的 $1/n$ 即可。
- **Y 轴——按服务/功能分解**：沿着 Y 轴扩展，意思是根据功能、服务或者用例（use case，也就是用法、使用方式）来分解应用程序。这里所说的*分解*（*decompose*），意思是把原来的程序分成好几个独立的程序，这些程序都有各自的代码库，而且可能具有专用的数据库，乃至专门的一套 UI（用户界面）。

这种扩展方式有几个常见的例子，其中一个，是把应用程序里面与管理有关的部分单独提取出来，让它与面向公众的那一部分相区隔。还有一个例子，是把负责用户认证（user authentication）工作的那项服务单独提取出来，放到一台专用的服务器上面。

在根据功能来分解应用程序的时候，我们通常会按照业务需求、使用方式、涉及的数据，以及其他一些因素，来制定划分标准，本章后面就会谈到这个问题。在三种扩展方向里面，沿着 Y 轴扩展所造成的影响最大，它不仅影响程序的架构，还影响我们管理开发工作与运营工作时所采用的方式。后面我们会讲到一个术语，叫作***微服务***（***microservice***），如果我们要沿着 Y 轴执行比较细致的扩展，那么经常会遇到这个概念。

- **Z 轴——按数据所在的分区来划分工作**：沿着 Z 轴扩展，意思是把原应用程序划分成多个实例，让每个实例只负责处理全体数据之中的一部分。这项技术通常是针对数据库而使

用的，也叫作***horizontal/vertical partitioning***（***水平/垂直分区、横向/纵向分区***）。在这种扩展方式下，我们要为同一款应用程序制作多个实例，让每个实例只处理某一个分区里面的数据，至于如何给数据分区，可以有许多标准。

比如，如果要给应用程序的用户数据做分区，我们可以按照用户所在的国家划分（这是一种*列表分区法*，*list partitioning*），也可以按照姓氏的首字母划分（这是一种*范围分区法*，*range partitioning*），还可以根据某个哈希函数的结果来决定该用户属于哪个区（这是一种*哈希分区法*，*hash partitioning*）。

由于每个分区内的数据，都交由某个特定的实例负责处理，因此我们在执行每项操作之前，都必须先执行一个查询步骤，以确定这项操作所针对的数据，究竟位于哪一个分区之中，只有知道了这一点，才能确定该数据由哪个实例负责处理。我们刚才说过，这种通过给数据做分区来实现扩展的手法，通常是在数据存储层面（也就是数据库层面）实施的，这么做主要是不想让程序直接处理一整套庞大的数据集（因为那样做会受到磁盘空间、内存以及网络状况等因素的限制）。如果你想把它用在应用程序的层面，那就得考虑这样做是否值得，只有那种架构比较复杂、比较分散的程序，或者那种用法相当特殊的程序，才值得这样做，比如，你要针对数据持久化工作来给应用程序定制专门的解决方案，你所使用的数据库不支持分区，或者你要构建一个规模类似于 Google 那样大的程序。沿着 Z 轴扩展应用程序，是相当复杂的，只有当 X 轴与 Y 轴这两个方向已经充分得到扩展之后，我们才可以考虑沿着这个方向来扩展。

我们在接下来的两节里面，要关注这三个扩展方向里面的两个方向，一个方向是沿着 X 轴**克隆**（clone），另一个方向是沿着 Y 轴按服务/功能做**分解**（decompose）。

12.2　克隆与负载均衡

对于传统的多线程 Web 服务器来说，只有当无法再升级某台机器，或者这样做所花的成本比添设一台新机器更高的时候，我们才会考虑做水平扩展（或者说，横向扩展）。

传统的 Web 服务器想要通过多条线程，来充分地利用服务器之中的处理器资源，它想把每一个处理器核心与每一块内存都调动起来，因此在没有充分利用完这些资源之前，并不急于扩展。但是 Node.js 应用程序是单线程的，与传统的 Web 服务器相比，它需要更为迫切地考虑扩展问题。即便我们不添设新的计算机，那也得寻找一些合适的办法来“扩展”这个 Node.js 应用程序，让它把当前这台机器的所有资源都充分利用好。

在 Node.js 领域，**垂直扩展**（也就是给某台计算机添加更多的资源）与**水平扩展**（也就是在基础设施层面添加更多的计算机）这两个概念几乎是一样的，它们都通过类似的技术来利用计算机的处理器资源。

大家不要把 Node.js 应用程序迫切需要扩展的情况，当成它的一项弱点。相反，这种促使我们尽早扩展的特征，对应用程序其实是有好处的，尤其可以提升它的可用性与容错能力。通过克隆（也就是制作多个复本）来扩展 Node.js 程序，相对来说比较简单，就算我们暂时还不打算把更多的资源调动起来，也依然可以先施行这样的扩展，因为这毕竟可以让程序里面多一个节点，使得容错能力得到提升。

Node.js 程序这种迫切需要扩展的特征，还可以促使开发者尽早考虑如何扩展应用程序，提醒他们不要让该程序依赖那种无法为多个进程或多台计算机所共享的资源。要给应用程序做扩展，其中一项必要的前提，就是确保该程序的每个实例，都不需要把有待共享的信息，保存在无法分享的资源里面，例如内存或磁盘之中。比如，如果你让 Web 服务器程序把会话数据（session data）保存在内存或磁盘里面，那么这个程序将来就不太好扩展了。反之，如果让这些实例都访问同一套共享数据库，那么无论以后部署在何处，它们都可以访问到同一份信息。

接下来，我们就开始介绍最基本的 Node.js 应用程序扩展机制，也就是 `cluster` 模块。

12.2.1 cluster 模块

在 Node.js 平台之中，要想把应用程序的负载分摊到同一台计算机的多个实例上面，最简单的模式，就是使用 `cluster` 模块，该模块位于核心程序库之中。这个模块用起来相当容易，它能够对应用程序做分支（fork），让它产生新的实例，并且会把外界传来的连接请求，自动分布到各个实例上面，如图 12.2 所示。

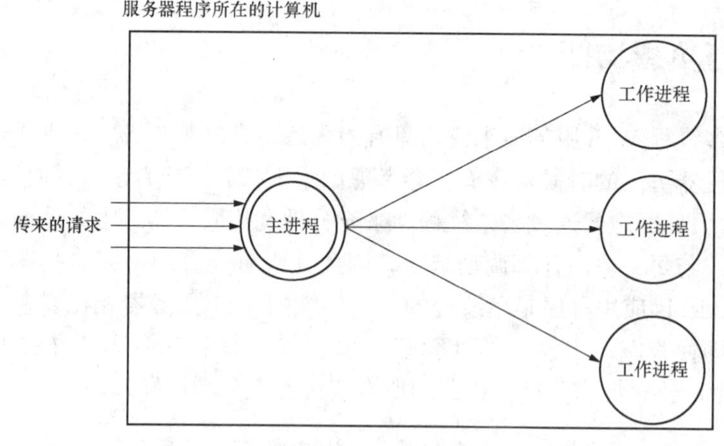

图 12.2 cluster 模块的示意图

主进程（master process）负责产生一批**工作进程**（worker process），每条工作进程，都

是我们要扩展的这个应用程序的一个实例。传入的连接请求（也就是入站请求）会分摊到这些工作进程上面，让每条进程只承担整个负载量之中的一部分。

由于每条工作进程都是独立的，因此你可以开启许多条这样的进程，直至数量与系统所能使用的 CPU 核心数相同为止。这样的话，你很容易就能让 Node.js 应用程序把系统里面的所有计算资源，都调动起来。

12.2.1.1　注意 cluster 模块的一些行为

在大多数操作系统上面，**cluster** 模块都会明确采用轮循式的负载均衡（round - robin load balancing）算法来运作。这个算法位于主进程之中，它确保入站请求会均衡地分布到工作进程上面。除了 Windows 操作系统，其他的操作系统都会默认采用这个算法做调度。你可以通过 **cluster.schedulingPolicy** 变量修改全局的调度算法，如果这个变量取 **cluster.SCHED_RR**，那就表示采用轮循算法，如果取 **cluster.SCHED_NONE**，则表示由操作系统来处理。

轮循算法会轮流分配请求，确保每个服务器实例所收到工作量大致相同。它会把第一条请求发给第一个服务器实例，把第二条请求发给列表中的下一个（也就是第二个）服务器，依此类推，如果走到了列表末尾，那么就返回开头，继续分配。cluster 模块实现的这个轮循逻辑，要比传统的实现方式*稍微智能一些*。它里面添加了一些机制，以防止某条工作进程担负的工作量过大。

使用 **cluster** 模块的时候，程序在工作进程里面所执行的 **server.listen()** 调用，会委派给主进程去处理。这样的话，主进程就能够把它收到的所有请求，分布到进程池中的各条进程上面了。**cluster** 模块会把这个委派的过程处理得相当顺畅，在大多数情况下，我们只需要编写很简单的代码，就能够正确地做出委派，然而有几种特殊情况需要注意，在这几种情况下，从工作进程中调用 **server.listen()** 所产生的效果，可能跟你预想的不同：

- **server.listen({fd})**：如果你在工作进程里面监听的是文件描述符（比如，你调用 **server.listen({fd: 17})**，那么就要小心这项操作的效果了。由于文件描述符是在进程层面上映射的，因此，工作进程所映射的文件描述符，与主进程里面所映射的文件描述符，指的可能未必是同一份文件。要想解决这个问题，我们可以考虑在主进程里面创建文件描述符，然后把它传给工作进程，这样就可以保证，工作进程在通过 **server.listen()** 来监听这个文件描述符的时候，该描述符所对应的文件与主进程那边是相同的。
- **server.listen(handle)**：如果把 **handle** 对象（也就是 **FileHandle** 对象）用作 **server.listen()** 的参数，那么工作进程就会直接通过这个 **handle** 来处理，而不把该操作委派给主进程。

• **server.listen (0)**：一般来说，把 0 当作参数传给 **server.listen ()**，会让服务器在某个随机的端口上监听。但是要注意，如果你是在 **cluster** 中的工作进程里面调用 **server.listen (0)** 的，那么每条工作进程只会在第一次调用时随机选择端口，后续的调用，会沿用第一次选定的那个端口。假如你要让同一条工作进程在每次调用 **server.listen ()** 的时候，都随机选择端口，那必须自己去生成这个端口号。

12.2.1.2 构建简单的 HTTP 服务器

现在我们就来做一次示范。我们要利用 **cluster** 模块，扩展一款小型的 HTTP 服务器程序，让它开启多个服务器实例并施行负载均衡。首先，我们得把有待扩展的基本程序写好，然后才能以此为基础，演示如何通过 **cluster** 模块做扩展。这个基本程序不需要写得太复杂，我们编写一个相当简单的 HTTP 服务器就好。

现在就来创建这样一份 **app.js** 文件，并写入下列代码：

```
import { createServer } from 'http'

const { pid } = process
const server = createServer((req, res) => {
  // 模拟一项 CPU 密集型任务
  let i = 1e7; while (i > 0) { i-- }

  console.log(`Handling request from ${pid}`)
  res.end(`Hello from ${pid}\n`)
})

server.listen(8080, () => console.log(`Started at ${pid}`))
```

我们刚写的这个 HTTP 服务器，会处理自己所收到的每一项请求，并把当前的**进程标识符**（process identifier，PID）放在一条消息里面，回传给客户端，这个标识符，可以用来辨识这项请求是由服务器程序的哪一个实例来处理的。目前这个版本的程序只有一个服务器进程，因此客户端在控制台里面看到的响应信息，其 PID 总是相同的。

另外，为了模拟一项耗费 CPU 资源的任务，我们创建了一个空白的循环结构，让程序把该循环执行一千万次（也就是 10^7 次），假如不这么做，那么服务器所承担的负载就显得微不足道，这会让我们很难从接下来所要执行的测评（benchmark）之中，得出有用的结论。

我们刚才创建的这个 App 模块，只是把 Web 服务器的通用流程简单地过了一遍。为了不让范例程序太过复杂，笔者没有使用 Express 或 Fastify 这样的框架。你当然可以采用自己喜欢的框架改写这个范例。

我们现在像平常那样运行这个服务器程序，然后通过浏览器或 **curl** 命令访问 **http：//localhost：8080**，看看它能不能正确地处理请求。

另外，还可以测试一下服务器的每个进程每秒钟所能处理的请求数量。要想做这样的测试，我们可以采用 **autocannon**（**nodejsdp.link/autocannon**）这样的网络测评工具来执行：

```
npx autocannon -c 200 -d 10 http://localhost:8080
```

这条命令会在 10 秒钟的时间内，以 200 个并发连接的规模，来测试我们的服务器。笔者所用的计算机装有 2.5GHz 的四核 Intel Core i7 处理器，Node.js 平台的版本号是 14，在这样一台计算机中测试，得到的结果大约是每秒可处理 300 次请求。

请注意，这一章里面执行的这些负载测试（load test），都故意写得很简单、很基础，因为笔者只是想让大家以这些测评为参考，来学习如何衡量应用程序的扩展效果。对于接下来要讲解的各项技术来说，这种测评结果，无法完全准确地反映出应用程序运用了这些技术之后，所表现出来的效率。如果你要用这些技术来优化实际工作之中的项目，那么必须保证：产品一发生变化，就重新开始测评。另外你可能还会发现，我们接下来要讲的这些技巧，在某些应用程序上面的效果，可能要比在另外一些程序上面强。

现在我们写好了一个有待扩展的 Web 应用程序，并且对该程序做了测评。接下来，我们就可以运用一些技巧来改进该程序的性能，然后跟前面的测评数据做对比，以了解这些技巧的效果。

12.2.1.3　用 cluster 模块来扩展应用程序

现在我们修改 **app.js** 文件的代码，利用 **cluster** 模块来扩展这个应用程序：

```
import { createServer } from 'http'
import { cpus } from 'os'
import cluster from 'cluster'

if (cluster.isMaster) {                                                  // (1)
  const availableCpus = cpus()
  console.log(`Clustering to ${availableCpus.length} processes`)
  availableCpus.forEach(() => cluster.fork())
} else {                                                                 // (2)
  const { pid } = process
  const server = createServer((req, res) => {
    let i = 1e7; while (i > 0) { i-- }
```

```
    console.log('Handling request from ${pid}')
    res.end('Hello from ${pid}\n')
  })

  server.listen(8080, () => console.log('Started at ${pid}'))
}
```

通过这段代码，大家可以感受到，用 **cluster** 模块来扩展应用程序，是相当轻松的。下面就来分析其中的关键点：

（1）从命令行中启动 **app.js** 的时候，我们实际上是把这个模块放在主进程里面执行。于是 **cluster.isMaster** 变量的值就是 **true**，在这种情况下，我们只需要用 **cluster.fork()** 对当前进程做分支就可以了。在本例中，我们让分支的数量，与通过 **cpus()** 所查出的逻辑核心数相同，以充分利用计算机的处理能力。

（2）当我们在主进程里面通过 **cluster.fork()** 做分支的时候，分出来的这条进程执行的也是同一个模块，即 **app.js** 模块，然而这次，该模块是在工作进程里面执行的，因此 **cluster.isMaster** 的值是 **false**，而 **cluster.isWorker** 的值则是 **true**。在这种情况下，应用程序需要在工作进程里面执行一些实际的任务，对于本例来说，这指的就是新开一个 HTTP 服务器。

大家一定要注意，每条工作进程都是一条独立的 Node.js 进程，它有自己的事件循环、内存空间，并且可以加载自己的一套模块。

我们还应该注意到，**cluster** 模块的写法，本身就体现出了一种可以反复运用的模式，也就是说，我们可以采用下面这种写法，为同一个应用程序开启多个实例：

```
if (cluster.isMaster) {
  // 调用 fork()做分支
} else {
  // 执行实际工作
}
```

cluster.fork() 函数在幕后仍然是通过 **child_process.fork()** 这个 API 来实现的，因此，这意味着主进程与工作进程之间，会自动建立一条通信渠道。我们通过 **cluster.workers** 变量查出当前的所有工作进程之后，只需要执行这样一行代码，就可以给这些进程发送广播消息了：

```
Object.values(cluster.workers).forEach(worker =>
worker.send('Hello from the master'))
```

现在我们看看服务器程序在 `cluster` 模式（集群模式）下的表现。如果计算机的 CPU 核心数大于 1，那我们应该会看到，主进程逐个启动了多条工作进程。比如，在逻辑核心数是 4 的计算机上，终端机（控制台）窗口里面可能会出现这样的信息：

```
Started 14107
Started 14099
Started 14102
Started 14101
```

这次我们通过 **http://localhost:8080** 这个 URL 给服务器发送请求之后，应该会看到服务器所返回的这些响应消息具有不同的 PID，这意味着这些消息是由不同的工作进程处理的，进而说明服务器确实把负载分摊到了这些工作进程上面。

现在我们再把服务器测评一遍：

```
npx autocannon -c 200 -d 10 http://localhost:8080
```

这次我们发现，扩展之后的应用程序能够将负载分摊到多条进程上面，让整个应用程序的性能也有所提升。在笔者所用的电脑上，这个版本的效率大约是原来的 3.3 倍（以前每秒钟能够处理 300 条事务，现在是 1000 条）。

12.2.1.4　用 cluster 模块提升程序的弹性与可用性

由于所有的工作进程都是单独运作的，因此我们可以根据程序的需要，专门停掉其中的某条进程，或者专门让这条进程重生（respawn），而不影响其他的工作进程。只要程序里面还有工作进程处在活跃状态，服务器就能够继续接受连接请求。如果没有这样的活跃进程，那么系统会丢弃现有的连接，并拒绝新发来的连接请求。Node.js 本身并不会自动管理工作进程的数量，这是应用程序的责任，应用程序必须根据自己的需求来管理进程池中的这些进程。

我们早前说过，扩展应用程序除了可以提升性能，还会带来其他一些好处，尤其是可以巩固该程序维持服务水准的能力，也就是说，即便程序里面的某些部分崩溃或发生故障，它也依然能够提供水准跟以前相当的服务。这项能力叫作**resiliency**（弹性或弹力），它跟系统的可用性有关。

为同一款应用程序启动多个实例，相当于创建了一套冗余系统（redundant system），这意味着即便其中一个实例由于某种原因下线，其他实例也还是能够处理请求。这个模式可以用 `cluster` 模块相当直观地实现出来。我们这就来看看它是怎么运作的。

我们以上一个版本的程序为基础，来修改代码。需要修改的主要是 **app.js** 模块，我们想让工作进程在随机运行过一段时间之后，出现错误：

```
// ...
} else {
  // 这是实现工作进程所用的代码分支
  setTimeout(
    () => { throw new Error('Ooops') },
    Math.ceil(Math.random() * 3) * 1000
  )
  // ...
```

这样修改之后，工作进程所启动的服务器，就会在经过 1～3 秒之后崩溃（具体经过几秒是随机的）。如果这是个实际工作之中的应用程序，那么意味着该程序最终会无法响应客户发来的请求，除非我们通过某些外部工具监测它的状态并自动重启这个程序。然而，在只有一个实例的场合，这样重启所造成的延迟，是没办法忽略不计的，因为从应用程序退出到它彻底启动好，这中间需要时间，在这段时间里，这个程序是不可用的（not available）。反之，如果有多个实例，那就意味着即便其中一条工作进程发生故障，我们也总有备用的进程来处理这段时间内所发来的请求。

用 **cluster** 模块编写服务器程序时，我们可以监听工作进程的终止情况，并在必要的时候立刻开启一条新的工作进程。现在就修改 **app.js** 模块，把这个逻辑实现出来：

```
// ...
if (cluster.isMaster) {
  // ...
  cluster.on('exit', (worker, code) => {
    if (code !== 0 && !worker.exitedAfterDisconnect) {
      console.log(
        `Worker ${worker.process.pid} crashed. ` +
        'Starting a new worker'
      )
      cluster.fork()
    }
  })
} else {
  // ...
}
```

刚才这段代码的意思是说，如果主进程收到了**'exit'**事件，那么就判断：发生该事件的这条工作进程，是故意要终止的，还是由于发生了错误而自行终止的。为此，我们需要确认状态码［status code，也就是错误码（error code)］不等于 0，这表示该进程因错误而退出，还要确认 **worker.exitedAfterDisconnect** 标志是 **false**，这表示这条进程不是主进程故意叫停的（假如是那样，那么这个标志会是 **true**)。在确认该进程因为出错而自行终止之后，我们开启新的工作进程。另外要说的是，在用新的进程来替换某条崩溃的工作进程时，程序里面的其他工作进程依然能够响应客户发来的请求，因此整个应用程序的可用性不会受到影响。

为了验证服务器确实能够做到这一点，我们再次通过 **autocannon** 工具给服务器加压。这次我们会发现，**autocannon** 在测试完毕之后不仅会给出以前那些指标，而且还会用另外一项指标来表示出错的次数。具体到本例来说，我们会看到这样的信息：

```
[...]
8k requests in 10.07s, 964 kB read
674 errors (7 timeouts)
```

从这次测评结果来看，可用性大约是 92%。然而大家要记住，这种测评所得出的结果，可能会随着正在运行的实例数量以及服务器在测试过程中的崩溃次数，发生很大变化。尽管如此，但我们还是可以通过该指标，比较准确地了解这套方案的效果。刚才那次测评的结果告诉我们，尽管服务器频繁出错，但在八千多次访问里面，只有 674 次失败了，绝大多数访问都是成功的。

在刚才的测试场景中，之所以会有一些请求无法得到处理，基本上是因为已经建立起来的连接由于程序出错而遭到破坏。对于这种故障（尤其是应用程序之中的工作进程由于崩溃而退出的情况）来说，我们没办法采取较为有效的措施予以阻止。尽管如此，但对于这样一个频繁发生错误的程序来说，我们的方案能够让该程序的可用性达到 92%，这已经相当好了。

12.2.1.5　Zero - downtime restart（无宕机时间的重启）

如果我们要给服务器发布新的版本，那么就得面对如何重启 Node.js 应用程序的问题。在这种情况下，我们可以利用多个实例来维持该程序的可用性，让这个程序在版本更新的过程中依然能够给客户提供服务。

在我们专门重启应用程序并更新该程序的过程中，会有一小段时间无法响应客户的请求，因为服务器此时正在重启。对于个人博客等产品来说，这没有什么关系，但对于一个跟客户签有**服务级别协议**（**service - level agreement**，也叫服务水平协议、服务等级协议，简称 **SLA**）的专业应用程序来说，则是不可接受的。另外，如果这种情况在持续交付（continuous delivery）的过程中频繁发生，那也是不行的。为此，我们需要实现一种**没有宕机时间的**

重启（**zero - downtime restart**）[译注25]方案，让程序一方面能够换用新版的代码来运作，另一方面又能把可用性维持在正常水准，也就是能够在更新过程中像平常那样给客户提供服务。

这种方案可以用 **cluster** 模块相当轻松地实现出来。我们只需要每次重启其中一条工作进程就好，这样的话，其余的那些工作进程就依然能够照常运作，以确保应用程序的服务能力不受影响。

现在我们来给早前扩展过的服务器添加这项特性。我们只需要在主进程所执行的这段代码里面，添加一套逻辑就好：

```
import { once } from 'events'
// ...
if (cluster.isMaster) {
  // ...
  process.on('SIGUSR2', async () => {                          // (1)
    const workers = Object.values(cluster.workers)
    for (const worker of workers) {                            // (2)
      console.log(`Stopping worker: ${worker.process.pid}`)
      worker.disconnect()                                      // (3)
      await once(worker, 'exit')
      if (!worker.exitedAfterDisconnect) continue
      const newWorker = cluster.fork()                         // (4)
      await once(newWorker, 'listening')                       // (5)
    }
  })
} else {
  // ...
}
```

这段代码是这样运作的：

（1）我们想要实现的效果，是在程序收到 SIGUSR2 信号时，重启程序中的所有服务器实例。请注意，由于重启的过程中需要执行一些异步任务，因此我们在定义'SIGUSR2'事件的处理逻辑（也就是该事件的 handler）时，必须使用 **async** 函数来定义。

（2）如果收到了这样一个 SIGUSR2 信号，那我们就迭代 **cluster.workers** 里面所有的值。**cluster.workers** 之中的每个元素，表示的都是目前活跃于进程池里的一条工作进程，我们可以通过 worker 变量，与当前需要重启的这条工作进程交互。

译注25　也叫作热重启、零宕机重启、零下线重启，意思就是在升级并重启的过程中保持程序依然上线。

(3) 首先要做的是调用 **worker.disconnect ()** 方法，让这条进程能够正常终止。这意味着，如果该进程目前正在处理某项请求，那么程序不会让这个处理过程突然中断，而是会等待所有正在处理的请求全都处理完毕，然后才让这条工作进程退出。

(4) 等到这条进程退出之后，我们就新开一条工作进程。

(5) 我们先等待这条新的工作进程准备就绪（也就是说，先等待它能够接受新的连接请求），然后再处理 **cluster.workers** 里面的下一条工作进程。

我们这款程序是利用 UNIX 信号来触发的，因此，在 Windows 操作系统上面可能没办法触发（除非你使用该系统中的 Windows Subsystem for Linux 环境来执行）。笔者之所以采用信号机制来触发，是因为这种机制实现起来最简单。当然了，这并不是唯一的做法。你还可以采用其他方式触发，例如监听 socket（套接字）、管道或标准输入端所发来的某条命令。

现在我们可以运行这款程序并给它发送 **SIGUSR2** 信号，看看它能不能做到 zero - downtime restart（无宕机时间的重启）。然而，我们在发送信号之前，首先得找到主进程的 PID。下面这条命令能够列出当前运行的所有进程，帮助我们在其中寻找主进程：

```
ps -af
```

在上述命令所列出的进程里面，你应该会看到有这样一条进程，它是一系列 **node** 进程的上级进程。确定了这条进程之后，我们把该进程的 PID 传给 **kill** 命令，以发送 **SIGUSR2** 信号：

```
kill -SIGUSR2 <PID>
```

这时我们应该会看到，应用程序输出了这样的信息：

```
Restarting workers
Stopping worker: 19389
Started 19407
Stopping worker: 19390
Started 19409
```

我们可以再度使用 **autocannon** 测评该程序，以确认应用程序的可用性在它重启工作进程的过程中，没有受到影响。

pm2 (**nodejsdp.link/pm2**) 是个基于 **cluster** 的小工具，能够提供负载均衡、进程监控、无宕机时间的重启（zero - downtime restart）以及其他一些有用的功能。

12.2.2 如何处理需要根据状态来执行的通信请求

cluster 模块无法很好地处理那种需要根据状态来执行的通信请求，也就是说：如果同一个应用程序的多个实例之间需要共享同一套状态，让其中某个实例能够接着处理早前由其他实例所负责的事务，那么用 **cluster** 模块来做，就不太合适了。这个问题不单是 **cluster** 模块才有的，凡是无状态的（stateless）负载均衡算法，都不太好处理这样的情况。比如，我们考虑图 12.3 所描述的这个场景。

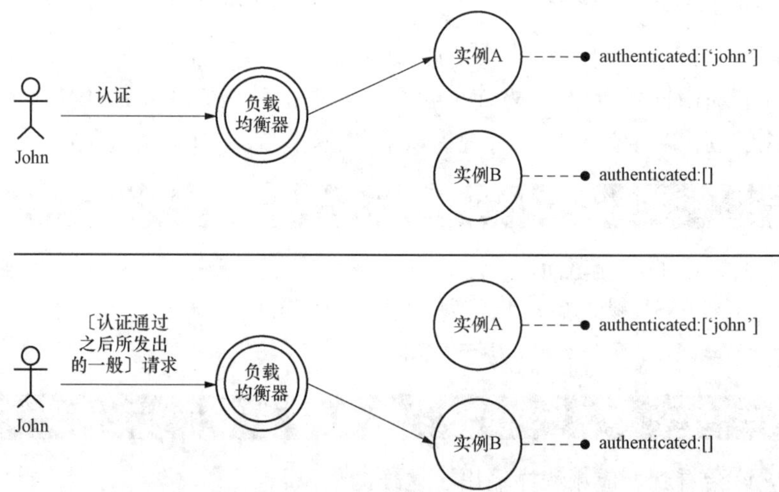

图 12.3 举例说明把有状态的应用程序放在负载均衡器后面所产生的问题

这张图描述的场景是：用户**John** 首先给应用程序发送请求，让程序认证自己的身份，然而程序把认证结果保存在了某种局部的存储机制之中（例如保存在了只能由当前实例访问到的那块内存之中），这导致只有接收这次认证请求的那个实例（也就是图 12.3 中的**实例 A**），才知道认证结果。John 下次发送请求的时候，负载均衡器可能会把该请求，转发给另一个实例，而那个实例并不知道 John 这位用户此前有没有得到认证，因此它拒绝执行 John 想要执行的操作。对于这种应用程序来说，我们不能像前面那样，照原样直接扩展，但是没关系，我们有两个办法能够轻松地解决这个问题。

12.2.2.1　在多个实例之间共享状态信息

面对这种需要根据状态来执行操作的应用程序，我们的第一个方案是让该程序的所有实例共享同一套状态信息。

这个方案可以通过共享数据库［或者说，共享式的数据存储机制（shared datastore）］轻松地实现出来，比如，我们可以考虑 PostgreSQL（**nodejsdp.link/postgresql**）、MongoDB（**nodejsdp.link/mongodb**）或 CouchDB（**nodejsdp.link/couchdb**）等数据库，如果能够使用位于内存之中的共享数据库，例如 Redis（**nodejsdp.link/redis**）或 Memcached（**nodejsdp.link/memcached**），那就更好了。

图 12.4 描述了这种简单而有效的方案，所实现出来的效果。

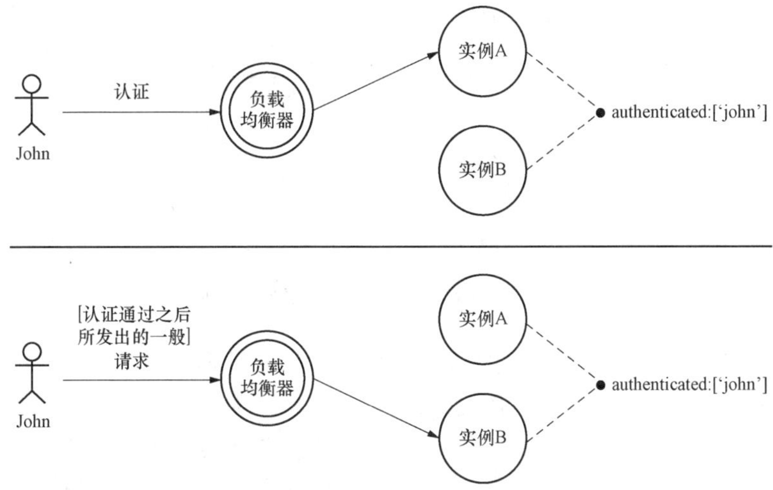

图 12.4　通过共享式的数据库，正确地实现位于负载均衡器之后的应用程序

依照这种模式把状态信息放到共享数据库里面，只有一个缺点，就是我们可能必须重构大量的代码。比如，如果我们原来是通过某个程序库，把状态信息直接放在内存之中的，那么现在就必须考虑配置、替换，或者重新实现这个程序库，这样才能让程序里面的所有实例，都能访问到这套信息。

如果我们无法像这样来重构［比如要改的地方太多，或者时间特别紧张，来不及做这样的扩展，那么可以考虑另一种方案，也就是**粘性的负载均衡**（sticky load balancing），或者叫作**粘性会话**（sticky session）］，那种方案的修改幅度比较小。

12.2.2.2　粘性的负载均衡

为了面对这种需要根据状态来执行操作的应用程序，我们所能拿出的另一个办法，是把与某次会话有关的所有请求，都路由到同一个实例上面。这种技术也叫作**粘性的负载均衡**

（**sticky load balancing**）。

图 12.5 简单地说明了这个方案的原理。

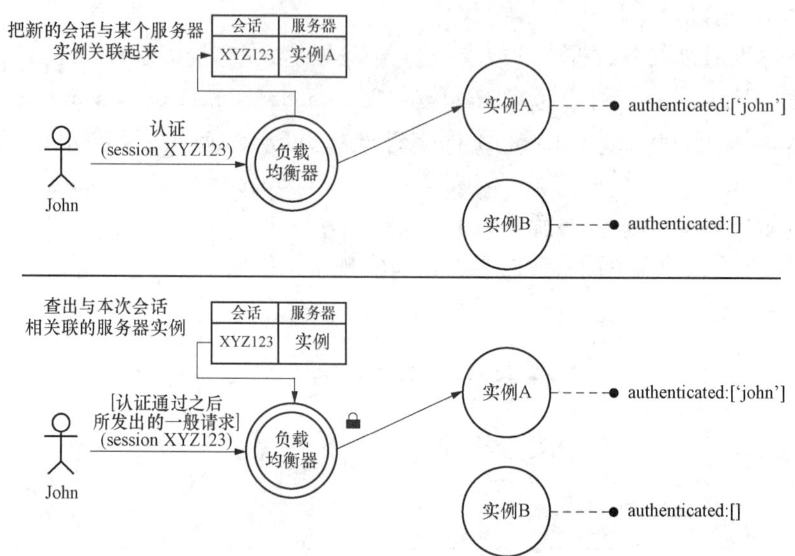

图 12.5 举例说明粘性的负载均衡方案是如何运作的

图 12.5 说的意思是，如果负载均衡器收到的是一项新的会话请求，那它就在这次会话与负载均衡算法所选出的那个服务器实例之间，建立映射关系。负载均衡器下次如果又收到与同一次会话有关的请求，那么就不再让负载均衡算法去选择服务器实例了，而是直接从映射表中，查出早前负责处理本次会话的那个实例。为了实现这样的机制，我们需要设法了解每一项请求所涉及的会话 ID，这个 ID 通常包含在应用程序或负载均衡器的 cookie 里面。

如果你不想象刚才那样维护一套映射关系，那么可以考虑另一种比较简单的做法，也就是根据发出请求的客户端所具备的 IP 地址，来区分不同的连接。这种做法通常会把 IP 地址交给某个哈希函数，以生成一个标识符，程序会把标识符相同的请求，全都指派给同一个服务器实例来处理。这项技术的好处，是不需要让负载均衡器去维护刚才说的那套映射关系，但坏处则是无法很好地处理 IP 地址频繁变化的设备，例如那种会在多个网络之间漫游的设备。

cluster 模块默认不支持粘性的负载均衡机制，但我们可以通过 **sticky-session**（**nodejsdp.link/sticky-session**）这个 npm 库添加这样的支持。

粘性的负载均衡方案有一个很大的缺点，在于它基本上享受不到冗余系统所带来的好处，我们构建这样的冗余系统，本来是想让该系统里面的所有实例都能给客户提供服务，即便其中某个实例无法运作，其他实例也能够接手，但运用了粘性的负载均衡方案之后，带有状态信息的操作，则无法由其他实例接手。考虑到这些原因，笔者建议大家最好不要用粘性的负载均衡机制，而且最好不要编写那种把会话状态放在共享数据库里的应用程序。如果有可能的话，你可以考虑另一种写法，也就是让应用程序在通信时，根本不需要依赖自身的状态信息，例如可以把状态信息放在网络请求里面。

现实工作中有一些程序库，确实需要粘性的负载均衡机制，比如 **Socket.IO** (**nodejsdp.link/socket-io**)。

12.2.3　用反向代理扩展应用程序

虽然说 **cluster** 模块用起来很方便，但这并不是我们扩展 Node.js 应用程序的唯一办法。除了这个办法，我们还可以考虑一些传统的技术，因为那些技术的控制能力比较强，可以让正式的软件产品具备极高的可用性。

这里要介绍一种能够替代 **cluster** 模块的方案，也就是把同一个应用程序的多个实例，安排到不同的端口或者不同的计算机上面，然后用**反向代理**[**reverse proxy**，或者网关(gateway)]来给客户端提供服务，让客户端能够访问到这些实例。在这样的方案下，我们不需要通过主进程把请求分布到一系列工作进程上面，而是直接把一组进程放在同一台计算机的各个端口上面，或是放在网络中的各台计算机上面。为了让客户能够通过单一的访问点(single access point)来访问应用程序，我们可以使用反向代理充当这样的访问点，这是一种特殊的设备或服务，位于客户端与应用程序的众多实例之间，它会把客户端发来的请求转发给某台目标服务器，并把处理结果传回客户端，从客户端的角度来看，这项结果好像是直接由那台服务器传回的一样。在这样的配置方案里面，反向代理本身可以兼任负载均衡器，负责将请求分摊到应用程序的多个实例上面。

Apache HTTP 服务器项目的文档，清楚地解释了反向代理（也就是逆向代理）与前向代理（forward proxy，也叫正向代理、转发代理）之间的区别：**nodejsdp.link/forward-reverse**。

图 12.6 演示了一种典型的配置方案，它让位于前端的反向代理同时充当负载均衡器，并把多台计算机安排在反向代理的后面，每台计算机上面有多个应用程序实例。

对于 Node.js 应用程序来说，有好几种理由促使我们用该方案取代前面所说的 **cluster**

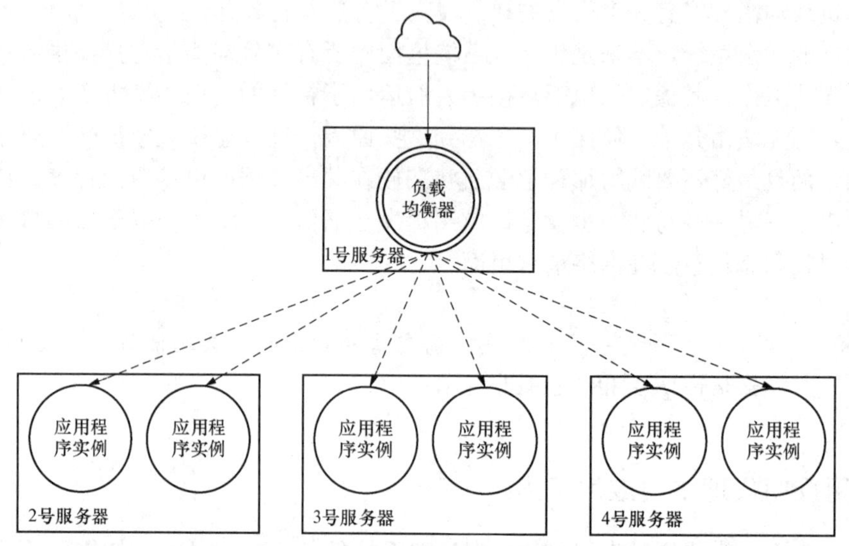

图 12.6 一种典型的多进程、多计算机式的配置方案，在该方案中，反向代理兼任负载均衡器

方案：

• 反向代理不仅能把负载分摊到同一台计算机的多个进程上面，而且还能够将其分摊到许多台计算机上面。

• 市面上比较流行的反向代理，本身都带有粘性的负载均衡功能。

• 反向代理能够把请求路到任何一台可以使用的服务器上面，无论这个服务器用的是什么平台或编程语言，反向代理都能这么做。

• 采用反向代理，让我们能够选择更为强大的负载均衡算法。

• 许多反向代理还具备其他一些强大的特性，例如 URL 重写、缓存、SSL termination point，以及安全防护机制（例如可以防止 DoS 攻击），有些甚至还能当作一台功能完备的 Web 服务器来用（例如可以放置静态文件，让客户端能够访问到这些文件）。

虽然 `cluster` 模块在这几个方面不如反向代理，但并不意味着它完全没有用处。我们可以将 `cluster` 跟反向代理轻松地结合起来，从而实现出更好的效果，比如，可以先用 `cluster` 在同一台计算机中执行垂直扩展，然后用反向代理为不同的节点做水平扩展。

模式

用反向代理给应用程序做负载均衡，让该程序的多个实例运行在同一台计算的不同端口上面，或者运行在不同的计算机上面。

用反向代理做负载均衡，有许多种办法可以考虑。下面列出常用的几种：

- **Nginx**（**nodejsdp.link/nginx**）：这是一种 Web 服务器，同时也是一种反向代理与负载均衡器，它基于非阻塞式的 I/O 模型而构建。
- **HAProxy**（**nodejsdp.link/haproxy**）：这是一种针对 TCP/HTTP 流量的负载均衡器，运行速度很快。
- **基于 Node.js 平台的代理**：有许多办法都可以直接在 Node.js 平台里面实现出反向代理与负载均衡器。我们稍后就会看到这些办法的优点与缺点。
- **基于云端的代理**：在云计算时代，通过云端服务做负载均衡已经不算稀奇了。这样做其实很方便，因为我们几乎不用费心去维护，而且这种方案通常很容易扩展，有时还支持动态配置，让我们能够根据需求随时扩展。

在本章接下来的这些内容里面，我们先讨论怎样用 Nginx 配置一套简单的反向代理与负载均衡方案，然后再讲解如何单独采用 Node.js 本身，定制出自己的负载均衡器。

用 Nginx 做负载均衡

为了让大家了解反向代理是如何运作的，我们现在需要构建一套基于 Nginx 的可扩展架构。首先，我们必须把 Nginx 安装好。请大家根据 **nodejsdp.link/nginx-install** 所说的步骤安装。

在最新版的 Ubuntu 操作系统里面，可以用 **sudo apt-get install nginx** 命令快速安装 Nginx。在 macOS 操作系统里面，可以用 **brew** 命令（**nodejsdp.link/brew**）安装：**brew install nginx**。请注意，接下来的这些例子，用的都是笔者编写本书时最新版本（也就是 1.17.10 版本）。

由于我们这次不打算利用 **cluster** 模块给服务器程序启动多个实例，因此需要稍微修改一下程序的代码，让用户能够通过命令行参数来指定服务器所监听的端口。这样的话，我们就能让该程序的多个实例分别在不同的端口上面监听了。下面修改范例程序的主模块，也就是 **app.js** 模块：

```
import { createServer } from 'http'

const { pid } = process
const server = createServer((req, res) => {
  let i = 1e7; while (i > 0) { i-- }
  console.log(`Handling request from ${pid}`)
  res.end(`Hello from ${pid}\n`)
})

const port = Number.parseInt(
```

```
  process.env.PORT || process.argv[2]
) || 8080
server.listen(port, () => console.log(`Started at ${pid}`))
```

这个版本的服务器程序，跟最初那个没有经过扩展的服务器相比，唯一的区别就是它允许用户通过 PORT 环境变量或命令行参数来配置端口号。提供这样的功能，是为了便于我们稍后启动多个服务器实例，并让它们分别监听不同的端口。

这次我们没有利用 **cluster** 模块，来实现服务器实例崩溃之后自动重启的功能，然而这是个相当重要的功能。所幸除了 **cluster** 之外，还有很多专门的监控工具（supervisor）也能轻松地处理这个问题，也就是说，我们可以通过某条外部进程来监控自己的这个服务器程序，并在必要时予以重启。例如我们可以考虑下面这几种办法：

• 基于 Node.js 平台的监控工具，例如forever（**nodejsdp.link/forever**）或pm2（**nodejsdp.link/pm2**）。

• 基于操作系统的监控工具，例如 systemd（**nodejsdp.link/systemd**）或 runit（**nodejsdp.link/runit**）。

• 更高级的监控方案，例如 monit（**nodejsdp.link/monit**）或 supervisord（**nodejsdp.link/supervisord**）。

• 基于容器的运行时环境，例如 Kubernetes（**nodejsdp.link/kubernetes**）、Nomad（**nodejsdp.link/nomad**）或Docker Swarm（**nodejsdp.link/swarm**）。

本例打算用 **forever** 做监控工具，因为这对我们来说是最简单也最方便的办法。我们通过下面这条命令，把它安装到整个系统里面：

```
npm install forever -g
```

然后我们用这样四条命令，给应用程序启动四个实例，让它们分别监听不同的端口，这四个实例都处在 **forever** 工具的监控之下：

```
forever start app.js 8081
forever start app.js 8082
forever start app.js 8083
forever start app.js 8084
```

下面这条命令，可以列出通过 **forever** 工具所启动的进程：

```
forever list
```

forever stopall 命令可以把早前通过 **forever** 启动的所有 Node.js 进程全都关掉。另外，你也可以先通过 **forever list** 确定其中某条进程的 **id**，然后通过 **forever stop <id>** 命令，专门停止该进程。

下面我们开始配置 Nginx 服务器，并让这台服务器充当负载均衡器。

首先，需要创建一份相当简单的配置文件，我们可以在工作目录中建立一份名叫 **nginx.conf** 文件，在里面写入配置参数。

请注意，由于 Nginx 能够在同一个服务器实例里面运行多个应用程序，所以更为常见的做法，应该是编写全局配置文件。这样一份配置文件，在 UNIX 系统里面，通常位于 **/usr/local/nginx/conf**、**/etc/nginx** 或 **/usr/local/etc/nginx** 之中。笔者把配置文件放在工作目录下面，是想让这个例子简单一些。由于这只是个演示用的范例，而且本机只需要运行一个应用程序，因此这样做没有问题，但在开发正式的产品时，你还是应该按照业界通行的做法来配置。

接下来我们编辑 **nginx.conf** 文件，在里面写入这样一套相当简单的配置参数。为了让 Nginx 服务器给我们刚才启动的那四个 Node.js 进程做负载均衡，我们必须做出这样的配置：

```
daemon off;                                              # # (1)
error_log /dev/stderr info;                              # # (2)

events {                                                 # # (3)
  worker_connections 2048;
}

http {                                                   # # (4)
  access_log /dev/stdout;

  upstream my-load-balanced-app {
    server 127.0.0.1:8081;
    server 127.0.0.1:8082;
    server 127.0.0.1:8083;
    server 127.0.0.1:8084;
  }
  server {
    listen 8080;
```

```
    location / {
      proxy_pass http://my-load-balanced-app;
    }
  }
}
```

下面我们解释这份配置文件之中的几个关键点：

（1）**daemon off** 这条指令，意思是让 Nginx 作为一条独立的进程，以当前这位普通用户（也就是无特权用户，unprivileged user）的身份来运行，并在目前这个终端机（即命令行界面）的前台运行，这样的话，我们以后就可以通过 *Ctrl*+*C* 组合键关闭该进程。

（2）这里的 **error_log** 指令以及后面那个 **http** 段落里面的 **access_log** 指令，分别用来把错误日志与访问日志定位到标准错误端与标准输出端，这样的话，我们就能够直接在终端机里面看到这些日志了。

（3）block 段落用来配置 Nginx 如何管理网络连接。我们在这里把 Nginx 工作进程所能同时建立的最大连接数，设为 **2048**。

（4）**http** 段落用来配置具体的应用程序。我们在其中的 **upstream my-load-balanced-app** 小段里面，写出负责处理网络请求的一系列后端服务器。接下来，在 **server** 小段里面，通过 **listen** 指令让 Nginx 监听 **8080** 端口，并通过 **proxy_pass** 指令，把该端口所收到的请求，转发给刚才定义的那个名叫 **my-load-balanced-app** 的服务器群。

我们要做的就是这么多。现在只需要执行这样一条命令，就可以用刚才写好的那份配置文件，来启动 Nginx 服务器：

```
nginx -c ${PWD}/nginx.conf
```

现在 Nginx 服务器应该已经启动并运行起来了，它能够接受访问请求，并把这些请求分摊到 Node.js 应用程序的四个实例上面。你可以用浏览器访问 **http://localhost:8080** 这个网址，看看 Nginx 服务器是怎么对流量做负载均衡的。另外你还可以用 **autocannon** 工具给 Nginx 服务器做负载测试。由于我们这个例子的所有进程，都运行在一台本地计算机上面，因此这样测评所得到的结果，跟早前那种用 **cluster** 模块所实现的方案差不多。

这个例子演示了如何用 Nginx 做负载均衡。为了把例子说得简单一些，笔者将所有的内容全都放在了同一台本地计算机上面。但你也可以试着将应用程序部署到多台远程服务器之中，并通过 Ngnix 给它们做负载均衡，这是个很好的练习。如果你想试试看，那就按照下面这套步骤执行：

（1）配置 *n* 台后端服务器，让它们都运行这款 Node.js 应用程序（你可以利用 **forever**

这样的服务监控工具为该程序启动多个实例，也可以利用 `cluster` 模块来做）。

（2）配置一台充当负载均衡器的计算机，在这台计算机上面安装 Nginx，并做出必要的设置，以便将流量正确地路由到上一步所说的那 n 台后端服务器上面。那些服务器中的每一条进程，都应该出现在这台服务器的 Nginx 配置文件之中，你需要在该文件的 `upstream` 段落里面正确地指定那些服务器的地址。

（3）让用户能够通过公网 IP 或公网域名，来访问这台充当负载均衡器的计算机。

（4）通过浏览器或 `autocannon` 这样的测评工具访问负载均衡器的公网地址，给它发送一些请求，看看它能不能正确地处理。

要想用简单的办法执行这套步骤，你可以通过 SSH 登入云服务提供商的管理界面，然后手工启动这些服务器。另外你也可以编写 IaC（infrastructure as code）来自动执行这些任务，例如通过 Terraform（nodejsdp. link/terraform）、Ansible（nodejsdp. link/ansible）、Packer（nodejsdp. link/packer）等工具编写。

这个例子把后端服务器的数量预先定义好了，在下一小节里面，我们会看到另一种技术，它能够动态地决定，用多少台后端服务器来分摊应用程序所面对的负载。

12.2.4 动态的水平扩展

当今这些基于云端的基础设施（cloud - based infrastructure），有一个很大的好处，就是能够根据当前或者预计的流量规模，动态地调整应用程序的处理能力。这也叫作**动态扩展**（**dynamic scaling**）。如果实现得恰当，那么可以大幅降低 IT 基础设施（IT infrastructure）的成本，同时又让应用程序的可用性与响应能力，继续保持比较高的水准。

这种扩展所采用的思路很简单：如果应用程序的性能因为网络流量过多而下降，那么就让系统自动开启一些新的服务器，以分担这些负载。同理，如果已经分配的这些资源没有得到充分利用，那就把某些服务器关掉，以降低这套基础设施的运作费用。我们还可以根据日程表来执行扩展操作，比如，如果我们知道流量在每天的某几个小时里面比较低，那么就可以安排系统在这段时间内关掉几台服务器，等到即将进入繁忙时段之前，再让那些服务器重新上线。这样的机制要求负载均衡器必须能够随时了解当前的网络拓扑结构（network topology），知道其中有哪些服务器目前处于上线状态。

12.2.4.1 用服务注册表实现动态的水平扩展

有一种常见的模式，可以用来做动态的水平扩展，该模式采用一个名为**服务注册表**（**service registry**）的中心仓库，来记录正在运行的服务器以及它们所提供的服务。

图 12.7 演示了一套通过服务注册表所动态配置出来的多服务架构（multiservice architecture），负载均衡器位于这套架构的前沿。

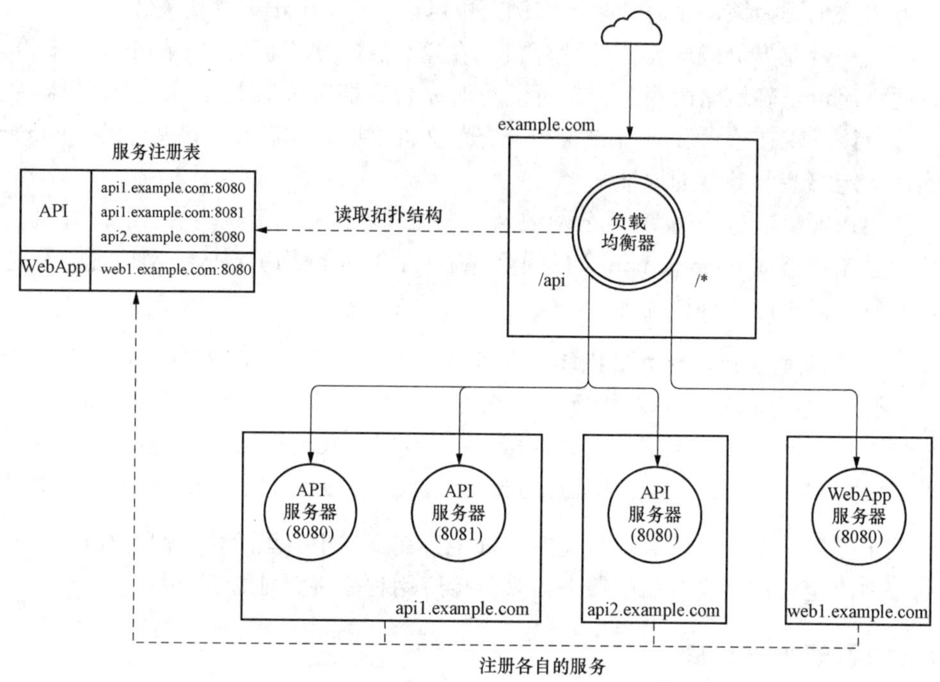

图 12.7 用负载均衡器做前端，通过服务注册表动态地配置多服务架构

图 12.7 所描述的这套架构，假设程序里面存在两种服务，一种是**API** 服务，另一种是**WebApp** 服务。每种服务可能会由一个或多个实例提供，这些实例可以分布在多台服务器上面。

example.com 这台服务器，在整套架构里面充当负载均衡器，它负责判断客户所发来的请求，如果客户所要访问的路径以/**api** 开头，那么负载均衡器就会把这项请求，分发到某个提供 API 服务的实例上面。就图 12.7 而言，有两个实例能够提供这样的服务，一个位于 **api1.example.com** 这台服务器上面，另一个位于 **api2.example.com** 这台服务器上面。如果客户所要访问的路径不以/**api** 开头，那么负载均衡器会把它分发到提供**WebApp** 服务的实例上面。具体到图 12.7 来看，只有一个实例能提供 **WebApp** 服务，也就是运行在 **web1.example.com** 这台服务器上面的这个实例。负载均衡器能够通过服务注册表获取到一张清单，其中写有各台服务器的名称，以及运行在这些服务器上面的服务实例。

要想做到完全自动，每个应用程序实例都必须在上线时，把自己登记到服务注册表里面，并在下线时从服务注册表中注销，以确保负载均衡器总是能够及时了解到网络中目前可以使用的服务器，以及这些服务器目前所能提供的服务。

模式（服务注册表）

用一个数据仓库，集中记录系统里面目前处于上线状态的服务器，以及这些服务器所能提供的服务。

这个模式不仅可以做负载均衡，而且还有一个好处，就是能够把提供服务的实例，与这些实例所在的服务器相解耦。Service Registry（服务注册表）模式可以说是 Service Locator（服务定位器）模式在网络服务方面的一种实现形式。

12.2.4.2　用 http-proxy 与 Consul 实现动态的负载均衡器

要想对基础设施做这样的动态配置，我们可以用**Nginx** 或 **HAProxy** 这样的反向代理来实现，也就是说，我们只需要通过某项自动化的服务来更新这种代理工具的配置文件，然后命令负载均衡器采用更新之后的配置来运作即可。以 Nginx 为例，我们可以用下面这条命令，重新载入配置文件：

```
nginx -s reload
```

这样的效果也可以通过基于云端的解决方案达成。不过，除了这两种办法之外，我们还可以考虑一个办法，这个办法是利用我们所熟悉的平台来打造的。

笔者在整本书里面一直强调，Node.js 平台很适合用来构建各种类型的网络应用程序，而且这本身就是该平台的一项主要设计目标。既然这样，那为什么不用 Node.js 平台本身的功能，来构建这种负载均衡器呢？这样做更加灵活，也更加强大，因为我们在定制负载均衡器的过程中，可以把任何一种模式或算法，直接实现在这个均衡器之中，这当然也包括本小节所说的这个模式，也就是通过服务注册表来实现动态的负载均衡。另外，这样做还能帮助我们更好地理解在开发正式产品时所使用的 Nginx 与 HAProxy 等工具，究竟是如何运作的。

在这次的范例中，我们打算用**Consul**（**nodejsdp.link/consul**）做服务注册表，以重现图 12.7 里面的那套多服务架构。在这个过程中，我们主要依赖下面三个 npm 包：

- **http-proxy**（**nodejsdp.link/http-proxy**）：这个包可以简化在 Node.js 平台中创建反向代理/负载均衡器的工作。
- **portfinder**（**nodejsdp.link/portfinder**）：这个包用来在系统中寻找空余的端口。
- **consul**（**nodejsdp.link/consul-lib**）：这个包用来与 Consul 交互。

首先我们来实现服务。前面在测试 **cluster** 方案与 Nginx 方案的负载均衡效果时，我们所用的办法，是自己编写一个简单的 HTTP 服务器，然而这次，由于我们想让每个服务器在启动的时候，都把自身登记到服务注册表里面，因此笔者所用的写法会与前面有些区别。

现在就来看具体怎么写（下面这些代码，写在 **app.js** 文件之中）：

```
import { createServer } from 'http'
```

```
import consul from 'consul'
import portfinder from 'portfinder'
import { nanoid } from 'nanoid'

const serviceType = process.argv[2]
const { pid } = process

async function main () {
  const consulClient = consul()
  const port = await portfinder.getPortPromise()                    // (1)
  const address = process.env.ADDRESS || 'localhost'
  const serviceId = nanoid()

  function registerService () {                                      // (2)
    consulClient.agent.service.register({
      id: serviceId,
      name: serviceType,
      address,
      port,
      tags: [serviceType]
    }, () => {
      console.log(`${serviceType} registered successfully`)
    })
  }

  function unregisterService (err) {                                 // (3)
    err && console.error(err)
    console.log(`deregistering ${serviceId}`)
    consulClient.agent.service.deregister(serviceId, () => {
      process.exit(err ? 1 : 0)
    })
  }

  process.on('exit', unregisterService)                              // (4)
  process.on('uncaughtException', unregisterService)
  process.on('SIGINT', unregisterService)
```

```
  const server = createServer((req, res) => {                    // (5)
    let i = 1e7; while (i > 0) { i-- }
    console.log(`Handling request from ${pid}`)
    res.end(`${serviceType} response from ${pid}\n`)
  })

  server.listen(port, address, () => {
    registerService()
    console.log(`Started ${serviceType} at ${pid} on port ${port}`)
  })
}

main().catch((err) => {
  console.error(err)
  process.exit(1)
})
```

这段代码有几个地方需要解释：

（1）首先，我们通过 **portfinder.getPortPromise ()** 查找系统之中的空闲端口（**portfinder** 默认从 8000 端口开始，向后查找）。然后，我们判断用户有没有通过 **ADDRESS** 环境变量配置地址，如果没有，就采用默认的 **localhost**，最后，我们通过 **nanoid**（**nodejsdp.link/nanoid**）生成随机 ID，以标识当前这项服务的身份。

（2）接下来我们声明 **registerService ()** 函数，这个函数通过 **consul** 库在注册表中注册一项新的服务。在注册服务的时候，需要指出这样几个属性：**id** 属性（这是一个独特的标识符，用来辨识这项服务的身份）、**name** 属性（这是该服务的名称）、**address** 属性以及 **port** 属性（这用来确定用户如何访问该服务）。另外，还可以指定 **tags** 属性，这是由 tag（标签）所构成的数组，开发者可以根据这些 **tag** 来筛选服务并为其编组。我们这个例子让开发者通过命令行参数指定 serviceType（服务类型），并把这个值用作服务的名称，同时我们还将它放在 **tags** 数组里面充当标签，这样的话，我们就能根据这个标签，把集群（cluster）之中的同类服务找出来。

（3）我们还要声明 **unregisterService ()** 函数，用来从 Consul 之中移除某项早前注册过的服务。

（4）无论程序是特意要退出，还是由于发生意外而退出，我们都触发 **unregisterService ()** 函数，以执行清理工作，也就是把当前这项服务从 Consul 之中注销。

（5）最后，我们启动 HTTP 服务器，以便在 **portfinder** 所找到的端口与用户所配置的地址上面，提供当前这项服务。请注意，服务器启动起来之后，一定要用 **registerService()** 函数将当前这项服务登记到注册表里面，只有这样，系统才能找到该服务。

刚才这套脚本，可以用来启动并注册各种类型的应用程序。

现在应该实现负载均衡器了。我们新建一个名叫 **loadBalancer.js** 的模块：

```
import { createServer } from 'http'
import httpProxy from 'http-proxy'
import consul from 'consul'

const routing = [                                                    // (1)
  {
    path: '/api',
    service: 'api-service',
    index: 0
  },
  {
    path: '/',
    service: 'webapp-service',
    index: 0
  }
]

const consulClient = consul()                                        // (2)
const proxy = httpProxy.createProxyServer()

const server = createServer((req, res) => {
  const route = routing.find((route) =>                              // (3)
    req.url.startsWith(route.path))
  consulClient.agent.service.list((err, services) => {               // (4)
    const servers = !err && Object.values(services)
      .filter(service => service.Tags.includes(route.service))
    if (err || !servers.length) {
      res.writeHead(502)
      return res.end('Bad gateway')
    }
```

```
    route.index = (route.index + 1) % servers.length                    // (5)
    const server = servers[route.index]
    const target = `http://${server.Address}:${server.Port}`
    proxy.web(req, res, { target })
  })
})

server.listen(8080, () => {
  console.log('Load balancer started on port 8080')
})
```

在实现这个基于 Node.js 的负载均衡器时，有这样几个关键的地方需要解释：

（1）首先，我们要定义负载均衡器所使用的路由。routing 数组里的每一条路由，都包含 **service** 及 **path** 属性，用来表示以 **path** 开头的请求，应该路由到 **service** 所指的服务上面。另外还有一个 **index** 属性，如果某项服务有多个实例能够提供，那么稍后我们会通过该属性实现**轮循**(round - robin)，让这些实例能够轮流处理客户发来的请求。

（2）我们需要实例化一个 consul 客户端，用来访问注册表。接下来，还要实例化一个 **http - proxy** 服务器。

（3）在创建 server 实例的时候，我们编写了一段处理逻辑，以处理客户发来的每一项请求。这段逻辑首先要做的，是拿 **req.url** 去匹配早前定义的 routing 路由表。如果路由表中的某条路由，其路径能够与这里的 **req.url** 相匹配，那我们就把结果保存在 **route** 变量之中。

（4）我们向 **consul** 获取一份列表，以了解有哪些服务器实现了客户当前所要访问的这种服务。在这个过程中，我们通过 **Tags** 属性来筛选列表中的服务器，我们只考虑服务类型与客户要求相符的那些实例。如果筛选出来的列表是空白的，或者程序在向 **consul** 获取列表的过程中发生了错误，那么就向客户端报错。否则，**servers** 变量所保存的，就是能够提供这种服务的服务器。

（5）最后，我们把客户发来的请求，路由到其中一台目标服务器上面。为此，我们要更新 **route.index** 的取值，让它指向这些服务器里面的下一个服务器，这里用的是轮循（round - robin）方式，也就是把首个请求交给 1 号服务器去处理，把第二个请求交给 2 号服务器去处理，依此类推，如果到达列表末尾，那么就折回开头，交给 0 号服务器去处理。把 **route.index** 更新完之后，我们用这个值从 **servers** 里面选出一个服务器，并用它的 **Address**（地址）与 Port（端口号）构造一个网址，让后将该网址，连同表示请求的 **req** 对象与表示响应的 **res** 对象，一起传给 **proxy.web()** 方法。这样就相当于把这次请求，转给我们选定的那台服务器去处理了。

大家很清楚地看到，纯粹采用Node.js与服务注册表来实现负载均衡，其实是相当容易的，而且这种做法极其灵活。

请注意，为了把这个范例实现得简单一些，笔者故意略过了几个值得优化的地方。例如我们这个方案每次遇到客户端所发来的请求时，都去问 **consul** 获取一份已经注册的服务列表。这会明显地增加应用程序的开销，如果这个负载均衡器收到的请求相当频繁，那么这种开销尤其庞大。假如能把服务列表缓存起来，并且定期刷新（比如，每10秒刷新一次），那么效率会更高。另外，我们还可以用 **cluster** 模块来运行多个负载均衡器的实例，以便将这些实例分布到计算机的多个CPU核心上面。

现在我们可以试试这套系统了，但是在开始尝试之前，首先必须把Consul服务器安装好。请大家按照官方文档所说的步骤安装：**nodejsdp.link/consul-install**。

安装好之后，我们就可以在自己的开发环境之中，用下面这条简单的命令启动Consul服务注册表了：

```
consul agent -dev
```

然后，我们启动负载均衡器（应该用 **forever** 工具启动，这样的话，万一负载均衡器崩溃，**forever** 工具能够重启它）：

```
forever start loadBalancer.js
```

现在如果试着访问负载均衡器所公布的某些服务，那么我们会发现，它返回的是 **HTTP 502** 错误，这是因为真正负责提供这些服务的服务器还没有启动起来。大家可以试着执行一下这条命令，看看结果如何：

```
curl localhost:8080/api
```

这条命令输出的应该是：

```
Bad Gateway
```

如果我们启动几个能够提供服务的服务器实例，那么刚才那样的命令，就不会报错了，比如，我们启动两个 **api-service** 与一个 **webapp-service**：

```
forever start --killSignal=SIGINT app.js api-service
forever start --killSignal=SIGINT app.js api-service
forever start --killSignal=SIGINT app.js webapp-service
```

启动好之后，负载均衡器应该能自动看到这些新的服务器，它会把请求分摊到这些服务器上面。现在我们把早前的命令再执行一遍：

```
curl localhost:8080/api
```

这次执行看到的结果应该是这样：

```
api - service response from 6972
```

如果再度运行命令，那么响应消息里面所写的服务器进程号，就应该是另外一个了，这说明负载均衡器确实把请求派发给了不同的服务器去处理：

```
api - service response from 6972
```

如果想查看 **forever** 命令所管理的实例，或者想停止其中的某个实例，那么就分别执行 **forever list** 与 **forever stop** 命令。**forever stopall** 命令可以把所有的实例都停掉。大家不妨试着停止其中一个 **api - service** 实例，看看整个应用程序会有什么变化?

这个模式的优点很明显：我们能够根据需求，或者根据日程，动态地扩充或缩减基础设施的规模，而且我们不需要做额外处理，就能让负载均衡器套用新的配置。

Consul 默认会 **localhost：8500** 这个地址上面，提供一套便于操作的网页界面。大家在用这个范例做实验的过程中，可以通过这套界面观察到：某服务向注册表登记之后，会出现在服务清单之中，而当它从注册表中注销时，则会从清单之中消失。

Consul 还提供了健康程度检测功能，用来监控已经注册的服务。假如把这项功能纳入我们的范例，那么基础设施应对故障的能力会更强。如果某项服务没有对 Consul 系统检测其健康程度的消息做出回应，那么系统会自动把它从注册表中移除，并且不会再将有待处理的请求，分配给这个服务。大家可以参考官方文档里面与*Checks* 有关的这一部分，来了解怎样启用这项功能：**nodejsdp. link/consul - checks**。

我们学会了怎样用负载均衡器与服务注册表来实现动态的负载均衡，接下来，我们准备尝试其他一些方式，例如端对端的负载均衡。

12.2.5　端对端的负载均衡

如果要把某个架构比较复杂的内部网络，提供给公网去访问（例如公布到互联网上面），那几乎必须用到反向代理才行。这种代理可以隐藏内网的复杂细节，让外部的应用程序能够通过单一访问点（single access point），来简单而可靠地访问内部网络。然而，如果某项服务只会在内网之中使用，那么扩展该服务的时候，我们其实还有更加灵活、控制力也更加强大的方案可以考虑。

假设我们有这样一项服务叫作Service A，它要依赖另一项服务，也就是Service B来实现自己的功能。后者分布在多台计算机上面，而且只在本网络内部使用。按照前面讲过的方案，我们应该让Service A通过负载均衡器访问Service B，这样的话，它针对Service B所发出的访问请求，就会由负载均衡器分布到提供这项服务的那些服务器上面。

然而除此之外，我们还有另一种方案，也就是把负载均衡器从整套配置里面拿掉，直接由客户端（也就是Service A本身）负责分派这些针对Service B的请求，也就是说，由它负责把这些请求，均衡地分派到网络中的各个Service B实例上面。当然了，这套方案有个前提，就是Service A必须能够详细了解这些提供 `Service B` 服务的服务器，而在内网里面Service A通常是知道这一情况的。用这种方案实现出来的负载均衡，是一种端对端的负载均衡（**peer-to-peer load balancing**，P2P的负载均衡）。

图 12.8 对比了刚才说的两种做法。

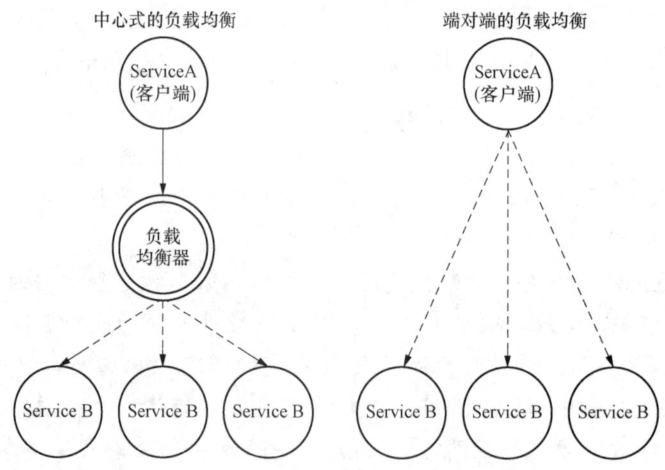

图 12.8　中心式的负载均衡与端对端的负载均衡

这是个简单而高效的模式，能够消除网络中的瓶颈与故障单点（single point of failure），从而实现出真正的分布式通信。另外，它还有下面几个好处：

- 由于网络里面少了一个节点，因此整个基础设施的复杂程度降低了。
- 由于传递消息时所经过的节点少了一个，因此通信速度提高了。

• 由于不再受制于负载均衡器的处理能力，因此程序性能可以更好地得到提升。

虽然有很多好处，但由于网络中不再有负载均衡器挡在前面，因此这种方案会把基础设施的底层细节暴露出来。而且，在这种方案之下，客户端必须做得更加智能，它需要实现负载均衡算法，如果有可能的话，还应该设法及时了解整个网络的最新情况。

端对端的负载均衡是 ZeroMQ 库（**nodejsdp.link/zeromq**）里面广泛使用的一种模式，我们在下一章会介绍这个库。

在接下来的这部分里面，笔者要演示怎样在 HTTP 客户端之中，实现端对端的负载均衡机制。

实现一种能够把请求均衡分布到各台服务器的 HTTP 客户端

我们在前面已经知道了怎样纯粹通过 Node.js 实现负载均衡器，并把入站请求分布到多台服务器上面，现在，我们要将这套机制放在客户端里面实现，这跟以前那种实现方式没有多大区别。我们要做的，只是把客户端的 API 包装起来，并给经过包装的这套 API 增设负载均衡机制。下面就编写这样一个名叫 **balancedRequest.js** 的模块：

```
import { request } from 'http'
import getStream from 'get-stream'

const servers = [
  { host: 'localhost', port: 8081 },
  { host: 'localhost', port: 8082 }
]
let i = 0
export function balancedRequest (options) {
  return new Promise((resolve) => {
    i = (i + 1) % servers.length
    options.hostname = servers[i].host
    options.port = servers[i].port

    request(options, (response) => {
      resolve(getStream(response))
    }).end()
  })
}
```

这段代码相当简单，不需要做太多解释。我们把原版的 **http.request** API 包裹到 **balancedRequest** 函数里面，让这个函数修改客户发来的 **options** 参数，将里面的 **hostname** 与 **port** 属性，设置成轮循算法选出的那个服务器（也就是 **servers [i]**）所具备的 **host** 与 **port**。另外要注意，为了把代码写得简单一些，笔者采用 **get-stream** 模块（**nodejsdp.link/getstream**）将这个表示响应信息的流，“收集”到一个 **buffer** 里面，用这个 **buffer** 来表示完整的响应信息。

这个经过包装的 API，用起来跟包装之前的没有太大区别。下面我们就在 **client.js** 模块里面通过新版 API 发出请求：

```
import { balancedRequest } from './balancedRequest.js'

async function main () {
  for (let i = 0; i < 10; i++) {
    const body = await balancedRequest({
      method: 'GET',
      path: '/'
    })
    console.log(`Request ${i} completed:`, body)
  }
}

main().catch((err) => {
  console.error(err)
  process.exit(1)
})
```

在运行刚才这段代码之前，我们必须先启动两个范例服务器的实例：

```
node app.js 8081
node app.js 8082
```

然后，才能执行客户端模块：

```
node client.js
```

我们应该会注意到，每条请求都发给了不同的服务器，这说明就算没有专门的负载均衡器，我们也可以在客户端里面实现负载均衡。

我们早前包装的这套 API，有一个明显可以改进的地方，就是应该把服务注册表集成到客户端里面，让客户端能够动态地查询服务器清单。

下一小节要讲的是容器与容器编排，在这种方案里面，扩展应用程序时所遇到的一些问题，会由运行期环境来负责管理。

12.2.6　用容器扩展应用程序

这一小节要演示如何使用容器与 Kubernetes 这样的容器编排平台，来帮助我们更为轻松地编写 Node.js 应用程序，并把扩展该程序时所遇到的大多数问题（例如怎样做负载均衡、怎样在扩展的过程中保持弹性与较高的可用性等），托付给底层的容器去处理。

容器与容器编排平台是个相当大的话题，这个话题里面的许多内容，并不在本书的讨论范围之内。因此，笔者在这里只打算提供一些基本的范例，让你能够开始在 Node.js 平台里面使用这项技术，看完了这些范例之后，你应该自己去学习新的模式，并利用这些模式来扩展 Node.js 应用程序。

12.2.6.1　什么是容器？

OCI（**Open Container Initiative**，**nodejsdp.link/opencontainers**）把容器（container，这里指 Linux 容器）定义成“一种标准的软件单元，用来将应用程序的所有代码以及这些代码所依赖的东西打包，令其能够迅速而可靠地从一种计算机环境之中迁移到另一种环境里面运行”。

换句话说，我们可以利用容器技术给应用程序打包，并放在其他计算机中运行，例如把程序从本地开发环境里的一台笔记本电脑之中，迁移到云端的一台正式服务器上面。

通过容器来运行应用程序，不仅非常便于移植，而且还有一个好处，就是这样运行所需的开销特别小。把应用程序放在容器里面运行，与不经容器包装就直接放在操作系统里面运行相比，速度几乎一样快。

简单地说，你可以把容器理解成一种标准的软件单元，它能够定义一条受到*隔离的*（*isolated*）进程，并把这条进程放在 Linux 操作系统上面运行。

从移植的方便程度与程序性能等角度来看，容器比**虚拟机**（**virtual machine**）进步得多。

我们可以用各种办法，来为应用程序创建与 OCI 标准相兼容的容器，并予以运行。其中最流行的办法就是**Docker**（**nodejsdp.link/docker**）。

你可以按照官方文档描述的步骤，在自己的操作系统上面安装 Docker：**nodejsdp.link/docker-docs**。

12.2.6.2　用 Docker 建立并运行容器

下面我们把用作范例程序的这个 Web 服务器重写一遍，我们只需要稍微修改几个地方就好（这个程序写在 **app.js** 文件之中）：

```
import { createServer } from 'http'
import { hostname } from 'os'

const version = 1
const server = createServer((req, res) => {
  let i = 1e7; while (i > 0) { i-- }
  res.end(`Hello from ${hostname()} (v${version})`)
})
server.listen(8080)
```

跟上一个版本的 Web 服务器相比，这次的区别在于，我们回应给客户端的信息里面，写的是服务器的主机名与应用程序的版本号。如果你把这个服务器运行起来，然后通过客户端给它发一项请求，那么看到的应该是这种信息：

```
Hello from my-amazing-laptop.local (v1)
```

下面我们开始讲解怎样把这个应用程序当成容器来运行。首先要给项目创建 **package.json** 文件：

```
{
  "name": "my-simple-app",
  "version": "1.0.0",
  "main": "app.js",
  "type": "module",
  "scripts": {
    "start": "node app.js"
  }
}
```

为了让应用程序能够在 Docker 里面运行（或者说，为了给这个程序做 *dockerize* 处理），我们需要经历这样两个环节：

- 构建一份容器镜像。
- 从该镜像中运行一个容器实例。

要给应用程序创建容器镜像（**container image**），我们必须定义 Dockerfile。容器镜像（或者说 Docker 镜像）实际上是一种遵循 OCI 标准的包。它把应用程序的源代码以及该程序依赖的所有东西全部囊括进来，并描述这个程序应该如何执行。为了给应用程序构建这样的容器镜像，我们需要使用一份构建脚本（build script），而这样一份脚本正需要根据 Dockerfile 文件来定义（这份文件的名称，实际上也叫作Dockerfile）。好了，现在我们就看看这个应用程序的 **Dockerfile** 应该怎么写：

```
FROM node:14-alpine
EXPOSE 8080
COPY app.js package.json /app/
WORKDIR /app
CMD ["npm", "start"]
```

这个 Dockerfile 文件相当短，但里面有很多地方需要注意。现在我们就一行一行地解释：

- **FROM node: 14-alpine** 这一行，用来指定我们想要使用的基本镜像（base image）。有了这个基本镜像，我们就可以在它的基础之上进行构建。具体到本例来说，笔者想从一个已经包含 Node.js 第 14 版的镜像开始构建，这样的话，我们就不用再考虑如何将 Node.js 本身也打包到容器镜像里面了。
- **EXPOSE 8080** 这一行，用来告诉 Docker 系统，这款应用程序会在 **8080** 端口监听 TCP 连接。
- **COPY app.js package.json /app/**这一行，用来把 **app.js** 与 **package.json** 这两份文件，复制到容器所在的文件系统里面的/**app** 文件夹之中。容器在默认情况下，是跟宿主操作系统相隔离的，因此，它无法直接共享宿主操作系统之中的文件，于是，我们必须把项目文件明确地复制到容器里面，这样容器才能访问并执行这些文件。
- **WORKDIR /app** 这一行，用来把容器的工作目录设置为/**app**。
- **CMD ["npm", "start"]** 这一行，用来指定我们从镜像里面运行容器的时候，该容器应该通过什么样的命令启动应用程序。这里我们指定的命令是 **npm start**，而根据我们早前在 **package.json** 文件里面做出的指示，这条命令实际上又会执行 **node app.js**。那么，**npm** 与 **node** 这两个命令，为什么不需要通过 COPY 指令复制到容器里面，而是可以直接使用呢？这是因为，我们前面通过 FROM 指令指定了基本镜像，而这两个命令本身已经包含在基本镜像里面了。

现在我们可以执行下面这条命令，用刚才写好的 Dockerfile 来构建容器镜像：

```
docker build .
```

这条命令会在当前的工作目录中寻找 Dockerfile 并执行该文件，以构建容器镜像。

这条命令输出的信息应该是这个样子的：

```
Sending build context to Docker daemon 7.168kB
Step 1/5 : FROM node:14-alpine
---> ea308280893e
Step 2/5 : EXPOSE 8080
---> Running in 61c34f4064ab
Removing intermediate container 61c34f4064ab
---> 6abfcdf0e750
Step 3/5 : COPY app.js package.json /app/
---> 9d498d7dbf8b
Step 4/5 : WORKDIR /app
---> Running in 70ea26158cbe
Removing intermediate container 70ea26158cbe
---> fc075a421b91
Step 5/5 : CMD ["npm", "start"]
---> Running in 3642a01224e8
Removing intermediate container 3642a01224e8
---> bb3bd34bac55
Successfully built bb3bd34bac55
```

请注意，如果你从来没有用过 **node：14-alpine** 这个镜像（或者刚刚清理了 Docker 缓存），那么执行刚才这条命令的时候，还会输出一些与下载该镜像有关的信息。

最后那个哈希码，就是制作出来的这个容器镜像所具备的 ID，我们把它放在下面这条命令里面，以运行该容器的一个实例：

```
docker run -it -p 8080:8080 bb3bd34bac55
```

这条命令的意思是让 Docker 系统用“交互模式”（换句话说，就是不要用后台模式）来运行 **bb3bd34bac55** 所表示的这个镜像，并把容器的 **8080** 端口映射到宿主计算机（也就是我们的操作系统）的 **8080** 端口。

现在我们就可以通过 **localhost：8080** 访问容器中的应用程序了。如果我们用 **curl** 命令给 Web 服务器发送请求，那么看到的响应信息应该是下面这样：

```
Hello from f2ffa85c8ff8 (v1)
```

请注意，服务器这次所给出的主机名，与没有采用容器时有所不同，这是因为，容器是一种沙盒环境，它默认无法访问底层操作系统之中的大多数资源。

测试完效果之后，我们可以在终端窗口（也就是命令行界面）里按 *Ctrl*+*C* 组合键，来停止这个容器。

构建容器的时候，我们可以用—t 选项给制作出来的镜像贴标签（tag）。这个标签比哈希码更为明确，能够用来指代并运行某个容器镜像。比如，我们可以把构建出来的镜像叫作 hello - Web：v1，这样的话，以后就可以用这个名字运行它了：

docker build - t hello - web：v1.

docker run - it - p 8080：8080 hello - web：v1

给容器镜像贴标签的时候，我们应该按照惯例，采用 **image - name：version**（镜像名：版本）的格式来写。

12.2.6.3　什么是 Kubernetes?

我们已经学会用容器运行 Node. js 应用程序了。虽然这是个很棒的成就，但对于整个容器领域来说，只不过是开了个头而已。容器的真正实力，要等到构建较为复杂的应用程序时，才能够彻底体现出来。比如，如果我们要构建的应用程序，是由许多项独立的服务组成的，而且要部署在许多台云端服务器上面，并加以协调，那么容器的优点就可以充分发挥出来了，但是要做到这种效果，单靠 Docker 还不够，我们还需要一种更为复杂的系统，帮助我们对运行在云端集群的各台计算机上面的这些容器实例加以协调，也就是说，我们需要使用一种容器编排（container orchestration）工具。

这样的容器编排工具，要负责完成下面几项事务：

• 让我们能够把多个云端服务器（也就是云端节点）编排成一个逻辑集群（logical cluster），并且能够动态地向这个集群里面添加新节点，或从中删除节点，同时又不影响已有的节点上面所运行的服务。

• 确保整套容器不会出现宕机时间（也就是不会出现彻底无法提供服务的情况）。如果某个容器实例停止了，或者无法对检测其健康程度的消息给出回应，那么该容器会自动重启。如果集群中某个节点发生故障，那么运行在该节点上面的工作，会自动转交给另一个节点去做。

• 提供相关的功能，以实现服务发现（service discovery）机制与负载均衡机制。

• 对访问持久存储设备的那些操作请求做出编排，让程序能够把需要长时间存放的数据，保存到这样的设备之中。

• 在不引发宕机（或者说，在确保宕机/下线时间为 0）的前提下，实现自动发布与回滚应用程序的功能。

• 为敏感数据提供保密存储机制，并提供配置管理系统。

比较流行的一种容器编排系统，叫作 Kubernetes（**nodejsdp.link/kubernetes**），这个产品由 Google 在 2014 年开源。Kubernetes 这个词源自希腊语的 κυβερνητης，意思是"helmsman"（舵手）或"pilot"（领航员），但也可以理解成"governer"（治理者），或者更为宽泛地说，指的就是"the one in command"（总管）。Kubernetes 汇聚了 Google 工程师多年以来，在处理大规模的云端任务时所积累的经验。

Kubernetes 的一项重要特性，在于它采用的是一种声明式的配置系统，用户只需要定义"最终状态"（end state）就行，orchestrator（编排器/协调器）会自己来判断：需要执行怎样的一套步骤，才能在不干扰集群之中各项服务的前提下，让容器进入该状态。

Kubernetes 的所有配置工作，都围绕着 object 这个概念执行。这里的 object（对象），是指云端部署环境之中的元素，我们可以添加或移除这样的元素，也可以随时修改它的配置。下面列举几种 Kubernetes 里面的对象：

• 容器化的应用程序。

• 容器对资源的访问操作［例如使用 CPU、分配内存、访问持久化的存储设备、对网络接口（俗称网卡）或 GPU（俗称显卡）等设备所做的访问等］。

• 针对应用程序的行为（例如重启、升级、容错等）所制定的策略。

Kubernetes 对象实际上是一种"对想法所做的记录或描述"，这意味着，你在集群里面创建出这样的对象之后，Kubernetes 会持续监控该对象的状态（并在必要时予以修改），让它能够跟期望的效果相符。

Kubernetes 集群一般通过 kubectl（**nodejsdp.link/kubectl-install**）这个命令行工具来管理。

要想创建一个用来开发、测试并制作正式产品的 Kubernetes 集群，我们可以考虑许多种办法，其中最为简单的一种，是用本地的单节点集群来实验 Kubernetes，这种集群可以通过 **minikube** 这个工具（**nodejsdp.link/minikube-install**）轻松地创建出来。

请把 **kubectl** 与 **minikube** 安装到操作系统里面，接下来我们要用这两个工具，将这个容器化的范例应用程序，部署在本地的 Kubernetes 集群之中。

还有一个学习 Kubernetes 的好办法，就是参考官方的交互教程：**nodejsdp.link/kubernetes-tutorials**。

12.2.6.4 在 Kubernetes 里面部署并扩展应用程序

我们在这一部分之中，要讲解如何将前面用作范例的那个简单的 Web 服务器程序，放在本地的 **minikube** 集群里面运行。为此，请先确认你已经安装好了 **kubectl** 与 **minikube**。

在 macOS 与 Linux 操作系统中，请先运行 **minikube start** 与 **eval $ (minikube docker - env)** 命令，以初始化工作环境。第二条命令是想保证，当你在终端机里面使用 **docker** 与 **kubectl** 的时候，这两个工具能够正确地与本地的 Minikube 集群相交互。如果你要开启多个终端机，那就应该在每个终端里面都把 **$ (minikube docker - env)** 执行一遍。另外你还可以运行 **minikube dashboard** 命令，这样就能通过一套形象的 Web 管理界面，来与集群里的所有 object（对象）交互了。

我们首先要做的是构建 Docker 镜像，并给它起个有意义的名字：

```
docker build -t hello-web:v1 .
```

如果环境配置得没有问题，那么本地的 Kubernetes 集群里面就会有一个名叫 **hello - web** 的镜像可供使用。

如果只在本机上面做开发，那么把镜像放在本地就可以了。但若要对外发布正式的产品，则应该考虑更好的办法，也就是把镜像发布到某个 Docker 容器注册表上面，例如 Docker Hub（**nodejsdp. link/docker - hub**）、Docker Registry（**nodejsdp. link/docker - registry**）、Google Cloud Container Registry（**nodejsdp. link/gc - container - registry**），或者 Amazon Elastic Container Registry（**nodejsdp. link/ecr**）等。把镜像发布到这样的容器注册表之后，你在给多台主机部署同一款应用程序时，就不用每次都去重新构建相关的镜像了。

12. 2. 6. 4. 1　创建 Kubernetes deployment 对象

为了把容器实例放在 Minikube 集群里面运行，我们必须用下面这条命令创建一个 **deployment**（这是一种 Kubernetes 对象）：

```
kubectl create deployment hello-web --image=hello-web:v1
```

这条命令应该输出这样的信息：

```
deployment.apps/hello-web created
```

刚才这条命令是想告诉 Kubernetes，把 **hello - web：v1** 容器的一个实例，当成一款名叫 **hello - web** 的应用程序来运行。

我们可以用下面这条命令，来验证刚才那个 deployment 对象是否在运行：

```
kubectl get deployments
```

这条命令应该打印出这样的结果：

```
NAME          READY    UP-TO-DATE    AVAILABLE    AGE
hello-web     1/1      1             1            7s
```

这张表格的意思是说，这个名叫 **hello-web** 的 deployment 对象处在活跃状态，而且系统给它分配了一个**pod**。在 Kubernetes 里面，pod 是一种基本的单元，用来表示在同一个 Kubernetes 节点上面一起运行的某一套容器。该 pod 里面的这些容器，会共用存储设备与网络等资源。一般来说，一个 pod 里面只包含一个容器，但我们也很容易见到那种包含多个容器的 pod，因为那些容器所运行的应用程序之间，耦合得较为紧密。

你可以用下面这条命令，列出集群里面的所有 pod：

```
kubectl get pods
```

这条命令会打印出这样的内容：

```
NAME                          READY   STATUS    RESTARTS   AGE
hello-web-65f47d9997-df7nr    1/1     Running   0          2m19s
```

现在，为了能够从本地计算机里面，访问容器之中的 **web** 服务器，我们需要公布（*expose*）早前建立的那个 deployment 对象：

```
kubectl expose deployment hello-web --type=LoadBalancer --port=8080
minikube service hello-web
```

第一条命令的意思，是让 Kubernetes 系统创建一个 **LoadBalancer** 对象，用来公布 **hello-web** 这个应用程序实例，并与每个容器的 **8080** 端口相连。

第二条命令是通过 **minikube** 这个辅助工具发出的，它想让我们能够通过一个本地的网址，来访问第一条命令所创建的负载均衡器。这条命令会打开一个浏览器窗口，你会在其中看到容器所给出的响应消息，这种消息应该是这个样子的：

```
Hello from hello-web-65f47d9997-df7nr (v1)
```

12.2.6.4.2 扩展 Kubernetes deployment

应用程序现在已经运行起来，并且可以接受访问了，接下来，我们就开始实验 Kubernetes 的某些特性。比如，现在的应用程序只有一个实例，那么，我们能不能把实例的数量扩展到 5 呢？这只需要通过下面这条命令就可以做到：

```
kubectl scale --replicas=5 deployment hello-web
```

执行完这条命令之后，**kubectl get deployments** 命令所输出的状态信息就会变成：

```
NAME        READY   UP-TO-DATE   AVAILABLE   AGE
hello-web   5/5     5            5           9m18s
```

kubectl get pods 命令输出的信息也会相应地变成：

```
NAME                           READY   STATUS    RESTARTS   AGE
hello-web-65f47d9997-df7nr     1/1     Running   0          9m24s
hello-web-65f47d9997-g98jb     1/1     Running   0          14s
hello-web-65f47d9997-hbdkx     1/1     Running   0          14s
hello-web-65f47d9997-jnfd7     1/1     Running   0          14s
hello-web-65f47d9997-s54g6     1/1     Running   0          14s
```

如果你给负载均衡器发出多项请求，那么就会发现，与这些请求相对应的响应消息里面所写的主机名称是不一样的，这表明网络请求确实分摊到了不同的实例上面。如果应用程序在你给负载均衡器发出请求的同时，还承受着其他方面的压力，那么这种效果会更加明显，比如，你可以一边给负载均衡器发请求，一边通过 autocannon 给它做负载测试。

12.2.6.4.3　通过 Kubernetes 发布新版程序

现在我们要尝试 Kubernetes 的另一项特性，也就是 rollout。我们想给应用程序发布一个新的版本。

修改 **app.js** 文件，把 **const version** 设置成 2，然后创建新版镜像：

```
docker build -t hello-web:v2 .
```

现在我们要把正在运行着的所有 **pod**，都更新到这个版本。为此，我们需要执行这样一条命令：

```
kubectl set image deployment/hello-web hello-web=hello-web:v2 --record
```

这条命令会输出这样的信息：

```
deployment.apps/hello-web image updated
```

如果一切都顺利，那么你在刷新浏览器页面之后，就会看到类似下面这样的响应信息：

```
Hello from hello-web-567b986bfb-qjvfw (v2)
```

注意看，括号里面这次写的版本号是**v2**。

刚才这样的输出信息，说明 Kubernetes 已经在幕后开始逐个替换容器了，它会将新版镜像发布到这些容器之中。对于替换下来的容器而言，其中的应用程序实例会合理地予以关闭，也就是说，目前仍在处理之中的请求都会继续得到处理，等这些请求处理完成之后，容器才会彻底关闭。

我们这个短小的 mini Kubernetes 教程到这里就结束了。大家看到，采用 Kubernetes 这样的容器编排平台，可以让应用程序的代码无需编写得太过复杂，因为我们不需要担心怎样将该程序从一个实例扩展到多个实例，也不用考虑怎样平稳地更新版本并重启应用程序，这些事情都会由容器编排平台替我们考虑到。这就是这种方案的主要优势。

当然了，这种效果也是有代价的，因为我们必须花时间去学习并管理这样的容器编排平台。如果你在工作中只需要运行小规模的应用程序，那或许没有必要专门去安装并管理 Kubernetes 这样的容器编排平台，但如果你的程序每天要服务几百万用户，那么搭建并维护这样一套强大的基础设施，是绝对有必要的。

还有一个必须要说的地方是：我们通常会把运行在 Kubernetes 之中的容器，当成“可以随时丢弃的”（disposable）容器，也就是说，我们随时都可以终止并重启这样的容器。这一点跟我们这里要讲的内容，似乎没有太大关系，但这其实是个不容忽视的问题。因为我们意识到了这样一个问题之后，就会提醒自己注意，尽量把应用程序构建成无状态的（stateless）程序。容器在默认情况下，并不会对自己写入本地文件系统里面的信息予以保留，因此，如果你的程序有一些信息必须长久保存起来，那么就得依赖数据库或磁盘等外部存储机制了。

如果你想把运行前面那套范例程序时所创建的容器，从系统里面清理掉，并关停 **minikube**，那么可以执行下面这一组命令：

```
kubectl scale --replicas=0 deployment hello-web
kubectl delete -n default service hello-web
minikube stop
```

在本章接下来的这一部分（也就是本章最后的这一部分）里面，我们要讲解几个有用的模式，让你把单体式的应用程序，分解成一套相互解耦的微服务，如果你一开始构建的是个单体式应用程序，但后来发现该程序不便于扩展，于是想要拆分它，那么这些模式就显得极为关键了。

12.3　分解复杂的应用程序

本章目前所讲的这些技术，主要是沿着 scale cube 的 *X* 轴来扩展，大家都看到了，这种扩展方式，是最简单也最直观的方式，它能够分摊应用程序的负载，并提升其可用性。在这一节里面，我们要把重点转移到 scale cube 的 *Y* 轴上面，也就是按照功能与服务来**分解**（**decompose**）应用程序，并以此实现扩展。我们会看到，这种扩展方式不仅能提升应用程序的处理能力，而且更为重要的在于，它能够降低应用程序的复杂程度。

12.3.1　单体式的架构

一听到单体式（monolithic）这个说法，我们可能就会想到那种缺乏模块感的系统，在那样的系统里面，应用程序之中的所有服务都彼此纠缠在一起，无法分清。但实际上并不总是这样，有些单体式的系统，在架构上的模块化程度很高，其内部组件之间，解耦得相当充分。

Linux 操作系统的内核就是个很好的例子，它属于**单体式的内核**（**monolithic kernel**，也叫作宏内核），这种内核设计方式，跟 Linux 周边软件以及 UNIX 开发界所倡导的理念，正好相反。Linux 能够在保持系统正常运行的情况下，动态地加载或卸载成千个服务及模块。但由于它们都运行在内核模式（kernel mode，也叫核心模式）下面，因此，只要其中任何一个发生故障，整个操作系统就会宕机（死机）。[你见过 kernel panic（内核错误/内核崩溃）现象吗?] 这种内核架构，与微内核架构（microkernel）相反，后者只把操作系统里面的核心服务放在内核模式之下运行，而其他服务则运行于用户模式（user mode）之中，那些服务基本上都有各自的一条进程。此方案的主要优点，在于那些服务即便出现问题，也只会单独崩溃，而不影响整个操作系统的稳定程度。

Torvalds 与 Tanenbaum 之间关于内核设计的辩论，可能是计算机科学史上最著名的一场网络论战（*flame war*，口水战）[译注26]，双方的一项主要分歧在于操作系统应该采用单体式的内核还是应该采用微内核。他们本来是通过 Usenct 辩论的，但你也可以通过网页查看到当时的辩论内容：**nodejsdp.link/torvalds-tanenbaum**。

这些设计原则是三十多年前提出来的，但奇妙的是，今天仍然有人在加以运用，而且把

译注26　可参见维基百科的 Tanenbaum-Torvalds debate 词条：https://en.wikipedia.org/wiki/Tanenbaum%E2%80%93Torvalds_debate。

它们用在了跟当年完全不同的环境里面。目前的单体式应用程序，其实正好可以跟操作系统领域的单体式内核相比拟：只要任何一个组件发生故障，整个程序就会受到影响，如果拿Node.js平台专用的术语来说，那就是：所有服务都属于同一套代码库（code base），并且（在没有制作复本的前提下）都运行在同一个进程里面。

图12.9举了这样一款应用程序，来说明什么叫作单体式的架构。

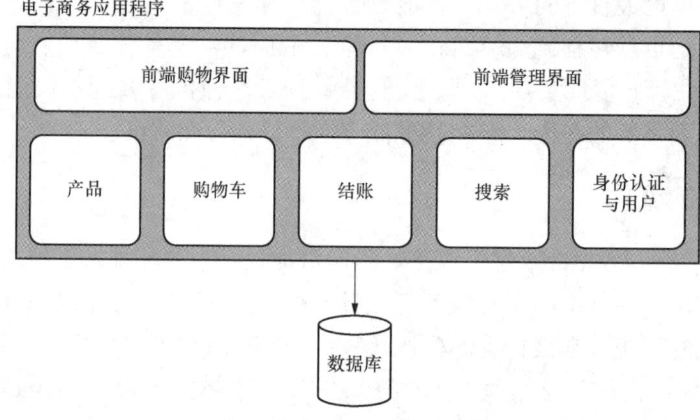

图12.9　举例说明如何用单体式的架构设计电商程序

图12.9演示了一款典型的电商程序所使用的架构。这是个模块化的架构，其中有两个前端模块，一个针对主界面，也就是电商界面，另一个针对管理界面。应用程序内部所实现的各项服务，划分得相当清晰，每项服务都各自负责应用程序里的某一部分业务逻辑，例如产品（**Products**）、购物车（**Cart**）、结账（**Checkout**）、搜索（**Search**）、身份认证与用户管理（**Authentication and Users**）等。尽管如此，但这套架构依然是单体式的，因为其中的每个模块，都位于同一套代码库里面，而且都是同一款应用程序之中的部件。其中任何一个组件发生故障，都有可能导致整个电商网站无法使用。

这种架构还有一个问题，体现在模块之间的交互上面。由于这些模块都位于同一个应用程序里面，因此开发者在构建它们之间的交互逻辑时，很容易就会让某个模块过分地依赖另一个模块。比如，如果要处理顾客购买某件产品这一操作，那么**Checkout**模块必须更新**Product**对象，以降低相关产品的库存量，而由于这两个模块都在同一个应用程序里面，因此开发者在实现这个逻辑时，很可能会直接让**Checkout**模块去引用**Product**对象，进而直接修改该产品的库存。在单体式的应用程序里面，让各模块之间的耦合程度保持在比较低的水准上面，是相当困难的，其中一部分原因，在于模块之间没有清晰的边界，或者在于我们没有办法确保开发者总能适当地划分出这样的边界。

有些应用程序在扩展的过程中，之所以发生混乱，一项重要原因就在于它的**耦合程度比较高**(high coupling)。如果程序的依赖关系图特别复杂，那么有可能意味着系统里面的每一部分，都会为其他一些部分所依赖，因此，在产品的整个生命期里面必须始终得到维护，而且你在修改任何一个部分之前，都必须仔细考虑这样做的后果，就像你在玩 Jenga tower（积木塔）游戏时一样，你得想一想，抽去这个木条（也就是修改这个部件）之后，会不会让整个塔（也就是整个产品）垮掉。为了防止这种现象，我们在项目逐渐变复杂的过程中，通常需要遵循一些开发惯例与开发流程才行。

12.3.2　微服务架构

现在我们要提出 Node.js 平台里面，与编写大型应用程序有关的一项重要模式，也就是：根本不要编写大型的应用程序。这听上去似乎只是个简单的口号而已，但实际上，它是一种相当有效的策略，既可以提升软件系统的能力，又可以把它在提升过程中的复杂程度给控制住。那么，不编写大型的应用程序，意味着我们应该怎样做才对呢？答案是沿着 scale cube 的 Y 轴来做，也就是按照功能与服务做拆解及分割。你应该把要构建的这款大型应用程序分解成许多个基本的部件，将每个部件都变为一款自成一体的小型应用程序。这正与 UNIX 的开发理念，以及本书开头提到的 Node.js 开发原则相符，尤其是“make each program do one thing well”（让每个程序专门做好一件事）这一条。

在采用这种方式开发应用程序的时候，我们主要应该参考的模式，就是**微服务架构**(**Microservice architecture**)，这种架构会用一套自成一体的服务，取代原来那种单体式的应用程序。服务前面的“微”(micro)，意思是说，每项服务都应该尽量做得小一些，但又不能太过琐碎。那种由一百个小型应用程序搭建而成，并且只对外公布一项 Web 服务的架构，不一定是好的架构。实际上，并没有严格的规则能够用来限定服务的大小，而且微架构的关键，也不在于每项服务的规模，而在于你拆分出来的这些服务，能不能让整套架构在各个方面都表现得比较好，这尤其是指能不能**降低耦合程度**、**提升内聚程度**，并控制住**集成复杂度**(integration complexity)。

12.3.2.1　举例说明微服务架构

下面我们来看看，如果把刚才那个单体式的电商程序改用微服务架构来做，会是什么样子，如图 12.10 所示。

从图 12.10 中可以看出，电商程序的每个基本组件，现在都是一个自足的独立实体，位于它自己的情境之中，而且有着它自己的数据库。在编写实际的软件产品时，我们会让这些各自独立的应用程序，都公布一套与它自己的职能有关的服务。

强调各项服务的**数据所有权**(data ownership)，正是微服务架构的一项重要特征，为此，我们必须把数据库拆分成好几块，让它们在一定程度上各自独立。假如让这些服务共用同一

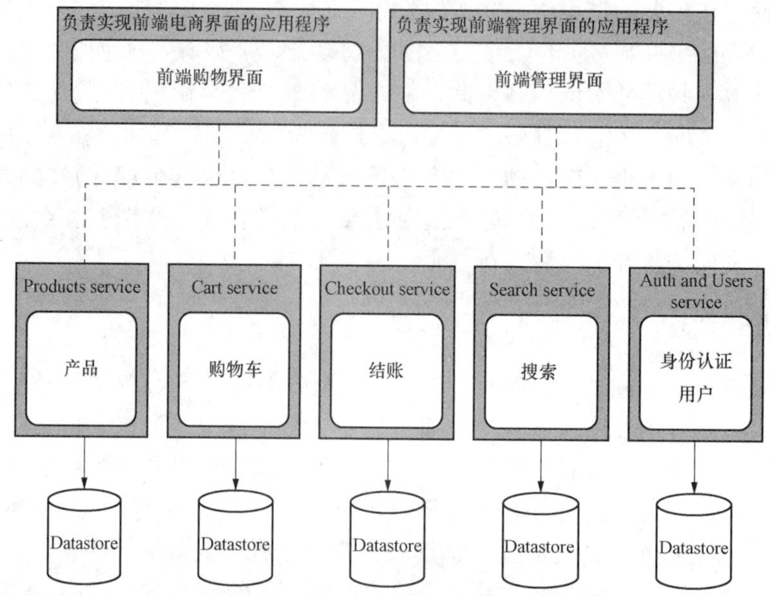

图 12.10 举例说明如何采用微服务模式来实现电商系统

套数据库，那么编写起来或许简单得多，但那样会让服务与服务之间（由于共用同一套数据而）发生耦合，进而把拆分应用程序所带来的好处给抵消掉。

图 12.10 中的所有节点之间，都有虚线相连，这意味着，它们必须以某种方式通信并交换信息，才能让整个系统完全运作起来。由于这些服务并没有共用同一套数据库，因此为了让整个系统中的数据保持一致，它们之间的通信会比单体式的应用程序更多。比如，**Checkout**（结账）服务需要了解与**Products**（产品）有关的一些信息，例如价格与邮寄限制，然而另一方面，它还需要更新**Products** 服务里面所保存的数据，例如要在用户完成支付之后更新相关产品的库存。图 12.10 只是泛说这些节点之间需要通信，并没有明确指出具体的通信手法。当然了，最为流行的办法肯定是采用 Web service（Web 服务）来通信，但我们稍后就会看到，除此之外，其实还有别的方式。

模式（微服务架构）
创建多个小而自足的服务，以拆分复杂的应用程序。

12.3.2.2 微服务的优点与缺点

这一部分要提到实现微服务架构所带来的一些好处与坏处。大家将看到，这种架构会大幅改变我们开发应用程序的方式，让我们用全新的角度来考虑可扩展程度与复杂程度，然而另一方面，它也给我们提出了一些新的挑战。

Martin Fowler 写过一篇讲微服务的好文章：**nodejsdp.link/microservices**。

12.3.2.2.1 每项服务都可以扩展

从技术角度来看，让每个服务都运行在它自己的应用程序里面，主要好处在于：该服务即便崩溃，也不会影响整个系统。我们的目标是构建出真正独立的服务，让这些服务比较小、比较容易修改，甚至可以从头开始重新构建。比如，即便电商程序里面的Checkout（结账）服务，突然由于某个严重的 bug 而崩溃，系统的其他部分也仍然能够照常运作。虽然有些功能（例如购买产品）会受到影响，但系统的其余功能还是可以继续发挥作用。

又比如说，我们突然觉得其中某个组件所使用的数据库或编程语言不够好。如果这是一款单体式的应用程序，那我们在不影响整个系统的前提下，并没有太多余地可以修改。但如果采用微服务架构，那我们修改起来就简单多了：我们可以换用另一种数据库或平台，重新构建这项服务，只要新版的服务在接口上能够与系统中的其余组件对接，那些组件就完全不用担心这项服务是否发生变化。

12.3.2.2.2 在各种平台与编程语言之间复用

把一款庞大的单体式应用程序拆分成多项小型服务，让我们能够创建出许多个独立的单元，令这些单元更为容易地得到复用。比如，Elasticsearch（**nodejsdp.link/elasticsearch**）就是个很好的例子，这是一款可以复用的搜索服务。ORY（**nodejsdp.link/ory**）也是个例子，这是一种可以复用的开源技术，能够提供完整的验证与授权服务，它很容易就能集成到微服务架构里面。

与单体式的应用程序相比，微服务在复用方面的主要优势，是它能够更好地隐藏信息。由于服务与服务之间一般通过 webAPI 或 message broker（消息中介/消息代理）这样的远程接口来通信，因此很容易就能隐藏自己的实现细节，即便我们将来改用其他方式实现或部署这项服务，使用该服务的客户端也不必担心这项变动。比如，客户端只需要调用某项 Web 服务就好，至于这项服务的基础设施如何扩展，这项服务用哪种语言编写，以及这项服务采用哪种数据库来保存数据等问题，则完全不用操心。这些问题可以由该服务的开发者根据需要，自行判断并调整，这种变化不影响系统的其余部分。

12.3.2.2.3 与其他几种扩展应用程序的方式相结合

我们回到前面讲解应用程序扩展方式时提到的那个立方体，也就是 scale cube。采用微服务架构，显然相当于是在沿着 Y 轴来扩展应用程序，因此，这样做本身就能够把负载分摊到多台计算机上面。另外，我们也不要忘了把微服务与另外两种扩展方向结合起来，这样能够更为充分地实施扩展。比如，每项服务都可以制作复本，以便同时处理更多的请求，而且这些服务都可以各自独立地予以扩展，这从资源管理的角度来看，更为方便。

目前所讲的这些，让人觉得好像所有问题都能用微服务解决，但其实远没有这么轻松。下面我们就要看看采用微服务时所面临的挑战。

12.3.2.2.4 微服务带来的挑战

由于我们要管理的节点比以前多，因此在集成、部署以及分享代码方面，都会面临比以前更为复杂的局面。微服务架构解决了传统架构的一些缺陷，但同时也带来了新的问题。例如我们怎样让服务彼此交互？我们怎样有条理地部署、扩展并监控数量如此众多的应用程序？我们怎样在这些服务之间共享并复用代码？

所幸这些问题可以通过云端服务以及当前的一些 DevOps 方法来解决，同时，Node.js 平台本身也对我们解决这些问题大有帮助。由于 Node.js 自身也是个模块化的系统，因此我们可以通过其中的各种模块，在不同的项目之间很好地共享代码。Node.js 在分布式的系统里面可以充当节点，这种节点其实就相当于微服务架构之中的那些节点。

笔者在接下来的这一小节里面，会介绍一些集成模式（integration pattern），帮助大家管理并集成微服务架构之中的各项服务。

12.3.3 适用于微服务架构的集成模式

微服务架构的一项难题，在于怎样把各节点连接起来，让它们能够有效地协作。比如，在电商程序里面，**Cart**（购物车）服务必须与**Products**（产品）服务通信，只有这样，它才能把后者之中的产品添加进来，而**Checkout**（结账）服务又必须与**Products**（产品）服务通信，只有这样，它才知道客户要结算的到底是购物车中的哪些商品。我们前面说过，有许多项因素都要求这些服务之间必须交互。例如**Search**（搜索）服务必须知道当前有哪些**Products**（产品）可供购买，而且必须确保自己了解到的产品信息是最新的，**Checkout**（结账）服务也是如此，在客户购买完某件产品之后，它必须更新**Product**（产品）服务的信息，以调整相关产品的库存。

我们在设计集成策略时，一定要考虑到，这样的集成可能会让系统中的各项服务之间发生耦合。设计分布式的架构，仍然要像在设计本地的模块或子系统时那样，遵循某些原则。因此，我们还是得考虑该架构之中的服务是否便于复用、是否易于扩展等问题。

12.3.3.1 API Proxy（API 代理）模式

我们要演示的第一个模式，会用到**API proxy**（**API 代理**，也叫作**API gateway**，API 网关），这是一种服务器，用来在客户端与一套远程 API 之间的充当中介。在微服务架构里面，这种服务器主要是想充当单一访问点，让客户能够通过它，来访问它背后的那些 API 端点，但与此同时，它还可以提供负载均衡、缓存、验证以及流量控制等功能，这些功能对我们打造一套稳固的 API 方案来说是相当重要的。

这个模式我们在这一章里其实已经见过了，当初拿 `http-proxy` 与 `consul` 定制负载均衡器的时候就用过它。在那个例子里面，我们的负载均衡器只公布两种服务，它会判断客户想要访问的这个 URL 对应于哪种服务，并通过服务注册表，查出当前有哪些服务器能够提供该服务，并从中选出一台来处理这次请求。这其实就是 API proxy 模式的运作方式，这种模式实际上是个反向代理，而且这个反向代理通常还兼任负载均衡器，我们会对这样的负载均衡器做出配置，让它把客户发来的 API 请求，均衡地分布到能够提供这种 API 的服务器上面。图 12.11 演示了如何将这个模式运用到电商程序里面。

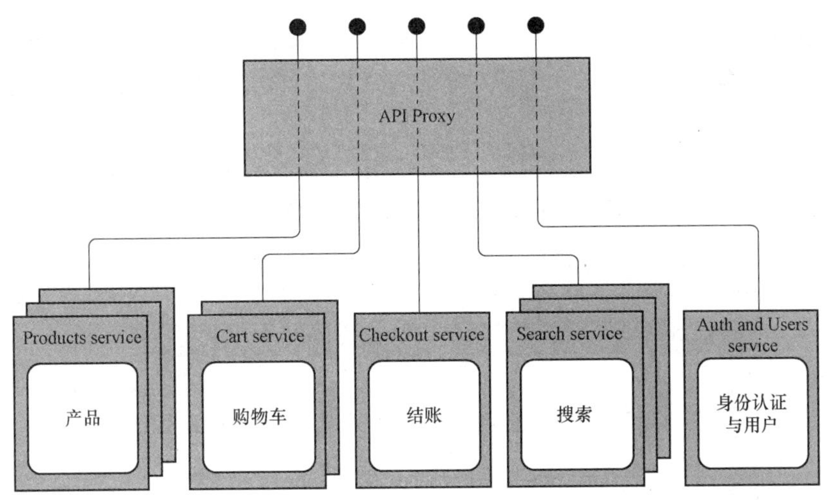

图 12.11　在电商程序里面使用 API Proxy 模式

图 12.11 应该清楚地表达了 API proxy 模式如何将底层基础设施的复杂细节掩盖起来。如果底层基础设施是用微服务搭建的，那么这个模式尤其方便，因为在这种情况下，节点数量应该比较多，我们要考虑到，每项服务都有可能分布在多台计算机上面。当然了，API proxy 模式只是从结构上整合了这些服务，而没有提出语义方面的约束。它只是让我们能够像面对熟悉的单体式应用程序一样，来使用 API proxy 背后那套复杂的微服务架构。

API Proxy 模式把如何与系统中的各种 API 连接这一问题给抽象掉了，因此我们能够比较随意地安排各项服务之间的结构。比如，由于需求发生变化，我们可能要把某项微服务拆分成两个或更多个相互独立的服务，也有可能要反过来，把两个或多个服务合并成一项服务。在使用了 API Proxy 模式的情况下，无论是拆分还是合并，都不会影响上游系统，因为那些系统是通过 API Proxy 来访问服务的，而不是直接去访问服务。

对于当今的分布式系统来说，能够一点一点地修改（也就是能够做渐进式的修改），是一项相当重要的特征。如果你想深入研究这个大话题，笔者推荐《*Building Evolutionary Architectures*》（《演进式架构》）这本书：**nodejsdp.link/evolutionary - architectures**。

12.3.3.2 API Orchestration（API 编排）模式

接下来要讲的这个模式，在我们整合并编排一系列服务的时候，可能是最自然也最直观的模式，这就是**API orchestration** 模式（API 编排模式）。Daniel Jacobson 是 Netflix API 的 VP of Engineering，他在一篇博客文章（**nodejsdp. link/orchestration - layer**）里面这样定义 API orchestration 模式：

“***API Orchestration Layer*** *（OL，编排层）是一种抽象层，它接受一些按照通用方式建模的数据元素及/或功能，并采用某种更为具体的方式对其做出安排，以便给特定的开发者或应用程序使用。*”

微服务架构里的各项服务，正好属于这种“*按照通用方式建模的数据元素及/或功能*”。这个模式是要把与这些服务相连接的那套逻辑给抽象出来，让我们能够以此来实现针对特定的应用程序的新服务。

下面我们还是用电商程序举例，如图 12.12 所示。

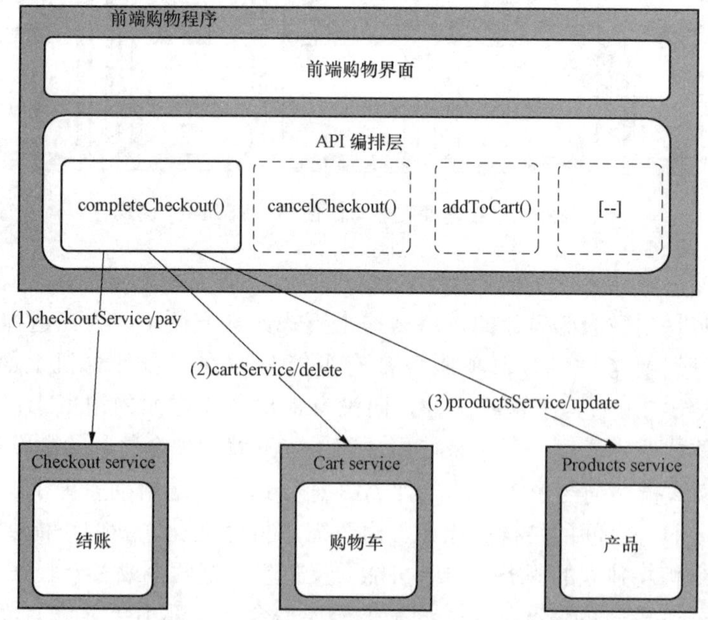

图 12.12 举例说明如何通过 API 编排层来与该层之下的各项微服务交互

图 12.12 演示了**前端购物**程序如何通过 API 编排层来组织并编排已有的服务，从而构建更为复杂、更为具体的功能。比如，在这张图所描述的这套场景里面，如果客户在结账（checkout）环节的最后，点击**Pay**（支付）按钮并完成支付，那么就会触发我们所编排的 `completeCheckout ()` 服务。

从图 12.12 中可以看出，`completeCheckout ()` 服务由下面三个步骤组合而成，每个步骤都需要调用相应的一项底层服务：

（1）首先，调用 `checkoutService` 服务的 `pay` 操作，以完成这次交易。

（2）然后，等 `pay` 操作得到正确处理之后，我们告诉**Cart**（购物车）服务，让它把顾客刚才购买的商品，从购物车里删掉。为此，我们需要触发 `cartService` 服务的 `delete` 操作。

（3）另外，我们还需要在支付完毕后，针对顾客刚才购买的那些商品，分别更新其库存量。这需要通过 `productsService` 服务的 `update` 操作实现。

我们通过三项服务所提供的三种操作，构建出了这个新的 `completeCheckout ()` API，它会对自己所使用的这三项服务做出协调，以确保整个系统在调用过程中能够处于稳定的状态。

还有一种常见的操作也可以由 API 编排层来完成，这就是**数据聚合**（**data aggregation**）操作，也就是把各项服务所提供的多份数据，合并成同一条响应消息。比如，如果我们要把购物车里的所有产品列出来，那么可以这样来编排 API：让它先向**Cart**（购物车）服务获取一份列表，以列出购物车里面各项商品的 ID，然后再向**Products**（产品）服务获取与这些商品有关的完整信息。服务之间的结合与协调方式有无数种，但无论采用哪一种，我们都必须记住，这些服务应该由一个 API 编排层来安排，我们要通过这样一个层面，把某款应用程序所要使用的功能抽象出来，让该程序能够在该层面上执行这项功能，而无需直接操控实现该功能所需的那些底层服务。

API 协调层本身，也可以按照功能继续划分。实际上我们经常会考虑把它专门实现成一项独立的服务，这时它就成了一个**API Orchestrator**（**API 编排器/协调器**）。这跟微服务的理念也很相符。

图 12.13 演示了我们可以如何进一步完善这套架构。

像刚才那张图一样创建单独的编排器，能够让应用程序［这在本例中指的就是**Store frontend**（前端购物程序）］与复杂的微服务基础设施解耦。这种编排器与 API Proxy（API 代理）相似，但有个关键的区别在于：它会对各项服务做出*语义整合*（*semanticintegration*，也叫作语义集成），它不单单是个代理，它通常还会公布一套 API，但这套 API 与底层服务所公布的不同。

12.3.3.3　通过 message broker 整合各项服务

API Orchestrator 模式提供了一种机制，能够把各种服务明确地整合起来。这样做有好处也有坏处。好处是容易设计、容易调试、容易扩展，但为了做到这种效果，它必须详细了

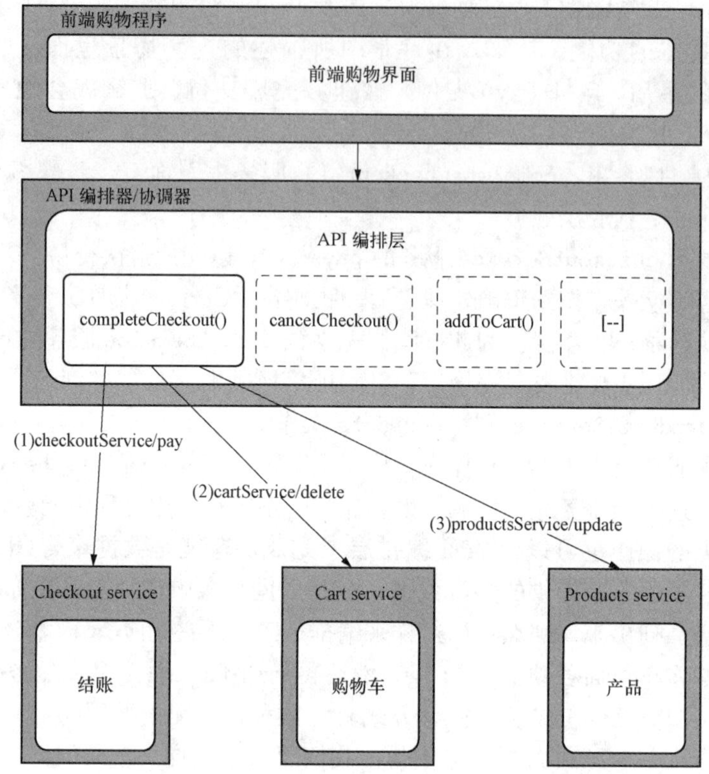

图 12.13　用 API Orchestrator 模式改进我们这款电商程序

解底层架构以及其中每项服务的运作方式。如果我们把架构中的节点比作对象，那么 orchestrator 就相当于**God object**（上帝对象），这是个典型的反模式（anti - pattern，反面模式、负面模式），这种对象所要了解的内容和所要执行的工作都太多、太杂，这通常会导致耦合度增大、内聚度降低，而且更为重要的是，会让设计变得更加复杂。

我们现在要讲的这种模式，是想把在整个系统内维持信息同步的职责，分摊到各项服务上面。然而我们又特别不想让这些服务之间产生直接的联系，因为那样会令节点之间的互连关系变多，进而提升这些节点的耦合程度，并让系统变得更加复杂。我们的目标是让这些服务彼此解耦，也就是让每项服务都能够独自运作，而不依赖于系统中的其他服务，也不要求必须跟新的服务或节点相结合。

我们的方案是采用 message broker（消息中介）来做，这种系统能够将消息的发送方与接收方解耦，让我们可以实现出中心式的发布/订阅（Centralized Publish/Subscribe）模式，这实际上是 Observer（观察者）模式在分布式系统之中的体现方式。第 13 章还会讨论这个模式。图 12.14 演示了怎样把这个模式运用到电商程序上面。

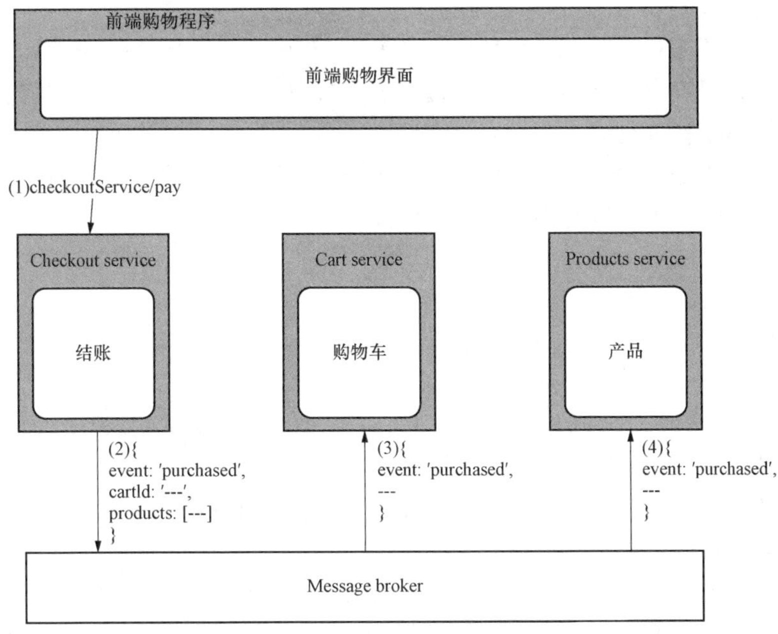

图 12.14　通过 message broker 分发电商程序里面的事件

从图 12.14 之中可以看出，Checkout 服务的客户（也就是位于前端的这款购物程序），不需要明确地与其他服务相整合。

它要做的只是触发 checkoutService 服务的 pay（支付）操作，以完成结账流程，并把资金从顾客那里取走。所有的整合工作都在后台处理，不需要由前端程序自己去执行：

（1）**Store frontend**（**前端购物**）模块触发**Checkout**（结账）服务的 checkoutService/pay 操作。

（2）这项操作完成之后，**Checkeout** 服务会产生一个事件，并把这次操作的详情，也就是购物车的 ID 与购买的商品列表，分别表示成 **cartId** 与 **products** 属性，放在该事件之中。然后，它把这个事件交给 message broker 去发布。此时，**Checkout** 服务并不知道谁会接收这条消息。

（3）**Cart**（购物车）服务向 message broker 订阅了消息，因此它会收到**Checkout** 服务刚才发布给 broker 的这个 purchased 事件。**Cart** 服务会根据事件中的 **cartId** 找到相应的购物车，并修改数据库，把顾客已经购买的产品从这个购物车里删掉。

（4）**Products**（产品）服务也向 message broker 订阅了消息，因此它也会收到 **purchased**

事件。**Products**服务会根据事件中的信息修改数据库，调整顾客刚刚购买的那些产品所对应的库存。

整个流程不需要orchestrator之类的外部实体干预，而是由各项服务自己去分发信息并设法保持同步。这里没有那种推动整个系统的*godservice*（上帝服务），而是由每项服务分别把它自己那一部分工作处理好。

message broker是一种基本的元素，用来解耦各项服务，并让它们之间的交互变得更加简单。它还可以具备其他一些有用的功能，例如提供持久化的消息队列，以及维护消息之间的顺序等等。我们会在下一章详细讨论这些功能。

12.4 小结

这一章讲了怎样设计Node.js程序的架构，让它的能力在扩展过程中得到提升，同时又让复杂程度不致失控。大家都看到了，给应用程序做扩展，并不仅仅意味着让它处理更多的请求或让它更快地给出响应，除此之外，我们还要考虑怎样提升可用性与容错能力等问题。这些问题，其实都可以在扩展的过程中一并予以考虑，而且应该尽早考虑。这对于Node.js这样的平台来说，尤其重要，因为这样可以让我们更加顺畅地扩展，而且耗费的资源比较少。

scale cube帮助我们从三个方向考虑如何扩展应用程序。这一章主要关注其中两个比较重要的方面，也就是沿着*X*轴扩展与沿着*Y*轴扩展，我们针对这两个扩展方向，讲解了两种关键的架构模式，一种是负载均衡，另一种是微服务。大家现在应该学会了如何给同一个Node.js应用程序启动多个实例，并且知道了怎样将流量分布到这些实例上面，另外，我们还研究了如何在扩展过程中实现其他一些特性，例如提升容错能力，以及实现无宕机时间的重启（zero-downtime restart）等。我们又分析了怎样实现动态的、可以自动扩展的基础设施等问题。针对这些问题，我们发现，服务注册表能够很好地处理这种需求。我们学会了如何用各种方式来满足需求，例如采用纯粹的Node.js方案、采用Nginx这样的外部负载均衡器，以及采用Consul这样的服务发现系统等。另外，我们讲解了Kubernetes的基础知识。

到这里，大家应该已经掌握了一些相当实用的手法，能够更加自信地扩展Node.js应用程序了。

给应用程序启动多个实例，并把负载均衡地分布到这些实例上面，只是scale cube所揭示的其中一个扩展方向而已，除此之外，我们还研究了另一个方向，也就是如何按照服务来拆分应用程序，以搭建微服务（microservice）式的架构。微服务是一种全新的架构方式，让我们能够采用与传统架构不同的办法，来开发并管理项目，用这种方式分摊应用程序的负载并把该程序划分成多个部分，要比采用传统方式更加顺畅。然而，我们同时也看到，这样做其实是把问题从*怎样构建单体式的应用程序*，转化成了*怎样整合一系列的服务*，我们在处理后面这个问题时，依然要面对许多复杂的因素。于是，笔者就在本章的最后一个部分里面分析了这些因素，告诉大家如何采用某些架构模式，把一系列相互独立的服务给整合起来。

在接下来的这一章，也就是本书的最后一章里面，我们要分析本章所提到的一些消息模式，以结束这次 Node.js *设计模式*之旅。另外，笔者还会提到一些更为高级的整合技巧，帮助大家实现较为复杂的分布式架构。

12.5 习题

- **(1) 扩展图书馆程序：**用这一章学到的知识，重新思考我们在第 10 章构建的那个图书馆程序。你能不能把它实现得更容易扩展一些？比如，可以考虑用 `cluster` 模块运行多个服务器实例，并确保偶然发生故障的 worker 能够及时重启。另外，你也可以试着把整个程序搬到 Kubernetes 上面运行。
- **(2) 尝试沿着 Z 轴扩展应用程序：**这一章没有举例说明如何把数据划分到多个实例上面，然而你在沿着 scale cube 的 Z 轴做这样的扩展时所需用到的模式，其实都已经讲过了。这道题要求你构建 REST API，让用户能够获取一份以指定字母开头的人名列表（其中的人名是随机生成的）。你可以采用 faker（`nodejsdp.link/faker`）等程序库来生成随机的人名，然后把这些名字划分成三组，分别保存在多份 JSON 文件（或者多个数据库）之中。例如你可以把首字母位于 A～D 之间的人名归入第一组，把首字母位于 E～P 之间的人名归入第二组，把首字母位于 Q～Z 之间的人名归入第三组，这样的话 *Ada*、*Peter* 与 *Ugo* 这三个名字，就分别属于这样三个小组。服务于每一组的那个 Web 服务器，可以只运行一个实例，也可以运行多个实例，但无论如何，你都只能公布一个 API 端点，让用户通过这样一个端点（例如 `/api/people/byFirstName/{letter}` 形式的端点）来查询以 `{letter}` 为首字母的所有人名。提示：你可以用一个负载均衡器，把涉及相关字母的请求，发送到与该字母所在小组相对应的服务器实例上面。你也可以设计一个 API orchestration 层（API 编排层），把实现映射与处理请求所需要的逻辑，写在这个层里。另外，你能不能试着引入服务发现机制，以实现动态的负载均衡，这样的话，这些小组在请求量比较大的时段，就可以动态地扩展了。
- **(3) 设计网络音乐服务：**假设要给 Spotify 或 Apple Music 这样的网络音乐服务设计架构，那你能不能用本章讲到的这些原则，把这种产品设计成微服务架构？如果可以在 Node.js 平台上面实现出一个精简的版本，就更好了。你要是靠这个创意发了财……可别忘了感谢写这本书的人喔。：）

第 13 章　消息传递与集成模式

在把程序分布到多个组件上面时，我们要考虑的是该程序的可扩展程度，而在把这些组件彼此连接起来的时候，我们要考虑的则是这些组件的可集成程度。上一章讲了怎样把应用程序分布到多条进程与计算机上面，然而要想正确地实现划分，我们还必须设法把这些进程与计算机给集成起来才行。

将分布式的应用程序集成起来，主要有两种技术可以考虑，一种是把共享式的存储机制当作中心协调者，将所有信息都保存在这里。还有一种是通过消息，把数据、事件及命令传播到系统中的各个节点上面。后一种办法很能反映出分布式的系统在扩展过程中，与传统的单体式应用程序之间的区别，而且能够突出我们在扩展这种系统时所遇到的一些奇妙而复杂的问题。

软件系统在每个层面上，都会用到消息。我们在互联网上通信的时候需要用到消息，我们通过管道给其他进程发信息的时候需要用到消息，我们在应用程序里面以 Command（命令）之类的模式来间接（而非直接）执行函数调用的时候需要用到消息，我们在编写与硬件相通信的硬件驱动程序时也要用到消息。任何一种具体而有结构的数据，只要是用来在组件与系统之间交换信息的，就都可以叫作消息（*message*）。但是，分布式架构里面所说的**消息系统**或者**消息传递系统**（**messaging system**），其实是特指帮助我们通过网络来交换信息的方案、模式与架构。

我们接下来就会看到，按照刚才的定义，有许多东西都可以算作消息传递系统。比如，我们取代端对端结构时所使用的 broker（中介），我们交换信息时所用的 Request/Replay 消息交换模式或某种单向通信模式，还有我们为了更加可靠地传递消息而构建出的队列等，这些都可以说是消息传递系统，这种系统的范围相当广泛。看看 Gregor Hohpe 与 Bobby Woolf 写的《*Enterprise Integration Patterns*》（《企业集成模式》），就知道这个范围有多么庞大了。这本书一直让人当作消息传递模式与集成模式的圣经，它有七百多页，里面谈了 65 种集成模式。笔者在我们这本书的最后一章里面，要讲解其中最知名的几种模式，另外还要从 Node. js 平台及其周边环境的角度出发，谈谈当今能够替代这些模式的一些方案。

总之，这一章要讲解下面这几个话题：

- 消息传递系统的基础知识。
- Publish/Subscribe（发布/订阅）模式。
- 任务分配模式与管道。

• Request/Reply（请求/响应）模式。

首先我们来讲基本知识。

13.1　消息传递系统的基础知识

谈到消息与消息传递系统，我们有四个基本要素必须考虑：

• 通信的方向，可以是单向的通信，也可以是请求/响应式的双向交换。

• 消息的意图，这决定了它应该包含什么样的内容。

• 消息的发送与接收时机，这两个时点可以位于同一套情境里面（这叫作同步收发），也可以位于不同的情境之中（这叫作异步收发）。

• 消息的投递方式，可以直接投递，也可以通过 broker（中介）投递。

我们先用下面几个小节，把这些要素正式地表述出来，然后再以此为基础，展开讨论。

13.1.1　是单向通信，还是采用请求/响应模式来通信

对于消息传递系统来说，最基本的一个问题就是它的通信方向，这通常还决定了该系统的语义。

最简单的通信模式，是把消息从信息源*单向地*推送到目的地，这个方案相当简单，不用多加解释，如图 13.1 所示。

典型的单向通信，包括发送电子邮件，让 Web 服务器通过 WebSockets 把消息发给与之相连的浏览器，以及将多项任务分派给一系列工作例程来执行等。

与之相对，还有一种办法是采用 Request/Reply 模式（请求/响应模式）来交换消息，在这样的模式下（除了发生错误的情况之外），沿着其中一个方向所发送的每一条消息，都与某一条反方向的消息相对应。Request/Reply 模式的典型用法，包括调用 Web 服务或是给数据库发送请求。图 13.2 演示了这种简单而又常见的场景。

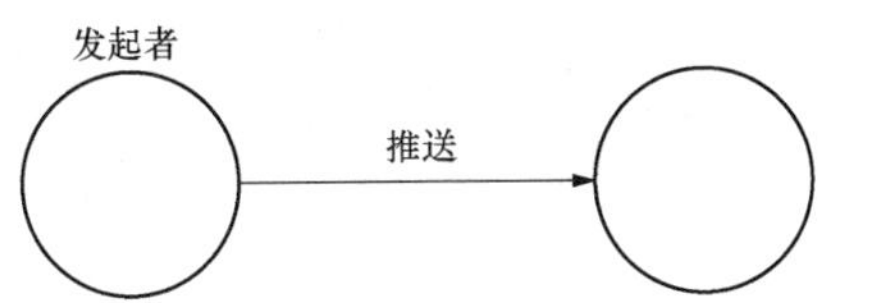

图 13.1　单向通信

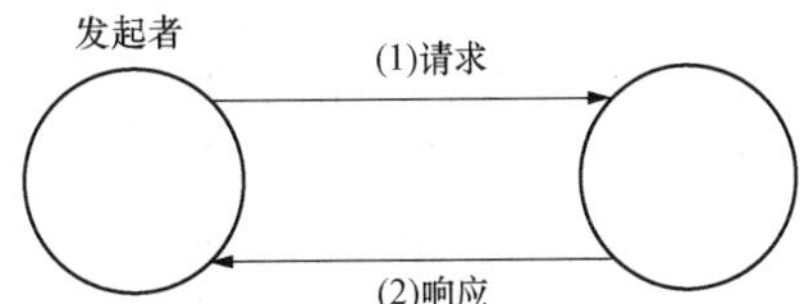

图 13.2　Request/Reply（请求/响应）消息交换模式

Request/Reply 模式似乎很容易实现，但稍后我们就会看到，如果通信渠道是异步的，或者涉及的节点有好几个，那么实现办法就会变得复杂起来。我们先举一个范例，让大家看看这种模式在多节点的情况下是什么样子，如图 13.3 所示。

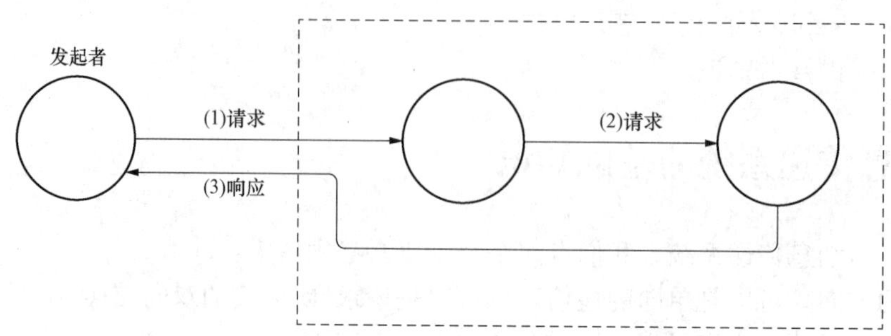

图 13.3 涉及多个节点的 Request/Reply 式通信

我们可以通过图 13.3 描述的这种场景，更好地理解某些 Request/Reply 模式的复杂之处。在图 13.3 里面，如果把任意两个节点单独拿出来分析，那我们显然能够看出，这两个之间的通信行为是单向的，但若是将三个节点视为一个整体来观察，则可以说，凡是从 Initiator（发起者）所发出的请求消息都会得到响应，就算响应消息不是由直接收到请求的那个节点发出的，我们的 Initiator 也依然得到了响应。所以，在图 13.3 这样的场景里，我们之所以认定它采用的是 Request/Reply 模式，而不是通过三段单向的通信线路构成一个简单的循环，关键就在于这个 Initiator，因为它所发出的每项请求，都与它所收到的某条响应消息相对应。这条响应消息，通常会放在与请求消息相同的 context（情境）里面处理。

13.1.2 消息的类型

消息（message）实际上是一种把软件中的多个组件连接起来的办法，至于为什么要连接，可能有各种原因，比如想要获取另一个系统或组件所拥有的某些信息，想要把某项操作放在远程的组件上面执行，或者想要把刚刚发生的某件事通知给另一个组件。

消息的内容也会随着据通信的原因而发生变化，一般来说，我们可以根据为什么要通信，而把消息分成下面三类：

- 命令消息（Command Message）。
- 事件消息（Event Message）。
- 文档消息（Document Message）。

13.1.2.1 命令消息

命令消息（Command Message）大家应该已经比较熟悉了，因为这实际上就是一种经过序列化处理的命令对象（本书第 9.6 节讲过命令模式）。

发送这种消息是想在接收方那里执行某个动作或某项任务。为此，它得把运行该任务所需的关键信息包含进来，这通常指的是这项操作的名称以及这项操作所要使用的一系列参数。

命令消息（Command Message）通常用来实现**RPC**（**remote procedure call**，远程过程调用）系统与分布式计算，也可以简单地当作一种请求方式，来获取某些数据。RESTful HTTP 调用就是一种简单的命令消息，这种消息所采用的几个 HTTP 动词都有特定含义，并且与某种具体的操作相关联：动词 `GET`（获得）用来获取资源，动词 `POST`（投递）用来新建资源，动词 `PUT/PATCH`（放置/打补丁）用来更新资源，动词 `DELETE`（删除）用来销毁资源。

13.1.2.2　事件消息

事件消息（**Event Message**）用来把发生过的某件事通知给另一个组件。它通常包含事件的*类型*（*type*），有时还包含其他一些细节，例如执行情境（context，也叫执行上下文），事件的主题（subject），或者涉及的行动方（actor）等。

在 Web 开发之中，我们通常会这样来使用事件消息，比如，我们会利用 WebSockets 从服务器端向客户端发送通知，以表达某些数据发生了变化，或者用来表示系统的状态已经改变。

事件对于分布式系统的集成工作来说，是个相当重要的机制，它帮助我们确保系统中的所有节点步调都一致。

13.1.2.3　文档消息

文档消息（**Document Message**）主要用来在组件与计算机之间传输数据。典型的用法是通过这种消息传达数据库的查询结果。

文档消息与命令消息的主要区别，在于前者不包含那种告诉接收方应该如何处理数据的信息。文档消息与事件消息也有区别，这主要体现在它并不跟已经发生的某件事相关联。针对命令消息所给出的回复，通常会是一条文档消息，这条消息一般只包含对方请求获取的数据，或者只包含对方请求执行的这项操作所得到的执行结果。

把消息本身按照语义分好类之后，我们接下来看看传递这些消息所用的渠道，在语义上应该怎么划分。

13.1.3　异步消息传递机制、队列、流（stream）

读到这里的时候，大家应该已经很熟悉异步操作的特征了。其实异步这个概念，也可以用在消息传递与消息通信上面。

同步通信就好比打电话，它要求通话双方必须同时连接到同一条通道，而且必须实时地交换消息。一般来说，如果你在通话过程中还想给其他人打电话，那要么另外拿一个电话来打，要么先把当前这次通话挂掉，然后再给那个人拨号。

异步通信则好比收发短信，它并不要求接收方在你发短信的时候也必须联网，你发出短信之后，可能会立刻收到回应，也有可能不知隔了多久才收到回应，还有可能根本收不到回应。另外，你可以把多条消息分别发给多位收件人，如果其中有消息得到回应，那么回应的顺序不一定跟你发送消息时的顺序相同。总之，异步通信能够用较少的资源，实现出较好的平行效果（parallelism，或者说并行效果）。

异步通信还有一项重要特征，就是可以先把有待发送的消息存储起来，等到有机会发送的时候再去投递，或者安排到稍后的某个时间点再去投递。如果接收方目前太过繁忙，没有空闲去接收新的消息，或者发送方想要确保某条消息肯定投递给了接收方，那么这项特征就显得相当关键了。在消息传递系统里面，我们可以通过**消息队列**（message queue）来实现这个机制，这是一种位于消息生产者与消息消费者之间的组件，负责协调双方的通信，它会先把消息保存起来，然后再投递给接收目标，如图 13.4 所示。

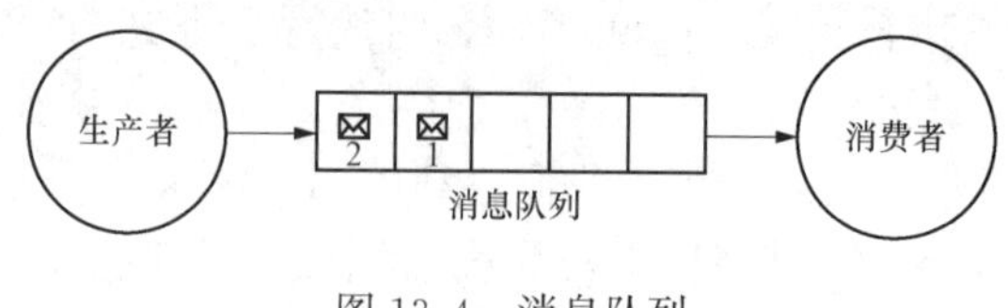

图 13.4 消息队列

如果消费者由于某些原因发生崩溃、脱离网络或者出现延迟，那么有待发送的消息会暂时堆积到队列里面，一旦消费者恢复正常，这些消息就会尽快得到派发。这样的队列可以实现在生产者这边，（在端对端的架构中）也可以由生产者与消费者分别实现，还可以专门放在一个外部系统里面，让那个系统充当双方通信的**中间件**（或者说**broker**，中介者）。

还有一种跟消息队列相似（但并不相同）的数据结构，叫作**log**（**日志**）。这种数据结构只能从尾部追加新的内容，它通常用来长久地记录信息，某条信息只要一记入 log，我们就可以读到它，另外，我们也可以查询到早前记入 log 之中的其他信息。在消息传递与集成系统里面，这样的数据结构也叫作数据**流**（data **stream**）。

与队列相比，数据流并不会在其中的信息得到接收或处理之后将其删除，这就让消费者既可以看到其中的新信息，也可以随时查询早前的信息。于是，这意味着数据流在访问信息这个方面要比消息队列更灵活，因为队列在同一时刻通常只能对消费者公布一条信息。更为重要的是，数据流可以由多个消费者共用，它们可以通过不同的方式访问信息，甚至可以通过不同的方式访问同一条信息。

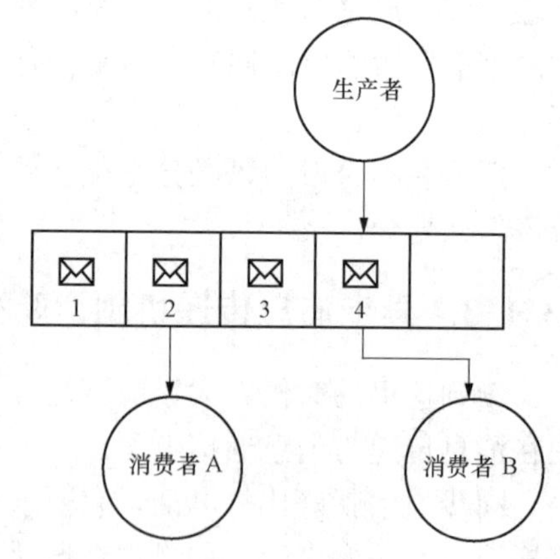

图 13.5 数据流

图 13.5 演示了数据流的结构，你可以把它跟消息队列的结构比较一下。

本章后面会分别采用队列与流来实现同一款范例程序，到了那时，大家会更清楚地了解到它们之间的区别。

设计消息传递系统的时候，最后一个需要考虑的基本要素，在于系统之中的各节点应该如何连接：是直接相连，还是通过某种中介来连接。

13.1.4　端对端的消息传递与基于中介的消息传递

消息可以用**端对端**（peer-to-peer，P2P）的方式直接传递给接收方，也可以利用一种中心式的中介系统来传递，这样的系统称为**message broker**（消息中介/消息代理）。broker 的主要职责，是让消息的接收方与发送方解耦。图 13.6 演示了这两种消息传递方式在架构上的区别。

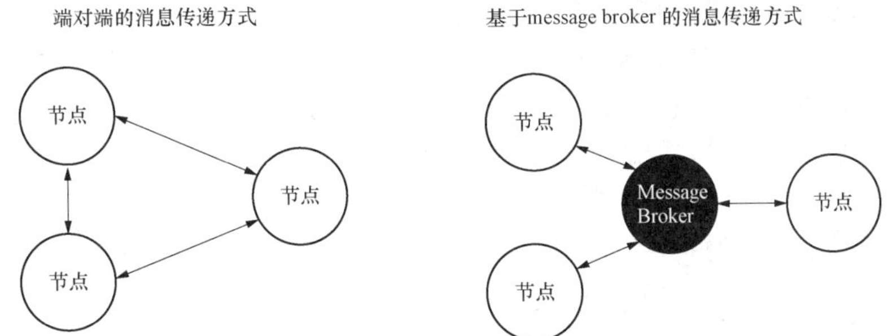

图 13.6　以端对端的方式传递消息/通过 message broker 传递消息

端对端的架构，要求每个节点都必须负责把消息直接投递给接收方，这意味着它必须知道接收方的地址与接收端口，而且它与接收方之间必须针对消息的收发方式与格式达成协议。与之相比，基于 message broker 的架构则不会对其中的节点提出这样的要求，在这种架构中，每个节点都是完全独立的，它可以跟任意数量的节点相通信，而不用提前获知与那些节点有关的一些细节。

message broker 还可以在不同的通信协议之间搭桥，比如，有一款流行的 borker 叫作 RabbitMQ（**nodejsdp.link/rabbitmq**），它支持**AMQP**（**advanced message queuing protocol**，高级消息队列协议）、**MQTT**（**message queue telemetry transport**，消息队列遥测传输）与 **STOMP**（**simple/streaming text oriented messaging protocol**），让采用各种协议来传递消息的那些应用程序之间，能够互通。

MQTT（**nodejsdp.link/mqtt**）是一款轻量级的消息传递协议，专门用来在机器与机器之间通信（例如在物联网中的各台设备之间通信）。AMQP（**nodejsdp.link/amqp**）是一种更为复杂的消息传递协议，它是一款开源的消息中间件，可以取代功能相仿的不开源产品。STOMP（**nodejsdp.link/stomp**）是基于文本的轻量级协议，它的设计思路向 HTTP 协议看齐。这些协议都位于应用层，而且都基于 TCP/IP。

除了能促进解耦并沟通多种通信协议，message broker还会提供其他一些功能，例如持久队列、路由、消息转换、监控等等，另外，有许多broker本身就支持相当多的消息传递模式。

这些功能其实也可以在端对端的架构里面做到，但花费的精力会相当大。虽然message broker方案的好处很多，但有时我们可能会因为下面几项理由，而改用端对端的架构：

• 我们想要移除broker，因为我们不想让这个borker成为系统中的故障单点（single point of failure）。

• 在采用message broker的情况下，如果要扩展架构，那么这个broker本身也必须扩展，但如果改用端对端的架构，那么我们只需要扩展应用程序所在的那种节点就好。

• 我们不想通过broker这样的中介来交换信息，因为我们想要大幅缩短通信延迟。

端对端的消息传递系统，要比基于message broker的系统更灵活、更强大，因为我们不再受制于某种具体的技术、协议或架构。

学到了消息传递系统的一系基本知识之后，我们就来看几种重要的消息传递模式。首先是Publish/Subscribe（发布/订阅）模式。

13.2 Publish/Subscribe（发布/订阅）模式

Publish/Subscribe（发布/订阅）模式可以说是最为常见的单向消息传递模式，这种模式通常简写为Pub/Sub。大家应该对这个模式比较熟悉，因为我们前面讲过一种叫作Observer（观察者）的模式，Pub/Sub只不过是分布式的Observer模式而已。与普通的Observer模式一样，Pub/Sub模式里面也有一系列*subscriber*（订阅者/订阅方），它们都可以分别订阅自己所关注的某类消息。但与普通的Observer不同的地方则在于：给subscriber发布消息的*publisher*（发布者/发布方），可能位于不同的节点上面。图13.7演示了Pub/Sub模式的两种形式，第一种用在端对端的架构里面，第二种用在通过message broker来通信的情况下。

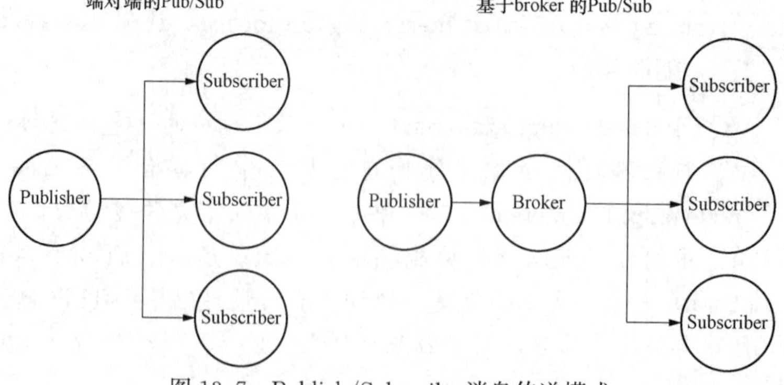

图13.7 Publish/Subscribe消息传递模式

Pub/Sub 模式的特别之处，在于 publisher 不需要提前知道谁会接收它所发出的消息。我们刚才说过，消息需要由 subscriber 根据自己的兴趣去订阅，这样的话，同一个 publisher，就可以把消息发布给任意多个接收方了。这意味着，Pub/Sub 模式的双方是松散耦合的（*loosely coupled*，或者说耦合得比较松散），而不是紧密耦合的，这种耦合程度，很适合用来打造持续进化的分布式系统。

如果模式里面还有 broker，那么节点之间的耦合程度能够继续降低，因为在这种情况下 subscriber 只需要跟 broker 互动，而不需要直接面对发送这条消息的 publisher。我们稍后就会看到，broker 本身还能够支持消息队列，以便在双方节点通信不畅的情况下把消息暂存起来，确保稍后能够可靠地予以投递。

现在我们就举一个例子，来演示这个模式。

13.2.1　构建一款极简的实时聊天程序

为了实际演示 Pub/Sub 模式如何帮助我们在分布式的架构里面做集成，笔者接下来会通过纯粹的 WebSocket 技术，构建一款相当简单的即时聊天程序。然后，我们会扩充这款程序，给它运行多个实例，最后，我们会打造消息传递系统，以构建通信渠道，让多个服务器实例之间能够通过这样的渠道来通信。

13.2.1.1　实现服务器端

现在我们一步一步开始做。首先把最基本的聊天程序写出来，然后扩展成多个实例。

为了实现这样一款典型的即时聊天程序，我们打算利用 **ws** 包（**nodejsdp.link/ws**），这是一种纯粹用 WebSocket 实现出来的 Node.js 包。在 Node.js 里面实现即时聊天程序是相当简单的，看到下面这些代码之后，大家就会明白为什么这么说了。现在我们来编写这款聊天程序的服务器端，我们把下面这些代码写在 **index.js** 文件里面：

```
import { createServer } from 'http'
import staticHandler from 'serve-handler'
import ws from 'ws'

// 针对静态文件提供服务
const server = createServer((req, res) => {                    // (1)
  return staticHandler(req, res, { public: 'www' })
})

const wss = new ws.Server({ server })                          // (2)
wss.on('connection', client => {
```

```
  console.log('Client connected')
  client.on('message', msg => {                                    // (3)
    console.log(`Message: ${msg}`)
    broadcast(msg)
  })
})

function broadcast (msg) {                                         // (4)
  for (const client of wss.clients) {
    if (client.readyState === ws.OPEN) {
      client.send(msg)
    }
  }
}

server.listen(process.argv[2] || 8080)
```

服务器端的代码就是这么多。下面我们来解释其中的要点：

（1）首先创建一个 HTTP 服务器，并把该服务器收到的每项请求，都转发给一个特殊的 handler（处理程序/处理逻辑），这个处理程序参见：**nodejsdp.link/serve-handler**，它会针对 www 目录下的静态文件给客户提供各种服务，让客户端能够访问到我们这款应用程序所需使用的资源，例如 HTML、JavaScript 以及 CSS 文件。

（2）然后，我们新建一个 WebSocket 服务器实例，并把它关联到刚才建立的那个 HTTP 服务器上面，接下来，我们针对 **connection** 事件注册一段事件处理逻辑，以此监听传入 WebSocket 的客户端连接。

（3）只要有新的客户端连接到服务器，我们就开始监听这个客户端发来的消息。如果有消息到达，我们就把这条消息广播给已经连接到服务器的所有客户端。

（4）发送广播所用的这个 **broadcast()** 函数，只是把目前已经连接的客户端简单地迭代一遍，每遇到一个连接到服务器的客户端，就在它上面调用一次 **send()** 函数，以发送消息。

. 这就是用 Node.js 来开发这种程序的优势所在，我们只需要写一点点代码，就能把服务器端做好，当然了，我们实现出来的这个范例是极其简单的，尽管如此，但它确实能够正确地运作。

13.2.1.2 实现客户端

现在我们该来实现这款聊天程序的客户端了。这也只需要用一段相当简洁的代码就能做到，实际上，这段代码是一张极其简单的 HTML 页面，里面带有一些基本的 JavaScript 脚本。我们在 **www** 目录之中创建 **index.html** 文件，并写入下列代码：

```
<!DOCTYPE html>
<html>
  <body>
    Messages:
    <div id="messages"></div>
    <form id="msgForm">
      <input type="text" placeholder="Send a message" id="msgBox"/>
      <input type="submit" value="Send"/>
    </form>
    <script>
      const ws = new WebSocket(
        `ws://${window.document.location.host}`
      )
      ws.onmessage = function (message) {
        const msgDiv = document.createElement('div')
        msgDiv.innerHTML = message.data
        document.getElementById('messages').appendChild(msgDiv)
      }
      const form = document.getElementById('msgForm')
      form.addEventListener('submit', (event) => {
        event.preventDefault()
        const message = document.getElementById('msgBox').value
        ws.send(message)
        document.getElementById('msgBox').value = ''
      })
    </script>
  </body>
</html>
```

刚才写的这段代码不需要多加解释，我们只是按照平常开发 Web 程序的方式来写而已。我们用原生的 WebSocket 对象启动一条连接，以便与 Node.js 服务器相连，然后开始监听服务器发来的消息，一旦有消息到达，就新建一个 **div** 元素，并把这条消息放在该元素里面予以显示。至于发送消息的功能，则是通过一个简单 **form** 表单实现的，这个 **form** 里面有输入消息的文本框与发送消息的按钮。

请注意，如果服务器停止或者重启，那么已经建立的WebSocket就会关闭，而我们的客户端此时并不会（像一款正式发布的软件产品那样）试着自动重连。这意味着，服务器重启之后，客户端这边需要刷新浏览器页面，以便重新与服务器建立连接（其实我们也可以考虑实现自动重连的功能，但为了让这个例子简单一些，笔者没有那样做）。另外，在这款程序的第一个版本里面，如果服务器发送消息时，某个客户端没有与它建立连接，那么这个客户端就收不到这条消息。

13.2.1.3　运行并扩展聊天程序

现在立刻尝试这款程序。我们用下面这行命令启动服务器端：

```
node index.js 8080
```

然后，我们在浏览器中开启两个分页（或者打开两种不同的浏览器），让它们都访问 **http://localhost:8080**，并开始发送消息，这样就相当于这两个客户端之间在彼此聊天，如图13.8所示。

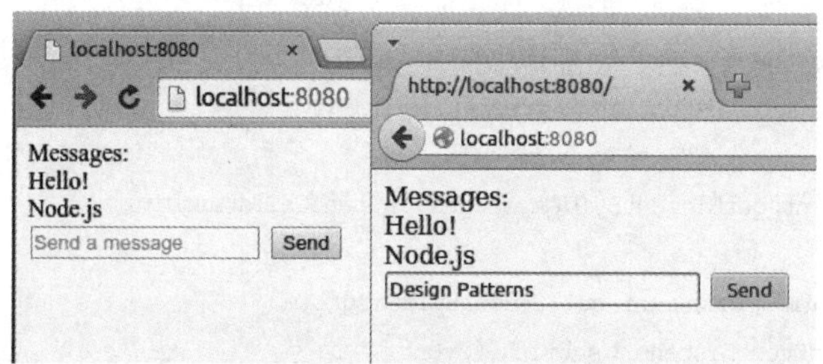

图13.8　试用我们刚写的这款聊天程序

现在我们想知道，这款应用程序能不能从单一实例扩展到多个实例。为此，我们通过下面这条命令，再启动一个服务器实例，让它监听另外一个端口：

```
node index.js 8081
```

我们想要看到的效果，是两个客户端能够分别与这两个服务器实例相连，同时这两个客户端之间又能够交换消息。但目前这个版本，并没有实现出这种效果，你可以再开一个浏览器分页，从里面访问 **http://localhost:8081** 这个地址试试看。

在开发正式的软件产品时，我们可能会通过负载均衡器把流量分摊到这些服务器实例上面，但对于这款范例程序来说，我们并不会这样做，因为我们想要让每个客户端都明确地连接到一个固定的服务器实例上面，这样能够更好地观察这些客户端与服务器之间的交互情况。

就目前这个版本来看，给其中一个服务器实例发送消息，只能让这个实例把消息广播到与该实例本身相连的那些客户端上面，也就是说，只能实现局部广播，而不能实现全局广播。刚才开启的那两个服务器之间，并没有相互沟通，因此，我们必须将其集成起来才行，而这正是我们要引入下面这种方案的原因。

13.2.2　用 Redis 充当简单的 message broker（消息中介）

现在我们要开始研究 Pub/Sub 模式最为常见的几种实现方式，为此，我们需要引入**Redis**（**nodejsdp.link/redis**），这是一种迅速而灵活的数据结构，能够在内存之中保存数据。Redis 一般当作数据库或缓存服务器来使用，然而除了经常提到的这些功能之外，它还支持几种命令，这几种命令可以专门用来实现中心式的 Pub/Sub 消息交换模式。

Redis 的消息中介机制（故意设计得）相当简单、相当基础，跟那些比较高级的面向消息中间件相比，更是如此。这是它得以流行的其中一项原因。另一项原因在于，许多项目的基础设施里面，可能已经提供了 Redis，例如该项目可能已经选用 Redis 来实现缓存服务器或存储会话数据了。为什么这样说呢？因为 Redis 能够迅速而灵活地在分布式系统里面共享数据，于是，许多开发者都会选用它来做缓存服务器或存储数据。既然这样，那么当项目里面需要通过 broker 来实现 Pub/Sub 模式时，最简单、最直观的做法，自然就是复用已有的 Redis 了，这样无需再专门安装并维护另外一种 message broker。

现在我们就拿一个例子来演示：将 Redis 用作 message broker，确实是相当简单的，而且它的功能很强大。

这个例子要求计算机里面必须先装好一个能够正常运行的 Redis，并让它监听默认的端口。详情可参见：**nodejsdp.link/redis-quickstart**。

我们的计划是拿 Redis 做 message broker（消息中介），把聊天程序之中的这些服务器实例给集成起来。每个实例都会把它从客户端那里收到的消息发布到 broker，与此同时，它也会订阅从其他服务器实例那里传来的信息。大家会看到，在这次的架构里面，每个服务器都同时扮演订阅者与发布者的角色。图 13.9 描述的就是我们想要达成的架构。

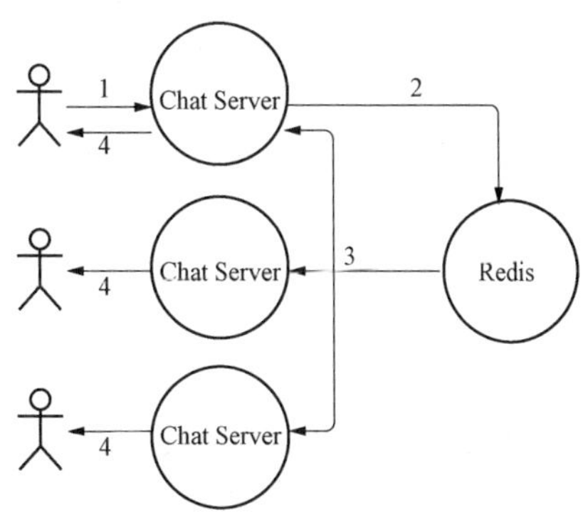

图 13.9　在聊天程序里面拿 Redis 当作 message broker 来整合多个服务器实例

我们可以根据图 13.9 所描述的架构中，把消息的收发过程总结成下面几个步骤：

（1）用户将消息文本输入网页之中的文本框，然后点击发送按钮，此时客户端浏览器会把消息发给与之相连的这个服务器实例。

（2）这个服务器实例把消息发布到 broker。

（3）broker 将消息派发给所有的订阅者，在我们这套架构里面，这指的就是聊天服务器的每一个实例。

（4）每个服务器实例都会把消息分发给与该实例相连接的所有客户端。

现在我们就来看看这套架构是如何运作的。我们修改服务器端的代码，在里面添加 publish/subscribe（发布/订阅）逻辑：

```
import { createServer } from 'http'
import staticHandler from 'serve-handler'
import ws from 'ws'
import Redis from 'ioredis'                                    // (1)

const redisSub = new Redis()
const redisPub = new Redis()

// serve static files
const server = createServer((req, res) => {
  return staticHandler(req, res, { public: 'www' })
})

const wss = new ws.Server({ server })
wss.on('connection', client => {
  console.log('Client connected')
  client.on('message', msg => {
    console.log(`Message: ${msg}`)
    redisPub.publish('chat_messages', msg)                     // (2)
  })
})

redisSub.subscribe('chat_messages')                            // (3)
redisSub.on('message', (channel, msg) => {
  for (const client of wss.clients) {
    if (client.readyState === ws.OPEN) {
      client.send(msg)
```

```
      }
    }
  })

  server.listen(process.argv[2] || 8080)
```

这个版本的聊天服务器跟初始版本之间的区别，已经用粗体标出来了。下面解释其中几个要点：

（1）为了让 Node.js 程序连接到 Redis 服务器，我们用到了 ioredis（**nodejsdp.link/ioredis**）这个包，它是个完整的 Node.js 客户端，支持各种 Redis 命令。接下来，我们实例化两条连接，一条用来订阅消息，另一条用来发布消息。在使用 Redis 收发消息的时候，必须这么做，因为某条连接一旦进入订阅模式，就只能使用跟订阅有关的命令了。因此，我们必须再开一条连接用来发布消息。

（2）如果这个服务器实例从与之相连的客户端收到一条新消息，那么我们就把这条消息发布到 **chat_messages** 通道。这里我们没有像早前版本那样，直接把消息广播给所有的客户端，而是把消息发布给了 Redis，这样的话，Redis 会将这条消息告诉所有订阅了 **chat_messages** 通道的人，这也包括我们当前这个服务器实例（笔者马上就会解释这是什么意思）。对于目前这个范例程序来说，这样做是简单而有效的。但有的时候，你的应用程序可能会有特殊要求，那时你可能要让当前这个服务器实例将某些消息直接发送给客户端，而不经由 Redis 中转。如何做到这一点，就留给大家当练习吧。

（3）我们在上一条里说过，当前这个服务器也订阅了它发布消息所用的那个 **chat_messages** 通道，在订阅该通道时，它传入了一个监听器，这个监听器会把发布到该通道的所有消息（无论是这个服务器自己发布的，还是由程序中的其他服务器发布的），广播给连接到当前这个 WebSocket 服务器实例的所有客户端。

做过这些修改之后，我们实际上就已经能够把程序中有可能出现的多个聊天服务器，给整合起来了。现在就验证这种效果，我们启动该程序的多个实例：

```
node index.js 8080
node index.js 8081
node index.js 8082
```

我们在浏览器里打开三个分页，让每个分页都访问其中一个实例所对应的网址，然后在任意一个分页里面发送信息，这时我们会看到，连接到另外两个实例的那两个客户端，也能看到这条消息。

很好，我们已经用 Publish/Subscribe 模式把这个分布式即时聊天程序里面的多个节点，给集成起来了。

Redis 允许开发者直接根据通道名称（例如 **chat.nodejs**）来发布或订阅消息，另外，它也允许开发者采用带有通配符的形式（例如 **chat.***）来匹配多个通道。

13.2.3 用 ZeroMQ 实现端对端的 Publish/Subscribe

message borker 能够大幅简化消息传递体系统的架构，但有些情况下，它并不是最好的方案。例如我们无法忍受过高的延迟，我们要扩展的是一个复杂的分布式系统，或者我们绝对不允许系统里面出现故障单点等。这些情况不适合用 broker 方案来做，于是，我们自然就会想到改用端对端的方案来实现消息传递系统。

13.2.3.1 ZeroMQ 简介

如果你的项目很适合采用端对端的架构，那么最应该考虑的开发工具，肯定是**ZeroMQ**（**nodejsdp.link/zeromq**，也叫作 zmq 或 ØMQ）。这是个网络库，它提供一套基本的工具，可以构建出许多种消息传递模式。ZeroMQ 库位于底层，速度相当快，它提供的 API 极其简单，然而能够涵盖各种基本的构建单元（例如原子消息、负载均衡、队列，以及其他许多机制），我们可以利用这些单元，构造出稳固的消息传递系统。ZeroMQ 支持的传输方式也很多，包括进程间的通道（**inproc://**）、跨进程的通信（**ipc://**）、基于 PGM 协议的多播（**pgm://**或 **epgm://**）等，当然还包括经典的 TCP（**tcp://**）。

我们在 ZeroMQ 提供的这些特性里面，也能够找到实现 Publish/Subscribe 模式所需的功能，而这正是现在这个范例程序所需要的。因此，我们现在要做的，是把 broker（也就是上一个版本里面的 Redis）从架构中移走，让这些节点利用 ZeroMQ 提供的 publish/subscribe socket，以端对端的形式通信。

ZeroMQ 的 socket 可以说是一种超强的 socket，它提供了额外的抽象机制，可以帮助我们实现几种相当常用的消息传递模式。比如，我们可以实现出 publish/subscribe 模式、request/reply 模式以及单向的推送通信模式。

13.2.3.2 用端对端的架构来设计聊天服务器

把 message broker 从架构里面拿掉之后，每个聊天服务器就必须直接与其他一些实例相连接了，那些实例等着接收由本服务器所发布的消息。具体到 ZeroMQ 方案来看，有两种 socket 专门用来实现这个功能，也就是 **PUB** socket 与 **SUB** socket。典型的用法是将 **PUB** socket 绑定到本机的某个端口上面，同时让这个服务器实例监听从 **SUB** socket 发来的入站请求。

订阅方可以通过 *filter*（过滤器）指出自己只想从连接到的 **SUB** socket 里面获取什么样的

消息。filter 是个简单的二进制缓冲区（**binary buffer**，因此也可以用字符串来充当）ZeroMQ 会把消息的开头部分（这同样是个二进制缓冲区）与 filter 相匹配。只有当 **PUB** socket 所发送的消息能够与某个订阅方针对该 PUB 所指定的 filter 相匹配时，这条消息才会为这个订阅方的 **SUB** 所接收。订阅方要想针对消息的发布方指定过滤器，必须采用某种*连接*协议与之相连才行，例如采用 TCP 协议相连。

图 13.10 演示了怎样用端对端的架构来安排这套分布式的聊天服务器（为了简单起见，这里只用了两个聊天服务器做例子）。

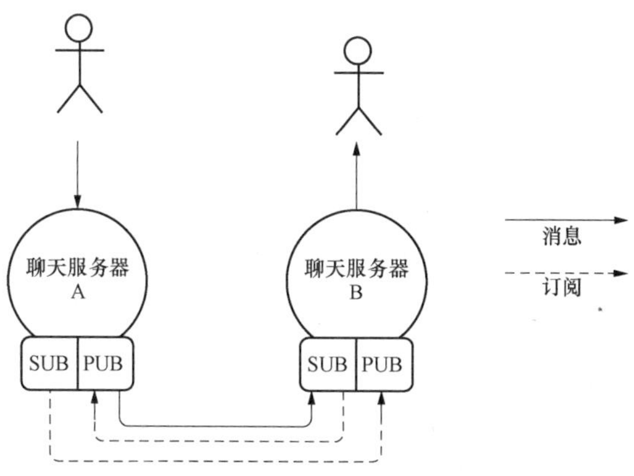

图 13.10　通过 ZeroMQ 的 PUB/SUB socket 让聊天服务器之间能够传递消息

图 13.10 演示了在程序里面有两个聊天服务器的情况下，信息是如何流动的，其实这也可以扩展到有 N 个服务器实例的情况。在这套架构里面，每个节点都必须知道系统中的其他节点，这样才能跟那些节点全都建立起连接。另外我们还看到，消息的传递方向与订阅的发起方向是相反的，订阅是要由订阅方的 **SUB** socket 向发布方的 **PUB** socket 订阅，而消息则由发布方的 **PUB** socket 向订阅方的 **SUB** socket 传递。

13.2.3.3　使用 ZeroMQ 的 PUB/SUB socket

下面我们修改聊天服务器的代码，并在其中使用 ZeroMQ 的 **PUB/SUB** socket 来通信：

```
import { createServer } from 'http'
import staticHandler from 'serve-handler'
import ws from 'ws'
import yargs from 'yargs'                                    // (1)
import zmq from 'zeromq'

// 针对静态文件提供服务
```

```
const server = createServer((req, res) => {
  return staticHandler(req, res, { public: 'www' })
})

let pubSocket
async function initializeSockets () {
  pubSocket = new zmq. Publisher()                                    // (2)
  await pubSocket. bind('tcp://127. 0. 0. 1: ${yargs. argv. pub}')

  const subSocket = new zmq. Subscriber()                             // (3)
  const subPorts = []. concat(yargs. argv. sub)
  for (const port of subPorts) {
    console. log('Subscribing to ${port}')
    subSocket. connect('tcp://127. 0. 0. 1: ${port}')
  }
  subSocket. subscribe('chat')

  for await (const [msg] of subSocket) {                              // (4)
    console. log('Message from another server: ${msg}')
    broadcast(msg. toString(). split(' ')[1])
  }
}
initializeSockets()

const wss = new ws. Server({ server })
wss. on('connection', client => {
  console. log('Client connected')
  client. on('message', msg => {
    console. log('Message: ${msg}')
    broadcast(msg)
    pubSocket. send('chat ${msg}')                                    // (5)
  })
})

function broadcast (msg) {
  for (const client of wss. clients) {
```

```
      if (client.readyState === ws.OPEN) {
        client.send(msg)
      }
    }
  }

server.listen(yargs.argv.http || 8080)
```

看到这段代码，我们立刻就意识到，它比上一个版本稍微复杂了一点儿。然而对于端对端的 Publish/Subscrube 模式来说，这种写法仍然是相当直观的。下面我们就来解释其中的各个步骤：

(1) 在这里我们要引入两个新的包，一个是 yargs（**nodejsdp.link/yargs**）包，它能够解析命令行参数，我们可以通过这个包，轻松地获得命令行里面那些带有名称的参数值。另外一个是 **zeromq** 包（**nodejsdp.link/zeromq**），这是 Node.js 平台里面的一种 ZeroMQ 客户端。

(2) 接下来编写 **initializeSockets ()** 函数，我们在这个函数中创建发布消息所用的 pubSocket，并把它绑定到命令行参数里面由 -- pub 参数所指定的那个端口。

(3) 创建订阅消息所用的 subSocket，并把它连接到应用程序中的其他服务器实例所公布的那些 pubSocket 上面。那些服务器的端口号，需要由开发者在启动这个服务器实例时，通过命令行里的 -- sub 参数指定（如果有多个服务器要订阅，那么命令行里就会出现多个 -- sub 参数）。知道这些端口的号码之后，就可以开始逐个订阅了，我们每次都针对当前这个发布消息的端口，来设置内容为 **chat** 的 filter，以表示我们只关心 **chat** 开头的消息。

(4) 由于接收订阅消息的这个 **subSocket**，是个异步的 iterable，因此我们在监听经由它所发来的消息时，必须使用异步版本的 **for** 循环，也就是 **for await ... of** 结构来迭代。每收到一条消息，我们就做一些简单的处理，具体来说，就是把 **chat** 前缀拿掉，然后通过 **boardcast ()** 函数，将实际内容发布给连接到这个 WebSocket 服务器的所有客户端。

(5) 如果我们收到了客户端发给当前这个 WebSocket 服务器实例的消息，那就通过 **boardcast ()** 函数，把这条消息广播给与本实例相连的所有客户端。另外，我们还需要通过 **pubSocket**，将其发布给程序里面的其他服务器实例。在发布这样的消息时，我们会给消息内容加上 **chat** 前缀，然后再添加一个空格，这样的话，这种消息就能够与那些服务器所设置的 filter 相匹配，进而得到处理。

我们构建出了一套简单的分布式系统，并通过端对端的 Publish/Subscribe 模式把系统中的各个实例集成了起来。

现在就来试试效果，我们给应用程序启动三个实例，并为它们分别指定 **Publisher** socket（发布消息所用的 socket）与 **Subscriber** socket（订阅消息所用的 socket）：

```
node index.js --http 8080 --pub 5000 --sub 5001 --sub 5002
node index.js --http 8081 --pub 5001 --sub 5000 --sub 5002
node index.js --http 8082 --pub 5002 --sub 5000 --sub 5001
```

第一条命令所启动的这个实例，会在 8080 端口上监听 HTTP 请求，同时把发布消息所用的 `Publisher` socket 开在 `5000` 端口上面，并把订阅消息所用的 `Subscriber` socket 开在 `5001` 与 `5002` 端口上面，而这两个端口，正是另外两条命令所开启的那两个实例，在发布消息时所用的端口。那两条命令的 `Publisher` socket 与 `Subscriber` socket 也按类似方式设置。

运行这三条命令时，我们首先注意到的现象是，ZeroMQ 并不会在 `Subscriber` socket 无法连接到相应的 `Publisher` socket 端口时出错。比如，在执行第一条命令的时候，该实例想要订阅的 `5001` 与 `5002` 端口上面，尚未有其他实例的 `Publisher` socket 在监听，但 ZeroMQ 没有报错，这是因为它很能适应各种错误情况，而且内置了一套重试机制。这项特性在某个节点当机或重启的时候尤其有用。`Publisher` socket 那边也做了类似的*宽容*（*forgiving*）逻辑：如果没有人订阅消息，那就把这些消息全都丢掉，并继续保持正常运作。

现在我们用浏览器访问刚才启动的任何一个服务器实例，并发送消息，大家会看到，这些消息都正确地播报给了所有的聊天服务器。

刚才那个例子做了个假设，它假设架构是静态的，其中的实例数量与每个实例的地址都是提前就能够知道的。如果不是如此，那我们可以像第 12 章说的那样，引入服务注册表（service registry）机制，以便动态地记录当前上线的服务器实例。另外笔者还必须指出，我们这里演示的这套 ZeroMQ 基本结构（primitive，或者说原语）除了可以用来实现刚才的端对端架构，还可以用来实现基于 message broker（消息中介）的架构。

13.2.4 用队列确保消息可靠地得到投递

消息传递系统里面有一种重要的抽象机制叫作消息队列（**message queue**，简称**MQ**）。有了消息队列，消息的发送者和接收者在通信的时候，就不需要同时上线并联网了，因为队列系统会负责把尚未投递的消息保存起来，等到目标方能够接收时再投递。这种做法跟“*fire-and-forgot*”范式（发过就忘的范式）相反，如果采用后者，那么订阅方只有在连接到消息传递系统的时候，才能接收消息。

当 Publisher（发布方）正在发送消息的时候，如果 Subscriber（订阅方）无论是否监听该 Publisher，都总是能够可靠地收到它所发送的消息，那么这种 Subscriber 就叫作**durable subscriber**（持久的订阅者/持久订户）。

消息传递系统投递消息的方式［或者说，消息传递系统的投递语义（**delivery semantic**）］有下面这三种：

- **最多投递一次**：这也叫作 *fire-and-forget* 方式（发完就忘），在这种方式下，不需要持久保存消息，也不需要确认对方有没有收到这条消息。这意味着在接收方崩溃或者失联的情况下，消息会丢失。
- **至少投递一次**：这种方式能够确保接收方至少会收到一次消息，然而也有可能是多次，比如说，接收方还没来得及告诉发送方自己收到消息，就已经崩溃了。这种方式意味着消息必须持久保存，因为有可能需要重新发送。
- **恰好投递一次**：这是最可靠的投递方式。它保证接收方肯定能收到这条消息，而且只会收到一次。由于要确认消息肯定得到了投递，因此这种方式的速度比较慢，而且需要由数据密集度更高的机制来支撑。

如果消息传递系统能够做到“至少投递一次”或者“恰好投递一次”，那么这种系统里面的 Subscriber，就是我们刚才说的 durable subscriber，为了做到这一点，系统必须采用消息队列来收集消息，以便在订阅方下线的过程中存储这些消息。这样的队列可以放在内存里面，也可以写入能够长久保存数据的磁盘之中，这样的话，就算队列系统重启或出错，我们也能够恢复队列中的消息。

图 13.11 演示了消息队列如何让消息传递系统里面的 Subscriber 成为 durable subscriber。

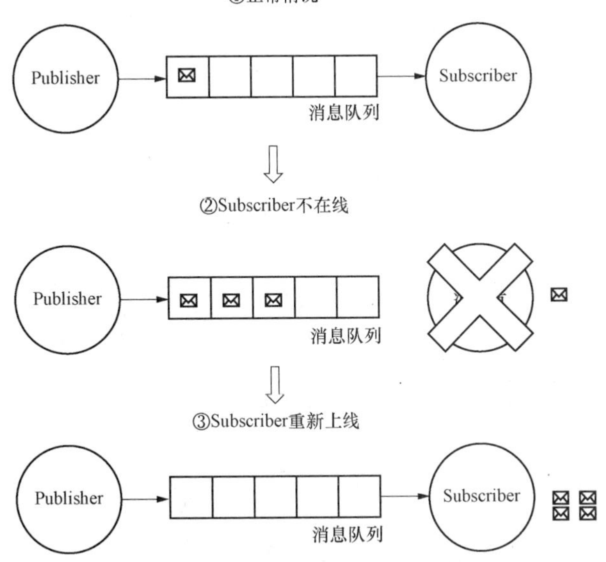

图 13.11　由消息队列所支持的消息传递系统

图 13.11 演示了消息队列如何帮助我们把消息传递系统里面的 Subscriber 实现成 Durable Subscriber。正如大家所见，在正常情况（也就是①所标注的情况）下，消息会由 Publisher 通过队列发送给 Subscriber，在 Subscriber 由于崩溃、故障或者定期维护等原因而下线的情况（也就是②所标注的情况）下，Publisher 所发送的消息会保存在消息队列之中，并安全地积攒起来，等到 Subscriber 重新上线（也就是进入了③所标注的情况）时，队列里面积攒的所有消息，都会发送给 Subscriber，不会漏掉任何一条。

Durable Subscriber 模式可以说是消息队列所促成的一种最为关键的模式，但并不是唯一的模式，本章稍后就会讲到，消息队列还能帮助我们实现出其他一些模式。

接下来我们要学习 AMQP，这是一种协议的名称，本章的其余部分在演示消息队列时，用的就是这种协议。

13.2.4.1 AMQP 简介

消息队列一般用在绝对不允许丢失消息的场合，包括那些执行关键任务的应用程序，例如银行系统、空中交通管制系统，以及医疗应用程序等。由于这些场合大多位于企业级领域，因此这意味着，它们所使用的消息队列是一种相当复杂的软件机制，需要利用相关的协议来防止出错，并且要持久地存储消息，以保证即便接收方发生故障，消息也一定能够得到投递。于是，在很长一段时间里，企业级的消息中间件，只有 Oracle 与 IBM 这样的科技巨头才能构造出来，它们都按照各自特有的协议来实现，导致用户一旦选用其中某家公司的产品，以后就很难再换用其他公司的产品了。所幸近几年来，AMQP、STOMP 与 MQTT 等开源协议有所发展，让消息传递系统从企业级领域进入大众开发领域。本章的其余内容，需要采用 AMQP 协议来实现队列系统，因此我们必须先把这个协议适当地介绍一下。

AMQP（advanced message queuing protocol，高级消息队列协议）是个标准的开源协议，许多消息队列系统都支持该协议。它不仅定义了一套常用的通信协议，而且还能针对路由、过滤、消息排队、提升可靠程度与提升安全程度等功能及需求建模。

图 13.12 概括了 AMQP 协议的各种组件。

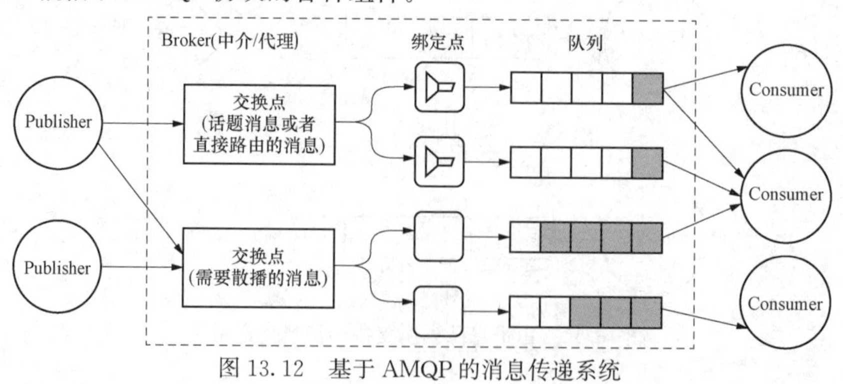

图 13.12 基于 AMQP 的消息传递系统

如图 13.12 所示，AMQP 协议定义了三种主要部件：

- **Queue（队列）**：这种数据结构负责存储需要由客户端来消费（也就是使用）的消息。这些消息由生产者（producer），也就是发布者（publisher）推送（push）到队列里面，并由一个或多个消费者［也就是订阅者（subscriber）］从队列里面提取（pull）。如果同一个队列关联了多个消费者，那么这些消息会按照负载均衡的方式来分派。队列可以分成三种：
  - **Durable（持久队列）**：这种队列会在 broker 重启的时候自动重建。队列是持久的，并不意味着其中的内容也一定会持久地得到保留，实际上，只有那种标注为 persistent（持久保存）的消息，才会保存到磁盘里面，以便能在 broker 重启之后予以恢复。
  - **Exclusive（独占队列/专属队列）**：这种队列只能与一条 subscriber 连接相绑定。这条连接一旦关闭，队列就会遭到销毁。
  - **Auto - delete（能够自动删除的队列）**：这种队列会在最后一个 subscriber 断掉连线时为系统所删除。
- **Exchange（交换点）**：这是发布消息的地方。交换点会根据它所实现的算法，把消息路由给一条或多条路径：
  - **Direct exchange（直接交换）**：它会把消息路由给与整个路由键（routing key，也叫路由关键字）完全匹配的那条路径（例如会把消息路由给与 `chat.msg` 这个键完全匹配的那条路径）。
  - **Topic exchange（话题交换）**：它会把消息路由给能够与路由键相匹配的所有路径，这些路径可以用一种带有通配符的形式来表示（比如，`chat.#` 这样的路径，能够与所有以 `chat.` 开头的路由键相匹配）。
  - **Fanout exchange（广播交换）**：无论路由键是什么，它都会把消息广播给所有与之相连的队列。
- **Binding（绑定点）**：这是 Exchange（交换点）与 Queue（队列）之间的链接。它本身也会定义具体的或通配符形式的路径，用以筛选从 Exchange（交换点）发过来的消息。

上面这几种组件都由 broker 管理，它会公布一套创建并操纵这些组件的 API。客户端连接到 broker 的时候，会创建一条**channel**（通道），这个 channel 是对 connection（连接）所做的抽象，负责维护客户端与 broker 之间的通信状态。

根据 AMQP 协议，要想实现 Durable Subscriber（持久订阅）模式，只需要创建既不是独占式，又不是自动删除式的队列就好。

AMQP 模型虽然比我们目前见到的消息传递系统（也就是 Redis 与 ZeroMQ）都复杂，

但它能够可靠地提供一系列功能，帮助我们实现一些单靠原始的 publish/subscribe 机制很难实现出的机制。

RabbitMQ 网站上面详细地介绍了 AMQP 模型：**nodejsdp.link/amqp-components**。

13.2.4.2 用 AMQP 协议和 RabbitMQ 库实现 Durable Subscriber（持久订阅）

现在我们就通过一个简单的范例，来实践刚才学到的 Durable Subscriber（持久订阅）模式与 AMQP 协议。有一种经常遇到的场景，要求我们绝对不能丢失任何一条信息，这种场景出现在我们想让微服务架构中的各项服务保持同步的时候（与之相关的集成模式，笔者已经在上一章里说过了）。如果我们想通过 broker（中介/代理）确保这些服务彼此同步，那么必须满足的一项前提条件，就是要保证所有信息都不丢失，假如无法保证这一点，那么程序可能就会陷入不协调的状态。

13.2.4.2.1 给聊天程序设计 History Service（历史记录服务）

现在我们采用微服务的方式来扩展这个小型的聊天应用程序。我们要添加一项 history 服务（历史记录服务），把聊天消息持久地保存到数据库里面，这样的话，如果有某个客户端连接到本程序，那我们就可以查询该服务，让它从数据库中取出完整的聊天记录。我们要利用 RabbitMQ 的 broker（**nodejsdp.link/rabbitmq**）与 AMQP 协议，将这项服务与聊天服务器相集成。

图 13.13 演示了我们计划搭建的架构。

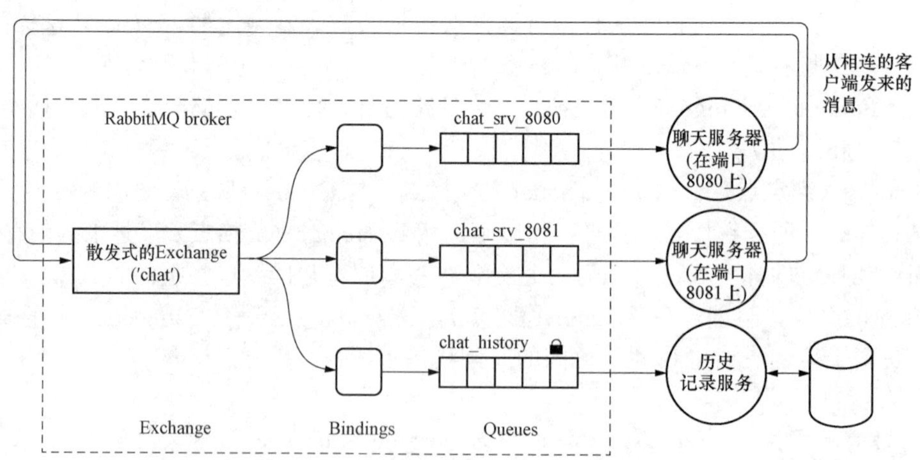

图 13.13 用 AMQP 协议与 History Service（历史记录服务）来架构这款聊天程序

从图 13.13 中可以看出，我们这套架构只想使用一个 Exchange（交换点），也就是这个负责 Fanout（散播信息）的 Exchange，我们不需要复杂的路由逻辑，因此不需要比这更复杂的 Exchange 机制。接下来，我们会给每个聊天服务都创建相应的队列实例。

与聊天服务器相对应的这些队列，全都是独占式的（exclusive，或者说专属的）队列，因为它们不需要在聊天服务器下线的时候把错过的消息保留下来，保留这些消息，应该是 history 服务的职责，这项服务还可以对存储起来的消息执行更为复杂的查询操作。这意味着我们的聊天服务器本身，并不是 durable subscriber（持久订户），与它们相对应的队列，会在连接关闭之后及时为系统所销毁。与这些服务器不同，history 服务决不能丢失任何一条消息，否则该服务就失去了存在的意义。因此，针对该服务所创建的这个队列，应该是个持久式的 durable 队列，这个队列会把 history 服务下线期间所错过的消息保留起来，等到该服务重新上线时，再投递给它。

history 服务的存储功能，还是用我们熟悉的 LevelUP 来做，另外我们会使用 **amqplib** 包（**nodejsdp.link/amqplib**），以便通过 AMQP 协议与 RabbitMQ 相连。

接下来的这个范例，要求计算机中必须有 RabbitMQ 服务器运行，并且要求该服务器必须在默认的端口上面监听。RabbitMQ 的安装步骤，参见官方文档：**nodejsdp.link/rabbitmq-getstarted**。

13.2.4.2.2　用 AMQP 协议实现 History Service（历史记录服务）

现在就来实现 history 服务。我们打算把它创建成一款独立的应用程序（也就是一款典型的微服务），并实现在 **historySvc.js** 模块之中。这个模块由两部分组成，一部分是 HTTP 服务器，用来将聊天记录公布给客户端，另一部分是一个采用 AMQP 协议来使用信息的消费者（consumer），负责捕获聊天信息，并把它们保存到本地的数据库之中。

historySvc.js 文件的代码是这样写的：

```
import { createServer } from 'http'
import level from 'level'
import timestamp from 'monotonic-timestamp'
import JSONStream from 'JSONStream'
import amqp from 'amqplib'

async function main () {
  const db = level('./msgHistory')
  const connection = await amqp.connect('amqp://localhost')                 // (1)
  const channel = await connection.createChannel()
  await channel.assertExchange('chat', 'fanout')                            // (2)
  const { queue } = channel.assertQueue('chat_history')                     // (3)
```

```
  await channel.bindQueue(queue, 'chat')                                     // (4)
  channel.consume(queue, async msg => {                                      // (5)
    const content = msg.content.toString()
    console.log(`Saving message: ${content}`)
    await db.put(timestamp(), content)
    channel.ack(msg)
  })

  createServer((req, res) => {
    res.writeHead(200)
    db.createValueStream()
      .pipe(JSONStream.stringify())
      .pipe(res)
  }).listen(8090)
}

main().catch(err => console.error(err))
```

根据这段代码的写法，大家显然能够意识到，为了把模型里的各个组件创建出来，并让它们彼此相连，我们必须做出必要的配置。下面就来解释配置过程中的关键点：

(1) 首先建立一条连接，以便与采用 AMQP 协议的 broker 相连，在本例中，这个 broker 由 RabbitMQ 扮演。然后，我们创建一条 channel（通道），这是一种类似于 session（会话）的机制，用来维护通信状态。

(2) 接下来，我们设置名为 chat 的 Exchange（交换点）。笔者在前面说过，这次的这个 Exchange，是一个 Fanout Exchange（散发式的 Exchange）。采用 **assertExchange ()** 命令来建立，是想确保 broker 上面必定会有这样一个交换点，如果目前还没有，那就把它创建出来。

(3) 另外还要创建一个名为 **chat _ history** 的队列。队列在默认情况下本身就是持久式的（durable），而非独占式的（exclusive）或自动删除式的（auto - delete），因此我们在创建时不需要传入其他选项，这样创建出的队列，本身就可以用来实现 Durable Subscriber（持久订阅）。

(4) 接下来，我们把队列绑定到刚才创建的 Exchange 上面。由于 Exchange 是发散式的（fanout），因此我们在这里不需要做过滤和筛选，因而也就不用专门指定路由键或样式等选项。

(5) 最后，我们开始监听从刚刚创建的这个队列里面发过来的消息。我们把收到的每条消息，都保存在 LevelDB 数据库里，并用一个 monotonic 时间戳（参见 **nodejsdp.link/monotonic-timestamp**）当作这条消息所对应的键（key），这样的话，这些消息就能够按照时间顺序排列了。另外还要注意，我们调用了 **channel.ack (msg)** 方法，来确认这条消息已经收到，然而我们是在该消息顺利写入数据库之后，才调用的。如果 broker 没有接到我们这边给出的 ACK（acknowledgment，确认）信号，那就会把消息留在队列里面，以便再度处理。

如果我们不想象这样每次都确认查收，那么在调用 **channel.consume ()** 这个 API 时，可以传入 {**noAck: true**} 选项。

13.2.4.2.3　通过 AMQP 协议来集成聊天程序中的服务器实例

为了用 AMQP 协议把程序中的多个聊天服务器集成起来，我们必须像刚才编写 History 服务时那样，做出类似的配置，但这次的配置方式跟以前稍微有点儿区别。下面我们就看看如何在 **index.js** 模块里面采用 AMQP 协议来整合这些服务器实例：

```
import { createServer } from 'http'
import staticHandler from 'serve-handler'
import ws from 'ws'
import amqp from 'amqplib'
import JSONStream from 'JSONStream'
import superagent from 'superagent'

const httpPort = process.argv[2] || 8080

async function main () {
  const connection = await amqp.connect('amqp://localhost')
  const channel = await connection.createChannel()
  await channel.assertExchange('chat', 'fanout')
  const { queue } = await channel.assertQueue(                    // (1)
    `chat_srv_${httpPort}`,
    { exclusive: true }
  )
  await channel.bindQueue(queue, 'chat')
  channel.consume(queue, msg => {                                 // (2)
    msg = msg.content.toString()
    console.log(`From queue: ${msg}`)
    broadcast(msg)
```

```
  }, { noAck: true })

  // 针对静态文件提供服务
  const server = createServer((req, res) => {
    return staticHandler(req, res, { public: 'www' })
  })

  const wss = new ws.Server({ server })
  wss.on('connection', client => {
    console.log('Client connected')
    client.on('message', msg => {
      console.log(`Message: ${msg}`)
      channel.publish('chat', '', Buffer.from(msg))                    // (3)
    })

    // 向 history 服务查询聊天记录
    superagent                                                          // (4)
      .get('http://localhost:8090')
      .on('error', err => console.error(err))
      .pipe(JSONStream.parse('*'))
      .on('data', msg => client.send(msg))
  })

  function broadcast (msg) {
    for (const client of wss.clients) {
      if (client.readyState === ws.OPEN) {
        client.send(msg)
      }
    }
  }

  server.listen(httpPort)
}

main().catch(err => console.error(err))
```

大家都看到了，由于我们这次需要通过 AMQP 协议做集成，因此代码会稍微复杂一点儿，但其中的大多数内容，已经在前面讲过了。这里只需要解释几个新的要点即可：

（1）前面说过，聊天服务器并不需要采用持久订阅模式，它只需要采用 fire - and - forget（发完就忘）的方式就够了。因此，我们创建队列时，传入 { **exclusive: true** } 选项，以表明这是个独占式的（也就是专属的）队列，只供当前这条连接使用，因此，如果这个聊天服务器关闭了，那么系统会尽快销毁该队列。

（2）跟刚才那一条里面所说的原因类似，我们从队列中读取消息时，不需要回传表示确认收到的 ACK 信号，因此，为了简化操作，我们在开始消耗队列中的消息时，传入了 { **noAck: true** } 选项。

（3）发布新消息的操作，实现起来也很简单。我们只需要指定目标交换点的名称（即本例中的 **chat**）以及路由键即可，由于本例所设置的 Exchange（交换点）是发散式的，它不需要执行路由，因此我们指定的路由键是"（以表示空白的路由键）。

（4）这个版本的聊天服务器还有一个地方需要说明，也就是它现在能够把完整的聊天记录呈现出来，因为它可以从保存聊天记录的 history 微服务里面查出这份记录。我们向 history 微服务发出查询请求，并把查到的每条历史消息，都尽快发送给这个连接到本服务器的客户端。

现在我们可以试用这个新版的聊天程序了。首先要确保本地计算机上面有 RabbitMQ 在运行，然后拿三个终端（也就是命令行界面），分别启动两个聊天服务器与一项 History 服务（聊天记录服务）：

```
node index.js 8080
node index.js 8081
node historySvc.js
```

对于这个版本来说，我们重点关注的应该是系统里面某个组件（尤其是 History 服务）下线的时候，程序会如何运作。如果我们把 History 服务停掉，然后继续通过聊天程序的网页界面发送消息，那么大家会看到，该服务重新上线时，立刻会收到它在下线期间所错过的消息。这极好地演示了 Durable Subscriber（持久订阅）模式的运作原理。

有一个值得注意的现象是：由于我们采用了微服务架构，因此即便其中的某个组件（比如 History 服务）消失，系统也还是能够运作。在这种情况下，虽然某些功能暂时无法使用（例如，在 History 服务下线期间新开启的聊天界面无法看到以前的聊天记录），但我们毕竟还是可以即时地交换聊天消息。这确实很棒！

13.2.5 用Stream（流）可靠地传递消息

本章开头说过，除了队列（queue），还有一种办法也能传递消息，这就是**流**（**stream**），在这一点上，这两种范式确实有相似之处，但它们还是有根本区别的，因为二者传递消息所用的手法不同。笔者在这一小节里面，要演示如何利用Redis的流来实现这款聊天应用程序，我们会看到流机制的强大功能。

13.2.5.1 流平台的特征

在系统集成（system integration，也叫系统整合）这一语境之下，**流**（**stream**），或者说**日志**（**log**），指的是一种有序而持久，并且只能从尾部予以追加的数据结构。对于这种流来说，消息其实更接近于**记录**（**record**），它们总是从流的尾部添加的，而且在使用完之后，并不会像队列之中的消息那样，自动遭到删除。这个特征实际上意味着，流结构更像是一种数据存储（data storc，或者说数据库）机制，而不是消息中介（message broker）机制。与数据库类似，我们可以从流里面查询某一批历史记录，也可以从某一条特定的记录开始重放(replay)。

流还有一项重要的特征在于：其中的记录是由消费者拉取（pull，或者说提取）的。这使得消费者能够按照自己的节奏处理记录，不会出现突然涌入一大批记录而处理不过来的情况。

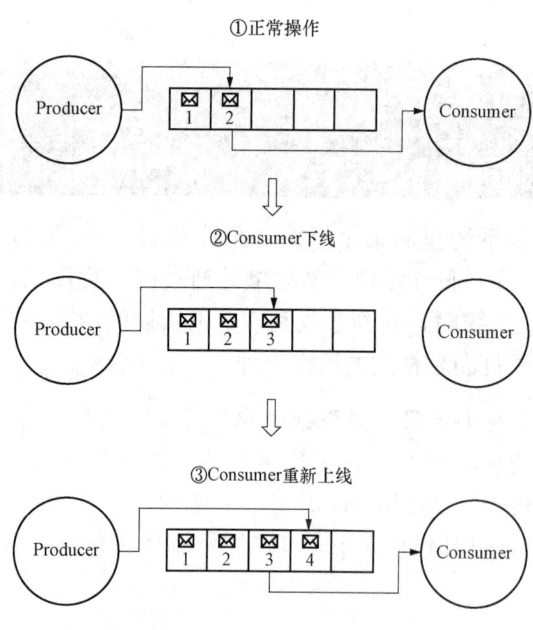

图13.14 利用stream可靠地投递消息

由于流具备这些特征，因此它本身就能够可靠地投递消息，因为其中的每条数据都不会丢失（当然了，开发者可以手工删除数据，或让数据在保留一定时间之后自动得到清除）。图13.14告诉我们，消费者下线之后如果重新上线，那么只需要从当初读到的那个位置继续往后读取就好。

从图13.14可以看出，在正常情况（也就是①所标注的情况）下，消费者会把生产者添加到流中的记录尽快处理掉。如果消费者因为故障或定期维护而下线（也就是遇到了②所标注的情况），那么生产者还是像平常那样给流中添加记录，等到消费者重新上线（也就是到了③所标注的情况）时，它会从上次离开的那个位置继续处理。这是一套简单而直观的机制，同时也是一套相当有效的机制，可以确保消息不丢失，消费者即便暂时离线，也能够在重新上线时继续处理下线期间错过的消息。

13.2.5.2　如何在流方案与队列方案之间选择

大家都看到了，流与队列之间有许多区别，但同时又有许多相似之处。那我们什么时候应该用前者，什么时候应该用后者呢？

有一种情况显然应该采用流方案，这指的是我们要处理序列式的数据（sequential data，也就是流式数据），同时还要批量地予以处理，或者要在过去的各条消息之间寻找联系。目前的流平台每秒钟可以处理几个 GB 的数据，它们能把数据本身，以及处理这些数据所需的工作量，分布到多个节点上面。

消息队列与流都很适合用来实现简单的 Publish/Subscribe（发布/订阅）模式，而且也能够确保消息可靠地得到投递。然而，消息队列更擅长执行复杂的系统集成工作，因为它们提供了高级的消息路由功能，而且可以针对不同的消息指定不同的优先级，以便提前处理紧要的消息，与之相比，流中的消息总是按照它们进入这条流时的顺序出现的。

我们稍后就会看到，这两种方案都可以实现任务分配（task distribution）模式，然而对于一般的架构来讲，消息队列更占优势，因为它能给消息指定优先级，而且支持高级的路由机制。

13.2.5.3　用 Redis 流实现聊天应用程序

笔者编写本书时，最风行的流平台是 Apache Kafka（**nodejsdp.link/kafka**）与 Amazon Kinesis（**nodejsdp.link/kinesis**）。但对于比较简单的任务来说，我们还是可以继续使用 Redis，因为它实现了一种日志式的数据结构，叫作**Redis Stream**（Redis 流）。

在下面这个范例之中，我们要用 Redis 的流来改写聊天应用程序。以流取代消息队列，有一个明显的好处，就是不用再专门设计一个组件，来存储并获取聊天室里产生的历史消息了，我们只需要查询这个流，就能获取到早前的消息。大家会看到，这样做能够大幅简化应用程序的架构，所以流方案应该比消息队列更好，至少对于我们这个相当简单的程序来说，是这样的。

现在就来看代码。首先修改应用程序的 **index.js** 文件，让它使用 Redis 流来运作：

```
import { createServer } from 'http'
import staticHandler from 'serve-handler'
import ws from 'ws'
import Redis from 'ioredis'

const redisClient = new Redis()
const redisClientXRead = new Redis()
```

```
// 针对静态文件提供服务
const server = createServer((req, res) => {
  return staticHandler(req, res, { public: 'www' })
})

const wss = new ws.Server({ server })
wss.on('connection', async client => {
  console.log('Client connected')

  client.on('message', msg => {
    console.log(`Message: ${msg}`)
    redisClient.xadd('chat_stream', '*', 'message', msg)          // (1)
  })

  // 加载消息记录
  const logs = await redisClient.xrange(                          // (2)
    'chat_stream', '-', '+')
  for (const [, [, message]] of logs) {
    client.send(message)
  }
})

function broadcast (msg) {
  for (const client of wss.clients) {
    if (client.readyState === ws.OPEN) {
      client.send(msg)
    }
  }
}

let lastRecordId = '$'

async function processStreamMessages () {                         // (3)
  while (true) {
    const [[, records]] = await redisClientXRead.xread(
```

```
      'BLOCK', '0', 'STREAMS', 'chat_stream', lastRecordId)
    for (const [recordId, [, message]] of records) {
      console.log(`Message from stream: ${message}`)
      broadcast(message)
      lastRecordId = recordId
    }
  }
}

processStreamMessages().catch(err => console.error(err))

server.listen(process.argv[2] || 8080)
```

跟我们前面修改时的情况类似，这次的程序，在结构上与更新之前是一样的，有所变化的地方，在于同其他实例交换消息所用的 API。

下面就来仔细看看这套 API：

（1）我们要讲的第一条命令是 **xadd**，这条命令用来给流的尾部添加新纪录，如果与本服务器相连的某个客户端发来一条消息，那我们就通过该命令，将这条消息添加到流里面。添加的时候，我们传入这样三个参数：

1）首先是流的名字，这在本例中是**'chat_stream'**。

2）然后是这条记录的 ID。本例传入的是星号（*），这是个特殊的符号，意思是让 Redis 替我们生成 ID。为什么要这样做呢？因为 Redis 替我们生成的这些 ID 是单调递增的，可以保证先添加进来的消息，总是会出现在后添加进来的消息之前。

3）由键值对所构成的列表。本例只传了一个键值对，它的键是**'message'**，值是 **msg**（也就是我们从客户端收到的这条消息）。

（2）这是我们这次在使用流的过程中，最应该注意的一个地方，也就是如何从流中查询早前的记录，以获取聊天历史。每当有客户端连接到这个服务器实例的时候，我们都要获取一遍。这可以通过 **xrange** 命令实现，这条命令的功能跟它的名字一样，意思是拿两个 ID 值来确定一个范围（range），并把位于该范围内的所有记录都取出来。本例使用的这两个 ID 值，都是特殊值，一个是'−'（减号），另一个是'+'（加号），前者表示有可能出现的最小 ID，后者表示有可能出现的最大 ID。用这样两个 ID 来表示获取范围，实际上就相当于把流中的所有记录全都获取过来。

（3）新版聊天程序里面还有一个重要的地方，在于我们需要编写一个函数，让开发者能够通过这个函数，等待流里面出现新的记录。这样的话，聊天程序的每个实例，都可以通过该函数尽快读取到流里面出现的新消息，要想顺利地实现集成，这是个相当重要的环节。我们用一个无限循环来实现这个函数，并在每一轮循环里面通过 **xread** 命令来完成任务。我们给这条命令传入五个参数：

1）首先是 **BLOCK**，意思是让这次调用阻塞在这里，直至有新的消息到来。

2）然后是超时，也就是说，如果超过了这个时间还没有等到新消息，那么该命令直接返回 null 做结果。本例指定的超时是 0，意思是永远等待，直至有新消息为止。

3）接下来是 **STREAMS**，这是个关键字，意思是告诉 Redis，我们接下来要指定的，是与有待读取的这条流有关的详细参数。

4）第一个详细参数表示流的名称，这在本例中是 **'chat_stream'**。

5）第二个详细参数，表示我们想从哪一条记录后面开始读取新的消息，本例传入的是 **lastRecordId** 变量，该变量的初始值是一个特殊的 ID 号，也就是 $ 符号，这表示整条流里面 ID 号最高的那条记录。因此，这样写的意思就是，从上次读到的最后一条记录之后开始，继续读取。每读到一条记录，我们就更新一次 **lastRecordId** 变量，让它指向刚刚读过的这条记录所具备的 ID。

我们在刚才那个例子里面，其实还巧妙地使用了解构指令（destructuring instruction）。比如下面这行代码：

```
for (const [, [, message]] of logs) {...}
```

这条指令写得完整一些，应该是这样：

```
for (const [recordId, [propertyId, message]] of logs) {...}
```

由于我们对其中的 **recordId** 与 **propertyId** 这两部分不感兴趣，因此可以把它们从指令里面省去。我们必须把这样一种解构指令与 **for ... of** 循环搭配起来，以解析 **xrange** 命令所返回的数据。在本例中，这份数据的格式是这样的：

```
[
  ["1588590110918-0", ["message", "This is a message"]],
  ["1588590130852-0", ["message", "This is another message"]]
]
```

另外，对于 **xread** 命令所返回的数值，我们也采用类似的解构指令做了处理。这些命令所返回的值，其详细含义可参见相关的 API 文档。

xadd 命令的详细用法，以及数据记录的 ID 号所应具备的格式，参见 Redis 官方文档：**nodejsdp.link/xadd**。

xread 命令的各个参数以及返回值也比较复杂，详情参见：**nodejsdp.link/xread**。

xrange 命令的用法参见：**nodejsdp.link/xrange**。

现在我们可以启动两个服务器实例，看看新实现的这个版本能不能正确运作。

这里有必要再说一遍：这个程序不需要专门依赖某个组件来管理聊天历史，我们要做的，仅仅是通过 xrange 命令把以前的聊天记录从 stream（流）里面取出来而已。可以把数据记录保存下来，是流结构所具备的一项特征，这项特征确保消息不会丢失，除非我们手工把它删掉。

流中的消息，可以通过 **xdel**（**nodejsdp.link/xdel**）或 **xtrim**（**nodejsdp.link/xtrim**）命令删除，也可以在执行 xadd 命令时指定 **MAXLEN** 参数（**nodejsdp.link/xadd-maxlen**），把超过限额的旧记录删掉。

Publish/Subscribe（发布/订阅）模式到这里就讲完了。接下来，我们要讲另外一种重要的消息传递模式，也就是 task distribution（任务分配）模式。

13.3　任务分配模式

第 11 章讲了怎样把工作量较大的任务分派到本机的多条进程上面。这个办法虽然有效，但只局限在一台计算机的范围内。我们在这一节里，要介绍分布式架构中的一种模式，这种模式所采用的思路与那一章里所讲的相似，但它可以把任务分配给网络中的任何一台计算机。

这个模式想要利用消息传递机制，将任务分配到多台计算机上面。这些任务可以是彼此无关的工作，也可以是从某个大任务里面利用*分治*（*divide and conquer*）算法切割出来的小任务。

图 13.15 就是任务分配模式的逻辑架构图，看到图 13.15 之后，我们应该会想到一个跟它类似的模式。

从图 13.15 之中可以看出，这种需求不适合用 Publish/Subscribe 模式实现，因为我们绝对不想让同一项任务为多个 worker 所接收。我们需要的是一种类似于负载均衡器的消息分配模式，它能把每条消费分配给不同的消费者（在这种情况下，消费者也称为 worker）。用消息传递系统的术语来说，这叫作 **Competing Consumers**（互相竞争的消费者）模式 fanout distribution 模式或 **ventilator** 模式。

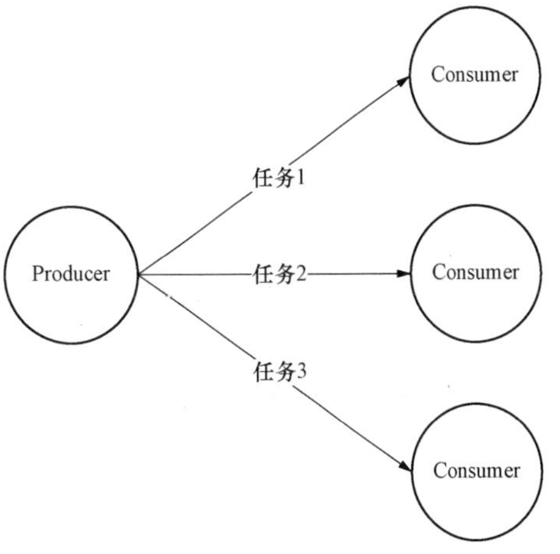

图 13.15　把任务分配给一系列消费者

这个模式与上一章所讲的 HTTP 负载均衡器相比，有个重要的区别是：消费者在该模式中更加主动。我们后面就会看到，在运用这个模式的时候，生产者一般是不会主动连接消费者的，而是由消费者去连接任务的生产者或者存放任务的队列，以获取新的工作任务。这很有利于我们扩展这个系统，因为我们可以直接增加 worker 的数量，而不需要修改生产者或引入服务注册表机制。

在通用的消息传递系统里面，我们并不一定要求生产者与 worker 之间必须按照 request/reply（请求/响应）的方式来通信。在大多数情况下，单向的异步通信其实更加合适，因为这样能够提升平行处理能力与扩展能力。在这样一种架构中，消息可能总是沿着一个方向传递的，于是，我们可以像图 13.16 一样构建管道（**pipeline**）。

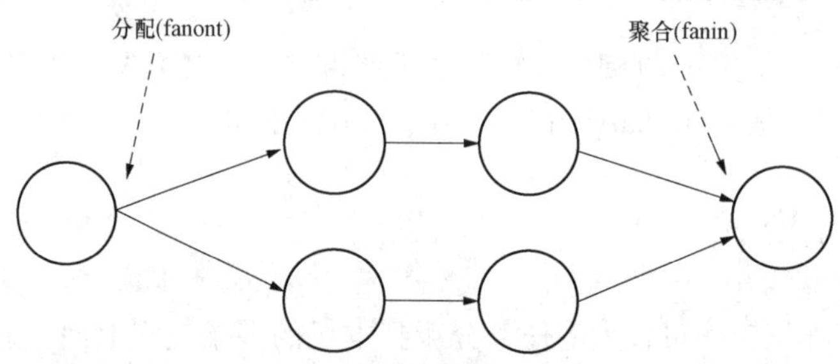

图 13.16　消息传递管道

管道可以实现出相当复杂的处理架构，同时又不会像同步的 request/reply（请求/响应）式通信那样，引发相关的开销，因此经常用来实现延迟时间较低且吞吐量（处理能力）较高的系统。从图 13.16 之中我们可以看到，消息能够分配给一系列 worker（这叫作 fanout)，并转发给其他的处理单元，最后又汇聚（或者说聚合）到同一个节点（这叫作 fanin)，这样的汇聚通常称为**sink**。

这一节要讲的，就是这种架构的基本组件，我们要分析该架构的两种重要形式，一种是端对端的形式，另一种是基于 broker 的形式。

与任务分配模式相结合的管道，通常叫作平行管道或并行管道（**parallel pipeline**）。

13.3.1　用 ZeroMQ 实现 Fanout/Fanin 模式

我们在前面已经讲了 ZeroMQ 所具备的一些功能，这些功能其实正可以用来实现端对端的分布式架构。在前一小节里，我们通过 `PUB` 与 `SUB` 这两个 socket，把同一条消息分发给了多个消费者，现在我们要用另外两个 socket 构建平行管道，这两个 socket 就是 `PUSH` 与 `PULL`。

13.3.1.1　PUSH socket/PULL socket

从字面上看，我们可以说：PUSH socket 是用来*发送*（*send*）消息的，而 PULL socket 则是用来*接收*（*receive*）消息的。把这两种 socket 组合起来，好像没有什么特别的效果，但实际上，由于它们具备一些特性，因此很适合用来构建单向的通信系统：

- 二者都支持*连接模式*（*connect* mode）与*绑定模式*（*bind* mode）。我们可以创建 **PUSH** socket 并把它绑定到本机的某个端口上面，以监听从 **PULL** socket 所发来的连接。我们也可以反过来做，也就是创建 **PULL** socket 并把它绑定到本机的某个端口上面，以监听从 PUSH socket 发来的连接。无论采用那种做法，消息都从 **PUSH** socket 流向 PULL socket，区别只在于连接是由哪个 socket 主动发起的。绑定模式最适合用来实现*持久的*（*durable*）节点，比如任务的生产者以及收纳任务的 sink。连接模式最适合用来实现*临时的*（*transient*）节点，例如处理任务的 worker，这样做可以让我们随意调整临时节点的数量，而不影响那些需要稳定运作的持久节点。
- 如果多个 **PULL** socket 连接到同一个 **PUSH** socket，那么这个 **PUSH** socket 会把消息均衡地分配给这些 **PULL** socket，因此，这本身就实现了负载均衡（而且是端对端的负载均衡）。反过来说，如果多个 **PUSH** socket 连接到同一个 **PULL** socket，那么这个 **PULL** socket 会采用一种公平的队列系统来接收消息，也就是说，它会均衡地向这些 source（数据源，也就是 **PULL** socket）索要数据，或者说，它会采用轮循（round - robin）的办法让消息入站。
- 如果 **PUSH** socket 发送消息的时候并没有 **PULL** socket 与之相连，那么这条消息不会丢失，而是会保存在队列里面，直到有某个 **PULL** socket 上线并开始从这个 **PUSH** socket 里面提取消息。

接下来，我们要开始讲解 ZeroMQ 与传统的 Web 服务之间的区别，并解释它为什么特别适合用来构建分布式的消息传递系统。

13.3.1.2　用 ZeroMQ 构建分布式的哈希码破解器

现在到了构建范例程序的时候，我们要看看怎样利用前面讲的 **PUSH** socket 与 **PULL** socket 所具备的特性，来实现某些需求。

有一种范例程序相当简单，而且很能体现这两种 socket 的特性，这就是 *hashsum cracker*（哈希码破解器/校验码破解器）。该系统会根据用户所给出的哈希码，采用暴力破解法（brute - force approach）来尝试每一种字母组合，以确定这个哈希码所对应的原字符串（这样的哈希码可能是采用 MD5 或 SHA1 算法所制作出的哈希校验和）。

这是个轻而易举的平行任务（*embarrassingly parallel* workload，这种任务的定义，参见：`nodejsdp.link/embarrassingly-parallel`），它很适合演示平行管道的强大之处。

决不要用单纯的哈希校验和来给密码加密，因为这样很容易遭到破解。你应该采用专门的加密算法，例如 bcrypt（nodejsdp.link/bcrypt）、scrypt（nodejsdp.link/scrypt）、PBKDF2（nodejsdp.link/pbkdf2）或者 Argon2（nodejsdp.link/argon2）。

我们这款应用程序，要采用典型的平行式管道来构建。它包含下面这些部件：

- 一个用来创建并分配任务的节点，该节点会把任务分配给多个 worker 节点。
- 多个 worker 节点（实际的运算工作放在这种节点上面执行）。
- 一个收集运算结果的节点。

刚才说的这个系统，可以通过 ZeroMQ 来实现，图 13.17 描述了这种实现方案所采用的架构。

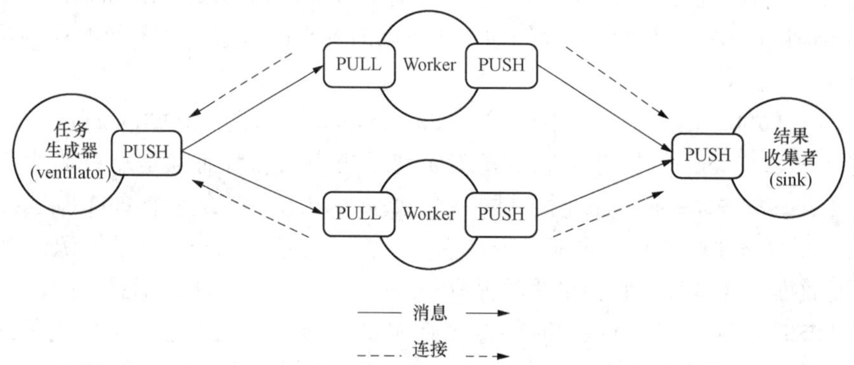

图 13.17 用 ZeroMQ 来实现管道时所采用的典型架构

在这套架构中，*ventilator* 节点负责生成各个区间，并把这些区间当作任务分配给 worker 节点（工作节点），让它去计算每个区间内的各种字母组合形式（比如，在由'aa'与'bb'所界定的这个区间里面，包含'aa' 'ab' 'ba'与'bb'这样四种组合）。worker 节点会针对自己收到的这个区间内的每一种字母组合，分别判断该组合的哈希校验和，看这个校验和能不能跟用户输入的那个哈希校验和相匹配。如果能，那就把这个字母组合发送给负责收集结果的节点，也就是 sink 节点。

这套架构中的 ventilator 和 sink 节点，是持久节点（durable node），而 worker 节点则是临时节点（transient node，也叫暂时节点）。这意味着，每个 worker 的 **PULL** socket 应该与 ventilator 相连，**PUSH** socket 应该与 sink 相连，这样的话，我们无须改变 ventilator 与 sink 节点的配置参数，就能够直接启动或叫停任意数量的 worker 节点。

13.3.1.2.1 实现 producer（生产者）

为了把给定区间内的各种组合形式计算出来，我们打算构建 n 叉树（n - ary tree）。设想这样一种树状结构：它的每个节点，都恰好有 n 个子节点，这些子节点对应于长度为 n 的字母表里面的相应字母，于是，我们可以按照广度优先（breadth - first）的顺序，给树中的所有节点编订序号。在字母表里面只有［a，b］这两个字母的情况下，我们得到的是这样一个树状结构，如图 13.18 所示。

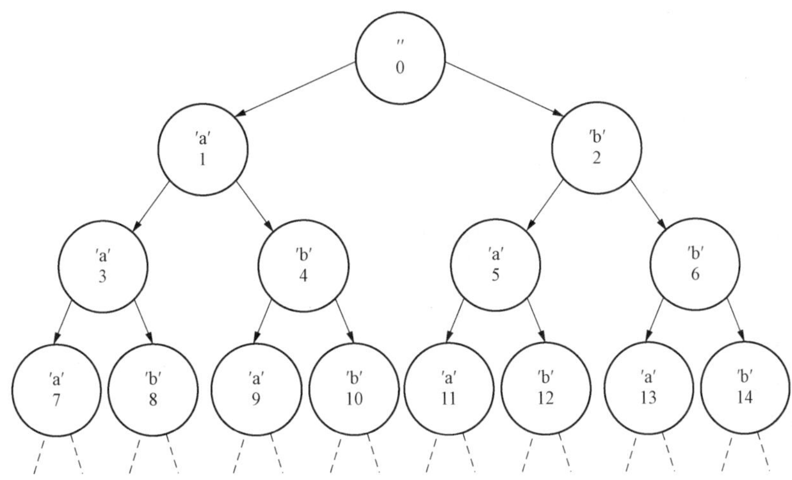

图 13.18　针对由［a，b］这两个字母所构成的字母表制作 n 叉树，并为其中的节点编订序号

有了这样的结构之后，如果我们想知道某个序号（index，也就是索引或下标）所对应的是哪种字母组合，那么只需要从根节点开始，逐层向下查找拥有该序号的那个节点，并把途中经过的那些节点所包含的字母，按顺序写出来就好。比如，要想知道序号为 13 的节点，在图 13.18 所示的这个树状结构里面表示哪种字母组合，我们应该从根节点出发，向右深入一层，再向右深入一层，最后向左深入一层，并把途经的每个节点所对应的字母（也就是 2 号节点中的字母'b'、6 号节点中的字母'b'与 13 号节点之中的字母'a'）按顺序写出来，于是结果就是'bba'。

我们会利用 **indexed - string - variation** 包（**nodejsdp. link/indexed - string - variation**），来确定 n 叉树里面拥有某序号的那个节点所对应的字母组合。我们打算把这项操作放在 worker 上面执行的，因此 ventilator 节点要产生的，应该是由某两个序号所界定的区间，我们把这个区间交给某个 worker，让它去计算其序号位于该区间内的每个节点，所对应的字母组合。

把必要的理论知识讲完之后，我们就开始构建这个系统。首先要实现的，是这个把任务分配给 woker 节点的组件（我们把该组件的代码写在 **generateTasks. js** 文件之中）：

```
export function * generateTasks (searchHash, alphabet,
  maxWordLength, batchSize) {
  let nVariations = 0
  for (let n = 1; n <= maxWordLength; n + + ) {
```

```
      nVariations += Math.pow(alphabet.length, n)
    }
    console.log('Finding the hashsum source string over ' +
      '${nVariations} possible variations')

    let batchStart = 1
    while (batchStart <= nVariations) {
      const batchEnd = Math.min(
        batchStart + batchSize - 1, nVariations)
      yield {
        searchHash,
        alphabet: alphabet,
        batchStart,
        batchEnd
      }

      batchStart = batchEnd + 1
    }
  }
```

这个名叫 **generateTasks ()** 的生成器负责逐个创建长度为 **batchSize** 的区间。它会根据字母表（alphabet）以及原字符串的最大长度（**maxWordLength**），计算出总共有多少种组合形式（**nVariations**），然后从序号为 **1** 的组合开始考虑（这里我们不考虑序号为 0 的那种组合形式，因为那是空白组合，也就是连一个字母都没有的组合）。每考虑到一个区间，它就把与该区间相对应的信息放在一个对象里面，并通过 yield 关键字把该对象交给调用方，以表示一项应该由 worker 节点来执行的任务。

如果原字符串的最大长度比较大，那么应该换用 BigInt（**nodejsdp.link/bigint**）来表示每种字母组合所对应的序号，因为 JavaScript 目前能够稳妥处理的最大整数值，是 $2^{53}-1$，也就是 **Number.MAX_SAFE_INTEGER** 所表示的那个值。用特别大的整数来表示字母组合所对应的序号，可能会影响区间的生成效率。

现在我们要编写生产者的逻辑代码，这段代码负责把任务分配给各个 worker 节点（我们把这段代码写在 **producer.js** 文件里面）：

```
import zmq from 'zeromq'
```

```
import delay from 'delay'
import { generateTasks } from './generateTasks.js'

const ALPHABET = 'abcdefghijklmnopqrstuvwxyz'
const BATCH_SIZE = 10000

const [, , maxLength, searchHash] = process.argv

async function main () {
  const ventilator = new zmq.Push()                        // (1)
  await ventilator.bind('tcp://*:5016')
  await delay(1000) // 等待所有的 worker 都连接到位

  const generatorObj = generateTasks(searchHash, ALPHABET,
    maxLength, BATCH_SIZE)
  for (const task of generatorObj) {
    await ventilator.send(JSON.stringify(task))            // (2)
  }
}

main().catch(err => console.error(err))
```

为了不让需要计算的字母组合数量太过庞大，我们这段生成逻辑所采用的字母表，只包含小写英文字母，而且会对字母组合所包含的最大字母数做出限制。这个限制（也就是 **maxLength**）由用户通过命令行参数传入，另外，用户还需要传入有待破解的哈希码（也就是 **searchHash**）。

当然了，我们最应该关注的，还是这段代码究竟如何将各项任务分配给 worker 节点：

（1）首先创建 **PUSH** socket，并把它绑定到本机的 5016 端口，这正是 worker 节点的 **PULL** socket 接收任务所用的端口。然后我们等待 1 秒钟，让所有的 worker 都连接到位。假如我们不在这里等候，而是立刻启动 producer，那么此时程序里面可能已经有 worker 正在运行着，于是可能导致某个 worker 会比其他 worker 率先连接到这个 producer 上面（因为 worker 用的是一种基于时间的连接算法），这促使 producer 把大多数任务，都分配给先连接进来的那个 worker。

（2）每产生一项任务，我们就用 **JSON.stringify()** 把它转化成字符串格式，并通过 **ventilator socket** 的 **send()** 函数发送给其中一个 worker。连接到 **ventilator** 的这些 worker，会轮流收到任务。

13.3.1.2.2 实现 worker 节点

现在该实现 worker 节点了，为此，我们要编写一个函数，让 worker 针对自己所收到的这项任务（也就是这个区间）做出处理（我们把这个函数写在 **processTask.js** 文件里面）：

```
import isv from 'indexed-string-variation'
import { createHash } from 'crypto'

export function processTask (task) {
  const variationGen = isv.generator(task.alphabet)
  console.log('Processing from ' +
    '${variationGen(task.batchStart)} (${task.batchStart}) ' +
    'to ${variationGen(task.batchEnd)} (${task.batchEnd})')

  for (let idx = task.batchStart; idx <= task.batchEnd; idx++) {
    const word = variationGen(idx)
    const shasum = createHash('sha1')
    shasum.update(word)
    const digest = shasum.digest('hex')

    if (digest === task.searchHash) {
      return word
    }
  }
}
```

processTask() 函数的逻辑很简单：它迭代给定区间内的每个序号，以确定该序号所对应的字母组合（我们用 word 变量表示当前考虑的这种组合形式）。接下来，它给 **word** 计算 SHA1 校验和，然后与 **task** 对象里面的 **searchHash** 对比。如果二者相符，那说明 **word** 就是用户要找的原字符串，于是我们将其返回给调用方。

现在我们来实现 worker 节点的主要逻辑（这段代码写在 **worker.js** 文件里面）：

```
import zmq from 'zeromq'
import { processTask } from './processTask.js'

async function main () {
  const fromVentilator = new zmq.Pull()
  const toSink = new zmq.Push()
```

```
  fromVentilator.connect('tcp://localhost:5016')
  toSink.connect('tcp://localhost:5017')
  for await (const rawMessage of fromVentilator) {
    const found = processTask(JSON.parse(rawMessage.toString()))
    if (found) {
      console.log(`Found! => ${found}`)
      await toSink.send(`Found: ${found}`)
    }
  }
}

main().catch(err => console.error(err))
```

我们刚才说过，worker 节点在这套架构中，属于临时节点，因此，这种节点的 socket 应该主动与某个远程节点相连，而不是被动地监听入站连接。所以，我们的 worker 节点需要创建这样两个 socket：

- 一个是 PULL socket，用来与 ventilator 相连，以接收任务。
- 另一个是 PUSH socket，用来与 sink 相连，以播报处理结果。

除了创建这两个 socket，我们的 worker 节点要做的事情其实相当简单，它就是把收到的每项任务都加以处理，如果发现了与哈希校验和相符的原字符串，那么就给名为 toSink 的 socket（也就是负责收集处理结果的 socket）发送消息。

13.3.1.2.3　实现 results collector（收集结果的节点）

本例中的 sink（也就是负责收集结果的 results collector）是个相当简单的程序，它只需要把 worker 发来的消息打印到控制台就行。我们用 **collector.js** 文件实现这个程序，并在其中写入这样一段代码：

```
import zmq from 'zeromq'

async function main () {
  const sink = new zmq.Pull()
  await sink.bind('tcp://*:5017')

  for await (const rawMessage of sink) {
    console.log('Message from worker: ', rawMessage.toString())
  }
}
```

```
main().catch(err => console.error(err))
```

大家注意，在我们这套架构里面，负责收集结果的这个节点，与前面那个负责产生任务的节点类似，都属于持久节点，因此，我们要做的，是把它的 **PULL** socket 绑定到相关的端口上面，而不是让它主动与 worker 节点的 **PUSH** socket 相连。

13.3.1.2.4 运行应用程序

现在可以启动应用程序了。为此，我们在三个不同的终端机（也就是命令行界面）之中，分别执行下面这三条命令，以启动两个 worker 节点与一个 **results collector** 节点：

```
node worker.js
node worker.js
node collector.js
```

然后，我们要启动 producer 节点，以便给 worker 节点分配任务，启动的时候，要指定原字符串的最大长度，以及有待破解的这个 SHA1 校验和。例如我们可以这样执行命令：

```
node producer.js 4 f8e966d1e207d02c44511a58dccff2f5429e9a3b
```

执行这条命令，会让 producer 开始安排任务，并把这些任务分配给已经启动的 worker 节点去执行。我们告诉 producer，把字母数量小于或等于 4 的所有小写英文单词全都考虑一遍（本例只能处理小写的英文单词，因为它所采用的字母表[译注27]只包含小写字母），另外，我们还必须给出有待破解的 SHA1 校验和。我们要寻找的是与该值相对应的原单词（或者说，原字符串）。

如果程序找到了这样的词，那么会把结果显示在运行 results collector 程序的那个终端（命令行）界面里。

需要注意的是，ZeroMQ 的 **PUSH** socket 与 **PULL** socket 是底层 socket，它们没有提供消息确认（message acknowledgment）功能，因此，如果某节点崩溃，那么该节点上面所处理的任务全部都会丢失。我们可以在 ZeroMQ 这一层之上，自己来定制消息查收机制，具体如何实现，就留给大家做练习吧。

这种实现方式还有个局限：它无法在已经找到结果的时候，让 worker 节点停止工作。笔者之所以没实现这个功能，是想把范例写得简单一些，以突出我们这里所要强调的这个模式。你可以自己试着练习实现这种提前叫停的机制。

译注27 也就是 producer、js 文件里面的 ALPHABET 常量。

13.3.2 根据 AMQP 协议制作管道并实现 Competing Consumers（互相竞争的消费者）模式

上一小节讲的是如何在端对端的架构中实现平行管道。现在我们要介绍另一种方案，它采用 RabbitMQ 在基于 broker 的架构中实现平行处理。

13.3.2.1 点对点的通信模式与 Competing Consumers 模式

在端对端的架构中，管道是个相当直观的概念，与这种架构不同，在基于 message broker 的架构中，管道会变得稍微有点儿复杂，因为我们还要考虑到系统里面各种节点之间的关系。在这样的架构里，broker 本身是通信时的中介节点，而且发送消息的一方，通常并不知道有谁在监听这条消息。例如我们采用 AMQP 协议发送消息的时候，并不是直接把这条消息发送给目标节点，而是先把它发送到了 exchange（交换点），进而让其进入队列。最后，我们得依靠 broker 帮助我们判断，这条消息应该路由到什么地方，broker 会根据 exchange（交换点）、binding（绑定点）与目标队列里面定义的相关规则，做出这样的判断。

如果我们想用 AMQP 这样的系统实现管道与任务分配模式，那么必须保证每条消息都只会由一个消费者接收到，但问题在于，如果出现同一个 exchange（交换点）与多个队列相绑定的情况，那我们就很难保证这一点了。因此，我们拿出的解决方案，是干脆绕过 exchange 机制，而把消息直接发给目标队列。这样就能保证，只有一个队列会收到这条消息。这种通信模式，叫作**点对点**（**point-to-point**）的通信模式。

对基于 broker 的架构来说，只要能把多条消息直接发送给某个队列，那么在实现任务分配模式的过程中，我们就成功了一半。剩下的那一半，做起来相当简单，我们只需要让多个消费者都来监听同一个队列就好，这样的话，这些消息就会按照 fanout distribution（fanout 分配）模式，均衡地派发给每个消费者。我们前面说过，在基于 message broker 的架构里面，这样的 fanout 分配模式，更应该称为**Competing Consumerss**（相互竞争的消费者）模式。

下面我们就利用 AMQP 协议重新实现这款简单的哈希码破解器，大家会看到，这种实现方式与前面讲的那种端对端的实现方式之间有什么区别。

13.3.2.2 用 AMQP 协议实现哈希码破解器

我们前面学过，在基于 broker 的架构中，消息是在 exchange（交换点）这里，广播给多个消费者的，而消息的负载均衡工作则由 queue（队列）负责完成。明白了这些，我们就可以开始在带有 AMQP broker 的架构中，实现这款采用暴力破解法（也叫蛮力破解法）的哈希码破解器了，在本例中，这个 broker 由 RabbitMQ 扮演。图 13.19 概述了我们想要实现的这个系统。

刚才说过，要想把多个任务分配给给多个 worker 节点，我们需要将这些任务放到同一条队列里面。这条队列在图 13.19 之中，叫作*任务队列*（*task queue*），它的另一侧，是多个

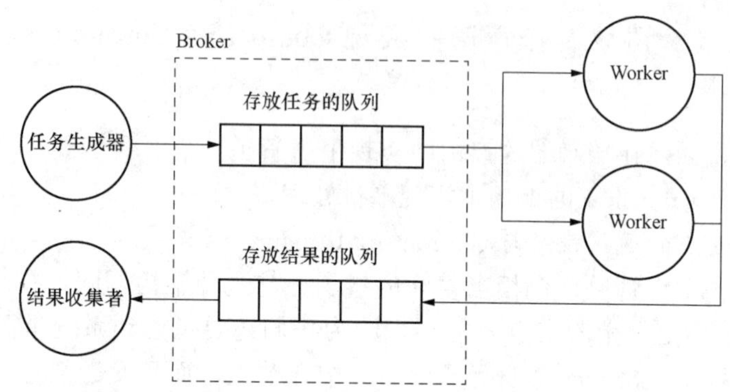

图 13.19 在由消息队列来充当 broker 的架构之中实现任务分配模式

worker 节点，这些节点扮演 *Competing Consumers*（彼此竞争的消费者），也就是说，其中每个节点从队列里拿到的消息都不相同，不会出现同一条消息为多个 worker 节点所获得的情况。于是，我们就实现出了多个 worker 平行处理任务的效果。

worker 节点所生成的结果，会发布到另一个队列，也就是图 13.19 中的结果队列（*results queue*），然后，这些结果会为 result collector（收集结果的节点）所消费，该节点相当于 sink 节点。整套架构没有用到 exchange（交换点），我们只是按照点对点的通信方式，把消息直接发送给目标队列。

13.3.2.2.1 实现 producer

下面我们看看这样的系统应该如何实现。我们从 producer 开始做起（这段代码写在 **producer.js** 文件里面）：

```
import amqp from 'amqplib'
import { generateTasks } from './generateTasks.js'

const ALPHABET = 'abcdefghijklmnopqrstuvwxyz'
const BATCH_SIZE = 10000

const [, , maxLength, searchHash] = process.argv

async function main () {
  const connection = await amqp.connect('amqp://localhost')
  const channel = await connection.createConfirmChannel()          // (1)
  await channel.assertQueue('tasks_queue')
```

```
  const generatorObj = generateTasks(searchHash, ALPHABET,
    maxLength, BATCH_SIZE)
  for (const task of generatorObj) {
    channel.sendToQueue('tasks_queue',                            // (2)
      Buffer.from(JSON.stringify(task)))
  }

  await channel.waitForConfirms()
  channel.close()
  connection.close()
}

main().catch(err => console.error(err))
```

大家都看到了，由于架构里面没有 exchange（交换点）与 binding（绑定点），因此，这次这个基于 AMQP 协议的应用程序，配置起来要简单得多。然而代码里面还是有两个地方必须解释：

（1）这次创建的不是标准通道，而是 **confirmChannel**，我们必须这么做，因为程序要用到 **confirmChannel** 所提供某些特性，尤其是 **waitForConfirms ()** 函数。后面的代码需要通过这个函数来确认：所有的消息都已经为 broker 接收。假如不做这样的确认，那我们就有可能在消息尚未从本地队列中全部得到派发之前，过早地关闭与 broker 之间的连接。

（2）在实现 producer 所用的这段代码中，最核心的操作就是调用 **channel.sendToQueue ()** 这个 API。这是个新的函数，它的功能正如 API 的名称所述，是把消息直接发送给队列，而不经过 exchange（交换点）或路由，在本例中，这个队列是指 **tasks _ queue**。

13.3.2.2.2　实现 worker

tasks _ queue 的另一侧，是一些正准备接收任务的 worker。我们现在修改 worker.js 模块的代码，让该模块使用 AMQP 协议来运作：

```
import amqp from 'amqplib'
import { processTask } from './processTask.js'

async function main () {
  const connection = await amqp.connect('amqp://localhost')
  const channel = await connection.createChannel()
  const { queue } = await channel.assertQueue('tasks_queue')
```

```
    channel.consume(queue, async (rawMessage) => {
      const found = processTask(
        JSON.parse(rawMessage.content.toString()))
      if (found) {
        console.log(`Found! => ${found}`)
        await channel.sendToQueue('results_queue',
          Buffer.from(`Found: ${found}`))
      }

      await channel.ack(rawMessage)
    })
  }

  main().catch(err => console.error(err))
```

这个版本的 worker 与前一小节的 ZeroMQ 方案所实现的 worker 类似，只不过在交换消息的这一部分上面有所不同。在刚才那段代码里面，我们先获取到了指向 **tasks_queue** 这个队列的引用，然后通过 **channel.consume()** 方法监听该队列所收到的任务。如果拿到了任务并在处理该任务的过程中找到了原字符串，那我们就把这个字符串，发送给用来收集结果的 **results_queue** 队列，我们跟这个队列之间的通信，依然是点对点式的通信。另外还要注意，我们先确保某条消息（或者说某项任务）已经彻底得到了处理，然后才调用 **channel.ack()** 方法查收该消息。

这样的 worker 如果有许多个，那它们就全都会监听同一个队列，使得该队列中的消息，能够均衡地分配给这些 worker（此时，这些 worker 之间是 *Competing Consumerss*）。

13.3.2.2.3 实现 result collector

负责收集结果的这个模块，实现起来也很简单，它只需要把收到的消息打印到控制台就行。我们把这个模块的代码，写在 **collector.js** 文件之中：

```
import amqp from 'amqplib'
async function main () {
  const connection = await amqp.connect('amqp://localhost')
  const channel = await connection.createChannel()
  const { queue } = await channel.assertQueue('results_queue')
  channel.consume(queue, msg => {
    console.log(`Message from worker: ${msg.content.toString()}`)
  })
```

```
}

main().catch(err => console.error(err))
```

13.3.2.2.4　运行应用程序

所有东西都准备好之后，我们就可以试用这个新系统了。首先，确保计算机上已经运行了 RabbitMQ 服务器，然后，在两个不同的终端（命令行）界面之中，分别运行一个 worker，这样的话，这两个 worker 会连接到同一个队列（也就是是 **tasks_queue** 队列），并且均衡地从该队列中获取消息：

```
node worker.js
node worker.js
```

然后，我们就可以分别运行 collector 模块与 producer 模块了（运行该模块时，还需指出原字符串的最大长度以及有待破解的哈希码）：

```
node collector.js
node producer.js 4 f8e966d1e207d02c44511a58dccff2f5429e9a3b
```

这样我们就通过 AMQP 协议实现出了消息管道与 **Competing Consumers** 模式。

值得注意的是，基于 AMQP 协议的这个新版哈希码破解器，执行全部任务并从中确定原字符串所花的时间，要比 ZeroMQ 版稍微长一点儿。这相当直观地演示了 broker（消息中介）与早前那种底层的端对端方案相比，在性能上面确实稍稍落后。然而我们同时也不要忘记，跟早前的 ZeroMQ 方案相比，目前的这套 AMQP 方案，提供了许多现成的功能，比如，在 AMQP 方案里面，就算某个 worker 节点崩溃了，它所处理的消息（任务）也不会丢失，因为这条消息（这样任务）最终会交给另一个 worker 处理。因此，在给应用程序选择架构方案的时候，要从整体出发：不要为了缩减小小的一段延迟时间，而让整个系统变得过于复杂，或者让整个系统失去某些重要的特性。

好了，我们接下来要讲另一种基于 broker 的任务分配方案，也就是在 Redis 流的基础上构建任务分配模式。

13.3.3　用 Redis 流实现任务分配模式

前面我们分别用 ZeroMQ 与 AMQP 实现了任务分配模式，现在我们要改用 Redis 流实现这个模式。

13.3.3.1 Redis 的 Consumer Group（消费者群组）

开始看代码之前，我们首先要了解 Redis 的一项关键特性，我们在用 Redis 流实现任务分配模式的时候，需要用到这项特性。这指的就是**consumer group**（消费者群组），它是一种构建在 Redis 流上面的 Competing Consumers（竞争消费者）模式。

消费者群组是一种有状态的实体，它本身有自己的名字，其中的每个消费者，也都有各自的名称。消费者群组在读取某条 Redis 流的时候，会把收到的记录轮流交给其中的消费者处理。

每条记录都必须明确地予以确认，否则就会一直处在 *pending*（有待处理的）状态。每个消费者只能访问自己的这套 pending 记录，如果它要处理其他消费者的 pending 记录，那么必须明确地向对方索要（*claim*）。这是个很有用的功能，因为如果某个消费者在处理某条记录的过程中崩溃了，那么目前还能够正常运作的消费者，就可以把这条记录索取过来。消费者节点重新上线之后，首先应该做的，是获取一份由 pending 记录（也就是有待处理的记录）所构成的列表，并把其中的记录全都处理完毕，然后再从流中请求获取新的记录。图 13.20 演示了 Redis 的消费者群组是如何运作的。

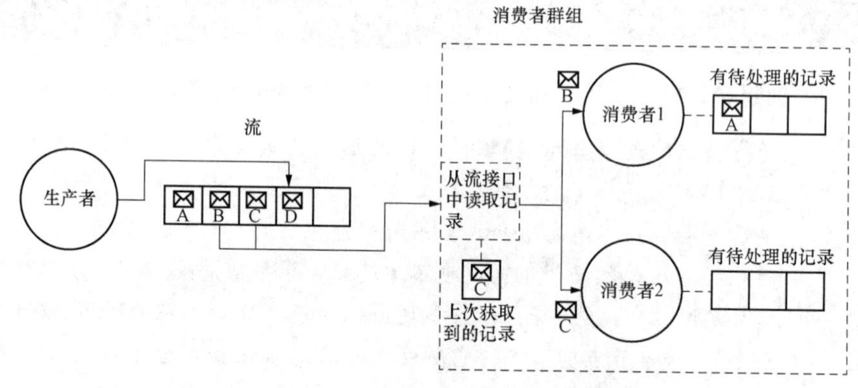

图 13.20 Redis 流与消费者群组之间的通信方式

从图 13.20 中可以看出，该群组里面的两个消费者从同一条 Redis 流中读取记录时，收到的是两条不同的记录（消费者 1 收到的是 B 记录，消费者 2 收到的是 C 记录）。该群组还会把上次获取到的（或者说最后获取到的）这条记录的 ID 保存起来（在图 13.20 中，这个 ID 指向 C 记录），这样的话，它接下来读取记录的时候，就知道应该从哪个位置开始，继续向后读取了。另外请大家注意，消费者 1 目前还有一条记录没处理完毕（也就是 A 记录），这可能是因为它正在处理该记录，也有可能是因为它处理不了这条记录。消费者 1 可以实现一种重试算法（retry algorithm），以确保自己获取到的这些有待处理的记录，最终都能够得到处理。

同一条 Redis 流可以为多个消费者群组所读取，这样的话，同一份数据，就能够同时以多种方式得到处理。

好的，我们现在就利用刚刚讲到的 Redis 消费者群组，来重新实现哈希码破解器。

13.3.3.2　用 Redis 流实现哈希码破解器

用 Redis 流来实现哈希码破解器时，我们所采用的架构跟早前的 AMQP 方案类似，只不过这次要把两个队列改成两条 Redis 流：其中一条叫作 **tasks_stream**，用来存放有待处理的任务，另一条叫作 **results_stream**，用来收集 worker 所给出的结果。

有了这样两条 Redis 流，我们就可以通过消费者群组，把 **tasks_stream** 里面的任务分配给程序中的各个 worker 了（这些 worker 扮演消费者的角色）。

13.3.3.2.1　实现 producer

首先我们实现 producer（下面这段代码，写在 **producer.js** 文件之中）：

```
import Redis from 'ioredis'
import { generateTasks } from './generateTasks.js'

const ALPHABET = 'abcdefghijklmnopqrstuvwxyz'
const BATCH_SIZE = 10000
const redisClient = new Redis()

const [, , maxLength, searchHash] = process.argv

async function main () {
  const generatorObj = generateTasks(searchHash, ALPHABET,
    maxLength, BATCH_SIZE)
  for (const task of generatorObj) {
    await redisClient.xadd('tasks_stream', '*',
      'task', JSON.stringify(task))
  }

  redisClient.disconnect()
}
```

```
main().catch(err => console.error(err))
```

大家都看到了，在实现这个版本的 producer. js 模块时，我们并没有用到新的功能，而是只需要把记录添加到相关的 Redis 流里面就行。添加记录所用的这个 **xadd ()** 方法，已经在第 13. 2. 5 节讲过了。

13. 3. 3. 2. 2　实现 worker

接下来要改写的是 worker 模块，我们要让它通过 consumer group（消费者群组）与 Redis 流对接。这是整个架构的核心，我们正是要在 worker 模块里面，使用消费者群组以及这种机制所提供的某些特性。下面就是新版的 **worker. js** 模块：

```
import Redis from 'ioredis'
import { processTask } from './processTask.js'

const redisClient = new Redis()
const [, , consumerName] = process.argv

async function main () {
  await redisClient.xgroup('CREATE', 'tasks_stream',                // (1)
    'workers_group', '$', 'MKSTREAM')
    .catch(() => console.log('Consumer group already exists'))

  const [[, records]] = await redisClient.xreadgroup(               // (2)
    'GROUP', 'workers_group', consumerName, 'STREAMS',
    'tasks_stream', '0')
  for (const [recordId, [, rawTask]] of records) {
    await processAndAck(recordId, rawTask)
  }

  while (true) {
    const [[, records]] = await redisClient.xreadgroup(             // (3)
      'GROUP', 'workers_group', consumerName, 'BLOCK', '0',
      'COUNT', '1', 'STREAMS', 'tasks_stream', '>')
    for (const [recordId, [, rawTask]] of records) {
      await processAndAck(recordId, rawTask)
    }
  }
}
```

```
async function processAndAck (recordId, rawTask) {                    // (4)
  const found = processTask(JSON.parse(rawTask))
  if (found) {
    console.log(`Found! => ${found}`)
    await redisClient.xadd('results_stream', '*', 'result',
      `Found: ${found}`)
  }

  await redisClient.xack('tasks_stream', 'workers_group', recordId)
}

main().catch(err => console.error(err))
```

新版的 worker 代码，跟原来相比有许多变化。我们现在就一个一个分析：

（1）首先，在使用消费者群组之前，必须确保程序里面有这样一个群组。这可以通过 xgroup 命令实现。我们在调用该命令时传入了下面几个参数：

1）'CREATE'参数，这是个关键字，用来表示我们执行这条命令，是为了创建消费者群组。实际上，除了可以创建群组，xgroup 命令还支持其他一些子命令，例如销毁群组、从群组中移除消费者、更新上一次读取的那条记录所对应的 ID 等。

2）'tasks_stream'参数，这表示我们想要从中读取记录的 Redis 流叫什么名字。

3）'workers_group'参数，这是指我们要创建的这个消费者群组的名称。

4）这第四个参数，表示消费者群组应该从 Redis 流里面的哪个位置开始，向后读取记录。我们用的是'$'符号，意思是从上一次读取到的那条记录之后，开始读取数据。

5）'MKSTREAM'是个附加参数，用来告诉 Redis，如果消费者群组想要读取的这个流还不存在，那就把它创建出来。

（2）然后，我们要把当前这个消费者上次还没有处理完的那些记录都读取出来，这意思是说，这个消费者以前可能由于应用程序突然中止（例如发生崩溃）而没有来得及把某些记录处理好。如果当前这个消费者上一次运行时并没有出错，而是正常退出的，那么此时读到的这个记录列表，就很有可能是空的。另外，我们刚才说过，在访问尚未处理完的记录时，每个消费者都只能访问到其中应该由自己所处理的那些记录。因此，我们在通过 xreadgroup 命令获取列表时，传入的是这样几个参数：

1）'GROUP' 'worker_group'与 consumerName 这三个参数必须传入，其中，'worker_group'指的是消费者群组的名称，consumerName 指的是当前这个消费者的名称，该名称需要由用户在命令行界面中指定。

2）然后，我们通过'STREAM'与'tasks_stream'这两个参数，指出我们要读取的是一条名为 **tasks_stream** 的流。

3）最后，我们传入'0'做参数，该参数表示我们想从 ID 号是几的那条记录开始读起。传入'0'，就相当于从分配给当前这个消费者的首条记录开始，把所有等待处理的消息（也就是记录）全都读取出来。

（3）接下来，我们又调用了一次 **xreadgroup()**，但是这次调用跟上次的意思完全不同。这次我们是想读取 Redis 流里面的新纪录（而不是访问早前的记录）。所以，我们要传入的参数是下面这样的：

1）跟上次调用 **xreadgroup()** 时类似，我们依然要通过'GROUP' 'worker_group'与 **consumerName** 这三个参数，指出这项读取操作是由哪个消费者群组之中的哪个消费者发出的。

2）然后我们要告诉 **xreadgroup()** 命令，如果当前没有新的记录可以读取，那就阻塞在这里，而不要返回一份空白的列表。为此，我们必须指定'BLOCK'与'0'这样两个参数，后者表示超时，也就是说，如果超过了这个时间，那么即便读不到新的记录，该命令也不再阻塞下去。将参数设为'0'，则表示没有超时，一直等待。

3）接下来的两个参数是'COUNT'与'1'，这两个参数用来告诉 Redis，我们每次调用 **xreadgroup()**，想获取的记录数量是 1 个。

4）接着，我们还是传入'STREAM'与'tasks_stream'，指出我们要读取的是一条名为 **tasks_stream** 的流。

5）最后，我们传入一个特殊的 ID，也就是'>'符号（大于符号），用来表示我们关注的是当前这个消费者群组还没有获取到的那些记录。

（4）最后来看 **processAndAck()** 函数的写法。这个函数判断是否有某个字符串与用户要破解的哈希码相匹配，如果有，那就给 **results_stream** 里面追加一条新纪录。该函数把我们通过 **xreadgroup()** 命令读取出来的某条记录彻底处理完之后，会触发 Redis 的 xack 命令，以查收这条记录，这会让该记录从当前这个消费者还没有处理完的记录列表里面消失。

worker.js 模块里面要解释的东西确实很多。但我们应该意识到：在这个新版的模块里面，有许多代码都是为了给相关的 Redis 命令传递参数而写的。

刚才虽然写了这么大的一段代码，但碰到的其实只是 Redis 流的皮毛，它里面还有许多知识需要学习，尤其是涉及消费者群组（consumer group）的知识。与 Redis 流有关的细节，详见官方文档：**nodejsdp.link/redis-streams**。

所有东西都已经准备好了，我们现在就来试用新版的哈希码破解器。首先启动两个

worker，这次要记得给每个 worker 起名，以便在消费者群组之中予以区分：

```
node worker.js workerA
node worker.js workerB
```

然后像上一版的范例程序那样，运行收集结果的 collector 以及产生任务的 producer：

```
node collector.js
node producer.js 4 f8e966d1e207d02c44511a58dccff2f5429e9a3b
```

任务分配模式，到这里就讲完了。接下来，我们要详细谈谈 request/reply（请求/响应）模式。

13.4 Request/Reply（请求/响应）模式

单向通信在并行能力与处理效果方面都很有优势，然而并不是所有的集成与通信问题都可以这样解决。有的时候，用传统的 Request/Reply（请求/响应）模式来做，其实更加合适，但困难在于，如果你只有异步的单向通道[译注28]可以使用，那应该如何实现这个模式呢？在这种情况下，你需要利用各种模式与方法，在单向通道上面建立起一套抽象机制，这样才能通过这套抽象机制，以 Request/Reply 的方式来交换消息。我们接下来要学的就是这些内容。

13.4.1 关联标识符

我们首先要学习的这种 Request/Reply 模式，叫作**Correlation Identifier**（关联标识符/相关标识符），它是我们在单向通道上面构建抽象机制时，所使用的基本结构。

这个模式要求发送方给每一条请求都设置一个标识符，并要求接受方在针对这项请求给出响应时，也必须把这个标识符放在响应消息里面。这样的话，发送方在收到某条响应消息时，就知道这条消息针对的是自己早前发出的哪项请求了，确定了这一点，它就能够把响应消息交给正确的处理逻辑（handler）去处理。这个办法很好地解决了单向异步通道情境下的通信问题，在这种情境下，通信双方随时都有可能给对方发送消息，因此有必要对发送和接收到的消息做出标注，以确定发出去的这条消息与接收到的哪条消息相对应。我们来看图 13.21 所演示的场景。

译注28　one-way channel，这里可以理解成单路通道（只有一条路的通道），也就是说，虽然两个方向都能使用，但不允许同时使用。

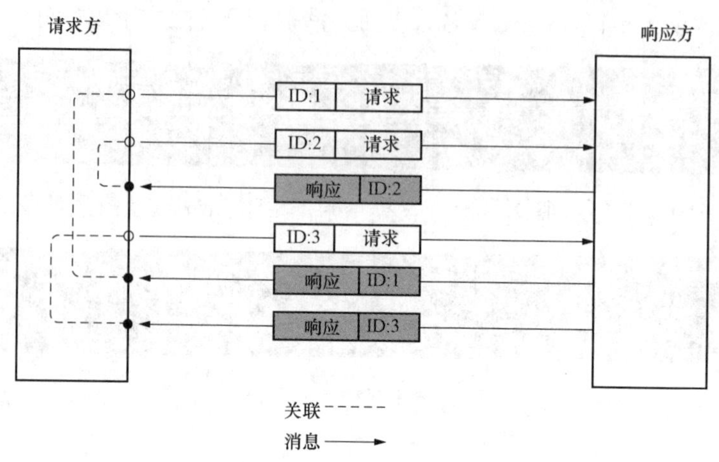

图 13.21　用关联标识符模式实现 Request/Reply 式的消息交换机制

在图 13.21 所描绘的场景中，我们看到，由于每条消息都标注了 ID，因此就算这些消息发出去的顺序与得到响应的顺序不同，我们也还是能够确定：某条响应信息是针对早前的哪条请求而给出的。接下来的这个范例程序，会更为清楚地说明这种效果。

13.4.1.1　用关联标识符模式构建 Request/Reply 式的抽象通信机制

现在我们就选用最简单的单向通道来构建范例程序，这指的是点对点的全双工通道，所谓点对点，意思是说，它直接连接系统里面的两个节点，而不经过中介节点，所谓全双工（fully duplex），意思是说，消息可以从一个点发往另一个点，也可以从另一个点发回来，而不是说只能固定地从其中一个点出发。

按照刚才的定义，有这样几种通道可以归入*简单通道*（*simple channel* ）这一类，例如 WebSocket，这是服务器与浏览器之间的点对点连接，消息既可以从服务器发往浏览器，也可以从浏览器发往服务器。还有一种通道也是如此，这就是我们通过 **child_process.fork()**（第 11 章讲过这个 API）开设子进程时所创建的通道，它也是一种异步通道，而且是点对点式的双工通道，因为这种通道只连接子进程与它的上级进程，而且消息既可以从子进程发往上级进程，也可以从上级进程发往子进程。在简单通道这一类里，这或许是最为基本的通道，于是，我们接下来就用它做例子来写一个程序。

这个程序是想构建一套抽象机制，把上级进程与子进程之间所建立的这种通道，给封装起来。这套抽象机制应该提供一种 Request/Reply 式的通信通道（或者说，通信渠道），该通道会给每项请求自动标注一个关联标识符，让发出请求的节点在收到响应消息时，能够根据消息里面嵌入的标识符，把这条消息交给正确的处理逻辑（handler）去处理。

第 11 章说过，上级进程可以通过 child.send（message）给子进程发送消息，并通过

child.on ('message', callback) 注册处理逻辑，以接收子进程发回的消息并加以处理。

同理，子进程也可以通过 **process.send (message)** 给上级进程发送消息，并通过 **process.on ('message', callback)** 注册处理逻辑，以接收上级进程发回的消息并加以处理。

对于连接上级进程与子进程的这种通道来说，这意味着，该通道在上级进程这一侧的界面，与在子进程那一侧的界面相同，因此，我们可以在通道两边，运用同一套抽象机制。

13.4.1.1.1　针对 request（请求）做抽象

在构建这套抽象机制的时候，我们先从发送新请求的这一方开始考虑。我们创建名叫 **createRequestChannel.js** 的文件，并写入下列代码：

```
import { nanoid } from 'nanoid'

export function createRequestChannel (channel) {                    // (1)
  const correlationMap = new Map()

  function sendRequest (data) {                                     // (2)
    console.log('Sending request', data)
    return new Promise((resolve, reject) => {
      const correlationId = nanoid()

      const replyTimeout = setTimeout(() => {
        correlationMap.delete(correlationId)
        reject(new Error('Request timeout'))
      }, 10000)

      correlationMap.set(correlationId, (replyData) => {
        correlationMap.delete(correlationId)
        clearTimeout(replyTimeout)
        resolve(replyData)
      })

      channel.send({
        type: 'request',
        data,
        id: correlationId
      })
    })
```

```
  }

  channel.on('message', message => {                                    // (3)
    const callback = correlationMap.get(message.inReplyTo)
    if (callback) {
      callback(message.data)
    }
  })

  return sendRequest
}
```

我们针对 request（请求）所做的抽象，是这样运作的：

（1）**createRequestChannel()** 是个工厂函数，它会把调用方传入的通道包裹起来，并返回一个名为 **sendRequest()** 的函数，让调用方可以通过这个函数，发送请求并接收响应。整个模式的关键在于 **correlationMap** 变量，它会把每条出站请求，与该请求得到回应时负责处理响应信息的 handler（处理逻辑），给关联起来。

（2）**sendRequest()** 函数用来发送新的请求。它用 nanoid 包（**nodejsdp.link/nanoid**）生成一个用来标注关联关系的 ID，这个 ID 会跟这次请求所含的数据，以及一个表示消息类型的字段，合起来放在一个对象里面。然后，函数会把这个用于标注关联关系的 ID，与负责处理响应数据的 handler，分别作为键值对里面的键和值，添加到 **correlationMap** 映射表之中，这样的话，它稍后就能根据 ID 从映射表里查出相应的 handler，这个 handler 会［在底层通过 **resolve()** 函数］对响应数据做出处理。在这个过程中，我们还实现了一套相当简单的超时逻辑，以便在请求得不到及时响应的情况下，汇报超时错误。

（3）用户调用这个工厂函数时，我们不仅要把稍后返回给用户的 **sendRequest()** 函数定义出来，而且还必须监听入站消息。每收到一条消息，我们就判断 **inReplyTo** 属性中的 ID（也就是那个用来标注关联关系的 ID），能否与早前我们在 **correlationMap** 映射表里记录的某个条目相匹配，如果可以，那我们就知道，这条响应消息是针对早前的某项请求所做出的回应，于是，我们根据 ID 从映射表中查出负责处理该消息的 handler，然后拿消息里面所包含的响应数据当参数，触发这个 handler。

createRequestChannel.js 模块到这里就写好了。接下来，我们编写另一个模块。

13.4.1.1.2 针对 reply（响应）做抽象

现在只需要再做一步，就能把整个模式全部实现好。刚才那个模块，针对 request（请求）做了抽象，现在我们还需要用另一个模块跟它搭配，这个模块是为了对 reply（响应）做抽象。我们新建一个名叫 **createReplyChannel.js** 的文件来表示该模块，这个模块需要对 reply（响应）做出抽象，让用户能够通过抽象出来的函数，针对某个通道注册 handler，以便对该通道发来的请求消息做出响应：

```
export function createReplyChannel (channel) {
  return function registerHandler (handler) {
    channel.on('message', async message => {
      if (message.type !== 'request') {
        return
      }

      const replyData = await handler(message.data)              // (1)
      channel.send({                                               // (2)
        type: 'response',
        data: replyData,
        inReplyTo: message.id
      })
    })
  }
}
```

这次的 **createReplyChannel()** 函数也是个工厂函数，它会返回另一个函数给调用方，让调用方能够通过那个函数注册 handler，以便对请求消息做出回应。如果用户调用 **registerHandler()** 函数来注册 handler，那我们就要开始在通道上面监听入站消息了，每监听到一条入站消息，我们都要做这样两件事：

（1）首先，立刻拿消息里面所含的数据做参数，触发 handler。

（2）我们等待 handler 处理完毕并给出回应，然后，我们构建一个对象，把响应数据、消息的类型，以及标注关联关系的 ID（这个 ID 用 inReplyTo 属性表示），合起来放在该对象之中，然后将这个对象沿着通道发送回去。

这个模式有个好处，它在 Node.js 平台里面，实现起来相当容易：由于该平台中的许多机制都是异步的，因此，在这样一个异步的单向通道上面，构建异步的 Request/Reply 通信机制，自然与构建其他异步机制没有太大区别，而且我们构建的这套抽象机制，是想把实现细节给隐藏起来，就算细节有所区别，也不会反映在抽象出来的结果上面。

13.4.1.1.3　试着用这套抽象机制来完整地实现 Request/Reply 循环

现在我们就试着用一下这套新的 Request/Reply 抽象机制。首先创建 **replier.js** 文件，以编写一个范例模块，用来表示 *replier*（响应方）：

```
import { createReplyChannel } from './createReplyChannel.js'

const registerReplyHandler = createReplyChannel(process)

registerReplyHandler(req => {
  return new Promise(resolve => {
    setTimeout(() => {
      resolve({ sum: req.a + req.b })
    }, req.delay)
  })
})

process.send('ready')
```

这个 replier 所要执行的操作很简单，只是把收到的请求消息里面所含的两个数加起来而已，它会根据请求消息里面指定的延迟时间，将这项操作推迟到稍后去做。我们设定这个延迟时间，意思是想看看：如果多条请求消息之间的发送顺序，与它们得到响应的顺序不同，那这个模式能不能正确地运作。在本模块的末尾，我们还执行了一条指令，也就是把一条'ready'消息发回给上级进程，以表示这个子进程目前已经做好准备，可以开始接收请求了。

这个范例程序最后还需要一个模块，这个模块用来表示 requestor（请求方）。我们把该模块写在 **requestor.js** 文件中，让它负责调用 **child_process.fork()**，以启动 replier：

```
import { fork } from 'child_process'
import { dirname, join } from 'path'
import { fileURLToPath } from 'url'
import { once } from 'events'
import { createRequestChannel } from './createRequestChannel.js'

const __dirname = dirname(fileURLToPath(import.meta.url))

async function main () {
  const channel = fork(join(__dirname, 'replier.js'))                  // (1)
  const request = createRequestChannel(channel)

  try {
    const [message] = await once(channel, 'message')                   // (2)
    console.log(`Child process initialized: ${message}`)
```

```
    const p1 = request({ a: 1, b: 2, delay: 500 })                    // (3)
      .then(res => {
        console.log(`Reply: 1 + 2 = ${res.sum}`)
      })

    const p2 = request({ a: 6, b: 1, delay: 100 })                    // (4)
      .then(res => {
        console.log(`Reply: 6 + 1 = ${res.sum}`)
      })

    await Promise.all([p1, p2])                                       // (5)
  } finally {
    channel.disconnect()                                              // (6)
  }
}

main().catch(err => console.error(err))
```

requestor 模块首先启动 replier 模块［参见（1）］，然后把指向该通道的引用，传给早前编写的 **createRequestChannel ()** 工厂函数，让它对这条通道做抽象。接下来，我们等候子进程准备就绪［参见（2）］，并且发送两条请求［分别参见（3）与（4）］。最后，等这两条请求全都处理完毕［参见（5）］，我们就让这条通道所连接的双方断开［参见（6）］，这样的话，子进程（以及启动这条子进程的上级进程）就都能够正常地退出了。

要想尝试这个范例程序，只需要启动 **requestor.js** 模块就好。我们应该会看到类似下面这样的输出信息：

```
Child process initialized: ready
Sending request { a: 1, b: 2, delay: 500 }
Sending request { a: 6, b: 1, delay: 100 }
Reply: 6 + 1 = 7
Reply: 1 + 2 = 3
```

这样的结果，表明我们所实现的这个 Request/Reply 式的消息模式，是正确的，无论这些请求消息与响应消息按什么顺序出现，都能够正确地配对。

本小节所讲的这项技术，可以很好地处理单个的点对点式通道，但如果遇到的架构更为复杂，例如包含多条通道或队列，那样该怎么办呢？这是下一小节要讲的话题。

13.4.2 Return Address（返回地址）模式

在单向通道上面创建 Request/Reply 式的通信机制时，关联标识符（Correlation Identifier）是最为基本的模式，然而，如果我们要搭建的消息传递架构里面，有多个通道或队列，或者有多个节点都需要发送请求，那么这个模式就显得不够用了。在这种情况下，我们不仅需要一个用来标注关联关系的 ID，而且还需要知道**返回地址**（**return address**），有了这条信息，响应方（replier）才能把响应消息正确地发送给最初发起请求的那个节点。

13.4.2.1 用 AMQP 实现 Return Address（返回地址）模式

在基于 AMQP 的架构里面，返回地址指的是一个队列，请求方（requestor）要监听这个队列，以获知自己需要接收的响应消息。由于同一条响应消息只应该由一个请求方接收，因此这个队列必须是私密的，不应该在多个消费者之间共享。基于这些特征，我们决定把这样的队列设计成临时队列（transient queue），而不是持久队列，让它只适用于跟自己相连的这个请求方，而且响应方与这个存放处理结果的队列之间，应该建立点对点式的通信连接，以投递响应消息。

图 13.22 演示的就是这样一个场景。

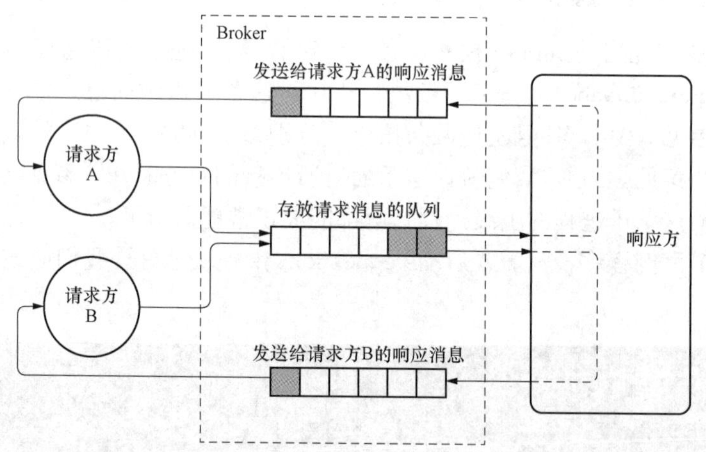

图 13.22 用 AMQP 实现 Request/Reply 式的消息传递架构

从图 13.22 之中可见，每个请求方都有自己专用的队列，它需要通过这个队列，获知自己早前发出的那些请求所得到的回应，并对回应信息予以处理。所有的请求，无论是由哪个请求方（requestor）发出的，都会存放到同一个队列里面，这些请求消息接下来会由响应方（replier）来使用。由于请求消息里面带有返回地址（*return address*），因此响应方能够根据这个地址，把自己对该请求所做的回复，正确地路由到相关的响应队列里面。

要想在 AMQP 的基础上实现 Request/Reply 模式，我们需要做的，其实仅仅是在消息属性里面，指出存放响应信息的队列叫什么名字，这样就能够让 replier 把响应消息投递到正确的队列里面了。

这套理论听起来似乎很简单。我们还是来实际制作一款应用程序看看。

13.4.2.2　实现针对 request 的抽象

现在我们就来构建基于 AMQP 的 Request/Reply（请求/响应）抽象机制。笔者采用 RabbitMQ 做 broker（中介/代理），其实只要兼容 AMQP 协议，就都可以充当 broker。首先从 request（请求）这一方开始写，我们把这套机制写在 **amqpRequest.js** 模块之中。笔者打算一段一段地解释该模块的代码，这样理解起来容易一些。我们先看 AMQPRequest 类的构造器：

```
export class AMQPRequest {
  constructor () {
    this.correlationMap = new Map()
  }
//...
```

从刚才这段代码可以看出，我们这里还是要用到 Correlation Identifier（关联标识符）模式，我们需要用一张映射表（Map）记录消息的 ID 号以及负责处理这条消息的 handler（处理逻辑）。

然后，我们需要写一个方法来初始化 AMQP 连接以及与该连接有关的对象：

```
async initialize () {
  this.connection = await amqp.connect('amqp://localhost')
  this.channel = await this.connection.createChannel()
  const { queue } = await this.channel.assertQueue('',          // (1)
      { exclusive: true })
  this.replyQueue = queue

  this.channel.consume(this.replyQueue, msg => {               // (2)
    const correlationId = msg.properties.correlationId
    const handler = this.correlationMap.get(correlationId)
    if (handler) {
      handler(JSON.parse(msg.content.toString()))
    }
  }, { noAck: true })
}
```

这段代码里面值得注意的地方在于，我们怎样创建这个存放响应消息的队列［参见（1）］。这次我们没有给队列起名，这意味着系统会随机选择一个名字。另外，这次创建的队列，是独占队列（或者说专属队列，*exclusive* queue），这意味着该队列只跟当前活跃的这条 AMQP 连接相绑定，并且会在连接关闭时遭到销毁。我们用不到交换点（exchange），因为我们想直接把消息投递给某个具体的队列，而不需要针对多个队列做路由或分派。在函数的第二部分里面，我们开始消费 **replyQueue** 之中的消息［参见（2）］。每拿到一条入站消息，我们就根据其中的 **correlationId** 属性，从 **correlationMap** 里面查出与这条消息相关联的 handler（处理逻辑）。

接下来，我们看看怎样实现发送新请求的功能：

```
send (queue, message) {
  return new Promise((resolve, reject) => {
    const id = nanoid()                                    // (1)
    const replyTimeout = setTimeout(() => {
      this.correlationMap.delete(id)
      reject(new Error('Request timeout'))
    }, 10000)

    this.correlationMap.set(id, (replyData) => {           // (2)
      this.correlationMap.delete(id)
      clearTimeout(replyTimeout)
      resolve(replyData)
    })

    this.channel.sendToQueue(queue,                        // (3)
      Buffer.from(JSON.stringify(message)),
      { correlationId: id, replyTo: this.replyQueue }
    )
  })
}
```

send () 方法让调用方输入 **queue** 与 **message** 这样两个参数，其中，**queue** 表示存放请求消息的队列叫什么名字，**message** 表示需要发送的消息。我们在上一小节里面说过，发送消息的时候，首先需要生成一个表示关联关系的 ID［参见（1）］，然后，要把它跟一段处理逻辑［也就是一个 handler］联系起来，这段处理逻辑负责把 replier 将来给出的响应数据（replyData）返回给调用方［参见（2）］。最后，我们正式发送这条消息，并把标识符与存放响应消息的队列，分别放在元数据（metadata）的 **correlationId** 及 **replyTo** 属性中。这套元数据用一个对象来表示，我们在发送消息时，把该对象当作第三个参数，传给 **sendToQueue ()** 方法。

一定要注意，发送消息时使用的 API 是 **channel.sentToQueue ()**，而不是 **channel.publish ()**。这是因为我们并不打算实现带有 exchange（交换点）的 publish/subscribe（发布/订阅）模式，我们想实现的是基本的点对点传输，也就是把消息直接投递给目标队列。

AMQPRequest 类的最后一部分代码，用来实现 **destroy ()** 方法，该方法负责关闭连接与通道：

```
  destroy () {
    this.channel.close()
    this.connection.close()
  }
}
```

amqpRequest.js 模块到这里就讲完了。

13.4.2.3　实现针对 reply 的抽象

现在该对 reply（响应）做抽象了，我们新建一个名叫 **amqpReply.js** 的模块：

```
import amqp from 'amqplib'

export class AMQPReply {
  constructor (requestsQueueName) {
    this.requestsQueueName = requestsQueueName
  }

  async initialize () {
    const connection = await amqp.connect('amqp://localhost')
    this.channel = await connection.createChannel()
    const { queue } = await this.channel.assertQueue(                // (1)
      this.requestsQueueName)
    this.queue = queue
  }

  handleRequests (handler) {                                         // (2)
    this.channel.consume(this.queue, async msg => {
      const content = JSON.parse(msg.content.toString())
      const replyData = await handler(content)
```

```
        this.channel.sendToQueue(                                    // (3)
          msg.properties.replyTo,
          Buffer.from(JSON.stringify(replyData)),
          { correlationId: msg.properties.correlationId }
        )
        this.channel.ack(msg)
      })
    }
  }
```

我们在 AMQPReply 类的 **initialize ()** 方法里面创建一个队列，以接收入站请求［参见（1)］，在本例中，我们只需要拿一个简单的持久队列来实现它就行。接下来，我们定义 **handleRequests ()** 方法［参见（2)］，让 replier（响应方）可以通过这个方法注册 handler，我们触发这个 handler，以处理新的请求，并获取处理所得的响应数据。为了把响应数据发回请求方，我们用到了 **channel.sendToQueue ()** 方法［参见（3)］，在调用这个方法时，我们从消息的 **replyTo** 属性之中找到存放响应信息的队列（或者说，确定返回地址），这样就能够将消息直接投递给正确的队列了。另外，我们还设置了响应消息的 **correlationId** 属性，这样的话，收到这条消息的那个 requestor（请求方），就可以根据这个 ID，得知该消息是针对早前发出的哪项请求所给出的回应。

13.4.2.4　实现 requestor（请求方）与 replier（响应方）

我们已经把这套系统制作好了，现在应该试试它的效果。要想试用这套系统，我们还必须编写一组 requestor（请求方）与 replier（响应方），通过这两个模块，来尝试刚刚写好的抽象机制。

首先编写 **replier.js** 模块：

```
import { AMQPReply } from './amqpReply.js'

async function main () {
  const reply = new AMQPReply('requests_queue')
  await reply.initialize()

  reply.handleRequests(req => {
    console.log('Request received', req)
    return { sum: req.a + req.b }
  })
}
```

```
main().catch(err => console.error(err))
```

通过这段代码，我们看到，刚才构建的抽象机制，已经把关联标识符与返回地址等处理细节，给隐藏起来了。我们的 replier（响应方）只需要初始化一个新的 **reply** 对象，并指出该对象所要处理的请求存放在哪个队列之中（本例把这些请求存放在名为'**requests_queue**'的队列里面）。做完这两项操作之后，剩下的代码写起来就相当简单了，我们在本例中注册的这个 handler（处理逻辑），只不过是把请求消息所包含的两个数字加起来，并把结果放在一个对象里面发回给 requestor（请求方）。

实现完 replier（响应方）之后，我们还需要实现一个范例模块，用来表示与之配套的 requestor（请求方）。这个模块写在 **reqeustor.js** 文件里面：

```
import { AMQPRequest } from './amqpRequest.js'
import delay from 'delay'

async function main () {
  const request = new AMQPRequest()
  await request.initialize()

  async function sendRandomRequest () {
    const a = Math.round(Math.random() * 100)
    const b = Math.round(Math.random() * 100)
    const reply = await request.send('requests_queue', { a, b })
    console.log(`${a} + ${b} = ${reply.sum}`)
  }

  for (let i = 0; i < 20; i++) {
    await sendRandomRequest()
    await delay(1000)
  }

  request.destroy()
}

main().catch(err => console.error(err))
```

这个范例模块会发送 20 条随机请求，每两条请求之间，都隔 1 秒钟。通过这段代码，我们看出：刚才制作的这套抽象机制，能够把实现异步的 Request/Reply（请求/响应）模式时所需考虑的细节问题，很好地隐藏起来。

现在来试用整个系统。我们只需要开启三个命令行界面，让其中一个运行 replier 模块，并让另外两个分别运行 requestor 实例即可：

```
node replier.js
node requestor.js
node requestor.js
```

大家会看到，这两个 requestor（请求方）都会给 replier 发送一系列请求，replier 收到这些请求并加以处理之后，会把响应结果分别发回给相关的 requestor（请求方）。

看到了这样的效果之后，我们可以再做一些实验。只要 replier 启动起来，就会创建出一个持久的队列，因此，就算我们把它停掉，它也能在下次运行的时候，获知尚未处理完毕的请求信息，而不会错过这些请求。replier 下线期间的请求消息会保存在队列里，直到它重新上线为止。

有一个地方要注意：我们这个范例程序，设定的超时是 10 秒钟，也就是说，某项请求如果在 10 秒钟内还得不到响应，那就算作超时。因此，为了让 replier 能够把响应信息及时发给 requestor（请求方），replier 的下线时间必须少于 10 秒。

用 AMQP 来实现 Request/Reply（请求/响应）模式，会让我们直接享受到一个好处，这就是：replier（响应方）能够自动扩展。为了验证这一点，我们可以开启两个或更多个 replier 实例，并观察程序能不能把各项请求均衡地分配给这些 replier 去处理。实际上，程序是可以做到的，因为每个 requestor 启动的时候，监听的都是同一个持久队列，而不是某个具体的 replier，因此，这个队列会在 requestor 与 replier 之间充当 broker（中介/代理），把这些 requestor 所发来的请求消息，均衡地分配给该队列的消费者（也就是连接到该队列的多个 replier），这些 replier 之间是彼此竞争的消费者。这样的效果确实很棒！

ZeroMQ 本身有一对专门用来实现 Request/Reply 模式的 socket，叫作 REQ/REP，但这一对 socket 是同步的（也就是说，每次只能处理一个请求/响应）。更为复杂的 Request/Reply 模式，可采用更加高级的技术实现。详情参阅 ZeroMQ 的官方指南：**nodejsdp.link/zeromq-reqrep**。

带有返回地址的 Request/Reply 模式，也可以在 Redis Stream（Redis 流）的基础上面实现，那种方案实现出来的系统，跟我们这个基于 AMQP 的方案很接近。具体如何实现，留给大家作为练习。

13.5　小结

这一章到这里就结束了。笔者讲解了几种重要的消息传递与集成模式，并介绍了它们在设计分布式系统时所起的作用。大家现在应该已经掌握了三种关键的消息交换模式，也就是 Publish/Subscribe（发布/订阅）模式、Task Distribution（任务分配）模式，以及 Request/Reply（请求/响应）模式，并且会在端对端的架构以及带有 broker（消息中介/消息代理）的架构之中实现它们。笔者分析了每种模式与架构的优点和缺点，如果采用带有 broker 的架构来做，那么无论这个 broker 是由消息队列来充当，还是由数据流来充当，我们都可以相当轻松地实现出可靠且易于扩展的应用程序，只不过，系统里面会多出一个需要维护并扩展的节点，也就是这个 broker。

另外，我们还谈了如何用 ZeroMQ 构建分布式系统，以便完全控制架构中个各个方面，并根据自己的特殊需求，微调其中的各项属性。

最后我们看到，这两种方式都提供了全套工具，让我们能够据此创建出各种各样的分布式系统，无论是基本的聊天程序，还是拥有上百万用户的 Web 平台，都可以这样来做。

这一章是本书的最后一章。到了这里，大家应该已经掌握了全套的模式与技术，你可以把这些用在以后的项目里面。另外，大家还应该更深刻地体会到了在 Node. js 平台中开发程序的方法，以及这些方法的强项与弱项。在阅读这本书的过程中，我们接触了许多软件包与解决方案，这些都是由各位杰出的开发者制作的。所以，Node. js 平台发展得这样好，其中最突出的一个因素，就在于它有许多乐于贡献的开发者，这些开发者都为平台贡献了自己的一份力量。

笔者希望你能赏识我们两位在书里做出的这点小成绩，我们也希望看到你的表现。

Mario Casciaro 与 Luciano Mammino 真诚感谢大家阅读本书。

13.6　习题

- **（1）用 stream 实现 History 服务：**在用 Redis 流演示 publish/subscribe 模式的时候，我们并没有像在制作相关的 AMQP 范例时那样，实现 History（历史记录）服务。所以，现在请你实现这样一个服务，把所有的入站消息都专门保存到一个数据库里面，让新的客户端在上线的时候，能够通过该服务获取聊天记录。提示：这个 History 服务需要把上次处理过的最后一条消息所具备的 ID 号记住，以便在重启之后从正确的位置继续处理。
- **（2）让聊天程序支持多个聊天室：**修改本章创建的聊天程序，让它支持多个聊天室。更新后的程序，还应该能够在客户端上线时，把以前的聊天记录显示出来。具体采用什么样的消息传递系统，由你自己决定，你也可以把各种系统混起来用。

- **（3）提前停止任务**：修改本章实现的哈希码破解器，给其中添加必要的逻辑，让该程序在找到匹配的字符串之后，提前叫停所有的工作节点。

- **（4）用 ZeroMQ 可靠地处理任务**：用 ZeroMQ 实现一套机制，让我们的哈希码破解器运作得更加稳定。笔者早前说过，在本章所实现的这个程序里面，如果某个工作节点崩溃，那么正在该节点上面处理的任务就会丢失。现在请你实现一个端对端的队列系统与一套确认机制，以保证每条消息都至少会处理一遍（当然了，由于任务无法处理而导致工作节点出错的情况，不在此列）。

- **（5）数据聚合器（Data aggregator）**：创建一套抽象机制，用来把同一项请求发送给与系统相连的多个响应方，并把从这些节点所收到的响应消息聚合起来。提示：你可以用 publish/reply 模式发送请求，并采用任意一种单向通道，将响应方所给出的响应消息传回来。你可以结合前面学过的各种技术来做这个练习。

- **（6）能够显示工作节点状态的命令行界面（CLI）程序**：用上一道题所做的数据聚合器实现一款命令行程序，该程序启动之后，会把哈希码破解器的各个工作节点所处的状态，给显示出来（比如，会显示出每个节点正在处理哪一个范围里面的数据，它有没有在这个范围内找到与待破解的哈希码相匹配的原字符串等）。

- **（7）能够显示工作节点状态的图形界面（UI）程序**：实现一款（从客户端到服务器端的）Web 应用程序，以展示哈希码破解器的各个工作节点所处的状态，该程序通过一套网页界面来实时地显示状态信息，告诉用户有没有找到与待破解的哈希码相匹配的原字符串。

- **（8）把早前学过的预初始化队列机制运用进来**：本章在用 AMQP 实现 Request/Reply 范例的时候，通过 *Delayed Startup*（延迟启动）模式来应对异步的 `initialize()` 方法所造成的延迟问题。现在请你重构这个范例，拿第 11 章讲过的预初始化队列机制来解决该问题。

- **（9）用 Redis 流实现 Request/Reply 机制**：在 Redis 流的基础上构建针对 Request/Reply 的抽象机制。

- **（10）Kafka**：如果你想挑战自己，那就试着用 Apache Kafka（`nodejsdp.link/kafka`）来取代 Redis 流，把本章的相关范例全都重新实现一遍。

作者与审阅者

作者简介

Mario Casciaro 是一位软件工程师，也是一位企业家。他从小就喜欢搭建东西，比如用乐高积木搭建太空船，他还在自己的第一台电脑 Commodore 64 上写程序。读大学之后，他在课余时间大力开发各种兴趣项目，包括 2006 年在 SourceForge 上线的一款开源项目，这个项目大约有三万行 C++ 代码。作为软件工程专业硕士的他毕业之后在 IBM 工作了几年，一开始在罗马，后来在 Dublin Software Lab。Casciaro 现在一边打理自己的软件公司 Var7 Technologies，一边在 D4H Technologies 担任工程师主管，并为应急响应团队开发软件。他特别崇尚实用与简洁。

这本书献给所有读者，你们的阅读使我们的努力变得有意义。还要感谢前两版的读者，感谢你们让这本书取得成功，感谢你们提出宝贵意见，感谢你们撰写评论并宣传这本书。

感谢 Packt 团队辛苦地制作这本书，感谢 Tom Jacob、Jonathan Malysiak、Saby D'silva、Bhavesh Amin、Tushar Gupta、Kishor Rit 与 Joanne Lovell。

很荣幸能够在写书过程中，与优秀的技术评审团队合作，感谢 Roberto Gambuzzi、Minwoo Jung、Kyriakos Markakis、Romina Miraballes、Peter Poliwoda、Liran Tal 与 Tomas Della Vedova，是你们的专业知识让这本书变得更好。

感谢 Hiroyuki Musha（武舎広幸）把《Node. js Design Patterns》第二版翻译成日文[译注29]，并在翻译过程中提出改进意见。

然而最需要致意的还是 Luciano，能跟他一起写书实在很高兴，而且让我学到很多东西。Luciano 做事与做人都很棒，期待以后能再次合作。

感谢远方的父亲 Alessandro 与母亲 Elena 与我心心相随。

最后，衷心感谢我一生的挚爱 Miriam，感谢你给我的事业提供鼓励与支持，我们以后还有很长的路要走。感谢 Leonardo，让我们的生活充满欢乐，爸爸很爱你。

Luciano Mammino 出生于 1987 年，与欧洲版的《*Super Mario Bros*》（《超级马里奥》游戏）同龄，他刚好也很爱玩这款游戏。Luciano 从 12 岁开始写代码，当时是在他爸爸那台旧 i386 电脑上，电脑里装的是 MS - DOS 操作系统，他编程用的是 QBasic 解释器。Mammino 做

译注29　指武舎広幸与阿部和也翻译的《Node. js デザインパターン》（第 2 版）。

软件开发工作已经超过 10 年，目前在都柏林的 FabFitFun 公司担任首席软件工程师，他在那里构建微服务与可扩展的应用程序，为上百万用户提供服务。

Luciano 喜欢云端技术、全栈 Web 开发、Node. js 与 serverless 框架。其中有一项爱好是运营 Fullstack Bulletin（https：//fullstackbulletin. com/），每周给想要提升自己的全栈开发者提供咨询，另一项爱好是在 Serverlesslab. com 网站上面给想要采用 serverless 架构的开发者提供定制的培训课程。

最要感谢的是 Mario Casciaro，他把我带到这么美妙的一个项目里面。我跟他合作得很愉快，这次合作确实让我大有长进。期待以后还有机会共事。

这本书能够面世，要多谢 Packt 团队的辛勤劳作，尤其感谢 Saby、Tushar、Tom、Joanne、Kishor、Jonathan 与 Bhavesh。感谢大家陪着我们努力了将近一年，还要感谢给这三个版本提供支持的其他每一位 Packt 同仁。

多谢几位本领高强的技术评审，你们认真督促并给出宝贵的建议，让这本书的品质得到保证。Romina、Kyriakos、Roberto、Peter、Tomas、Liran 与 Minwoo，我永远记得你们的帮助。

尤其感谢 Padraig O'Brien、Domagoj Katavic、Michael Twomey、Eugen Serbanescu、Stefano Abalsamo 与 Gianluca Arbezzano 给我提供大力支持，让我能够利用他们的知识，来改进书中的一些内容。

感谢养育我的家人，在生活中尽力给我帮助。感谢妈妈总是启发我、支持我，感谢爸爸给我教导、给我鼓励、给我建议。假如没有你们，我确实得不到这些。感谢 Davide 与 Alessia 一直跟我分享生活的快乐、分担生活的痛苦。

感谢 Franco、Silvana 与他们的家人给我提供支持并给出明智的建议。

我要赞美本书第二版的所有读者，尤其是留下评论、反馈问题、提交补丁或指出疏漏的诸位读者。特别感谢 Vu Nhat Tan、Danilo Carrabino、Aaron Hatchard、Angelo Gulina、Bassem Ghoniem、Vasyl Boroviak 与 Willie Maddox。感谢 Hiroyuki Musha 把这本书译成日文，而且发现了很多可以改进的地方，你太厉害了！

感谢诸位友人推广这本书并给我以支持：Andrea Mangano、Ersel Aker、Joe Karlsson、Francesco Sciuti、Arthur Thevenet、Anton Whalley、Duncan Healy、Heitor Lessa、Francesco Ciula、John Brett、Alessio Biancalana、Tommaso Allevi、Chris Sevilleja、David Gonzalez、Nicola del Gobbo、Davide De Guz、Aris Markogiannakis 与 Simone Gentili。

最后，一定要感谢我的伴侣 Francesca。你无条件地爱我，支持我做的每一件事，平凡也好、疯狂也好。我的书还有很多章等着你一起来写呢！

审阅者简介

Roberto Gambuzzi 生于 1978 年，8 岁开始在 Commodore 16 上面写代码。他的第一台 PC 是 8086，带有 1 MB 内存与 20 MB 硬盘空间。Roberto 会用 BASIC、汇编、Pascal、C、C++、COBOL、Dephi、Java、PHP、Python、Go、JavaScript 编程，而且还会其他一些比较小众的语言。他在都柏林的 Amazon 工作过，后来开始创业。Roberto 喜欢简单、高效的代码。

他是《Magento Best Practices》一书（https：//leanpub. com/magebp）的评审者。

感谢 Luciano Mammino 与 Mario Casciaro 给我机会评阅这本美妙的书籍。

Minwoo Jung 是 Node. js 的核心贡献者，也是 NodeSource 的全职软件工程师。他有十多年的 Web 开发经验，以前每周都在 Node. js 官网上面发布更新。Minwoo 不在电脑前的时候，喜欢跟朋友远足。

Kyriakos Markakis 是一位软件工程师与应用架构师，有将近十年的开发经验，他在许多领域的项目中做过 Web 应用程序，包括电子政务、网上投票、数字教育、媒体检测、数字广告、旅游，以及银行业等。

在那段时期，他接触了许多前沿技术，例如 Java、异步消息、AJAX、REST API、PostgreSQL、Redis、Docker 等。过去三年里，他专门从事 Node. js 工作。

Kyriakos 运用他的知识来评阅书籍，另外还开办网络课程，将新技术传授给初学者。

Romina Miraballes 是来自乌拉圭的软件工程师，目前住在爱尔兰。她用 C 语言给一家制造医疗设备的公司开发过固件，后来开始做全栈开发，在 AWS 平台上面用 Node. js 技术，为许多创业公司的各种项目创建云端解决方案。Romina 目前就职于网络安全公司 Vectra AI，主要在 AWS 及 Azure 平台上面开发 Node. js 应用程序。

首先感谢 Luciano 给我机会参与这个项目，让我成为技术评审。还要感谢家人及男友 Nicolás 总是给我支持。

Peter Poliwoda 是资深软件工程师及爱尔兰 IBM Technology Campus 的技术主管。他有十多年软件开发经验，在银行与金融系统，以及医疗保健与研究领域都工作过。Peter 毕业于 University College Cork（爱尔兰科克大学）的商业信息系统专业。他热衷人工智能、认知解决方案以及物联网。Peter 提倡用技术解决问题，并通过开源项目积极分享自己的知识，他在欧洲的许多技术会议上做过演讲，也办过讨论会与讲习班。Peter 喜欢跟中小学与大学合作，把自己学到的知识回馈给教育界。

感谢 Larissa 鼓励我去做大事。

Liran Tal 是 Snyk 的 developer advocate，也是 Node. jsSecurity Working Group 的成员。在从事安全工作的同时，他还写过一本《*EssentialNode. jsSecurity*》，并与人合著了 O'Reilly 的《*Serverless Security*》一书。Liran 是 OWASP NodeGoat 项目的核心贡献者。他热衷于开源项目、网络技术，以及测试和软件开发方面的思想。

Tomas Della Vedova 是一位狂热的软件工程师，大部分时间都在用 JavaScript 与 Node. js 编程。他在 Elastic 的客户端团队中担任高级软件工程师，专门开发 JavaScript 客户端。Tomas 还编写了 Fastify 这个 Web 框架，并打造了一部分生态系统。Tomas 经常扩充自己的知识并探索新技术。他强烈支持开源，并热衷于技术、设计与音乐。